WALTHER GERLACH

Eine Auswahl aus seinen Schriften und Briefen

Walther Gerlach
(1889-1979)

Eine Auswahl aus seinen Schriften und Briefen

Herausgegeben von
H.-R. Bachmann und H. Rechenberg

Springer-Verlag Berlin Heidelberg New York
London Paris Tokyo Hong Kong

Dr. Hans-Reinhard Bachmann
Forschungsinstitut des Deutschen Museums
für die Geschichte der Naturwissenschaften und Technik
Deutsches Museum, D-8000 München 26

Dr. Helmut Rechenberg
Max-Planck-Institut für Physik und Astrophysik, Werner-Heisenberg-Institut für Physik
Föhringer Ring 6, D-8000 München 40

Frontispiz: Walther Gerlach zu Hause in seinem Arbeitszimmer (München 1951)

CIP-Titelaufnahme der Deutschen Bibliothek
Gerlach, Walther:
Walther Gerlach : (1889–1979) ; eine Auswahl aus seinen Schriften und Briefen / hrsg. von H.-R. Bachmann und H. Rechenberg. –
Berlin ; Heidelberg ; NewYork ; London ; Paris ; Tokyo ; Hong Kong : Springer 1989

ISBN-13: 978-3-642-74814-1 e-ISBN-13: 978-3-642-74813-4
DOI: 10.1007/978-3-642-74813-4

NE: Gerlach, Walther: [Sammlung]; HST

Softcover reprint of the hardcover 1st edition 1989

2155/3150-543210 – Gedruckt auf säurefreiem Papier

Vorwort

Am 1. August 1989 wäre Walther Gerlach 100 Jahre alt geworden. Der kurz nach seinem 90. Geburtstag in München verstorbene Naturforscher und Gelehrte, der über 25 Jahre als Ordinarius an der dortigen Universität wirkte und über 50 Jahre in der bayerischen Landeshauptstadt das wissenschaftliche Leben mitbestimmte, ist durch Beiträge zu seinem Fachgebiet, zur Wissenschaftspolitik und zur Geschichte der Naturwissenschaften weit über den Kreis der Physiker und die Grenzen Deutschlands hinaus bekannt geworden als ein Hauptvertreter der Experimentalphysik und ihrer Anwendungen. Durch inhaltlich und stilistisch gleichermaßen herausragende Aufsätze und Vorlesungen, durch Rundfunk- und Fernsehvorträge über die Ergebnisse und die Methoden seiner Fachforschung erreichte er ein sehr breites Publikum. Sein energisches und temperamentvolles Eintreten für die Rolle der Naturwissenschaften als einem festen, wesentlichen Bestandteil der Bildung und Kultur und die eindeutige Ablehnung jeden Mißbrauchs physikalischer Forschungsergebnisse zeigte den großen Wissenschaftler als einen bedeutenden modernen Humanisten – wie es ihn nach dem heutigen, mitunter gestörten Verhältnis zahlreicher Gruppen der Bevölkerung zu den Naturwissenschaften eigentlich nicht mehr geben sollte.

Die Herausgeber dieses Bandes, die als Mitglieder des I. Physikalischen Institutes der Universität München (PIUM) Gerlach selbst noch lange Jahre erleben konnten, wollen mit der vorliegenden Auswahl aus den veröffentlichten Schriften und der Korrespondenz den verehrten Lehrer einer Generation vorstellen, die seinen Namen nur mehr im Titel eines allerdings bedeutenden quantentheoretischen Effektes kennt. Die Auswahl experimentalphysikalischer, allgemeinverständlicher und historischer Artikel richtet sich keineswegs nur an die Fachphysiker und Vertreter der Nachbarwissenschaften. Die Forschungsbereiche, für die sich Walther Gerlach interessierte, sind so weit gespannt, daß sie Fragen aus der reinen und angewandten Physik, der Metallkunde, der Chemie, der Biologie und der Medizin ebenso umfassen wie eine sachkundige Diskussion der Rolle und Methoden der Physik und der Naturwissenschaften überhaupt in der Geschichte und im Leben der Menschen von heute. Wir glauben daher, daß auch Leser, die den Geisteswissenschaften und der Literatur enger verbunden sind, durch dieses Buch bereichert werden, um so mehr als die Verständlichkeit des Inhalts und das Niveau der sprachlichen Darstellung hohe Ansprüche befriedigt.

Bei der Auswahl der Schriften haben wir darauf geachtet, daß möglichst viele Bereiche des Gerlachschen Werkes vorgestellt werden, wobei jeder einzelne Text nicht nur einen wichtigen Inhalt besitzen soll, sondern auch abgeschlossen für sich selbst verstanden werden muß. Der Länge der abgedruckten Schriften haben wir Beschränkungen auferlegt und nur einigen historischen Schriften aus wohlerwogenen Gründen mehr Raum gegeben.

Die hier berücksichtigten Schriften haben wir in drei Teile geordnet. Im ersten Teil stehen sieben Aufsätze zu verschiedenen Fragen der reinen und angewandten Physik. Der zweite Teil, der ausgewählte Themen aus der Physik und den Naturwissenschaften einem breiten Publikum zu erläutern versucht, enthält sechs Essays bzw. Auszüge aus umfangreicheren Schriften. Der dritte Teil läßt mit fünf Texten den Physikhistoriker Gerlach, besonders den einfühlsamen Biographen großer wissenschaftlicher Persönlichkeiten, zu Worte kommen. Jedem dieser Teile wird eine Einleitung vorangestellt, die die hier ausgewählten Arbeiten in den Rahmen des Gesamtwerkes des Autors einordnen. Die Gerlachschen Texte folgen dann chronologisch nach dem Publikationsdatum.

Der wissenschaftliche Nachlaß Walther Gerlachs befindet sich im Deutschen Museum in München und wird gerade von dem Erstunterzeichneten gesichtet und katalogisiert. Er kommentiert im vierten Teil eine kleine Auswahl aus der Korrespondenz mit Werner Heisenberg über die Wissenschaftspolitik in den Anfängen der Bundesrepublik.

Allen Teilen voran steht eine biographische Skizze, die wichtige Daten und Angaben aus dem Leben und Werk Walther Gerlachs zusammenstellt.

Unser erster Dank gilt Frau Dr. Ruth Gerlach, die den wissenschaftlichen Nachlaß ihres Mannes dem Deutschen Museum zur Verfügung gestellt hat. Wir sind ihr außerdem, ebenso wie Frau Elisabeth Heisenberg, verpflichtet für die Erlaubnis, aus der Korrespondenz von Walther Gerlach und Werner Heisenberg zitieren zu dürfen. Die Herausgeber danken herzlich ihren wissenschaftlichen Lehrern, die ihnen als Schüler Gerlachs viel aus dem Leben und Werk des Meisters berichtet haben. Das Deutsche Museum und das Werner-Heisenberg-Institut für Physik, an denen die Herausgeber tätig sind, haben einen wesentlichen Teil der Arbeiten zu diesem Band ermöglicht.

München, im April 1989

Hans-Reinhard Bachmann
Helmut Rechenberg

Inhaltsverzeichnis

Teil III: Gestalten aus der Physikgeschichte

Teil IV: Aus der Korrespondenz

Von H.-R. Bachmann

Biographische Daten

Walther Gerlach wurde am 1. August 1889 in Biebrich am Rhein geboren. Er besuchte das humanistische Gymnasium im benachbarten Wiesbaden und ging dann an die Universität Tübingen, eigentlich um Philosophie und Mathematik zu studieren. Von Friedrich Paschen wurde er zur Physik überredet, die er bei ihm und Edgar Meyer lernte. Paschen, ein Pionier der Spektroskopie, hatte seit 1901 in Tübingen ein gut ausgerüstetes Institut aufgebaut, insbesondere für die Infrarotspektren und die Untersuchung der anomalen Zeemaneffekte (z.B. des Paschen-Back-Effektes). Gerlach bekam aber ein Thema aus einem älteren Forschungsgebiet seines Lehrers, der „schwarzen Strahlung", als Doktorarbeit. Nach seiner Promotion blieb der junge Tübinger Assistent diesem Gebiete treu, wenngleich er in Zusammenarbeit mit dem 1911 aus Aachen gekommenen Meyer auch knifflige Experimente mit ultramikroskopischen Metallteilchen ausführte und dabei z.B. den lichtelektrischen Effekt näher analysierte. Die Schrift, mit der er sich 1916 in Tübingen habilitierte, hatte wieder die Messung der Konstanten des Stefan-Boltzmannschen Strahlungsgesetzes (wie die Doktorarbeit!) zum Inhalt. 1917 wechselte Gerlach an die Universität Göttingen; es war aber eine unruhige Zeit, da er zugleich (ab 1915) Militärdienst – teilweise an der Front – leisten mußte. Er kam öfters nach Berlin, wo er sich auch am Ende des Ersten Weltkrieges aufhielt.

In der frühen Nachkriegszeit, von Anfang 1919 bis Herbst 1920, fand Gerlach ein Unterkommen in der Industrie, im Physikalischen Laboratorium der Farbenfabrik Elberfeld (vormals Friedrich Bayer & Co.). Dann kehrte er in eine akademische Laufbahn zurück und wurde Hauptassistent bei Richard Wachsmuth an der Universität Frankfurt am Main. In dieser Zeit konnte der Extraordinarius mit Auftrag für die „höhere Experimentalphysik" (Experimentalphysik las der Chef!) vor allem durch Zusammenwirken mit Max Born und Otto Stern ganz bedeutende experimentelle Beiträge zur Atom- und Quantentheorie erbringen. Es erschien daher als fast natürlich, daß Gerlach Anfang 1925 seinem verehrten Lehrer Paschen auf dem Tübinger Lehrstuhl nachfolgte, als dieser zum Präsidenten der Physikalisch-Technischen Reichsanstalt in Berlin berufen wurde. Vier Jahre später kam er an das Physikalische Institut der Universität München auf besonderes Betreiben von Arnold Sommerfeld, diesmal als Nachfolger von Willy Wien, dem Ent-

Abb. 1. Gerlach in Tübingen (1913)

Abb. 2. Der Tübinger Ordinarius (1926)

Abb. 3. An der Arbeit in München (1936)

decker der Wienschen Strahlungsgesetze (Verschiebungsgesetz und Gesetz der „schwarzen Strahlung") und Pionier der Kathoden- und Kanalstrahlenphysik.

In München baute Walther Gerlach systematisch seine Schule auf. Sie verschrieb sich vor allem der *Anwendung* atomphysikalischer Erkenntnisse und Methoden („chemische Spektralanalyse", magnetische und elektrische Eigenschaften der Materie, Ramanspektroskopie) in der Metallurgie und Materialforschung, aber auch in Chemie, Biologie und Medizin – etwas zum Leidwesen Sommerfelds, des Ordinarius für Theoretische Physik, der *grundlegendere* physikalische Gebiete bevorzugt hätte. Im Zweiten Weltkrieg wurde Gerlach oft nach Berlin geholt; zuletzt leitete er ab Januar 1944 als „Bevollmächtigter des Reichsmarschalls für Kernphysik" das geheime deutsche Uranprojekt, das den Bau eines Energie erzeugenden Reaktors anstrebte. Es gelang ihm in der Zeit zunehmender kriegsbedingter Schwierigkeiten, die Uranarbeiten in Gang zu halten und zahlreiche Kollegen vom Wehrdienst zu befreien bzw. vor der Verfolgung durch die NS-Behörden zu schützen.

Da das deutsche Uranprojekt in alliierten Kreisen als Konkurrenz des amerikanischen Atombombenprojektes (Manhattan-Projekt) galt – zu Unrecht, wie sich später herausstellen sollte –, spürte ein Spezialkommando (die amerikanische ALSOS-Mission) gegen Kriegsende die beteiligten Forscher und ihre Apparaturen auf. Im Mai 1945 wurde Gerlach in Bayern gefangengenommen und zusammen mit führenden Mitgliedern des „Uranvereins" (Erich Bagge, Kurt Diebner, Otto Hahn, Paul Harteck, Werner Heisenberg, Horst Korsching, Max von Laue, Carl Friedrich von Weizsäcker, Karl Wirtz) in England interniert; teilweise wollte man sie nach ihren Geheimnissen aushorchen, teilweise dem Zugriff der Sowjetunion entziehen. Anfang 1946 in die britische Besatzungszone entlassen, übernahm Gerlach vorübergehend den Lehrstuhl für Experimentalphysik an der Universität Bonn, ehe er im April 1948 wieder an sein Physikalisches Institut der Universität München – damals in der amerikanischen Besatzungszone – zurückkehren durfte.

In München sorgte er nicht nur für den Wiederaufbau seines eigenen Institutes an der alten Stelle (samt einem schönen großen Hörsaal), sondern als Rektor von 1948 bis 1951 auch für das Wohl der gesamten Universität, die sich langsam aus den Trümmern erhob. Die Schwierigkeiten, die er in der Zeit äußerst knapper Geldmittel und – zumal als liberal denkende, nichtkatholische Persönlichkeit – mit einer die Wissenschaft nicht immer bevorzugenden bayerischen Ministerialbürokratie zu überwinden hatte, forderten unermüdliche Tatkraft und stetige Auseinandersetzung. Gerlach verwandte sich ebenso energisch an seiner Universität zugunsten der Forschung auf allen Gebieten, wie er sich in verschiedenen überlokalen Gremien (etwa in der Notgemeinschaft der Deutschen Wissenschaft und der Deutschen Forschungsgemeinschaft) für ihre Erneuerung in der gesamten Bundesrepublik

Abb. 4. Der erste Fernsehvortrag (1959)

Deutschland einsetzte. Am Ende des Sommersemesters 1957 wurde er emeritiert; voller Aktivität schied er aber weder aus der Arbeit an seinem (jahrelang nur kommissarisch verwalteten) Institut aus, noch verweigerte er sich beratenden Aufgaben in der öffentlichen Forschungsförderung. Nach über zwanzig weiteren tätigen Jahren, am 10. August 1979, starb Walther Gerlach, wenige Tage nachdem er seinen 90. Geburtstag im großen Kreise seiner Schüler und Freunde gefeiert hatte.

Auf das Lebenswerk Gerlachs wird in den Einleitungen zu den einzelnen Teilen eingegangen werden. Hier wollen wir einige wichtige Schüler und Mitarbeiter nennen. Zu den ersten zählte Friedrich Wilhelm Schütz, der 1923 in Frankfurt promovierte und seinen Lehrer nach Tübingen und München begleitete; er arbeitete vor allem auf dem Gebiet der Magnetooptik und gelangte ab 1937 auf Lehrstühle in Königsberg und Jena (mit einem Zwischenaufenthalt von 1946 bis 1952 in der UdSSR). Besonders in Gerlachs Hauptarbeitsgebieten Magnetismus und Spektroskopie wirkten viele Schüler. Als frühester Vertreter des Magnetismus sei Hermann Auer erwähnt (Promotion 1925 in Frankfurt), der die Verbindung zur Metallurgie herstellte und später wissenschaftlicher Leiter des Deutschen Museums wurde; sodann Heinz Bittel (Promotion 1935 in München), ab 1951 Inhaber eines Lehrstuhls für angewandte Physik in Münster. Zu den Magnetikern zählen auch Friedrich Fraunberger (Promotion 1941 in München) – der außerdem das Interesse seines Lehrers für die Physikgeschichte teilte – und Jakob Kranz (Promotion 1948 in Bonn), während Klaus Stierstadt (Promotion 1956 in München) zusätzlich lange Jahre die radioaktiven Niederschlagsuntersuchungen betreute. In der Spektroskopie muß der früh (1934) verstorbene Eugen Schweitzer, der mit Gerlach Verfahren der chemischen Spektralanalyse ausarbeitete, herausgestellt werden; sodann Walter Rollwagen (Promotion 1933), der nach einem längeren Industrieaufenthalt (1939 bis 1952 bei C.A. Steinheil und Söhne) als Vorstand des II. Physikalischen Institutes an die Universität München zurückkam, und schließlich Josef Brandmüller (Promotion 1945), der die Ramanspektroskopie ausbaute. Zwei „Einzelgänger" mögen den Bericht über Gerlachs Schule abrunden: Eugen Kappler studierte in Tübingen und München, wo er 1931 mit der ersten absoluten Bestimmung der Loschmidtschen Zahl aus der Brownschen Bewegung einer Drehwaage den Dr. phil. erwarb; er blieb den Schwankungserscheinungen treu, als er in Münster einen Lehrstuhl erhielt (1947 Extraordinarius, 1949 Ordinarius). Max Auwärter trat nach der Promotion 1932 als Physiker in die Stuttgarter Robert Bosch GmbH ein und übernahm 1936 nach einem Gastaufenthalt am Kaiser Wilhelm-Institut für Metallforschung die Leitung des physikalischen Laboratoriums von W. C. Heraeus in Hanau; 1946 gründete er die Gerätebauanstalt Balzers (heute Balzers Aktiengesellschaft für Hochvakuumtechnik und Dünne Schichten), die neueste physikalische Erkenntnisse in anspruchsvolle technische Geräte umsetzt.

Walther Gerlach wurde vielfach durch Ehrungen ausgezeichnet und in wichtige Gremien geholt, in die er seine Erfahrungen einbringen konnte, um den Gang von Wissenschaft und Forschung voranzutreiben. Einige wichtige Mitgliedschaften und Stellungen sind in folgendem aufgeführt:

- Mitglied der Akademien der Wissenschaften in Göttingen, Halle und München;
- Mitglied des Ordens Pour le Mérite für Wissenschaften und Künste;
- Träger des Bayerischen Verdienstordens und des Großen Verdienstordens mit Stern der Bundesrepublik Deutschland;
- Ehrendoktor der Universitäten Clausthal, Münster, Saarbrücken und Tübingen;
- Träger der Harnack-Medaille der Max-Planck-Gesellschaft;
- Mitglied des Senats der Kaiser Wilhelm-Gesellschaft (ab 1937);
- Vizepräsident der Notgemeinschaft der Deutschen Wissenschaft (1949–1951);
- Präsident der Fraunhofer-Gesellschaft (1949–1951);
- Vizepräsident der Deutschen Forschungsgemeinschaft (1951–1961);
- Senator der Max-Planck-Gesellschaft (1951–1969);
- Vorsitzender des Verbandes Deutscher Physikalischer Gesellschaften (1955–1957);
- Vorsitzender (1961–1972) und Ehrenvorsitzender (1972–1979) der Kepler-Gesellschaft.

Abb. 5. Eine der letzten Aufnahmen (1979)

Gerlach war nicht nur durch seine wissenschaftlichen Leistungen eine herausragende Persönlichkeit. Allein seine aufrechte Gestalt konnte, zusammen mit seiner ebenso aufrechten wie kämpferischen Haltung – auch im Dritten Reich, wo er der NSDAP nicht beitrat und keinesfalls gegen die modernen Theorien Stellung bezog – konnte bis ins hohe Alter alle beeindrucken, die ihn sahen oder mit ihm verhandelten. Er überzeugte oft durch elegante Liebenswürdigkeit; gelegentlich schien ihm allerdings ein impulsiver Zornesausbruch notwendig, der manche Ungeschicklichkeit ebenso traf wie vor allem das Unverständnis für die ihm klaren Prioritäten der Wissenschaft. Er liebte Bücher, Mineralien, Fossilien und Tiere. „Sein Arbeitsraum im Institut ist angefüllt mit Kakteen und anderen Pflanzen, die er täglich sorgsam pflegt", schrieb Eduard Rüchardt zu seinem 70. Geburtstag und:

> Auf dem Schreibtisch türmen sich Papiere und Bücher neben ergötzlichen physikalischen Spielereien. Daheim sieht es nicht anders aus, und die geniale Unordnung wird von seiner Frau lächelnd geduldet.

So kennen wir unseren Gerlach, als leidenschaftlichen Naturforscher, liebenswerten Menschen und begeisternden Lehrer.

Teil I

Aus den physikalischen Schriften

Einleitung

Walther Gerlach hat neben acht Büchern und einer Reihe von Handbuchartikeln fast 300 physikalische Originalschriften veröffentlicht, darunter etwa 100 mit Mitarbeitern, eine durchaus reiche Ernte aus über 40-jährigem aktiven Dienst in der Wissenschaft. [1] Er begann mit der Doktorarbeit bei Friedrich Paschen („Eine Methode zur Bestimmung der Strahlung im absoluten Maß und die Konstante des Stefan-Boltzmannschen Strahlungsgesetzes", Ann. Phys. Leipzig (4) *38*, 1–29 (1912)) und setzte die Untersuchungen zum selben Thema bis über 1920 hinaus fort, wobei er die Methoden systematisch verbesserte bzw. vorhandene Messungen kritisch diskutierte. Als Beispiel für dieses frühe Arbeitsgebiet bringen wir den Wiederabdruck (Text I.1) eines Auszuges aus der Tübinger Habilitationsschrift.

Während Gerlach zusammen mit seinem Lehrer Paschen nur eine kurze Notiz über den Stark-Effekt veröffentlichte (Zur Frage nach dem elektrischen Analogon zum Zeemaneffekt, Phys. Z. *15*, 489–490 (1914)), verfaßte er mit Edgar Meyer zwischen 1913 und 1915 mehrere eingehende Untersuchungen an ultramikroskopischen Teilchen, etwa zum lichtelektrischen Effekt. Sie beantworteten grundlegende Fragen aus der damaligen Quantentheorie und wurden teilweise von Albert Einstein angeregt: Gerlach und Meyer konnten z. B. eine von Peter Debye und Arnold Sommerfeld angegebene Formel widerlegen, die ohne Lichtquanten auskam (Über den photoelektrischen Effekt an ultramikroskopischen Metallteilchen, Ann. d. Phys. (4) *45*, 177–236 (1914)).

Die in den letzten beiden Jahren des Ersten Weltkrieges stark abnehmende Publikationstätigkeit belebte Gerlach neu im Elberfelder Laboratorium: Er berichtete über verschiedene Studien, etwa „eine Methode zur Herabsetzung atmosphärischer Empfangsstörungen" (Jahrbuch für drahtlose Telegraphie und Telephonie *16*, 337–344 (1920)). In Frankfurt entwickelte er dann eine gewaltige Arbeitskraft. Er verbesserte Geräte im Wachsmuther Institut – so stellte er z.B. eine einfache Röntgenröhre her (Verh. Dtsch. Phys. Ges. (3) *2*, 55–56 (1921)) – und er half über seine eigentlichen Aufgaben hinaus im Institut von Max Born mit – letzterer hatte 1919 den Lehrstuhl Max von Laues übernommen und wollte noch selbst experimentieren. So schrieb Born im Februar 1921 an Einstein: „Wir haben jetzt Gerlach hier, der sehr famos ist; energisch, kenntnisreich, geschickt, hilfsbereit." [2] Und in seinen Erinnerungen bemerkte er:

Walther Gerlach fand die Atmosphäre in meiner Abteilung anregender als in der seinen und wurde unser ständiger Gast und Mitarbeiter. Ich veröffentliche gemeinsam mit ihm verschiedene Abhandlungen, eine recht gute über die Elektronenaffinität von Jod und Schwefel, die aus der Gitterenergie berechnet wurde. Seine Arbeit mit Stern war jedoch wichtiger. [3]

Born schrieb mit Gerlach neben der eben genannten Arbeit (in Z. Phys. *5*, 433–441 (1921)) noch eine kürzere über die Zerstreuung des Lichtes (in Z. Phys. *5*, 374–375 (1921)). Gerlach seinerseits baute später das Thema Elektronenaffinität weiter aus, vor allem zwischen 1923 und 1925 mit seinem Schüler Fritz Gromann.

Außer mit Born verfaßte Gerlach in seiner frühen Frankfurter Zeit zwei Artikel mit Peter Lertes, in denen er sich zum ersten Mal mit Problemen des Ferromagnetismus und der technischen Magnetisierungskurve beschäftigte (Magnetische Messungen: Barkhauseneffekt, Hysteresis und Kristallstruktur, Phys. Z. 22, 568–569 (1921); Über magneto-elastische Effekte, Z. Phys. *4*, 383–392 (1921)), einem Gebiet, das später zentrales Interesse in seiner Schule erfuhr. Die Arbeiten über Magnetismus brachten Gerlach auch mit Otto Stern zusammen. Stern hatte die Idee eines Experimentes zum Beweis der Richtungsquantelung und holte sich Gerlachs experimentellen Rat, worauf sich beide an die Arbeit machten.

Die Anregung zu diesem Experiment ging aus von einer theoretischen Annahme Arnold Sommerfelds im Jahre 1916, der sogenannten „Richtungsquantelung", d. h. einer räumlichen Einstellung der Elektronenbahnen im Atom. Stern schlug zum ersten Male vor, die Richtungsquantelung – die schon wesentliche Dienste bei der Aufklärung der Spektrallinienstruktur geleistet hatte – direkt nachzuweisen: In einem stark inhomogenen Magnetfeld sollte sich ein Atomstrahl, dessen Teilchen ein magnetisches Moment besitzen, aufspalten. Nach einer theoretischen Abschätzung der Größenordnung der Aufspaltung erhielt er von Gerlach die Zusicherung, daß sich die für die einwandfreie Bestätigung oder Widerlegung der Richtungsquantelung notwendige Inhomogenität des Magnetfeldes herstellen ließe. Stern veröffentlichte zunächst seine Idee (Ein Weg zur experimentellen Prüfung der Richtungsquantelung im Magnetfeld, Z. Phys. *7*, 249–253 (1921)), dann begannen beide die Ausführung. Insbesondere mußten ein feiner Atomstrahl und ein Vakuum von 10^{-5}Torr hergestellt werden, das extremen Temperaturdifferenzen zwischen einem Öfchen (in dem der Silberstrahl entstand) und der Aufspaltungsapparatur (die mit flüssiger Luft gekühlt wurde) standhielt. Gerlach brachte sein bei Paschen und in der Industrie gelerntes experimentelles Geschick voll zur Anwendung. Die nötige finanzielle Unterstützung in der schwierigen Inflationszeit leisteten der Fonds des Kaiser Wilhelm-Institutes für Physik (vermittelt durch Albert Einstein) und die Vereinigung von Freunden und Förderern der Universität Frankfurt am Main. Nach langwierigen

Bemühungen gelang es schließlich Gerlach in Abwesenheit von Stern die Aufspaltung zu erhalten. Wilhelm Schütz, der Augenzeuge des Erfolges, berichtete:

So kam ich eines Morgens im Februar ins Institut; es war ein herrlicher Morgen: Kaltlufteinbruch und Neuschnee! W. Gerlach war dabei, wieder einmal den Niederschlag eines Atomstrahls, der acht Stunden lang durch ein inhomogenes Magnetfeld gelaufen war, zu entwickeln. Erwartungsvoll verfolgten wir den Entwicklungsprozeß und erlebten den Erfolg monatelangen Bemühens: Die erste Aufspaltung eines Silberatomstrahls im Magnetfeld. Nachdem Meister Schmidt und, wenn ich mich recht erinnere, auch E. Madelung die Aufspaltung gesehen hatten, ging es ins Mineralogische Institut zu Herrn Nacken, um den Befund mikrophotographisch festzuhalten. Dann erhielt ich den Auftrag, ein Telegramm an Herrn Professor Stern nach Rostock aufzugeben, dessen Text lautete: „Bohr hat doch recht!" [4]

Um diese Zeit hielt Sommerfeld trotz seiner Richtungsquantelungshypothese es für wahrscheinlicher, daß der Silberstrahl sich verbreitern würde, während Niels Bohr die eindeutige Aufspaltung forderte. Auf jeden Fall sprach Einstein für viele, als er kommentierte:

Das Interessanteste aber ist gegenwärtig das Experiment von Stern und Gerlach. Die Einstellung der Atome ohne Zusammenstöße ist nach den jetzigen Überlegungsmethoden durch Strahlung nicht zu verstehen. [5]

Zum Verständnis des Stern-Gerlach-Effektes brauchte man in der Tat die spätere Quantenmechanik, für die er eine der entscheidenden experimentellen Grundlagen darstellt. Andererseits liefert die zusätzliche Messung des magnetischen Momentes des Silberatoms einen deutlichen Hinweis auf den Elektronenspin, der ebenfalls erst später entdeckt wurde. Die beiden kurzen Artikel, mit denen die Autoren ihre Ergebnisse mitteilte, dürfen in keiner Auswahl von Schriften Sterns oder Gerlachs fehlen (Texte I.2 und I.3).

In Frankfurt schlug Gerlach bereits die Themen an, die später mit seinem Namen verbunden blieben. Einerseits zog er Folgerungen aus dem Stern-Gerlach-Experiment, wobei er der Hauptexperte für die magnetischen Momente der Atome wurde (siehe z. B. sein Übersichtsreferat: Experimentelle Forschungen über das Magneton, Phys. Z. *26*, 816–824 (1925)). Andererseits wandte er sich verstärkt Gebieten zu, die die aus der Atom- und Quantenphysik erhaltenen Ergebnisse der praktischen Auswertung zuführen: Er lieferte neben Untersuchungen über ferromagnetische Eigenschaften der Metalle vor allem solche über die quantitative Spektralanalyse (siehe die erste dieser Arbeiten mit dem Titel: Zur Frage der richtigen Ausführung und Deutung der „quantitativen Spektralanalyse", Z. f. anorg. u. allgem. Chemie *142*, 383–398 (1925)). Schließlich widmete er 1923 und später eine Reihe feiner Experimente der Klärung einer mehr grundsätzlichen Einzelfrage: Radiometereffekt und Strahlungsdruck (z.B. mit Alice Golsen: Untersuchungen an Radiometern. II. Eine neue Messung des Strahlungsdruckes, Z. Phys. *15*, 1–7 (1923)).

Die Tübinger Zeit brachte im wesentlichen eine Fortsetzung des Frankfurter Programmes, wobei es Gerlach besonders mit dem neuen Mitarbeiter Eugen Schweitzer gelang, die quantitative chemische Spektralanalyse von Metallen auszubauen. Gleichzeitig bediente er sich bereits im Jahre der Entdeckung von Chandrasekhara Venkata Raman der sogenannten Ramanspektroskopie am Beispiel des Benzols (siehe Text Nr. I.4); in der frühen Münchner Zeit ließ er dieser Untersuchung weitere über andere Molekülstrukturen folgen.

In München veröffentlichte Gerlach dann zusammen mit seinen Mitarbeitern das dreibändige Werk über die Anwendung der Spektralanalyse:

- mit Eugen Schweitzer: *Die chemische Emissionsspektralanalyse. Teil I. Grundlagen und Methoden* (Voss, Leipzig 1930);
- mit Werner Gerlach: *Die chemische Emissionsspektralanalyse. Teil II. Anwendung in Medizin, Chemie und Mineralogie* (Voss, Leipzig 1933);
- mit Else Riedl: *Die chemische Emissionsspektralanalyse. Teil III. Tabellen zur quantitativen Spektralanalyse* (Voss, Leipzig 1936).

An der „chemischen Emissionsspektralanalyse" können wir beispielhaft die charakteristischen Züge des Denkens und Vorgehen von Walther Gerlach ablesen, soweit sie sich auf die Anwendung atomphysikalischer Grundlagen beziehen. So bemerkt er im Vorwort zu *Teil I*:

Die Grundlage unserer Untersuchungen bildet die Erkenntnis über die Natur des spektralen Leuchtens und den Bau der Atome: Die moderne physikalische Spektralanalyse. Sie leitet ebenso bei der Suche nach den möglichen Wegen als auch den Grenzen der chemischen Spektralanalyse; sie zeigt die möglichen Fehler und die Mittel zu ihrer Ausschaltung.

Etwas weiter oben gibt er als Herkunft seines Forschungsprogrammes an:

Seit 7 Jahren beschäftige ich mich, teils allein, teils zusammen mit Herrn Dr. E. Schweitzer mit dem Problem der quantitativen und qualitativen Emissionsspektralanalyse. Ursprünglich von speziellen Problemen ausgehend, die mir von Kollegen in der Technik vorgelegt wurden, erkannten wir die Möglichkeit einer rationellen Behandlung des Problems, die Durchführbarkeit quantitativer Analysen nach absoluten Methoden .... Die beginnende Aufmerksamkeit der Metalltechnik brachte uns eine Fülle von Fragen nach Einzelheiten und vor allem längere Besuche von in der Technik arbeitenden Kollegen, welche die Methoden erlernten. Das freundliche Entgegenkommen der Deutschen Gesellschaft für Metallkunde, sowie zahlreicher Firmen (vor allem der Deutschen Gold- und Silberscheideanstalt, Heräus-Hanau, Goldschmidt-Essen, Akkumulatorenfabrik Hagen, I. G. Griesheim-Elektron und Bitterfeld) verschaffte uns Versuchsmaterial in reichster Auswahl.

Schließlich schildert er die unmittelbaren Aussichten der Methode, zugleich die Rechtfertigung seiner Beschäftigung mit ihr:

Wir hoffen, in unseren Ausführungen zu zeigen, daß in der chemischen Emissionsspektralanalyse jetzt eine Methode erwachsen ist, die der Technik neue Untersuchungsmöglichkeiten bietet und ihr gestattet, bisher unzugängliche *Metallprobleme* in

Angriff zu nehmen; wir hätten dann in einem neuen Beispiel bewiesen, wie die reine physikalische – experimentelle und theoretische – Forschungsarbeit unmittelbaren Nutzen für die praktisch-technischen Probleme der Gegenwart zu bringen geeignet ist. (Walther Gerlach in *Teil I*, S. III-IV)

Die chemische Spektralanalyse erwies sich aber nicht nur für die Probleme der Metall- und Materialkunde von grundlegender Bedeutung, sondern konnte auch wichtige Fragestellungen aus der Chemie, Biologie und sogar der Medizin beantworten. Teil II ist gerade diesen Anwendungen gewidmet. Wir zitieren aus dem Vorwort von Walther und Werner Gerlach (Gerlachs Bruder Werner war Professor der Pathologischen Anatomie an der Universität Basel):

Durch die Entwicklung der Hochfrequenzfunkenanregung war die Möglichkeit gegeben, ein neues Gebiet der spektralanalytischen Untersuchungsmethodik zu erschließen: Die Analyse organischer Präparate. Wir fanden in der Spektralanalyse ein Mittel, Probleme der Histochemie zu behandeln; für die Lösung der pathologisch, diagnostisch und therapeutisch – praktisch wie theoretisch – wichtigen und in den letzten Jahren an Bedeutung zunehmenden Aufgaben, die Verteilung der Metalle im gesunden und kranken Organismus, ihre Ablagerung und ihre Ausscheidung qualitativ und quantitativ zu bestimmen, erwies sich die Hochfrequenzfunkenmethode als geeignet. Ihre Einfachheit und ihre Empfindlichkeit übertrifft für den qualitativen Nachweis von Spuren und für die quantitative Bestimmung sehr kleiner Mengen die bisher bekannten chemischen und histologischen Methoden recht wesentlich. Hierdurch ist auch ihre Anwendbarkeit bei der Untersuchung organischer Objekte für gewebepathologische und forensische Probleme gegeben. (Walther und Werner Gerlach in *Teil II*, S. V)

Diese längeren Auszüge aus den Vorworten von *Teil I* und *Teil II* der *Chemischen Emissionsspektralanalyse* mögen dem Leser eine Vorstellung des riesenhaften Programmes vermitteln, das klar der angewandten Physik zuzuordnen ist, die auf die Bereitstellung geeigneter und zuverlässiger (physikalischer) Methoden für die Nachbarwissenschaften und die industrielle Technik abzielt. Als ein Beispiel für diese Arbeitsrichtung Gerlachs drucken wir einen späteren Artikel als Text I.6 ab.

Die Gerlach-Schule vor und nach dem Zweiten Weltkrieg hatte zwei Hauptthemen in Bearbeitung: Die quantitative Spektralanalyse und vor allen Dingen die Untersuchung der elektrischen und magnetischen Eigenschaften ferromagnetischer Stoffe und ihrer Temperaturabhängigkeit (siehe z. B. die Arbeit mit H. Bittel und S. Velayos: Widerstand, spontane Magnetisierung und Curie-Punkt von Nickel, Sitzungsber. Bayer. Akad. Wiss., math.-naturwiss. Abt. 1936, S. 81–136). Diese Studien sowie andere, die der Grundlegung metallurgischer Verfahren gewidmet waren (z.B. Gerlach und H. Auer: Magnetische Untersuchungen der Ausscheidungshärtung, Metallwirtschaft *13*, 871–873 (1934)), stellten natürlich auch hervorragende Beiträge zum Gerlachschen Programm der angewandten Physik dar. Als Beispiel für die magnetischen Arbeiten steht als Text I.5 ein zusammenfassender Aufsatz über den Curiepunkt.

Die Aufgaben der Nachkriegszeit – Verwaltung und die Erneuerung der Institute in Bonn sowie München und das dreijährige Rektorat in München – ließen Walther Gerlach wenig Zeit zum eigenen Experimentieren. An seiner Stelle bemühten sich die immer zahlreicher werdenden Schüler und Mitarbeiter, denen der Professor viel eigene Freiheit und Initiative überließ, um zahlreiche Fragen vornehmlich aus der Spektroskopie und dem Ferromagnetismus zu lösen. Das Gerlachsche Institut der fünfziger Jahre steckte voller Aktivität und Leben: Alle Doktoranden und Diplomanden versuchten, der Natur neue Effekte zu entreißen und zwar mit möglichst einfachen und geschickten Methoden ohne große, teure Apparaturen. Gegen Ende seines offiziellen Wirkens als Institutsdirektor begann Gerlach noch eine neue Arbeitsrichtung, die Analyse der Radioaktivität der Niederschläge, die im wesentlichen durch Atombombentests verursacht wurde. Er setzte die Arbeiten über viele Jahre mit Klaus Stierstadt fort – die letzte gemeinsame Veröffentlichung stammt aus dem Jahre 1964. Die erste Publikation dieser Reihe beendet unsere Auswahl der physikalischen Schriften (siehe den Text I.7).

Referenzen

[1] Siehe M. Nida-Rümelin: *Bibliographie Walther Gerlach – Veröffentlichungen 1912–1979* (Deutsches Museum, München 1982)

[2] M. Born an A. Einstein, 12.2.1921. In *Albert Einstein, Hedwig und Max Born: Briefwechsel 1916–1955*, M. Born, Hrsg. (Nymphenburger Verlagshandlung, München 1969) S. 82

[3] M. Born: *Mein Leben. Die Erinnerungen des Nobelpreisträgers* (Nymphenburger Verlagshandlung, München 1975) S. 261

[4] W. Schütz: Persönliche Erinnerungen an die Entdeckung des Stern-Gerlach-Effektes. Phys. Blätter **25**, 343–345 (1969); bes. S. 345

[5] A. Einstein an M. Born, 1922. In Ref. [2], S. 103

Annalen der Physik (4) *50*, 259–269 (1916)

3. *Die Konstante des Stefan-Boltzmannschen Strahlungsgesetzes; neue absolute Messungen zwischen 20 und 450° C.;*

von Walther Gerlach.

A. Versuchsanordnung.

1. Die im folgenden mitgeteilten Resultate bilden eine Erweiterung der früher ausgeführten absoluten Messungen der Strahlungskonstanten σ im Stefan-Boltzmannschen Gesetz

$$S = \sigma T^4.$$

Es wurde nach der gleichen Methode[1]), jedoch mit völlig neuer Anordnung gearbeitet. Erweitert sind die Messungen insofern, als zu höheren Temperaturen übergegangen wurde. Jedoch beschränkte ich mich auf den Temperaturbereich zwischen 20 und 450° C., da höhere Temperaturen weder mit hoher Genauigkeit festgelegt, noch mit relativ einfachen, noch leicht übersehbaren Anordnungen für Strahlungsmessungen reproduzierbar sind. Es wurde ferner stets bei demselben, ziemlich kleinen, Abstand von etwa 33 cm zwischen Thermosäule und schwarzem Körper gemessen, um niedere und hohe Temperaturerhöhungen des Empfängers zu erhalten, weil vor allem von Valentiner[2]) auf eine mögliche Fehlerquelle in meiner Anordnung hingewiesen wurde, die durch die Temperaturerhöhung des Meßstreifens bedingt sein soll.

2. Bezüglich Konstruktion und Verwendung der Thermosäule sei auf frühere Angaben verwiesen; für die letzten Messungen (vgl. Anordnung III) stand mir ein verbessertes Paschengalvanometer[3]) zur Verfügung, das bei höherer Instrumentempfindlichkeit vorzügliche Konstanz der Empfindlichkeit und der Ruhelage hatte. Diese Versuche haben demgemäß größere innere Genauigkeit. Es wurde ferner fast stets bei vollkommener austemperierter Meßanordnung ge-

1) W. Gerlach, Ann. d Phys. **38**. p. 1. 1912.

2) S. Valentiner, Ann. d. Phys. **39**. p. 489. 1912.

3) F. Paschen, Phys. Zeitschr. **14**. p. 521. 1913.

Annalen der Physik (4) *50*, 259–269 (1916)

arbeitet, so daß die „Gangbeobachtungen“ [1]) nur selten erforderlich waren. Der Streifen ist mit Platinmohr nach Lummer-Kurlbaums elektrolytischem Verfahren dick platiniert, er hat ein schönes, gleichmäßig samtschwarzes Aussehen.

3. Fig. 1 gibt eine Skizze der Versuchsanordnung. *S* ist der schwarze Körper, der unten näher beschrieben ist. Er steht hinter einem großen Wassertrog *W* mit Ausschnitt zum Durchgang der Strahlung; an ihm liegt eine ebenfalls von Wasser durchflossene Zugklappe *K* an; vor dieser steht, gleichfalls von Wasser gekühlt, das Hauptstrahlungsdiaphragma *D*, leicht auswechselbar in einen großen Metallschirm eingesetzt. Es war in eine 5 mm dicke Kupferplatte konisch eingedreht und dann abgeschliffen. Die Dimensionen der beiden benutzten Diaphragmen wurden durch wiederholte Messungen auf einem Zeißkomparator ermittelt; sie betrugen $D_1 = 1{,}6513\,\text{cm}^2$, $D_2 = 0{,}794_9\,\text{cm}^2$. Durch Benutzung derselben Wassermenge zur Kühlung von Blenden, Diaphragma und Klappen war deren Temperatur gleich und lange Zeit auf weniger als $0{,}1^0$ konstant. — Im Abstand *R* vom Hauptdiaphragma stand die absolute Thermosäule, durch Blenden vor Luftströmungen und diffuser Strahlung geschützt. Verschiedentlich wurden in den Strahlengang Blenden mit enger Öffnung eingeschaltet, um die Anordnung auf Abwesenheit diffuser und reflektierter Strahlung zu prüfen. Die Temperatur der Klappe wurde durch ein Thermometer (in zehntel Grad geteilt) gemessen, das in metallischem Kontakt mit derselben war. Die Entfernung *R* betrug bei

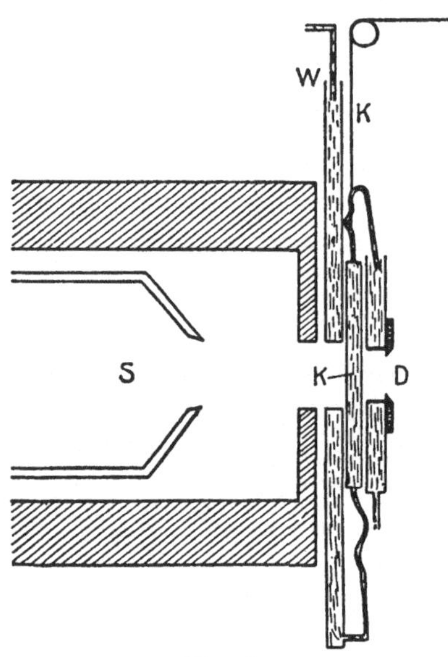

Fig. 1.

Anordnung	I	331,12 mm	
„	II	331,12 „	
„	III	330,12 „	(anderes Thermosäulengehäuse);

1) W. Gerlach, l. c. p. 20.

sie war durch ein sorgfältig ausgewertetes Stichmaß gegeben, das zwischen Diaphragma und Thermosäulengehäuse horizontal eingeschaltet war. Die Dicke des letzteren bis zu dem die Empfängerfläche definierenden Silberspalt wurde mit einem Sphärometer gemessen.

4. Fig. 2 gibt die Konstruktion des elektrisch geheizten schwarzen Körpers. Der innere Hohlraum S war aus 6 mm dickem Kupfer, alle Teile hart verlötet, geschwärzt. Er war

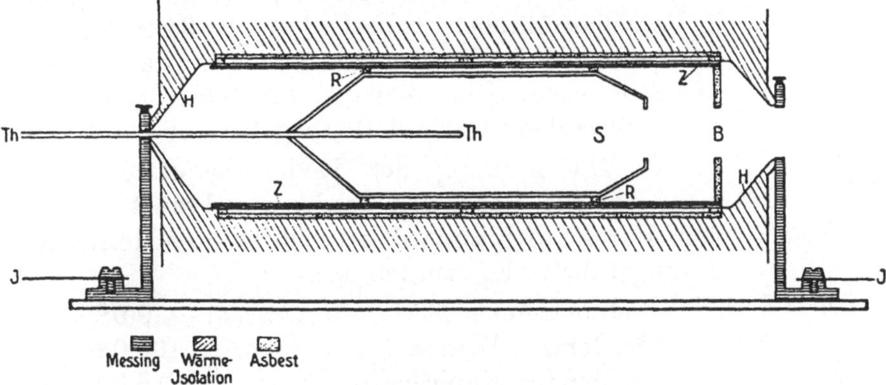

Fig. 2. Schwarzer Körper.

mit zwei Ringen R aus Asbestschnur in einem etwas weiteren, dünnen Tonzylinder Z gehalten, also von einem Luftraum umgeben. Um den Tonzylinder war das Heizblech H aus 0,002 mm dickem Nickelblech gelegt, gehalten mit einigen Asbestschnüren; durch deren Dicke war ein zweiter Luftmantel gegeben — einige Millimeter —, begrenzt durch einen Asbestzylinder, den dann weiter die — durch Schraffierung angedeutete — dicke Wärmeisolierung aus Asbestwolle und Kieselguhr umgab. Die Stromzuführung erfolgte vorne und hinten, wo das Heizblech zusammengebogen und mittels Ring und Rundklemme an metallische Stützen angeschlossen war. A sind Asbestringe, Th das die Temperatur des Strahlers messende Thermoelement. Die Wärmeisolation war gut, die Temperaturkonstanz für die Dauer von mehreren Strahlungsmessungen gleichfalls völlig ausreichend. Die Temperaturverteilung im Hohlraum und an der Wand, sowie im hinteren Luftraum war völlig gleichmäßig, wie Messungen mit Thermoelementen und Platinwiderstandsthermometer ergaben.

Annalen der Physik (4) 50, 259–269 (1916)

B. Temperaturmessung des Strahlers.

5. Die Temperaturmessung erfolgte mittels eines Thermoelements aus 0,2 mm dickem Eisen- und Konstantandraht (von Hartmann & Braun). Die Drahtstücke waren nach den gebräuchlichen Methoden auf innere Homogenität untersucht; sie waren nach intensivem Ausglühen und stundenlanger Erhitzung im Heizkasten auf zirka 200° C. fast absolut gleichförmig. Durch eine Spur Silber stumpf aneinander gelötet, waren sie (Fig. 3) in Porzellanröhrchen isoliert, deren äußeres an der Lötstelle des Thermoelements sehr dünnwandig zugeblasen war. Die „kalten" Lötstellen waren in einem Petroleumbad auf 0° C. gehalten.

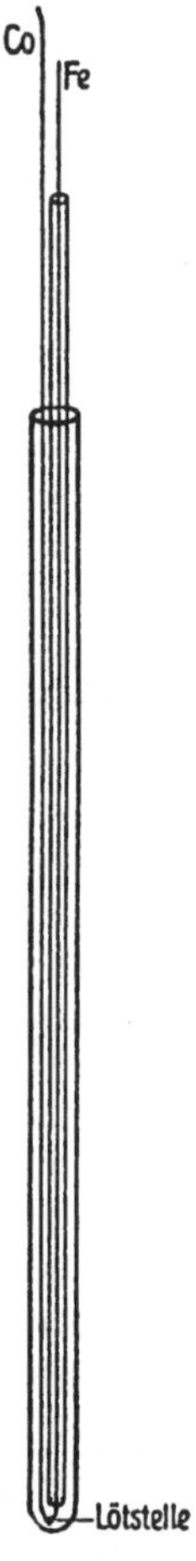

Co Fe Lötstelle

Fig. 3. Thermoelement.

6. Die Eichung der beiden benutzten Elemente wurde nach den in der Reichsanstalt und dem Bureau of Standards ausgearbeiteten Methoden durchgeführt. Es wurden benutzt:

Schmelzendes Eis	0,0°
Siedendes Wasser	100,0°
Siedendes Naphthalin	218,0°
Siedender Schwefel	444,6°

Eine Umrechnung mit den neuen, von der Reichsanstalt[1]) angegebenen Werten 217,96° und 444,55° wurde unterlassen, da diese Differenz auf die Konstante des Strahlungsgesetzes ohne Einfluß ist.

Zum Sieden aller Substanzen diente derselbe Apparat, der elektrisch geheizt wurde. Die Höhe der Heizspule betrug 10 cm, um mindestens 5 cm überragt von der siedenden Flüssigkeit, zur Vermeidung etwaiger Überhitzung. Es erwies sich als besonders günstig, zwischen der Heizspule, die auf einem dünnen Tonzylinder aufgewickelt war, und Glassiederohr eine lockere Schicht von Asbestschnur bis an das Ende der siedenden Flüssigkeit zu bringen; das Sieden erfolgte dann merklich gleichmäßiger als mit Luftzwischenraum oder mit fester Isolierpackung. Bei geringster Energiezufuhr ($4^1/_2$ Amp. bei 60 Volt) siedete der Schwefel viele Stunden lang absolut gleichmäßig.

1) Verh. d. D. Phys. Ges. 18. p. 1. 1916.

Tabelle I gibt die Eichungsmessungen des Thermoelements. Die Chemikalien waren von Kahlbaum bezogen.

Tabelle I.

Messungen mm	Substanz	Angenommene Siedetemperatur bei 760 mm	Beob. EMK × 10^2	Abweichungen vom Mittel
Nov./Dez. 1913	Wasser	100,0°	0,5040	0,05%
Nov. 1913	Naphthalin	218,0°	1,1382	+ 0,03%
Dez. 1913			1,1375	− 0,04%
Juni 1914			1,1381	+ 0,02%
Okt. 1913	Schwefel	444,6°	2,3630	< 0,01%
Dez. 1913			2,3633	
Juni 1914			2,3630	

7. Zur Kontrolle standen mir einige Quecksilberthermometer mit Prüfungsscheinen und ein gleichfalls von der Reichsanstalt geprüftes Platinwiderstandsthermometer zur Verfügung. Die Eichungen der Thermometer, die in dem Siedeapparat wiederholt wurden, lieferten mit den Prüfungstabellen übereinstimmende Resultate. Die Genauigkeit meines Platinthermometers ist bei 450° nur zu ± 1° angegeben. Da bei einigen Strahlungsmessungen die Temperatur außer mit dem Thermoelement auch mit dem Widerstandsthermometer gemessen wurde, sei der Vergleich der beiden Temperaturskalen angegeben:

Tabelle II.

Thermoelementtemp. nach meiner Eichung	Platintemperatur nach der Tabelle der P. T. R.	Differenz Pt—Th
101,3¹)	101,0¹)	− 0,3° = − 0,30%
143,3¹)	142,9¹)	− 0,4° = − 0,28%
214,3¹)	214,5¹)	+ 0,2° = + 0,09%
217,5²)	218,0²)	+ 0,5° = + 0,23%
248,6¹)	249,0¹)	+ 0,4° = + 0,16%
311,8¹)	312,7¹)	+ 0,9° = + 0,29%
373,0¹)	374,4¹)	+ 1,4° = + 0,38%
430,3¹)	430,7¹)	+ 0,4° = + 0,09%
443,3²)	443,8²)	+ 0,5° = + 0,12%

1) Messungen in einem Vergleichsofen.

2) Siedepunktsmessungen von Naphthalin und Schwefel (beobachtete Werte ohne Barometerkorrektion).

C. Die Strahlungsmessungen.

8. Zunächst wurde die Thermosäule auf vollkommene Isolation zwischen Meßstreifen und Thermoelementen geprüft. Ferner wurde untersucht, ob die Einstellung des Galvanometers bei Strahlungs- und Stromheizungen des Streifens sich gleichartig vollzog[1]), und drittens wurde die Proportionalität zwischen den Angaben der Thermosäule (Galvanometerausschläge) mit der Stromheizung geprüft. Alle Bedingungen waren vollkommen erfüllt, für die Proportionalitätsmessungen sei eine beliebige Meßreihe aus einem Versuch gegeben (Tabelle III).

Tabelle III.

Heizstrom	Ausschlag	Proportionalität	Differenz gegen Mittel in Proz.
0,01313	71,4	2414	0,5
0,02699	303,6	2400	0,08
0,03370	473,8	2397	0,2
0,03865	621,6	2403	0,04
0,04330	782,8	2395	0,3

Die Messung des Stromes erfolgte durch Kompensation an einem Normalohm, die Spannung an den Streifenenden zur Berechnung der elektrischen Energie wurde gleichfalls durch Kompensation gemessen. Spannungsmessungen durch Potentialdrähte, welche in einiger Entfernung von den Streifenenden angelötet waren, ergaben gleiches Resultat.[2])

9. Vor Beginn der Strahlungsmessungen wurde die Temperaturverteilung im Hohlraum untersucht. Erst nachdem diese konstant geworden war (was sehr bald geschah), wurde mit den Messungen begonnen. Die Heizung des schwarzen Körpers erfolgte derart, daß mit hoher Stromstärke (100 Amp. bei 4 Volt) angeheizt und dann durch Verminderung oder Ausschalten des Stromes, je nach der Temperatur, Konstanz der Temperatur eingestellt wurde. Öffnen und Schließen der Klappe erfolgte vom Beobachtungsfernrohr aus, Nullpunkt des Galvanometers, Nulleinstellung der Thermosäule und Einstellung des Ausschlags war bei fast allen Messungen konstant.

1) W. Gerlach, l. c. und Ann. d. Phys. **41.** p. 99. 1913.
2) W. Gerlach, Physik. Zeitschr. **17.** p. 150. 1916.

10. Tabellen IV, V und VI geben die — im November, Dezember 1913 und Januar 1914 ausgeführten — Messungen, nach Temperaturen geordnet. Die Messungen der Tabelle V sind nach Umbau und neuer Justierung der Anordnung 1 ausgeführt, die Messungen der Tabelle VI mit dem kleineren Diaphragma (D 2) mit gleichfalls vollkommen neu aufgestellter Anordnung. Die Berechnung der Versuchswerte erfolgte nach der früher abgeleiteten Formel

$$A\, i^2 \omega = \frac{\sigma}{\pi} (T_1^4 - T_2^4) \frac{F_1 \cdot F_2}{R^2} \cdot f(F_1, F_2, R),$$

worin $f\,(F_1, F_2, R)$ die Korrektion wegen der nicht gleichen Abstände aller Flächenelemente des Strahlers von denen des Empfängers bedeutet. T_2 ist die Temperatur des bei geschlossener Klappe zur Thermosäule strahlenden Hohlraumes.

Tabelle IVa.

Anordnung Nr. 1.

T_1 °C.	T_2 °C.	$\sigma \times 10^{12}$ beob.	Reflex. Korr.	CO_2 Korr.	H_2O Korr.	$\sigma \times 10^{12}$
158,8	20,60	5,75	Für alle Messungen $+ 0{,}10 \times 10^{-12}$			5,85
158,8	20,60	5,71				5,81
158,8	20,60	5,71		0 %	0 %	5,81
159,4	20,60	5,64				5,74
232,1	20,05	5,66				5,80
232,1	20,05	5,66				5,80
238,4	20.05	5,80		0,4 %	0,2 %	5,95
238,4	20,05	5,80				5,95
238,4	20,05	5,69				5,83
239,7	20,05	5,65				5,79
292,1	21,00	5,73		1,2 %	0 %	5,90
311,9	22,30	5,69				5,86
312,7	22,30	5,76				5,93
313,6	22,30	5,57		1,2 %	0 %	5,73
314,3	22,30	5,73				5,90
317,6	22,30	5,64				5,81
342,6	22,30	5,60				5,76
343,1	22,30	5,60				5,76
346,6	22,30	5,74				5,90
351,1	22,30	5,53		1,0 %	0 %	5,69
352,0	22,30	5,74				5,90
355,5	22,30	5,61				5,77
356,5	22,30	5,64				5,80
359,7	22,30	5,67				5,83
429,5	21,00	5,60				5,74
433,5	21,00	5,71		0,7 %	0 %	5,85
435,3	21,00	5,64				5,78
436,2	21,00	5,55				5,69

Annalen der Physik (4) *50*, 259–269 (1916)

Tabelle IVb.

Mittelwerte der Messungen mit Anordnung Nr. 1.

Temperatur-bereich	$\sigma \times 10^{12}$ beob.	$\sigma \times 10^{12}$ Korr.
~ 160	5,70	5,80
230—240	5,69	5,83
~ 290	5,73	5,90
310—320	5,68	5,85
340—360	5,64	5,80
430—440	5,63	5,77

Mittel: **5,83** · **10**$^{-12}$ Watt cm^{-2} Grad^{-4}

Tabelle Va.

Anordnung Nr. 2.

T_1 °C.	T_2 °C.	$\sigma \times 10^{12}$ beob.	Reflex. Korr.	CO_2 Korr.	H_2O Korr.	$\sigma \times 10^{12}$
100,6	18,40	5,69	$+0{,}10 \times 10^{-12}$			5,79
101,5	18,40	5,70				5,80
102,6	18,40	5,72		0 %	0 %	5,82
103,5	18,40	5,71				5,81
193,7	20,00	5,66				5,78
202,1	19,90	5,73		0,2 %	0,2 %	5,85
204,7	19,90	5,70				5,82

Tabelle Vb.

Mittelwerte der Messungen mit Anordnung Nr. 2.

Temperatur-bereich	$\sigma \times 10^{12}$ beob.	$\sigma \times 10^{12}$ Korr.
~ 100	5,70	5,83
~ 200	5,70	5,82

Mittel: **5,83** · **10**$^{-12}$ Watt cm^{-2} Grad^{-4}

11. Das Reflektionsvermögen des Empfängers wurde nicht besonders bestimmt, es ist hier wie früher eine Korrektion von 0,10 Watt cm^{-2} grad^{-4} angebracht, welche wohl bis auf einige wenige Promille als richtige Korrektionsgröße angesehen werden darf.[1]) Die Versuche mit Anordnung 1 und 2 ergeben einen etwas kleineren Wert als Anordnung 3. Das bei den erstgenannten Versuchen verwandte Diaphragma war so groß

1) Z. B. W. W. Coblentz, Bull. Bur. Stand. **9**. p. 283. 1913.

Tabelle VIa.

Anordnung Nr. 3.

T_1 °C.	T_2 °C.	$\sigma \times 10^{12}$ beob.	Reflex. Korr.	CO_2 Korr.	H_2O Korr.	$\sigma \times 10^{12}$
254,9	15,60	5,76	$+0{,}10 \times 10^{-12}$ für alle Messungen	0,4%	0%	5,88
257,1	15,50	5,78				5,90
257,1	15,50	5,78				5,90
258,7	15,60	5,78				5,90
259,7	15,60	5,79				5,91
303,8	15,50	5,70		1,2%	0%	5,87
303,8	15,50	5,70				5,87
314,4	16,10	5,79				5,96
315,1	16,10	5,80				5,97
343,1	15,00	5,71		1,0%	0%	5,87
343,1	15,00	5,71				5,87
344,0	15,00	5,74				5,90
358,9	14,60	5,77				5,93
358,9	14,60	5,77				5,93
394,3	15,70	5,70		0,7%	0%	5,84
394,3	15,70	5,70				5,84
395,4	15,70	5,67				5,81
400,5	15,70	5,69				5,83

Tabelle VIb.

Mittelwerte der Messungen mit Anordnung Nr. 3.

Temperatur-bereich	$\sigma \times 10^{12}$ beob.	$\sigma \times 10^{12}$ Korr.
250—260	5,78	5,90
300—320	5,75	5,92
340—360	5,74	5,90
390—400	5,69	5,85

Mittel: **$5{,}89 \cdot 10^{-12}$** Watt cm^{-2} Grad^{-4}

als möglich, um eben noch alle Strahlung aus dem Innern des schwarzen Körpers auszunutzen, aber keine falsche Strahlung z. B. von kälteren Teilen zuzulassen. Es ist nicht unmöglich, daß deshalb Anordnung 3 mit einem wesentlich kleineren Diaphragma in höherem Maße schwarze Strahlung ergab als 1 und 2. Da jedoch sichere Grundlagen hierfür fehlen und die Abweichung noch innerhalb der Meßgenauigkeit liegt, sind die Gesamtmittel, Tabelle IVb, Vb, VIb, in gleicher Weise zur Berechnung des Endwertes herangezogen. Die Spalten mit „CO_2-Korr. und H_2O-Korr. geben die experimentell ermittelten Korrektionen für die Absorption der Strahlung im Kohlensäure- und Wasserdampfgehalt der Atmosphäre.[1])

D. Resultat.

12. *Als Endwert folgt aus 52 voneinander unabhängigen Strahlungsmessungen, deren jeder mindestens 2 Strahlungs- und Strombeobachtungen zugrunde liegen, für die Konstante des Stefan-Boltzmannschen Strahlungsgesetses zwischen 300⁰ und 700⁰ absolut*

$$\underline{\sigma = \mathbf{5{,}85 \times 10^{-12}\,Watt\,cm^{-2}\,Grad^{-4}}.}$$

Dieser Wert steht in guter Übereinstimmung zwischen mit dem früher zwischen 0^0 und 100^0 C von mir bestimmten Werte $5{,}9 \cdot 10^{-12}$. Die Einzelwerte der neuen Bestimmungen schwanken zwischen 5,77 und 5,93, woraus eine Genauigkeit von 1—$1\,^1/_2$ Proz. folgt.

13. Die exakte absolute Messung der Strahlungskonstanten gestattet eine Prüfung der Planckschen Strahlungstheorie. Planck berechnet mit Hilfe der Strahlungskonstanten σ des Integralgesetzes und der Konstanten c_2 (resp. $b = \lambda_m T$) des spektralen Strahlungsgesetzes Werte für die universellen Konstanten h und k, sowie für das elektrische Elementarquantum e und die Lohschmidtsche Zahl N. Da aber der Wert von c_2 in der dritten resp. vierten Potenz eingeht, so ist die Prüfung der Theorie wesentlich durch die Genauigkeit der Bestimmung dieses Strahlungswertes bedingt. Durch die Ausführung direkter experimenteller Messungen der Konstanten h des Energiequantums ist aber die Möglichkeit gegeben, doppelte Beziehungen zu errechnen. Nach Millikans[2]) neuen photoelektrischen Messungen ist unter Annahme der Größe des Elementarquantums zu $4{,}77 \times 10^{-10}$ elst. Einh.

$$h = 6{,}58 \times 10^{-27}\ \mathrm{erg/sec}.$$

Aus Plancks Formel $h = \frac{a\, c_2^4}{48\, \pi\, \alpha\, c}$ folgt mit $h = 6{,}58$ und $a = 4\,\sigma/c = 7{,}80 \times 10^{-15}$ erg/cm^{-3} Grad^{-4} ($\sigma = 5{,}85 \times 10^{-12}$ Watt cm^{-2} Grad^{-4}) für die Konstante c_2 der Wert 1,4250.

1) Vgl. die vorstehende Arbeit.

2) R. A. Millikan, Phys. Rev. (2) 7. p. 18. 1916.

Die neuesten Messungen der Reichsanstalt von Warburg und Müller[1]) lassen die Werte zu

$$C_2 = 1{,}4250, \quad 1{,}4300, \quad 1{,}4400,$$

und zwar folgt der niedrigste Wert aus Messungen, bei welchen die Temperatur nach dem Stefan-Boltzmannschen Gesetz erhalten war. Berechnet man mit diesem c_2-Wert nach Plancks Theorie das Elementarquantum der Elektrizität, so folgt für dieses

$$e = 4{,}83 \times 10^{-10} \text{ elst. Einh.},$$

während der beste experimentelle Wert nach Millikan ist:

$$e = 4{,}77 \times 10^{-10} \text{ elst. Einh.};$$

zum Vergleich seien die e- und h-Werte angegeben, die aus Plancks Theorie für $\sigma = 5{,}55$ (Westphal) und 5,85 (Gerlach) unter Zugrundelegung der c_2-Werte 1,425, 1,430, 1,440 folgen:

Mit c_2	folgt nach Plancks Theorie für das Elementarquantum aus $\sigma = 5{,}55 \times 10^{-12}$		$\sigma \doteq 5{,}85 \times 10^{-12}$	
	$e \times 10^{10}$	$h \times 10^{27}$	$e \times 10^{10}$	$h \times 10^{27}$
1,425	4,58	6,23	4,83	6,57
1,430	4,63	6,31	4,88	6,66
1,440	4,73	6,50	4,98	—

Für die Loschmidtsche Zahl folgt nach Plancks Theorie mit meinem σ-Wert $N = 60{,}0 \times 10^{22}$ ($c_2 = 1{,}425$) und $N = 59{,}3$ ($c_2 = 1{,}430$). Direkt gemessen ist z. B. von Nordlund 59.1×10^{22}.

Tübingen, Physikal. Inst. der Universität, März 1916.[2])

1) E. Warburg u. C. Müller, Ann. d. Phys. **48.** p. 410. 1915.
2) Auszug aus der Tübinger Habilitationsschrift des Verfassers.

(Eingegangen 10. April 1916.)

Der experimentelle Nachweis der Richtungsquantelung im Magnetfeld.

Von **Walther Gerlach** in Frankfurt a. M. und **Otto Stern** in Rostock.

Mit sieben Abbildungen. (Eingegangen am 1. März 1922.)

Vor kurzem[1]) wurde in dieser Zeitschrift eine Möglichkeit angegeben, die Frage der Richtungsquantelung im Magnetfeld experimentell zu entscheiden. In einer zweiten Mitteilung[2]) wurde gezeigt, daß das normale Silberatom ein magnetisches Moment hat. Durch die Fortsetzung dieser Untersuchungen, über die wir uns im folgenden zu berichten erlauben, wurde die Richtungsquantelung im Magnetfeld als Tatsache erwiesen.

Versuchsanordnung. Methode und Apparatur waren im allgemeinen die gleichen wie bei unseren früheren Versuchen. Im einzelnen wurden jedoch wesentliche Verbesserungen[3]) vorgenommen, welche wir in Ergänzung unserer früheren Angaben hier mitteilen. Der Silberatomstrahl kommt aus einem elektrisch geheizten Öfchen aus Schamotte mit einem Stahleinsatz, in dessen Deckel zum Austritt des Silberstrahls eine 1 mm² große kreisförmige Öffnung sich befand. Der Abstand zwischen Ofenöffnung und erster Strahlenblende wurde auf 2,5 cm vergrößert, wodurch ein Verkleben der Öffnung durch gelegentlich aus dem Öfchen spritzende Silbertröpfchen wie auch ein zu schnelles Zuwachsen durch das Niederschlagen des Atomstrahls verhindert wurde. Diese erste Blende ist annähernd kreisförmig und hat eine Fläche von $3 . 10^{-3}$ mm². 3,3 cm hinter dieser Lochblende passiert der Silberstrahl eine zweite spaltförmige Blende von 0,8 mm Länge und 0,03 bis 0,04 mm Breite. Beide Blenden sind aus Platinblech. Die Spaltblende sitzt am Anfang des Magnetfeldes. Die Öffnung der Spaltblende liegt unmittelbar über der Schneide S (vgl. hierzu Fig. 1) und ist zur ersten Lochblende und zur Ofenöffnung so justiert, daß der Silberstrahl parallel der 3,5 cm langen Schneide verläuft. Unmittelbar am Ende der Schneide trifft der Silberatomstrahl auf ein Glasplättchen, auf dem er sich niederschlägt.

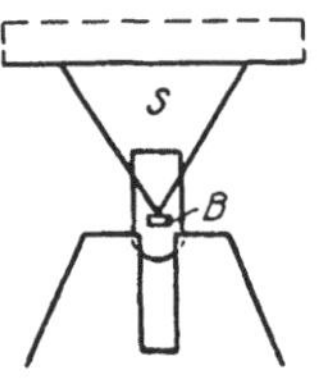

Fig. 1.

[1]) O. Stern, ZS. f. Phys. 7, 249, 1921.

[2]) W. Gerlach u. O. Stern, ebenda 8, 110, 1921.

[3]) Diese konnten in gemeinsamer Arbeit während der Weihnachtsferien ausgearbeitet und erprobt werden. Die endgültigen Versuche mußten infolge Wegganges des einen von uns (St.) von Frankfurt von dem anderen (G.) allein ausgeführt werden.

Die beiden Blenden, die beiden Magnetpole und das Glasplättchen, sitzen in einem Messinggehäuse von 1 cm Wandstärke starr miteinander verbunden, so daß ein Druck der Pole des Elektromagneten weder eine Deformation des Gehäuses noch eine Verschiebung der relativen Lage der Blenden, der Pole und des Plättchens verursachen kann.

Evakuiert wird wie bei den ersten Versuchen mit zwei Volmerschen Diffusionspumpen und Gaede-Hg-Pumpe als Vorpumpe. Bei dauerndem Pumpen und Kühlen mit fester Kohlensäure wurde ein Vakuum von etwa 10^{-5} mm Hg erreicht und dauernd gehalten.

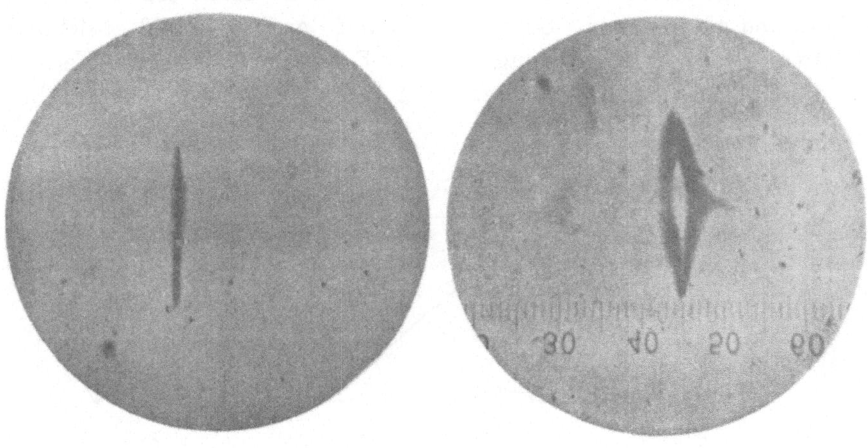

Fig. 2. Fig. 3.

Die „Belichtungszeit“ wurde auf acht Stunden ohne Unterbrechung ausgedehnt. Aber auch nach achtstündiger Verdampfung war wegen der sehr engen Blenden und der großen Strahllänge der Niederschlag des Silbers auf der Auffangeplatte noch so dünn, daß er — wie früher mitgeteilt — entwickelt werden mußte.

Ergebnisse. Fig. 2 gibt zunächst eine Aufnahme mit $4^1/_2$stündiger Bestrahlungszeit ohne Magnetfeld; die Vergrößerung ist ziemlich genau 20fach. Die Ausmessung des Originals im Mikroskop mit Okularmikrometer ergab folgende Dimensionen: Länge 1,1 mm, Breite an der schmalsten Stelle 0,06 mm, an der breitesten Stelle 0,10 mm. Man sieht, daß der Spalt nicht ganz genau parallel ist. Es sei aber darauf hingewiesen, daß die Figur den Spalt selbst in 40facher Vergrößerung darstellt, da das „Silberbild“ des Spaltes schon doppelte Dimension hat; es ist schwierig, einen solchen Spalt in einer Fassung von wenigen Millimetern herzustellen.

Fig. 3 gibt eine Aufnahme bei achtstündiger Belichtungszeit mit Magnetfeld in 20facher Vergrößerung (20 Skt. des Skalenbildes = 1 mm). Es ist dies die am besten gelungene Aufnahme. Zwei andere Aufnahmen ergaben in allen wesentlichen Punkten das gleiche Ergebnis, jedoch nicht mit dieser vollkommenen Symmetrie. Es muß hier gesagt werden, daß eine sichere Justierung so kleiner Blenden auf optischem Wege sehr schwierig ist, daß zur Erzielung einer so vollkommen symmetrischen Aufnahme wie in Fig. 3 schon etwas Glück gehört; Falschstellungen einer Blende um wenige hundertstel Millimeter genügen schon, eine Aufnahme völlig zum Scheitern zu bringen.

Die Ergebnisse der zwei anderen Versuche seien schematisch in Fig. 4a und 4b gegeben. Bei Fig. 4a verlief der Silberstrahl absichtlich in etwas größerer Entfernung von der Schneide als in dem Versuch der Fig. 3. Die Spaltblende war hier nicht vollständig „ausgefüllt".

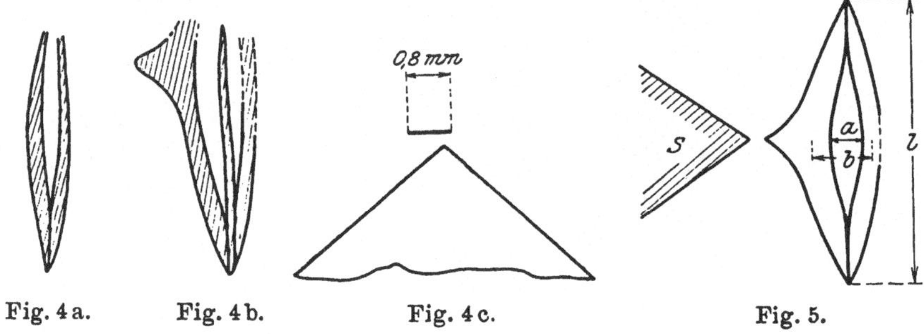

Fig. 4a. Fig. 4b. Fig. 4c. Fig. 5.

Bei Fig. 4b war auf derselben Platte ein Niederschlag eines Versuches ohne Feld und mit Feld; der Strahl ging sehr nahe an der Schneide vorbei, war aber in Richtung senkrecht zum Feld um etwa 0,3 mm verschoben (Fig. 4c). Bezüglich der Klarheit der Bilder, der vollständigen Aufspaltung und aller anderen Einzelheiten stehen aber auch diese Aufnahmen der in Fig. 3 wiedergegebenen in nichts nach.

Die Aufnahmen zeigen, daß der Silberatomstrahl im inhomogenen Magnetfeld in der Richtung der Inhomogenität in zwei Strahlen aufgespalten wird, deren einer zum Schneidenpol hingezogen, deren anderer vom Schneidenpol abgestoßen wird. Die Niederschläge zeigen folgende Einzelheiten (vgl. hierzu die schematische Fig. 5).

a) Die Dimensionen des Originals wurden im Mikroskop bestimmt: Länge l 1,1 mm, Breite a 0,11 mm, Breite b 0,20 mm.

b) Die Aufspaltung des Atomstrahles im Magnetfeld erfolgt in zwei diskrete Strahlen. Es sind keine unabgelenkten Atome nachweisbar.

c) Die Anziehung ist etwas stärker als die Abstoßung. Die angezogenen Atome kommen näher an den Pol und damit in Zonen größerer Inhomogenität, so daß die Ablenkung während des Vorbeifliegens immer größer wird. Fig. 3 und 4b zeigen die ganz beträchtlich erhöhte Ablenkung direkt an der Schneide des einen Magnetpoles. In unmittelbarer Nähe der Schneide wird die Anziehung sehr groß, so daß die zur Schneide zeigende scharf zugespitzte Ausbuchtung entsteht.

d) Die Breite der abgelenkten Streifen ist größer als die Breite des unabgelenkten Bildes. Letzteres ist einfach das auf das Glasplättchen von der Blende B_1 aus projizierte Bild der Spaltblende B_2. Der abgelenkte Streifen wird infolge der Geschwindigkeitsverteilung der Silberatome verbreitert.

e) Dieser Umstand verschärft den Nachweis dafür, daß unabgelenkte Atome nicht in merkbarer Menge vorhanden sind [vgl. b)]. Denn der Nachweis der auf kleiner Fläche zusammenfallenden unabgelenkten Atome ist viel empfindlicher als der auf breiterer Fläche auseinandergezogenen abgelenkten Atome. Die Stellung der magnetischen Achse senkrecht zur Feldrichtung scheint somit nicht vorhanden zu sein.

Wir erblicken in diesen Ergebnissen den direkten experimentellen Nachweis der Richtungsquantelung im Magnetfeld.

Eine ausführliche Darstellung der Versuche und Resultate unserer bisherigen kurzen Mitteilungen wird in den Annalen der Physik erscheinen, sobald wir auf Grund genauerer Ausmessungen der Inhomogenität des Magnetfeldes eine quantitative Angabe der Größe des Magnetons machen können.

Den für diese Versuche benötigten Elektromagneten beschafften wir mit Mitteln aus einer Stiftung des Kaiser Wilhelm-Instituts für Physik, dessen Direktor, Herrn A. Einstein, auch hier unser herzlichster Dank ausgesprochen werden soll. Ferner danken wir der Vereinigung von Freunden und Förderern der Universität Frankfurt a. M. ergebenst für die reichen Mittel, die sie uns so bereitwillig zur Weiterführung der Versuche zur Verfügung gestellt hat.

Frankfurt a. M. und Rostock i. M., im Februar 1922.

Mit O. Stern in Zeitschrift für Physik 9, 353–355 (1922)

Das magnetische Moment des Silberatoms.

Von **Walther Gerlach** in Frankfurt a. M. und **Otto Stern** in Rostock.

(Eingegangen am 1. April 1922.)

In drei vorangegangenen kurzen Abhandlungen wurde 1. darauf hingewiesen, daß die Untersuchung der Ablenkung eines Molekularstrahles im Magnetfeld eine Prüfung der Richtungsquantelung ermöglicht[1]), 2. der Nachweis erbracht, daß das normale Silberatom im Gaszustand ein magnetisches Moment besitzt[2]), 3. der experimentelle Beweis der Richtungsquantelung im Magnetfeld[3]) mitgeteilt. Die folgende Notiz bringt die Messung des magnetischen Moments des Silberatoms.

Hierzu ist zweierlei nötig: Erstens muß der Abstand z des Atomstrahls von der Polschneide sowohl im unabgelenkten (Magnetfeld 0) wie im abgelenkten (Magnetfeld $\mathfrak{H}$) Zustand genau bekannt sein. Zweitens muß in den Entfernungen, in denen die abgelenkten Atome längs der Schneide vorbeilaufen, die Inhomogenität des Feldes in Richtung senkrecht zum Strahl $\left(\frac{\partial \mathfrak{H}}{\partial z}, \text{ s. I}\right)$ gemessen werden.

Ersteres wurde durch weitere Verbesserungen an der Justierungsmethode sowie durch am Ende der Schneide angebrachte Marken aus Quarzfäden, welche im Silberniederschlag als „Schatten" zu sehen sind und Bezugspunkte für die Ausmessung geben, erreicht. Auch wurden noch engere Spaltblenden (als in III) verwendet, wodurch die Niederschläge schmaler wurden.

Die Inhomogenität des Magnetfeldes wurde über die ganze Feldbreite bestimmt aus Messungen von grad $\mathfrak{H}^2$ durch direkte Wägung der Abstoßungskraft auf einen sehr kleinen Probekörper aus Wismut von Punkt zu Punkt und der Messung der Feldstärke durch Widerstandsänderung eines dünnen parallel zur Schneide gespannten Wismutdrahtes. Die folgende Tabelle gibt die Inhomogenität in Gauß pro cm

z mm	$\frac{\partial \mathfrak{H}}{\partial z} \times 10^{-4}$
0,15	23,6
0,20	17,3
0,30	13,5
0,40	11,2

1) O. Stern, ZS. f. Phys. 7, 249, 1921 (zitiert als I).
2) W. Gerlach und O. Stern, ebenda 8, 110, 1921 (zitiert als II).
3) W. Gerlach und O. Stern, ebenda 9, 349—352, 1922 (zitiert als III).

in der durch die Schneide gehenden Symmetrieebene als Funktion des Abstandes z von der Schneide.

Die in I angegebene Formel zur Berechnung der Ablenkung des Atomstrahls im Magnetfeld lautet

$$s = \frac{M}{6R} \cdot \frac{\partial \mathfrak{H}}{\partial z} \cdot \frac{l^2}{T},$$

M das Bohrsche Magneton, R Gaskonstante, T absolute Temperatur, l Schneidenlänge (vgl. I). Diese wurde modifiziert, indem erstens die Veränderlichkeit von $\frac{\partial \mathfrak{H}}{\partial z}$ längs der Bahn der abgelenkten Strahlen berücksichtigt wurde, und zweitens für die mittlere Temperaturgeschwindigkeit (Wurzel aus dem mittleren Geschwindigkeitsquadrat) der Silberatome nicht der in obiger Formel verwendete übliche Wert $v = \sqrt{\frac{3kT}{m}}$, sondern ein höherer benutzt wurde: da nämlich die Atome mit höherer Geschwindigkeit bevorzugt den Ofen verlassen, würde sich theoretisch die mittlere Geschwindigkeit im Strahl zu $v = \sqrt{\frac{4kT}{m}}$ berechnen[1]). Die direkten Messungen[2]) der Temperaturgeschwindigkeit von Silberatomen unter gleichen Bedingungen (Ausmessung der Mitte der abgelenkten Streifen) hatten ergeben, daß man in diesem Falle eine zwischen diesen beiden Werten liegende Geschwindigkeit mißt. Wir haben deshalb in obiger Formel statt des Nenners 6 nicht den theoretischen Maximalwert 8, sondern den mittleren Wert 7 gesetzt.

Zur Berechnung wurden nur die abgestoßenen Strahlen verwendet, weil für den angezogenen Strahl infolge der starken Verbreiterung und der hierdurch bedingten unregelmäßigen Form nahe der Schneide (s. Abbildung in III) weder die Größe der Ablenkung noch die Inhomogenität des Feldes in so großer Nähe der Schneide gemessen werden konnte.

Die Ausmessung und Berechnung von zwei Aufnahmen ergab:

Aufnahme	Entfernung des unabgelenkten Strahles von der Schneide	Mittlere Ablenkung des abgestoßenen Strahles	
		beob.	ber.
I	0,32 mm	$0{,}10_3$ mm	$0{,}11_1$ mm
II	0,21 „	0,15 „	$0{,}14_6$ „

[1]) O. Stern, ZS. f. Phys. **3**, 417, 1920.
[2]) O. Stern, ebenda **2**, 49, 1920; **3**, 417, 1920.

Die erste Aufnahme ist die bereits in der vorhergehenden Mitteilung (III) wiedergegebene. Auf die zweite Aufnahme legen wir größeres Gewicht, weil bei ihr durch die oben erwähnten Marken und die Art der Justierung die Parallelität von unabgelenktem Strahl und Schneide und seine Entfernung von der Schneide auf $^1/_{100}$ mm garantiert war. Trotzdem halten wir die Genauigkeit der Messungen für nicht so groß, wie sie aus dieser Übereinstimmung der beobachteten und unter Zugrundelegung des Bohrschen Magnetons von 5600 berechneten Ablenkung erscheinen könnte. Wir schätzen die Fehlergrenze auf etwa 10 Proz.

Aus den Messungen ergibt sich also, daß das magnetische Moment des normalen Silberatoms im Gaszustand ein Bohrsches Magneton ist.

Die Messungen wurden während der Osterferien im Frankfurter physikalischen Institut ausgeführt. Wir danken wiederholt der Vereinigung von Freunden und Förderern der Universität Frankfurt a. M. für die zur Verfügung gestellten Mittel, ferner Herrn E. Madelung für mehrfache wertvolle Ratschläge, besonders bei der Ausarbeitung der Justierungsmethode.

Frankfurt a. M., im März 1922.

Annalen der Physik (5) *1*, 301–308 (1929)

Über die Breite der Spektrallinien der Raman-Streustrahlung von Benzol

Von Walther Gerlach

(Mit 5 Figuren)

Bei einigen Aufnahmen über den von Smekal[1]) vorausgesagten und von Raman[2]) sowie von Mandelstam und Landsberg[3]) experimentell nachgewiesenen Zerstreuungseffekt wurde eine merkliche Unschärfe der „Raman"-Linien, besonders aber eine sehr auffallende unsymmetrische Verbreiterung der ohne Frequenzänderung zerstreuten Frequenzen beobachtet. Über einige Messungen und über die Deutung dieser Linienverbreiterung erlaube ich mir in folgendem zu berichten.

Eine horizontale Quecksilberlampe wurde mit einem Ernostar 1: 1,8 und 24 cm Brennweite in einem großen Gefäße mit planen Wänden (10·10·10 cm) abgebildet, das aus dem Gefäß herauskommende Licht durch einen Hohlspiegel gleichen Öffnungsverhältnisses in sich selbst zurückgeworfen. Um sicher zu sein, daß die Verbreiterung der Spektrallinien nicht eine Folge schlechter Ausfüllung des Spektrographen ist, wurde eine solch große gleichmäßig strahlende Schicht im Benzol hergestellt. Die optische Anordnung wurde so sauber justiert daß auch mit weitem Spalt des Spektrographen ohne Benzol im Zerstreuungsgefäß keine Spur von Licht in den Spektrographen kam, während mit Benzolfüllung die Zerstreuung der Hg-Linien 4358, 4916, 5461 deutlich, die Ramanlinien 4555 und 5049 mit ausgeruhtem Auge gerade erkennbar waren.

Nach 30—100stündiger Belichtung erhielt man Zerstreuungsspektra, deren sämtliche Spektrallinien über die ganze

1) A. Smekal, Die Naturw. 11. S. 873. 1928.

2) C. V. Raman, Ind. Journ. Phys. [2] 3. S. 1. 1928; [2] 4. S. 399. 1928 (mit K. S. Krishnan).

3) L. Mandelstam u. G. Landsberg, Die Naturw. 16. S. 557. 1928.

Annalen der Physik (5) 1, 301–308 (1929)

Länge von 0,9 cm völlig gleichmäßige Schwärzung zeigten. Die Unschärfe der Ramanlinien und die Verbreiterung der direkt zerstreuten Linien war sehr deutlich; letztere war ein Vielfaches der Linienbreite. Es wurde sodann das Benzol aus dem Zerstreuungsgefäß herausgehebert und in dasselbe ein schräger Schirm weißen Papieres gestellt. Schließlich wurde das Gefäß mit Salmiaknebel gefüllt. In beiden Fällen lieferte das zerstreute Licht bzw. der Tyndallkegel auch bei wesentlich intensiverer Schwärzung keine Spur einer Verbreiterung der Quecksilberlinien. Dieser Versuch ist dafür beweisend, daß die im Benzolversuch gefundene Linienverbreiterung mit der

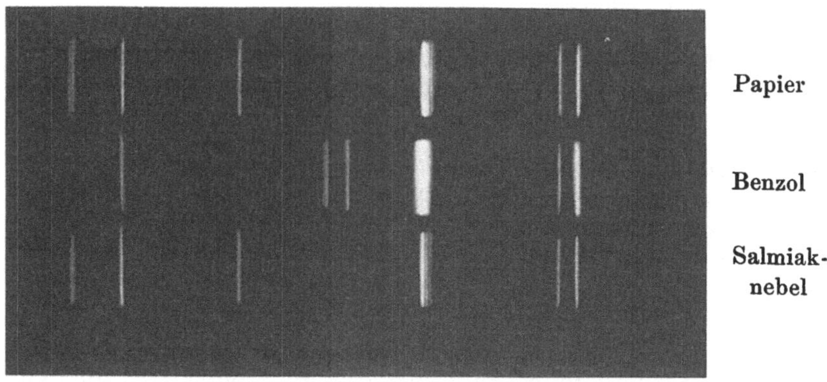

Fig. 1 (natürl. Größe)

Zerstreuung am Benzol zusammenhängt, also eine Frequenzänderung der Streustrahlung darstellt. Denn bei Zerstreuung an Benzol und an NH_4Cl-Nebel hat die Lichtquelle völlig gleiche Form, die Ausfüllung des Spektrographen ist also die gleiche.

Die Benzol-, HN_4Cl-Nebel- und Papierzerstreuungsaufnahmen wurden mit einem Rosenbergschen Photometer photometriert. Da es nur auf den qualitativen Schwärzungsverlauf in der Umgebung der einzelnen Linien ankommt, war eine photometrische Eichung nicht erforderlich. Ferner wurden die Platten mit einem Zeisskomparator ausgemessen. Die Wellenlängen stimmen mit Woods[1]) Messungen innerhalb

1) R. W. Wood, Phil. Mag. [7] 6. S. 729. 1928.

meiner Meßgenauigkeit von $^1/_2$ ÅE überein, die Dispersion war bei 4000 ÅE 0,07 mm/ÅE, bei 4600 ÅE 0,05 mm/ÅE.

Die photographischen Aufnahmen zeigen eine der Zerstreuungsaufnahmen an Benzol zwischen zwei Aufnahmen der Kontrollversuche (Fig. 1).

Fig. 2 gibt die Schwärzungskurve der Ramanlinie 4554,9 und zum Vergleich Hg 4916. Die Ramanlinie ist, wie alle anderen, diffus; sie sind sämtlich unsymmetrisch, die Verbreiterung ist nach langen Wellen größer als nach kurzen

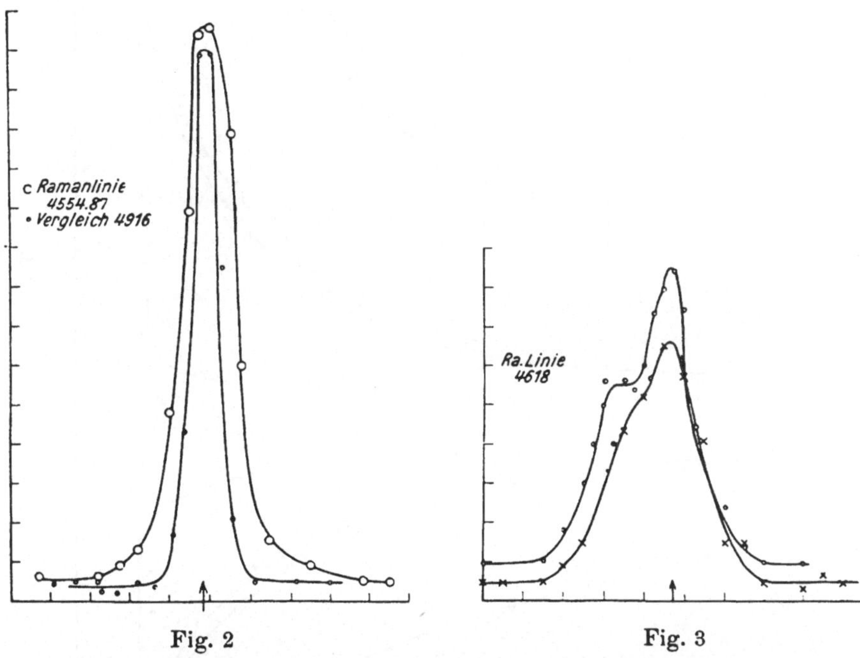

Fig. 2 Fig. 3

Wellen. Die Abszisse in Fig. 2 ist Frequenzmaß, die Maxima sind zum Zusammenfallen gebracht. Die Vergleichslinie war etwa 50 Proz. stärker geschwärzt als die Ramanlinie.

Fig. 3 gibt die Ramanlinie bei 4618; sie erweist sich als doppelt, sie hat einen kurzwelligen schwächeren Begleiter im Abstand von etwa 2 ÅE, letzterer scheint erheblich breiter als die Hauptlinie.[1])

1) Dies stimmt mit der soeben erschienenen Angabe von Wood überein, Phil. Mag. 6. S. 1282. 1928.

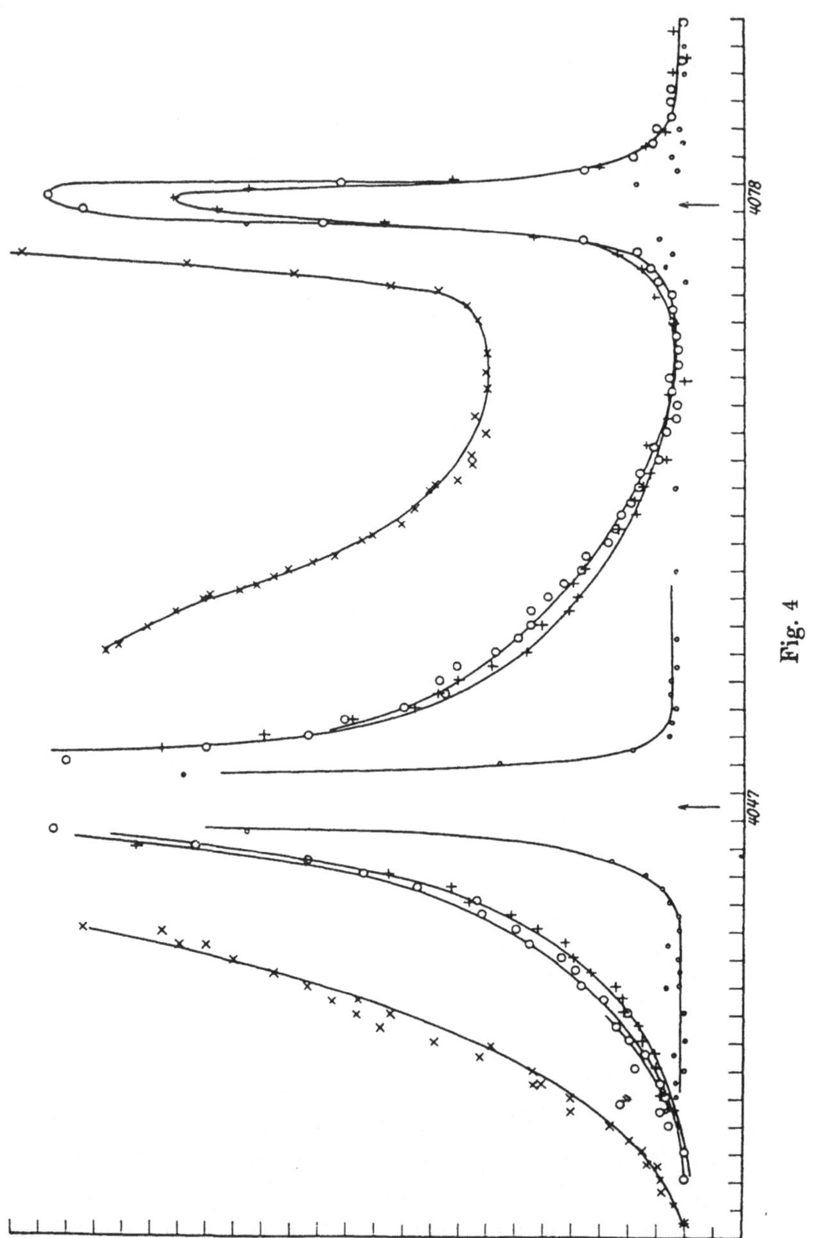

Fig. 4

Die ohne *große* Frequenzänderung gestreuten Quecksilberlinien sind beiderseitig stark verbreitert, mehr nach langen als nach kurzen Wellen. Fig. 4 gibt die Schwärzungskurven von drei Aufnahmen von 4047 und 4078, Fig. 5 das gleiche von 4358. Aufnahme *a* und *b* unterscheiden sich durch wenig verschiedene Spaltbreite, *b* war etwas stärker belichtet als *a*, *c* ist sehr wesentlich stärker belichtet. Die Ergebnisse sind in der folgenden Tabelle zusammengestellt.

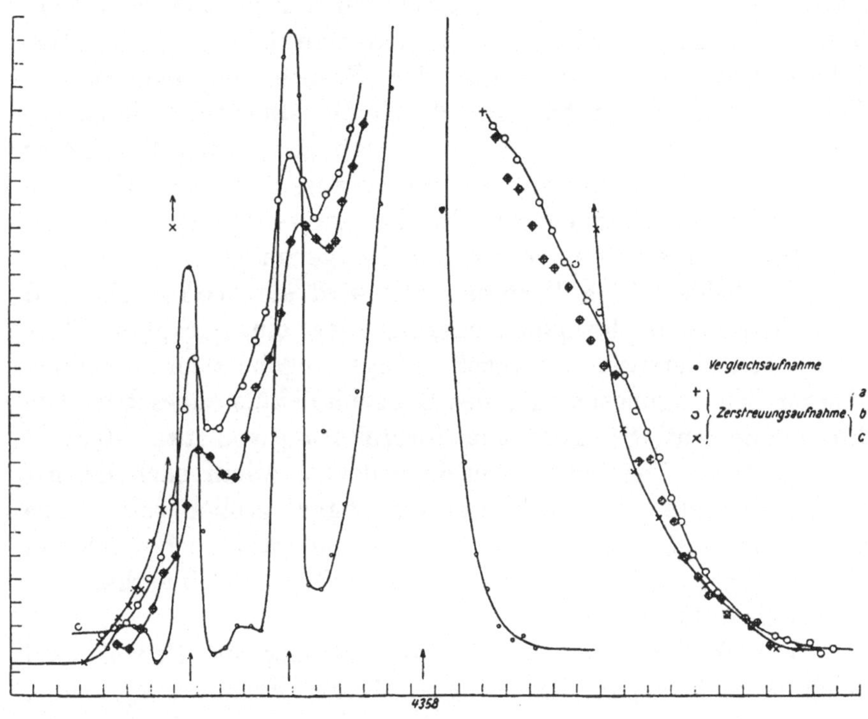

Fig. 5

λ	Verbreiterung nach langen Wellen			Verbreiterung nach kurzen Wellen			$\Delta\nu_{\max}$	
	a(+)	*b*(○)	*c*(×)	*a*(+)	*b*(○)	*c*(×)	cm^{-1}	
4047	20 Å	22 Å	24 Å*)	15	16	18	−150	+138
4078	—	7,4	—	—	5,4	8,6*)		
4358	28	30	30	—	—	—**)	−158	

*) Bei der großen Schwärzung laufen die Verbreiterungen zusammen.

**) Nicht meßbar wegen Hg 4339. Grenze liegt unmittelbar neben dieser Linie, auch bei Aufnahme *c*.

Annalen der Physik (5) 1, 301–308 (1929)

Die Verbreiterung hat einen endlichen Wert; das ist besonders deutlich aus den Kurven der Fig. 4 beim kurzwelligen Ende von 4047 und 4358 zu ersehen. In beiden Fällen ist die Schwärzung außerordentlich groß, nach der Grenze zu erfolgt aber ein schroffer Abfall. Die Verbreiterung von 4078 ist nur scheinbar geringer, eine Folge ihrer kleineren Intensität. Das Verhältnis der langwelligen zur kurzwelligen Verbreiterung ist bei allen Aufnahmen und Linien (auch 4078) $1{,}35 \pm 0{,}03$. Die Festlegung der Grenze der kurzwelligen Verbreiterung von 4358 wird durch die Quecksilberlinien gestört. Deutlich ist nur zu sehen, daß auch bei sehr starker Belichtungszeit die Schwärzung nur unwesentlich über Hg 4339 hinausgeht. Im Frequenzmaß ist die langwellige Verbreiterung für 4047 und 4358 innerhalb der Meßgenauigkeit dieselbe.

Die beiderseitige Verbreiterung wird als Stokessche und anti-Stokessche Frequenzänderung der eingestrahlten Frequenz beim Zerstreuungsprozeß infolge Abgabe oder Aufnahme innerer Schwingungsenergie des Benzolmoleküls angesehen. Die Energie der anti-Stokesschen Verbreiterung von etwa 140 cm^{-1} ist durch die Temperaturenergie gedeckt, allein nach ihr geschätzt könnte die Verbreiterung sogar größer sein. Ihre Grenze ist also offenbar durch einen beschränkten Bereich von Energieübergängen und deren Wahrscheinlichkeit innerhalb des Benzolmoleküls gegeben.

Wir haben also bei der Zerstreuung im Benzol zwei Frequenzänderungen der eingestrahlten Frequenz ν_0, eine, welcher die verschobene — um $\Delta\nu'$ — „Raman"-*Linie* entspricht, und eine andere, welche in der stark verbreiterten, also um $\mp\Delta\nu_1''$, $\Delta\nu_2''$, $\Delta\nu_3''$ ... verschobenen Grundfrequenz ν_0 und in der diffusen Struktur der Raman-Linien in Erscheinung tritt.

Es mögen pro Sekunde N Zerstreuungsprozesse des Quantums $h\nu_0$ vorkommen. Von diesen erfolgen $N_1 = \alpha N_0$ mit dem Quant $h(\nu_0 \mp \Delta\nu')$ und $N_2 = \beta_i N_0$ mit dem Quant $h(\nu_0 \mp \Delta\nu_i'')$, wo die $\Delta\nu_i''$ so klein sind, daß sie bei unserer Dispersion nicht getrennt werden. Die Wahrscheinlichkeitsfaktoren β_i für die Frequenzänderung $\Delta\nu_i''$ sind nicht die gleichen, vielmehr ist, nach den Intensitätskurven zu urteilen, ein kleines $\Delta\nu_i''$ wahrscheinlicher als ein großes.

Außer diesen Einzeländerungen kommen aber auch beide Änderungen gleichzeitig vor, d. h. es treten auch Frequenzen $\{\nu_0 \mp (\Delta\nu' \pm \Delta\nu_i'')\}$ auf; diese liefern die Verbreiterung der Ramanlinie. Nimmt man an, daß die Anzahl der Prozesse dieser doppelten Frequenzänderung $N_3 = \alpha \cdot \beta_i N_0$ ist, so ist es klar, warum die um $\Delta\nu'$ verschobene Linie schmaler *erscheint*, als die ν_0-Linie: Die Zahl der N_3-Prozesse ist so klein, daß gegen die an sich geringe Intensität $N_1 h(\nu_0 \mp \Delta\nu')$ nur noch die Intensität der $\Delta\nu_i''$-Prozesse mit kleinem i merklich wird. Bei den enormen Intensitätsunterschieden zwischen den ohne Frequenzänderung gestreuten Linien, ihrer Verbreiterung und den verschobenen Linien ist eine quantitative Durchführung dieser Überlegungen zwar möglich, aber sehr schwierig.

Man kann nun aus diesen Ergebnissen nach Art der bisher als gültig angesehenen Deutung des Smekal-Ramaneffekts die Breite der ultraroten Bande errechnen und mit der gemessenen vergleichen. Man nimmt dazu an, daß die ultrarote Bande aus einer Hauptfrequenz $\nu^* = \Delta\nu'$ besteht und aus weiteren Frequenzen $\nu_i^* = \Delta\nu' \mp \Delta\nu_i''$. $\Delta\nu'$ und $\Delta\nu_i''$ sind die Frequenzverschiebungen im Fluoreszenzspektrum, von denen die letzteren weder im ultraroten Spektrum noch im Fluoreszenzspektrum aufgelöst sind. Die äußersten im sichtbaren Fluoreszenzspektrum beobachteten Frequenzgrenzen der Verbreiterung von ν_0 geben, in Wellenlängen umgerechnet, die Breite der ultraroten Bande. Man erhält so für eine ultrarote Grundfrequenz von etwa 3 μ eine Breite von $\pm 0{,}2\ \mu$. Diese entspricht den gemessenen Ultrarotkurven.

Es liegt somit kein Grund vor, in der „Schärfe" der Ramanlinien im Vergleich zur Breite der ultraroten Banden einen für die Deutung des Effekts bedenklichen Punkt zu sehen, wie Wood[1]) dieses tut. Die Ramanlinien sind gar nicht scharf und breit, sondern sie sind *diffus*, ihre ganze Breite erhält man wegen der großen Intensitätsdifferenzen zwischen Mitte und äußerstem Rande nicht direkt, sondern nur auf dem Umweg über die Messung der Verbreiterung der ν_0-Frequenz in dem zerstreuten Licht.

---

1) R. W. Wood, Phil. Mag. [7] 6. S. 1282. 1928; vgl. auch P. Pringsheim, Die Naturw. 16. S. 604. 1928.

Annalen der Physik (5) *1*, 301–308 (1929)

Bezüglich der Struktur der ultraroten Banden des Benzols sagt diese Untersuchung des Ramaneffekts aus, daß diese nicht aus nahbenachbarten (nicht aufgelösten) Schwingungen gleicher Art mit wenig verschiedenen Frequenzen bestehen, sondern aus einer Hauptfrequenz, vermehrt und vermindert um eine Anzahl längerwelliger Nebenfrequenzen.[1]) Für den Frequenzabstand dieser langwelligen Schwingungen kann die Messung der Verbreiterung der Zerstreuungslinien bzw. der Ramanlinien keine Angaben liefern.

Man kann nämlich fragen, ob aus den Ergebnissen dieser Versuche etwas über die Größe der Frequenzen $\Delta \nu_i''$ auszusagen ist. Das ist aber nicht möglich; es ist vielmehr zu erwarten, daß selbst bei viel höherer Auflösung die Verbreiterung immer noch kontinuierlich sein wird. Der niedrigste Energiezustand des Benzolmoleküls sei e_0. Bei der Beobachtungstemperatur sei der wahrscheinlichste Zustand e_n. Er allein würde mit allen möglichen $(\Delta \nu_i'')_n$ = Übergängen eine Gruppe von Linien geben. Es befinden sich aber auch Moleküle in benachbarten Zuständen $m, p \ldots$ entsprechend der Maxwellschen Verteilung; die zu jedem von ihnen gehörigen $(\Delta \nu_i'')_{m,p\ldots}$-Übergänge bilden wieder Gruppen von Linien, welche nur dann alle koinzidieren, wenn sämtliche $\Delta \nu_i''$ Vielfache eines und desselben $\Delta \nu''$ wären. Das ist aber bei der Kompliziertheit des Benzolmoleküls sicher nicht der Fall.

Hrn. E. Schweitzer und K. Steiner danke ich für die Hilfe bei den Aufnahmen und Photometrierungen.

Tübingen, Physikal. Institut, Dezember 1928.

1) Es wird vermieden von „Schwingungsfrequenzen“ und „Rotationsfrequenzen“ zu sprechen, da die Zahl und die Art der möglichen Schwingungen im Benzolmolekül eine außerordentlich große ist.

(Eingegangen 20. Dezember 1928)

Scientific Reports of the Tohoku Imperial University (I). Anniversary Volume (1936) S. 248–255

Über den „Curiepunkt".

Von

WALTHER GERLACH in MÜNCHEN.

(Eingegangen am 17. Januar 1936.)

Der Curiepunkt (C. P.) eines ferromagnetischen Körpers wird gewöhnlich definiert als die Temperatur, bei welcher die spontane Magnetisierung σ_0 plötzlich verschwindet. Obwohl die Konstante n des inneren Feldes (P. Weiss) nicht Null wird, werden das innere Feld $n\sigma_0$ und die ferromagnetische Energie $n\sigma_0^2$ damit Null. *Diese Definition des Curiepunktes scheint mir aber durch keine einzige experimentelle Tatsache belegt zu sein.* Im Gegenteil : man kann zeigen, daß oberhalb des C. P. nicht nur noch eine beträchtliche spontane Magnetisierung vorhanden ist, sondern auch ganz normale ferromagnetische Magnetisierung auftritt.

Die Frage des *plötzlichen* Verschwindens der inneren magnetischen Energie ist einmal kurz von Lapp(1) diskutiert worden : sie fand, daß der Übergang der spezifischen Wärme vom Maximum zum normalen Wert oberhalb des C. P. nicht sprunghaft vor sich geht, sondern sich auf ein gewisses Temperaturintervall erstreckt. Da sie an der Existenz der oben definierten scharfen Curietemperatur von etwa 356° festhielt, mußte sie dieses Ergebnis ihrer Versuche durch die Annahme einer Inhomogenität des Materials deuten ; sie nahm also an, daß es verschiedene Bereiche mit nicht gleich hoher Curietemperatur enthält, deren jeder allein einen scharfen Sprung in der spezifischen Wärme liefern würde. Die neuen Messungen der spezifischen Wärme von Ahrens(2) sowie besonders die Messungen des Temperaturkoeffizienten des Widerstandes(3) zeigen aber, daß die ferromagnetische Anomalie

(1) E. Lapp, Ann. de physique, **12** (1929), 422.

(2) E. Ahrens, Ann. d. Phys., **21** (1934), 169. Vgl. auch H. H. Potter, Proc. Roy. Soc. London. A., **112** (1926), 157.

(3) W. Gerlach, H. Bittel u. S. Velayos, Ber. Bayer. Akad. d. Wiss., Januar (1936) (im Druck).

Scientific Reports of the Tohoku Imperial University (I). Anniversary Volume (1936) S. 248–255

in beiden Eigenschaften bei nur genügend genauer Messung *keine* Unstetigkeit am C. P. zeigt und sich noch bis 400° und darüber bemerkbar macht. Um einen so weiten Übergangsbereich durch Inhomogenitäten zu deuten, müßte ein Anhaltspunkt dafür vorhanden sein, daß entweder dem reinen oder dem verunreinigten oder schließlich dem mechanisch irgendwie verspannten Nickel ein C. P. von mindestens 400° zuzuordnen wäre. Wir haben daher sehr verschiedenen Nickelsorten untersucht, bei welchen das Maximum der spezifischen Wärme und das Maximum des Temperaturkoeffizienten des Widerstandes zwischen etwa 330° und 358° lag: einen höheren C. P. fanden wir auch bei spektral reinem Nickel nicht, alle Verunreinigungen, besonders Kupfer und Mangan in kleinen Mengen, setzten den C. P. herab. Mechanische Beanspruchung und zwar sowohl elastische Verspannung bis zur Grenze als auch 80% Kaltbearbeitung, beeinflußten den C. P. nicht nachweisbar (Englert[(4)]). Stets zeigte sich ein allmähliches Verschwinden der ferromagnetischen Anomalie, also ein allmähliches Verschwinden der magnetischen Energie und damit der spontanen Magnetisierung.

Daß über diese Tatsache solange Unklarheit herrschen konnte, hat seinen Grund wesentlich in dem Umstand, daß eine direkte Messung der spontanen Magnetisierung σ_0 mit magnetischen Methoden bis heute nicht möglich ist. σ_0 ist gleich der magnetischen Sättigung bei der betreffenden Meßtemperatur; mit steigender Feldstärke wird jedoch niemals eine Sättigung beobachtet, vielmehr steigt die Magnetiseirung zwar langsam, aber stetig immer weiter, weil sich eine „wahre" Magnetisierung, eine Vergrößerung der spontanen Magnetisierung, durch sehr hohe Felder überlagert[(5)].

Man ist daher auf indirekte Messungen der spontanen Magnetisierung angewiesen, d. h. auf die Untersuchung solcher Eigenschaften der Ferromagnetika, die sich auf Grund ihrer spontanen inneren Magnetisierung von den gleichen Eigenschaften anderer Metalle unterscheiden. Bei der Temperatur, bei welcher diese Unterschiede ver-

(4) E. Englert, ZS. f. Phys., **97** (1935), 94.
(5) P. Weiss und R. Forrer, Ann. de physque, **5** (1926), 153. G. Gerloff, Diss. München, 1934.

schwinden, ist auch die spontane Magnetisierung verschwunden. Kennt man aus Messungen unterhalb des C. P. die Beziehung zwischen diesen „ferromagnetischen Anomalien" und der magnetischen Energie, so erhält man auch im Übergangsgebiet zum normalen Zustand die Werte der spontanen Magnetisierung.

Die *erste* indirekte Methode zur Bestimmung der spontanen Magnetisierung ist die Messung des magnetocalorischen Effektes. Weiss und Forrer[6] haben gezeigt, daß diese Temperaturerhöhung Δt aus thermodynamischen Gründen mit der die spontane Magnetisierung σ_0 überschreitenden „wahren" Magnetisierung gemäß

$$\Delta t \propto n(\sigma^2 - \sigma_0^2)$$

verbunden ist. Misst man also Δt als Funktion von σ^2, so liefert die Neigung der Geraden n, der Abscissenabschnitt $\sigma^2{}_0$. Wenn die spontane Magnetisierung verschwunden ist, geht die Gerade durch den Nullpunkt. Weiss und Forrer finden experimental, daß letzteres erst bei $>12°$ oberhalb des von ihnen als scharf angenommenen C. P. eintritt, legen aber diesem Umstand keine Bedeutung bei; sie halten dies für ein „Übergangsgebiet" vom Gültigkeitsbereich der Formel $n(\sigma^2 - \sigma^2{}_0)$ zu dem der Beziehung $n\sigma^2$. Einen „Übergangsbereich" läßt eine solche Beziehung aber nicht zu: entweder ist $\sigma_0 = 0$ oder es ist nicht gleich Null. Mit dem magnetocalorischen Effekt wird also spontane Magnetisierung oberhalb des C. P. festgestellt. Potter[7] hat bewiesen, daß Eisen und auch ein Eisenkristall das gleiche Ergebnis liefern.

Die *zweite* indirekte Methode liefert die spezifische Wärme: aus ihr folgt ein Verschwinden der spontanen Magnetisierung erst wesentlich oberhalb des C. P.

Die *dritte* Methode besteht in der Messung des elektrischen Widerstandes. Wie wir gezeigt haben, ist die Anomalie des Widerstandes δR mit der spontanen Magnetisieurng σ durch die Beziehung verbunden. (vgl. Fig. 1, obere Kurve.)

$$\frac{\delta R}{R_0} = b\,\sigma_0^2; \qquad b = (4.9 \pm 0.15) \times 10^{-4}$$

(6) P. Weiss und R. Forrer, ebenda.

(7) H. H. Potter, Proc. Roy. Soc. London A, **146** (1934), 362.

Scientific Reports of the Tohoku Imperial University (I). Anniversary Volume (1936) S. 248–255

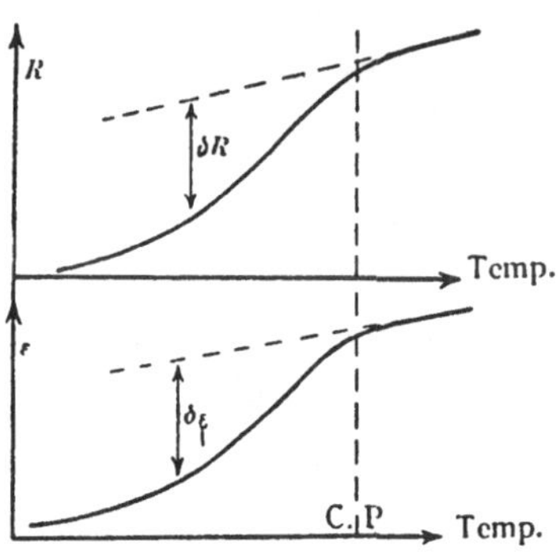

Fig. 1.

Schematische Darstellung der ferromagnetischen Anomalie des Widerstandes (δR) und des Emissionsvermögens ($\delta\varepsilon$).

Hierin bedeutet R_0 den Widerstand des Nickels bei 0° nach Reduktion mit dem Zusatzwiderstand gemäß der Matthiesenschen Regel. Dieses Gesetz gilt für alle untersuchten Nickelsorten[3] mit den gleichen Konstanten. Aus der Widerstandskurve folgt, daß die normale Temperaturabhängigkeit (genau wie die der spezifischen Wärme) erst weit oberhalb des C. P. erreicht ist. Aus den Werten δR der Widerstandsanomalie lassen sich die σ_0-Werte bis gegen 400° noch mit relativ großer Genauigkeit messen.

Als *vierte* Methode zur Ermittlung von σ_0 hat sich die Messung des Emissionsvermögens für lange Wellen als brauchbar erwiesen. Dieses zeigt eine ähnliche Anomalie wie der Widerstand: Fig. 2 zeigt das Emissionsvermögen für 8.7 und 24 μ zwischen 200° und 450° nach Messungen von Löwe[8]. Aus der Anomalie $\delta\varepsilon$ berechnet sich fast die gleiche Konstante b wie bei der Widerstandsanomalie, wenn man die Hagen-Rubenssche Formel

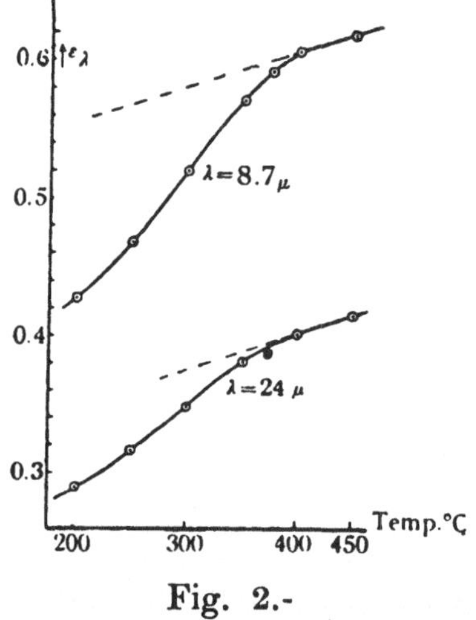

Fig. 2.-

Emissionsvermögen von Nickel.

$$\varepsilon = 0.0365\sqrt{\frac{R}{\lambda}}$$

zugrunde legt[9]. Auch hier zeigt sich das Ende der Anomalie erst bei ~400°

Die *fünfte* Methode ist durch die Messung der Widerstandsabnahme ΔR von Nickel in den starken Magnetfeldern oberhalb des C. P. gegeben. Solange noch eine spontane Magnetisierung vorhanden ist, tritt eine Abweichung vom Gesetz

(8) E. Löwe, Diss. München, 1935.

(9) W. Gerlach, Ann. d. Phys., 1936 (im Druck).

$$\Delta R = c\,\sigma^2$$

ein. Nach diesen Messungen (Gerlach und Englert[10]) ist eine spontane Magnetisierung (und auch eine normale ferromagnetsiche Magnetisie rung, s. u.) bis zu $>7°$ oberhalb des C. P. nachweisbar.

Als *sechste* Methode kann die Weisssche Bestimmung der H-T Kurve für konstantes σ als Funktion von T angesehen werden, obwohl diese wohl theoretisch noch nicht sehr übersichtlich ist; aber hiervon abgesehen, liefern auch diese Versuche ein Verschwinden der spontanen Magnetisierung erst wesentlich oberhalb des C. P.

In Fig. 3 sind die aus den verschiedenen Versuchen ermittelten Werte für σ_0 unterhalb und oberhalb des C. P. zusammengestellt. Als C. P. ist hierbei die Temperatur genommen, für welche der Magnetocalorische Effekt bzw. der Temperaturkoeffizient des Widerstandes sein Maximum hat; beide fallen ziemlich gut zusammen. Diese Figur zeigt, daß die nach den verschiedenen Methoden ermittelten Werte von σ_0 sich ziemlich stark unterscheiden; die höchsten Werte — und das scheint uns prinzipiell — liefert der elektrische Widerstand.[11] Auch die Kurve der spezifischen Wärme deutet auf ähnlich hohe Werte von σ_0 oberhalb des C. P. hin. In Fig. 3 sind zwei Wertereihen von $\sigma_0/\sigma_{0\infty}$ eingetragen, deren eine aus Messungen an einem sehr reinen

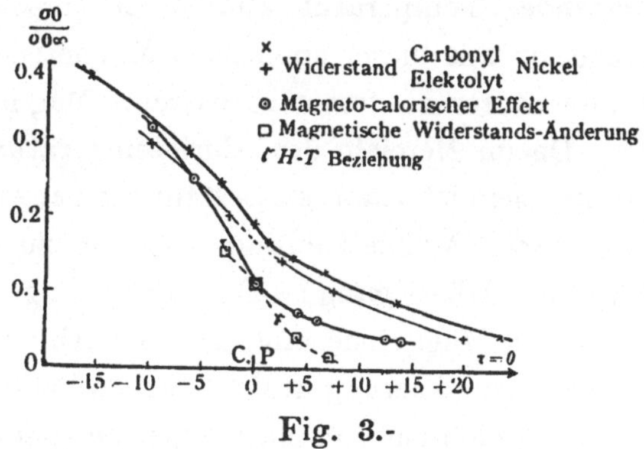

Fig. 3.-

Berechnete spontane Magnetisierung oberhalb C. P.

(10) W. Gerlach und E. Englert, Nature, **128** (1931)151; E. Englert, ZS. f. Phys., **74** (1932), 748; vgl. W. Gerlach und K. Schneiderhan, Ann. d. Phys., **6** (1936), 772; H. H. Potter, Proc. Roy. Soc. London. A., **132** (1931), 560.

(11) Diese Werte sind unter Berücksichtigung der Tatsache berechnet, daß die Konstante des inneren Feldes n in der Nähe des C. P., vor allem oberhalb desselben, stark zunimmt, wie zwingend aus den Versuchen von Weiss und Forrer (5) folgt (H. H. Potter (7)). Diese Fragen sind a. a. O (3) näher behandelt. Bemerkt sei hier nur, daß der Widerstand von Nickel von der Temperatur abnormal wird, bei welcher n ebenfalls wieder unabhängig von der Temperatur ist.

Scientific Reports of the Tohoku Imperial University (I). Anniversary Volume (1936) S. 248–255

Carbonylnickel stammt (C. P. ~354.5° C.), deren andere mit einem vor allem durch Kupfer verunreinigten Nickel erhalten wurde (C. P. ~340°). *Alle* Messungen sind auf den gleichen C. P. reduziert, sodaß die Abscisse die Differenz in Celsiusgrad gegen den C. P. anzeigt. Obgleich sich die in Feldern von einigen hundert erzielten Magnetisierungswerte sehr erheblich unterscheiden, sind die σ_0-Werte nahezu dieselben. Zur Beurteilung ihrer Unterschiede ist zu beachten, daß bei der Berechnung von σ_0 aus den hier schon sehr kleinen δR-Werten und bei der Reduzierung auf den gleichen C. P. eine gewisse Unsicherheit mit in Kauf genommen werden muß.

Besteht somit kein Zweifel, daß die spontane Magnetisierung mit steigender Temperatur allmählich verschwindet, so erhebt sich die Frage, ob mit dieser spontanen Magnetisierung ebenso wie bei tieferen Temperaturen ein ferromagnetischer Magnetisierungsvorgang verbunden ist. Da im Bereich der Curietemperatur die *wahre* Magnetisierung bereits ziemlich *stark* ist, besteht die Schwierigkeit, eine *schwache ferromagnetische* Magnetisierung von ihr zu trennen. Dies gelang durch folgende Überlegung: Die Beziehung zwischen Widerstand und spontaner Magnetisierung und die Abnahme des Widerstandes durch wahre Magnetisierung in den starken Feldern (bei hoher Temperatur) ist völlig unabhängig von elastischer Verspannung und von Kaltbearbeitung, also von allen den Einflüssen, welche sich im Verlauf der ferromagnetischen Magnetisierungskurve stark bemerkbar machen. Daher wurde (G. Scharff[12]) die Zugabhängigkeit der Magnetisierung bei kleinen Feldern, für welche Becker[13] und Becker und Kersten[14] eine gesicherte Beziehung bei Zimmertemperatur gefunden hatten, bis zu den höchst möglichen Temperaturen hin verfolgt. Es ergab sich zunächst, daß die Beckersche Relation

$$J/H = \kappa_0 = \frac{\sigma_0^2}{3\lambda Z}$$

bis zum C. P. gültig ist. In dieser Gleichung bedeutet λ die Magneto-

(12) G. Scharff, ZS. f. Phys., **97** (1935), 73; Ann. d. Phys., 1936 (im Druck).
(13) R. Becker, ZS. f. Phys., **62** (1930), 253.
(14) R. Becker u. M. Kersten, ZS. f. Phys. **64** (1930), 660; **71** (1931), 553.

striktion und Z den Zug. Für die Magnetostriktion als Funktion der Temperatur standen die Messungen von Honda zur Verfügung. Auch oberhalb des C. P. alter Definition fand Scharff in kleinen Feldern noch eine starke Abhängigkeit der Magnetisierung durch einen äußeren Zug, der quantitativ in Feldern von 4–9 Oersted und bei Zügen bis zu 8.3 kg/mm^2 bis zu 9° oberhalb des C. P. verfolgt werden konnte; bei jeder Temperatur gilt $\kappa_0 Z$ = Konstant. Es besteht also kein Zweifel, daß aus diesen magnetischen Messungen auch das Vorhandensein der spontanen Magnetisierung oberhalb des C. P. geschlossen werden muß. Denn die Voraussetzung der Beckerschen Beziehung ist die Existenz eines magnetischen Molekularmoments, dessen Einstellung durch den Zug relativ zur Zugrichtung geändert wird, woraus die geänderte Form der ferromagnetischen J-H Kurve resultiert. Wäre die Magnetostriktion oberhalb des C. P. bekannt, so würde diese Messung die spontane Magnetisierung σ_0 liefern. Die ferromagnetische Sättigung oberhalb des C. P. ist nicht zu beobachten, weil die Magnetisierung durch die wahre Magnetisierung stetig ansteigt; eine Trennung gemäß der Beckerschen Beziehung aber wahrscheinlich nur für schwache Felder möglich ist. Eine weitere Erschwerung der Trennung beider grundverschiedenen Magnetisierungvorgänge ist durch den Umstand bedingt, daß die Magnetisierung auch erheblich oberhalb des C. P. und bei recht starken Feldern noch nicht linear mit dem Feld ansteigt. Es scheint erforderlich, hier folgendes anzunehmen: Durch die Zunahme der wahren Magnetisierung tritt eine Vergrößerung der restlichen spontanen Magnetisierung ein, sodaß jedem Feld eine andere Sättigung entspricht. Man kann einige Hoffnung haben, daß die weitere Untersuchung aller magnetischen Eigenschaften im Gebiet der aufhörenden spontanen Magnetisierung neue Aufschlüsse über den Ferromagnetismus liefert, denn eigentlich macht man ja nichts anderes, als daß man durch ein äußeres Feld die innere Magnetisierung aufbaut und dann diese Momente richtet.

Der zweite direkte Beweis für die Existenz ferromagnetischer Vorgänge oberhalb des C. P. besteht darin, daß bei schwacher Magnetisierung eine longitudinale Widerstandszunahme auftritt und erst bei

Scientific Reports of the Tohoku Imperial University (I). Anniversary Volume (1936) S. 248–255

stärkerer Magnetisierung eine Widerstandsabnahme. Letztere ist durch die wahre Magnetisierung gegeben also durch Vergrößerung der spontanen. Erstere ist aber ein typischer ferromagnetischer Effekt, der nur mit der Änderung der Richtung der Elementarmomente gegen die Richtung des Stromes verbunden ist.

Schlußfolgerung.

Alle bisher vorliegenden Messungen über das magnetische, elektrische, thermische und optische Verhalten des Nickels führen zu der gleichen Folgerung, daß die spontane Magnetisierung und entsprechend auch die ferromagnetische Magnetisierung nicht bei einer Temperatur plötzlich verschwinden, sondern asymtotisch abnehmen.

München, Physikalisches Institut der
Universität. Dezember 1935.

Spectrochimica Acta 1, 168–172 (1939)

(Mitteilung aus dem Physikalischen Institut der Universität München.)

Über die spektralanalytische Bestimmung der Metalle in mikroskopischen Präparaten.

Von

Walther Gerlach in München.

Mit 3 Textabbildungen.

(Eingegangen am 12. August 1939.)

Vor mehreren Jahren wurde von *E. Schweitzer* und mir ein Verfahren ausgearbeitet, um „biologische" Präparate jeder Art, wie Organteile, Haut, Pflanzenteile usw. mit der spektralanalytischen Methode zu analysieren: Die sog. Hochfrequenzfunken-Methode. Ihre Vorteile sind, daß:

a) Stücke der genannten Herkunft von bis zu 1 g Feuchtgewicht ohne jede Vorbehandlung auf ihren Metallgehalt analysierbar sind, sowohl in frischem als auch in fixiertem Zustand;

b) eine Trägerelektrode und damit die Überlagerung deren Spektrum über das Substanz-Spektrum vermieden wird,

c) auch das Spektrum der Gegenelektrode genügend schwach ist, so daß sowohl deren Spektrallinien als auch besonders deren unvermeidbare Verunreinigungen die Analyse nicht stören. In zahlreichen gemeinsam mit meinem Bruder, von *Ruthardt* und dann auch von anderen ausgeführten Analysen hat sich dieses Verfahren für viele Zwecke bewährt. Es hat aber auch erhebliche Nachteile; zwei von ihnen seien genannt. 1. Die Empfindlichkeit des Nachweises ist nicht sehr groß. Sie liegt zwar für den Nachweis von Kupfer und Silber wesentlich unter 1 γ, für den Nachweis von Blei aber in günstigen Fällen bei 1 γ, für den Nachweis von Thallium[1] bei 0,5 γ je 1 g Feuchtgewicht des Präparates. Wiewohl diese Empfindlichkeit für viele Zwecke voll ausreicht, da die zu bestimmenden Metallmengen wesentlich über dieser Grenze liegen (etwa der normale oder pathologische Cu-Gehalt in Organen), ist sie für die Lösung anderer Aufgaben nicht ausreichend; besonders aber reicht die Empfindlichkeit nicht hin, etwa die Verteilung von Schwermetallen in Organen differenziert zu bestimmen. Ganz besonders aber ist es nicht möglich, die für mikroskopische Zwecke benutzten Dünnschnitte mit dieser Methode zu analysieren.

Im folgenden soll gezeigt werden, wie es gelingt, *mikroskopische Präparate auf ihren Schwermetallgehalt* zu untersuchen.

Die empfindlichste spektralanalytische Lichtquelle ist der Lichtbogen. Als Elektroden stehen heute recht weitgehend metallfreie Kohlen zur Verfügung, wenn man die von der Firma Ruhstrat in Göttingen gelieferte Spektralkohle von 5 mm Durchmesser nochmals in einer Bogenentladung von 110 Volt 20 Amp. als Kathode und als Anode bei möglichst langem Bogen mehrfach je 5 Sek.

[1] Nur durch besondere Maßnahmen erreicht: *W. Gerlach, W. Rollwagen* und *R. Intonti*, Virch. Arch. **301**, 588 (1938).

lang ausglüht, indem man vor dem Glühen auf die Elektrode einen Tropfen sehr reiner Salzsäure zugibt. Zur Prüfung der Reinheit darf man nicht einfach dann eine Spektralaufnahme machen; man muß vielmehr zur Prüfung eine kleine Menge (~ 10 γ) reinsten Kochsalzes auf die Elektrode geben (am besten als Lösung, welche mit einem kleinen Gasflämmchen eingetrocknet wird). Der dann brennende Bogen ist zum Nachweis von Verunreinigungen auf Grund des von *W. Rollwagen*[1] für die spektralanalytische Praxis als grundlegend wichtig erkannten Prinzips viel empfindlicher. In diesem — mit NaCl getränkten Zustand — benutzt man die Kohle auch für die im folgenden beschriebenen Analysenaufnahmen. In die untere Elektrode wird mit einem langen dünnen Quarzkrystall oder einem als Bohrer zugeschliffenen Quarzstäbchen eine kleine flache Höhlung zur Aufnahme der Substanz gebohrt. Man kann dieses auch nach dem Ausglühen machen, weil der Quarz genügend rein und genügend hart ist.

Der Lichtbogen wurde als sog. Abreißbogen bei einer Kurzschluß-Stromstärke von 5 Amp. gebrannt, welche bei einer Gleich-Spannung von 110 Volt durch Vorschalt-Widerstand eingestellt wird. Der Bogen zündet periodisch 1mal pro Sekunde und brennt ungefähr 0,2 Sek. lang. Die Zündung mit dem *Pfeilsticker*schen Gerät wurde für den vorliegenden Zweck noch nicht probiert. Der Bogen steht in 5—10 cm Abstand vor dem Spalt des Q 24; 20 Bogenzündungen genügen für eine stark belichtete Aufnahme.

Es wurden drei verschiedene Arten Präparate untersucht:

a) Gefrierschnitte in Formalin fixiert, in einer Glasflasche schwimmend.

b) 10—12 μ dicke Gefrierschnitte von einer Stauungsleber einer 74jährigen Frau, unfixiert aufgezogen auf Objektträger; sie hatten im Mittel eine Größe von 1 qcm.

c) Schnitte unbestimmter Dicke eines Zahnfleischsaumes, 1—2 mm $\times$ 5 bis 7 mm groß, gefärbt, auf Objektträger unter einem Deckglas, mit Kanadabalsam befestigt.

a) Ein schwimmendes Präparat wurde mit einer Platinöse gefischt und auf die untere Kohlenelektrode (Kathode) des Bogens gebracht. Mit einem kleinen Gasflämmchen, das aus einer reinen Glas- (oder noch besser Quarz-) Capillarspitze herausbrennt (sog. *Lenard*-Flämmchen), wird die anhaftende Feuchtigkeit weggedampft, da bei Anwesenheit von Feuchtigkeit die Analysenempfindlichkeit wesentlich herabgesetzt ist. Bei dieser gelinden Erhitzung wirft sich das Präparat mehr oder weniger. Man läßt jetzt den Abreißbogen ohne Strom solange laufen, bis die obere Elektrode das Präparat fest auf die untere Kohle durch den Druck bei dem jedesmaligen Berühren aufgepreßt hat. Dann zündet man den Bogen.

b) Das auf den Objektträger aufgezogene Präparat wird mit einem kleinen Messer oder dergleichen aus V_2A - Stahl in langsamem Strich abgekratzt. Damit nicht Splitterchen fortfliegen, und damit das Präparat auf der Kohle einigen Halt hat, wird an das Messer eine Spur reinster (spektroskopisch geprüfter) Vaseline gebracht, an welcher dann alles festklebt; mit etwas Geduld kann so das ganze Präparat restlos in die Höhlung der unteren Kohleelektrode eingestrichen werden.

c) Sind Präparate zu untersuchen, welche schon zur mikroskopischen Untersuchung benutzt worden waren, so legt man den Objektträger in reinstes Xylol, bis der Kanadabalsam soweit gelöst ist, daß man das Deckglas leicht abschieben

[1] *Rollwagen, W.:* Spectr. acta 1, 66 (1939).

kann. Man spült mit Xylol nach, bis die Präparate frei sind und verfährt dann so wie unter b) angegeben. In diesem Fall muß man den Kanadabalsam und das Xylol natürlich selbst auf Metallfreiheit prüfen.

Abb. 1 zeigt einen Ausschnitt aus dem Spektrum der oben bezeichneten Leberpräparate. b, c sind zwei aufeinander folgende Aufnahmen desselben, von dem Objektträger abgekratzten Präparates vom Gesamtgewicht (im feuchten Zustand) von 1 mg. a ist eine Kontrollaufnahme der Kohle; sie zeigt nur in Spuren Magnesium und Silicium (abgesehen von dem nicht zu entfernenden Bor und

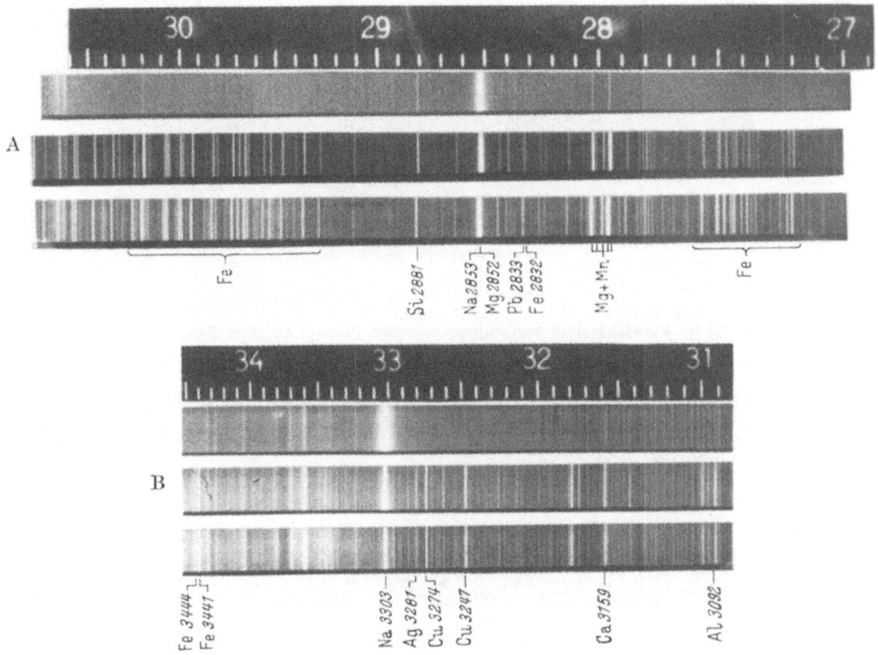

Abb. 1 A und B. a) Kontrolle der Kohle mit NaCl-Zusatz: Spuren von Cu, Fe und Mg. b) Mikrotomschnitt (10—12 μ dick, 1,2 cm²) einer Leber. c) Weitere Aufnahme desselben Präparates. Vergrößerung 3,7 ×.

dem zugesetzten Natrium). Die Spektrogramme der Leberschnitte enthalten die folgenden — außer Ca, Al, Mg, Si usw. — Elemente: Fe, Cu, P in starker Intensität und Ag, Pb, Zn in kleinen Mengen.

Abb. 2 zeigt das Spektrum von 6 Dünnschnitten eines mikroskopischen Zahnfleischpräparates (Größe des Einzelpräparates 1—2 mm × 5—7 mm), in welchem schwarze Ablagerungen festgestellt waren, wobei es aber von medizinischer Seite offengelassen werden mußte, ob es sich um Blei oder Silberabscheidungen handelt; das Spektrum zeigt eindeutig den sehr hohen *Blei*gehalt an.

Abb. 3 ist das Spektrum eines Leberschnittes, auf welchem, solange er auf dem Objektträger lag, ein Tropfen einer Bleisalzlösung, welcher 0,6 γ Blei enthielt, zugegeben wurde. Nachdem der Tropfen gleichmäßig über den Schnitt verteilt worden war, wurde das Wasser im Trockenschrank bei 50° C verdampft. Für die Spektralaufnahme wurde nur knapp die Hälfte des Präparates abgekratzt,

Spectrochimica Acta *1*, 168–172 (1939)

welches eine Größe von 1,2 qcm hatte. Es kam also ein Präparat mit $< 0{,}3\,\gamma$ Blei zur spektroskopischen Untersuchung. Bei dieser Menge sind also die Bleilinien schon außerordentlich stark.

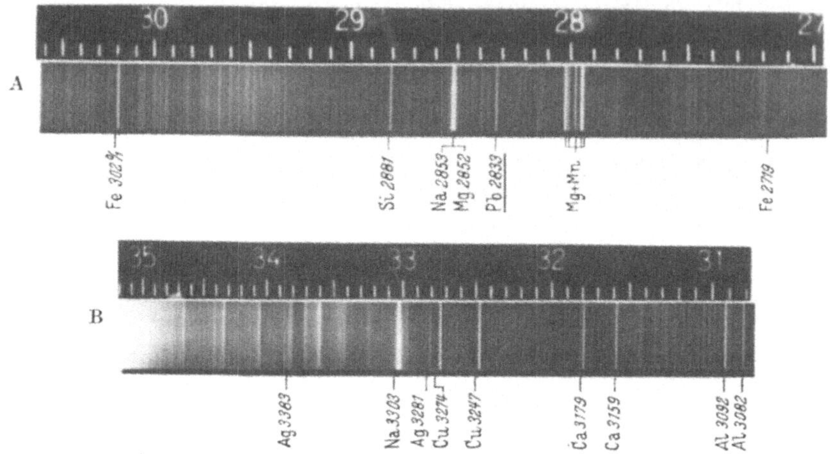

Abb. 2 A und B. Spektrogramm von mikroskopischen Präparaten eines Zahnfleischsaumes. Vergrößerung 3,7 ×.

Weitere Untersuchungen mit dieser Methode hoffe ich in kurzem mitteilen zu können. Es ist ohne weitere Worte klar, daß dieses Untersuchungsverfahren

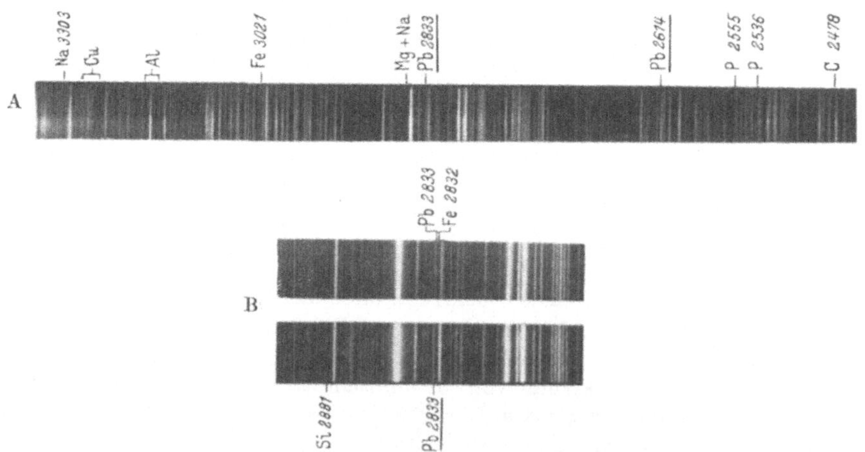

Abb. 3 A und B. A Übersichtsaufnahme eines Mikrotomschnittes von Leber mit Zusatz von etwa 0,3 γ Blei. Vergrößerung 1,6×. B, a) Spektrum eines Leberschnittes Pb 2833 ≈ Fe 2823. b) Dasselbe Präparat mit 0,3 γ Pb, Pb 2833 » Fe 2823. Vergrößerung 3,7 ×.

vor dem bisher gebräuchlichen Hochfrequenzfunken-Verfahren bedeutende Vorteile enthält. So wird die Verteilung der Schwermetalle auf die verschiedenen Teile eines Organs nun ohne Mühe untersuchbar sein. Wesentlich scheint mir auch die erhebliche Vergrößerung der Nachweisempfindlichkeit, die mindestens zwei Zehnerpotenzen beträgt. Weiterhin wird es jetzt möglich sein, solche mikroskopischen Präparate, bei welchen der Mediziner irgendwelche Besonderheiten sieht, auf ihren Schwermetallgehalt zu analysieren, so daß eine unmittelbare Beziehung zwischen beiden hergestellt werden kann. Schließlich wird besonders die quantitative Analyse jetzt allgemeiner möglich sein, als es bisher der Fall war; diese gelang bisher nur in besonders günstigen Fällen. Meist brachte das nicht sicher regelbare Zugeben der Vergleichssubstanz und die Ungleichmäßigkeit der Präparate erhebliche Fehler in der quantitativen Auswertung; durch Aufbringen des Vergleichselementes auf den immer gleichartigen Dünnschnitt wird diese Schwierigkeit weitgehend beseitigt.

Zusammenfassung.

Es wird gezeigt, wie mikroskopische Dünnschnitte mit hoher Empfindlichkeit qualitativ und quantitativ auf ihren Gehalt an Schwermetallen zu analysieren sind.

Atomkernenergie *1*, 237–244 (1956)

ATOMKERNENERGIE

ZEITSCHRIFT FÜR DIE ANWENDUNG DER KERNENERGIE IN WISSENSCHAFT, TECHNIK UND WIRTSCHAFT

Herausgegeben unter Beratung von Prof. Dr. Erich Bagge, Dr. Kurt Diebner und Prof. Dr. Werner Kliefoth

Verlag Karl Thiemig KG München 9 Pilgersheimer Straße 38

Heft 7/8 Juli/August 1956

Untersuchungen über radioaktive Regen

Von Walther Gerlach, München, 1. Physikalisches Institut der Universität

1. Seit April 1955[1] wird der auf 3,14 m² der in 14 m Höhe liegenden Terrasse in 24 Stunden fallende Niederschlag — Regen, Schnee, Tau — aufgefangen und der nach Eindampfen übrig bleibende Rückstand auf seine ß-Aktivität untersucht. Der Rückstand wird auf ein kleines Nickelschälchen gebracht, dieses in festem Abstand vor das ebene Fenster eines β-Zählrohres innerhalb eines dicken Bleimantels. Größere Rückstandsmengen werden auf mehrere Schälchen verteilt, so daß die Absorption der ß-Strahlen in der Substanzschicht vernachlässigbar ist. Große Regenmengen werden in mehrere Portionen verteilt eingedampft; die Aktivität (pro Liter) war im allgemeinen gleich, so daß ohne Bedenken aus der Aktivität einer Teilmenge auf die des ganzen Niederschlags umgerechnet werden kann (siehe auch Ziffer 6). Die Freiheit von α-Strahlung wird geprüft; eine 10 μ-Al-Folie, welche zu dem Zählrohrfenster und rund 10 mm Luftweg hinzugefügt wird, ändert die Impulszahl nicht. 4 mm Al nimmt sie bis auf wenige Prozent fort. Die Apparatur wird mit Kalium 40 in Mikrocurie (μC) geeicht und laufend kontrolliert. Ein Teil der Rückstände wurde chemisch getrennt. In allen Kurven ist die Fehlergrenze (»mittlerer Fehler«) angegeben; auf eine mit Leichtigkeit erreichbare höhere Genauigkeit mußte leider verzichtet werden, da längere Meßzeiten bei der großen Zahl von Präparaten und der kleinen Zahl von Apparaten und Helfern nicht

[1] Vgl. entsprechende Messungen von A. Sittkus (Freiburg i. Br.) für 1953/54. Die Naturw. 42. S. 478—482. 1955.

Abb. 1

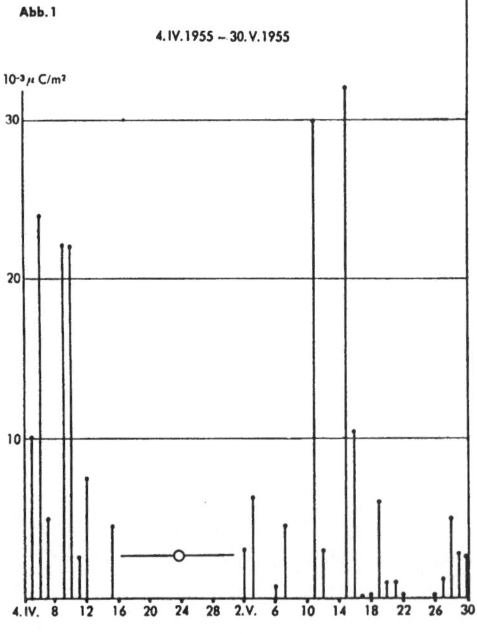

Abb. 2

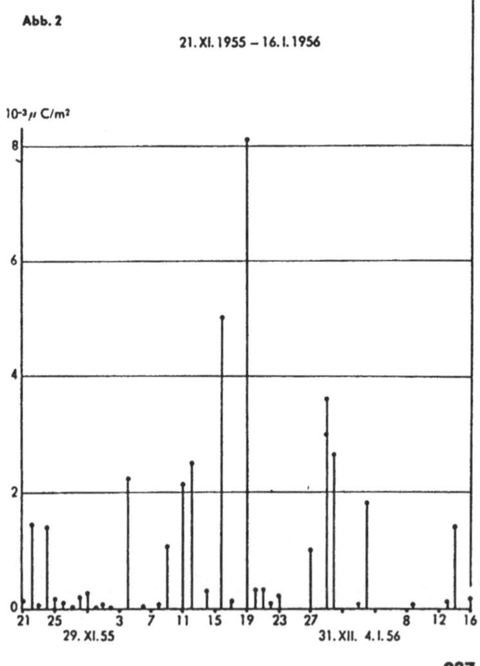

Tabelle 1 (alle Werte)

Aktivität in $10^{-3}\ \mu C/m^2$ für die angegebenen Niederschlagstage.
Die Buchstaben geben die Zuordnung zu Explosionen.
S = Schnee, T = Tau, R = Reif, H = Hagel, sonst Regen

1955												
April	2 <0,1	4 <0,1	5 10	6 24	7 5	9 22	10 22	11 2,6	12 7,5	15 4,5	16 0,3	17 <0,1
Mai	1 <0,1	2 3	3 6,3	6 0,7	7 4,5	11 30 A	12 3,3	15 32	16 10,5	17 0,1	18 0,1	19 6
	20 1,2 A	21 1,2 A	22 0,3	26 0,1	27 1,1 A	28 5	29 4,3	30 4				
Juni	2 0,8 A	5 1,9	8 3,1	9 0,1	11 0,3	12 <0,1	13 2,5	14 0,2	15 0,2			
Juli	21 4,0	22 0,5	26 0,5	28 <0,1	29 0,5	30 4,5						
Aug.	10 0,3											
Sept.	26 0,1	27 0,1	28 0,2	29 1,7	30 <0,1							
Okt.	1 <0,1	2 <0,1	3 <0,1	4 <0,1	5 0,3	6 0,1	7 0,1	8 <0,1	10 <0,1	11 <0,1	12 <0,1	13 <0,1
	14 <0,1	15 0,1	18 <0,1	20 <0,1	22 <0,1	24 0,2	25 1,3	26 0,2	27 1,8	28 <0,1	29 1,3	30 <0,1
Nov.	2 <0,1	3 <0,1	4 <0,1	5 <0,1	7 <0,1	8 <0,1	11 0,2	14 <0,1	15 0,3 S [B,C]	16 0,4	17 0,1	18 1,9 S D
	21 0,1	22 1,5 D	23 <0,1	24 1,5 D	25 0,2	26 <0,1	28 0,3 D	29 0,3 D	30 <0,1			
Dez.	1 0,1 D	2 <0,1	4 2,3 E	6 <0,1 E	8 <0,1 [E]	9 1 E	11 2,1 F	12 2,6 F	13 <0,1 F	14 0,3 F	15 <0,1 F	16 5 G
	17 0,1 F	18 0,1 F	19 8,1 S F	20 0,3 R F	21 0,3 F	22 0,1 F	23 0,2 R DF	27 1,0 G	28 1,0 G	29 3,6 G	30 2,6 G	
1956 Jan.	2 <0,1 G	3 1,8 S G	9 <0,1 G	13 <0,1 G	14 1,4 G	16 0,1 DG	18 0,3	19 0,1	24 0,3 S G	26 0,1 S	30 0,4 S G	31 1,0 S
Feb.	1 <0,1 S	7 0,1 S	9 0,3 S	13 0,3 S	17 0,2 S	23 <0,1 S	29 0,2					
März	2 0,5 G	4 0,1	6 1,0 S	7 0,1 S	12 0,1 S	14 0,4 S G	21 <0,1 T	23 0.6	27 0,2 G	28 1,0		
April	1 0,1 G	4 1,0 S ?	5 0,3 S H	6 0,6+1,6 S GH	7 0,2 S	12 0,2 D**	13 <0,1 D**	14 <0,1	17 <0,1 S	20 0,5 S	23 1,5	25 0,9 [F]*
	30 5,1 [F]*											
Mai	2 1,2 [F]*	3 1,0 [F]*	11 3,7 H [F]*	12 0,1	14 0,1	18 <0,1	19 1,8	20 1,8	25 1,5 [F]*	29 1,0 [J]		
Juni	1 2,1+1,9 [J]	6 1,2 [J]***	7 0,1	8 0,5	9 2,6 K	10 1,4	11 1,0 K	13 0,1	14 2,2 L	15 3,8+3,8 L	18 2,9+4,0 L	20 10+5,8
	21 1,4+1,5	22 1,4	23 2,2	25 0,1	27 0,6+0,2	28 8,1	29 0,2					
Juli	1 4	2 0,8										

* Siehe Bemerkung in Tabelle 4. ** Siehe Bemerkung in Tabelle 4. *** Staub, siehe Ziffer 7.

möglich waren. Die zur Berechnung auf die in erster Linie interessierende Größe $\mu C/m^2$ erforderliche Regenhöhe wurde anfangs von der meteorologischen Station, später am Ort durch Regenmesser bestimmt. Bei der Beurteilung des hier vorgelegten Materials sind die Bemerkungen unter Ziffer 10 zu beachten.

2. Abb. 1 bis 3 geben die — im allgemeinen beginnend 1 bis 3 Tage nach dem Niederschlag — gemessenen Aktivitäten in $10^{-3}\mu C/m^2$ pro 24 Stunden für die Perioden: 4. April bis 30. Mai 1955, 21. November 1955 bis 16. Januar 1956, 30. April bis 24. Juni 1956. (Man beachte die verschiedenen Ordinatenmaßstäbe.) Tabelle 1 gibt alle *gemessenen* Niederschläge während 15 Monaten; zwischen 18. April und 30. April 1955, zwischen 16. Juni und 20. Juli 1955 und zwischen 31. Juli und 25. September 1955 wurde (mit Ausnahme vom 10. August) wegen Arbeiten an der Apparatur nicht gemessen. Die Aktivitätswerte enthalten keine oder nur wenig natürliche Aktivität.

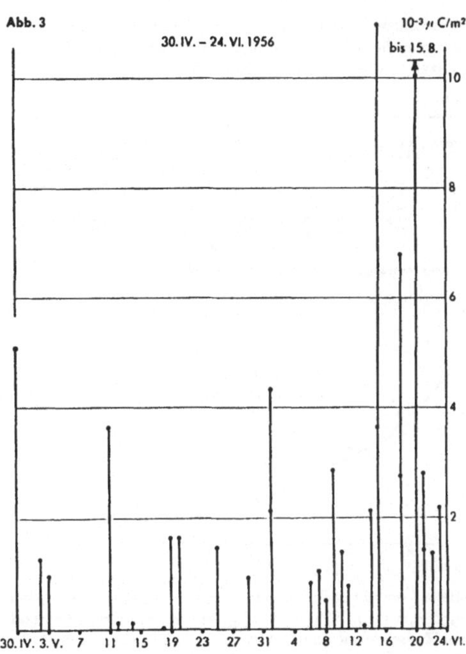

Die unter manchen Zahlen der Tabelle 1 stehenden Buchstaben geben das Datum der Explosion an (Tabelle 2), von welcher die Produkte herrühren, in Klammern, wenn die Extrapolation unsicher ist.

3. Abb. 4 gibt als Beispiel die Abklingkurve über 6½ Monate des Regens vom 20. XII. 1955, sie entspricht durchaus der von vielen anderen Niederschlägen. Die radioaktive Substanz stammt nach der $1/t$ = Beziehung von einer (russischen) Explosion vom 21./22. XI. 1955, von welcher die ersten Spaltprodukte am 11. XII. hier nachgewiesen waren. Die kurzlebigen Produkte waren in den vergangenen 3 Wochen bereits abgeklungen. Die Kurve kann in vier angenähert lineare Stücke zerlegt werden, in Abb. 4 mit II, III, IV, V bezeichnet, aus welchen 4 »mittlere scheinbare Halbwertszeiten $T^{*}{}_{1/2}$" berechnet werden können. Die Komponente IV ist aber sehr einheitlich, in der Abklingkurve des 2. 5. 1955-Regens, ist sie bisher von Ende November bis Anfang Juli, also über 7 Monate verfolgt. Macht man die berechtigte Annahme, daß weitere

Tabelle 2

Explosionstag	Zeichen	Explosionstag	Zeichen
7. 5. 55[1]	A	29. 11. 55	G
24. 9. 55	B	11. 2. 56	H
30. 10. 55	C	3. 4. 56	I
7./8. 11. 55	D	3./6. 5. 56	K
15. 11. 55	E	20. 5. 56	L
21./22. 11. 55	F		

[1] Unsicher ist ein Explosionsdatum 1. 5. 1955. Wenn zwei Tage angegeben werden, so liegt die Grenze der Extrapolationssicherheit außerhalb ± ½ Tag.

Spaltprodukte *sehr* viel längere Halbwertszeiten haben, so kann man die Kurve auf 4 Mischungen mit 4 mittleren Halbwertszeiten T ½ aufteilen (Tabelle 3):

Tabelle 3

Komp.	Regen 20. 12. 1955 (Explosionstag 21./22. 11. 1955) T½*	Tage nach Expl.	T½	Regen 11. 5. 1955 (Explosionstag 7. 5. 1955) T½*	Tage nach Expl.	T½
I	—	—	—	13d	13—24	3.5d
II	26d	bis 53	6d	27d	bis 48	*
III	57d	bis 108	13d	—	—	*
IV	120d	bis 188	50d	130d	bis 200	50d
V	275d	bis 220	275d	275d	bis 420	275d

* Zu wenig Messungen zwischen dem 50. und 150. Tag.

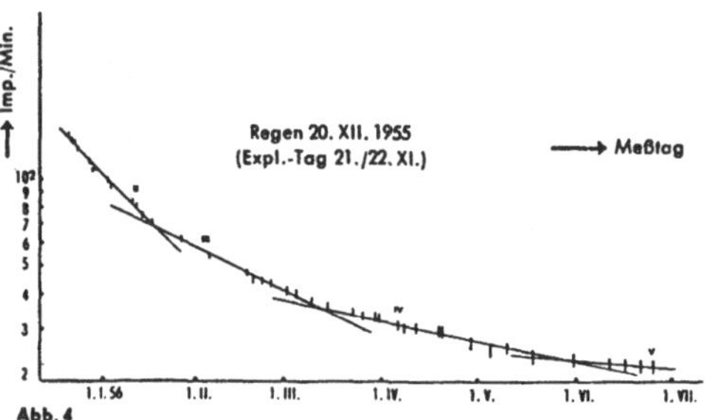

Abb. 4

Tabelle 3 enthält auch die entsprechende Auswertung für den Regen vom 11. 5. 1955 (Expl. 7. 5.), welcher allerdings während einer Zwischenzeit von 100 Tagen nicht gemessen wurde, so daß über die Komponenten II und III keine ausreichenden Messungen vorliegen. Dafür fiel dieser Regen so bald nach der Explosion, daß die Komponente I beobachtbar war. Bezüglich der zeitlichen Lage der Komponenten IV und V wird auf Ziffer 5 und Abb. 7 und 8 verwiesen.

4. Für zahlreiche Niederschläge wurde zur Feststellung des Explosionsdatums das t^{-1}-Gesetz angewendet. In Abb. 5 sind die Messungen der Niederschläge vom 19. 12. 1955 (Schnee), vom 20. 12. 1955 (Regen) und vom 30. 4. 1956 (Regen) gegeben, welche zum gleichen Tag, 22. 11. 1955 führen. Andere, auf

Tabelle 4

Explosionstage, welche sich aus 1/t-Gesetz bzw. aus dem Verlauf der Abfallkurve nach längerer Zeit (mit e bez.) ergeben.

Zeichen	Tag	ermittelt aus Niederschlägen vom:
A	7. 5. 1955	11. 5. (1/t). 20./21./27. 5., 2. 6 (sämtlich e)
B	24. 9. 1955	[15. 11. M][1]
C	29. 10. 1955	[15. 11. M][1]
D	7./8. 11. 1955	18./22./[23. M][1]/24./28./29./30. 11. (sämtlich 1/t), 1./23. 12. (1/t), [16. 1. M][1], 1956: 12. 4. (e), 13. 4. (e)[2]
E	15. 11. 1955	4./6./8./9. 12 (sämtlich 1/t)
F	21./22. 11. 1955	11./12./13./14./15./17./18./19./20./21./22. 12. (sämtlich 1/t), [23. 12. M][1] — 1956: 25./30. 4., 2./3./11./25. 5. sämtlich e)[3]
G	29. 11. 1955	16./27./28./29./30. 12. 1955 — 1956: 2./3./9./13./14./[16. 1. M][1]/25./30. 1. 2./14./27. 3., 1. 4.
H	9./11. 2. 1956	5./6. 4. 1956[4], Staub 3. bis 5. 6.[5]
I	2. 4. 1956[6]	29. 5., 1./2./6. 6.
K	3./6. 5. 1956[7]	9./11. 6.
L	20. 5. 1956	14.[8]/15.[8]/18. 6.[8]

[1] Hier liegen voraussichtlich »Mischwolken« vor, welche Produkte aus zwei (oder mehr) Explosionen enthalten. Näheres unter Ziff. 5, Z. B. Abb. 9.

[2] Regen 5 Monate nach Explosion, Zuordnung nach Abfallkurve (e) erscheint sicher.

[3] Die Zuordnung zum Explosionstag F nach (e) noch nicht sicher, weil Beobachtungszeit zu kurz; für 1/t-Verfahren zu alt.

[4] Schwer deutbare 1/t-Kurven: Regen 5. 4. 2 Monate linear, Regen 6. 4. nur 1 Monat linear, dann stark abbiegend — vielleicht Mischwolke von G mit einer anderen.

[5] Trockener Staub, siehe Ziff. 7; Abklingkurve noch zu kurz, 1/t deutet während 30 Tagen recht sicher auf 9. 2. 1956.

[6] Anomale 1/t-Kurven, siehe Ziff. 6 und Abb. 10, 11, 13.

[7] Genauere Angabe aus 1/t nicht möglich.

[8] Viel kurzlebige Substanz; sicher Mischung mit alter Substanz. Siehe Abb. 10, 12, 14.

etwa das gleiche Explosionsdatum führende t^{-1}-Kurven der Niederschläge enthält Tabelle 4. Die mit relativ großer Genauigkeit gemessene Kurve, am 20. 12. 1955 beginnend, weicht erst nach 5 Monaten merklich vom t^{-1}-Gesetz ab (die Halbwertszeichen der länger lebigen Produkte sind zu einheitlich). Wir haben so viele Beispiele dafür, daß das 1/t-Gesetz 4 bis 5 Monate *nach dem Explosionstag* noch gilt, daß wir bei kürzerer Gültigkeitszeit entweder erheblich andere Explosionsprodukte oder aber Mischungen von Produkten von zeitlich

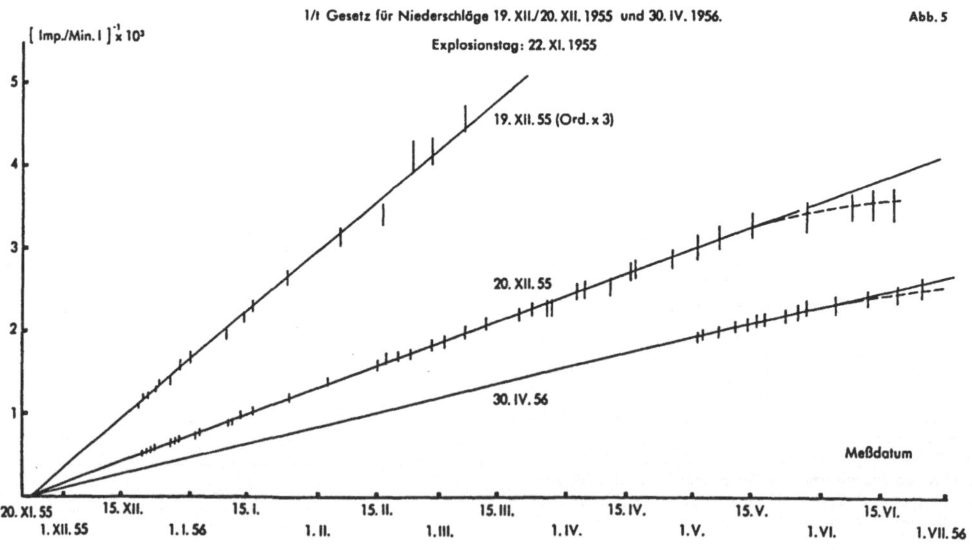

1/t Gesetz für Niederschläge 19. XII./20. XII. 1955 und 30. IV. 1956. Abb. 5

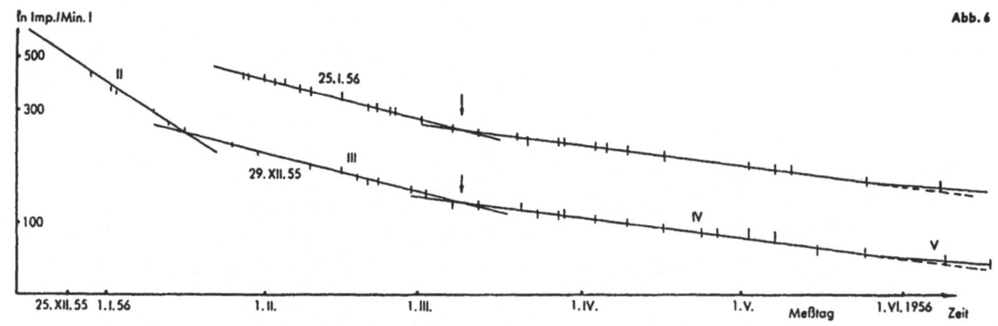

wesentlich verschiedenen Explosionen annehmen müssen; für letzteres werden einige beweisende Beispiele später gegeben (Ziffer 5).

5. Außer dem 1/t-Gesetz gibt es noch eine Möglichkeit, die Zugehörigkeit der radioaktiven Bestandteile zu einer bestimmten Explosion zuzuordnen; diese ist für sehr »alte« radioaktive Wolken wichtig. Sie beruht auf der recht charakteristischen Abklingkurve des Gemisches (Abb. 4).

In Abb. 6 sind die Aktivitäten der Niederschläge vom 29. 12. 1955 und 25. 1. 1956, welche sicher nach 1/t-Gesetz von der (russischen) Explosion am 29. 11. 1955 stammten, für gleiche Meßtage gezeichnet. Im Regen vom 29. 12. sind noch relativ kurzlebige Produkte (Komponente II, III und IV nach Tabelle 3), im Regen vom 25. 1. 1956 sind nur noch III und IV, weil II schon abgeklungen ist, die charakteristische Neigungsänderung (Pfeile l) liegt bei beiden am 15. März 1956. Deshalb haben wir geschlossen, daß auch die Aktivität im 25. 1. 1956-Niederschlag vom 29. 11. 1955 stammt.

In Abb. 7 ist vom Regen vom 20. 12. 1955 — Explosionsdatum 22. 11. 1955 — nur der Aktivitätsabfall nach dem 1. 4. 1956 gezeichnet (letzter Teil der Abb. 4). Die Niederschläge vom 25. und 30. 4. 1956 und vom 2., 3. und 11. 5. 1956 lassen sich nach dem 1/t-Gesetz nicht mehr sicher auswerten. Es sind offensichtlich nur die Komponenten IV und V da. Sie zeigen in *allen* Abfallkurven (Pfeil) die am 27./28. 5. 1956 eintretende Richtungsänderung. Wir schließen hieraus: *die Niederschläge enthalten alten Staub einer über 5 Monate zurückliegenden Explosion,* welche auf den 22. 11. 1955 zu datieren ist.

In dieser Abb. 7 ist als untere Kurve ein später Teil der Abklingkurve vom 11. 5. 1955 (Expl. 7. 5. 1955) so eingezeichnet, daß die Meßpunkte *ebenso viele Tage nach der Explosion liegen,* wie die Meßpunkte aller anderen Kurven: Der scharfe Wendepunkt am 28. 11. 1955 (Übergang zur fast einheitlichen Substanz mit $T_{1/2} = 270$ d) fällt dann recht gut mit den Wendepunkten der anderen Kurven am 27./28. 5. 1956 zusammen. Auch die Abfallkurven sind genau parallel (Komponente IV und V).

Für diese Bestimmung des Explosionstages aus der Abfallkurve (in Tabelle 4 und 5 mit »e« bezeichnet) gibt Abb. 8 noch

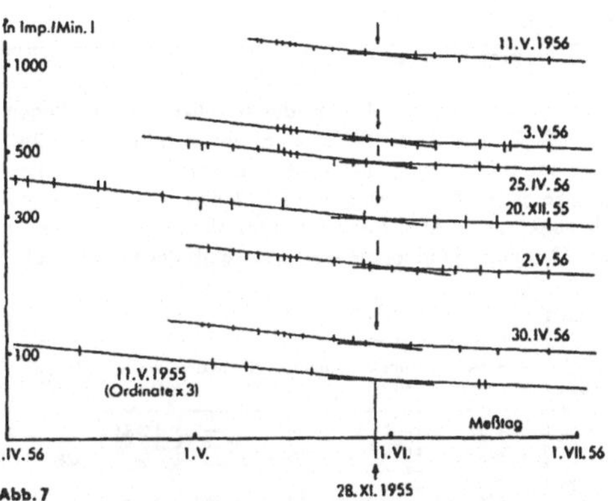

Abb. 7

ein Beispiel. Sie zeigt die Meßpunkte der Abklingkurven der Niederschläge vom 11., 20., 21., 27., 30. Mai und 2. Juni 1955 für die sehr lange Zeit vom 1. September 1955 (rund 4 Monate nach der Explosion) bis 9. April 1956. Die ausgezogene Kurve (Meßwerte: Punkte mit Fehlergrenzen) stammt von der 11. Mai-Substanz, Ordinate Zahl der Impulse pro Minute von 1 l Wasser (nach 11 Monaten noch $165 \times 10^{-3} \mu C/l$); die Werte der anderen Proben, mit geeigneten Umrechnungsfaktoren multipliziert, liegen sämtlich innerhalb der Meßgenauigkeit auf der gleichen Kurve. Der in der gleichen Periode, am 30. Mai 1955 gefallene Regen hat eine erheblich abweichende Abklingkurve (auch andere Neigung, Abb. 8 gestrichelt). Die Substanzen der erstgenannten 5 Regen stammen also offenbar vom gleichen Explosionsdatum, nämlich dem 7. 5. 1955, die vom 30. Mai scheint vermischt mit Produkten anderer Explosionen und ist nicht datierbar.

Tabelle 5 gibt die Ergebnisse der Auswertung der Abklingkurven, von welchen in den Abbildungen nur Teile wiedergegeben sind. Der Explosionsstaub vom 7. Mai 1955 ist schon nach 4 Tagen hier niedergegangen, er war reich an kurzlebigen Spaltprodukten (keine natürliche Aktivität!).

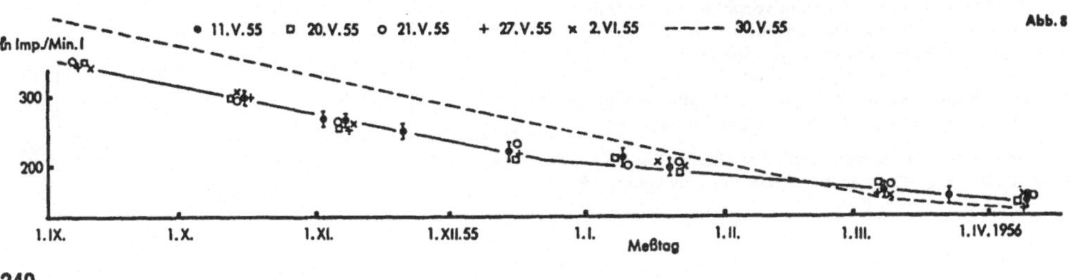

240

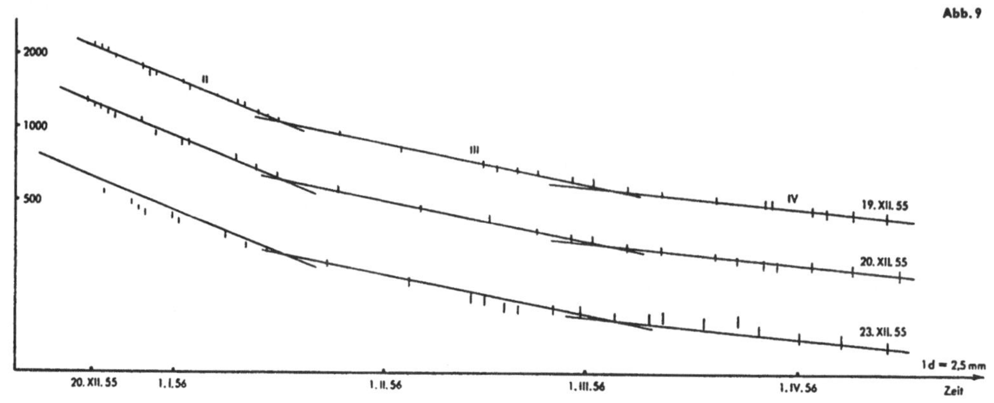

Noch ein Beispiel gibt Abb. 9: die Abfallkurven der Regen vom 19., 20. und 23. 12. 1955, gemessen bis Mitte April 1956. Während die beiden ersten wieder vollkommen übereinstimmen, zeigt der Niederschlag vom 23. 12. eine erheblich andere Abklingkurve. In Abb. 9 ist die ausgezeichnete Kurve, die für den 19. und 20. gültige, die weit außerhalb der Meßgenauigkeit liegenden Punkte gehören zum 23. 12. Unsere Deutung ist, daß in diesem Regen außer den Spaltprodukten vom 22. 11. noch ein erheblicher Teil Spaltprodukte von anderen Explosionen enthalten war; wir nennen dieses »Mischwolken M« (vgl. diese Angabe in Tab. 4).

Tabelle 5

Tag des Niederschlags	Tag der Explosion	Ermittelt nach		mittlere Halbwertzeiten $T_{1/2}$ der Bestandteile			Mengen 50d : 270d
1955 11. 5.	7. 5.	1/t		—	51d	275d	0.86
20. 5.	7. 5.	1/t	e	—	50d	270d	
21. 5.	7. 5.	—	e	—	50d	270d	
27. 5.	7. 5.	—	e	—	50d	270d	
2. 6.	7. 5.	—	e	14d	53d	270d	
			Komponente	III	IV	V	

6. Bemerkenswert *andere* Eigenschaften haben die relativ starkradioaktiven wasserreichen Regen der letzten Wochen *im Vergleich zu allen anderen, welche wir untersuchten.*

Abb. 10 gibt eine Übersicht über die logarithmischen Abklingkurven der Niederschläge vom 1. 6. bis zum 18. 6., sie sind z. T. gleichartig, z. T. sehr verschieden; die mit 3./5. 6. bezeichnete Kurve bezieht sich auf den Staub, vgl. Ziffer 7. Abb. 11 und Abb. 12 gibt einige Meßwerte. In Abb. 13 und Abb. 14 ist der Versuch gemacht, aus der 1/t-Beziehung das Explosionsdatum zu erhalten. In allen Kurven ist nur ein *kleiner* (innerhalb der Meßgenauigkeit!) linearer Teil vorhanden, dann biegen sie sämtlich in ähnlicher, aber offenbar nicht gleicher Weise ab. Für eine sichere Aussage müssen die Kurven noch viele Wochen verfolgt werden; klar scheint schon zu ersehen, daß die Aktivität der Regen vom 14., 15. (Tag) 15. (Nacht) 18. 6. 1956 zur gleichen Zeit abbiegen. Die linearen Teile der Kurven vom 14., 15. (Tag) 15. (Nacht) und 18. 6. weisen auf den 20. 5. 1956, nach Zeitungsmeldungen der Explosionstag der amerikanischen Wasserstoffbombe auf den Brown-Inseln.

Die Extrapolation der kurzen linearen Stücke der Kurven 1. 6., 2. 6., 6. 6. führt ungefähr zum 2. 4., einem uns unbekannten Explosionsdatum. Die ebenfalls kurzen linearen Stücke der nicht in den Abb. gegebenen 1/t-Kurven des Regens vom 9. und 11. 6. führen klar zu einem zwischen dem 3. und 6. 5. 1956 liegenden Explosionstag, nach Zeitungsmeldungen ist eine amerikanische Explosion am 4./5. 5. erfolgt.

Die sehr zahlreichen, oft stärkeren Regenfälle der Juni-Wochen gestatten die Bemerkung, daß entweder die radioaktiven Staubwolken der gleichen Explosion tagelang zugeführt werden oder daß die »Auswaschung« der Atmosphäre durch einen mehrstündigen Regen nur sehr unvollkommen ist. Denn

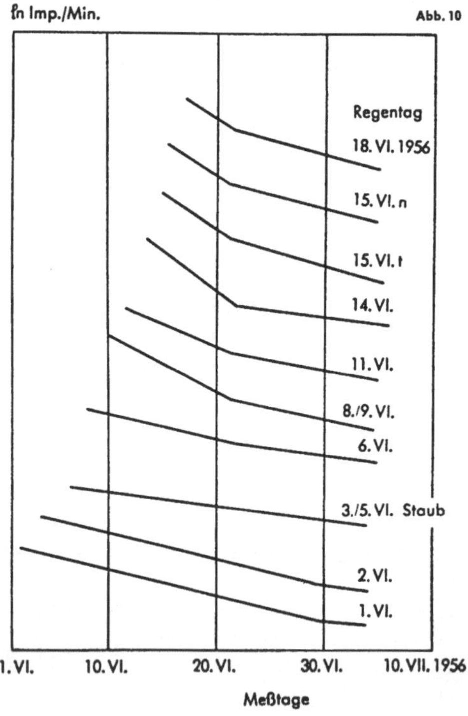

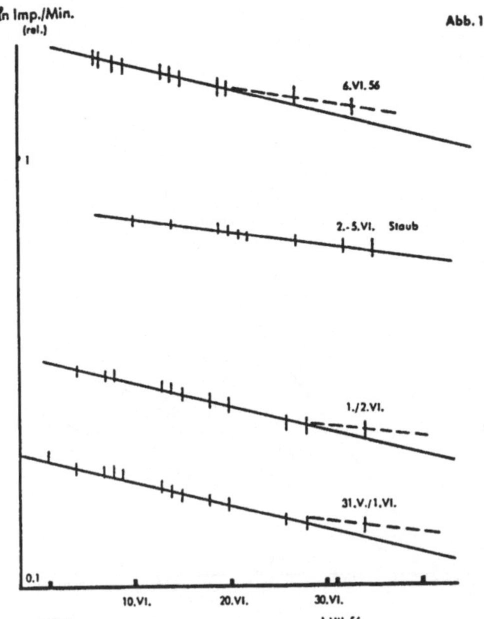

Abb. 11

die Regen vieler aufeinanderfolgender Tage haben oft recht gleichmäßige Aktivität. Viermal, am 15., 19., 20. und 21. Juni fielen mit einigen Stunden Zwischenzeit je 2 Regen mehrstündiger Dauer. Diese »Teilregen« wurden getrennt analysiert: Die Aktivität (im $10^{-3}\mu C/m^2$) war 3.6 + 7.4 (15. 6.); 5.8 + 4.2 (19. 6); 5.8+10.0 (20. 6.) und 1.4 + 1.3 (21. 6); am Tag vor dem 15. 6. 2.2, an den beiden Tagen nach dem 21. 6.: 1.4 und 2.2. — Die »Teilregen« haben also nahezu die gleiche Aktivität, sie sind voneinander unabhängig.

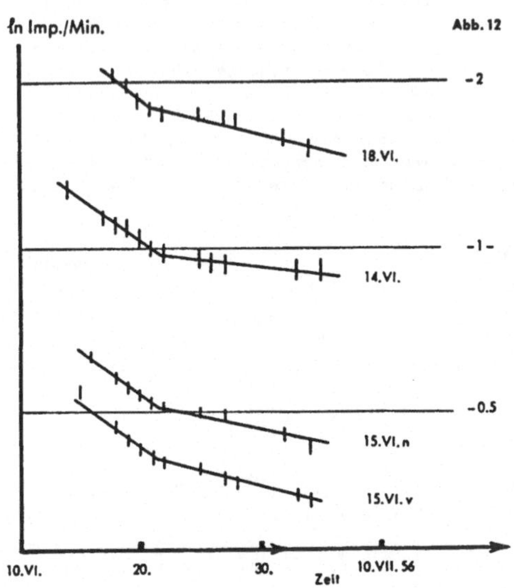

Abb. 12

242

Eine mögliche Deutung dieser Beobachtungen ist, daß in der Atmosphäre schon viel langlebige Produkte von früheren Explosionen enthalten sind, so daß in der 1/t-Kurve nur eine relativ große Gruppe kurzwelliger Komponenten zu dem kleinen geraden Stück noch führen. Vielleicht bringt eine längere Beobachtung der Abklingzeit Klarheit; wir teilen diese Ergebnisse vorerst nur als sichere Beobachtungen mit.

Vielleicht sprechen für die Deutung die Ergebnisse von Staubmessungen, s. folgende Ziffer.

7. Nach einigen Regentagen war am 3. bis 5. Juni 1956 heißes Wetter, meist Ostwind. Der auf den Auffangflächen abgesetzte Staub — 1,2 gr auf 3,14 m^2 — wurde sorgfältig abgespült und nach Wiedereintrocknen untersucht. Die natürliche Aktivität war nur wenig Prozente. Kurzlebige Produkte waren nicht vorhanden, die Aktivität am 6. 6. betrug $0{,}12 \times 10^{-3}\mu C/m^2$. Die Abklingkurve ist in Abb. 11 und 13 enthalten, heute (13. 7.) ist seine Aktivität noch $0{,}95 \times 10^{-3}\mu C/m^2$.

Abb. 13

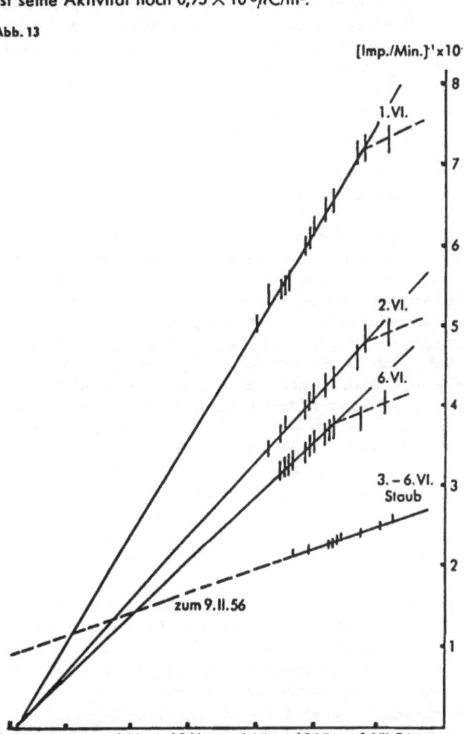

8. Einige Proben wurden chemisch analysiert; Tabelle 6 gibt als Beispiel die Ergebnisse für den Regen vom 16. 12. 1955, welcher sicher auf den Explosionstag vom 29. 11. 1955 zurückzuführen ist. Der benutzte Rückstand gab vor der Analyse rund 1700 Impulse pro Minute, bezogen auf den 29. 11. unter alleiniger Berücksichtigung der am 16. 12. noch vorhandenen längerlebigen Substanzen; der Abfall der Aktivität der chemisch getrennten Komponenten wurde über 3½ Monate verfolgt.

Die Summe der Teilaktivitäten, wiederum bezogen auf den Explosionstag, beträgt rund 1300. Also sind 24% verloren gegangen, darunter durch einen Fehler das Jod.

Tabelle 6

Fällung	»Mittlere« Halbwertszeiten $T^{1/2}$ und Aktivität in Impulszahl pro Min.		Deutung		Bemerkung
$(NH_4)_2CO_3$	12.5 d 200	54 d 230	Ba 140 (12.8 d)	Gr 89 (53 d)	sichere Analyse aus Abfallkum
$(NH_4)_2S$	4.3 d 115	54 d 370	seltene Erden +Zv		beide Komponenten nicht einheitlich
H_2S	3.8 d 200	34 bis 40d 85	Te (132) Mo (99)	Ru Te u. a.	sicher mehrere Komponenten, vor allem eine langlebige
SiO_2-Rückstand	7d 42	51 d 42	Ag (111)	?	zweite Komponente sicher nicht einheitlich

9. Abb. 15 soll einen Anhaltspunkt über die pro m² nur aus Niederschlägen zugebrachte Aktivität geben. Es wird angenommen, daß *auf dem Quadratmeter eine Vorrichtung (»Sammler«)* wäre, welche die durch Niederschläge aufgebrachte radioaktive Substanz ansammelt, und daß auch die Niederschläge, deren Aktivitätsabfall nicht gemessen wurde (vor allem einige im April und Mai 1955) den gleichen Abfall wie Abb. 4 — Niederschlag vom 20. 12. 1955 — zeigen. Die Ordinatenwerte der Abb. 15 geben dann die an den zugehörigen Tagen in dem gedachten Sammler *vorhandene* Aktivität in $10^{-3}\mu C$. Die Werte sind praktisch frei von natürlicher Aktivität. Wahrscheinlich sind sie sämtlich zu niedrig, u. zw. aus folgenden Gründen: a) An Tagen mit sehr wenig Regen, an manchen Tagen mit Tau- und Reifniederschlag wurde dieser nicht eingesammelt; b) in der Zeit vom 17. April bis 1. Mai 1955 (obere Kurve mit x) wurden die Niederschläge nicht untersucht, es ist aber sehr wahrscheinlich, daß in dieser Zeit radioaktive Niederschläge fielen; c) die wenigen Messungen von Niederschlägen zwischen 16. Juni und 26. September wurden nicht einbezogen, viele Regen dieser Zeit gar nicht gemessen; d) es ist sicher, daß ein Teil der Niederschläge, von welchen nur die anfängliche Aktivität gemessen wurde, »alte« Produkte enthielt, so daß deren *Abfall* rechnerisch überbewertet wurde. Während des Monats Mai 1955 hatte also der Sammler eine mittlere Aktivität von $100 \times 10^{-3}\mu C$.

Für die untere Kurve (o), beginnend mit 15. November 1955 wird als Ausgangswert die Aktivität genommen, welche aus der gemessenen Abklingkurve der Regen von April und Mai 1955 folgt. (Dieser Wert ist also auch mit Sicherheit zu klein, die ganze o-Kurve liegt in Wirklichkeit höher.)

Die unterste Kurve (+) gibt getrennt den weiteren zeitlichen Abfall der Restaktivität von den 1955er April-Mai-Explosionen bis zum 13. Februar 1956 an; an diesem Tag hat also der angenommene »Sammler« noch eine Aktivität von mindestens $9 \times 10^{-3}\mu C$ von langlebigen radioaktiven Atomen aus den 10 Monate zurückliegenden Explosionen.

Der nur vom 1. Juni bis 1. Juli 1956 gefallene Regen hat dem »Sammler« soviel radioaktive Substanz zugeführt, daß seine Aktivität am 1. Juli $53 \times 10^{-3}\mu C$ betragen hätte, also erheblich mehr als während eines der Wintermonate.

Mit der Restaktivität, welche vom 13. Februar noch vorhanden, und der zwischen 13. Februar und 1. Juni aus Niederschlägen hinzugekommenen Substanz wäre die Gesamtaktivität am 1. Juli 1956 etwa $80 \times 10^{-3}\mu C$; sie stammt zu einem beträchtlichen Teil aus den längerlebigen Produkten.

10. Es ist anzunehmen, daß die atmosphärischen Verhältnisse, welche bei dem Niederbringen des radioaktiven Staubs durch Niederschläge in Betracht kommen, über einer Großstadt wesentlich anders sind als über kleineren Städten, im freien Land oder im Gebirge. Vor allem ist an den Staub zu denken: an manchen Tagen ist der Regenrückstand tiefschwarz von

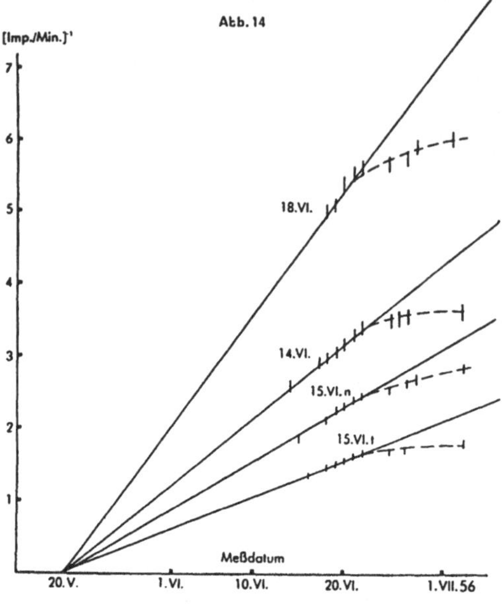

Ruß, an anderen hell; seine Masse, gerechnet pro Liter Regen, schwankt ziemlich stark. Es wird oft beobachtet, daß mit mehr Ruß auch mehr radioaktiver Staub vorhanden ist. Zwischen Schnee und Regen können wir aus unseren Messungen keinen Unterschied feststellen; während eines sehr starken Regens in München fiel auf der Zugspitze viel Schnee, wir holten sofort einige Kilo, da der Münchner Regen stark radioaktiv war: der Zugspitzschnee zeigte nur sehr geringe Aktivität. Selten wurde ein ungewöhnlich hoher Betrag von Erdaktivität beobachtet, zweimal bei Schneefall am 15. 11. 1955 (pro Liter etwa 500 J/min, analysierte Halbwertszeiten zwischen 17.5 und 39 [Ra B und RaC] und etwa 11h [ThB] und am 18. 11. 1955 (pro Liter etwa 7000 J/min, analysierte Halbwertszeiten 25,5 d und 8.2 h). Einige Male wurde bei nach Föhn sehr plötzlich einsetzendem Regen hohe Erdaktivität gemessen. Der Regen vom 7. 6. 1956 hatte 800 J/min pro Liter Erdaktivität, der am Tag vorher niedergegangene Regen und der Staub von den Vortagen (Ziffer 7) aber keine. Wir teilen diese Einzelbeobachtungen mit, weil sie Hinweise auf unübersichtliche Faktoren geben und vielleicht für spätere Diskussionen in Betracht kom-

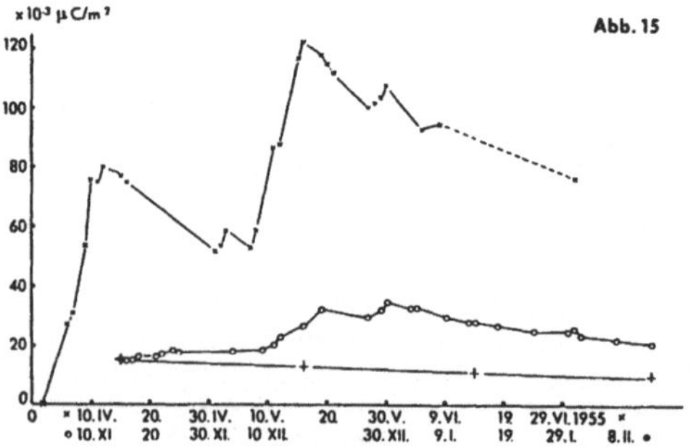

243

Tabelle 7

	Gewicht kg	Kalium g	Kalium Aktivität in $10^{-3}\,\mu C$	Die gleiche Aktivität erhalten durch Einzelregen soviel m² häufig m²	Spitzen m²	Quadratmeter des »Sammlers« (Ziff. 9) mit gleicher Aktivität im Mai 1955 m²	am 1. Juli 1956 m²
1	2	3	4	5	6	7	8
Muskel	14,4	51,6	126	63 bis 31,5	12,6 bis 4,2	1,26	1,58
Skelett	5,8	3,5	8,5	4,3 bis 2,1	0,9 bis 0,3	0,09	0,1
Blut Serum Körperchen	2,25	9	22	11 bis 5,4	2,2 bis 0,7	0,22	0,27
Haut	8,7	9,3	22,8	11,4 bis 5,7	2,3 bis 0,7	0,23	0,29
Muttermilch	1	0,5	1,23	0,6 bis 0,3	0,1 bis 0,03	0,012	0,015
Ges. Körper	50	133	324	162 bis 81	32,4 bis 11	3,2	4,1

men. Ein wesentlicher Grund für unsere Messungen ist ja auch der Wunsch, Vorarbeiten für die dringend erforderliche Überwachung der Atmosphäre nach Inbetriebnahme von Uranreaktoren zu geben. —

11. Es soll ein anschaulicher Vergleich über »normale« Aktivitäten und die durch Regen aus Atombombenexplosionen zur Erde niedergebrachten Aktivitäten versucht werden. In Tabelle 7 wird für den Normalfall der Gehalt (Spalte 3) und die Aktivität (Spalte 4) des Kaliums in einigen Teilen des menschlichen Körpers angegeben, bezogen auf ein Gesamtgewicht von 50 kg. In den Spalten 5 und 6 wird angegeben, auf wieviel Quadratmeter der Erde diese Aktivität durch *einzelne* radioaktive Regen zugeführt wird und zwar in Spalte 5 für häufig vorkommende Aktivitäten, in Spalte 6 für die Spitzen. In Spalte 7 und 8 werden die Aktivitäten der Körperteile verglichen mit der Aktivität, welche der »Sammler« (Ziffer 9) im Mai 1955 und am 1. Juli 1956 hatte, und zwar sind als Zahlen angegeben die Quadratmeter, welche der Sammler zur Lieferung der Aktivität der Körperteile haben müßte.

Tabelle 8

max. zulässig f. Trinkwasser		Regen, beobachtet	
entspricht einer Regenaktivität bei Regenhöhe		häufig	Spitzenwerte
1 mm	$0.1 \times 10^{-3}\,\mu C/m^2$	2—$4 \times 10^{-3}\,\mu C/m^2$	10—$30 \times 10^{-3}\,\mu C/m^2$
5 mm	0.5×10^{-3}		
10 mm	1×10^{-3}		

Für *Trink*wasser wird als maximal zulässige Aktivität $10^{-4}\mu C/l$ angegeben. Tabelle 8 gibt die Umrechnung auf Regenhöhe, $\mu C/m^2$ und gemessene Werte, und zwar wieder »häufig« und in den »Spitzen«.

12. Die vorstehenden Mitteilungen bezwecken die Beibringung von Erfahrungsmaterial. Die Frage von Schädigungen pflanzlicher und tierischer Organismen und des Menschen wird mehr mit Leidenschaft als mit Fachkenntnis diskutiert. Für eine sachliche Behandlung sind u. E. noch viel mehr Erfahrungen nötig. Die Tabelle 7 lehrt, daß bisher *nur* Ansammlungen, Speicherungen der mit Niederschlägen gebrachten radioaktiven Substanzen solche Aktivität bringen, welche durch das Kalium vorhanden ist. Die Muttermilch macht eine Ausnahme.

Tabelle 8 lehrt, daß größere Mengen Regenwasser, als Trinkwasser verwendet, eine als zulässig angegebene Grenze wesentlich überschreiten; allerdings ist die Zulässigkeitsgrenze für die *Dauerverwendung* und — nach heutiger Erfahrung — *sehr* vorsichtig gegeben. Bemerkt sei auch, daß die Verhältnisse in Gegenden näher den Explosionen bedenklicher sein dürften; man soll aber auch an die dort lebenden Menschen denken.

Bei den Messungen halfen mir im Laufe der Zeit: Dr. Klaus Stierstadt, Dr. Elisabeth Schmid-Kommerell (chemische Analysen), Dipl.-Phys. Ingrid Krause, Dipl.-Phys. Peter Joos, cand. phys. Karl-Heinz Joest und Peter Gottlieb.

Eingegangen am 13. Juli 1956

Berechnung des Resonanzeinfangs von Uran 238 und Uran 235 in wäßrigen Lösungen

Von F. Wagner und D. Emendörfer, Stuttgart Abteilung Reaktorphysik des Instituts für theor. und angew. Physik der Technischen Hochschule Stuttgart

Der Resonanzeinfang von Uran 238 in wäßrigen Lösungen ist in Abhängigkeit von der Konzentration experimentell bestimmt worden (Abb. 1)[1]. Die Abszissenwerte dieser Kurve stellen die Wahrscheinlichkeit p dar, mit der ein Spaltneutron thermisch wird, ohne an den Resonanzstellen des Urans eingefangen zu werden. Wir möchten im folgenden den Resonanzeinfang von Uran 238 aus den Elementen berechnen und mit der obigen Kurve vergleichen. Wir beschränken die Darstellung der Rechnung allerdings auf eine einzige Konzentration und wählen die des Lopo (Low Power Reactor, Leistung 1/20 Watt, Lösung von UO_2SO_4 in Wasser, 55,7 H_2O-Moleküle pro Uranatom ($N_0 = 5{,}64 \cdot 10^{20}\,cm^{-3}$).

Der Resonanzeinfang 1—p ist im wesentlichen durch das sogenannte »effektive Resonanzintegral« bestimmt. Es ist[2]

$$p(E') = \exp\left\{-\frac{N_0}{\bar{\xi}\Sigma_s}\cdot J_{eff}\right\}, \tag{1}$$

wobei

$$J_{eff}(E') = \int_{E'}^{E} \frac{\sigma_a(E)}{1+\frac{N_0\sigma_a}{\Sigma_s}}\cdot\frac{dE}{E}, \tag{2}$$

N_0 ist die Zahl der Uran (235- bzw. 238)-Atome im cm^3, σ_a ist deren Absorptionsquerschnitt,

$$\bar{\xi} = \frac{\xi^H\Sigma_s^H + \xi^O\Sigma_s^O + \xi^S\Sigma_s^S + \xi^U\Sigma_s^U}{\Sigma_s^H + \Sigma_s^O + \Sigma_s^S + \Sigma_s^U}. \tag{3}$$

244

Teil II

Über die Physik hinaus

Einleitung

In unserem Jahrhundert, in dem die Physik zur beherrschenden Naturwissenschaft aufstieg, sind bedeutende Vertreter zunehmend über die Grenzen ihres Fachgebietes hinaus, aus ihrem „Elfenbeinturm" herausgetreten. Die grundlegenden Ergebnisse, die Bestätigung der Existenz von Atomen und der elementarsten Bausteine der Materie, die Aufstellung großer theoretischer Gebäude – wie der Relativitätstheorien und der Quantentheorie – sowie die technische Auswertung vieler wichtiger Entdeckungen, etwa der elektromagnetischen Wellen (von den Gamma- und Röntgen- bis zu den längsten Radiofrequenzen) und der Atomkernspaltung, die das Leben der Menschen seither entscheidend mitbestimmen, zwangen die Physiker, sich erläuternd und werbend, aber auch mahnend an ein breites Publikum zu wenden. Sie mußten Politiker und Industrielle bereden, um einerseits die finanziellen Mittel für ihre immer kostspieligere, vor allen Dingen experimentelle Forschung zu bekommen und andererseits unkontrollierte Fehlentwicklungen und Mißbräuche zu verhindern. Viele der rund 250 Schriften Gerlachs, die in seiner Bibliographie unter den Überschriften „Vermischte Aufsätze und kurze Artikel in Periodika, Vorträge" und „Artikel im Schulfunk" aufgeführt werden [1], stehen mit diesen Aufgaben in engem Zusammenhang.

Eine der wesentlichen Wirkungen eines Physikers an der Universität, die ihn über seine engen Fachgrenzen hinaus bekanntmachen, sind seine Vorlesungen. Besonders Walther Gerlachs große, zweisemestrige einführende „Experimentalphysik" in vier Teilen (Mechanik, Wärmelehre und Akustik, Optik, Magnetismus und Elektrizitätslehre) erfaßte einen riesigen Hörerkreis, in den letzten Münchner Jahren jeweils über 1000 Studenten:

Wie er vielen Hunderten von Studenten der Naturwissenschaften und Medizin, die in jeder Vorlesung saßen, die Naturerscheinungen in sorgfältig ausgewählten und vorbereiteten Demonstrationsexperimenten anschaulich näherbrachte, mag nur noch von seinem Göttinger Kollegen Robert Pohl erreicht, aber nicht übertroffen worden sein. Es muß aufs äußerste bedauert werden, daß er nie ein Lehrbuch der Experimentalphysik geschrieben hat. Ob Brownsche Molekularbewegung oder Zerlegung des Lichtes am Spalt nach der Originalanordnung Newtons, alle Hörer und Seher haben die Vorführung nie vergessen. Gerlach trug begeisternd in einer klaren, schönen und an Goethe geschulten Sprache vor; und wenn er gar über ihm besonders am Herzen liegende Erscheinungen, Gesetze und deren Schöpfer – etwa über die Keplerschen Planetengesetze – sprach, dann glaubte man in die tiefsten Geheimnisse der Natur einzudringen. [2]

In der Tat gab es Bestrebungen, Gerlach selbst zur Niederschrift seiner Vorlesungen zu veranlassen – der Springer Verlag schickte ihm sogar einmal ein betiteltes Buchmanuskript mit leeren, zu füllenden Seiten –, aber er konnte sich nie dazu entschließen. Andererseits schrieb er, unterstützt von einigen Schülern und Mitarbeitern, den Band „Physik" im Rahmen des *Fischer Lexikons* (Fischer Bücherei, Frankfurt 1960), der vielen Lesern einen Einblick in die Grundlagen der Physik vermittelte. Besonders wollte der Autor dem Leser nahebringen:

Bei aller Würdigung der Bedeutung der Physik für Technik und damit Kultur und Humanität: Ihr Sinn ist, die Sehnsucht nach dem Erkennen der Welt zu stillen. Vielleicht kann hierzu auch dieses Lexikon der Physik einen Beitrag leisten. [3]

Auch noch ein anderes Buch, das sich ebenfalls an den allgemein interessierten Leser wandte, schrieb Gerlach selbst, nämlich die *Physik des täglichen Lebens* mit dem Untertitel „Eine Anleitung zu physikalischem Denken und zum Verständnis der physikalischen Entwicklung" (Springer, Berlin, Göttingen, Heidelberg 1957; zweite Auflage Fischer-Bücherei, Frankfurt-Hamburg 1971). Wir drucken (als Text II.4) einige Kostproben aus diesem Buch ab, das die physikalischen Grundlagen und Erklärungen völlig ohne mathematische Hilfsmittel darlegt. Übrigens hat Gerlach Teile aus seiner *Physik des täglichen Lebens* in vielen Rundfunk- und Fernsehvorträgen brilliant näher ausgeführt. [4]

Ein Aspekt der Tätigkeit des Physikers für die Öffentlichkeit besteht in seiner um Verständnis werbenden Darlegung des Inhaltes der physikalischen Forschung und ihrer Ergebnisse sowie in ihrer Verankerung und Einordnung in die gesamte Kultur. Die Rektoratsrede von 1948 („Über das Licht"), die unten als erster Beitrag (Text II.1) dieses Teils wiedergegeben wird, liefert dafür nur eines von zahlreichen Beispielen. Daß die Physik keine neutralen Ergebnisse vermittelt, die das Weltbild nur dekorativ verzieren, hat Gerlach vielfach und überzeugend ausgeführt: Die Methoden und Forschungen der Physik beeinflussen das Denken des Menschen durchaus tiefgehend, geben manchen allgemeinen Gesetzen eine feste Form und führen insbesondere auch zu weltanschaulichen Konsequenzen (siehe den Text II.2).

Die physikalische Forschung in diesem Jahrhundert beansprucht vor allem stetig wachsende Geldmittel, sowohl um vielfältige und langjährige Untersuchungen mit komplizierten und umfangreichen Apparaturen ausführen zu können, als auch um eine große Anzahl von in Forschung und Lehre Tätigen auszubilden und zu unterhalten. „Die Forschung von heute ist die Technik von morgen!" lautet die Parole. Gerlach hat sich immer wieder in seinen öffentlichen Stellungen für ihre ausreichende Unterstützung eingesetzt nach der Devise (siehe dazu den als Text II.3 wiedergegebenen Artikel):

Wem die geistige Entwicklung am Herzen liegt, befolge den Ruf: „Alles für die Forschung".

Als Lehrer lag ihm die Förderung des wissenschaftlichen Nachwuchses besonders am Herzen. Schöpferische und verantwortungsvolle Physiker sollen ausgebildet werden, die die Unterstützung ihrer Arbeit durch drei zusätzliche Eigenleistungen zu rechtfertigen vermögen: 1. die Popularisierung der durch die Wissenschaft gewonnenen Erkenntnisse; 2. die Bekanntmachung der physikalischen Erkenntnisse; 3. die Ablehnung jeder militärischen und geheimen Forschung. Wir verweisen dazu auf die kurzen Auszüge aus einem Vortrag, die als Text II.5 unten abgedruckt sind.

Gegen Ende des Zweiten Weltkrieges hatte Gerlach selbst die offizielle Leitung einer geheimen physikalischen Forschung in Deutschland, des sogenannten Uranprojektes. Anders als das entsprechende amerikanische Manhattan-Projekt strebte es – zumindest zu diesem Zeitpunkt – keine Atombombe, sondern einen Energie erzeugenden Reaktor an. Gerlach war keineswegs ein Experte auf dem Gebiete der Kernenergie, auch hatte er sich, anders als die meisten Mitarbeiter, selbst nie mit Kernphysik beschäftigt. Man kann leicht erraten, daß ihn an dieser Aufgabe vor allem das Interesse an der Verwendung der Ergebnisse physikalischer Grundlagenforschung reizte, dazu der Wunsch vieler führend beteiligter Kollegen, die ihn als verantwortungsvollen, nicht an das Regime gebundenen Menschen schätzten und als ihresgleichen betrachteten. Der „Bevollmächtigte des Reichsmarschalls für Kernphysik" hat die von verschiedenen Seiten in ihn gesetzten Erwartungen voll erfüllt und sich als ideenreicher Administrator und verständnisvoller Vorgesetzter in der turbulenten Zeit der späten Kriegsjahre bewährt.

Die Gewinnung von Energie aus der Atomkernspaltung oder der Kernfusion sah Gerlach nach dem Kriege weiterhin als eine wichtige Aufgabe an, für die er sich durch Vorträge, Reden und Aktionen einsetzte, allerdings als eine *allen Völkern zugängliche,* also *keineswegs geheime Quelle der Wohlfahrt.* Zur gleichen Zeit erkannte er sehr wohl die außerordentlichen Gefahren der Verseuchung durch künstliche, also vom Menschen erzeugte Radioaktivität. So veranlaßte er z.B. das erste Programm einer kontinuierlichen Messung der Aktivität des radioaktiven Fallouts von Atombombenversuchen. (Siehe dazu seine letzten physikalischen Arbeiten.)

Überhaupt nicht änderte er seine Einstellung zur militärischen Anwendung der Atomkernenergie. Die Göttinger „Erklärung von achtzehn Atomforschern" vom 12. April 1957 hat er nicht nur unterschrieben, sondern auch an höchster Stelle, nämlich vor dem Bundeskanzler Adenauer, energisch vertreten. Sie enthielt den entscheidenden Satz (die gesamte Göttinger Erklärung wird im Anhang abgedruckt):

> Für ein kleines Land wie die Bundesrepublik glauben wir, daß es sich heute noch am besten schützt und den Weltfrieden noch am ehesten fördert, wenn es ausdrücklich und freiwillig auf den Besitz von Atomwaffen jeder Art verzichtet. Jedenfalls wäre keiner der Unterzeichneten bereit, sich an der Herstellung, der Erprobung oder dem Einsatz von Atomwaffen in irgendeiner Weise zu beteiligen. [5]

Walther Gerlach hat stets die Physik als „schlechthin die Wegbereiterin der Zukunft" angesehen, dazu als den Ursprung rationaler Erkenntnis der „vernichtenden Folgen einer zügellosen Anwendung neuer technischer Machtmittel". Er wurde nicht müde, die „Erhaltung der Unabhängigkeit der Forschung und ihrer ethischen Begründung" zu fordern. (Siehe dazu den Text II.6)

Anhang: Erklärungen von achtzehn Atomforschern vom 12. April 1957 (aus [5])

Die Pläne einer atomaren Bewaffnung der Bundeswehr erfüllen die unterzeichneten Atomforscher mit tiefer Sorge. Einige von ihnen haben den zuständigen Bundesministern ihre Bedenken schon vor mehreren Monaten mitgeteilt. Heute ist die Debatte über diese Frage allgemein geworden. Die Unterzeichneten fühlen sich daher verpflichtet, öffentlich auf einige Tatsachen hinzuweisen, die alle Fachleute wissen, die aber der Öffentlichkeit noch nicht hinreichend bekannt zu sein scheinen.

1. *Taktische Atomwaffen haben die zerstörende Wirkung normaler Atombomben.* Als „taktisch" bezeichnet man sie, um auszudrücken, daß sie nicht nur gegen menschliche Siedlungen, sondern auch gegen Truppen im Erdkampf eingesetzt werden sollen. Jede einzelne taktische Atombombe oder -granate hat eine ähnliche Wirkung wie die erste Atombombe, die Hiroshima zerstört hat. Da die taktischen Atomwaffen heute in großer Zahl vorhanden sind, würde ihre zerstörende Wirkung im ganzen sehr viel größer sein. Als „klein" bezeichnet man diese Bomben nur im Vergleich zur Wirkung der inzwischen entwickelten „strategischen" Bomben, vor allem der Wasserstoffbomben:
2. *Für die Entwicklungsmöglichkeit der lebenausrottenden Wirkung der strategischen Atomwaffen ist keine natürliche Grenze bekannt.* Heute kann eine taktische Atombombe eine kleinere Stadt zerstören, eine Wasserstoffbombe aber einen Landstrich von der Größe des Ruhrgebiets zeitweilig unbewohnbar machen. Durch Verbreitung von Radioaktivität könnte man mit Wasserstoffbomben die Bevölkerung der Bundesrepublik wahrscheinlich heute schon ausrotten. Wir kennen keine technische Möglichkeit, große Bevölkerungsmengen vor dieser Gefahr sicher zu schützen.

Wir wissen, wie schwer es ist, aus diesen Tatsachen die politischen Konsequenzen zu ziehen. Uns als Nichtpolitikern wird man die Berechtigung dazu abstreiten wollen; unsere Tätigkeit, die der Tätigkeit der reinen Wissenschaft und ihrer Anwendung gilt und bei der wir viele junge Menschen unserem Gebiet zuführen, belädt uns aber mit einer Verantwortung für die möglichen Folgen dieser Tätigkeit. Deshalb können wir nicht zu allen politischen Fragen schweigen. Wir bekennen uns zur Freiheit, wie sie heute die westliche Welt gegen den Kommunismus vertritt. Wir leugnen nicht, daß die gegenseitige Angst vor den Wasserstoffbomben heute einen wesentlichen Beitrag zur Erhaltung des Friedens in der ganzen Welt und der Freiheit in einem Teil der Welt leistet. Wir halten aber diese Art, den Frieden und die Freiheit zu sichern, auf die Dauer für unzuverlässig, und wir halten die Gefahr im Falle ihres Versagens für tödlich.

Wir fühlen keine Kompetenz, konkrete Vorschläge für die Politik der Großmächte zu machen. Für eine kleines Land wie die Bundesrepublik glauben wir, daß es sich heute noch am besten schützt und den Weltfrieden noch am ehesten fördert, wenn es ausdrücklich und freiwillig auf den Besitz von Atomwaffen jeder Art verzichtet. Jedenfalls wäre keiner der Unterzeichneten bereit, sich an der Herstellung, der Erprobung oder dem Einsatz von Atomwaffen in irgendeiner Weise zu beteiligen.

Gleichzeitig betonen wir, daß es äußerst wichtig ist, die friedliche Verwendung der Atomenergie mit allen Mitteln zu fördern, und wir wollen an dieser Aufgabe wie bisher mitwirken.

Fritz Bopp	*Werner Heisenberg*	*Wolfgang Paul*
Max Born	*Hans Kopfermann*	*Wolfgang Riezler*
Rudolf Fleischmann	*Max v. Laue*	*Fritz Strassmann*
Walther Gerlach	*Heinz Maier-Leibnitz*	*Wilhelm Walcher*
Otto Hahn	*Josef Mattauch*	*Carl Friedrich Frhr. v. Weizsäcker*
Otto Haxel	*Friedrich-Adolf Paneth*	*Karl Wirtz*

Referenzen

[1] M. Nida-Rümelin: *Bibliographie Walther Gerlach. Veröffentlichungen von 1912–1979* (Forschungsinstitut des Deutschen Museums, München 1982) Nr. 587–832

[2] H. Rechenberg: Walther Gerlach zum Neunzigsten. Phys. Blätter **35**, 370–374 (1979), bes. S. 373

[3] W. Gerlach: *Das Fischer Lexikon: Physik* (Fischer Bücherei, Frankfurt am Main 1960) S. 8

[4] M. Nida-Rümelin: Ref. 1, Nr. 789–832

[5] Mitteilungen aus der Max-Planck-Gesellschaft, Heft 2/1957, S. 62–64, bes. S. 63–64

ÜBER DAS LICHT

Rede,
gehalten beim Antritt des Rektorats
der Ludwig-Maximilians-Universität
zu München am 16. Oktober 1948

von

Dr. rer. nat. WALTHER GERLACH
Professor für Experimentalphysik

1 9  4 8

LEIBNIZ VERLAG MÜNCHEN
BISHER R. OLDENBOURG VERLAG

Wär nicht das Auge sonnenhaft,
Die Sonne könnt' es nie erblicken;
Läg' nicht in uns des Gottes eigne Kraft,
Wie könnt' uns Göttliches entzücken.

Hochverehrte Gäste!

Freunde, Kollegen und Kommilitonen unserer Alma mater!

Eine alte akademische Sitte verlangt, daß das Thema der Rede bei einer akademischen Festlichkeit dem Fachgebiet des Hochschullehrers entnommen sein soll. Je größer der Gegensatz zwischen der inneren Ruhe des Lebensbereiches der Wissenschaft und dem turbulenten Treiben des äußeren Lebensgeschehens wurde, desto häufiger verließ man diese Tradition — in dem Bestreben, die allgemeinen Zusammenhänge zwischen Universität und Wissenschaft und jenem äußeren Lebensgeschehen darzustellen. Die erste und höchste Aufgabe des Professors ist es aber doch, durch Vermehrung des Wissens auf seinem eigenen Arbeitsgebiet die Tiefe der Erkenntnis zu erweitern, dadurch zur Vervollkommnung des menschlichen Geistes beizutragen und hiervon Kunde zu geben. Die Pflege aller Betätigungsgebiete des Geistes ist durch ihre Verbindung in der Universität gegeben. Seine zweite Aufgabe als Hochschullehrer ist die Erziehung der Studenten zu der Denkweise, welche sich in dem von ihm und ihnen gewählten Aufgabenbereich bewährt hat. Daß hierdurch etwa der Geist nur „wohl dressiert, in spanische Stiefeln eingeschnürt, daß er bedächtiger so fortan hinschleiche die Gedankenbahn" — dies ist um so sicherer vermieden, je aktiver er auch als Forscher tätig ist. Wenn der Lehrer auf dem Boden bleibt, den er wirklich kennt und den er selbst beackert, dann werden auch die ethischen Werte dieser Geistesbildung als echtes Gut auf die Jugend übergehen. Wer einmal verstanden hat, welche g e i s t i g e Haltung auf einem Gebiet zum wirklichen Fortschritt führte, dem wird dieses auch eine Richtschnur für seine m e n s c h l i c h e Haltung sein.

3

Die Gelegenheit, die Fortschritte der Erkenntnis auf einem Gebiet meines Faches vor einem Kreis von Anhängern und Angehörigen der Universität zu zeigen und zu begründen, nehme ich gerne wahr. Ich will sprechen

ÜBER DAS LICHT

Das Licht, welches uns die Sonne spendet, erhält unser Leben; durch Licht werden Pflanzen aus Kohlensäure und Wasser aufgebaut. Das Licht vermittelt dem Menschen den weitaus größten Teil seiner Erfahrungen über die Umwelt; durch ihr Licht erkennt er die fernsten Welten; das Licht ist unentbehrlich für Kultur und Zivilisation. Der Ablauf des tierischen und menschlichen Lebens wird durch den periodischen Wechsel des Lichts in Tag und Nacht geregelt; das Licht ist einer der wesentlichen psychischen Faktoren in unserem Dasein. —

Was ist Licht und warum hat es diese Wirkungen, diese Bedeutung, — das ist die Frage, welche die Physik stellt. Es ist merkwürdig, daß sie so spät gestellt wurde; aus frühen Zeiten sind uns nur einige wenige sonderbare Vorstellungen über das Sehen übermittelt; nicht einmal unter den „Elementen" des Altertums tritt das Licht auf. In den eindrucksvollen Himmelslichterscheinungen sah man das Wirken von Gottheiten, deren Natur eben das Leuchten war.

Das physikalische Problem wurde erst zu Beginn der Neuzeit gesehen: Es bedurfte hierzu der Klärung des naturwissenschaftlichen Forschungsbegriffes durch Galilei, mit dem Grimaldi, Huygens, Hooke und Newton in der zweiten Hälfte des 17. Jahrhunderts die Physik des Lichtes mit der Frage nach dem W e s e n des Lichtes begründeten. Zu Beginn des letzten Jahrhunderts wurden die W i r k u n g e n des Lichts phänomenologisch studiert, Mitte und Ende des Jahrhunderts trat das Problem der E n t s t e h u n g des Lichtes in den Vordergrund des Interesses. An der Wende zu unserem Jahrhundert, im Jahre 1900, schuf Max Planck in der Quantentheorie die gemeinsame Grundlage für die drei Teilprobleme des Lichtes und gleichzeitig den Schlüssel, mit welchem Niels Bohr den Bau der Atome und Moleküle unserem geistigen Auge erschloß. Ein großer Teil unserer Erkenntnisse über die Materie, welche die Entwicklung von Physik und Chemie bestimmten, welche für Biologie und Medizin, Astronomie und Astrophysik grundlegend wurden, beruht auf der Quantentheorie des Lichts und des Leuchtens.

Die ersten Versuche, das Wesen des Lichtes zu verstehen, führten zur Ansicht, daß das, was wir als Lichtstrahlen bezeichnen, Schwingungen sein müssen, die von der Lichtquelle ausgehen. Aber es konnten keine materiellen Schwingungen sein, wie die Schallschwingungen; diese pflanzen sich

4

durch alle materiellen Körper fort, durch Luft mit 330 Meter, durch Wasser mit 1500 Meter, durch Glas und durch Stahl mit 5000 Meter je Sekunde; durch den luftleeren Raum geht kein Ton hindurch, die Musik der Sphären hat noch niemand mit dem Ohr empfunden. Ganz anders das Licht: es durchdringt den materiefreien Raum widerstandslos mit der größtmöglichen Geschwindigkeit von 300 000 Kilometer je Sekunde, durch Wasser läuft es mit 225 000, durch Glas mit rund 200 000 km pro sec; durch Metalle und viele andere „undurchsichtige" Körper geht es aber überhaupt nicht hindurch. Allein diese Gegenüberstellung zeigt, daß Schall- und Lichtschwingungen ganz verschiedenartige Vorgänge sein müssen.

Die Schallschwingungen werden durch die Angabe der Schwingungszahl, die Frequenz des Tones charakterisiert: das ist die Anzahl der Schwingungen, die etwa ein Luftteilchen in einer Sekunde ausführt, wenn ein bestimmter Ton über dasselbe hinwegstreicht: die Frequenz der hörbaren Töne liegt zwischen rund 20 — tief — und 20 000 — hoch —; der Normalton unserer Musikinstrumente, der Kammerton, kommt durch 435 Schwingungen je sec. zustande; mit geeigneten Methoden macht man diese materiellen Schwingungen sichtbar.

Die Frequenzen der Lichtschwingungen sind methodisch ähnlich meßbar, wie die der Schallschwingungen — nur sehen wir diese Lichtschwingungen nicht! Ein von stärkster Lichtenergie durchstrahlter Raum — wie das Weltall — ist dunkel, was wir in jeder klaren Nacht feststellen können. Der Tageshimmel ist nur blau und hell, weil das Sonnenlicht durch die materiellen Bestandteile der Atmosphäre abgelenkt wird — wir sehen nicht das durch die Atmosphäre gehende Licht, sondern die beleuchtete Atmosphäre. Nur wenn das Licht in unser Auge fällt, sehen wir es; aber dabei vernichten wir den Lichtstrahl, er bleibt gewissermaßen in unserem Auge stecken und seine Energie liefert die Lichtempfindung.

Mit physikalischer Methode ist die Frequenz der Lichtschwingungen ermittelbar; sie beträgt einige 100 Billionen pro Sekunde oder — in einer im Rundfunk gebräuchlichen Einheit — einige 100 Millionen Megahertz. Ebenso wie die verschiedenen Töne verschiedene Frequenzen haben, haben auch die verschiedenen Farben verschiedene Frequenzen: Das tiefste Rot 360 Billionen Hertz und das dunkelste Violett 720 Billionen Hertz; das Rot ist also ein tiefer „Lichtton", das Violett ein hoher.

Niemand aber konnte ermitteln, was diese Lichtschwingungen ausführt; nur die negative Aussage, daß es keine materiellen Schwingungen sind, konnte die Physik begründen. Zuerst dachte man an longitudinale, dann an transversale Schwingungen eines ganz eigenartigen, überall vorhanden gedachten Mediums, des Lichtäthers; aber dieser konnte nicht nachgewiesen werden. Zu Beginn unseres Jahrhunderts lieferte die Relativitäts-

5

theorie den Beweis für seine Nichtexistenz und seine Nichterforderlichkeit für die Fortpflanzung transversaler Schwingungen.

Eine sehr eigenartige Theorie des Schwingungsvorganges hatte nämlich 1862 James Clerk Maxwell entwickelt: das Licht, der Lichtstrahl sollte eine Folge von periodischen, miteinander gekoppelten elektrischen und magnetischen Vorgängen im Raum sein, nicht an Materie gebunden, aber durch Materie beeinflußbar. Heinrich Hertz konnte durch makroskopische elektromagnetische Versuche diese transversalen elektromagnetischen Schwingungen erzeugen; es sind die heute als drahtlose Wellen bezeichneten Schwingungsvorgänge im Raum; sie haben gleiche Eigenschaften wie das Licht, aber Frequenzen von nur einigen Tausenden oder von Millionen Hertz, also viel, viel weniger als die Lichtschwingungen von einigen Hundert Billionen pro Sekunde.

Man nennt eine Folge von Schwingungen gleicher Art, aber verschiedener Frequenz ein „Spektrum". Man erkannte, daß zwischen dem „Spektrum" der drahtlosen Wellen und dem Spektrum des sichtbaren Lichts überhaupt kein anderer Unterschied besteht als der ihrer Schwingungszahlen. Heute kennt man noch viel mehr solche Schwingungsgruppen, die sich lückenlos aneinander schließen; das gesamte elektromagnetische Spektrum von den Radiowellen über die Kurz- und Ultrakurzwellen, die ultraroten Strahlen, das Gebiet des sichtbaren Lichtes, die ultravioletten Strahlen, bis zu den Röntgenstrahlen. Das alles sind nur Namen für völlig gleichartige Schwingungsvorgänge, nur unterschieden und unterscheidbar durch ihre Frequenzbereiche.

In diesem elektromagnetischen Spektrum ist das, was unser Auge allein als die Farben des Regenbogens wahrnimmt, ein ganz winziger Teil, man sollte denken ein vernachlässigbar kleiner Bereich. *Warum sieht unser Auge nur einen so verschwindenden Frequenz-Bereich des elektromagnetischen Spektrums,* wenn doch alle diese Schwingungen nach physikalischer Aussage gleichartig sein sollen? Warum sieht unser Auge gerade diesen kleinen Frequenzbereich? Eine Antwort derart, daß eben unser Auge nur auf diese Frequenzen anspricht, ist eine Beschreibung und keine Lösung.

Aber noch mehr Fragen drängen sich uns auf: warum senden denn unsere Lichtquellen nur den Frequenzbereich aus, welchen unser Auge empfindet? Es kann doch wohl keine Abhängigkeit zwischen Glühlampe und Auge bestehen? Daß eine Glühbirne weder Radiowellen noch Röntgenstrahlen aussendet, hat man festgestellt. Die seit 150 Jahren bekannte Tatsache, daß unsere Lichtquellen außer den sichtbaren Frequenzen auch noch etwas ultrarote und ultraviolette Strahlen aussenden, spielt hier nur

6

eine untergeordnete Rolle, weil deren Frequenzen nur wenig von den sichtbaren verschieden sind.

Und noch eine tiefere Frage wollen wir aufzeigen. Das Licht wurde mit Beginn dieses Jahrhunderts das wichtigste Mittel für die Erforschung der atomistischen Struktur der Materie. Wie kommt es, daß eine so ganz kleine Gruppe von Schwingungen aus einem weit ausgedehnten Spektrum eine solch überragende Bedeutung hat, daß mit ihrer Hilfe und *sogar nur mit ihrer Hilfe* die Analyse von Atom- und Molekülbau möglich war?

Es ist leicht einzusehen, daß Untersuchungen über die Natur der Schwingungen keine Lösung dieser Fragen bringen können, wenn einmal die Gleichartigkeit der Schwingungen des gesamten Spektrums festgestellt ist. Die Beantwortung ging auch von einer ganz anderen Gruppe von Experimenten aus: von Versuchen über Entstehung und Wirkung des Lichts. Man fand, daß es nur zwei wesentliche Gruppen von Leuchterscheinungen gibt: die erste ist gegeben durch die Temperatur des Strahlers, fast ganz unabhängig von seiner materiellen Struktur. Das ist die Strahlung z. B. unserer Glühlampen oder des geschmolzenen Eisens, auch im wesentlichen die Strahlung der Sonne. Ihr Spektrum ist ein kontinuierliches Frequenzband mit all den Farben, die uns — analysiert durch die Wassertröpfchen von Regenwolken — im Regenbogen erscheinen.

Etwas ganz anderes erhält man aber, wenn nicht feste oder flüssige Körper, sondern .Gase, d. h. nicht miteinander verkoppelte Atome oder Moleküle zum Leuchten gebracht werden; man kennt die Erscheinung von den in verschiedenen Farben leuchtenden Reklamelampen; die Gase senden nur einzelne, diskrete Frequenzen aus — welche, das ist wesentlich abhängig von der Art des Gases. Helium leuchtet in anderer Farbe als Quecksilber, beide anders als Eisendampf.

Die erste Leuchterscheinung, der Zusammenhang der Strahlung mit der Temperatur wurde 1900 durch Max Planck aufgeklärt. Die aus dem täglichen Leben so wohlbekannte Tatsache, daß ein Körper zunächst rot, bei höherer Temperatur gelb, schließlich grünlich und dann weiß glüht, d. h. bei *höheren Temperaturen* immer *höhere Frequenzen* aussendet, die sich in unserem Auge zu diesen Farben mischen, diese Tatsache ist nur mit der Annahme zu verstehen, daß die Strahlungsenergie sich aus *Lichtquanten*, Korpuskeln der Strahlung oder *Photonen* zusammensetzt; *die Energie jedes einzelnen Photons hängt nur von seiner Frequenz ab und wird mit wachsender Frequenz größer*. Bei den Temperaturen unserer Lichtquellen liegen die ausgestrahlten Frequenzen gerade in dem Bereich, auf welchen unser Auge anspricht. Das ist die wunderbare, in ihren Wurzeln noch immer geheimnisvolle, so unendlich fruchtbare und erfolgreiche Quantentheorie der Strahlung. Sie brachte eine neue Denkweise; sie lehrte uns etwas denken, was wir vorher nicht denken konnten. Doch wollen wir uns auf ihren Einfluß auf die Lösung unserer speziellen Fragen beschränken.

Jede Strahlung, also auch das Licht, ist nicht mehr schlechthin eine elektromagnetische Schwingung, welche von der Lichtquelle nach allen Seiten ausgestrahlt wird wie der Schall einer angeschlagenen Glocke; sie erscheint uns vielmehr aus Energiequanten zu bestehen, aus Photonen, welche mit Lichtgeschwindigkeit geradlinig von der Lichtquelle nach allen Richtungen fortfliegen; jedes Photon ist aber mit einem elektromagnetischen Schwingungsfeld gekoppelt, dessen Frequenz zahlenmäßig die Energie des Photons liefert. Stellen Sie sich vielleicht vor: Ein Blitz erzeugt in weitem Umkreis ein magnetisches Kraftfeld; aber der Baum wird nur von dem die Energie tragenden Blitze selbst zersplittert. Freilich hinkt dieser Vergleich, man braucht sich auch gar keine Mühe zu geben, diesen Zusammenhang von Quant und Schwingungsfrequenz „anschaulich zu verstehen". Das ist mit unserer mechanisch-materiellen Gewöhnung des täglichen Lebens grundsätzlich nicht möglich. Eben deshalb ist ja die Quantentheorie etwas Neues. Und gerade *weil* sie nicht in das alte Denksystem hineinpaßte, wurde sie von allen Seiten *auf*gegriffen; und deshalb ergab sich so bald neben der Richtigkeit dieser Theorie die gewaltige Erweiterung und Vertiefung unserer Einsichten in die Natur.

Wir wollen ein Beispiel kennenlernen: die chemische Arbeitsleistung des Lichtes oder die Photochemie; man versteht hierunter chemische Reaktionen, welche durch Lichtwirkung zum Ablauf gebracht werden, z. B. der photographische Prozeß. Im Bromsilberkorn der Photoplatte muß durch das Licht *ein* Silberatom von dem mit ihm verbundenen Bromatom abgetrennt werden, dann kann der Entwickler angreifen. Für diese Trennung der chemischen Bindung ist Energie erforderlich. Ein über das unvorstellbar kleine Molekül hinwegstreichender Wellenzug würde niemals die erforderliche Trennungsenergie bringen können, welche man aus chemischen Versuchen genau kennt. Im Strahlungsquant, im Photon ist aber die Strahlungsenergie in molekularen Dimensionen angehäuft; jedes Photon, das auf ein Bromsilberkorn auftrifft, kann *ein* Silberatom freimachen; *diese Photonenenergie, berechnet nach Planck aus seiner Frequenz, ist gerade so groß wie die chemische Bindungsenergie.*

Rotes Licht hat eine relativ kleine Frequenz, deshalb eine kleine Photonenenergie, es beeinflußt die Photoplatte nicht, weil die Energie kleiner ist als die erforderliche Trennungsenergie; bei rotem Licht kann man das entwickeln, was durch das energiereichere blaue Licht zersetzt wurde. — Ultraviolettes Licht hat eine noch höhere Frequenz als violettes Licht, *deshalb* kann es mehr chemische Arbeit leisten. Seine Energie kann sogar zu groß sein: Die Zerstörung der Haut im Gletscherbrand, die Verbrennungen mit der künstlichen Höhensonne sind Beispiele hierfür.

Hiermit haben wir den größten Schritt zur Lösung unserer Fragen schon gemacht. Der primäre Vorgang des Sehens ist auch eine photochemische Reaktion, eine chemische Änderung im lichtempfindlichen Teil des Auges, welche sich in der Dunkelheit wieder zurückbildet. Diese Reaktion kann nur mit der von ihr benötigten Energie bewirkt werden. Die Größe dieser erforderlichen Energie haben nach der Planckschen Theorie nur die Photonen *einer* bestimmten Frequenzgruppe des elektromagnetischen Spektrums — *diese* ist *deshalb* das sichtbare Spektrum, unser „Licht". Die kleineren Frequenzen der ultraroten Strahlung haben eine zu kleine Quantenenergie zur Anregung dieser photochemischen Reaktion im Auge, sie sind unsichtbar. Die größere Quantenenergie der ultravioletten Frequenzen würde die Sehsubstanz zerstören. Dasselbe gilt für die photochemische Assimilation der Kohlensäure im Wachstumsprozeß der Pflanzen. Auch sie ist nur durch das „sichtbare" Licht möglich.

Wäre es nun denkbar, daß es eine Welt mit anders gebauten Molekülen gäbe, welche durch die kleinen ultraroten oder die großen ultravioletten Quanten in gleicher Weise zur Reaktion gebracht würden, wie die Moleküle unserer organischen Wesen durch das sichtbare Licht? Auf diese Frage gibt uns die Quantentheorie der zweiten eingangs genannten Strahlung die Antwort, der Strahlung der isolierten Atome und Moleküle. Diese können z. B. durch Zufuhr elektrischer Energie zur Emission angeregt werden. Ihre Strahlung besteht nur aus einigen bestimmten Frequenzen, ihr Spektrum ist ein „Lichtakkord", nicht ein „Lichtlärm". Diese Frequenzen liegen hauptsächlich im sichtbaren Spektrum (und den unmittelbar anschließenden Teilen der ultraroten und ultravioletten Bereiche). Die ausgestrahlten Quanten- oder Photonenenergien müssen nach dem Energiesatz aus gleichgroßen Energieänderungen der Atome stammen. Diese Energieänderungen sind aber grundsätzlich von gleicher Größenordnung wie die chemischen Bindungsenergien zwischen den Atomen in den Molekülen. In der materiellen Welt, welche aus den uns bekannten Atomarten besteht, gibt es also grundsätzlich auch keine Molekülarten, welche durch wesentlich energieärmere Photonen zur Reaktion gebracht werden könnten; und es gibt auch keine organischen Moleküle, welche durch wesentlich energiereichere Photonen nicht irreversibel verändert oder zerstört würden.

Die diskreten Frequenzen, welche Atome und Moleküle aussenden sind für die betreffenden Atom- und Molekülarten ganz charakteristisch. Nach der Quantentheorie bedeutet dieses, daß jede Atomart nur bestimmte Energien ausstrahlen, also nur bestimmte Energieänderungen ausführen kann. Diese liefern die Unterlagen für die Konstruktion der „Atom- und Molekülmodelle". Da die Frequenzen hauptsächlich dem sichtbaren Spektralbereich angehören, konnten mit dessen Hilfe so viele Daten über den Bau der verschiedenen Atom- und Molekülarten ermittelt werden.

Auf dem Boden der Quantentheorie finden wir also eine einheitliche Antwort auf unsere Fragen. Die Quantenenergie des sichtbaren Lichtes, die möglichen Energieänderungen der Atome und die Bindungsenergien der Moleküle liegen im gleichen Größenbereich. Weil die Atome und Moleküle nur Energien bestimmter Größe aufnehmen können, und weil diese gleich den Photonenenergien des sichtbaren Spektrums sind, kann mit diesen die Analyse ihres Aufbaus, ihrer Konstitution durchgeführt werden. Eine Welt aus den organischen Substanzen unserer Flora und Fauna kann nur unter und mit diesem kleinen Bereich des elektromagnetischen Spektrums leben; andersartige Moleküle können sich aus den Atomen unserer Welt nicht bilden. In Sonderheit die primäre photochemische Reaktion des Sehvorganges kann nur durch die Photonenenergie dieses kleinen Spektralbereichs zum Ablauf gebracht werden.

Die Sonne hat gerade die Temperatur, daß der größte Teil ihrer Strahlung aus den Quanten besteht, auf welche allein die Sehsubstanz des Auges reagieren kann. Im Licht der Sonne ist nur unsere Welt möglich — unsere Welt kann nur mit unserer Sonne als Quantenenergiespenderin leben.

Goethe stieß bei der Beschäftigung mit der Farbenlehre auch auf unser Problem. Seine herrliche dichterische Antwort

„Wär' nicht das Auge sonnenhaft,
Die Sonne könnt' es nie erblicken"

erhält eine reale physikalische Deutung; präziser, vielleicht weniger poetisch würde er jetzt sagen:

„Wär' nicht das Auge quantenhaft,
Der Sonne Quanten könnt' es nie erblicken."

Es bleibt noch die Frage nach der psychischen Bedeutung des Lichtes, der angenehmen, der anregenden, der abstoßenden Wirkung von Farben und Farbenkombinationen. So gut ich weiß, daß man eine Brucknersche Symphonie restlos nach Frequenz, Intensität und Dämpfung der Tonschwingungen analysieren kann und daß das Gehörorgan aller Menschen *nur* auf diese Größen anspricht, — so sicher weiß ich auch, daß Musik für sehr viele von uns doch etwas ganz anderes bedeutet. Damit ist die Antwort auf unsere Fragen nach dem Einfluß von Licht und Farbe auf die Psyche gegeben: Diese Fragen betreffen keine von der Physik lösbaren Probleme, weil die Möglichkeit der objektiven Messung, der objektiven Wertung fehlt; deshalb kann man ja auch über sie verschiedener Ansicht sein und sogar streiten!

Ich habe versucht, Ihnen zu zeigen, wie die Physik aus der Bearbeitung einer zunächst sehr speziellen Frage zwangsläufig zu weitgehenden Erkenntnissen gelangt. Im einzelnen handelt es sich um schwierige, ein gehöriges Maß von Abstraktion verlangende Überlegungen, denen aber stets die scharfe Kandare des Experiments und der messenden Beobachtung der Naturvorgänge angelegt ist. Es kam mir darauf an, an dem allen bekannten „Licht" Ihnen eine solche Problementwicklung etwas nahezubringen — „und wenn ich etwas gesagt habe, was nicht ganz dem Amtsstil entspricht, so haltet es den Sitten der Physiker zugut" —, diese captatio benevolentiae, die Johannes Kepler bei ähnlicher Gelegenheit erbat, möchte auch ich in Anspruch nehmen.

Lassen Sie mich aus dem Gesagten noch einige allgemeinere Folgerungen ziehen. So unerläßlich die Vorarbeiten von zweieinhalbhundert Jahren auch waren — die Lösung des Lichtproblems erfolgte in den ersten fünfundzwanzig Jahren unseres Jahrhunderts. Welches waren die Gründe, welches waren die Bedingungen, die diese schnelle Entwicklung in ihrer erstaunlichen Weite und Tiefe ergaben?

Nicht ein einziges Mal kam der Anstoß von äußeren, menschlichen Wünschen; Idealismus war die Triebfeder, Erkenntnis war das Ziel, ein tiefes Verstehen der Natur war der Erfolg der Arbeit; die Methode aber war die seit Galilei entwickelte „exakte Naturwissenschaft": die messende Beobachtung, die Bildung einer Hypothese, ihre Prüfung durch Fragen an die Natur mittels des Experiments — und dies alles solange wiederholt, bis sich eine einheitliche, in sich widerspruchslose, von menschlichen Einflüssen möglichst befreite Theorie ergibt. Zum Unterschied gegen die Aufgabe der Philosophie sucht die Physik den Menschen soweit als möglich auszuschalten. Das hat *Goethe* ganz scharf formuliert: „Das ist eben das größte Unheil der neueren Physik, daß man die Experimente

11

gleichsam vom Menschen abgesondert und bloß in dem, was künstliche Instrumente zeigen, die Natur erkennen ... will."

Nun — dieses größte Unheil, diese Objektivierung hat gerade den Menschen befähigt, hie und da die Natur eines Schleiers zu berauben. Und daß er nicht Traumgebilde sah, beweisen schließlich die technischen Verfahren, die doch tatsächlich so funktionieren, wie man aus diesen objektiven Messungen mit künstlichen Instrumenten errechnet hat.

Die Physik setzt sich selbst hiermit gleichzeitig auch die Grenzen ihres Wirkungsbereiches. Nur was in dem Sinne des Goetheschen Ausspruches objektivierbar ist, ist Physik und liefert Wege zum Erkennen der physikalischen Natur, zum physikalischen Weltbild. Physikalische Methoden werden allerdings auch auf ganz anderen Gebieten mit größtem Erfolg angewendet, ich erinnere nur an die Biologie; man muß sich aber hüten, die Ergebnisse dann für biologische Ergebnisse zu halten. Nur die physikalischen Teile der Biologie werden so erschlossen. Physikalische Methode und Denkweise können nur zu physikalischen Ergebnissen führen; anderenfalls hat man einen Denkfehler gemacht.

Diese Objektivierung hat aber noch eine andere allgemeinere Bedeutung. Die Natur hängt nicht vom Menschen ab und richtet sich nicht nach seinen Wünschen. Bestand haben deshalb nur die Folgerungen, welche richtig sind, welche der Natur entsprechen. Eine falsche Behauptung kann sich nicht halten. Hier gibt es keinen Streit um Programme, keine Parteien, keine Abstimmung, ob richtig oder falsch: die Natur entscheidet, was wahr ist. Falsches und Unsachliches fällt von selbst zusammen. Dies führt geradezu zwangsweise zu Ehrlichkeit, aber auch zu Unvoreingenommenheit und zu Aufgeschlossenheit für neue Ideen. Und hierin sehe ich den Hauptgrund für den schnellen Fortschritt. Wer die letzten Jahrzehnte miterlebte, der kennt die schnelle Folge der neuen Ideen: 1900 die Quantentheorie der Strahlung, 1905 die Relativitätstheorie, 1907 die Photonentheorie, 1913 die Quantentheorie des Atombaus, 1917 das Korrespondenzprinzip, 1924 die Wellenmechanik — um nur das zu nennen, was für die Entwicklung des Lichtproblems unmittelbar entscheidend war. Hätten nicht die Physiker unvoreingenommen jede neue Idee aufgegriffen, gemeinsam geprüft und fortgeführt, in steter Bereitschaft das Gute, von wo es auch kam, zu fördern, in unbeirrbarem Glauben an die Möglichkeit eines Fortschritts — niemals wäre der Forschung dieser Erfolg beschieden gewesen. Oft war nur ein schwankendes Brett da, das erst befestigt werden mußte, um ein Gebäude darauf zu errichten; dann erwies sich seine Fundamentierung als ungeeignet, man mußte neue Grundsteine suchen und unter das schon im Bau befindliche Haus schieben — nur wer eine solche Entwicklung miterlebte, vermag die Kühnheit solchen Unterfangens zu verstehen.

Es mag manchem mehr als ein geistiges Balancieren, denn als eine systematische Wissenschaft erscheinen; und wenn dieses uns in einigen Punkten wohl an letzte Ursachen führte — wie in dem Planckschen elementaren Wirkungsquantum —, so liegt dies an der Auswirkung der Eigenschaften, die eben zum Balancieren erforderlich sind: Mut, fester Wille, klarer Blick, schnelle Entschlußfähigkeit, zielstrebiger Optimismus und Umsicht bei jedem Schritt. Nehmen Sie hierzu noch die Aufgeschlossenheit zur Aufnahme und die Unvoreingenommenheit bei der Prüfung neuer Ideen, so sind dieses alles *menschliche*, also gerade *nicht-physikalische Eigenschaften*, die wir hier als Voraussetzung für den Erfolg erkennen; es sind vor allem die Eigenschaften einer guten Jugend.

Ich will mit keinem Gedanken sagen, daß diese menschlichen Werte in den exakten Wissenschaften wichtiger seien als auf anderen Gebieten, daß sie beim naturwissenschaftlichen Arbeiten eher erworben werden könnten, als bei anderer Betätigung. Ich will aber sagen: Weil auf dem Gebiet der exakten Naturwissenschaft durch die Pflege dieser Eigenschaften die Entwicklung eines geistigen Fortschrittes sichtbar glückte, darum sollte man die Forderung stellen, auch auf anderen Gebieten menschlicher Betätigung es mit der gleichen Methode zu versuchen. — Weil auf abstrakten, von menschlichen Wünschen und Begierden unbeeinflußbaren Gebieten Menschen über alle Grenzen hinweg Hand in Hand sichtlich immer vorwärts streben, daraus sollte man endlich den Zwang ableiten, auch auf anderen Gebieten menschlicher Betätigung den übermenschlichen Gehalt zu suchen, das Gemeinsame zu fördern, statt über das Trennende zu streiten.

Diese Gedanken wollte ich Euch, junge Kommilitonen, für Eure Arbeit, für Euer inneres und äußeres Leben nahebringen.

Suchet das Schöne und Große der Welt und blicket in erstaunender Ehrfurcht in ihr inneres Wesen, in demütiger Dankbarkeit erkennend, daß wir — mit Keplers Worten — die Gedanken des Schöpfers der Welt mit der uns von ihm verliehenen Geisteskraft nachdenken und bewundern *können* oder wie es im zweiten Verspaar der zitierten Goetheschen Xenie ausgedrückt ist:

„Läg' nicht in uns des Gottes eigne Kraft,
Wie könnt' uns Göttliches entzücken."

Auch Kepler, als Denker und Mensch gleich groß, lebte in einer Zeit wildester Gärung; als im Dreißigjährigen Krieg Ideologien zuliebe Menschen sich schlugen, Kultur- und Zivilisationswerte vernichteten, schuf er geistige Werte in klarem Bewußtsein, daß nur sie von Bestand sind:

„Wenn der Sturm wütet und der Schiffbruch des Staates droht, so können wir nichts Würdigeres tun, als den Anker unserer friedlichen Studien in den Grund der Ewigkeit zu senken."

13

Acta Albertina Ratisbonensia 20, 9–18 (1951)

Weltanschauliche Konsequenzen der Physik

Von Walther Gerlach, München

Festvortrag zum VII. Fortbildungskursus für Ärzte des Regensburger Kollegium für ärztliche Fortbildung, gehalten am Donnerstag, dem 11. Oktober 1951, im Reichssaal in Regensburg.

Meine Damen und Herren!

Hermann Helmholtz fordert von dem Akademiker: „Vor allem soll jeder immer wieder Umschau halten, wie es mit der Arbeit für die ewigen Ziele der Menschheit in seinem Bereich bestellt ist."

In diesem Sinne glaube ich den Auftrag deuten zu dürfen, über „Weltanschauliche Konsequenzen der Physik" zu sprechen; er enthält zugleich die Voraussetzung, daß die Physik einen bestimmenden Einfluß auf die Weltanschauung ausgeübt hat und die Folgerung, daß diese in dauernder Entwicklung befindliche Wissenschaft auch die Weltanschauung weiter umgestalten wird. Doch wird das Wort Weltanschauung in so verschiedenem Sinn gebraucht, daß ein Mißverständnis allzu leicht möglich ist. Wer den Vortrag mit einer vorgefaßten Meinung hört, könnte das, was ich darlegen möchte, ganz falsch auffassen; er würde schon der Grundtendenz meiner Stellungnahme, die auf dem Boden der exakten Naturwissenschaft fußt, nicht folgen — und eine vorgefaßte Meinung gilt hier als eine der schweren Sünden! Wer aber die vielfältigen Inhalte des Wortes Weltanschauung kennt, mag sich schneller zurechtfinden, wenn er weiß, welcher Inhalt ihm hier gegeben werden soll.

Die Aufgabe der Physik ist es nun keineswegs, eine Weltanschauung zu begründen. Das was jede Wissenschaft zunächst anstrebt, ist die Gewinnung eines Weltbildes; ein solches Bild soll keineswegs einer Photographie entsprechen, welche alle Dinge nach Lage und Maß getreu darstellt. Das Weltbild enthält auch die ursächlichen Verbindungen der Vorgänge, es enthält die Auffassung, zu welcher die Wissenschaft über die Grundphänomene, das Reale *und* das Transzendente, gekommen ist, Hieraus folgt sofort, daß das Weltbild etwas sich leicht wandelndes sein kann — wenn nämlich die Erkenntnisse nach Breite und Tiefe zunehmen. Das Weltbild wird in bestimmter Weise auch einseitig sein: so wie eine Landkarte der physischen Geographie ganz anders aussieht, als eine nach politischen oder wirtschaftlichen Gesichtspunkten gezeichnete Karte, so ist das Weltbild eines Physikers ein anderes als das Weltbild des Historikers, ja auch als das Weltbild eines Biologen oder eines Mediziners oder eines Industriellen. Auch darin ist dieses Beispiel richtig: wie gewisse Beziehungen bestehen zwischen Gebirgen, Flüssen und Meeren und der politischen und wirtschaftlichen Gliederung, so sind wichtige Verbindungen zwischen den verschiedenen Wissenschaftsgebieten und damit auch ihren Weltbildern vorhanden.

Aber selbst wenn man all diese Weltbilder der Einzelwissenschaften zu einem einzigen vereinigen könnte, so hätte man noch lange nicht alles, was zur Weltanschauung gehört. Denn zu dieser gehören die Werte der Ethik und der Moral, die Werte des Schönen und des Häßlichen, des Guten und Schlechten, es gehört dazu alles was

Acta Albertina Ratisbonensia 20, 9–18 (1951)

im Seelischen liegt, das Sehnen, das Fürchten, das Hoffen, Liebe und Haß und nicht zuletzt der Glaube, jene eigenartige Verbindung, welche der Mensch zwischen dem Irdischen und dem jenseits des Irdischen liegenden, dem Transzendenten sich schafft.

All das steht außerhalb der Wissenschaft, sicher außerhalb der Naturwissenschaft und doch ist es für den einzelnen Menschen und für die Menschheit genau so wirklich wie die nachprüfbaren Ergebnisse der Arbeit des Verstandes. Aber die Grenze des Transzendenten wird durch den jeweiligen Entwicklungszustand des wissenschaftlichen Geistes bestimmt. Eine Grundfrage scheint mir daher die zu sein, ob wir die geistige Entwicklung des Menschen für sinnvoll halten, jene Entwicklung, welche so weite Bereiche, die früher zum Glauben, zur Religion gehörten, der rationalen, verstandesmäßigen Behandlung, dem Verstehen zugeführt hat. Es ist eine weltanschauliche Entscheidung größter Tragweite, wenn wir diese Frage bejahen. Denn wir sprechen damit die Überzeugung aus, daß es einen Fortschritt der Menschheit gibt und wir begründen sie allein mit dem Hinweis auf die Entwicklung der Kultur, der Humanität. Man läßt kranke Menschen nicht mehr in Schmerzen und Elend verkommen, man behandelt Menschen nicht mehr wie Arbeitstiere und achtet auch das Leben der Tiere, man verbrennt nicht mehr wissenschaftliche Entdecker auf dem Scheiterhaufen — erst mit der Entwicklung der Naturwissenschaften und der mit ihr einhergehenden Entwicklung eines neuen menschlichen Denkvermögens ist alles das verschwunden. Und wie tief diese weltanschauliche Umstellung in unser Inneres eingedrungen ist, erkennen wir an dem Entsetzen, das uns erfaßt, wenn wir einmal einen Rückfall in die Zeiten erleben, in denen solches selbstverständlich war.

Die wissenschaftlichen Erkenntnisse sind die Grundpfeiler unserer Kultur; sie tragen das Gebäude; und je höher es wachsen soll, desto mehr müssen neue Erkenntnisse als Träger eingebaut werden. Die Kultur aber ist der Ausdruck der Weltanschauung; deshalb kann und darf diese niemals im Widerspruch zu den Erkenntnissen der Wissenschaft stehen. Dieses ist die weltanschauliche Forderung, welche wir neben die weltanschauliche Überzeugung vom Fortschritt des Menschen setzen.

*

Dieser Fortschritt beginnt für uns, als der Mensch die Vorgänge in der Natur nicht mehr auf ein den Körpern innewohnendes Streben, gleichsam das Wirken einer Seele zurückführte, sondern sie als totes Ding nahm und nach den Ursachen der Vorgänge außerhalb der Körper fragte. Der sichtliche Erkenntnisgewinn führte, wenn auch unter schweren Kämpfen, zu einer völligen Umgestaltung der Weltanschauung. *Aristoteles* sah im Fallen eines Steines die Auswirkung eines diesem innewohnenden Triebes, welcher verwandte Körper — Stein und Erde — zu einander hinzog. Das Aufsteigen der Flamme zeigte ihr Streben zum Himmel, in die ihr zukommende Region der Luft und des Lichtes. Aus der Beobachtung, daß ein Gas einen leeren, ihm dargebotenen Raum erfüllt, folgerte man die Angst der Materie vor einem leeren Raum, den horror vacui.

Demgegenüber setzte *Galileo Galilei* die Frage, wie die Vorgänge ablaufen und wurde damit zum Begründer der die Neuzeit entscheidend gestaltenden Forschungsrichtung, der exakten Naturwissenschaften — und er leitet diese mit einem sogar sehr entschiedenen Wort ein: „ich schätze das Auffinden einer einzigen, wenn auch unbedeutenden Wahrheit höher, als das Herumdisputieren über die höchsten Fragen.“ Wenn wir ihm heute in dieser Wertordnung auch nicht mehr unbedingt recht geben, so ist doch das Primat der Tatsache vor der Meinung, die Verpflichtung, die Tatsachen vor der Meinungsbildung, die Physik vor der Metaphysik zu studieren, weltanschaulicher Grundsatz geworden.

Das erste Problem, welches *Galilei* mit der neuen Forschungsart anging, war der freie Fall, durch die Messung, wie der Vorgang abläuft. Ihr folgte unmittelbar der Versuch, die Verbindung der gemessenen Größen — z. B. Fallstrecke und Fallzeit — in eine Formel, in ein Gesetz zu fassen. Der dritte Schritt war der Versuch, andere ähnliche Erscheinungen, die Pendelschwingung, die schiefe Ebene mit dem Gesetz des freien Falles zu verbinden.

Diese Überzeugung, daß innere Zusammenhänge auch zwischen äußerlich sehr verschiedenen Vorgängen bestehen können, führte schließlich *Newton* zur Verbindung der Fallgesetze mit den *Kepler*schen Gesetzen der Planetenbewegung durch das allgemeine Gravitationsgesetz. Wie groß dieser geistige Schritt war, die Erfahrung der handgreiflichen Umgebung auf die weiten Bereiche des Sonnensystems zu übertragen, mag man an einem Brief des Tübinger Gelehrten *Mästlin* an seinen Schüler *Kepler* ersehen, in welchem er ihm nicht nur rät, Vorsicht und Rücksicht auf jene Leute zu nehmen, die allzusehr auf die Verteidigung herkömmlicher Lehren bedacht sind; er warnt ihn ausdrücklich, physikalische Ursachen und Hypothesen zur Behandlung von astronomischen Vorgängen zu verwenden. Von beiden Bedenken ist unsere Weltanschauung durch die Physik befreit worden. Zu Beginn des 19. Jahrhunderts war das Gravitationsgesetz, das Gesetz der Massenanziehung für alle Materie, für alle Entfernungen unseres Sonnensystems sichergestellt.

Die in der universellen Gültigkeit des Gravitationsgesetzes zum Ausdruck kommende Einheitlichkeit unserer Welt — eine weltanschaulich wichtige Erkenntnis — wurde vor rund 100 Jahren auch bezüglich der materiellen Zusammensetzung erkannt. Die spektralanalytischen Methoden des Laboratoriums, auf das Licht der Sonne, nun aber auch der Fixsterne angewendet, zeigten nirgends chemische Elemente, welche nicht auch auf der Erde vorhanden waren. Der fortschreitenden Analyse der Leuchtvorgänge im Laboratorium gelang es, auch Druck, Temperatur und Bewegungszustand fernster Fixsterne zu bestimmen und schließlich Gesetze über ihr Werden und Vergehen zu entwickeln.

Die Entwicklung dieser Erkenntnisse erfolgte so zwanglos unter Benützung von Laboratoriumsuntersuchungen, daß die Frage, ob man sich diese Vorgänge, die im Abstand von Billionen von Kilometern und in Zeiten von Billionen von Jahren ablaufen, vorstellen könne, garnicht auftrat: das Vorstellungsvermögen wurde vermittelst der Erkenntnisse, der zahlenmäßigen Feststellungen und der quantitativ formulierten Gesetze entwickelt. Es trat auch trotz aller Extrapolationen niemals die Notwendigkeit auf, den Rahmen unserer Denkkategorien zu verlassen, weil sich kein Widerspruch zu ihnen ergab. Gesprengt wurden nur materielle weltanschauliche Schranken, die Begreifbarkeit der Welt mit den Methoden der Physik schien klar ersichtlich. Es war gewissermaßen die gute alte Zeit der Naturwissenschaft, in der alles schön geordnet ablief.

Das änderte sich mit Beginn dieses Jahrhunderts. Wie und warum das geschehen mußte, soll an einem Beispiel der Physik gezeigt werden.

*

Man trifft oft auf die Ansicht, daß „klassisch" mit „anschaulich und unbestritten richtig", „modern" mit „nicht-anschaulich und wahrscheinlich" gleichzusetzen sei, daß also in der Forderung und Erfüllung der Anschaulichkeit eine Art Bruch

Acta Albertina Ratisbonensia 20, 9–18 (1951)

zwischen klassischer und moderner Physik besteht. Das Problem „anschaulich" — „nicht-anschaulich" war der klassischen Physik allerdings noch unbekannt. Aber schon in ihr vollzog sich eine Abwandlung des Sinnes des Wortes „anschaulich", als die klassische Physik von der Behandlung makroskopischer, unseren Sinnesorganen zugänglicher Körper und Vorgänge überging zu solchen, die nicht mehr auf diese Art wahrnehmbar waren. Die Fallgesetze, die *Newton*sche Gravitation, die elektrodynamischen Vorgänge wurden in der *Galilei*schen Bearbeitungsart durch die Untersuchung des „Wie" messend erforscht und zur Beantwortung des „Warum" in Gesetze gefaßt, deren absolute Gültigkeit durch immer erneute Prüfung — trotz grundsätzlicher Versuchsfehler — sichergestellt wurde.

Es gibt aber noch eine zweite Art von „Warum", welche in krasser Formulierung in der Kritik der *Galilei*schen Forschung durch *Descartes* ausgedrückt ist: *Galilei* habe die Fallgesetze „ohne Grundlage aufgebaut; er hätte zuvor bestimmen müssen, was die Schwere ist". Wir erkennen Gravitationskraft oder magnetische Kraft an den durch sie bedingten Bewegungen, und führen sie auf einen Zustand des Raumes zurück, welchen wir das Gravitationsfeld oder das magnetische Feld nennen.

Und dennoch sind diese Felder in keiner Weise unserem materiellen Anschauungsvermögen zugänglich geworden; wichtig war für die klassische Physik nur die eindeutige mathematische Formulierung und ihre widerspruchsfreie Verbindung mit der Beobachtung, sei es in natürlichen Erscheinungen, sei es unter den Bedingungen eines Experimentes.

Man suchte nicht was die Schwere, was die magnetische Kraft ist, „um aus ihr selbst ihr Wesen zu bestimmen"; man erdachte die Vorstellung eines Feldes, das wegen der erwiesenen Konsequenzen nicht als etwas Transzendentes, sondern als eine Realität angesehen wurde, die nur wegen der Konstruktion unserer Sinnesorgane nicht unmittelbar wahrnehmbar ist.

Unter dem Eindruck der Entdeckung der elektrischen Wellen auf Grund von Voraussagen der *Maxwell*schen elektromagnetischen Theorie, welche eine folgerichtige mathematische Erweiterung der Theorie der Induktionserscheinungen war, schrieb *Heinrich Hertz*, man müsse bisweilen die Empfindung haben, „als wohne den mathematischen Formeln selbständiges Leben und eigener Verstand inne, als seien sie klüger als ihre Erfinder."

Die mathematisch formulierte Feldvorstellung in der klassischen Physik ist also in gewisser Weise mit einem Mikroskop zu vergleichen, welches das Wahrnehmungsvermögen unseres Auges erweitert, ohne daß sein Erfinder oder Verfertiger ahnt, auf welchen Gebieten und bis zu welchen Weiten — sagte man doch früher, daß das Werkzeug der Theoretiker die Mathematik, das des Experimentators die Apparate seien.

*

In dem gleichen Anschauungskreise bewegte sich die Entwicklung der Atomvorstellung. Aus den Erfahrungen der Chemie entstanden, wurde vor 100 Jahren mit ihr zunächst die kinetische Theorie der Gase entwickelt. Mehr und mehr Erscheinungen konnten modellmäßig, anschauungsmäßig verstanden werden, wenn man alle Materie sich aus Atomen, sehr kleinen vollständig elastischen Kügelchen aufgebaut vorstellte, die im Gase frei beweglich, in festen Körpern durch irgendwelche, z. B. elektrische Kräfte an bestimmte Gleichgewichtslagen gebunden sind. Die *Brown*sche Molekularbewegung von Staubteilchen machte zwar nicht die Bewegung des einzelnen Moleküls unserem Auge wahrnehmbar; aber die dauernde Hin- und Herbewegung der kleinen Staubteilchen, im Mikroskop betrachtet, zeigte, daß dieses noch beobachtbare Objekt von nicht mehr beobachtbaren, sich unregelmäßig bewegenden Atomen oder Molekülen hin- und hergestoßen wurde. Daß diese Bewegungsenergie nur von der Temperatur abhing und daß ihre Zahl etwa in 1 Gramm mit verschiedenen Methoden übereinstimmend genau ermittelt werden konnte, galt als ein sicherer experimenteller Beweis für die Realität der Atome. Nur die Konstruktion unserer Sinnesorgane verhinderte die direkte Wahrnehmung der Atome.

Hieran änderte sich auch zunächst noch nichts, als es gelang, das Atom selbst noch zu analysieren, seinen Aufbau aus Atomkern und Elektronen zu erkennen. Auch für das Elektron war die modellmäßige Vorstellung eines elektrisch-geladenen Kügelchens so brauchbar, daß kein Grund bestand, an der Übereinstimmung von Vorstellung und Wirklichkeit zu zweifeln, obwohl die Objekte wegen der Inkommensurabilität zwischen ihrer Größe und der Konstruktion unserer Sinnesorgane der direkten Wahrnehmung entzogen blieben.

Bei dem Versuch, aus den materiellen Korpuskeln, dem Atomkern und den Elektronen, ein Atommodell zu entwickeln, ergaben sich aber die ersten Schwierigkeiten der mechanischen Vorstellung. Das noch heute gelegentlich benutzte Modell des Planetensystems — Elektronen auf Ellipsenbahnen den Kern umlaufend — war zwar mechanisch möglich, nicht aber elektrodynamisch. Es lieferte auch die Emission der Spektrallinien nur durch eine neue Annahme: daß nämlich ein Elektron plötzlich von einer Bahn auf eine andere springt, sodaß seine potentielle Energie um so viel kleiner wird, als der Energie des ausgestrahlten Lichtes entspricht. Es wurde sogar bewiesen, daß ein Atom nur in ganz bestimmte „Energiezustände" gebracht werden kann. Während in der Mechanik jeder Körper auf jede beliebige potentielle Energie gehoben werden kann, durfte es für ein Elektron im Atom nur ganz bestimmte Aufenthaltsmöglichkeiten oder Energieniveaus geben. Welche Energieniveaus möglich sind, wird durch die Größe gegeben, welche *Planck* 1900 in die Strahlungstheorie eingeführt hatte, die *Planck*sche Wirkungskonstante oder das elementare Wirkungsquantum.

Es gelang, die Hunderte von Spektrallinien, welche manche Atome aussenden, durch das Planetenbahnenmodell nach einem relativ einfachen Formelsystem für diese Bahnen und die Übergänge des Elektrons von einer auf eine andere Bahn zu berechnen; aber dieses formale System mußte auch solche Bahnen enthalten, welche durch den Atomkern hindurchgingen, was den modellmäßigen Kugelvorstellungen von Kern und Elektron widersprach. Der Formalismus deutete die Spektrallinien richtig, aber er ging über die Leistungsfähigkeit des anschaulichen Modells hinaus: der Inhalt des Formalismus erschien „unanschaulich". Dieser Widerspruch wurde zur Quelle einer wesentlichen Erkenntnis für die weitere Entwicklung. Daß der Formalismus mehr leistete als das Modell, beruht nämlich darauf, daß man garnicht mit den geometrischen Elementen der Bahn, sondern mit Größen gerechnet hatte, die offensichtlich einen tieferen Wahrheitsgehalt haben, nämlich mit Energie und Impuls.

Aber es kam noch anderes dazu. Während die klassische Physik ein geschlossenes Bild über das Licht als einen elektromagnetischen Schwingungsvorgang geliefert hatte, wurden zahlreiche Erscheinungen gefunden, welche nicht nur mit dieser Vorstellung

Acta Albertina Ratisbonensia 20, 9–18 (1951)

nicht gedeutet werden konnten, sondern ihr direkt *widersprachen*: bei jedem Energieaustausch zwischen Licht und Materie — ich nenne als Beispiel die Photozelle oder die Photochemie — erschien die Strahlungsenergie *lokalisiert, so als ob das Licht eine Korpuskel* wäre; und schließlich fand *Compton*, daß bei der Streuung von Röntgenlicht sich der „Röntgenstrahl" wie eine Folge von fliegenden Korpuskeln, *Photonen* benimmt, die wie jedes Atom (oder wie jeder Stein) kinetische Energie, Impuls und Masse haben.

Fast zur gleichen Zeit wurden Erscheinungen entdeckt, in welchen bewegte Elektronen und Atome, die Korpuskel der klassischen Vorstellungswelt, die gleichen Eigenschaften zeigten, welche bis dahin als eindeutiges Erkennungszeichen von Wellen gegolten hatten: sie werden an Materie genau wie Wellen gebeugt und geben Interferenzerscheinungen.

Zwei in der klassischen Physik grundsätzlich verschiedene Vorstellungen, Korpuskeln und Wellen, sind also *beide* auf Materie *und* auf Licht anwendbar. Licht „erscheint" einmal als eine unbegrenzte Welle, einmal als ein Strom von lokalisierten Photonen; bewegte Elektronen (oder Atome) „manifestieren" sich einmal als fliegende Massen, einmal als Wellen; *der Zusammenhang zwischen den Bestimmungsstücken der Korpuskel und der Welle im klassischen Sinn ist durch die Planck sche Konstante gegeben.*

Dies ist also der Dualismus: Strahlung und Korpuskel, die sich frei, d. h. ohne Energieaustausch durch Vakuum oder durch Materie fortpflanzt, haben Wellencharakter. — Sobald aber ein Energieaustausch mit Materie eintritt, haben Strahlung und Korpuskel Teilchencharakter. Beobachtbar ist weder die Fortpflanzung noch der Austauschvorgang: nur die Energieumsetzung ist der Messung zugänglich.

Mit diesem Dualismus Korpuskel - Welle hört die *Möglichkeit* auf, ein *einheitliches* anschauliches Modell zu schaffen. Man hat ihn oft — nicht so ganz unzutreffend — das Leib-Seele-Problem der Physik genannt. Es entsteht die Frage, was nun eigentlich die Wirklichkeit, die physikalische Realität ist.

In besonderer Weise — aber letzten Endes in unmittelbarem Zusammenhang mit dem Dualismus stehend — ergibt sich die Unmöglichkeit von Modellvorstellungen im Mikrokosmos auch aus der *Unmöglichkeit von Messungen*, wie sie der Makrophysik eigen sind. Diesmal handelt es sich nicht um eine nur durch unsere beschränkten Fähigkeiten bedingte Einschränkung der Meßmöglichkeit oder -genauigkeit, sondern um das Prinzip: die Unerlaubtheit, die makroskopische Denkweise auf die Welt der Elementarteilchen zu übertragen. Umgekehrt — und das sei besonders bemerkt! — führen die Denkelemente für die Ordnung der Vorgänge im Mikrokosmos zu *keinem* Widerspruch, wenn man sie im Bereich des Makrokosmos berücksichtigt. *Somit ist die „moderne Physik" bei dem jetzigen Stand unseres Wissens nicht als eine Abänderung der alten Denkweise, sondern als eine Praecisierung derselben zu werten.*

Wir betrachten eine im *klassischen Sinne* exakt formulierte und lösbare Aufgabe, den Ort und die Geschwindigkeit eines Elementarteilchens — etwa eines Elektrons — zu messen. Wir denken uns, daß man ein Mikroskop bauen könnte, mit welchem dasselbe betrachtet werden kann. Da dasselbe sehr klein ist, kann man gewöhnliche Lichtwellen nicht benutzen; man weiß ja schon aus der normalen Lichtmikroskopie, daß man nur Körper erkennen kann, welche ungefähr die Größenordnung der Lichtwelle haben; auch ist bekannt, daß feine Strukturen mit dem kürzere

Wellenlängen benutzenden Ultraviolettmikroskop besser aufgelöst werden, als mit dem normalen Lichtmikroskop.

Zur Beobachtung einer sehr kleinen Korpuskel müßten also sehr kurzwellige Gammastrahlen benutzt werden. Wenn solche aber auf diese fallen, so benehmen sie sich auf Grund der experimentellen Erfahrung mit dem *Compton*effekt als Photonen, als mit Lichtgeschwindigkeit fliegende Korpuskel; für den Stoß von Photon auf Korpuskel gelten laut Versuchsergebnis die Erhaltungssätze von Energie und Impuls. Es wird also auf diese ein Impuls übertragen, ihr Bewegungszustand umso mehr geändert, je kurzwelliger der Gammastrahl ist. Je schärfer man die Lage der Korpuskel durch Verwendüng kurzwelliger Strahlung bestimmen will, desto stärker ändert man ihren Bewegungszustand. Der Impuls wächst im gleichen Maße, in dem die Wellenlänge abnimmt. Der direkte Zusammenhang zwischen der Wellenlänge und dem Impuls des Gammastrahls ist wiederum durch die *Planck*sche Konstante gegeben.

Will man andererseits die Bewegung eines Teilchens genau messen, so braucht man scharfe Marken, z. B. zwei in einigem Abstand hintereinander gesetzte sehr enge Spalte, durch welche das Teilchen, z. B. ein Elektron, hindurchgeschickt wird, sodaß durch Breite und Abstand der Spalte Anfangs- und Endpunkt des Weges genau fixiert sind. Die Versuchsanordnung ist wieder nach der Fragestellung der klassischen Physik entworfen. Der obengenannte Versuch liefert aber die Tatsache, daß ein Elektron beim Durchgang durch einen engen Spalt eine Abbeugung aus seiner Flugrichtung erfahren wird, also eine seitliche Geschwindigkeitskomponente erhält, die im Mittel umso größer ist, je enger der Spalt ist. Macht man den Spalt weit, daß die Beugung kleiner und auch noch die abgebeugten Elektronen durch den zweiten Spalt hindurchgehen können, so weiß man nicht, an welcher Stelle es durch den Spalt läuft: seine örtliche Lage ist unbestimmt. Die als Beugung bezeichnete seitliche Geschwindigkeitskomponente ist auf Grund der Messung wiederum durch die *Planck*sche Konstante gegeben.

Man kann diese Tatsachen so formulieren, daß die Forschungsmethoden der klassischen Physik versagen, weil in atomaren Bereichen die Rückwirkung des Beobachtungsmittels auf das Beobachtungsobjekt nicht vernachlässigt werden darf. Diese Beeinflussung des Meßvorganges führt zu einer vielleicht sehr prinzipiellen Folgerung, welche als die „*Heisenberg*sche Unbestimmtheitsrelation" bekannt ist: Lage und Geschwindigkeit (Impuls) eines Teilchens lassen sich nicht gleichzeitig mit hoher Genauigkeit messen; je genauer die Ortsbestimmung werden soll, desto größer wird die Störung des Bewegungszustandes — oder umgekehrt. Das Produkt beider Unbestimmtheiten ist wieder durch die *Planck*sche Konstante gegeben.

Dieser Erkenntnis wird eine besondere philosophische Bedeutung zugemessen: es ist im atomaren Geschehen — und dieses ist letzten Endes für alles in der Welt ausschlaggebend — unmöglich, eine bestimmte Aussage über den Ablauf eines Ereignisses zu machen. Der Glaube der klassischen Physik war, daß der Weltablauf berechenbar ist; *Laplace* sagte, wenn alle Zustandsgrößen der Welt in einem Augenblick und die Kraftgesetze der Materie bekannt sind, so sei der gesamte Weltablauf durch Rechnung vorherzusagen. Mit den Mitteln der heutigen Erkenntnis ist das schon allein deshalb nicht möglich, weil nicht einmal für ein Teilchen die gleichzeitige Bestimmung der notwendigen Zustandsgrößen durchführbar ist — und zwar wie gezeigt wurde — nicht aus menschlichem Unvermögen. Es ist eine weltanschauliche Konsequenz der gegenwärtigen Entwicklung der Physik.

Acta Albertina Ratisbonensia 20, 9–18 (1951)

Der Widerspruch Korpuskel — Welle liegt nicht etwa in einer fehlerhaften Deutung der einzelnen Experimente. Er zeigt uns, daß das Elektron und das Photon für unser heutiges Weltbild transzendente Gegenstände sind, von welchen wir in der Wellen- und in der Teilcheneigenschaft zwei Äußerungen wahrnehmen: Weil Photon und Korpuskel sowohl in der Wellenvorstellung als auch in der Korpuskelvorstellung modellisiert werden können, die sich in unserem Weltbild widersprechen, kann das reale Sein von Photon und Elektron durch beide Vorstellungen nicht erfaßt werden.

Wir kennen nur eine mathematische Verknüpfung der beiden und dürfen hieraus schließen, daß darüber ein noch unbekanntes Sein stehen muß. Daß wir auf dessen Formulierung mit den heutigen Denkelementen verzichten müssen, können wir exakt beweisen.

Die Gesamtheit der Erfahrungen der modernen Physik, soweit wir sie hier behandelten, steht miteinander im Zusammenhang durch die *Planck*sche Konstante h, die Konstante der elementaren Wirkung. Unter Wirkung versteht man das Produkt von einer Energie und der Zeit. In der Tat ist die Grundlage für die auf der Größe h beruhende Quantenphysik stets eine Energiemessung; die Energie ist das Leitelement der physikalischen Entwicklung, das Wirkungsquantum, die nicht unterschreitbare Grenze dieser Denkungsweise. Das reale Element ist entsprechend der Denkweise der gesamten modernen Physik ein Element der Quantität.

*

Energie und Materie sind aber noch in einer anderen Weise miteinander verbunden. Wir sagten eingangs, daß alle unserer Erfahrung zugänglichen Bereiche der Welt aus den gleichen Atomarten aufgebaut sind; nur die Verteilung der Elemente und ihr Zustand ist auf den verschiedenen Himmelskörpern verschieden. Schon früh hat man sich die Frage vorgelegt, ob diese elementaren Bausteine unveränderlich sind; die Untersuchungen im Laboratorium hatten die Unverwandelbarkeit der Elemente und die Konstanz der Masse bei allen chemischen und physikalischen Reaktionen ergeben. Die Entdeckung der Radioaktivität zeigte, daß die Unverwandelbarkeit bei einigen chemischen Elementen nicht gegeben ist: die heute als radioaktive Elemente bezeichneten Atome wandeln sich spontan in andere um. Es ist allgemein bekannt, daß es in den letzten zwanzig Jahren gelungen ist, fast alle Elemente künstlich in andere dadurch zu verwandeln, daß man ihre Kerne durch Einführung von Elementarteilchen, insbesondere von Neutronen instabil macht. Das Wie und Was dieser Versuche interessiert uns hier gar nicht — bis auf einen Punkt. Sowohl bei der natürlichen wie bei der künstlichen Umwandlung der Atome entsteht Energie. Nach dem Gesetz der Erhaltung der Energie sollte also irgend eine äquivalente Energie im Umwandlungsakt verloren gegangen sein, eine Energie, die im Atomkern in einer anderen Form vorhanden war. Es muß sogar ein Energiebetrag enormer Größe sein, von ganz anderer Größenordnung als die uns sonst zugänglichen Energien, etwa in den chemischen Reaktionen der Sprengstoffe.

Ein Eenrgiereservoir unvorstellbarer Größe müßte aber .z B. auch die Sonne enthalten. Sie liefert ja die Strahlungsenergie, von der wir hauptsächlich leben. Abgabe von Strahlung bedeutet aber gleichzeitige Abkühlung: jedoch wird die Sonne nicht kälter. Wäre es ein chemischer Vorgang, etwa wie die Verbrennung von Kohle im Ofen, so wäre die Sonne in einigen 1000 Jahren vollständig verbrannt. Die Sonne war gewissermaßen ein leuchtendes Zeichen der Unvollkommenheit der klassischen Physik! Aber schon unsere Erde zeigt das gleiche Rätsel: sie ist im Innern warm; sie müßte längst völlig erkaltet sein, wenn nicht auch in ihr ein Ofen brennen würde. Das Heizmaterial der Erde ist der Gehalt an radioaktiven Substanzen; das wissen wir heute, daß ihre Zerfallsenergie die Erde heizt. Das Problem der Erdwärme ist also das Problem des Energiegehaltes der radioaktiven Atome. Für die Sonne ist diese Annahme nicht möglich.

Die Aufklärung brachte die quantitative Messung der Atomumwandlungen. Die — wenn ich so sagen darf — Reaktionsprodukte hatten eine kleinere Masse als die Ausgangsstoffe; es tritt im Umwandlungsvorgang ein Materieverlust ein, der proportional der Energie ist, welche bei der Umwandlung entwickelt wird. Diese hier gemessene Äquivalenz von Masse und Energie entspricht quantitativ der von *Einsteins* Relativitätstheorie aus prinzipiellen Überlegungen geforderten Beziehung: 1 Gramm Materie (gleichgültig welcher Art) ist 25 Millionen Kilowattstunden äquivalent. Nimmt man ein Alter der Sonne von 2000 Millionen Jahren an — so alt ist unsere Erde — so hätte sie in dieser Zeit erst 1/1000 ihrer Masse in Strahlungsenergie umgesetzt; das entspricht immerhin einer Massenabnahme von 4 Millionen Tonnen in jeder Sekunde als Äquivalent für die Strahlung, welche sie in den Weltenraum hinaussendet.

Solche Zahlen mögen phantastisch klingen; sie beruhen auf sicheren Laboratoriumsversuchen und geben auf das Universum übertragen ein widerspruchsloses Weltbild. Die Äquivalenz von Strahlung und Materie durch Umwandlung in beiden Richtungen — die Verwandlung von Materie in Strahlung, speziell von Elementarteilchen der elektrischen Ladung in Gamma- (oder Röntgen-) Strahlen und die Entstehung von elektrischen Elementarteilchen aus Röntgenstrahlen — zeigt uns zunächst das *Gesetz der Erhaltung der Energie* in einer viel allgemeineren Form: Auch das Gesetz der Konstanz der Materie gilt nicht; die Materie ist nur eine Erscheinungsform der Energie.

Sie enthält aber auch einen neuen Aspekt für den Dualismus Welle — Korpuskel. Wenn wir vorher erkannten, daß bewegte Materie Korpuskel- und Welleneigenschaften, daß die mit Lichtgeschwindigkeit sich fortbewegende Strahlung Wellen- und Korpuskeleigenschaften zeigen, so erkennen wir jetzt, daß sich eine ruhende Masse in Strahlung mit Lichtgeschwindigkeit und umgekehrt die mit Lichtgeschwindigkeit sich fortpflanzende Strahlung in Ruhemasse verwandeln kann. Hier treffen sich Quantenphysik und Relativitätstheorie.

Eine letzte Frage: wie hat man sich den Massenverlust der Sonne vorzustellen? Es darf als sichergestellt betrachtet werden, daß die Energie der Sonne bei der Bildung von Helium aus 4 Elementarteilchen, 2 Wasserstoff (Protonen) und 2 Neutronen, frei wird. Hierbei tritt ein bedeutender Massenverlust, also eine Energieabgabe ein: Atomenergie heizt die Sonne und ermöglicht unser Leben.

Die *Elemente* unserer Welt — Materie und Energie — sind also in einer dauernden Umwandlung begriffen, eine für Weltbild und Weltanschauung gleich bedeutungsvolle Erkenntnis. Die *Energie* ist konstant. Wieder werden wir von einer ganz anderen Seite aus auf diese als das *Urphänomen* unserer heutigen Physik geführt — und damit vielleicht an eines der Geheimnisse der Welt, vor denen Forschen und Denken in Ehrfurcht übergehen.

*

Die Naturwissenschaft kennt keine Begrenzung der Forschung, der Naturwissenschaftler philosophiert nicht über die Grenzen der Erkenntnis. —

Wir stellen den menschlichen Wert des Erreichten über den in menschlicher Unvollkommenheit begründeten Mißbrauch der Erkenntnisse. Wer die Entwicklung von Quantenmechanik und Atomenergie ablehnt, muß folgerichtig auch Penicillin und Vitamin, Volkshygiene und Automobil ablehnen; denn alles ist entstanden aus dem gleichen Geiste, der nur wahrheitsgebundenen Freiheit des Denkens. —

Die Lage der Grenzen der Erkenntnis ist zeitgebunden. Wir wissen nicht, was sich unserem Geist noch offenbaren wird. *Goethes* Wort „das Erforschliche zu erforschen und das Unerforschliche ruhig zu verehren" enthält auch die bindende Verpflichtung zur stets erneuten Prüfung, was erforschlich ist. Je härter die Arbeit des Vordringens in den Bereich des Unbekannten wird, desto tiefer wird die Demut vor dem letzten Geheimnis der Welt.

Lassen Sie mich mit Worten schließen, in welche *Goethe* diese Weltanschauung faßt: „Wenn ich mich beim Urphänomen zuletzt beruhige, so ist es doch nur Resignation. Aber es ist ein großer Unterschied, ob ich mich an die Grenzen der Menschheit resigniere oder innerhalb einer hypothetischen Beschränktheit meines bornierten Individuums."

Physikalisches Institut der Universität München

Professor Dr. Walther Gerlach
Senator der Max-Planck-Gesellschaft

ÜBER DIE KOSTEN DER MODERNEN NATURWISSENSCHAFTLICHEN FORSCHUNG

Von Professor Walther Gerlach, München

Es gibt wenig Veröffentlichungen, welche sich irgendwie mit Forschungsarbeiten, Forschungsinstituten oder Forschungspflege befassen, in welchen nicht mehr oder minder nachdrücklich über die mangelnden pekuniären Hilfsmittel und über das Unverständnis „verantwortlicher" Kreise (und auch der Allgemeinheit!) für die Bedürfnisse der Forschung geklagt und auf die hier sich entwickelnde Gefahr für die Zukunft hingewiesen wird. Auf die Gegenbemerkung, daß nach Pressemitteilungen z. B. von der Deutschen Forschungsgemeinschaft im letzten Jahr rund 20 Millionen DM aus Bundes-, Länder- und Industriemitteln der Forschung zusätzlich zu den normalen Etatmitteln zugewandt wurden, erfolgt die Antwort, daß dieses nur ein Tropfen auf den heißen Stein sei; man müsse beachten, daß es sich dabei um eine Hilfe für alle Universitäten, Hochschulen, Max-Planck-Institute, wissenschaftlichen Akademien, große Krankenhäuser, Bundesforschungsinstitute auf sämtlichen Gebieten der Geistes-, Natur-, Ingenieur-, Landbauwissenschaften u. a. einschließlich zahlreicher Gebiete der angewandten Forschung handelt. Richtiger wäre: Es ist ein Tropfen Wasser auf einem schon recht ausgetrockneten Boden — auf einem Boden, welcher für das Keimen und Wachsen neuer Forschung nicht mehr bestellt ist. Denn die von den Finanzministerien bewilligten, bzw. von den Kultusministerien den Universitäten und Hochschulen zugewiesenen Mittel stehen seit langem nur zu einem ganz beschränkten Teil der Forschung zur Verfügung; sie werden für den Unterhalt der Gebäude und für die Durchführung der Lehraufgaben gebraucht, seien es die Gelder für sachliche Mittel, seien es die Gehälter für technische oder wissenschaftliche Kräfte (z. B. Assistenten).

Obgleich bei der Frage nach den Kosten der Forschung in der heutigen Naturwissenschaft (im weitesten Sinn genommen) in erster Linie an apparative Hilfsmittel gedacht sein soll, müssen wir eine Bemerkung über den allgemeinen Zustand jenes Kulturbodens vorausschicken, dessen einst so große Ertragsfähigkeit wir gerne erhalten haben möchten. Die im Prinzip immer noch vertretene Einheit von Forschung und Lehre besteht kaum noch als ein in ausgewogenem Gleichgewicht befindlicher Zustand. In den meisten Disziplinen übt der Staat nämlich ohne dabei selbst in Erscheinung zu treten einen moralischen (man könnte auch sagen unmoralischen) Zwang auf die Hochschullehrer aus: er setzt als selbstverständlich voraus, daß der vermehrten Zahl von Studierenden ein Unterricht erteilt wird, der staatlichen Prüfungsvorschriften formell entspricht, und rechnet damit, daß die Professoren sich scheuen, vor der Öffentlichkeit das Odium der Verweigerung der Übernahme einer de facto nicht tragbaren Verantwortung zu übernehmen — mit dem Ergebnis, daß der Unterricht schlechter, die Forschungstätigkeit immer geringer und die Ausbildung des wissenschaftlichen Nachwuchses unzureichender wird. In den geisteswissenschaftlichen Seminaren kleben heute noch Assistenten die Briefmarken auf die von ihnen geschriebenen Briefe, schreiben Bibliothekkarten und korrigieren die Seminararbeiten, in den naturwissenschaftlichen Instituten tragen sie den Hauptteil des Unterrichts in den Anfängerpraktika und in den Kliniken machen sie Krankendienst und schreiben Krankengeschichten. Mit wenig Ausnahmen ist ihre Forschungsarbeit eine Nebenbeschäftigung; staatliche Assistenten für die Forschung sind seltene Ausnahmen, Forschungsstipendiaten z. B. der Deutschen Forschungsgemeinschaft sind in naturwissenschaftlichen und medizinischen Instituten wegen des Mangels an allgemeinen Hilfsmitteln vielfach nur in beschränkter Zahl aufnehmbar. Die Institutsleiter werden immer mehr mit der stets komplizierter werdenden Verwaltung bei unzureichenden Hilfskräften und vermehrten Prüfungen lahmgelegt.

Wird vom Sachverständigen darauf hingewiesen, daß die heute erforderlichen Forschungsapparate in Naturwissenschaft und Medizin wesentlich umfangreicher und teurer sind als früher (so wie ja auch Penicillin zur Behandlung der Pneumonie teurer ist als ein nasser Wickel oder eine Röntgendurchleuchtungs-Anlage kostspieliger als ein Perkussionshämmerchen oder ein Lastauto als ein Handkarren), so erhält man nicht selten die Antwort, daß doch früher die größten, auch technisch folgenreichsten Entdeckungen mit den primitivsten Mitteln gemacht wurden; man wird freundlich auf das Deutsche Museum oder andere historische Apparatesammlungen, etwa der Royal Institution aufmerksam gemacht — und in der Tat kann durch solche Beispiele der Laie gar zu leicht irregeführt werden. So zeigt man jetzt gern in Ausstellungen und Illustrierten das kleine Arbeitstischchen mit recht primitiv-gebastelten Geräten, an dem Otto Hahn und Fritz Straßmann 1938 die Uranspaltung entdeckten — und daneben Bilder der riesigen amerikanischen und englischen Atomenergielaboratorien als Beispiele für kleine Ursachen — große Wirkung. Das Hahnsche Tischchen ist ein aktuelles Beispiel (das dazu noch das Sensationsbedürfnis ohne unmittelbare ethische Gefährdung befriedigt) — aber wie aufwendig und kompliziert erscheint diese Versuchsanordnung schon gegen das Elektrometerchen, mit welchem die Curies die Radioaktivität aufklärten! Ich weiß nicht, ob die Nebeneinanderstellung von Michael Faradays Magnetstab und kleiner Spule, mit welcher er 1831 die elektromagnetische Induktion entdeckte, und einem genau diesen Vorgang ausnützenden Elektrizitätswerk nicht noch viel eindrucksvoller ausfallen würde — wenn man es darauf anlegt, die These „einfache Mittel — große Entdeckungen" zur Niederhaltung der Forschungsmittel vor Laien zu begründen.

Der Zweck dieser Zeilen soll zunächst sein, die Stichhaltigkeit der These, daß die größten Entdeckungen mit primitivsten Mitteln gemacht wurden, und die Richtigkeit der Folgerung zu prüfen, daß echte Forschung deshalb mit wenig Geld auskomme, wenn nur der Forscher, das nicht meßbare und daher auch unbezahlbare Genie vorhanden ist. Zunächst ist zum letzteren etwas entscheidendes zu sagen: Weder Röntgen noch Rutherford noch Hahn sind im landläufigen Sinn „Genies, Menschen die von einer Idee überfallen wurden". Alle drei waren unendlich fleißige, sorgfältige, kritische Experimentatoren, welche in Jahren und Jahrzehnten durch immer neue Versuche ihre Erfahrungen, ihr Urteilsvermögen über Vorgänge, welche in ihren Apparaten ohne unmittelbar sinnliche Wahrnehmung abliefen, schärften; Röntgen arbeitete in jener Zeit, da Physik fast ausschließlich Grundlagenforschung war, meist allein. Rutherford hatte schon in einem für heutige Verhältnisse noch bescheidenen, aber gut eingerichteten Institut mehrere Mitarbeiter; Otto Hahn stand Jahre vor seiner großen Entdeckung eines der (damals) größten Forschungsinstitute der KWG mit hervorragenden Mitarbeitern zur Verfügung. Aus diesem Milieu stammt die Entdeckung — Milieu geistig und materiell gedacht.

Röntgen machte Versuche über Kathodenstrahlen; die von ihm benützten Röhren, besonders die „Hittorfschen" sind in einem heutigen Institut Kinderspielzeug — damals waren es Wertobjekte, deren Zerstörung ein gewaltiges Loch in den Etat riß, also alles andere als primitive Hilfsmittel. Wir erinnern uns an Erzählungen, daß Wilhelm Hittorf für seine Arbeiten über Gasentladungen und Elektrolyse den Platinbedarf aus dem Etat nicht beschaffen konnte. Was uns heute als Bagatelle erscheint, war damals eben Wertobjekt, besonders fiskalisch gesehen. Und in Hahns einfachen Geräten stecken letzten Endes viele, viele Jahresetats eines gut dotierten Instituts; und die Ausarbeitung seiner Entdeckung in seinem eigenen Institut in den auf 1939 folgenden Jahren hat noch sehr viel mehr gekostet.

Es ist ein schönes Märchen, daß früher die Apparate so einfach und billig waren — heute bläst die alten Röntgenschen Röhren oder bastelt die Hahnsche Versuchsanordnung ein Anfänger in wenig Stunden! Aber in ihnen stecken die Versuchskosten und die Arbeitskraft von vielen Jahren früherer Zeit. Und noch etwas: Eine große Entdeckung ist oft nur das Tüpferl zum i — die Vollendung eines Buchstabens, d. h. eines kleinen Teils eines Alphabets. Ihre Ausarbeitung muß alle anderen Teile beachten, oft in neuer Versuchsanordnung kombinieren, und gerade die Physik ist ein so weitgehend einheitliches Gebiet geworden, daß nicht nur geistig, sondern auch experimentell-materiell die verschiedensten Bereiche kombiniert werden müssen, um so zu einer Basis für den Vorstoß in neues Land zu kommen. Also schon die Hilfsmittel für einen solchen Anfang werden um ein Vielfaches umfangreicher und kostspieliger sein müssen als die, mit denen die Ausgangsentdeckung gemacht wurde. Goldsteins Kanalstrahlrohr war schon komplizierter als die Crookessche Röhre, Wiens Anordnungen noch mehr, erst recht die schon einen Saal ausfüllenden Kanalstrahlröhre von Cockroft und Walton, und selbst diese erscheinen uns heute als primitiv gegenüber dem Cyklotron und seinen Nachfolgern, die eine fabrikähnliche Anlage benötigen. Er ist eben sehr relativ — der Begriff „einfach"!

Aber die Komplizierung, die viel größere Aufwendigkeit der Apparaturen hat (ich beschränke mich weiter auf die Physik) noch einen Grund, der über den hinausgeht, daß eine heutige Ausgangsapparatur quasi die Summe vieler früherer einzelner Apparaturen ist. Als ein Beispiel diene die Atomphysik. Um ein Atom zum Leuchten zu bringen, um durch Messung der Ionisierungsspannung die Festigkeit seines äußeren Elektronenaufbaus zu ermitteln, genügen elektrische Spannungen von einigen Volt. Um das innere Gefüge der Elektronenatmosphäre zu erkennen, sind schon zehntausende von Volt erforderlich; die Analyse des Atomkernes verlangt Hunderttausende und Millionen und die der ihn aufbauenden Elementarteilchen Milliarden Volt. — Strukturen der toten und lebenden Materie bis zu tausendstel Millimeter entdeckte man mit dem Mikroskop, die noch feinere Formanalyse bedarf des Elektronenmikroskops, das hundertmal teurer ist. In ihm steckt nicht nur eine weitschichtige Entwicklung auf anderen Gebieten, sondern auch eine vor wenig Jahrzehnten noch für unmöglich gehaltene Erfüllung extremer physikalischer und technischer Bedingungen. Aber für die Forschung von heute ist das Elektronenmikroskop ein genau so „primitives" Gerät wie das (damals) äußerst teure Zeissmikroskop vor 60 Jahren und dieses ist nur ein Beispiel.

Solche „modernen" Geräte lassen sich aber schlechterdings nicht mehr mit behelfsmäßigen Laboratoriumsmethoden improvisieren; die einzelnen zu seinem Funktionieren erforderlichen Faktoren müssen mechanisch, elektrisch, optisch bis ins letzte aufeinander abgestimmt und miteinander unveränderlich verbunden sein. Auch die oft als „technisch" verschrienen (und zweifellos auch übertrieben verwendeten) automatischen Regelungen und Registrierungen sind trotz aller Aufwendigkeit für gar manche fundamentale Forschung nicht mehr entbehrbar. Wohl gemerkt, ich rede nicht von Apparaturen der angewandten Forschung, bei welcher die technische Verwertung schon in Aussicht steht, oder um die Anlegung von sogenannten „Materialsammlungen", sondern von reiner Grundlagenforschung.

Ich denke in Sonderheit auch nicht an die Mammutapparaturen, etwa zur Erzeugung der vorhin genannten Energien von der Größenordnung Milliarden Elektronenvolt, welche zur Fortführung der Forschung auf dem Spezialgebiet der Elementarteilchen gebraucht werden: Diese kann ein Hochschulinstitut nicht forschungsmäßig, ein Kultusministerium nicht finanziell verkraften, eine Einsicht, welche zur Schaffung des Europäischen Instituts in Genf (CERN) führte. Es ist aber ein großer Irrtum, zu meinen, „das Interesse" der physikalischen Grundlagenforschung konzentriere sich auf die Elementarteilchen, und womöglich hieraus noch den Schluß zu ziehen, zu Gunsten dieser einen Richtung viele andere gedanklich und finanziell zurückzustellen. Es kann nur auf einige Probleme hingewiesen werden. An bevorzugter Stelle steht das Gebiet des festen

Körpers, das zuerst nach der Erschöpfung der Röntgenstrahlmethode, dann nach der Verwendung der Elektronen zur Feinstrukturanalyse als „bekannt“ galt, heute mit der Verwertung von Neutronen und energiereichen Korpuskel- und Gammastrahlen vollständig neue Aspekte zeigt. Zu erwähnen ist der Bereich tiefster Temperaturen mit den noch weitgehend nicht-verstandenen Erscheinungen der Supraleitung der Metalle und der Superfluidität des Heliums, wobei es höchst wahrscheinlich ist, daß aus ersterer sich noch viele Erkenntnisse auch über das Verhalten der Metalle bei höheren Temperaturen ergeben werden, so z. B. über das bedeutungsvolle Grundlagenproblem der Halbleiter (und das ist es, unbeschadet der Tatsache, daß diese technisch bereits Verwendung finden, also auch noch Aufgaben für die angewandte Forschung stellen). Viele dieser Probleme sind sogar mit klassischen Apparaturen behandelbar, freilich auch entsprechend den neuen technischen Möglichkeiten verbessert. Aber fast immer verlangen sie große Mittel zur Herstellung der Grundbedingungen für den Versuch. Vor einigen Jahrzehnten genügte eine einfache Vakuumpumpe, und flüssige Luft war seltener erforderlich als heute flüssiger Wasserstoff und flüssiges Helium — aber das Arbeiten mit den letzteren setzt einfach voraus, daß flüssige Luft in großen Mengen zur Verfügung steht. Was in dem früher erreichbaren „Hochvakuum“, bei den mit einfachen Mitteln erreichbaren tiefen Temperaturen zu entdecken war, ist zum großen Teil bekannt. Es ist nun einmal die Methode der physikalischen Forschung, daß „Neuland“ nicht in der Natur entdeckt, sondern in der künstlich-bereiteten Welt des Laboratoriums geschaffen wird: durch die Herstellung von Bedingungen, die klar zu übersehen und bei welchen störende Nebenbedingungen so weit als möglich ausgeschaltet sind.

Bei sehr vielen Problemen genügt es nicht, den Vorgang „pauschaliter“ zu kennen, es kommt auf die Analyse des zeitlichen Ablaufs in sehr, sehr kurzen Zeiten an. Da genügt nicht mehr die Stoppuhr oder der Chronograph; an ihre Stelle treten die großen und teuren Kathodenstrahloscillographen — als nichts anderes als ein selbstverständlich erforderliches Hilfsgerät, wenn auch die eigentliche Versuchsanordnung noch so „primitiv“ ist.

Den Kathodenstrahloscillographen kann man noch selbst bedienen, wenn auch zu seiner Kontrolle schon erhebliche technische Erfahrung notwendig ist. Aber für einen Wasserstoff- oder Heliumverflüssiger, erst recht für ein Elektronenmikroskop, für umfangreiche Hochfrequenzhilfsapparaturen ist technisch-ausgebildetes Personal erforderlich. Hiermit schneiden wir das Problem der „Großapparaturen“ an, welche einen Raum- und einen Personalbedarf haben, dessen Erfüllung einfach Vorbedingung für ihre Verwendung ist, aber zusätzlich zu den großen Anschaffungsmitteln erhebliche laufende Kosten der modernen Forschung bringt.

Es ist für diese Betrachtungen völlig gleichgültig, welchen speziellen Problemen die Grundlagenforschung nachspürt, ob es solche sind, die sich gerade neu zeigen oder andere, die schon lange bearbeitet werden. Gerade die letzteren werden oft besonders viele Mittel benötigen: Wenn man mehr herausbekommen will, muß man im allgemeinen auch mehr hineinstecken — warum soll das in der Forschung anders sein als sonst im Leben? Carl Bosch, der frühere Präsident der Kaiser-Wilhelm-Gesellschaft, hat bei einem Kampf um Erhöhung von Forschungsmitteln es so ausgedrückt: „Man kann nicht für einen Groschen essen und für einen Thaler ...“

„Abgeschlossene Gebiete“ der Forschung hat es bis heute nicht gegeben, so oft auch ein Gebiet als „verstanden“ erklärt wurde: Die seit den 90er Jahren immer wiederholte und mit besseren Apparaturen verfeinerte Messung der Streuung von Elektronen erbrachte plötzlich deren Wellencharakter. — Nach zahllosen jahrelangen Messungen der Streuung von Licht und Röntgenstrahlen an Materie wurde der Raman- und der Comptoneffekt mit weitgehenden Folgerungen entdeckt. Unsere Kenntnisse über die Naturgesetze im Bereich der Atomhülle wurden erst in den letzten zehn Jahren wesentlich vertieft durch die Mikrowellenspektroskopie, welche zugleich neue quantitative Ergebnisse über die Struktur der Atomkerne, über ihre Wechselwirkung mit dem Kristallgitter, über das Neutron anbahnt. Diese Forschungen z. B. verlangen vielfach höchst komplizierte, umfangreiche und entsprechend teure Anordnungen, welche die Technik für ihre Zwecke als Höchstfrequenzapparaturen entwickelt hatte und nun unentbehrliche Hilfsmittel der weiteren Grundlagenforschung wurden.

Man wäre fast versucht, das sattsam verwendete Wort „die Forschung von heute ist die Technik von morgen" geradezu umzukehren — aber es wäre in dieser Form verallgemeinert genau so falsch wie in der anderen. Mit diesem Sprichwort ist es überhaupt so eine Sache; es wird meist gebraucht, um für größere Forschungsmittel zu werben. Was es bedeuten soll, scheint mir ganz klar, nämlich: Was heute noch unerforscht ist, kann morgen schon als Technik in unser aller Leben eingreifen. Daß „heute" nicht heute und „morgen" nicht morgen, scheint bis jetzt noch nicht mißverstanden — die Verallgemeinerung Gegenwart und Zukunft wäre ganz unmißverständlich, also besser; aber die Verallgemeinerung setzt an anderen Stellen ein und führt nicht immer zu etwas Gutem. Versuchen wir einige derselben zu diskutieren.

1) „Ohne Forschung kommt die Technik zum Erliegen." Verstehen wir unter Forschung hier wie im folgenden das Suchen nach neuen Erkenntnissen, so besteht dieser Satz für unser Jahrhundert zu recht.

2) „Wer die Forschung unterstützt, hilft der Technik" — dieser Satz ist richtig; eindeutiger wäre aber: „Wer die Forschung nicht unterstützt, schadet der Technik."

3) „Alle Technik gründet sich auf Ergebnisse der Forschung." Schon dieser Satz ist nicht ganz richtig. Die Erfahrung auch unserer Zeit lehrt nämlich, daß in der Technik Vorgänge gefunden und benützt werden, deren physikalische Klärung noch keineswegs geglückt ist.

4) „Alle Forschungsergebnisse erscheinen eines Tages in der Technik" — ob das wahr oder falsch ist, kann nur ein Prophet entscheiden. Der aerodynamische Magnuseffekt hat 70 Jahre warten müssen, Otto von Guerickes Vacuumpumpe gar über 200, Zeemaneffekt, Starkeffekt, Ramaneffekt, Michelsonversuch warten noch heute; solch entscheidende Erkenntnisse können natürlich auch mittelbar in andere Probleme eingehen, deren Lösung dann in der Technik escheint. Deshalb darf man nicht einmal von materiell-technischem

Standpunkt aus sagen, daß Mittel für eine Forschung ohne direkten und sichtbaren technischen Nutzen für die Technik verloren seien.

5) „Die Forschung ist nach ihrem technischen Wert zu führen" — dieser Satz gehört zu den gefährlichsten Mißdeutungen, nicht weniger die Fassung/

6) „Die Forschung ist nach ihren technisch-wirtschaftlichen Erfolgen zu werten."

Wir sind also der Ansicht, daß der Satz „Die Forschung von heute ist die Technik von morgen" nur etwas über die Technik und gar nichts über die Forschung aussagt. In der Tat: Forschung und Technik haben als Phänomen gar nichts miteinander zu tun, so wenig wie Musik mit Konzertdirektionen. Aber: Technik im heutigen Sinn kann nicht ohne Forschung bestehen, so wenig wie eine Konzertdirektion ohne Kompositionen.

Fördern nun eigentlich Kulturbehörden und Mäzene die Kunst, damit Konzertdirektionen und Kunsthändler bestehen können? Und wie soll der Musiker seine Kunst der Menschheit darbieten, wenn er nicht die „apparativen" Hilfsmittel hat — die ja heute auch teurer sind als die Flöte des Pan!

Für Kinder ist charakteristisch, daß sie heute dieses, morgen jenes „Wie und Warum" durch Anschauung und Spiel — durch Beobachtung und Experiment! — lösen wollen. Kluge Erzieher helfen, indem sie ihnen alle nur möglichen erforderlichen Mittel geben, um durch Pflege dieser Interessen ihre Phantasie zu beleben, sie zu Einsichten zu führen und damit die individuelle geistige Entwicklung zu fördern. Auch in dem experimentellen Forscher ist dieser Spieltrieb wach und auch er braucht die Mittel, um aus seinen Phantasien zu Einsichten und damit zum geistigen Fortschritt der Menschheit zu führen. Vor den Geheimnissen der Welt steht der Forscher wie das Kind vor den Wundern seiner nächsten Umwelt. Wem die geistige Entwicklung am Herzen liegt, befolge den Ruf: „Alles für das Kind" — „Alles für die Forschung".

WALTHER GERLACH

PHYSIK DES TÄGLICHEN LEBENS

EINE ANLEITUNG
ZU PHYSIKALISCHEM DENKEN UND
ZUM VERSTÄNDNIS DER PHYSIKALISCHEN
ENTWICKLUNG

SPRINGER-VERLAG
BERLIN · GÖTTINGEN · HEIDELBERG
1957

VORWORT

Unübersehbar sind die wissenschaftlichen und die technischen, die wirtschaftlichen und die politischen, die sozialen und die philosophischen Entwicklungen, welche die ersten Einblicke in die innersten Bereiche der Materie eingeleitet haben. Die Physik des täglichen Lebens erschöpft sich nicht mehr in Kochtopf und Wasserleitung, Heizung und Beleuchtung, Fahrrad und Kleidung, allenfalls noch Radio und Musikinstrumenten; es gibt schlechthin *nichts* in unserem Leben, was nicht — sei es jedem erkennbar, sei es nur vom Fachmann durchschaubar — auf dem physikalischen Wissen aufbaut und mit seiner Erweiterung sich dauernd umgestaltet. Die Veränderungen in der letzten Vergangenheit, der Gegenwart und ganz sicher der nächsten Zukunft beschränken sich nicht auf das Materielle, auf die „Technisierung" und damit die sozialen Lebensbedingungen und Lebensformen. Während die physikalische Forschung die Grenze des Transzendenten dauernd verschob, hat sie auch eine neue Stellung zu den alten philosophischen Problemen — wie Raum und Zeit, Ursache und Wirkung — und neuartige philosophische Fragen gebracht; und heute verlangen die von der Physik dem Menschen in die Hand gegebenen technischen Möglichkeiten ethische Entscheidungen größter Tragweite: Es geht um Menschentum und Menschenwürde, Sein oder Nicht-Sein der Menschheit. —

Das hier der Öffentlichkeit übergebene Büchlein, aus Vorlesungen im Nachtstudio des bayerischen Rundfunks im Winter 1952/53 hervorgegangen, bringt von all dieser Problematik fast nichts. Es möchte aber dem Leser, der wenig, vor allem kein wissenschaftlich fundiertes physikalisches Wissen hat, zum Verständnis bringen, wie die Entwicklung zu dieser Problematik führte, eine Einsicht geben in die Folgerichtigkeit dieser Entwicklung und in die Einheitlichkeit des Systems der Physik. Die Behandlung noch ungeklärter Bereiche gehört in den „Elfenbeinturm", nicht in die Öffentlichkeit, wo sie nur zum Tummelplatz ungezügelter Phantasie werden. Das aber ist aus menschlichen Gründen nicht gut: Es führt zu falschen Vorstellungen, zu unfruchtbarer Kritik und einer noch unfruchtbareren Pseudophilosophie, woran an sich schon kein Mangel besteht.

IV

Vorwort

In weiten Kreisen besteht heute das Verlangen nach einem tieferen Einblick in die Physik. Dieses zu erfüllen, soll mit einer einheitlichen Darlegung verschiedenartiger Bereiche der physikalischen Wissenschaft versucht werden. Keineswegs soll dem Laien ein „populäres Lehrbuch" gegeben werden; sondern so etwas wie eine Architektur des Gebäudes der Physik — so wie man herrliche Bauten einer großen Kunstperiode aus den bestimmenden Elementen und den großen Zügen ihrer Verbindungen analysieren und verstehen kann, ohne die einzelnen konstruktiven Gesetze und Maßnahmen aufspüren und kennen zu müssen.

Es wird so wenig als möglich vorausgesetzt — eigentlich nur die Bereitschaft, unvoreingenommen den Gedankengängen zu folgen. Auf jede abstrakte Darstellung — seien es schematische Abbildungen oder mathematische Formeln — wird verzichtet. Letztere sind heute noch zu vielen unverständlich, erstere bringen die Gefahr falscher Vorstellungen, weil die Übertragung des im Bild Dargestellten in die Wirklichkeit große Erfahrung verlangt. Muß man schon bei der schriftlichen Darstellung einer experimentellen Wissenschaft auf die Vorführung der Versuche verzichten, so soll man auch „Tafel und Kreide" fortlassen und alles zum Verständnis Notwendige mit Worten ausdrücken. — So sehr das Quantitative die Grundlage jeder physikalischen Forschung ist und bleiben muß, so wenig Bedeutung hat es für das Erkennen der großen Linien: Die Größenordnungen genügen durchaus, um sie von einem zum anderen Bereich verfolgen zu können.

Letzten Endes geht es dem Verfasser nicht einmal um die Physik als solche. Weil sie dank ihrer Methode zu so tiefen, bedeutungsvollen Einsichten in die Natur führte und zugleich trotz ihrer Geschlossenheit ein in stetiger Ausdehnung und Vertiefung begriffenes System ist, stellt die 350jährige Geschichte der physikalischen Forschung einen integrierenden Teil der menschlichen Geistesgeschichte dar: Zu ihm soll suchenden Menschen der Weg geebnet werden.

München, Oktober 1956

Walther Gerlach

KAPITEL I

DER ATOMISTISCHE BAU DER MATERIE

1. DIE WISSENSCHAFT ALS ALLGEMEINGUT DER MENSCHEN

„Die Naturforschung hat das Eigene, daß alle ihre Resultate dem gesunden Menschenverstand des Laien ebenso klar, einleuchtend und verständlich sind, wie dem Gelehrten, daß der letztere vor dem anderen nichts voraus hat, als die Kenntnis der Mittel und Wege, durch welche sie erworben wurden."

Diese Worte schrieb Justus Liebig, der große Münchener Chemiker aus der zweiten Hälfte des letzten Jahrhunderts — damals noch in Gießen — in der ersten Vorrede zu seinen „Chemischen Briefen". Dieses waren Berichte über alte und neue Probleme der Chemie, welche Liebig für die Augsburger Allgemeine Zeitung schrieb; sie erschienen gesammelt 1844 und wurden bis zu seinem Tode immer wieder ergänzt. Es war, soweit ich sehe, der erste Versuch, weitere Kreise für eine naturwissenschaftliche Disziplin zu interessieren, deren Ergebnisse für das Leben der Menschen eine ungemein große Bedeutung gewannen: Die Erhaltung der Fruchtbarkeit des Ackerbodens.

Aber dies war nicht der einzige Zweck, den Liebig mit seinen „Chemischen Briefen" erreichen wollte. Es kam ihm darauf an, schlechthin die Bedeutung der Natur*wissenschaft* für die geistige Entwicklung der Menschen darzulegen und fruchtbar zu machen. Soweit wir über diese unterrichtet sind, sehen wir, daß schon die größten Denker der ältesten Zeiten nach tieferer Einsicht in die Naturerscheinungen strebten. Aber es vergingen mehr als zweitausend Jahre, bis zur Erklärung der Naturerscheinungen die exakte Forschung an die Stelle der philosophischen Spekulation trat, bis die wissenschaftliche Messung und ihre gesetzmäßige Verarbeitung das Streiten mit Worten und allgemeinen Begriffen überwand, bis der Tatsache, dem Ergebnis der Experimente, der Vorzug vor der Meinung gegeben wurde.

Seit Liebigs Zeiten ist die Bedeutung der Naturwissenschaft dauernd gewachsen; unsere Lebensformen und unsere Denkweise, unser ganzes tägliche Leben werden durch die Ergebnisse der naturwissenschaftlichen Forschung in einem Umfang bestimmt, der sehr vielen Menschen gar nicht zum Bewußtsein kommt. Ohne die Wichtigkeit der biologischen oder chemischen Forschung einschränken zu wollen, muß doch erkannt werden, daß der Physik eine noch dauernd wachsende Bedeutung zukommt. Sie darf heute als die Grundlagenwissenschaft für alles materielle Geschehen bezeichnet werden. Ihre Methoden haben nicht nur die Grenzen des Erforschbaren in die Ferne der Fixsternwelten und die Bereiche der Elementarteilchen der Materie ausgeweitet; sie haben eine besondere Meßkunst entwickelt: feinste Waagen für die Mikrochemie, Mikroskop und Elektronenmikroskop für die Erforschung der Strukturen von Zellen, Bakterien und Viren, Verstärker für die Wahrnehmung minimaler Energien elektrischer Wellen, elektrische Methoden zur quantitativen Untersuchung einzelner Elementarteilchen. Die Physik hat mit Röntgen- und Radiumstrahlen der wissenschaftlichen und praktischen Medizin unschätzbare Hilfe geleistet, sie hat mit der Entdeckung des Elektromagnetismus die Energieversorgung zur Verbesserung der Lebensbedingungen der Menschheit ermöglicht und die Erkenntnisse der Quantentheorie zur Entwicklung von Lichtquellen ebenso wie zu biologischen Forschungen benutzt; und in unseren Tagen hat sie mit der künstlichen Freimachung der Atomenergie eine für die Zukunft bedeutungsvolle Energiequelle gefunden. Es gibt kaum eine physikalische Entdeckung, welche sich nicht in erhöhter Sicherheit des Menschen gegen Naturgewalten, in Verbesserung der Arbeitsbedingungen, in Erleichterung der Schwierigkeiten des täglichen Lebens auswirkt, die sich bei hinreichender und vernünftiger Verwendung noch viel segensreicher auswirken könnte. Vor allem aber hat die physikalische Forschung zu einer Neuorientierung des Menschen in der Welt geführt. Wenn Copernikus die Erde aus dem Mittelpunkt der Welt entfernte und an ihre Stelle die Sonne setzte, so hat der Mensch durch die Physik eine neue beherrschende Stellung gewonnen: von ihr aus sind die Einheit aller Erscheinungen, ihre Zurückführung auf Grundgesetze, auf Urphänomene zu erkennen — aber *auch* die Grenzen der physikalischen Erkenntnis. Von diesem zwiefachen Wesen der physikalischen Forschung soll in diesem Buch gesprochen werden. Ihre Ergebnisse führen uns zu immer tieferen Einblicken in die Geheimnisse der Materie; sie ermöglichen zugleich immer neuen Nutzen für ein geistig und materiell gesteigertes Leben. Von echtem Gewinn kann dieses aber nur sein, wenn die Menschen wissen, daß sie die technischen Möglichkeiten nur genießen können, wenn sie die Notwendigkeit ihrer Ausgestaltung durch erweiterte Forschung einsehen; und wenn sie einsehen, daß die zunehmende Macht über die Gewalten der Natur nur dem ethisch Starken zum Segen gereichen kann. Voraussetzung hierfür erscheint mir *ein Wissen um die Erkenntnisse*, welche zu solcher Umgestaltung „unserer Welt“ führten und ein *Verstehen dieser Entwicklung* unseres Geistes, um die noch immer weitverbreitete Meinung *durch Einsicht* zu ändern, unsere Naturwissenschaft sei ein zufälliges, künstliches Gebäude oder ein Glasperlenspiel einer sich abschließenden Kaste.

Nur so ist diese innere Unsicherheit zu heilen, welche so viele Menschen bedrängt, weil sie keinen Einblick mehr in die geistigen Kräfte haben, welche ihr Leben bestimmen.

Das Wort, welches Liebig seinen „Chemischen Briefen“ voranstellt, sei das Motto unseres Strebens: *„Die Wissenschaft soll ein Allgemeingut aller sein; sie soll allen Hilfsbedürftigen und Hilfesuchenden helfen und das geistige Vermögen der Armen und Reichen vermehren, die reinen Sinnes die Wahrheit wollen.“*

2. ALTE UND NEUE PHYSIK

Wir beginnen mit einem ganz einfachen Beispiel der Physik: Dem freien Fallen der Körper. Jeder kennt den Vorgang, jeder hat schon beobachtet, daß die Abwärtsbewegung eines fallenden Steines immer schneller erfolgt — aber auch, daß ein Blatt von einem Baum oder eine Schneeflocke langsam mit gleichmäßiger Geschwindigkeit herabsinkt. Es kann also gar nicht bezweifelt werden, daß es verschiedene Arten des Fallvorganges gibt. Man kann sogar noch mehr beobachten: Die Luft unserer Atmosphäre, die doch auch aus Materie besteht, fällt offenbar gar nicht; strömt aber aus einem undichten Ofen Kohlensäuregas aus, so sammelt es sich am Boden an; bekannt sind solche über dem Boden liegende Kohlensäureschichten in vulkanischen Grotten — Hunde fallen vergiftet um, während Menschen nichts davon merken. Das sieht doch ganz so aus, als ob Kohlensäuregas fällt. Aber umgekehrt steigt Leuchtgas, das aus einem undichten Gasofen ausströmt, sogar in die Höhe; und wir wissen ja alle, daß ein Freiballon, mit Wasserstoffgas gefüllt, nach oben steigt, sobald er aber das Gas verliert, nach unten fällt.

Es ist eine verwirrende Fülle von Erscheinungen, die sich bei den „gleichen Versuchsbedingungen“ ergeben, nämlich dann, wenn Materie oberhalb der Erdoberfläche sich selbst überlassen wird.

Wir haben dieses Beispiel nicht nur seiner Anschaulichkeit wegen an die Spitze gestellt. Es enthält das Problem, mit dessen Bearbeitung das Altertum sich vergeblich quälte, mit dessen Lösung zu Ende des 16. Jahrhunderts die wissenschaftliche Physik im heutigen Sinne beginnt.

Der Unterschied in der Behandlung der Frage des freien Fallens — oder auch des Steigens — im Altertum, gegen die, welche Galileo Galilei erdachte, bestand zunächst in der *Fragestellung*: Für Aristoteles (um die einflußreichsten zu nennen) war die Grundfrage: *warum* fallen manche es steigen Dampfblasen aus dem Innern auf, der Wasserdampf verdrängt die Luft oberhalb der Oberfläche. Wir heizen weiter, *aber die Temperatur steigt nicht* mehr, dafür verwandelt sich die Flüssigkeit in Dampf. Das ist wieder die Verdampfungswärme, zu der uns schon atomistische Betrachtungen geführt hatten, — hier einfach als die Energiedifferenz zwischen flüssigem und dampf- (oder gas-)förmigem Zustand des Wassers in Erscheinung tretend. Kondensiert sich der Wasserdampf wieder zu Nebeltröpfchen, so wird diese Energie wieder abgegeben — das Prinzip der Dampfheizung: im Kessel wird die Verdampfungswärme aus der Feuerung zugeführt, im Zimmerheizkörper wird sie abgegeben, das gebildete Kondenswasser fließt zurück.

Die Verdampfungswärme des Wassers ist außerordentlich groß, über 500 Calorien werden gebraucht, wenn 1 kg Wasser bei 100° C in Dampf umgewandelt wird, und genau so viel wird auch abgegeben bei der Kondensation. Wir wollen uns diese anormale Eigenschaft des Wassers merken.

Nun kühlen wir Wasser ab, z. B. indem wir es in eine Kältemischung setzen; das Thermometer sinkt bis 0° C und dann nicht mehr, so stark wir auch kühlen. Dafür beginnt das Wasser zu kristallisieren, sich in Eis von 0° C zu verwandeln. „Kühlen" heißt Wärmeenergie entziehen; das Eis hat also weniger Wärmeenergie als Wasser; deshalb wird zum Schmelzen des Eises Wärme benötigt, verbraucht. Erst wenn alles Wasser gefroren ist, kühlt das Eis wie jeder Körper bei Wärmeentzug sich ab. Schnell eine atomistische Bemerkung: die geordnete Anordnung der Atome im festen Körper geht durch Energiezufuhr in die wenig geordnete, aber noch zusammenhängende Flüssigkeit über, diese wieder durch Energiezufuhr in den vollständig ungeordneten Dampfzustand. Beim umgekehrten Vorgang Dampf—Flüssigkeit—Kristall werden die gleichen Energien oder Wärmemengen abgegeben. — Auch die Schmelzwärme des Eises (oder die zu entziehende Gefrierwärme des Wassers) ist abnorm groß, sie beträgt pro Kilogramm 80 Calorien.

16. GEFRIEREN UND SCHMELZEN

Beobachtet man den Gefriervorgang genauer, so sieht man wieder eine ganz anormale Erscheinung: schon beim Unterschreiten von 4° C fängt das Wasser an, sich auszudehnen und beim Gefrieren tut es das noch viel stärker. Es ist ja wohl bekannt, daß Felsen gesprengt werden, wenn Wasser in seinen Spalten gefriert; das ist der Grund für das „Verwittern" von Steinen und für die „Frostausbrüche" schlecht gebauter Landstraßen; eine gefüllte Flasche platzt, wenn das Wasser in ihr gefriert. Bei dem Gefrieren beobachtet man, daß die gebildeten Eisstücke

auf der Oberfläche schwimmen: wegen der Ausdehnung ist das Eis „spezifisch leichter" als das Wasser. Wir wollen gleich noch eine hiermit ursächlich verbundene Erscheinung erwähnen: drückt man mit einem Holzstempel fest auf ein Stück Eis, so schmilzt es oder — in bekannterer Form dargestellt —: drückt man Eiskristalle, z. B. auch Schnee fest zusammen, so schmelzen sie aneinander, weil an den Druckstellen sich Wasser bildet, seitlich entweicht und dann wieder gefriert. In dieser Erscheinung kommt ein wichtiges Prinzip zur Geltung. Wenn man einen Körper unter Druck setzt, so wird sein Volum verkleinert; für das Eis bedeutet das: es wird mechanisch auf *das* kleinere Volum zusammengedrückt, welches es hatte, ehe es gefroren war (denn dabei hatte es sich ja ausgedehnt). Das Eis sperrt sich also nicht gegen den Druck, sondern gibt nach dadurch, daß es einfach schmilzt. Das ist *das „Prinzip des kleinsten Zwanges"* oder — der Klügere gibt nach! Auch das ist ein Naturgesetz.

Ich habe diese merkwürdigen Eigenschaften des Wassers auch deshalb etwas breiter behandelt, weil sie uns mancherlei Aufschlüsse über Naturerscheinungen geben. Es ist doch eigentlich merkwürdig, daß es tagelang recht kalt sein kann, ehe ein See beginnt zu gefrieren. Die Abkühlung erfolgt durch die über die Oberfläche streichende kalte Luft. Da die spezifische Wärme des Wassers sehr groß ist, muß diese Luft viel Wärme fortnehmen, ehe das Wasser sich merklich abkühlt; aus gleichem Grunde kann sich viel kalte Luft über warmem Wasser erwärmen: in Seegebieten, am Meer sind die Temperaturschwankungen kleiner, das Winterklima ist mild und „gemäßigt". Hat sich die Oberfläche auf 4° C abgekühlt, so sinkt das spezifisch schwere Wasser in die Tiefe; das in ihr noch nicht gekühlte warme Wasser steigt nach oben, das in die Tiefe sinkende Wasser erwärmt sich erneut am Seeboden. Und wenn dann endlich irgendwo 0° C erreicht wird, so steigt das sich bildende Eis an die Oberfläche, bildet zuerst dort eine geschlossene Decke, die nun ganz langsam nach unten wächst, falls oben weiterhin durch Abkühlung Wärme abgeführt wird. Organismen in der Tiefe des Sees bleiben im allgemeinen vor dem Einfrieren bewahrt.

Das Entsprechende gilt im Sommer: die über die noch kältere See streichende warme Luft heizt nur sehr langsam das Wasser wegen seiner großen spezifischen Wärme auf und kühlt sich selbst dabei stark ab; und weil auch für die mit steigender Temperatur zunehmende Verdampfung die sehr große Verdampfungswärme gebraucht wird, tritt eine weitere Verlangsamung des Temperaturanstiegs des Wassers ein. Es dauert lange bis die See wärmer wird und die Luft über und am Wasser ist kühl: das Sommerklima ist frisch und wiederum „gemäßigt".

Die über das Wasser streichende Luft sättigt sich mit Feuchtigkeit; sie gibt diese bei der nächtlichen Abkühlung über dem Land ab, weil dann der Wasserdampf zu Wassertröpfchen kondensiert und als Nebel, Regen oder Tau sich niederschlägt. Da aber bei dem Übergang von Dampf in Flüssigkeit die vorher aufgenommene Verdampfungswärme frei wird, erwärmt sich bei der Kondensation die Luft, wieder ein wichtiger Faktor für das „gemäßigte" Klima beim Tag-Nachtwechsel.

Noch ein Wort zum Schlittschuhlaufen und Skifahren; dieses sind eminent physikalische Vorgänge; man kann zwar nicht besser laufen oder abfahren, wenn man ihre Physik kennt, aber man versteht dann wenigstens, warum man überhaupt laufen kann und warum es nicht immer gleich gut geht. Warum kann man nicht auf glatter Betonfläche oder auf Glasboden Schlittschuhlaufen? Entweder ist die Reibung zu groß oder zu klein; im ersten Fall geht es nur langsam vorwärts, im zweiten Fall gar nicht, weil „der feste Punkt" fehlt, weil nichts da ist, was den Rückstoß aufnimmt. Deshalb kann man auf Glatteis nicht mit Ledersohlen, wohl aber auf rauhem Gummi oder auf Wollstrümpfen gehen — oder aber auf Schlittschuhen. Denn diese haben eine schmale Kufe, auf welcher das ganze Gewicht des Menschen liegt. Wiegt dieser 80 kg und haben die beiden Kufen eine das Eis berührende Fläche von 4 cm^2, so entspricht dieses einem Druck von 20 Atmosphären, unter welchem das Eis schmilzt. Der Schlittschuh sinkt ein, es entsteht eine mit Wasser gefüllte Rinne, an deren Rand der Abstoß erfolgt; und der Schlittschuh läuft nicht auf Eis, sondern im Wasser. Das Schmelzwasser ist das Schmiermittel, welches die gleitende Reibung zwischen festen Körpern auf einen kleinen Bruchteil herabsetzt. Wenn der Schlittschuh fort ist, bleibt eine ganz schmale Rinne — das Wasser gefriert wieder zu Eis, vorausgesetzt, daß es nicht zu warm ist. Ist es aber sehr kalt, so genügt der Druck nicht zum Schmelzen (wie sich dann auch der Schnee nicht mehr „ballen" läßt) — und die Reibung bleibt groß. Und ganz analog ist es beim Skilauf. Nur ist hierbei noch zu beachten, daß der Vorgang mit viel kleineren Drücken schon abläuft, denn die Schneekriställchen — „Pulverschnee" — haben äußerst schmale Kristallflächen, so daß das darauf liegende Gewicht auf diesen lastend einen sehr hohen Druck gibt. Deshalb gefriert eine unter 0° C gefallene Schneeschicht auch schon unter ihrem *eigenen* Druck zusammen.

Dieser letzte Vorgang hat übrigens gar nichts mit dem heute technisch sehr wichtigen „Sintern" von Metallen zu tun. Hierzu werden feinkörnige Metall- oder Salzpulver fest zusammengepreßt, sie wachsen dann entweder schon bei Zimmertemperatur oder bei hohen Temperaturen zusammen. Hier bewirkt der Druck *kein* Schmelzen, denn dieser Vorgang ist ja mit der anormalen Vergrößerung des Volumens beim Kristallisieren verbunden, während andere Körper beim Festwerden sich zusammenziehen. Das Sintern beruht vielmehr auf einer so großen Annäherung der Pulverteilchen, daß sie stellenweise auf molekulare Abstände sich nähern — und damit *sind* sie ja *ein* Körper geworden.

Und woher kommen alle diese sonderbaren Eigenschaften des Wassers? Ganz sicher kennt man die Gründe noch nicht; aber man weiß, daß sie darauf beruhen, daß „Wasser" nicht, wie der Chemiker sagt, ein Molekül aus 2 Atomen Wasserstoff (H) und einem Atom Sauerstoff (O) ist, geschrieben H_2O, sondern daß mehrere solcher Moleküle sich zu größeren Teilchen vereinigen („polymerisieren") und daß sowohl das einzelne Molekül wie die polymerisierte Molekülgruppe sehr merkwürdige elektrische Eigenschaften hat, welche die Quelle für besondere Kräfte sind.

17. WÄRMEVORGÄNGE IN DER ATMOSPHÄRE

Bei den Betrachtungen über die Atmosphäre hatten wir die Konkurrenz zwischen der geordneten Fallbewegung durch die Schwerkraft und der ungeordneten Wärmebewegung besprochen. In den vorangehenden Ausführungen war mehrfach von Abkühlung und Erwärmung der Luft gesprochen; diese muß doch dann zu zusätzlicher makroskopischer Bewegung von Luftmassen führen. In der Tat entsteht ja schon durch Temperaturdifferenzen in *horizontaler* Richtung („horizontal" bedeutet ohne Wirkung der Schwerkraft!) ein Wind: das „Ziehen" bei offenen Türen und Fenstern ist eine Folge solcher Temperaturdifferenzen innerhalb und außerhalb des Raumes; und in den *starken* abendlichen „Talwinden" an Gebirgsrändern — z. B. dem regelmäßig bei Sonnenuntergang einsetzenden „Höllentäler" in Freiburg i. Br. — haben wir ein Beispiel aus größeren Naturverhältnissen. Nebenbei: wie erwärmt sich eigentlich die reine Luft? *Niemals* durch die Strahlung der Sonne, denn Luft ist für diese durchsichtig. Erwärmt wird der Boden, an ihm erwärmt sich die unterste Luftschicht durch Wärmeleitung. Die warme Luft dehnt sich aus, wird also spezifisch leichter, erfährt damit einen *Auftrieb* und wird durch die aus der Höhe von allen Seiten zuströmende kältere Luft ersetzt. Dieser „thermische Aufwind" ist die bewegende Kraft des Segelflugzeuges; er führt an heißen Tagen zu der starken Aufwärtsbewegung der Atmosphäre, die sich oft in den mächtigen Wolkentürmen zeigt; er ist es auch, welcher verhindern kann, daß kalte Luft aus hohen Schichten nach unten fällt, welcher die aus Eiskriställchen (Schnee) oder Wassertropfen bestehende Wolke trägt.

Diesen thermischen Aufwind bezeichnet man in der Physik auch als „Konvektion". Sie tritt nur in gasförmigen und flüssigen Körpern auf; sie ist eine makroskopische, keine atomistische Erscheinung. Alles Kochen beruht auf ihr: unten wird durch die Flamme oder die elektrische Heizplatte dem Kochtopf die Wärme zugeführt; das unten erwärmte Wasser steigt in die Höhe, das obere, noch kalte „fällt" nach unten, es tritt durch diese Konvektion eine dauernde durchmischende Vertikalbewegung innerhalb des Kochtopfes auf. Auch unsere *normale Zimmer-*

heizung beruht auf Konvektion: am Heizkörper steigt die warme Luft auf — an die Decke! deshalb muß ein Heizkörper unter dem Fenster angeordnet sein. Dort dringt nämlich die kalte Luft ins Zimmer; sie wird dann sofort angeheizt und verteilt sich durch Konvektion und Wirbelung. Steht der Ofen aber an der Wand gegenüber dem Fenster, so fällt die kalte Luft auf den Fußboden, streicht über ihn zum Heizkörper, von dem die warme Luft nach oben steigt — und der Raum ist „fußkalt".

Auf der *Vermeidung der Konvektion* beruht der Wärmeschutz unserer Kleidung; am besten wirken Felle (Pelze), weil durch die Haare jede Luftströmung, also das Abströmen der vom Körper erwärmten Luft vermieden wird — wenn man den Pelz nach *innen* und die glatte Lederhaut nach außen trägt. Es sieht zwar vielleicht nicht so schön aus wie die umgekehrte Mode, zeigt aber dem Wissenden sofort, daß der Pelzträger etwas von Physik versteht! —

Die Wirkung des Schornsteins, das „Ziehen" des Ofens beruht auf dem gleichen Phänomen, doch wollen wir es zur Abwechslung etwas anders darstellen. Vom Ofen führt durch die Hauswand bis zum Dach der Kamin, seitlich gut abgedichtet; oder noch einfacher zu übersehen: von einer Fabrikfeuerung führt ein Schornstein in die Höhe, über dem Raum, über dem Feuer eine ringsum seitlich abgeschlossene Luftsäule bildend. Eine zweite Luftsäule, die freie äußere Atmosphäre liegt über die Ofenklappe auf dem Feuerraum. Brennt das Feuer, so wird die Luft im Schornstein erhitzt, also spezifisch leichter als die äußere Atmosphäre, welche nicht so warm wird. Folglich entsteht im Feuerraum eine Druckdifferenz, also auch eine Kraft, indem die *schwere* äußere kalte Luftsäule die *leichte* innere warme Luftsäule hebt. Hierdurch steigt letztere aus dem Schornstein, und frische Luft dringt in den Feureraum ein: „der Ofen zieht". Er zieht um so besser, je größer die Temperaturdifferenz zwischen den beiden Luftsäulen und je größer die Höhe des Schornsteines ist. Zweck der ganzen Vorrichtung ist, den beim Verbrennen der Kohle verbrauchten Sauerstoff aus der freien Atmosphäre zu ersetzen, sonst „erstickt" der Ofen, d. h. die chemische Reaktion Kohlenstoff + Sauerstoff = Kohlensäure, welche die „Verbrennungswärme" liefert, kommt zum Erliegen.

Die treibende Kraft ist also die Erdanziehung auf die Luft, in gar nichts anders als bei einer Waage: auch hier geht die schwere Masse nach unten, die leichtere nach oben, weil erstere von der Erde stärker angezogen wird als letztere. Jeder *Auf*trieb, auch das Schwimmen eines Schiffes, ist eine Folge der nach *unten* wirkenden Schwerkraft. Auf dem Mond müßte ein Schornstein 81 mal höher sein als auf der Erde, um die gleiche Wirkung zu erhalten, denn die Mondmasse ist nur $^1/_{81}$ der Erdmasse.

Das Aufsteigen warmer und das Fallen kalter Luftschichten führt zu den eigenartigen *Flimmer*erscheinungen, die uns oft über sonnenbestrahlten Dächern, über Straßen und Kornfeldern auffallen. Man spricht oft treffend von „unruhiger Luft" oder *Schlieren*. Man kann die Erscheinung schon leicht sehen, wenn man über ein brennendes Zündholz, mit ausgestrecktem Arm gehalten, gegen ein helles Fenster sieht: das Fensterkreuz oder Bäume außerhalb des Fensters scheinen hin- und herzutanzen; d. h. das Licht wird in den Schlieren abgelenkt. Das ist genau die gleiche *Brechung des Lichtes*, welche es bewirkt, daß hinter einer schlechten Fensterscheibe die Gegenstände verzerrt aussehen: das Glas hat Schlieren — sagt man; es ist ungleichmäßig gegossen, so daß gewissermaßen verschiedene Glasarten oder Glasdicken durcheinander laufen, welche das Licht verschieden ablenken oder brechen. Derselbe Grund bewirkt das Flimmern oder Flackern der Fixsterne, das wohl jeder schon bei der Betrachtung des Sternenhimmels gesehen hat; es wird um so auffälliger, je tiefer die Sterne stehen; es kommt durch die Brechung in Luftströmungen und ärgert besonders die Astronomen, weil sie auf den photographischen Platten unscharfe Sternbilder erhalten oder weil sie bei Festlegung der Zeit nicht genau feststellen können, wenn ein Stern gerade durch die Meridianlinie hindurchgeht. Deshalb legt man die großen Sternwarten fern von Städten auf hohe Berge, am besten in Wüstengegenden.

Ich will Ihnen einen schönen Versuch verraten, den Sie mit einem kleinen Feldstecher machen können; richten Sie ihn auf einen flackernden Fixstern und bewegen Sie dann den Feldstecher etwas hin und her, aber so, daß Sie immer den Stern im Gesichtsfeld behalten: dann sehen Sie: manchmal ist der Stern hell, manchmal dunkel, er ist manchmal rot oder grün, manchmal ist er ganz fort. Sie sehen einen Perlenkranz — mit ein klein wenig Geduld werden Sie Freude an dem Bild haben. Mit Planeten gelingt der Versuch nur selten — die geben ein zu großes Bild, so daß sich die Einzelbilder überdecken.

Wie kommt es denn, daß die Planeten, im Fernrohr betrachtet, kleine Scheibchen sind, die Fixsterne aber nur Lichtpunkte — wo wir doch wissen, daß die Fixsterne viel, viel größer sind? Sie sind eben so sehr weit fort. Je besser, je größer das Fernrohr, desto punktförmiger werden die Bilder der Fixsterne. Warum macht man denn die Fernrohre dann immer größer? *Nur, damit sie lichtstärker werden*, damit wir Kenntnis von der Existenz kleinster und fernster Sterne und Nebel erhalten.

18. DIE CHEMISCHEN ELEMENTE

Wir kehren wieder zu unserer Grundfrage, der Entwicklung der Atomistik, zurück.

Neben der Entwicklung der physikalischen Atomistik läuft in den Jahren 1750—1850 die Entwicklung der chemischen Atomlehre; beide

KAPITEL IV

DIE ELEKTROMAGNETISCHE STRAHLUNG

63. STRAHLUNG ALS ENERGIEFORM

Schon zweimal, an zwei entscheidenden Punkten der elektrischen Atomistik, wurde auf die Erscheinung der Strahlung hingewiesen: das war einmal die Strahlung, welche mit der Elektrizitätsleitung, insbesondere der Stoßionisation in Gasen verbunden ist. Diese Strahlung (zumindest ein Teil von ihr) wird von unserem Auge als „Licht" aufgenommen. Eng damit zusammenhängend erschien uns die Röntgenstrahlung, wiewohl unser Auge sie nicht als Licht empfindet; der Zusammenhang mit der Strahlung bei der Gasentladung ist dadurch gegeben, daß die Röntgenstrahlung beim Energieverlust von Elektronen beim Aufprallen auf feste Körper auftritt, während das Gasleuchten durch Elektronenstoß auf freie Atome oder Moleküle entsteht.

Wir hatten darauf hingewiesen, daß diese Strahlungen mit dem Bau der Atome zusammenhängen, und zwar mit der Elektronensphäre. Betrachten wir diese Vorgänge energetisch — vorerst ohne spezielle Frage nach der Art der hierbei ablaufenden Vorgänge —, so handelt es sich um die unmittelbare Umsetzung von Bewegungsenergie von Elektronen (d. h. elektrische Energie) beim Zusammenstoß mit Gasatomen oder bei ihrer Bremsung in festen Körpern in Strahlungsenergie. „Unmittelbare Umsetzung" soll heißen, daß bei ihr keine Erwärmung auftritt, daß also die Strahlungsenergie nicht über Wärmeenergie als Zwischenstufe aus der elektrischen Energie entsteht.

Hierin unterscheidet sich diese Strahlung von der zweiten Strahlungserscheinung, die wir bei der Umwandlung von elektrischer Energie in Lichtenergie in einem Draht als Begleit- oder Folgeerscheinung der hohen Temperatur kennen lernten oder der Strahlung, welche von der Sonne ausgesandt wird, die ebenfallls eine Folge ihrer hohen Temperatur ist, also aus der in ihr aus Atomkernenergie entstehenden *Wärme*energie stammt.

Die beiden Strahlungserscheinungen zeigen — soweit sie mit dem Auge beobachtet werden können — einen ganz charakteristischen Unterschied. Die „kalte“ Atom- (oder Molekül-)strahlung hat leuchtende Farben, in erster Linie abhängig von der Art der Atome; die Strahlung erhitzter Körper hat eine nur von der Temperatur derselben abhängige „Färbung“, unabhängig von ihrer materiellen Zusammensetzung. Die Untersuchung der letztgenannten Strahlung wurde 1900 durch Max Planck mit der Quantentheorie, der Entdeckung *der Atomistik der Strahlung* vollendet. Mit dem durch sie gegebenen Schlüssel eröffneten 1913 Niels Bohr und dann Arnold Sommerfeld die *Quantentheorie des Atombaus.* —

Der Gedanke, das Licht, die Strahlung als eine Energieform anzusehen, für welche das Gesetz der Erhaltung der Energie gilt, stammt von J. R. Mayer. Im Sinn dieses Grundgesetzes liegt es, daß auch *jede* Wirkung einer Strahlung auf einer Umsetzung von Strahlungsenergie in eine andere Energieform beruht. Damit ist eine absolute Meßbarkeit derselben gegeben, z. B. durch die Umsetzung in Wärmeenergie; man kann etwa bestimmen, welche Menge Eis durch eine gegebene Strahlungsenergie geschmolzen wird. Zur Wirkung gelangt dabei natürlich nur der Teil der Strahlung, welcher im Eis (oder dem „Eiscalorimeter“) absorbiert wurde, nicht auch der, welcher vom Eis reflektiert wurde. (Um solche Verluste möglichst klein zu machen, muß man den Strahlungsempfänger schwärzen.) Vergleicht man die Ergebnisse solcher Messungen verschiedenartiger Lichtquellen mit dem Helligkeitseindruck, welchen sie über unsere Augen erzeugen, so kann man die allergrößten Widersprüche finden: In unserem Auge wird durch die absorbierte Lichtenergie, ohne daß dabei eine Erwärmung entsteht, ein chemischer Prozeß ausgelöst, welcher in Nerven und Gehirn bestimmte „Reaktionen“ bewirkt. Aber auch sehr intensives rotes Licht wird vom Auge immer noch dunkler empfunden als relativ schwaches grünes Licht; auch für violett ist das Auge sehr wenig „empfindlich“. Alle diese Prozesse hängen noch von sehr viel anderen Faktoren ab als nur von der Größe der von der Lichtquelle in das Auge gelangenden Intensität.

Die im Auge unter Lichteinfluß ablaufenden Primärreaktionen nennt man *photochemische Reaktionen*; sie sind im Grundsätzlichen gleicher Art wie die in der photographischen Platte und in der wachsenden Pflanze ablaufenden Reaktionen. Man kann das so ausdrücken: Strahlungsenergie wird in chemische Reaktionsenergie umgewandelt; denn sie bringt Stoffe zur Reaktion, welche ohne diese *Energie*zufuhr nicht reagieren. Auch kann chemische Reaktionsenergie, die im allgemeinen als Wärme auftritt, unmittelbar zur Lichtemission führen: z. B. das „kalte“ Licht der Glühwürmchen, des oxydierenden Phosphors oder faulenden Holzes. Von der photographischen Platte weiß jeder, daß sie auch durch recht intensive rote Strahlung nicht, aber schon durch sehr kleine Intensitäten violetter Strahlung stark beeinflußt wird. Offensichtlich spielt immer dann, wenn die Strahlung in die atomistische Struktur von Atomen oder Molekülen eingreift, neben der Art dieser Materie auch die Art der Strahlung eine Rolle. Dagegen ist die *Wärme*energie, in welche in einem *absorbierenden* Körper die Strahlung umgeformt wird, für alle Strahlungsarten gänzlich unabhängig von der materiellen Zusammensetzung und Struktur des absorbierenden Körpers. Wir sehen hier eine bemerkenswerte Parallelität mit den beiden zu Anfang dieses Abschnittes erwähnten Vorgängen bei der Strahlungserregung. Die energetische Messung einer Strahlung ist also immer richtig, aber sie genügt nicht, die verschiedenartigen materiellen Wirkungen verschiedenartiger Strahlungen zu verstehen. Aber auch für die atomaren und molekularen Wirkungen gilt der Energiesatz, daß nur die Strahlung wirken kann, welche absorbiert wird; aber ob sie absorbiert wird und ob als Folge Erwärmung oder z. B. chemische Reaktionen auftreten, hängt von anderen Faktoren ab.

Wir beginnen die zur Klärung erforderliche physikalische Analyse der Strahlung mit der Betrachtung bekannter Licht- und Strahlungserscheinungen.

Die physikalische Analyse des Phänomens „Strahlung" ist viel schwieriger als die anderer Gebiete, weil sie unanschaulicher ist. In der klassischen physikalischen und der chemischen Atomistik hat man die Atome gewissermaßen in der Hand, man kann mit ihnen arbeiten und denken, als ob sie Kugeln — allerdings außerordentlich kleine — wären. Mit der hierbei geübten Abstraktion war die elektrische Atomistik und auch das materielle Problem des Aufbaus der Atomkerne, der Elementarteilchen und das Experimentieren mit den Elementarteilchen behandelbar. Bei der Analyse der Strahlung versagen solche Gedankengänge. Erst da, wo das atomistische Element der Strahlung zwangsläufig erscheint, wo seine energetische Wechselwirkung mit der elektrischen Atomistik aus dem Experiment folgt, treffen wir wieder auf die gewohnten Gedankengänge. Wo sich bei der phänomenologischen Behandlung eine solche Möglichkeit andeutet, werden wir deshalb stets schon darauf hinweisen, auch ehe wir genügend Kenntnis der erforderlichen Bestimmungsgrößen für die Atomistik der Strahlung haben. —

In den nächsten Teilen werden wir stets von Erfahrungsbeispielen ausgehen und diese allmählich einer immer exakteren physikalischen Analyse unterwerfen.

64. DIE ZERSTREUUNG DES LICHTS

Die Energieübertragung von der Sonne durch den fast materieleeren Weltenraum geht durch Strahlung vor sich, von der ein Teil auch unsere

Drei Vorträge zum Problem der Erwachsenenbildung (1961) S. 15–18

Popularisierung, Veröffentlichung und Geheimhaltung der Wissenschaft

Kurz vor 1800 gründete William Thompson, der „Graf Rumford", in London die Royal Institution, ein Forschungsinstitut für physikalische und chemische Probleme, dessen Leiter die Aufgabe hat, Volksvorlesungen und Vorlesungen für Schüler zu halten. Michael Faraday's Christmas Lecture „Über die Natur der Kerze" ist noch heute eine bewunderte „Volkshochschulvorlesung". Die größten englischen Forscher seit 150 Jahren haben sich dieser Aufgabe unterzogen, und die besondere Güte popularisierender englischer physikalischer Schriften ist zweifellos hierauf zurückzuführen. In der zweiten Hälfte des letzten Jahrhunderts hat sich Hermann Helmholtz dieser Frage eifrig angenommen; er hat selbst populäre Vorträge gehalten und die populären Schriften des Engländers Tyndall übersetzt: wegen der großen Bedeutung, welche er einer guten Popularisierung beimesse, übersetze er diese unter Hintanstellung eigener drängender Arbeiten! Es sei auch an die chemischen Briefe von Liebig erinnert, in denen der Grundsatz steht: die Naturwissenschaften sind derart, daß sie jedem verständigen Menschen verständlich sind, der Unterschied zwischen ihm und dem Forscher besteht darin, daß der letztere die Methoden beherrscht.

16 Ich möchte noch etwas zu dem Elfenbeinturm und dem Verlangen nach seiner Sprengung sagen; denn es ist ein in der Volksbildung beliebtes Schlagwort geworden – weil es so schön klingt und weil es so gänzlich undefiniert ist. Mir scheint, daß in den letzten Jahrzehnten auch in Deutschland kein Mangel an guten populären Darstellungen wichtiger naturwissenschaftlicher Erkenntnisse besteht, sei es in preiswerten Bändchen, sei es in Zeitschriften. Aber sie werden verdeckt von „allgemein verständlichen" Darstellungen der neuen „Wissenschaft", welche weder das eine noch das andere sind; allzuviel Unberufene fühlen sich dazu berufen.

Wer aber ist berufen? Schon Helmholtz schreibt, es sei nicht jeder Wissenschaftler dazu geeignet, weil Forschen und verständliche Darstellung verschiedene geistige Fähigkeiten verlangen, welche nicht in einem Kopf verbunden sein müssen. Wenn aber diese Bedingung erfüllt ist, dann gilt die Forderung der Pädagogischen Provinz, daß „die besten Redner öffentlich" sagen, was sie „zu sagen für dienlich halten".

Und was ist hierfür dienlich: alles – aber nur das! – was gesicherte Erkenntnis ist, und hiervon nur das, was zu wissen der geistigen Entwicklung, dem Verständnis der uns umgebenden – natürlichen und technischen Welt dient. Seine Wissenschaft unter diesem Gesichtspunkt durchdenken, heißt ihre Bildungselemente suchen; sie verbreiten, heißt die Möglichkeit, die Hilfe zur Bildung geben; *bilden kann sich nur der einzelne Mensch.*

Das Streben nach Bildung ist das Kennzeichen der Bildung, das Streben nach neuen 17
Erkenntnissen ist das Wesen der Wissenschaft.

Diese letztere Arbeit kann sich nicht in der Öffentlichkeit abspielen, sie darf ihr nicht einmal bekannt werden; denn Hoffnungen bei der Forschung, Arbeitshypothesen, die sich nachher als falsch herausstellen, könnten schweren Schaden anrichten – es gibt genug warnende Beispiele in unseren Tagen. Deshalb muß der Elfenbeinturm erhalten werden

Die Bekanntmachung von Forschungsergebnissen hat aber noch eine andere Seite: die Pflicht des Wissenschaftlers, sein Wissen allen zur Verfügung zu stellen, das ihm gegebene Geschenk mit allen zu teilen. Kepler hat diese ethische Forderung gestellt; er wies aber auch schon auf ihre pragmatische Seite hin: weil der andere leicht etwas sehen kann, was der Entdecker in der Freude über seine Erkenntnis übersieht. Geheimniskrämerei sei das größte Hindernis für den Fortschritt der Wissenschaften, meint Goethe.

Für das ethische Prinzip gibt – wie auch in anderen Fällen – die Naturwissenschaft noch eine rationale Begründung: der Versuch, eine Erkenntnis geheim zu halten, ist auch zwecklos. Die Erfahrung lehrt, daß gleiche Gedanken sich zu gleicher Zeit in verschiedenen Kulturländern entwickeln. Das mag man als eine wissenschaftsinterne Frage ansehen. Eine für die Allgemeinheit gefährliche Abwandlung ist die Geheimforschung, welche dem militärischen Prestige oder der politischen Propaganda dienen soll. Erfahrungs-
gemäß ist sie ein Tummelplatz von nicht-wissen|schaftlichen Gesichtspunk- 18
ten aller Art; sie steht außerhalb aller fachlichen Kritik. Mit dem Hinweis auf Erfolge solcher Geheimforschung werden nicht-sachverständige Regierungsorgane und über sie die Öffentlichkeit irregeführt und zu *einem gefährlichen Überlegenheits- und Sicherheitsgefühl* verleitet. Ich brauche nur an die Wunderwaffen – und an manche heutigen Pressenotizen zu erinnern. Wer etwas im naturwissenschaftlichen Denken geschult ist, wird weniger oder nicht anfällig sein.

Elektrotechnische Zeitschrift 84, 1–7 (1963)

Die Anbetung der Physik – Muß oder Mode?

Von Walther Gerlach, München *)

Physikalische Forschung und technische Gestaltung, ihre kulturellen Aufgaben

Bei der Herausgabe seines letzten großen Werkes, der „Harmonie der Welt", 1620 geschrieben, faßt *Johannes Kepler* Aufgabe und Sinn der naturwissenschaftlichen Forschung in folgende Worte:

„Das gereicht zur Ehre Gottes des Schöpfers, zur mehrern dessen Erkhentnus auß dem Buch der Natur zu besserung des menschlichen lebens, zu vermehrung sehnlicher Begiert der Harmonien im gemeinen Wesen, bey jetziger schmerzlich übel klingenden dissonantz."

Die Krönung seines 25-jährigen Bemühens, die Auffindung des dritten Keplerschen Gesetzes, war in den Tagen des Ausbruchs des 30-jährigen Krieges gelungen, jenes alle Kultur unseres Landes zerstörenden Kampfes um Ideologien oder mit Ideologien verbrämte Machtgelüste, einer „Geisteskrankheit, die ein barmherziger Gott heilen möge". Aber: „Vergeblich grollt, murrt, brüllt der Kriegsgott — laßt uns das barbarische Getöse verachten."

Ihm stellt *Kepler* die humane, die ethische Aufgabe der Naturforschung gegenüber: „Wenn sich der Geist dazu verstanden, zu betrachten, was Gott geschaffen hat, so versteht er sich auch dazu das zu tun, was Gott geboten hat."

Er wußte, daß sein Schaffen und seine Gedanken den Anfang einer neuen Zeit bedeuteten; zweifellos hat die durch ihn und durch *Galilei* begründete exakte Naturwissenschaft an sich und über ihre Tochter, die von ihnen nicht voraus-

*) Professor Dr. med. h. c. Dr. rer. nat. h. c. Dr. rer. nat. *W. Gerlach* ist em. Ordinarius für Physik an der Universität München.

Der Aufsatz ist die Wiedergabe eines Vortrages, den der Verfasser am 18. Oktober 1962 in Bad Meinberg gehalten hat aus Anlaß der von der Staatspolitischen Bildungsstelle des Landes Nordrhein-Westfalen veranstalteten dritten Hochschulwoche unter dem Aspekt „Aus welchen Fundamenten leben wir?"

sehbare Technik, die geistige Entwicklung und das materielle Leben während 300 Jahren und noch heute in zunehmendem Maße und immer wieder neu entscheidend geformt.

Dem auf diese Tatsache sich gründenden Wunsch nach einer bevorzugten Pflege der Physik — in unserer heutigen Kultur und als Voraussetzung für die Gestaltung der Zukunft — wurde von besonderer Stelle aus kürzlich die These entgegengesetzt, „die Anbetung der Physik müsse aufhören".

Ein solches Wort veranlaßt uns nachzudenken, den Blick — weg von der Physik — selbst kritisch auf die größeren Zusammenhänge zu richten, weil — wieder mit einem Gedanken *Keplers* gesagt — der von der Freude über seinen Erfolg Benommene leicht einen wunden Punkt übersehen mag. In der Tat stehen Fachmann und Laie heute fasziniert vor den Einsichten, welche die Physik in die Weite und die Tiefe der Natur eröffnet hat, von der Welt der Sterne in die Geheimnisse vom Werden der Materie und bis zum Wunder des organischen Lebens sich erstreckend; und daß die der wissenschaftlichen Sicht freigelegten Wege noch nicht bis zum Ende gegangen sind, kann keinem Zweifel unterliegen.

So ist die Frage schon berechtigt, ob nach jenem in den Anfangsworten gegebenen, übergeordneten Keplerschen Gesichtspunkt der Humanität und Ethik eine besondere Förderung der Physik ein M u ß ist, oder ob nur einer zwar überaus erfolgreichen, aber letzten Endes doch ephemeren, zeitgebundenen Phase, einer M o d e, in einem Bereich der Geistesgeschichte eine zu große Bedeutung beigelegt wird.

Überbewertung und Unterbewertung sind bei entscheidenden Entschlüssen gleich schädlich. Wir haben in unserem Lande die langdauernden, auf vielen Gebieten sich auswirkenden schädlichen Folgen einer solchen falschen Entscheidung schon einmal kennengelernt, als man in der ersten Hälfte des vergangenen Jahrhunderts einer spekulativen Naturphilosophie die Förderung der exakten Naturwissenschaften opferte, gerade als diese in Paris und London ihren glänzenden Aufstieg erlebten; und dieses wirkte sich nicht allein in der Wissenschaft aus!

Aber heute steht mehr auf dem Spiel. Die Technik hat mit neuen Lebensformen auch neue Erwartungen, neue Ansprüche auf weitere Steigerung gebracht. So entsteht schon die Frage, ob die Grundlagen ausreichen, den heutigen Stand der Technik aufrechtzuerhalten, wenn ihr Wirkungsbereich auf die großen, an der technischen Kultur — aktiv und passiv — noch unbeteiligten Gebiete unserer Erde ausgedehnt werden soll.

Somit ist die Aufgabe, die wir uns heute gestellt haben, klar gekennzeichnet. Wir wollen keine Verteidigungsrede für die Physik halten, nicht mit staunenerregenden Beispielen beweisen, wie herrlich weit sie es gebracht hat. Wir wollen uns auch nicht an den oft ans Wunderbare grenzenden Leistungen der Technik berauschen. Es handelt sich um eine ganz nüchterne Prüfung, welche Rolle die Erkenntnisse der physikalischen Forschung und ihre technische Gestaltung in der Entwicklung der Kultur (im weitesten Sinne!) spielten und wieweit man eine Bedeutung derselben für die Zukunft mit Sicherheit voraussagen kann. Wir werden vor allem auf die V o r a u s s e t z u n g e n eingehen müssen und zu prüfen haben, welche sie in der Vergangenheit zu dieser Wirkung gelangen ließen, und welche für die Lösung zukünftiger Aufgaben erfüllt sein müssen, damit die Physik — oder gleich allgemein die Naturwissenschaft — die von ihr lösbaren Aufgaben auch zum Nutzen der Menschheit lösen kann.

2 Die der Physik bei ihrer Begründung gestellten Aufgaben

Als die Wissenschaft der rationalen „Erforschung des Seins und der Ursachen des Seins" hat die Physik nach dieser Definition von *Johannes Kepler* gar keine andere Aufgabe als das Streben nach Erkenntnis; sie fragt nach den Fakten und Gesetzen in dem materiell analysierbaren, rational durchdringbaren Bereich der Welt; sie sucht „die Wahrheit in der Natur". Daher kann, darf die Physik — wie eigentlich jede Wissenschaft — sich nicht von Zeitströmungen, von Ansichten und Dogmen, von Zweckmäßigkeitsgründen, von menschlichen, religiösen, technischen Wünschen oder Zielen, noch weniger von den ephemersten Gesichtspunkten, den politischen, beeinflussen lassen. Sie ist autonom, sie steht und fällt mit dieser Autonomie, welcher sie ihre Entstehung und ihre bisherige Entwicklung verdankt. Innerhalb der Regeln, welche sie sich selbst gibt, die sie laufend an der Erfahrung prüft, korrigiert und vertieft, muß sie absolute Freiheit haben. Nur diesen ist sie verantwortlich, frei muß das Denken, der Gegenstand und die Richtung des Denkens sein.

Diese Autonomie der Naturwissenschaft begründeten *Galileo Galilei* in Padua und Florenz und *Johannes Kepler* im Süden unseres Landes. Hier wurden mit der exakten Naturwissenschaft wesentliche Grundlagen geschaffen für das, was man heute die abendländische Kultur nennt.

Zwar gab es einige Jahrhunderte vorher schon ein suchendes Streben nach Naturerkenntnis durch Beobachtung; aber — geistesgeschichtlich betrachtet — war das offizielle Denken über den Zustand, über die Vorgänge der Natur in allem Wesentlichen beherrscht und begrenzt durch die diesbezüglichen Worte der heiligen Schriften und die von der mittelalterlichen Kirche sanktionierte Naturphilosophie des *Aristoteles*. Eine erste Bresche in dieses feste System hatte *Kopernikus* geschlagen, als er um 1510 zeigte, daß das schon 300 Jahre v. Chr. G. von *Aristarch* erdachte heliozentrische Planetensystem die vor allem von den Arabern verbesserten Bahnbestimmungen der Planeten besonders einfach darstellen ließ: die Planeten und die Erde laufen mit jeweils konstanter Geschwindigkeit auf Kreisbahnen, fast genau um die Sonne als Mittelpunkt. Das im Almagest niedergelegte geozentrische System des *Ptolomäus*, die ruhende Erde im Zentrum der „Welt", welches die Kirche anerkannt hatte, wird von *Kopernikus* verworfen.

Sofort erhebt sich der Schrei der Reformatoren — „der Narr will die ganze Kunst Astronomiae verkehren", sagt *Luther* — und später der härtere Widerstand der römischen Kirche. *Kepler* bewies 1608 mathematisch, gestützt auf die hervorragenden Messungen *Tycho Brahes* über den Lauf des Planeten Mars, daß dieser wie die anderen Planeten und die Erde auf Ellipsenbahnen die Sonne umlaufen; er bewies — was noch entscheidender war —, daß alle Versuche, die zentrale Stellung der ruhenden Erde (entsprechend der Bibelauslegung) durch Kompromisse zu erhalten, zu Widersprüchen mit der Erfahrung führen. *Kepler* stellte das Prinzip aller Naturwissenschaft auf, daß eine Theorie die Beobachtungen quantitativ liefern muß.

Das zweite Dogma, welches die neue Forschung verwerfen mußte, war die Unveränderlichkeit der einmal geschaffenen Welt; nur in den niederen Sphären innerhalb der Mondsphäre könnten Veränderungen erfolgen. Doch entdeckte *Tycho* im Fixsternbereich einen neuen Stern, plötzlich strahlend aufleuchtend, bald wieder verblassend. *Tycho* bewies messend, daß die kommenden und gehenden Kometen Weltkörper in den Planetensphären sind, *Kepler* entdeckte, daß die Planeten ihre Bahn nicht mit gleichförmiger Geschwindigkeit durchlaufen, was Grundlage für *Ptolomäus* und auch für *Kopernikus* war. *Galilei* sah im Fernrohr die in der Jupitersphäre laufenden Satelliten, die Jupitermonde, und die Phasen der Venus, und er, *Fabricius* und *Scheiner* entdeckten die Sonnenflecken, daß sogar die Sonne sich änderte! Schließlich entdeckt 1663 *Montenari* in Rom, daß der Fixstern Algol seine Helligkeit periodisch ändert.

Dem Dogma der Unveränderlichkeit der „aetherischen" Welt widersprachen beobachtete und von jedem beobachtbare Tatsachen.

Man bezweifelt diese, die im Fernrohr zu sehenden Erscheinungen hielt man für Trugbilder. Es ist schwer für uns, sich in eine Zeit zurückzudenken, in der naturwissenschaftliche Gelehrte wegen des Widerspruchs zur Bibel es ablehnten, durch einen Blick durch das Fernrohr sich von der Richtigkeit zu überzeugen: „Wir sehen nicht nach etwas, von dem wir wissen, daß es nicht existiert"; oder wenn sie noch 50 Jahre später *Guerickes* Luftpumpenversuche als Trug bezeichneten, weil „keinem Engel und keinem Teufel es gelingen könne, ein Vacuum zustande zu bringen" — was mit der Bibel nun gar nichts zu tun hatte, aber *Aristoteles* widersprach. Nicht die Sache, die Methode wurde bekämpft, die rationale Forschung. Sie führt *Kepler* zu neuer Ansicht: Alles regeln einfache ewige Gesetze. Gott lenkt nicht die Welt, sie ist kein „göttliches Lebewesen"; er hat die Gesetze geschaffen, nach welchen sie wie ein „Uhrwerk" läuft.

Noch 100 Jahre später kann sich *Newton* nicht zu diesem Standpunkt durchringen! Ohne dauernden Anstoß durch ihren Lenker höre alle Bewegung auf.

Der These, daß die Wahrheit aus der Konfrontation der Texte gewonnen werde, setzen *Kepler* und *Galilei* den neuen Grundsatz entgegen: Die Wahrheit in der Natur wird durch unvoreingenommene Beobachtung, durch Messungen und ihre kritische Auswertung und die rationale mathematische Darstellung des Gemessenen erkannt. Die naturwissenschaftliche Forschung unterliegt keiner geistlichen Aufsicht, keiner überlieferten Meinung, keinem wie auch immer begründeten Dogma. Als der Protestant *Kepler* den Gregorianischen Kalender gegen die Angriffe protestantischer Theologen und Fürsten verteidigt, welche ihn als das Werk des Antichrist bezeichnen, tadelt er, daß man eine astronomische Frage mit theologischen Argumenten diskutiert: der neue Kalender sei naturwissenschaftlich richtig, mit seiner Annahme unterwerfe man sich nicht dem Papst, sondern der Vernunft. „In der Theologie gelten die Urteile der Autoritäten, in der Naturwissenschaft die Vernunftgründe" sagt *Kepler*. Über Ablehnung, Mißachtung, Verbote setzt er sich hinweg: „Ich schreibe für die Gegenwart oder die Zukunft, mir ist es gleich. Ich kann hundert Jahre auf den Leser warten; hat doch auch der Herrgott 6000 Jahre auf den Entdecker seines Werkes warten müssen."

Der Forscher darf sich auch nicht durch Ablehnung oder durch Zustimmung der Menge beeinflussen lassen — „Ich höre das Geschrei der vielen Stimmen einfach nicht" —; er darf nicht auf Ruhm und Ehren dieser Welt schauen — „ich verachte sie und wenn nötig auch jene, die sie verleihen" —; seiner Überzeugung muß er jedes Opfer bringen, — „nur der Zukunft und der ganzen Menschheit diene ich".

Diesem Geist allein ist der Durchbruch der Naturwissenschaft, sind die entscheidenden Fortschritte zu danken.

Als reine freie Wissenschaft betrachtet, ist die Aufgabe der Physik zeitlos. Unsere Aufgabe in unserer Zeit ist es, diese Zeitlosigkeit zu sichern und für die Zukunft als einen Grundbestandteil der Kultur zu erhalten.

Die Nutzung der Erkenntnisse aus den Naturgesetzen

Das Erkannte in den Dienst der Gestaltung des sozialen Lebens der Menschen zu stellen, ist eine ganz andere Frage. Wieder dürfen wir an *Kepler* erinnern; schließlich ist er der Begründer der Autonomie unserer Wissenschaft: So sehr er das geistige Ziel der Naturwissenschaft, die reine Erkenntnis — „auch wenn weiter kein Nutzen damit verbunden ist" — betont, so eindringlich er auf den ethischen Wert der rationalen Einsicht in die wundervollen Ordnungsgesetze der Natur hinweist — *Kepler* hält es auch für die Pflicht des Forschers, Umschau zu halten, wo je solche Erkenntnisse der Menschheit zu besonderem Nutzen dienen können.
Nutzen ist die *ethische Begründung* — zugleich 3
die *ethische Begrenzung* der Verwendung dessen, was wir heute Technik nennen.

Mit der neuen Physik wird die in mancher Beziehung schon bedeutungsvoll entwickelte empirische Technik — ich erinnere an Wagenräder, Hebel, Werkzeuge, an die Erzverhüttung und die Metalltechnik — in eine neue Richtung gelenkt: die Nutzung des Wissens, der erkannten Gesetze der Natur.

Bei *Kepler* und *Galilei* finden sich nur wenige Beispiele, — etwa wenn *Kepler* seine optischen Studien zu einer Methode des Zeichnens von Landschaften anwendet oder wenn er, um dem Betrug der Weinhändler zu steuern, eine mathematische Methode entwickelt, aus den äußeren Abmessungen eines Fasses seinen Rauminhalt zu berechnen. *Galilei* wählt schon den unschönen, aber noch heute wirksamen Trick, Geld für sich und seine Arbeit zu bekommen, indem er die militärische Verwendbarkeit des Fernrohrs in den Vordergrund stellt. Gegen viel Geld und einen hohen Orden bietet er es sogar Spanien an.

In der zweiten Hälfte des 17. Jahrhunderts holt der Landgraf von Hessen *Papin* aus Paris nach Marburg, weil dieser begonnen hatte, aus *Guerickes* Luftpumpe eine Arbeitsmaschine zu entwickeln; er wollte wirtschaftliche Vorteile. Aber es war noch zu früh: erst 100 Jahre später glückte *Watt* in Glasgow die Konstruktion der ersten brauchbaren Dampfmaschine, weil hierzu die physikalische Entwicklung der Wärmeerscheinungen durch *Josef Black* erforderlich war; und ihre weitere Vervollkommnung in vielen Jahrzehnten beruht auf der Entwicklung der Thermodynamik und dann des Energiesatzes: die physikalische Theorie wird entscheidend für den technischen Erfolg.

Ein anderes Beispiel: die Elektrizitätslehre, nach 1800 durch *Volta, Oersted, Davy, Ampère* und besonders *Faraday* begründet. Mit ihr entwickeln sich zwei technische Bereiche: die Nachrichtentechnik und die Elektrotechnik, erstere beginnt sofort, letztere erst sehr spät.

Schon 1808 baut *Sömmerring* in München den ersten elektrolytischen Telegraphen; jede neue Erkenntnis wird sofort zu einem neuen System der Nachrichtenübermittlung ausgebaut.

Mit der Elektrotechnik, deren Grundlagen 1831 von *Faraday* gelegt waren, ging es viel langsamer; er selbst hat sich nicht dafür interessiert. Als ihn ein Finanzbeamter fragte, was man eigentlich mit seinem wahrlich unermüdlichen Forschen erreichen wolle, antwortete er: „Das weiß ich nicht, aber ich weiß, daß Sie eines Tages Steuern darauf legen werden!"

Ohne auf irgendwelche Einzelheiten einzugehen, sei der allgemeine Hinweis gemacht, daß die Elektrotechnik die technische Nutzung von etwas ist, was es in der Natur nicht gibt; denn in ihr gibt es z. B. keinen elektrischen Strom derart, wie wir ihn im Stromnetz verwenden!

Es muß sehr nachdrücklich betont werden, daß die Elektrotechnik nicht einfach die Reproduzierung von physikalischen Effekten ist: in ihr steckt das Gesetz der Erhaltung der Energie, ein Naturgesetz, welches sich in allen Beziehungen, bei allen Prüfungen als streng gültig herausgestellt hat.

Eine andere Entwicklung, auch in jenen so ungeheuer entdeckungsreichen ersten Jahren des letzten Jahrhunderts beginnend, ist die Analyse des Lichtes. Sie führt in den 60-er Jahren auf Grund einer merkwürdigen — von *Kohlrausch* und *Weber* experimentell gefundenen — Beziehung zwischen elektrischen Größen und der Lichtgeschwindigkeit zu *Maxwells* Theorie: Licht ist ein elektromagnetischer Vorgang. Es ist die erste großartige Synthese der Physik von allen Erscheinungen des Magnetismus, der Elektrizität und der Optik. Bei der Prüfung der Theorie entdeckt 1887 *Heinrich Hertz* die elektrischen Wellen. Er hatte, ohne es zu wollen oder es zu denken, die Grundlage für die drahtlose Nachrichtenübermittlung geschaffen mit allen ihren das Leben entscheidend umformenden Konsequenzen.

Die Erforschung der Elementarvorgänge der elektrischen Stromleitung führte zur Entdeckung der Kathodenstrahlen und des Elektrons, und diese direkt zur Entdeckung der Röntgenstrahlung und auf Umwegen zu der Radioaktivität.

Alles ging relativ schnell in die Technik über, welche immer mehr Reproduzierung der künstlichen physikalischen Welt der Laboratorien wird. Die Eigenschaft der Röntgenstrahlung, feste Körper zu durchdringen, macht sie zum wichtigsten Prüfungsmittel technischer Materialien.

Es gelingt, alle Atomarten unserer Welt in radioaktivstrahlende Atomarten umzuwandeln. Diese liefern neue technische Prüfungsmethoden, aber auch grundsätzliche Erkenntnisse über den Bau der festen Materie, welche nun zu gezielter Entwicklung von Materialien mit gewünschten Eigenschaften führen.

Schließlich bringen die Forschungen über die Atomkernenergie, welche seit 1900 bekannt und seit 1905 durch *Einstein* in einer Erweiterung des Energiegesetzes — nämlich die Masse als neue Energieform — gedeutet wurde, eine neue Technik, doch hierüber später Näheres.

Nicht nur die Mittel der Technik entwickeln sich mit neuen Erkenntnissen aus der experimentellen Physik oder auch aus den grundsätzlichen Erkenntnissen derselben; die gleichen technischen Hilfsmittel wurden zugleich Hilfsmittel der weitergehenden Forschung. Hier gibt es sehr bemerkenswerte Beziehungen, aber ihre Behandlung würde uns zu weit vom Thema führen. Doch eine Bemerkung sei gemacht:

Vom übergeordneten Standpunkt hat beides denselben Grund: die Technik braucht immer mehr Energie für die Wirksamkeit ihrer Möglichkeiten; und die Physik braucht immer mehr Energie, um in tiefere Bereiche der Materie einzudringen; die Technik braucht immer schneller arbeitende Mechanismen, die Naturforschung erstrebt die Beobachtung von Vorgängen in immer kürzeren Zeiten. In der Technik müssen kleinste Impulse zur Steuerung riesiger Maschinen in der Naturwissenschaft minimalste Zeichen der Natur bis zur Nachweisbarkeit in Meß- und Registriergeräten verstärkt werden.

Die humanistische Sendung der Technik

Wir gehen zu einem anderen Gesichtspunkt über. Der Entwicklung der Arbeitsmaschinen im Altertum etwa zur Errichtung der riesigen Paläste und Tempel, der Pyramiden, der Obelisken, welche der Verherrlichung irdischer individueller Macht dienten, lag der Wunsch zugrunde, eine Arbeit zu leisten, zu welcher die Menschenkraft auch bei Vervielfachung der Arbeiterzahl nicht ausreichte, welche auch ihrer Art nach von Mensch und Tier nicht geleistet werden konnte. Die großen Aquädukte, die römische cloaca maxima mußten die aus politischen und militärischen Gründen verlangte Häufung von Menschen in engem Raum möglich machen.

Humane Gründe, etwa Schonung von Mensch und auch Tier, Hygiene zum Schutz des Lebens waren nicht ausschlaggebend, — ich weiß nicht, wann sie als ideelle Forderungen entstanden. Bei *Aristoteles* liest man noch — ich zitiere es verkürzt —: „Wenn ein Instrument auf einen empfangenen Befehl hin arbeiten könnte, wenn die Weberschiffchen allein weben würden, wenn der Bogen selbständig die Zither streichen würde, dann würden die Unternehmer sich der Knechte und die Herren sich der Sklaven begeben."

Gerade dieses hat die fortschreitende Entwicklung der Technik erreicht, und wir sehen darin ihre humanistische Sendung. Die Technik hat die Sklaverei einfach unnötig gemacht — denken wir nur an die Galeerensklaven vor der Erfindung der Dampfmaschine! Die Realisierung vieler anderer humaner Ideen hat die wissenschaftlich geführte Technik schon in weitem Umfang gebracht; ihre Möglichkeiten führen darüber hinaus zur Aufstellung und Erfüllung neuer humaner Forderungen; die Technik wirkt dank ihrer Möglichkeiten kulturfördernd: in humanem Geist, mit humaner Verantwortung geführt, ist sie kulturschaffend.

An hervorragender Stelle steht hier die Forderung, das technisch Erreichbare für das Leben einer möglichst großen
Zahl von Menschen zur Gestaltung eines menschenwerten, 4
menschenwürdigen sicheren Lebens nutzbar zu machen. Sie wird erfüllt durch die Massenproduktion von Verbrauchsgütern.

Mit Menschenkraft ist ihre Durchführung nicht möglich, sie bedarf der weitestgehenden Automatisierung, der Selbststeuerung und Selbstregelung der vielfachen Arbeitsgänge und ihrer Verbindung. Hier hat der Ingenieur wahre Wunderwerke der Technik geschaffen, er konnte und mußte sich auf Ergebnisse der physikalischen Grundlagenforschung stützen. Als die Physik der Elektronenröhren bearbeitet war, lieferte sie die für die Automatik erforderlichen schnell arbeitenden Schaltelemente, die Verstärker, und eine Entdeckung auf feinster Experimentierkunst und schwieriger Theorie beruhend, beginnt schon neue Wege der Technik zu öffnen: die Halbleiter in den Transistoren und die Photoelemente zur Umwandlung von Lichtenergie in elektrische Energie.

Aber das ist nicht alles: die Sorge um den kranken Menschen, die Sanierung von Ländern, die Eindämmung oder Ausrottung von Seuchen und die generellen Voraussetzungen hierfür, die hygienische Gestaltung des täglichen Lebens, alles dies sind humane Forderungen, welchen Wissenschaft und Technik erst dadurch einen realen Sinn gaben, daß sie dieselben mit der Massenfabrikation realisierbar machten. Die entscheidende Bedeutung der Physik hierfür ist mit zwei Worten gekennzeichnet: Lichtmikroskop und Elektronenmikroskop.

Die Beziehungen zwischen Naturwissenschaft und Technik

Die vielfachen engen wechselseitigen Beziehungen zwischen der *physikalischen Forschung* und der *technischen Anwendung ihrer Ergebnisse*, ihre gegenseitige Abhängigkeit dürfen nicht vergessen lassen, daß beiden eine wesentlich verschiedene geistige Haltung zugrunde liegt.

„Zwar mag in einem Menschenkind
Sich beides auch vereinen;
Doch, daß es zwei Gewerbe sind,
Das läßt sich nicht verneinen!"

Dieser Vers aus der Katzenpastete von *Goethe* trifft fast genau das angeschnittene Problem. Wissenschaft und Technik haben als Phänomene des Menschengeistes nichts miteinander zu tun; sie haben nach ihrem menschlichen Wert beurteilt, völlig verschiedene Aufgaben.

Man muß sich dieses immer wieder vergegenwärtigen, sei es, wenn die Anwendbarkeit der Forschungsergebnisse als Maßstab für ihre Wertung oder gar als Zweck der Forschung angesehen wird, sei es, wenn Forderungen für die Unterstützung der Forschung mit ihrer Notwendigkeit für eine erfolgreich arbeitende Industrie begründet werden. Beides wird aber heute leider zur Regel. Hier liegt eine der Ursachen des Kulturtohuwabohus.

Wir wollen hierzu nur einen, wie ich glaube, sehr wichtigen Gesichtspunkt diskutieren. Wissenschaft schafft geistige Werte, die ihre Bedeutung in sich selbst haben; sie gleicht hierin der Kunst. Aber mehr als irgend eine andere geistige Tätigkeit beeinflußt die Naturwissenschaft die „Weltanschauung": das rationale Wissen über das Weltall, über sein Werden, Vergehen und Wiederwerden, über die Stellung des Menschen im Lauf der Natur, — ein Wissen, welches die Grenze zwischen Physik und Metaphysik zugunsten der Physik immer weiter verschiebt und zugleich zu einer sehr bedeutungsvollen, wie ich meine, Konsolidierung und Vertiefung der nicht der Physik zugänglichen Bereiche der Welt führt.

Jede Erweiterung des rationalen Bereichs warf bestehende Ansichten über den Haufen, und mehr als einmal im Laufe der Geschichte bis zum heutigen Tag führte sein Erfolg zu Konflikten mit bestehenden Ordnungen, welche auf dogmatisch begründeter Metaphysik, auf Ideologien, aufgebaut waren.

Jedes Mal zeigte sich die Unhaltbarkeit der „Ideologie", der Denkfehler, der durch eine Grenzüberschreitung gemacht war, die Voreiligkeit oder die Unvollkommenheit der Unterlagen, welche zu ihr verleitet hatten.

Die Klärung führte so auch zu oft einschneidenden Änderungen im allgemeinen Denken, — ich brauche nur an das der Begründung der Physik folgende Jahrhundert der Aufklärung zu erinnern.

Vielleicht stehen wir heute wieder an einer solchen geistigen Grenze, nachdem die Entwicklung der Physik zu dem Prinzip der Komplementarität führte, daß zwei sich an sich widersprechende Prinzipien diese Eigenschaft von einem höheren Standpunkt aus verlieren, nämlich wenn jedes nur in dem Bereich benutzt wird, in welchem es gültig ist. Hierzu gehört das berühmte Beispiel der Willensfreiheit, oder die eben nur scheinbaren Alternativen „Freiheit und Zwang" oder „natürliches Leben und künstlich geregeltes Leben". In einer solchen Philosophie gibt es keine Ideologien mit ihrem Ausschließlichkeitsanspruch. Denn hierin allein liegt ihre Gefahr — und ihre grundsätzliche Falschheit. Viele Hoffnungen sind darin enthalten.

Wenn wir von einer Grenze von Physik und Metaphysik sprechen, welche die Physik festlegt, so benutzen wir den Begriff „Physik" für eine ganz bestimmte Forschungsmethode. Die Physik hört da auf, wo diese Methode versagt oder nicht — o d e r, nun kommt die entscheidende Einschränkung, n o c h nicht anwendbar ist.

Noch immer gilt *Keplers* Definition der naturwissenschaftlichen Forschung: „eine stete Erneuerung alter Unwissenheit".

Wir sind mehr und mehr vorsichtig geworden mit dem Gebrauch des Wörtchens „endgültig". Aber ebenso berechtigt nichts uns zu der Annahme, daß es eine absolute Grenze der Wissenschaft, der Forschung gibt. Wir wissen nicht, wo eine Grenze für unseren Verstand liegt; der echte Naturforscher kann — schon *Kepler*, schon *Goethe* überlegten das — seinem Forschen keine Grenze setzen. Wo sollte er das denn tun, ohne damit die Berechtigung seines Strebens zu negieren? Oft schon stand der Naturforscher vor scheinbar unlöslichen Rätseln. Aber immer wieder fanden sich Menschen, die den Mut hatten, zu suchen, ob — wie *Goethe* es formulierte — „die Natur nicht doch irgendwo das Wörtchen hat fallen lassen". Und noch immer wurde es gefunden.

Was lernen wir, wenn wir mit den gleichen Gesichtspunkten die Verwendung dieser Erkenntnisse, die Technik diskutieren? Wir haben ja an Beispielen ihre Abhängigkeit vom naturwissenschaftlichen Wissen aufgezeigt. Aber noch in anderer Weise bestimmt die Physik das Können der Technik: sie kann nie etwas erreichen, was den Naturgesetzen widerspricht, so z. B. dem Gesetz der Erhaltung der Energie.

Das Wort von den unbegrenzten Möglichkeiten der Technik ist daher schlicht falsch.

Wie die Forschung manchmal an einer Barriere steht, die es ihr erst nach langen Mühen gelingt zu öffnen oder zu umgehen, so kann die Technik vor einem Wunsche stehen, den ihr die Wissenschaft als unerfüllbar bezeichnet. Das sind die berühmten Fälle, in welchen es dann später, — wenn der technische Wunsch sich doch erfüllt —, heißt, die Wissenschaft habe schon oft sich geirrt. Nun — irren ist nun einmal menschlich; aber wenn man die Fälle untersucht, so war das wissenschaftliche „Nein" meist gar kein Irrtum. Ein bekanntes Beispiel ist die vor 100 Jahren aufgestellte Behauptung, daß es nicht möglich sei, mit einem Flugzeug zu fliegen. Doch es gab ja die Vögel, also mußte es doch gehen! Das Nein war nach den damals bekannten Gesetzen der Aerodynamik absolut richtig — fast alle, die das Fliegen versuchten, verloren ihr Leben. Erst die vor allem von *Ludwig Prandtl* nach 1900 entwickelte Physik der Gasströmungen, der Aerodynamik, brachte auch die Grundlage für die Flugzeugtechnik; und nun ging bei der schon weit fortgeschrittenen Motor- und Materialtechnik die Entwicklung der Flugtechnik so überraschend schnell. Deshalb kann man heute fliegen, nicht weil die Menschen seit alten Zeiten den „Traum vom Fliegen" hatten, weil *Dädalos* und *Ikaros*,
5 der Schneider von Ulm oder *Lilienthal* und wie sie alle hießen, ihm ihr Leben opferten.

Das sind die — ich möchte sagen — zwei pragmatischen Grenzen der Technik: die, welche von der Natur, den allgemeinen Naturgesetzen unwiderruflich, und die, welche durch die jeweilige spezielle Kenntnis, also zeitbedingt gegeben sind.

Wenn man vor allem das erstere doch endlich lernen würde! Noch immer spukt das Perpetuum mobile in Zuschriften und Druckschriften, in Patentanmeldungen und Direktionssitzungen, noch immer können Wünschelrutengänger und Pendler, Erfinder von Abschirmgeräten gegen die von ihnen erfundenen Erdstrahlen ihr äußerst einträgliches Geschäft treiben, immer wieder fallen Menschen gar in höchsten Stellungen auf Magnetiseure und Wellenübertrager herein.

In diesen und gar manchen anderen Beispielen — Besiedelung des Mondes, Aufhebung der Schwerkraft — sagt die Physik begründend ein Nein. Wer hier auf ein Wunder hofft, leugnet den Sinn aller Naturwissenschaft und Technik;

denn diese werden sinnlos, wenn die Naturgesetze auch nur einmal durch ein Wunder durchbrochen würden.

Gibt es nun auch für die Technik — so wie für die Forschung — keinerlei andere Grenzen? Diese Frage ist gänzlich anderer Art als die bezüglich der Forschung gestellte; denn Technik ist ein Handeln, welches einem mit dem lebenden Menschen verbundenen, auf ihn bezogenen Zweck dient. Dieser Zweck, das Ziel der Technik, hängt somit von einer menschlichen Wertung des Handelns ab, der Wertung des Benutzens des technischen Könnens, also einem Gesichtspunkt, welcher der reinen Erkenntnissuche fremd ist. Dieser Gesichtspunkt wird bestimmend für das Schicksal der Menschheit.

Wenn diese Wertung für alle verbindlich sein soll, so muß man sie als ein D o g m a bezeichnen, aber wegen der Verbindlichkeit für die gesamte Menschheit als ein Dogma besonderer Art.

Hier liegt der tiefe Grund für den Unterschied der Phänomene Wissenschaft und Technik: der ungebundenen nur sich selbst verantwortlichen wissenschaftlichen Forschung und der durch ihre Bedeutung für die Menschheit, schlechthin an das Humanum gebundenen und ihm allein verantwortlichen Technik. Wissen ist weder gut noch böse; seine Verwendung kann dem Menschen Nutzen oder Schaden, Segen oder Unheil bringen.

Die verwissenschaftlichte, die technische Zeit bedarf eines neuen Dogmas, welches die Grenzen der Verwendung des Wissens, des technischen Handelns festlegt. Man nennt solches auch eine ethische Forderung. Aber diese Ethik ist im wissenschaftlichen Zeitalter auch neuer Art: sie wird rational begründet und gefordert, weil ein Verstoß gegen sie die bisherige Entwicklung beendet, die Existenz der Menschheit bedroht. Und noch in einer anderen sehr zu beachtenden Beziehung hat sich hier im Bereich solcher „Ethik" ein Wandel vollzogen: die Aussage des Unheils eines Verstoßes, der Folge eines solchen, ist für alle Menschen verbindlich, völlig unabhängig davon, welchen ethischen Prinzipien sie sonst huldigen; denn rationale naturwissenschaftliche Aussagen besitzen allein absolute Verbindlichkeit.

Aber ich bitte doch eines nicht zu vergessen. Die Forderung hat — zumindest n o c h — auch eine rein ethische Seite: die tiefsten Erkenntnisse, die den Menschen geschenkt werden, zu seiner Vernichtung zu verwenden, ist absolut schlecht. Das hat die abendländische Ethik bisher ganz übersehen, — eine Tragik des „christlichen Abendlandes". Naturwissenschaft und Technik haben eine hohe Stufe der Humanität geschaffen, gegenüber der viele noch nicht überwundene Unzuträglichkeiten durch unzweckmäßige Verwendung der technischen Hilfsmittel unbedeutend sind. Jetzt kommt die Zeit, in der diese Humanität die Führung gegen Mißbrauch wissenschaftlicher Erkenntnisse und technischen Könnens übernehmen muß.

Ausblick auf die künftige Entwicklung der physikalischen Forschung

Wir wollen nun versuchen, uns über die zukünftige Entwicklung einige Vorstellungen zu machen. Von den schon vorliegenden Teilergebnissen und den weiteren Zielen der physikalischen Forschung redet man öffentlich besser erst dann, wenn in sich abgeschlossene Erkenntnisse vorliegen. Die zu ihr erforderlichen, einem großen Industriewerk gleichenden Anlagen — wie etwa das europäische Forschungszentrum CERN in Genf — werden mit ihren Anforderungen an Menschen und an Geldmittel noch größer werden. Man kann wohl voraussagen, daß die Physik der Elementarteilchen zur Beantwortung kosmologischer Fragen in größerem Umfang und wesentlich sicherer als bisher führen wird.

Einige Angaben seien — des allgemeinen Interesses und auch der Bedeutung wegen — über die e x t r a t e r r e s t r i s c h e F o r s c h u n g gemacht, die man bei uns mit etwas allzuvollem Mund „Weltraumforschung" nennt. Über die Räume in einigen hundert oder tausend Kilometer Abstand über der Erde — der Erdmittelpunkt liegt 6300 km tief! — wußte man bisher nur weniges indirekt, etwa daß sich dort elektrische Vorgänge abspielen müssen, welche zu Nordlichtern und zu starken — auch technisch schädlichen — magnetischen Störungen auf der Erde führen; daß jene wiederum mit Vorgängen auf der Sonne zusammenhängen, deren Folgen wir als Sonnenflecken oder als gewaltige Eruptionen aus dem Sonneninneren beobachten. Mit der modernen Raketentechnik werden diese Räume dem direkten physikalischen Experiment erschlossen, da sie in den sogenannten Satelliten Beobachtungsapparate auf Bahnen um die Erde bringen. Das sind sehr komplizierte Geräte, welche so erdacht sind, daß sie nur auf ganz bestimmte Zustände oder Vorgänge ansprechen. Mit ihnen stellt der Physiker gewissermaßen klar formulierte Fragen an die Natur; die

Reaktion der Geräte beantwortet sie mit ja oder nein, oft sogar quantitativ. Das ist im Grund nichts anderes als der Gebrauch des Thermometers, das nur auf Temperatur, oder des Barometers, das nur auf Luftdruck anspricht; wenn man den Radioapparat auf eine bestimmte Frequenz einstellt, so „sagt" er, ob diese im Raum vorhanden ist oder nicht. Solche Geräte für alle möglichen Fragen hat die Physik seit Jahrzehnten in den Laboratorien entwickelt. Die Angaben werden von Registriergeräten aufgezeichnet oder drahtlos — unter Umständen mit Fernsehtechnik — zur Erde gesendet. Auf gleiche Weise können photographische Aufnahmen vom Satelliten aus zur Erdstation gelangen, wie etwa die russischen Mondbilder.

Die Energie zum Betreiben der Geräte und des Senders wird lichtelektrisch aus der Sonnenstrahlung erzeugt; alles ist selbst geregelt und gesteuert, gar nicht anders und vielfach auch mit den gleichen Hilfsmitteln wie in einer vollautomatisierten Fabrik. Ein Mensch ist zur Bedienung unnötig und wahrscheinlich immer unfähig, denn der Hauptwert des Satelliten ist ja, daß er Monate oder gar Jahre ununterbrochen mißt. Die menschliche Raumfahrt hat mit Physik gar nichts zu tun — es wäre besser, man spräche von ihr überhaupt noch nicht.

Daß ein „Astronaut" eine Steuerung betätigt, um sein Gefährt wieder auf die richtige Bahn zu bringen, ist lauter Geschwätz. Er kann die falsche Bahn gar nicht feststellen, die muß ihm drahtlos mitgeteilt werden. Und mit gleichem Stolz wird bekannt gemacht, daß eine Bahnkorrektur der Venusrakete vom Boden aus betätigt wird!

Schon jetzt sind wertvolle erste Erkenntnisse gewonnen. Der Druckabfall unserer Atmosphäre erfolgt viel langsamer als man dachte, in großen Höhen können Temperaturen von einigen tausend Grad herrschen. Die Sonne sendet kurzwelliges Ultraviolett und Röntgenstrahlen aus, welche in höchsten Schichten der Atmosphäre chemische Reaktionen bewirken; wahrscheinlich wird hier aus Wasserdampf der für die Entwicklung organischen Lebens, für unser Atmen erforderliche Sauerstoff gebildet, dessen Vorhandensein in unserer Atmosphäre bisher zu den großen Rätseln gehörte.

Bei den Sonneneruptionen wird außer Elektronen Son- 6
nenmaterie bis auf einige tausend Kilometer mit Geschwindigkeiten von einigen Millionen Kilometern in der Stunde zur Erde geschleudert, vor allem Wasserstoff (als Protonen), aber auch schwere Elemente. Protonen und Elektronen wer-

den durch das Magnetfeld der Erde in den „Strahlungsgürteln" äquatorial in 2000 bis 20 000 km Abstand zusammengehalten, so genannt, weil u. a. die Elektronen und die von ihnen gebildeten Röntgenstrahlen den menschlichen Organismus schon in wenigen Stunden zerstören würden. Das erdmagnetische Feld, welches sie einfängt, gehört also zu den entscheidenden Bedingungen für Leben auf der Erde. Mit Spannung wartet man auf neue Ergebnisse, — aber die Freude wird arg getrübt durch die Tatsache, daß die wissenschaftlichen Ergebnisse nur Abfallprodukte einer ganz anderen, auf unheimliche Zerstörungsziele gerichteten Entwicklung sind und daß noch nicht die Zeit gekommen ist, in der die Milliarden von Dollar und Rubel dem forschenden Geist zur Verfügung stehen.

Übrigens: Die Rakete selbst ist keine Erfindung unserer Zeit; der benutzte Rückstoß ist eines der drei berühmten Newtonschen Prinzipien der Mechanik von 1687, und schon um 1720 hat man versucht, damit einen Wagen zu treiben. Es ist ganz gut, wegen der heute oft zu hörenden Pionieransprüche daran zu erinnern. Neu sind die stärkeren Treibmittel der Chemie, die hochbeanspruchbaren Materialien und die technische Leistung der Konstruktion, der Beherrschung der Kräfte. Alles das soll nicht im mindesten disqualifiziert werden.

Die Beziehungen zwischen Physik und Technik werden sich noch wesentlich vertiefen, weil jene heute schon sprießende Keime für ganz neue Entwicklungen zeigt. Sie liegen zu einem Teil auf den mehr klassischen Gebieten, wie etwa der Struktur der Materie, über welche die von der Atomkernphysik gelieferten Anschauungen und Methoden neuartige Aufklärungen geben. Sie werden sich bei der Herstellung hochbeanspruchter und hocherhitzbarer Materialien oder bei der allmählich in die Technik übergehenden Physik der tiefsten Temperaturen, nahe am absoluten Nullpunkt, auswirken. Wenn ich dazu erwähne das Gebiet der Halbleiter oder den Laser oder die Röhren zur Herstellung höchster Frequenzen, sowohl für die Nachrichtentechnik wie für Strukturuntersuchungen — für chemische, biochemische und ganz akute medizinische Probleme —, so deshalb, um die irrige Vorstellung zu korrigieren, die sogenannte klassische Physik biete keine Probleme mehr. Aber man darf auch nicht vergessen, daß die technische Gestaltung, der Bau und Betrieb von Maschinen und Anlagen — auch dann, wenn in ihrem Innern Vorgänge aus der Physik der Atomkerne und der Elementarteilchen genutzt werden — immer die Beherrschung alter Erkenntnisse und auch neue Entwicklungen der klassischen Physik verlangen.

In der Atomkernenergie-Technik ist der Physik und Technik heute die schönste und die größte Zukunftsaufgabe gestellt, die sich überhaupt denken läßt: Sie müssen — und sie werden es erreichen! — die Grundlage schaffen für die Fortexistenz aller Kultur, indem sie das Problem der Atomkern-Energiegewinnung technisch lösen, ohne welche die Menschheit schon in absehbarer Zeit wegen der Erschöpfung von Kohle- und Ölvorräten in primitive Verhältnisse zurückfällt. Statt allen Geist in diese große Aufgabe der Erhaltung und Förderung der Kultur zu stecken, bereitet man das wenige, was man schon weiß und kann, zur Völkervernichtung vor.

Schöne erste technische Erfolge sind in Einzelanlagen mit der Verwendung der Hahn-Strassmannschen Uranspaltung schon erreicht, aber an dem Wissen und Können, das für eine allgemeine Versorgung mit Kernenergie nötig ist, scheint noch manches zu fehlen; mehr kann man nicht sagen, da ohne Zweifel viel in Geheimakten vergraben, noch der Kulturförderung entzogen ist.

Das größte Problem für die absehbare Zukunft ist die Gewinnung von Atomkernenergie bei der thermischen Fusion von Atomkernen, etwa der Bildung von einem Heliumkern aus Protonen und Neutronen. Aus dem Laboratoriumsversuch kennt man die Realisierbarkeit der Reaktion, aber die hierfür benutzten elektrischen Verfahren brauchen ungeheuer viel mehr Energie als bei der Reaktion frei wird.

Große Bewegungsenergie haben aber nach der kinetischen Gastheorie Protonen an sich, wenn das Gas auf sehr hohe Temperaturen gebracht ist. Dann kann thermische Fusion eintreten. Es besteht wohl kein Zweifel, daß die Energie der Sonnenstrahlung auf diese Weise geliefert wird. Ihre Leistung beträgt rund $4 \cdot 10^{23}$ kW, also fast eine Billion mal eine Billion Kilowatt; diese gibt sie schon seit mindestens einigen Milliarden Jahren in das Weltall ab, und bis ihr Wasserstoffvorrat sich in Helium umgewandelt hat, mag nochmal so viel Zeit vergehen. Immerhin — und diese tiefe weltanschauliche Einsicht durch die neue Physik sei noch erwähnt — ist sicher, daß unser Sonnensystem eines Tages sein natürliches Ende finden wird.

In der Wasserstoffbombe läuft diese thermische Fusion, nachdem eine Atomspaltungsbombe die sehr hohe Temperatur zur Einleitung der Reaktion geliefert hat, ohne Kontrolle ab. Die Sonne aber ist stabil, weil gerade bei ihrer Größe und Dichte die laufend frei werdende Reaktionsenergie und die laufend abgegebene Strahlungsenergie im Gleichgewicht stehen; so bleibt ihre Temperatur konstant.

Man sagt gerne, der Mensch brauche nur nachzumachen, was in der Sonne vor sich geht. Damit wird die technische Aufgabe völlig verkannt. Die Physik weiß, daß der Ablauf der Wasserstoff-Helium-Reaktion so wie in der Sonne unter irdischen Verhältnissen nicht realisierbar ist; denn in der Sonne besorgt ihre ungeheure Größe das gerade richtige Verhältnis von Wärmeisolation zu Reaktionsgeschwindigkeit.

Hier steht die Technik — und auch die Physik — vor schlechthin neuartigen Problemen, deren Lösungsversuche nach bisherigen Maßen gemessen, unvorstellbar große Mittel erfordern; das ist das einzige, was man bisher sicher sagen kann. Die Lösung der Aufgabe würde, weil der allein hierzu erforderliche Wasserstoff den Weltmeeren entnommen werden kann, für unabsehbare Zeit der Menschheit alle erforderliche Energie liefern. Das ist nicht, wie die Besiedlung des Mondes oder der Planeten eine unfruchtbare Spekulation. Als besonders zukunftsträchtig sind zu nennen die schon vorhandenen und noch zu erhoffenden Kenntnisse über die biologischen Vorgänge durch Anwendung physikalischer Methoden und auch physikalischer theoretischer Vorstellungen.

Von besonderer Bedeutung scheint hierfür die Verwendung der Strahlungen der künstlichen radioaktiven Elemente, welche schon heute in technischem Maße hergestellt werden und die auch als Spaltprodukte im Atomreaktor entstehen. Man nennt sie, mißachtend und fürchtend, den Atommüll, nur weil man in der kurzen Zeit noch nicht lernen konnte, mit ihnen fertig zu werden, und weil man sie doch nicht so einfach — wie bei Giftstoffen aus Fabriken noch immer üblich — in die Flüsse oder in die Luft jagen kann. Die biologischen Gefahren der Spaltprodukte aus Atomexplosionen haben die Allgemeinheit wachsam gemacht, sie erregt sich über die Folgen, statt sich gegen die Ursachen zu wenden.

Diese sind aber nicht zu suchen in der 1900 erfolgten Entdeckung der Atomkernenergie, nicht in der Einsteinschen Formel von 1906, nicht in dem Auffinden von Atomkernreaktionen durch *Rutherford* 1919 und besonders den ersten

Wasserstoff-Heliumbildungen von 1932 und auch nicht in
der Hahn-Strassmannschen Entdeckung der Uranspaltung
von 1938, aus welcher sich die erste Freimachung von Atomkernenergie in technisch nutzbarer Art mit dem „Atomreaktor" ergab. Sie liegen allein in dem ersten Atombomben-
abwurf, vielleicht weniger in diesem selbst, als in dem
Nichtbedenken seiner Folgen für den M e n s c h e n, bei
uns viel zuwenig bekannt, im Frühsommer 1945 im „Franck
Report" aber sämtlich vorausgesehen: die nie tilgbare
Schuld, welche der auf sich lädt, der als erster dieses Zer- 7
störungsmittel verwendet.

Die Grenzgebiete der Physik, die Biophysik, die Strahlengenetik, gewinnen durch die Herstellung von künstlich radioaktiven Elementen zunehmende Bedeutung. Fabrikmäßig werden sie heute schon in jährlichen Mengen hergestellt, welche bezüglich ihrer Strahlung vielen Tonnen von Radium äquivalent sind — nicht gerechnet die mit den Atombombenexplosionen erzeugten Mengen —; schädlich für Menschen können aber schon Mengen von Millionstel Gramm sein.

Es ist kaum auszudenken — und sollte eine dringende Mahnung für die Zukunft sein —, welche Folgen die Entdeckung ihrer Herstellung gehabt hätte, wenn sie erfolgt wäre, ehe die biologische Grundlagenforschung etwas von ihrer verheerenden Wirkung wußte. Gerade in ihr liegt aber ihr größter Wert.

Technische Zukunftsziele sind u. a. die Verwendung ihrer Strahlung für neue Züchtungen von Kulturpflanzen, als Mittel für Konservierung und Schädlingsbekämpfung, als medizinische Behandlungsmittel, — eine neue biologische Technik. Aber auch hier weiß man schon, daß nur mit Einsatz von sehr großen Versuchsanlagen etwas erreicht werden kann. Über die einzigartige Bedeutung der Strahlung der künstlich hergestellten radioaktiven Atomsorten für die technische Materialprüfung kann kein Zweifel bestehen.

Die radioaktive Strahlung des Atommülls stellt aber auch eine Quelle sehr großer Energie dar, deren direkte technische Nutzung durch Umsetzung in Licht oder Elektrizität schon erfolgreich angegangen wird. Auch hier liegen Aufgaben für die Zukunft: Schon jetzt gibt es Taschenlampen mit künstlich radioaktivem Promethium und Leuchtstoffen.

Schließlich darf man die, wenn auch in mancher Hinsicht noch vagen Hoffnungen erwähnen, die Strahlung der Sonne über chemische Reaktionen, besonders biochemische Reaktionen, z. B. für die Ernährung besser auszunutzen, als es in der Natur normalerweise geschieht. Hier ist überall Optimismus berechtigt, — schon heute könnte die Erde ein Vielfaches ihrer Bewohner mit allem Lebensnotwendigen versehen —, wenn nicht andere, der Sache nach ganz unbegründete Hemmungen und Schwierigkeiten bestünden: die nicht-materiellen Folgen der Hiroshima-Bombe.

Die Autonomie der Forschung und die ethischen Aufgaben der Physik

Wie einstens herrschende Mächte, um ihre Macht zu erhalten, die Physik zu unterdrücken suchten, so wollen die heutigen ihre Macht mit der Physik erhalten und ausbauen. Einstens unterlagen jene der mächtigeren geistigen Macht; heute wird deren Mißbrauch zur Niederlage der Menschheit führen.

Die Grundlage unserer Kultur, die Autonomie der Naturwissenschaft, die Freiheit der Wissenschaft, ist heute bedroht durch die drei bösen Geister, die Geißeln der Menschheit unserer Tage: Macht, Prestige und Angst. Auch sie nehmen ihre Nahrung aus dem Können, welches das Wissen der Naturforschung gibt; und daher suchen sie jetzt diese sich dienstbar zu machen.

Das freie Wahrheitssuchen wird durch neue, dem primitiv-materiellen Denken eingängige Dogmen gefährdet, ja schon beschränkt: die Nützlichkeit seiner Ergebnisse für die Erlangung wirtschaftlicher, politischer, militärischer Macht mit allen hierzu dienlichen Gewaltmaßnahmen, wie Geheimhaltung, finanzielle Abhängigkeit und — zur Befriedigung von Eitelkeiten — öffentliche Ehren.

Wir haben in unseren Jahren die Unterdrückung von Forschungsrichtungen aus ideologischen Prinzipien erfahren, wir wissen von der Veröffentlichung von groß aufgemachten, womöglich gar nicht gesicherten Ergebnissen zur Begründung von nationalem Prestige: Das ist Mode, — hoffentlich so vergänglich wie andere Moden.

Denn in diesem bösen Spiel der starken, aber schließlich doch ephemeren Kräfte wird die Forschung entweiht, der Forscher entrechtet. Darum darf er sich ihnen nicht unterwerfen; wer die Hand dazu bietet, daß seine Wissenschaft anderen Interessen dient als der Wahrheitssuche, hat nicht mehr das Recht, die Autonomie, die Freiheit der Forschung zu fordern. Der Verlust dieser Freiheit wird nicht nur das Suchen nach Erkenntnis, sondern mit ihm auch die auf ihr bisher und in der Zukunft beruhende Entwicklung der Menschheit unterbrechen.

Im Spiele dieser Entwicklung kommt der Physik die tragende Rolle zu; das ist das schicksalhafte Muß. Weil ihre Begründer den Bruch mit einer herrschenden Denkweise wagten, konnte sie eine neue Periode unserer Geistesgeschichte einleiten. Sie hat die Tore zu neuen Bereichen der Erkenntnis geöffnet, zuerst der anorganischen, dann der organischen Welt, die Wege zu dem den großen griechischen Philosophen vorschwebenden Ziel der Erkennbarkeit der Natur gebahnt. Weil der Mensch sich den Konsequenzen aus den Erkenntnissen unterwarf, führte sie ihn zu Einsichten in seine Stellung in der Natur; das Gefühl des Ausgeliefertseins an unheimliche Kräfte wandelte sie in das Bewußtwerden seiner Einordnung in eine Ordnung, den Kosmos.

Die Technik konnte neue Formen des sozialen Lebens zur Realisierung der Begriffe Menschenwert und Menschenwürde schaffen. Aus neuen Erkenntnissen unserer Tage erhält die Technik neue Impulse, insbesondere zur Erhöhung ihrer Sicherheit, zur Erfüllung alter, zur Gewinnung neuer Forderungen der Humanität, zur Erhaltung, zur Steigerung und zur Verbreitung der Kultur. Aus der heutigen physikalischen Forschung kommen die gedanklichen und materiellen Hilfsmittel für die in der nächsten Zukunft wohl bedeutungsvollste naturwissenschaftliche Entwicklung, die Biologie.

Die Physik ist schlechthin die Wegbereiterin der Zukunft, sie hat die von Menschen erfüllbaren, für jede Hoffnung auf Zukunft überhaupt zu erfüllenden Bedingungen erkannt und dargelegt und damit die Entscheidung in der Menschen Hand gegeben. Sie muß und kann nicht allein in der Atomkernenergie die hierzu unabdingbare materielle Voraussetzung bringen; sie beweist rational die vernichtenden Folgen einer zügellosen Anwendung neuer technischer Machtmittel und damit den Zwang, sich wiederum den Konsequenzen der rationalen Erkenntnis zu unterwerfen, über die bestehenden Nöte hinweg zu einem dem Reichtum an Erkenntnissen entsprechenden Denken in neuen Kategorien, zu einer neuen Ordnung der Menschheit zu streben.

So gesehen, so gefördert, so genützt wird die Physik die an ihrem Anfang stehende, für alle Arbeit des Geistes verbindliche zeitlose ethische Forderung erfüllen. Denn: „Das gereicht zur Ehre Gottes des Schöpfers, zu mehren die Erkenntnis aus dem Buch der Natur, zur Besserung des menschlichen Lebens, zur Vermehrung sehnlicher Begier nach Harmonie im gemeinen Wesen, bei jetzig schmerzlich übel klingender Dissonanz."

Zusammenfassung

Die neue Naturwissenschaft wurde Anfang des 17. Jahrhunderts von *Galilei* und *Kepler* begründet, auf verschiedenen Gebieten und über verschiedene Wege, aber mit der gleichen Idee: die rational erfaßbaren Bereiche der Natur und die in ihr herrschenden Gesetze unvoreingenommen zu suchen. *Kepler* fügte hinzu die ethische Begründung der Forschung und auch den Auftrag, ihre Ergebnisse auf ihren Nutzen für die Menschheit zu prüfen. Physik — vor allem im 19. Jahrhundert — lieferte die Grundlagen der das heutige Leben bestimmenden Technik: materielle Lebenshilfen, Ausbreitung der Kultur, neue realisierbare Prinzipien der Humanität, aber auch Vernichtungsmittel für alles Geschaffene.

Künftig ist für die Fortenwicklung der Physik und aller Naturwissenschaft entscheidend: Atomkernenergie, technische, biologische, medizinische Nutzung der Atomkernstrahlungen, Klärung und Vermeidung der mit ihr verbundenen Gefahren einerseits, anderseits Erhaltung der Unabhängigkeit, der Autonomie der Forschung und ihrer ethischen Begründung.

Teil III

Gestalten aus der Physikgeschichte

Einleitung

Walther Gerlach beschäftigte sich schon ziemlich frühzeitig und dann sein ganzes Leben hindurch mit Themen der Physikgeschichte. Die Bibliographie seiner Veröffentlichungen verzeichnet dazu über 250 Titel, von denen nur ein gutes Dutzend Übersetzungen und Wiederabdrucke darstellen. [1] Der erste Eintrag ist ein fünfspaltiger Zeitungsartikel in der *Frankfurter Zeitung* vom 25. Juli 1924 mit der Überschrift „Alte und neue Alchimie", der letzte die Einführung in eine Bild- und Dokumentenbiographie seines etwa 10 Jahre älteren Zeitgenossen Otto Hahn. Die meisten dieser Schriften sind Leben und Werk ausgezeichneter Persönlichkeiten gewidmet, nur etwa ein Viertel befassen sich mit einzelnen Sachgebieten der Physikgeschichte. Der Umfang und die lange Zeitperiode, über die sich die Veröffentlichungen verteilen – nämlich 55 Jahre –, bestätigen, daß für Gerlach die Beschäftigung mit historischen Themen kein gelegentlicher Zeitvertreib oder gar die Laune des Alters war, in der manche vorher ausschließlich mit ihrer Spezialforschung beschäftigte Wissenschaftler geschwätzig Geschichtchen und Anekdoten von geringem tatsächlichem Wert erzählen. Sie stellte vielmehr eine ernsthafte Ergänzung seines der physikalischen Forschung gewidmeten Arbeitsprogrammes dar. Davon konnte sich bereits, ohne je eine historische Arbeit Gerlachs gelesen zu haben, jeder Hörer seiner experimentalphysikalischen Vorlesungen überzeugen, wenn er den Professor mit scheinbar leichter Hand Originalversuche von Newton oder Fraunhofer in seinen Vortrag einbringen sah oder etwa bei der Vorstellung des Luftdruckes eine detaillierte Schilderung der Bemühungen Otto von Guerickes um das Vakuum bekam samt einer Ausführung über die Entwicklung der späteren Vakuumpumpen. Erörterungen von Fakten aus der Geschichte des Faches gehörten durchaus auch zum Gegenstand seiner Prüfungen; mancher uninteressierte Kandidat mag darunter gelitten haben, aber geschadet hat es seinem Verständnis sicher nicht.

In der Physik gelangen zu Gerlachs Lebzeiten bedeutende Fortschritte: diese Wissenschaft wandelte sich um in das, was wir die *moderne Physik* nennen. Als er aufs Gymnasium ging, entstanden die das 20. Jahrhundert bestimmenden großen Theorien, die Quantentheorie und die Relativitätstheorie. Sein Universitätslehrer Paschen und er selbst trugen dann wesentliche experimentelle Ergebnisse zu ihrer Bestätigung bei. Die Umwälzungen, die

die neuen Theorien mit sich brachten, schärften den Blick des jungen Wissenschaftlers Gerlach sowohl für die Errungenschaften der Vergangenheit wie für die Tatsache, daß alle naturwissenschaftlichen Erkenntnisse stetigen Veränderungen unterliegen, eben eine Geschichte durchmachen. Die in wenigen Jahrzehnten sich vertiefenden Erkenntnisse in der Atom- und Quantenphysik oder auf dem Gebiet der Radioaktivität bestärkten diesen Sachverhalt. Jeder der zusammenfassenden Berichte über die jüngste Forschung, von denen Gerlach selbst manche schrieb [2], stellte zugleich ein Stück Zeitgeschichte dar. Ähnliches konnte von vielen Artikeln für die damals erscheinenden Handbücher gelten. [3] Daß bereits der junge Forscher Gerlach jede Gelegenheit zum Literaturstudium benützte und dabei die Arbeiten großer und kleiner Zeitgenossen studierte – und sei es auch in erster Linie „nur" zum Verfassen von Kurzreferaten für die *Physikalischen Berichte* –, hat sich sicher ebenfalls fördernd auf sein Interesse für die Physikgeschichte ausgewirkt.

Wie bereits erwähnt wurde, ermöglichte die Gestaltung der großen Physikvorlesung die exemplarische Vorführung historischer Versuche. Gerlachs Interesse am Zustandekommen wichtiger naturwissenschaftlicher Erkenntnisse wurde nie gestillt. Er las mit Begeisterung Texte der großen Vorgänger, versetzte sich mit tiefem Einfühlungsvermögen in ihre Gedankengänge und verwandte außerordentliches Geschick und viel Geduld, um ihre experimentellen Ergebnisse mit historischen Mitteln selbst nachzuvollziehen. Wenn er herausfand, *wie* Newton ein gewisses Ergebnis seiner optischen Versuche herausbrachte oder Goethe die Phänomene erhielt, die sie scheinbar widerlegten, konnte er sich fast noch mehr freuen als über einen ganz neuen physikalischen Effekt. Es verwundert daher kaum, daß Gerlach ein ebenso begnadeter wie eifriger Erforscher der Physikgeschichte war, der die Persönlichkeiten der Vergangenheit mindestens so liebevoll porträtierte wie er ihre Methoden und Vorstellungen durchleuchtete.

Natürlich enthüllten die physikhistorischen Schriften ausgesprochene Lieblingsperioden und Gegenstände, vor allem aber eine Reihe von bedeutenden Personen, denen der Autor immer wieder neue Darstellungen widmete. In der älteren Zeit sind das etwa die kopernikanische Wende in der Astronomie sowie die anschließenden Entdeckungen von Galilei und Kepler, dann die Entwicklung der Anschauungen von Licht und Farbe und endlich die Entdeckung des Energiesatzes. Aus neuerer Zeit behandelte er bevorzugt die Geschichte des Atomismus, der Strahlung und der Radioaktivität. Mit über 25 Beiträgen über Leben und Werk Johannes Keplers nahm diese Persönlichkeit in Gerlachs historischen Schriften einen zentralen Platz ein; in gewissem Abstand folgen die Zeitgenossen Einstein, Hahn und Planck. Aber sein Spektrum historischer Biographien ist viel reichhaltiger, weist es doch über 60 verschiedene Namen auf. Auch die behandelten Sachgebiete beschränken sich keineswegs auf die genannten Themen. Gerlach konnte, vor allem in seinen Vorlesungen, über den historischen Hintergrund fast jeder physikalischen Entdeckung berichten.

Der Umfang und die Form der Abhandlungen, Aufsätze und Biographien schwanken stark. Es gibt eine große Anzahl von Kurzbiographien in Nachrufen und Geburtstagsgrüßen und für lexikalische Unternehmungen wie die *Neue deutsche Biographie* der Bayerischen Akademie der Wissenschaften. Am anderen Ende der Skala stehen umfangreichere Artikel wie etwa der über die Naturwissenschaften im 20. Jahrhundert für die Propyläen-Weltgeschichte. [4]

Als Beispiele für die historischen Schriften Gerlachs drucken wir in diesem Teil vier biographische Darstellungen ab, dazu als Text III.3 eine Beurteilung von Goethes Farbenlehre, für die der Autor immer besonderes Verständnis zeigte. Die erste Biographie gibt eine frühe Ansprache wieder über einen Vorgänger auf dem Münchener Lehrstuhl, Wilhelm Conrad Röntgen, dessen Entdeckung der nach ihm benannten Strahlen das Tor zur experimentellen Entwicklung im 20. Jahrhundert aufgestoßen hat (Text III.1). Albert Einstein stand Gerlach besonders nahe, beide lernten sich bereits 1913 auf der Wiener Naturforscherversammlung persönlich kennen. [5] Einstein gab Gerlach manche Anregungen zu Experimenten und unterstützte dessen berufliche Laufbahn durch hervorragende Gutachten, etwa die starke Empfehlung auf die Tübinger Professur. [6] Zum 70. Geburtstag des verehrten Kollegen hielt Gerlach in Ulm eine Festrede (Text III.2), die den fernen, der Heimat gar nicht mehr so gewogenen Einstein zu herzlichem Dank veranlaßte. Die umfangreiche Rede zum 400. Geburtstag Keplers darf in keiner Auswahl fehlen (Text III.4). Der Aufsatz über Otto Hahn, Lise Meitner, Fritz Straßmann und die Kernspaltung vereint in gekonnter Darstellung Biographie und physikalische Entdeckungsgeschichte (Text III.5).

Der Reiz von Gerlachs physikhistorischen Aufsätzen beruht auf der genauen Kenntnis der physikalischen Originalliteratur und dem vollständigen Verständnis ihres wissenschaftlichen Inhalts, seiner warmen Anteilnahme am menschlichen Geschick und den persönlichen und sozialen Verhältnissen der Forscher und schließlich seiner echten und tiefen Neugier, wie physikalische Phänomene und Begriffe überhaupt entdeckt werden. Selbst Mitgestalter einer prägenden historischen Epoche der Physik, wollte er sich bei den Vorgängern bedanken, deren Leistungen er mindestens ebenso hoch einschätzte wie die großen Entdeckungen, die seit 1901 mit dem Nobelpreis ausgezeichnet werden. Zugleich wollte er den Studenten seines Faches und der Nachbargebiete wie auch den an der Wissenschaft interessierten Laien exemplarisch das Entstehen großer Leistungen des menschlichen Geistes und der Kultur vorführen, zu denen er selbstverständlich die physikalischen Entdeckungen rechnete.

Wie vertragen sich diese Inhalte und Konzepte mit den Darstellungen wissenschaftsgeschichtlicher Themen, die sich in den jüngster Zeit eingebürgert haben? Letztere versuchen eine Behandlung unter weitgehender Zurückstellung der Persönlichkeit und Individualität des Forschers und betonen das ökonomisch-soziologisch-politische Umfeld; sie enthalten wenig über die wissenschaftlichen Ergebnisse aus Publikationen, die doch das Ziel jeder freien Forschung sind, viel aus unveröffentlichten Quellen, die den Inhalt der Forschung oft nur am Rande beleuchten (oder verdecken!); sie quellen über von einer quantitativen Aufzählung von Sekundärliteratur, die sich oft nur formal auf das gewählte Thema bezieht; sie teilen pluralistisch verschiedene Interpretationen von Programmen und handelnden Personen mit, die kaum mit intimer Sachkenntnis beurteilt werden. Die physikhistorischen Schriften Gerlachs stellen in vielfacher Hinsicht genau das Gegenteil der gegenwärtigen Bemühungen dar, Wissenschaftsgeschichte auf Wissenschaftssoziologie, Wissenschaftstheorie oder gar quantitative Aspekte zu reduzieren. Der Autor erscheint daher als hoffnungslos unzeitgemäß.

In einer unvoreingenommenen Diskussion der Verhältnisse sollten aber folgende wesentliche Punkte nicht unerwähnt bleiben. Bei aller Wertschätzung sozialer, wirtschaftlicher und staatspolitischer Gesichtspunkte, die durchaus die Entwicklung der Wissenschaften und der sie tragenden Personenklasse (die „scientific community") erheblich beeinflussen, muß zunächst erst einmal eine inhaltlich zuverlässige und die Tatsachen befriedigend aufbereitende Darstellung geschaffen werden. Die mag es in anderen Gebieten der Geschichtsschreibung schon geben, in der Wissenschaftsgeschichte fehlt sie weitgehend, wenn man einmal von ausgewählten Spezialabschnitten absieht, zu denen etwa die griechische Mathematik, die Mechanik zu Galilei und Newtons Zeiten und wenige andere Themen gehören. Gerade die von Gerlach bevorzugten Kapitel der Physikgeschichte gehören in ihren Tatsachen und Abläufen keineswegs zum Allgemeingut des gebildeten und an der wissenschaftlichen Kultur interessierten Lesers; in den Geschichtsbüchern werden sie kaum angedeutet. Ihre Vorführung durch den sachkundigen und zugleich pädagogisch geschulten Autor erscheint heute notwendiger denn je, gerade für das Verständnis der Menschen, die ihre Zukunft in der wissenschaftlich-technischen Welt meistern wollen. Wir sind davon überzeugt, daß Gerlachs historische Schriften einen bleibenden Wert behalten werden.

Referenzen

[1] M. Nida-Rümelin: *Bibliographie Walther Gerlach. Veröffentlichungen von 1912–1979* (Forschungsinstitut des Deutschen Museums, München 1982) Nr. 323-577

[2] W. Gerlach: *Materie, Elektrizität, Energie. Die Entwicklung der Atomistik in den letzten 10 Jahren* (Steinkopff, Dresden und Leipzig 1923)
[3] Siehe z.B. W. Gerlach: Die galvanomagnetischen und thermomagnetischen Effekte in Elektronenleitern. In *Handbuch der Physik, Band 13*, H. Geiger und W. Scheel, Hrsg., 2. Aufl. (Springer, Berlin 1928) S. 228–262
[4] W. Gerlach: *Physik und Chemie. Die exakten Naturwissenschaften im 20. Jahrhundert*. In *Propyläen-Weltgeschichte, Band 9* (Ullstein, Berlin-Frankfurt-Wien 1960) S. 463–501
[5] W. Gerlach: Erinnerungen an Albert Einstein 1908–1930. In *Albert Einstein, sein Einfluß auf Physik, Philosophie und Politik*, P.C. Eichelberg und R.U. Sexl, Hrsg. (Vieweg, Braunschweig-Wiebaden 1978) S. 199–210
[6] Der Brief von Albert Einstein an Alfred Landé vom 6. November 1924 ist als Faksimile wiedergegeben in H. Rechenberg: Walther Gerlach zum Neunzigsten. Phys. Blätter **35**, 370–374 (1979), bes. S. 372.

Strahlentherapie 47, 3–11 (1933)

W. C. Röntgen, der Forscher und sein Werk in der Auswirkung für die Entwicklung der exakten Naturwissenschaften.

Ansprache, gehalten anläßlich der Wiederkehr des 10. Todestages von W. C. Röntgen auf der Röntgen-Gedenktagung der Bayerischen Gesellschaft für Röntgenologie und Radiologie in München am 11. Februar 1933.

Von

Prof. Dr. **W. Gerlach,**

Direktor des Physikalischen Instituts der Universität München.

Wir leben in einer Periode der Erinnerungsjahre, der Gedächtnistage großer Männer und ihrer Werke. Sie sollen weiten Kreisen neuen Impuls geben, sich mit ihnen zu befassen, sie sollen sorgen, daß ihre Werke auch lebendig in unserem Leben und Denken bleiben. Diesen Zwecken diente das Goethe-, dient das Wagner-Jahr, ihnen dienen die Gedenktage an große Männer und große Taten der Geschichte. Und der Tag der Erinnerung an Röntgen? Nichts von alledem! Seine Tat bedarf keines Hinweises, sie kann an Bedeutung nicht verlieren, sie benötigt keiner Erinnerungsauffrischung. Das ist das Wesen der durchgearbeiteten naturwissenschaftlichen Entdeckungen, daß sie bestehen und leben, daß sie einfach da sind, solange der Mensch sich mit der Natur befaßt, daß ihre Bedeutung unabhängig ist von Zeitströmungen, von Ansicht und Geschmack. Wie sie gemacht wurden, interessiert nur den engsten Kreis der Fachgelehrten. Auch wie sie ausgearbeitet wurden, wie sich die Klarheit über ihr Wesen und ihre Bedeutung erhöhte, ist oft nur von wissenschaftlich-historischem, gelegentlich auch von bleibendem methodischen Interesse. Ihre Stellung im Weltbild der Wissenschaft, als Grundstein eines Teiles des Gebäudes oder als notwendiger Träger für weitere Aufbauten: das ist ihre lebendige Bedeutung. So steht unser heutiger Tag auch unter dem Motto: Wo überall in unseren Wissenschaften, in unserer Technik ist Röntgens Entdeckung mittelbar oder unmittelbar zu finden, was ist aus ihr heute geworden?

Woher rührt der große Ruhm Röntgens, warum wird seine Entdeckung als „epochemachend" bezeichnet? Es ist ein leider häufiger Denkfehler, daß eine überraschende Entdeckung als epochemachend bezeichnet wird, ehe noch diese Epoche angefangen hat; man hat schon den Eindruck, daß solche reklamehafte Darstellungen in der Gegenwart immer häufiger werden. Wie sehr man sich da täuschen kann, sei gerade an Röntgens Werk als Beispiel gezeigt. Die Entdeckung einer neuen Strahlenart ist zweifellos ein physikalisches Ereignis; aber seine Bedeutung für die Wissenschaft wird mit Recht vornehmlich beurteilt nach den Fortschritten der Erkenntnis, zu denen sie führt, nicht nur nach dem Umfang des neuen Wissens über einen bisher unbekannten Teil der Natur. Die so gekennzeichnete Bedeutung haben aber die von Röntgen entdeckten Strahlen für die Physik erst sehr spät erlangt, als ihre praktische Verwendung vor allem auf dem noch immer bedeutungsvollsten Anwendungsgebiet der diagnostischen und therapeutischen Medizin schon in hoher Blüte stand. Nicht auf dem Gebiet der Physik der Strahlung, sondern in der Medizin begannen die wunderbaren Aufklärungen mit Hilfe der X-Strahlen. So spröde, wie sie sich der physikalischen Erforschung ihrer Natur widersetzten, so leicht gaben sie sich als Hilfsmittel zum Schauen des inneren Organismus eines lebenden Menschen. Für die Medizin begann mit ihrer Entdeckung eine neue Epoche. Und daß die Anwendungsgebiete, die diese Strahlen auf anderen Disziplinen fanden, immer vielfältiger wurden, ja, daß andere Disziplinen, wie Mineralogie, Metallographie, weite Bereiche der Chemie, durch sie direkt zu neuen Wissenschaften wurden, daß schließlich alle mit ihrer Hilfe gemachten Entdeckungen unmittelbar in Technik, Kultur und Zivilisation zur Anwendung kommen, das hat Röntgens Name als Entdecker in alle Welt getragen, darum bezeichnet die Menschheit zum Ausdruck höchster Dankbarkeit diese Strahlenart als Röntgenstrahlen.

Einen merkwürdigen Gang hat die Entwicklung der Röntgenstrahlwissenschaft gemacht. Sie verdankt ihre Entstehung der Aufmerksamkeit, der scharfen Beobachtungsgabe ihres Begründers. Noch heute bewundert der Fachphysiker die Klarheit der ersten Experimente, durch welche die hohe Durchdringungsfähigkeit, die geradlinige Fortpflanzung der Strahlung durch feste Körper gefunden wurde, ihre Eigenschaft, gewisse Substanzen zum Leuchten zu bringen, die photographische Platte zu erregen, Gase elektrisch leitend zu machen, zu ionisieren. Hiermit begann die diagnostische Anwendung der Strahlen, und als bald darauf auch ihre chemische Wirksamkeit und — durch die furchtbaren Körperschädigungen der ersten Forscher — ihre Einwirkung auf den Organismus des Menschen entdeckt wurde, folgte ihre therapeutische Verwendung. Die photographische Wirkung, dann die Ionisierungsfähigkeit wurden zu Meßinstrumenten für die Strahlendosierung ausgebaut. Während fast zweier Jahrzehnte bemühte sich daneben die Physik, die Natur der Strahlen aufzuklären. Röntgen gelang es nur, zu zeigen, daß sie nicht

Strahlentherapie 47, 3–11 (1933)

korpuskularer Natur waren: da ihnen aber auch — mit Ausnahme der Polarisierbarkeit — alle Charakteristika der Lichtstrahlen fehlten, blieb ihre Art ein Rätsel. Zwar zeigte Ketteler schon früh, daß sehr kurze Lichtwellen wohl annehmbar wären, aber das Fehlen jeglicher Beugungs- und Interferenzerscheinungen machte diese Ansicht zweifelhaft.

Das erste Charakteristikum der Strahlen war also ihre hohe Durchdringungsfähigkeit. Jedoch führten mühsame Messungen der Absorption der Röntgenstrahlen, für welche ja erst eine neue Meßtechnik entwickelt werden mußte, nur zur Feststellung, daß die Strahlung eines Röntgenrohres sehr komplex ist. Man lernte „harte" von „weichen" Strahlen zu sondern oder bevorzugt zu erzeugen. Die Medizin konnte jeden einzelnen Schritt nutzbringend verwerten, aber in der Aufklärung über die Natur der Strahlen führten sie ebensowenig weiter wie die Ermittlung der Gesetze der Emission der Röntgenstrahlen. Es fehlte eben offenbar der rationelle Forschungsweg: diesen zeigte Laue.

Zurückgreifend auf die Annahme, daß die Röntgenstrahlen einen kurzwelligen Bereich des gewöhnlichen elektromagnetischen Spektrums bilden, hielt Laue die Ergebnislosigkeit früherer Interferenzversuche dadurch für erklärbar, daß man etwa die Beugung an viel zu großen geometrischen Gebilden gesucht hatte: man wußte ja aus der Optik, daß einfache Beugungserscheinungen nur dann zustandekommen, wenn beugender Körper und Wellenlänge von etwa gleicher Größenordnung sind. Und er schlug vor, als beugenden Körper, als Beugungsgitter, die von Mineralogen schon vermutete regelmäßige Anordnung der Atome in einem Kristall einmal zu versuchen, also unter Ausnutzung des ersten Charakteristikums, der Durchdringungsfähigkeit der Strahlen für feste Körper, einen Röntgenstrahl durch einen Kristall zu schicken. Sie kennen das Ergebnis: die hinter dem Kristall stehende Photoplatte zeigte ein wunderbares Interferenzsystem. Das zweite Charakteristikum der Strahlen, ihre Wellennatur, war hiermit entdeckt.

Laue-Diagramm des Kristalls nannte man bald dieses Interferenzbild: denn mit der Wellennatur der Strahlen war auch der Feinbau der Kristalle der unmittelbaren Beobachtung zugänglich gemacht. Wieder folgt der physikalischen Neuerkenntnis die Anwendung der Röntgenstrahlung auf anderem Gebiete auf dem Fuß. Wie die Röntgenstrahlen das Knochengerüst des Menschen sehen ließen, so zeigten sie jetzt die Lage der Atome im Kristall, also Dimensionen von 10^{-8} cm Größe. Es entstand aus Durchdringungsfähigkeit und Wellennatur die neue Mineralogie, die neue Metallographie. Die Entwicklung ist noch keineswegs abgeschlossen, man lernt immer mehr Einzelheiten mit dem Röntgenstrahl zu sehen, wichtige technische Erfindungen, wie die Vergütung der Metalle, auch zu verstehen und damit zu verbessern, die Konstitution der Faserstoffe, der organischen Gewebe, der Nerven aufzuklären.

Aber auch die Physik konnte jetzt aus der Erkenntnis der Wellennatur der Röntgenstrahlen Nutzen ziehen. Die durch die Braggs erdachte präzise Wellenlängenmessung brachte die Emissionsgesetze der Röntgenstrahlen, von denen man früher nur einiges vermuten konnte, fast mit einem Schlag in völliger Klarheit zutage. Moseley fand, daß die Röntgenspektra der Elemente in engstem Zusammenhang mit dem Atombau stehen; so erkannte er aus ihnen die Richtigkeit und die Eindeutigkeit der Anordnung der Elemente im periodischen System: die Bedeutung der Ordnungszahl. Die Tabelle des periodischen Systems kann keine Lücke mehr haben, von Element zu Element steigt die Ordnungszahl um eins an, beginnend mit dem Wasserstoffatom = 1, und diese Ordnungszahl ist die Zahl der freien Atomelektronen.

In die Zeit dieser Entdeckungen fällt die Entwicklung der Bohrschen Quantentheorie, der Theorie des Atombaus. Hatten die Röntgenwellen allein Moseleys Begründung der Reihenfolge der Elemente und die Elektronenzahl pro Atom geliefert, so ließ die Kombination von Röntgenspektren und quantentheoretischen Gesetzen die räumliche Anordnung dieser Elektronen in den Atomen mit all ihren Feinheiten erkennen, den Aufbau der Atome energetisch messen. Der Physiker betrachtet mit den Röntgenstrahlen das Innere der Atome.

Schon einige Jahre vorher war einmal der Versuch gemacht worden, die Theorie von Planck über Lichtquanten auf das Röntgenstrahlenproblem anzuwenden. W. Wien war es, der in neuartiger, heute allgemein gebräuchlicher Weise aus der Größe der zur Erzeugung der Röntgenstrahlen erforderlichen Kathodenstrahlenenergie schloß, daß die Röntgenstrahlen aus sehr großen Lichtquanten bestehen, also Licht von sehr kurzer Wellenlänge sein könnten. Nachdem durch Laue die Richtigkeit dieser Hypothese erwiesen war, nachdem sich die Quantengleichung für die Erzeugung und die Wirkung der Röntgenstrahlenergie weiterhin bewährt hatte, trat als drittes Röntgenstrahlcharakteristikum das große Strahlenquant neben Wellennatur und Durchdringungsfähigkeit. Hierin liegt wohl die größte Bedeutung der Strahlung für die reine Physik.

Man hatte die Bedeutung der Frequenz einer Strahlung für ihre molekulare Arbeitsfähigkeit erkannt, man verstand, warum die ultraroten Strahlen keine, die ultravioletten Strahlen starke chemische Wirkungen haben. Man fand eine Hypothese, welche alle bekannten Tatsachen jeglicher Lichterregung einschließlich der der Röntgenstrahlen und

Strahlentherapie 47, 3–11 (1933)

jeglicher Lichtwirkung in einen Satz zusammenfaßte: Die Strahlung besteht aus atomistischen Quanten, deren Energie oder Arbeitsfähigkeit mit der Größe der Strahlungsfrequenz wächst. Ein solches Gebilde muß, auf einen Körper auffallend, diesem nicht nur Energie, sondern auch Impuls, Stoß, übertragen, oder anders ausgedrückt, es muß ihm eine Masse zuzuschreiben sein. Daß diese sonderbar anmutende Auffassung der Wirklichkeit entspricht, gelang A. H. Compton mit Hilfe der Röntgenstrahlen experimentell zu beweisen, und damit eine der allerwichtigsten Stützen für unser heutiges Bild der Strahlungsatomistik zu schaffen, welche, wenn auch vielleicht noch nicht endgültig geklärt, sich jetzt als sicher begründete, umfassende Arbeitshypothese von enormer heuristischer Kraft erwies. Nach ihr errechnet sich eine sehr kleine, sagen wir, Stoßkraft für ein Röntgenstrahlquant, das mechanisch nur einer so kleinen Masse, wie sie das Elektron hat, eine nachweisbare Geschwindigkeit übertragen kann; zur Inbewegungsetzung des Elektrons ist aber auch Energie nötig, welche dabei dem Röntgenstrahlquant entzogen wird. Wir haben also ein Beispiel aus dem Billardspiel: ein großes Röntgenstrahlquant stößt auf ein Elektron in einem Atom, dieses fliegt in irgend einer Richtung seitlich heraus und in einer bestimmten anderen Richtung fliegt das Röntgenstrahlquant weiter, aber es ist etwas kleiner als vor dem Stoß, denn es hat die Bewegungsenergie des Elektrons verloren. Jeder „harte“ Röntgenstrahl wird durch den Comptoneffekt beim Durchgang durch Materie immer „weicher“.

Ein Ergebnis von nicht geringerer Bedeutung lieferte die Kombination von Wellennatur und großem Strahlungsquant. Die Messung der Wellenlänge eines Röntgenstrahles liefert auch seine Frequenz ν, die Frequenz soll aber seine Energie zahlenmäßig charakterisieren, und zwar durch das Produkt von Frequenz ν und der universellen Naturkonstante h, dem Planckschen Wirkungsquantum. Andererseits muß die Energie eines Röntgenstrahles gleich der Arbeit A sein, welche das Kathodenstrahlteilchen bei seiner Erzeugung geleistet hat. Diese ist aus elektrischen Messungen ermittelbar, also bekannt. Dividiert man also A durch ν, so erhält man zahlenmäßig h. Zwar gibt es auch andere Wege diese Zahl zu bestimmen — und alle führen sehr nahe zum gleichen Weg —; aber keine Methode reicht an Einfachheit und Genauigkeit an die mit Hilfe der Röntgenstrahlen ausführbare Messung heran.

So haben die Röntgenstrahlen alle die Eigenschaften, welche man bei sehr kurzwelligem Licht erwarten kann; und die Gewißheit dieser Identität ist in den letzten Jahren erhalten worden, da es gelang, auch die Brechung und Dispersion beim Durchgang durch ein Prisma und die Reflexion ebenso wie die Beugung am engen Spalt nachzuweisen, also alle bekannten Lichtversuche auch mit Röntgenstrahlen zu machen.

Die Kombination von Durchdringungsfähigkeit und großem Röntgenstrahlenergiequant liefert die Strahlentherapie, die zwar als Erfahrungswissenschaft schon lange entwickelt, aber erst durch die physikalische Erkenntnis verständlich wurde. Infolge der Durchdringungsfähigkeit gelangt die Strahlenenergie in beliebig tiefe Zonen des Organismus, sie wird nur wenig absorbiert, fast alle Strahlung verläßt den Körper wieder. Wenn aber ein solch großes Energiequant absorbiert wird, so wird dem absorbierenden Gewebe eine enorme Energie zugeführt. Ein Röntgenstrahlquant „mittlerer Härte" enthält 10000mal mehr chemische Arbeitsfähigkeit als etwa ein Quant des sichtbaren Lichtes, welches die Assimilation der Kohlensäure in der Pflanze bewirkt. Hierauf beruht die große Wirkung der Röntgenstrahlen, deren Mechanismus, wie Herr Glocker ausführen wird, schon in wichtigen Fällen geklärt ist, so daß man wohl von dem Anfang einer neuen biologischen Forschungsrichtung sprechen darf.

* * *

Ich habe Sie kurz durch die Reihe der Arbeitsgebiete geführt, die mit Hilfe der Röntgenstrahlen erschlossen wurden, weil das Urteil über den Wert einer Entdeckung auf dem Fortschritt beruht, welchen sie unmittelbar oder mittelbar bringt. Aber wir können auch etwas anderes fragen: Welche der uns heute wichtigen Tatsachen wären uns ohne Röntgenstrahlen unbekannt? Die Antwort ist sehr merkwürdig: Die Physik hätte die meisten Erkenntnisse sich auch ohne Röntgenstrahlen erarbeiten können; aber die sie anwendenden Disziplinen konnten ihre durch die Röntgenstrahlen erzielten Fortschritte nur mit ihrer Hilfe, mit keinem anderen Hilfsmittel erreichen. Die Erkenntnisse über den Aufbau der Materie, über die Kristallstruktur, über den Bau der Moleküle wären auch mit Hilfe von Kathodenstrahlen entdeckt worden, die Ordnungszahlen der Elemente hätten uns die Kathodenstrahlen und die radioaktiven Strahlen — man denke an Lenards und Rutherfords Forschungen — abzählen lassen; und der für die Quantentheorie so grundlegende Compton-Versuch hätte auch mit γ-Strahlen gemacht werden können. Selbst der räumliche und energetische Aufbau der freien Elektronen im Atom ist aus ganz anderen Versuchen der radioaktiven Forschung mindestens in seinen Grundzügen erkennbar. Aber keines der hierzu erforderlichen Experimente kann so einfach, so quantitativ durchgeführt werden, keines ist so unmittelbar, so unabhängig von theoretischen Hypothesen, einer so generellen Anwendung fähig wie

Strahlentherapie 47, 3–11 (1933)

die Röntgenstrahlversuche. Wohl analysiert man heute Kristall- und Molekülstrukturen mit Elektronenstrahlen, aber ihre Anwendung ist auf dünnste Schichten begrenzt, das Hilfsmittel der Röntgenstrahlen ist für alle Körper anwendbar; wohl könnte man das Körperinnere mit γ-Strahlen durchleuchten, aber nie mit ihnen Diagnostik treiben, weil sie zu gefährlich, zu teuer und nicht bezüglich ihrer Wirksamkeit willkürlich einstellbar sind. Röntgen hat uns ein wunderbares Experimentiermittel gegeben, und gerade seine Einfachheit bewirkte, daß mit ihnen im Anschluß an den Laue-Friedrich-Knipping-Versuch in so erstaunlich schneller Folge die großen Entdeckungen über den Aufbau der Materie vom Atom bis zum fertigen Werkstück erstanden.

Aber Röntgens Bedeutung beruht keineswegs nur auf dieser Entdeckung. „Ein großes Beispiel weckt Nacheiferung und gibt dem Urteil höhere Gesetze."

Das Beispiel ist einmal durch das Auffinden einer ganz neuartigen, von niemand erwarteten, gesuchten oder vorgeahnten Erscheinung gegeben. Sie fällt in eine Zeit, da ein recht bedeutender Gelehrter den Ausspruch tat, daß die Entwicklung der Physik abgeschlossen sei, daß der Nachwelt nur noch Ausarbeitungsaufgaben übrigblieben. Röntgen zeigte, daß dem aufmerksamen Beobachter noch Entdeckungen gelingen können. Er gab damit das Zeichen zum Beginn der neuen atomistischen Forschung. Becquerel begann nach anderen Strahlungen zu suchen und er fand — zunächst ohne richtigen Gesichtspunkt arbeitend, aber mit großer Sorgfalt der Beobachtung Richtiges von Vorgetäuschtem trennend — dabei die radioaktive Strahlung.

Aber noch größer ist Röntgens Beispiel als Experimentator und als Wissenschaftler.

Röntgens wissenschaftliche Tätigkeit begann in der Zeit der klassischen Experimentalphysik, die in Deutschland etwa durch Kohlrausch, Kundt, Röntgen, Warburg ihr Gepräge erhielt. Durch sie wurde die Präzisionsphysik geschaffen, die Moral der wissenschaftlichen Aussage: Ein Resultat darf erst dann als endgültig betrachtet werden, wenn alle — auch die unmöglichsten — Fehlerquellen auf ihren etwaigen Einfluß sorgsamst geprüft sind. Man versteht, daß dieses ängstliche Suchen nach Störungen die Aufmerksamkeit ungemein schärfen muß, daß es die Fähigkeit zur Beobachtung unerwarteter Erscheinungen ausbildet. Röntgen ist dieser klassischen Forschungsart bis zu seinen letzten Tagen treu geblieben. Die Entdeckung des neuen Gebietes des elektromagnetischen Spektrums stellt gleichsam nur eine Episode in seiner Forschertätigkeit dar. Und es wäre ihm gegenüber und auch objektiv unrecht, wollte man seine Bedeutung nur in dieser Entdeckung sehen. Ein solcher Fund ist ein Geschenk des Himmels, das Verdienst des Finders liegt in der Art der Ausarbeitung, in der Klarstellung des Beobachteten, in der Ergründung ihres Wesens und in ihrer Einordnung in das Weltbild. Hier ist das zweite Beispiel, das er allen kommenden Generationen gab. Gelang ihm selbst auch — wie wir sahen — die letzte Aufklärung über die Natur seiner X-Strahlen nicht, so ist doch die Eigenart und die Wirkung derselben durch einfachste Versuche mit einer Gründlichkeit, Schnelligkeit und Folgerichtigkeit von ihm aufgeklärt worden, wie sie vielleicht nur noch einmal in der Geschichte der Experimentalphysik verzeichnet ist, in Michael Faradays „Experimental Researches".

Zahlreich sind die Gebiete der Physik, zu denen Röntgen wichtigste Beiträge geschaffen hat: Ich nenne aus der Elektrodynamik die Auffindung des „Röntgenstromes" (1885), wie man kurz den magnetischen Nachweis des Verschiebungsstromes in einem Dielektrikum nennt, und den wichtigen Versuch zum Relativitätssatz der Elektrodynamik. Die Wärmelehre verdankt ihm die erste Präzisionsmessung (1870) des Verhältnisses der spezifischen Wärme der Gase bei konstantem Druck und konstantem Volumen. Sein besonderes Interesse galt den Problemen des Aufbaues der Materie. Er bestimmte die Molekülgröße von Öl aus der Dicke dünnster Schichten; aus seinen Versuchen über die Volumänderung des Wassers durch den Druck schloß er, daß in gewöhnlichem Wasser zwei Modifikationen, polymerisierte Eismoleküle und einfache Wassermoleküle, welch letztere mit steigender Temperatur sich aus ersteren bilden, vorhanden sind. Röntgens ewige Liebe waren aber die Kristalle, deren feinsten Aufbau seine Strahlen in so wunderbarer Weise erschauen ließen. Die eigenen Beiträge zum Kristallproblem betreffen die Wärmeleitfähigkeit anisotroper Kristalle (1874) und die Wärmeausdehnungskoeffizienten bei tiefen Temperaturen und dann — aus seinen letzten Jahren — die großangelegten Untersuchungen über die elektrischen Eigenschaften der Kristalle. Hier hat er in zwei ganz umfangreichen Abhandlungen aus den Jahren 1913 und 1921 — als Hilfsmittel seine Strahlen gebrauchend — Grundlagen geschaffen, mit welchen in den letzten Jahren von Gudden und Pohl Entdeckungen von besonderer Wichtigkeit gemacht werden konnten.

Alle diese Muster wissenschaftlicher Arbeit sind heute und bleiben hoffentlich Leitsterne für den forschenden Wissenschaftler. Die Entdeckung der Röntgenstrahlen wird in jedem die Hoffnung wach erhalten, daß es auch ihm gelingen kann, mit höchster Aufmerksamkeit noch verborgene Wunder der Natur zu erspähen. Aber wie dem Shakespeareschen Helden der Narr, so folgten dem Entdecker Röntgen zahlreiche

Erfinder, Strahlungssucher, die in Verkennung wissenschaftlichen Ernstes und Bemühens mit den sonderbarsten Mitteln, mit ihrem Gefühl, mit Pendeln, Federn, Ruten geheimnisvolle Strahlungen und Emanationen feststellen wollten. Und nicht selten treiben sie Mißbrauch mit dem Namen Röntgen, der auch Unerklärbares entdeckt habe; wenn sie ausgelacht werden, so wittern sie nur den Neid der Fachgelehrten, die keinem anderen etwas gönnen. Es scheint ein tragisches Gesetz der Menschheit zu sein, daß jedem Großen Hunderte von Narren folgen — man denke an die Hekatomben philosophischer Schriften gegen die Relativitätstheorie —; und es ist eine traurige Tatsache, daß selbst scheinbar hochstehende Menschen so völlig bar eines Gefühls für wissenschaftliches kritisches Denken sind, gar nicht davon zu reden, daß die meisten Versuche der Volksaufklärung durch Verbreitung wissenschaftlicher Erkenntnisse, kläglich gescheitert, zu einer Periode schlimmsten Aberglaubens geführt haben. Beschämt denkt man an die Plagen und Mühen, mit denen die großen Meister in die Geheimnisse der Natur einzudringen suchten, wenn man die oberflächlichen Gutachten bekannter Persönlichkeiten über solch mystisches Experimentieren liest; vielleicht kann da die Erinnerung an einen der wirklich Großen doch den einen oder anderen Saulus zum Paulus machen; ich wünschte gerade diesen Erfolg dem heutigen Tage.

Ich sollte auch über die Persönlichkeit Röntgens sprechen: Hier ist Persönlichkeit und Werk identisch; der reine feste Charakter spiegelt sich in der Klarheit des Forschens und der Sicherheit des Erkennens. Er erlag nicht den Verlockungen, sich die pekuniären Vorteile seiner Entdeckung zu sichern — war doch die technische und medizinische Verwendbarkeit ihm von allem Anfang an klar. Nicht daß er die Annehmlichkeit guten Lebens nicht schätzte, sein Stolz als freier Forscher war größer. Das Leben dieses großen Mannes, sein Werk, aus dem die X-Strahlen zum Gemeingut aller Menschen geworden sind, lehrt uns: Die wissenschaftliche Arbeit ist kein Geschäft, der Erweiterung des Wissens kann nur die freie Forschung dienen; ihr Ziel ist nicht eine Erfindung, sondern restlose Klarheit des Erkennens. Männer, die diesen Weg gehen können, sind berufen, die Menschheit weiterzuführen; aber nur wenige sind so auserwählt wie Wilhelm Conrad Röntgen.

FESTREDE VON PROFESSOR DR. WALTHER GERLACH, MÜNCHEN

Albert Einstein ist diese Feierstunde gewidmet. — Wie kann man würdiger eines Forschers gedenken als durch eine Betrachtung seines Werkes, die uns vom Lärm des Alltags zur Besinnung auf die edelste und eigenste Tätigkeit des Menschen bringt, auf die geistige Leistung! Wir haben erfahren, wie schnell die Werke der Technik zerstört werden können — durch die gleiche Technik, die sie geschaffen —; geistige Erkenntnis aber ist unzerstörbar, so lange die Menschen ihrer würdig sind. Sie zu fördern, sie zu pflegen, ihr Wesen und ihre Bedeutung immer weiteren Kreisen bewußt werden zu lassen, ist daher die größte Aufgabe, die uns gestellt ist; und wir halten sie für die schönste, weil wir in ihrer Erfüllung die Grundlage für die Vervollkommnung des Menschengeschlechtes sehen. „Denn es ist unmöglich" — ich erinnere an das Wort des großen Sehers und Weisen, auch eines Sohnes dieses Landes, Johannes Kepler — „es ist unmöglich, daß die Tugend aus einem Herzen verbannt ist, in dem die Liebe zur Wissenschaft und die Bewunderung der Werke Gottes ihren Sitz aufgeschlagen haben." So diese Stunde zu nützen, entspricht dem Geiste dessen, dem sie gewidmet ist.

I.

Einsteins wissenschaftliche Tätigkeit begann in der Schweiz. Er war Hilfsarbeiter am eidgenössischen Patentamt. Seine Frei- und vielleicht auch Dienststunden benützte er teils zum Violinspielen, teils zum Nachdenken über Probleme der theoretischen Physik. Deren gab es damals besonders zwei, beide um die Jahrhundertwende entstanden.

Das eine war das Problem der Mechanik. Von Euler, Bernoulli und d'Alembert in der ersten Hälfte des 18. Jahrhunderts bis zu Kirchhoff und Helmholtz in der zweiten Hälfte des 19. Jahrhunderts war das System der Mechanik so vollkommen entwickelt worden, es hatte sich zur Behandlung so verschiedenartiger Erscheinungen aus der ganzen Physik bewährt, daß man glaubte, es sei das letzte Ziel jeder physikalischen Forschung, alle Vorgänge der Natur in dieses System einzubauen. Das Vertrauen zu dieser Meinung stieg noch, als es gelang, auch die atomistische Theorie der Materie mit den mechanischen Grundgesetzen zu entwickeln.

Für die richtige Anwendung eines mechanischen Gesetzes, z. B. für die Beschreibung eines Bewegungsvorgangs, ist die Festlegung eines Bezugssystems unerläßlich. Es hat nur Sinn, von einer gleichförmigen Bewegung — sagen wir eines Eisenbahnzuges — in einem Bezugssystem zu sprechen; es ist aber auf keine Weise möglich, eine Aussage darüber zu machen, ob dieses Bezugssystem selbst sich auch in einer gleichförmigen Bewegung befindet. Wir können niemals feststellen, daß unsere Erde mit 30 km pro Sekunde sich fortbewegt, wenn wir nicht den Sternenhimmel als Bezugssystem betrachten. Dies bezeichnet der Physiker als das Relativitätsprinzip der Mechanik; philosophisch formuliert heißt es, daß es einen absoluten Raum nicht gibt, weil man ihn nicht erkennen kann.

Dieser Satz gilt nicht nur für mechanische Bewegungen, d. h. für Bewegungen von Massen, sondern auch für den Bewegungsvorgang der Lichtfortpflanzung. Aber dieses Ergebnis von Versuchen bedeutet noch mehr. Das Licht breitet sich von einer Lichtquelle nach allen Seiten mit gleicher Geschwindigkeit aus, ganz gleich, ob sich die Lichtquelle in einem ruhenden oder bewegten System befindet; und diese Kugelwelle ist die gleiche, ob ich sie nun vom ruhenden oder bewegten System aus betrachte. Das ist sehr schwer verständlich, aber es ist ein experimentelles Ergebnis.

Hieraus hatte der große holländische Physiker H. A. Lorentz mathematische Folgerungen gezogen, welche die Beziehungen enthalten, wie man Längen und Zeiten verändern muß, um etwa einen im bewegten System ablaufenden Bewegungsvorgang zu beschreiben, wenn man die Messungen in dem System macht, gegen welches das erstere sich bewegt. Hier griff Einstein mit einer wohl immer zu bewundernden Klarheit ein: Es gibt — in Analogie zu unserer Formulierung für den Raum — auch keine absolute Zeit.

Stellen Sie sich zwei Pendeluhren vor, die genau gleich schnell schwingen. Jetzt bewegen Sie die eine gegen die andere; vergleichen Sie nun die bewegte mit der ruhenden Uhr, so geht die bewegte Uhr langsamer. Der Einwand, daß Ihre Taschenuhr genau so schnell geht wie die Bahnhofsuhr, ob Sie nun auf dem Bahnsteig stehen oder durch den Bahnhof durchfahren, ist nicht stichhaltig: Der Zug fährt so langsam und die Beobachtungsgenauigkeit ist so klein, daß Sie nichts von der bestehenden Differenz merken. Der Physiker hat bessere Möglichkeiten. Ein Atom kann zu inneren Schwingungen angeregt werden. Erfolgen diese relativ langsam, so sendet das Atom rotes Licht aus, sind sie schneller und schneller, so wird das Licht gelb, grün, blau. Das Atom soll unsere Uhr mit den Pendelschwingungen darstellen. Ein Atom kann sehr schnell bewegt werden: sobald es in leuchtendem Zustand in Bewegung gesetzt wird, so verschiebt sich die Farbe nach rot zu, wenn die Beobachtung aus dem ruhenden System erfolgt. Die Schwingungen werden langsamer, die bewegte Atomuhr geht langsamer und zwar ganz unabhängig davon, in welcher Richtung die Bewegung des Atoms gegen das sogenannte „ruhende" System des Beobachters sich vollzieht. Die experimentelle Bestätigung dieser sogenannten Einsteinschen Zeitdilatation ist erst vor 10 Jahren mit größter Genauigkeit gleichzeitig in Amerika und in München geglückt. In neuester Zeit erkannte man in ihr den Grund für eine gänzlich andere Erscheinung. In den sogenannten kosmischen Strahlen gibt es Partikel, welche nach einem in ihrer Natur begründeten Zeitgesetz zerfallen; man nennt sie „Mesonen". Sie haben gewissermaßen eine mit einer Uhrwerkszündung versehene Höllenmaschine in sich: je schneller sie sich bewegen, einen desto langsameren Gang dieser Uhr beobachten wir vom ruhenden System aus.

Aber noch eine Folgerung enthält diese Theorie: auch die Masse eines Körpers ist nicht eine konstante Größe, sondern wächst mit der Geschwindigkeit des Körpers. Auch diese Folgerung kann nicht im täglichen Leben erfahren werden; aber sie gehört zu den sichersten Ergebnissen der Physik und spielt sogar technisch eine gewisse Rolle. Sehr schnell bewegte Teilchen sind die Elektronen, welche die harten, durchdringenden Röntgenstrahlen erzeugen; durch genügend hohe Spannungen werden sie in Bewegung gesetzt — aber man braucht viel höhere Spannungen, als sich nach der gewöhnlichen Rechnung ergibt, weil die Elektronenmasse und damit ihre Trägheit, die ja überwunden werden muß, dauernd zunimmt. Und man kann niemals beliebig schnelle Elektronen erhalten, ihre größtmögliche Geschwindigkeit ist die Lichtgeschwindigkeit. Dieser kommt in unserer Welt eine absolute Bedeutung zu. Deshalb ist die Bezeichnung Relativitätstheorie schlecht gewählt. Gerade die absolut gültigen Aussagen machen ihre Bedeutung.

Die Zunahme der Masse mit der Geschwindigkeit hatte W. Kaufmann schon 1902 experimentell entdeckt. Die ganz unabhängig von dieser speziellen Beobachtung entwickelte allgemeine Theorie Einsteins fand in ihr eine erste Bestätigung schon vor. — Eine ganz unmittelbare mechanische Bestätigung ist erst vor einigen Jahren gefunden worden. Wenn zwei Elektronen mit

- 13 -

einander zusammenstoßen, so liegt physikalisch genau derselbe Fall vor, wie wenn zwei Billardkugeln von gleicher Masse sich treffen. Diese Stoßvorgänge sind aber ganz anderer Art, wenn die Massen nicht genau gleich sind. Als man die Mechanik der Zusammenstöße eines bewegten und eines ruhenden Elektrons untersuchte, — also mit Elektronen Billard spielte — fand man, daß die Stoßgesetze sich ändern, je größer die Geschwindigkeit des stoßenden Elektrons wird. Die Änderung aber war genau so, als ob das schnellere Elektron die nach Einsteins Theorie berechnete vergrößerte Masse hätte.

Dies sind nur einige der Fragen, die, in Einsteins erster Arbeit behandelt, die Physiker vor anfänglich ungeheure Denkschwierigkeiten stellten — von denen Sie vielleicht eben einen kleinen Begriff bekommen haben. Es war Max Planck, der wohl als erster die Bedeutung dieser tiefen Einsichten erkannte und dessen erster Beitrag zur Entwicklung der Relativitätstheorie schon 1906 erschien.

II.

Das zweite Problem, welches zu dieser Zeit die Physiker erregte, war die Quantenhypothese. Im Jahre 1900 hatte Max Planck die Theorie aufgestellt, daß in der Strahlung, welche in einem erhitzten Hohlraum, z. B. einem Ofen vorhanden ist, ein atomistisches Element steckt. Das heißt etwa folgendes: wie wir ein Stück Metall in nicht kleinere Teile zerlegen können als in seine Atome, so soll auch diese Hohlraumstrahlung sich nicht in beliebig kleine Energiemengen zerlegen lassen. Das Geheimnisvolle in dieser Theorie war die Folgerung, daß die Größe dieser Strahlungsquanten davon abhängig ist, welche Farbe — der Physiker sagt, welche Strahlungsfrequenz — vorliegt. So wie die Masse eines Goldatoms größer ist als die Masse eines Aluminiumatoms, so ist die Energie eines violetten Strahlungsquants größer als die Energie eines roten. Warum wurde eine so sehr sonderbare Theorie aufgestellt? Nur mit dieser Annahme ließ sich die experimentell gemessene Abhängigkeit der Intensität der Strahlung von der Temperatur verstehen.

Im gleichen Jahre, in dem Einstein seine Relativitätstheorie veröffentlichte, griff er auch entscheidend in die Ausgestaltung der Quantentheorie ein, vertiefend und gleichzeitig mit unerhörter Kühnheit verallgemeinernd. Was Planck für die Hohlraumstrahlung fand, soll für alle Strahlung gelten; jede Lichtemission, wie auch immer erzeugt, besteht in der Aussendung von

Lichtquanten, Photonen. Es sind die Energieelemente jeder Strahlung. Werden sie von einer Molekel aufgenommen, so können sie unter Ausnützung dieser Energie an der Molekel eine Arbeit leisten, eine Änderung vornehmen; sie können elektrische Ladungen ablösen oder sie können die Molekel zu einer chemischen Reaktion befähigen; man nennt diese letzteren Vorgänge die photochemischen Reaktionen, z. B. den Belichtungsprozeß der photographischen Platte oder den Aufbau der Pflanzen durch Sonnenlicht aus Kohlensäure und Wasser. Der entscheidende Punkt dieser Photonentheorie ist die experimentelle Tatsache, daß die Arbeitsleistung wieder von der Frequenz abhängt, genau wie in Plancks Theorie, daß das Lichtquant oder Photon eine nicht unterteilbare, also eine elementare Energiemenge darstellt und daß z. B. die chemische Reaktionsenergie, welche ein Lichtquant liefert, genau so groß ist wie die Energie, welche dieses Lichtquant erzeugt.

Dieses Photon hat also atomistisch-energetische Eigenschaften, es hat auch nachgewiesenermaßen die nach der allgemeinen Mechanik mit einer bewegten Korpuskel verbundenen Eigenschaften: es übt beim Auftreffen auf einen Körper einen Stoß aus wie eine Billardkugel, es übt beim Fortfliegen von der Lichtquelle auf diese einen Rückstoß aus wie die Kugel auf das Gewehr. Die Entwicklung dieser Erkenntnisse geht bis in unsere Tage. Probleme der Röntgenstrahlung, insbesondere ihre biologische Wirkung, mit deren Lösung also die Quantentheorie in die Biologie eindringt, Probleme der kosmischen Höhenstrahlung, viele Probleme der Atomumwandlung konnten bisher nur mit dieser extremen Quantentheorie der Strahlung gelöst werden; und Einsteins Schlußbemerkung zu seiner Arbeit im Jahre 1905, „daß Herr Planck in seiner Strahlungstheorie ein neues hypothetisches Element — die Lichtquantenhypothese — in die Physik eingeführt hat", hat sich nur insofern nicht bewahrheitet, als diese Einsteinsche Lichtquantenhypothese sich nicht als Hypothese, sondern als eines der Grundelemente unserer heutigen Physik erwiesen hat.

III.

Schon im folgenden Jahre — 1906 — erscheint eine neue Arbeit zur Relativitätstheorie, die von vielleicht noch größerer Bedeutung wurde. Es ist der zunächst theoretisch geführte Beweis der Äquivalenz von Masse und Energie. 1842 hatte ein anderer Schwabe, Robert Mayer, das Gesetz der Erhaltung der Energie aufgestellt. Es gibt viele Energieformen, mechanische, thermische, chemische, optische, elektrische, magnetische Energie, die sich alle ineinander umwandeln lassen, ohne daß dabei ihre Quantität sich ändert. Es ist das Grundgesetz der Physik und der Technik.

Einstein zeigte nun durch eine Weiterbildung der relativistischen Mechanik, daß jede Masse — also z. B. ein ruhendes Atom — einer ganz bestimmten Menge von Energie entspricht; aber auch das Umgekehrte: daß jede Energieänderung einer Massenänderung entspricht. Man kann direkt sagen: die Energiemenge, die in einem Körper steckt, kann mit der Waage bestimmt werden. Ein Gemisch der Gase Wasserstoff und Sauerstoff nennt man Knallgas, weil es durch einen Funken zur Explosion gebracht werden kann; es bildet sich dabei Wasser und die sehr große Explosionsenergie. Diese ist in den Gasen als potentielle Energie vorhanden, sie wird frei bei der Bildung des Wassers. Folglich ist das gebildete Wasser leichter als die Masse der Gase, leichter um das Massenäquivalent der Explosionsenergie. Es war früher eine durch Versuche wohlbegründete Ansicht, daß die Masse etwas Unveränderliches sei: doch beruhte diese Theorie der Konstanz der Masse auf Versuchen, die eben doch nicht genügend genau waren. Für die heutige Physik gilt dieser Satz nicht mehr; auch die Masse ist nur eine Erscheinungsform der Energie; die Gesamtenergie ist konstant.

Dieser Satz von der Äquivalenz von Masse und Energie gab die Möglichkeit zum Verständnis der Herkunft der Atomenergie. Unter Atomenergie versteht man heute meist den Energiebetrag, welcher entsteht, wenn eine Umwandlung von Atomkernen vor sich geht. In der Natur kommen diese Kernreaktionen in der Form des spontanen radioaktiven Zerfalls vor; im Laboratorium kann man heute schon eine große Zahl von Kernreaktionen künstlich erzeugen, vor allem durch Einfügung von α-Teilchen, von Deutonen, von Neutronen in andere Kerne. Die bekannteste Reaktion ist die Uranspaltung durch Neutronen. Setzt man die Reaktionsgleichung so an, daß man die Masse der zur Reaktion gebrachten Kerne mit der Masse der Endprodukte der Reaktion vergleicht, so ist die letztere stets kleiner als die erstere, es ist Masse verloren gegangen. Mit der Reaktion ist aber Energie freigeworden (die sich z. B. in Wärmeenergie umwandeln und als solche messen oder verwenden läßt). Nach Einsteins Äquivalenzgesetz kann Energie nur entstehen, wenn ein Äquivalent dafür verschwindet: dies ist gerade der beobachtete Massenverlust. Die Masse jedes Atomkerns besteht aus der Masse seiner Kernbestandteile — Protonen und Neutronen — plus der Masse, welche der inneren Bindungsenergie der Kernbestandteile entspricht.

Aus den Atomumwandlungen, den Kernreaktionsprozessen, ist die Einstein-sche Massen-Energie-Äquivalenz, man mag auch sagen das Atomgewicht der Energieeinheit, mit äußerster Genauigkeit bekannt. Es soll aber doch noch hinzugefügt sein, daß auch die Umwandlung von Materie in Strahlungsenergie und von Strahlungsenergie in Materie in Laboratoriumsversuchen bewiesen ist. Man spricht von der Zerstrahlung der Materie und von der Materialisation der Strahlung. Bis heute hat sich auf diesem ganzen Gebiete der Physik der Elementarprozesse die Einstein'sche Theorie als ein nie versagender Führer und Deuter erwiesen.

IV.

Der nächste große Wurf Einsteins betrifft die Atomtheorie und zwar von zwei verschiedenen Gesichtspunkten aus. Die Grundlage unserer heutigen Theorie der Materie ist die Erkenntnis, daß sie aus Atomen oder Molekülen besteht, welche sich in dauernder Bewegung befinden. Die Energie dieser Bewegung hängt direkt mit der Temperatur des Körpers zusammen. Diese jeder Materie innewohnende Bewegung ist schon 1829 von dem englischen Botaniker Brown entdeckt worden. Die Bewegung der Wassermoleküle kann mit dem Mikroskop schon bei 100facher Vergrößerung ganz leicht daran erkannt werden, daß kleine Staubteilchen, welche in dem Wasser suspendiert sind, sich unter dem Einfluß der Stöße der unsichtbaren Wassermoleküle sichtbar hin- und herbewegen. Das Problem war, aus der beobachtbaren Zickzackbewegeung dieser Staubteilchen charakteristische Größen für die atomare Konstitution des Wassers zu vermitteln, z. B. die Zahl der einzelnen Molekeln in einem Gramm und vor allem die Mechanik und Energetik ihrer Bewegungen. Mit dieser Arbeit, die er später noch vielfach erweiterte, liefert Einstein den Wegweiser für alle experimentellen Bearbeitungen dieses Problems, die zur Bestätigung der Theorie führend, erst vor wenigen Jahren durch meinen Schüler Kappler — wieder einen Schwaben — zum Abschluß gebracht wurden.

Der zweite Gesichtspunkt zur Behandlung der atomistischen Probleme der festen Körper war von unerhörter Kühnheit: Auch im festen Körper müssen die Atome in Bewegung sein; aber die inneren Kräfte, welche eben diese feste Gestalt bedingen, schränken diese Bewegung ein auf Schwingungen der Atome um ihre Ruhelage. Da diese Schwingungen — wie ja überhaupt die Brownsche Molekularbewegung — die Temperatur bedingen, und da die Temperatur des Körpers seine Strahlung bedingt, so muß auch für die materiellen Schwingungen das Quantengesetz der Strahlung gelten. Diese Theorie wurde — abgesehen von ihrer allgemeinen, erkenntnistheoretischen Bedeutung — die Grundlage für die Physik der tiefen Temperaturen.

V.

1914 wurde Einstein, der mittlerweile Professor in Zürich geworden war, von Max Planck nach Berlin geholt. Einstein lieferte bald darauf — man möchte sagen zum Dank für die Berufung — den endgültigen Beweis für das Plancksche Gesetz von 1900. Die Jahre, welche Planck und Einstein, die beiden in der Welt führenden Theoretiker, in Berlin zusammenwirkten, waren von größter Fruchtbarkeit — nicht nur für diese beiden Männer, sondern auch für das damalige Colloquium der Berliner Forscher, zu welchem Männer wie Warburg, Nernst, Rubens, Laue, Haber, Hahn und andere gehörten, ebenso aber auch für die vielen jungen Menschen, welche aus den lebhaften und kritischen Diskussionen unendlich viel für ihre eigene wissenschaftliche Entwicklung gewannen. Einstein gehörte immer zu denen, die jede Frage, jede Kritik annahmen und sorglich überlegten, die zu jeder Diskussion bereit waren, wenn sie nur von dem Wunsch nach Erkenntnis geleitet war; nur um die Sache ging es ihm.

Die fast zwanzig Jahre seines Berliner Schaffens brachten zunächst die vielen Entwürfe zu einer allgemeinen Relativitätstheorie. Die spezielle Relativitätstheorie befaßte sich nur mit gleichförmig bewegten Systemen und führte zu dem experimentell — wie wir sahen — sichergestellten Ergebnis, daß kein Bezugssystem — ob bewegt oder ruhend — vor dem anderen ausgezeichnet ist. Die allgemeine Relativitätstheorie fragt, ob die Bezugssysteme auch dann noch gleichwertig für die Beschreibung der Naturvorgänge sind, wenn sie beliebig, also z. B. beschleunigt bewegt sind. Ein beschleunigt verlaufender Vorgang ist z. B. der freie Fall eines Körpers oder auch die durch die Gravitationswirkung zustande kommende Bewegung der Himmelskörper des Sonnensystems um die Sonne. Diese Gravitation der Massenanziehung, von Kepler zur Deutung seiner Planetengesetze erdacht, von Newton quantitativ formuliert, äußert sich in einer Anziehungskraft aller Massen aufeinander. Sie ist in Laboratoriumsversuchen genau gemessen, ihr zahlenmäßiger Wert ist die Grundlage der gesamten Himmelsmechanik und hieraus vielfältigst bestätigt. Die Gravitationskraft ist aber eine äußerst merkwürdige Kraft, sie hat die ganz besondere Eigentümlichkeit: ganz unabhängig zu sein von der Art der Körper, ihrer chemischen

Natur oder ihrem physikalischen Zustand, während andere Kräfte wie z. B. die magnetischen und elektrischen von ganz bestimmten Eigenschaften der Körper, auf welche sie wirken, abhängen. Das Problem der allgemeinen Relativität betrifft also das ungelöste Problem der Gravitation. Das erste Ergebnis dieser Theorie war die Behauptung, daß die Lichtfortpflanzung, die wir bisher immer als eine geradlinige Bewegung ansahen, im Gravitationsfelde auf einer krummlinigen Bahn verläuft — so, als ob der Lichtstrahl wie ein an einem andern Körper vorbeibewegter Stein von diesem angezogen, also nicht auf seiner geraden Bahn bleiben würde. Hiermit wird das Problem der allgemeinen Relativitätstheorie ein Problem des Weltalls, seine Prüfung auf astronomisches Gebiet verlegt. Eine andere Folgerung betrifft die Lichtschwingungen der Atome, über die wir schon bei der speziellen Theorie sprachen: Ihre Schwingungsfrequenz sollte von der Stärke des Gravitationsfeldes abhängen, also von der Masse und Dichte der Weltkörper, denen sie angehören. Ein qualitativer Nachweis der Existenz der aus der Theorie folgenden Ablenkung des Lichtes eines Sternes beim Vorbeigang an der Sonne war einer englischen Expedition bei der Sonnenfinsternis 1919 gelungen, das Vertrauen in die Theorie stärkend. So fanden sich bald private Stifter, Gesellschaften und Firmen, welche große Mittel zur Förderung dieser Forschung stifteten, aus welchen der einstmals berühmte Einsteinturm, ein modernes astrophysikalisches Observatorium in Potsdam errichtet wurde. Viel wurde hier von einem begeisterten Kreis junger Forscher geleistet, aber die Vollendung ihrer Pläne war ihnen nicht gegönnt. —

Es ist unmöglich, die vielen anderen Arbeiten, welche die Physik Einstein verdankt, zu erwähnen — sie liegen weiter auf dem Gebiet der Gravitations- und der Quantentheorie, aber auch zum Problem des Magnetismus hat er einen der wichtigsten Beiträge geliefert.

VI.

Bewundernd blicken wir auf die Erfolge der wissenschaftlichen Arbeit dieses Mannes, voller Erstaunen sehen wir, daß auch heute der Born seines Geistes noch nicht versiegt ist, daß er weiter schafft an der Ausgestaltung seines größten Werkes. Nach zwei Kriterien beurteilt man die wissenschaftliche Leistung: nach der Originalität und nach ihrer Fruchtbarkeit, ihrer Auswirkung auf die ihr nachfolgende Entwicklung. Beide sind in Albert Einsteins Lebenswerk in höchstem Maße erfüllt; was er geschaffen hat, reicht an die tiefsten Gründe unseres Erkenntnisvermögens — ähnlich wie das Werk Max Plancks, mit dem ihn eine tiefe Freundschaft verband.

Es sollte eine ungetrübte Freude sein, über die Ergebnisse eines solchen Forscherlebens nachzudenken. Leider ist uns heute aber nicht mehr ganz wohl bei dem Feiern wissenschaftlicher Entdeckungen. Wir haben in den letzten Jahren gelernt, daß jeder in der Wissenschaft epochemachende Fortschritt als ein ernstes, folgenschwangeres historisches Ereignis anzusehen ist. Quantentheorie und Relativitätstheorie haben das alte klassische Weltbild völlig verändert; — sie haben aber auch die politische Welt gänzlich umgestaltet. Während die Naturwissenschaftler den Ruf der neuen Zeit, der ihnen aus Plancks und Einsteins Arbeiten entgegenschallte, verstanden und ihn in vielstimmigem Chor aufnehmend zu einer unerhörten Symphonie gestalteten, haben die Männer, welche mit den neuen Möglichkeiten Politik und damit Menschengeschichte machen, sich noch immer nicht zu gemeinsamer Arbeit zusammenzufinden vermocht. Niemanden kann dieses Bewußtsein schmerzlicher treffen als Einstein, der zeit seines Lebens ein stiller und anspruchsloser, gütiger und hilfsbereiter Mensch war. So sehen wir ihn heute an der Spitze der Männer, die ihr Letztes geben „für die Erhaltung der geistigen und menschlichen Freiheit in der Welt." Es ist so, als ob Adalbert Stifter an diesen Menschen gedacht hätte, als er schrieb: „Was mir als das Höchste, Herrlichste, Wünschenswerteste dieses Lebens erscheint, die Vernunftwürde des Menschen in seiner Sitte, in seiner Wissenschaft, in seiner Kunst, soll verehrt werden und soll die reinste Herrschaft führen."

Natur und Idee. Andreas Wachsmuth zugeeignet (1966) S. 67–78

WALTHER GERLACH

Farbenlehre und kein Ende

Erster Teil

Ein Geburtstagsbrief

Wertester Herr Präsident!

Hochzuverehrender Herr Professor Wachsmuth!

An Ihrem 75. Geburtstag gehen meine herzlichsten Gedanken in Erinnerung an langbewährte Freundschaft und Zuneigung zu Ihnen. Dieser Tag soll willkommene Gelegenheit bieten, Ihnen zu danken, daß Sie als Präsident der Weimarer Gesellschaft wiederholt in wohlwollendster Weise jenes umfassendste Werk in lebendiger Erinnerung erhalten haben, welches mir mehr als all mein Dichten am Herzen liegt. Vielfach haben Sie meinen Studien der Naturlehre und ganz besonders der Chromatik Vorträge und Abhandlungen gewidmet, die Ziele meines ernsten Forschens so wohlwollend auch aus meinem dichterischen Wirken erkennend: Wie ich vom Speziellen zum Allgemeinen, vom Allgemeinen zum Speziellen zu gehen unverdrossen lehrte und mahnte. Aber ich habe für solches Bemühen auch manche Kritik von Forschern erfahren, welche mein Bedürfnis so tief verkannten, daß sie mir gar ein Versagen vorwarfen.

Ich habe durchaus Verständnis dafür, daß die Zunft der physischen Mathematiker nicht halt machte an den mir gesetzten Grenzen, an der Beschränktheit meines bornierten Individuums, und daß sie andere Wege der Analytik suchte. Eindringlich genug habe ich ja dem treuen Forscher vorgestellt, daß er sich immer der Hoffnung hingeben müsse, daß die Natur gelegentlich und gleichsam wider Willen manches ausplaudert; und in der Tat fand mancher von ihnen auch Wörtchen, die sie da und dort hat fallen lassen. Viele aber auch mißverstanden das, was die Natur sagte, weil bornierte Vorurteile sie blind machten. Das gerade warfen sie mir vor. Ich gebe zu, daß ich bei dem ersten Schauen durch ein Büttnersches Prisma instinktiv jenen lichtspaltenden Newton ablehnte und nur das förderhin auf mich wirken ließ, was das Licht mir frei und ungezwungen sagte, ohne es auf die Folter zu spannen. Nennt man das Versagen? Versagt man dann, wenn man nicht tut, was man nicht will? Habe ich mich doch immer an das Wort gehalten

Natur und Idee. Andreas Wachsmuth zugeeignet (1966) S. 67–78

Ursprünglich eignen Sinn
Laß dir nicht rauben.
Woran die Menge glaubt,
Ist leicht zu glauben.

Ich habe mich reichlich bemüht, allein und mit Hilfe treuer Freunde, die mir mit großer Liberalität die unschätzbare Göttinger Büchersammlung zu gebrauchen gestatteten, die Wissenschaftsgeschichte der Farbenlehre zu durchforschen. Ich habe dabei tiefe Einsichten in den Konflikt des Individuums mit der unmittelbaren Erfahrung und der mittelbaren Überlieferung gewonnen, worin sich ja eigentlich die Geschichte der Wissenschaften ausdrückt.

Ich habe die Gespenster erkannt, die den Blick so leicht verwirren, die Schwärmerei und das leere Klügeln, das beschwerliche Wissen und das hohle Wähnen; und ich habe gesehen, wie ein falsches Aperçu zur fixen Idee wird und zuletzt völlig in einen partiellen Wahnsinn ausartet. Von diesem allem habe ich mein Forschen freizuhalten gesucht. So habe ich denn die Farben als die Taten und Leiden des Lichts nach meiner Art verkündet – und das zum Verdruß und Unwillen der wissenschaftlichen Gilde, die damals noch von jenem Handwerkssinn beherrscht war, der nur erhalten, aber nichts fördern kann. Freilich habe ich mein erstes Werk, noch unerfahren in der närrisch bewegten wissenschaftlichen Welt, „Beiträge zur Optik" betitelt und damit die ganze Schule gegen mich aufgebracht. Denn es war ja in der Zunft bekannt, daß ich keine Ansprüche an die Meßkunst machte, die für sie ein Glaubensbekenntnis war. Hätte ich Chromatik gesagt, so wäre es vielleicht unverfänglicher gewesen. Aber sie schwieg mich tot – auch den großen Darwin ließ man ja nicht aufkommen, weil er das gleiche Unglück hatte wie ich, vorher als Dichter bekannt zu sein.

Dabei war es doch allgemein bekannt, welche Fehler der Newton gemacht hat, als er 1671 der Londoner Sozietät seine Farbentheorie mit den unwahren und captiösen Figuren vorlegte und aus ihr folgerte, daß die Untrennbarkeit der Farbenerscheinungen von der Refraktion alle Verbesserungen der dioptischen Teleskope unmöglich mache. Soll man jemand, der einmal einen solchen Fehler gemacht hat, denn in anderen Dingen glauben? Tritt hier nicht ein ethisches Rätsel ein, wenn die Hauptformeln dieser sublim feinen Geometrie Newtons nach Entdeckung der achromatischen Fernröhre falsch befunden und d a f ü r allgemein anerkannt werden!?

Und dieses soll ja nicht sein einziger Fehler sein. Wies mich doch – leider allzu spät, weil meine Ausgabe letzter Hand schon abgeschlossen

– ein diesen Newton als Herrn und Meister der Physik durchaus anerkennender und sogar seinen Schülern sein Leben lang das alte Newtonische Lied vom foramen exiguum: „Man lasse durch eine mittelmäßige runde Öffnung . . ." vorsingendes Mitglied der mathematischen Zunft auf einen mindestens ebenso schweren anderen Fehler dieses Newton hin: Das an einer Schneide vorbeigehende Licht werde nur nach außen abgelenkt, abgebeugt, nicht auch in den Schattenraum hinter der Schneide (– und wie stark betonte er die Sicherheit dieser Beobachtung! War sie doch willkommenes Argument gegen die abgelehnte Huygenssche Undulationstheorie!). Wie herrlich schön hätte das in meinen polemischen Teil gepaßt!

Mit Herrn Lichtenberg in Göttingen korrespondierte ich eine Zeitlang und sendete ihm sogar ein paar bewegliche Schirme, woran sämtliche subjektiven Erscheinungen auf eine bequeme Weise dargestellt werden konnten; aber lange Zeit antwortete er mir gar nicht und hatte nicht einmal die Freundlichkeit, meiner Farbenlehre in seinem neuen Compendio zu gedenken. Selbst auf meinen Brief, daß seine Bedenklichkeiten „mich auf meine Versuche, auf meine Methode und auf mein Urteil mißtrauisch machen" (ich besitze noch das Konzept dieses alten Briefes), ging er nicht ein. Leider mußte ich immer wieder erfahren, daß auch die mir bekannten vorurteilfreien Mathematiker durch andere Geschäfte sich abgehalten fühlten, um mit mir gemeinsame Sache zu machen, höhere Erkenntnis zu erreichen, ja daß es ein Fehler der Deutschen ist, daß sie sich nicht in Gesellschaft zu arbeiten gewöhnen können; auch Männer, die freilich manches geleistet, zitieren stets nur sich selbst, ihre eigenen Schriften, Journale und Compendien.

Ich habe daher im historischen Teil meiner Schriften zur Farbenlehre zum erstenmal die Menge der Erfahrungen von ältester Zeit bis in mein Jahrhundert ordnend, sondernd und verbindend dargelegt. Dem aufmerksamen Leser kann freilich nicht entgehen, daß die derzeitigen Memoiren der Akademien, Journale und dergleichen von mir nicht genügsam genutzt sind, daß die Ergebnisse der mathematischen Meßkunst der neuen Optiker meiner Zeit wie Young, Fraunhofer, Fresnel und andere fehlen. Man mag mich darum tadeln; es waren oft dringende Reisen und Geschäfte, die sich meinen Plänen widrig entgegenstellten. Ich habe deshalb in der Einleitung des historischen Teils leider (!) fast ohne Erfolg gebeten, mir gefällig mitzuteilen, was in neueren Schriften für mein Fach bedeutend scheint; denn was ich aus den Compendien dieser Zeit, etwa aus der Physik des Herrn Biot, die soeben erschienen war, ersehen konnte, mußte einen geübten Denker leicht zu fortwährendem Widerspruch reizen.

Natur und Idee. Andreas Wachsmuth zugeeignet (1966) S. 67–78

So habe ich nun den schon erwähnten Newtonier gebeten, mir einmal ganz offen zu sagen, was die zünftigen Meßkünstler von heute über die physikalischen Abhandlungen meiner Zeit denken. Was er darüber auf dem Papiere mitteilen konnte, übersende ich Ihnen, hochverehrter Herr Professor,

für freundliche Teilnahme dankbar
fortgesetzte Geduld wünschend
ferneres Vertrauen hoffend

in treuer Verbindung mich unterzeichnend

W. G.

Zweiter Teil

Licht und Farben in der Physik der Goethezeit

Ein Gutachten für W. v. G. von W. G.

I

Bei der physikalischen Kritik von Goethes Farbenlehre und an seinen vielen in anderen Schriften, in Briefen, Gesprächen und Gedichten enthaltenen abfälligen Bemerkungen über die Physik seiner Zeit und seine physikalischen Zeitgenossen scheint mir eines oft vergessen: Die Berücksichtigung des Wissens und des Denkens der damaligen Physiker über das Problem des Lichtes. Allzu leicht wird „der Herren eigener Geist als Geist der Zeit" gesehen. Das ist gerade hier verständlich: In der Tat sind in Goethes Zeit von 1800 bis 1820 die Experimente ausgeführt, die Vorstellungen entwickelt worden, welche heute mit Recht als entscheidend für die klassische Lichtschwingungstheorie angesehen und gelehrt werden. Damals aber wurden die Phänomene – soweit sie überhaupt allgemeiner beachtet wurden– fast durchweg in ganz anderer Weise gedeutet. Es waren nicht nur die Schwierigkeiten, die nun einmal jede neue Denkweise überwinden muß, wenn der Zug der Gedanken aus den eingefahrenen Geleisen in noch nicht erprobte, neuartige geleitet werden soll – gegen das Neue stand die Autorität Newtons, und zwar nicht nur in England, sondern ganz besonders in der Pariser Akademie, wo die Sterne Biot, Laplace, Poisson sich heftig gegen Neuerer wie Arago und Fresnel zur Wehr setzten. Noch 1827 mußte John Herschel in der Royal Society „the elegant simple and comprehensive theory of Fresnel" gegen die „unpursued speculations of Newton" verteidigen.

Bei einem Problem gab es in der damaligen Zeit keinen Zweifel mehr: daß das Licht einer Lichtquelle aus – für unser Auge – „farbigen Komponenten" besteht, in welche es bei der Brechung in einem Prisma zerlegt wird, und daß mit dieser Zerlegung, der „Disperson", keine Veränderung des Lichtes verbunden ist. Die Erscheinungen sind mit dem Auge allein nicht beobachtbar; sie können ihm nur mit einer besonderen Versuchsanordnung zugänglich gemacht werden, was den leidenschaftlichen Widerspruch Goethes erregte. Kritisch betrachtet war allerdings die Behauptung Newtons, das weiße Sonnenlicht werde bei der Brechung in ein kontinuierliches Spektrum, d. h. in ein ununterbrochenes Farbenband von rot über alle Übergangsfarben bis zu violett aufgespalten, in der damaligen Physik keineswegs gesichert – sie erwies sich sogar gerade damals als unrichtig (wenn auch in anderem Sinn als Goethe meinte).

So muß unser Gutachten zwei Probleme trennen: A. die physikalische Analyse eines Lichtes in seine Spektralfarben und B. die physikalische Natur des Lichtes und der Farben.

II

A. Das Spektrum. Reine Spektralfarben hat bis etwa zum Jahre 1815 niemand gesehen!

Das nach der Brechung von Sonnenlicht in einem Glasprisma sich zeigende Farbenband, das schon Boyle untersucht und prismatic Iris genannt hatte, bezeichnet Newton als spectre = Gespenst. Zu seiner Erzeugung ließ er das durch eine kleine runde, von Sonnenlicht beleuchtete Öffnung im Fensterladen kommende Lichtbündel auf einen Schirm fallen, auf welchem das „Gespenst" erscheint. (Nur für ganz wenige spezielle Versuche wird eine rechteckige Öffnung verwendet; manchmal wird vor das Prisma eine Convexlinse so gesetzt, daß die runde Öffnung über das Prisma auf dem Schirm abgebildet ist.) Das Spektrum ist ein längliches Farbenband, dessen Breite wesentlich vom Abstand Öffnung-Schirm abhängt, dessen Enden durch je einen diffusen roten bzw. violetten Halbkreis begrenzt sind. Längs des Bandes überlagern sich – bei Verwendung der Abbildungslinse am leichtesten einzusehen – diese runden Öffnungsbilder der in verschiedenen Richtungen abgelenkten Spektralfarben. Geht durch eine

Natur und Idee. Andreas Wachsmuth zugeeignet (1966) S. 67–78

solche Öffnung nur reines rotes und reines violettes Licht, so erscheinen auf dem Schirm ein roter und getrennt von ihm ein violetter Kreis, also zwei getrennte F a r b b i l d e r d e r Ö f f n u n g ; wird der Durchmesser vergrößert, so behalten die Mitten der zwei Öffnungsbilder ihre Lage auf dem Schirm bei, ihre Fläche wächst aber, so daß sie sich schließlich teilweise überlappen; in diesem Bereich wird auf dem Schirm eine Mischfarbe gesehen. Geht durch die runde Öffnung ein aus allen Farben zusammengesetztes Licht, so zeigt das Spektrum n i c h t diese Farben, sondern von der Größe der Öffnungsbilder, also ihrer Überlappung abhängige Mischfarben; es kann so geschehen, daß die Mitte des Spektrums mehr oder weniger farblos ist – etwa wenn sich Teile der gelben, grünen und blauen Bilder überlappen.

Alles dieses hat Newton in den Propositionen I bis V des ersten Buches der „Opticks" mit zahlreichen Versuchen dargelegt; er hat aber nicht die Konsequenz gezogen, anstelle der runden Öffnung im Fensterladen stets einen langen, s e h r schmalen Spalt zu verwenden, dessen Längsrichtung parallel zur „brechenden Kante des Prisma" gestellt ist. Das hat erst 1802 der englische Physiker William Hyde Wollaston getan: dann können sich nur noch ganz benachbarte Farbbereiche überlappen. Jetzt sollte nach Newtons Annahme das Sonnenlicht ein kontinuierliches Farbenband reiner Farben geben, weil im weißen Sonnenlichte „alle" enthalten seien. Jedoch entsprach Wollastons Versuchsergebnis n i c h t dieser Annahme: das Farbenband war nicht kontinuierlich, sondern zeigte breitere helle Bereiche, getrennt durch dunklere Stellen. 1817 gelang Josef Fraunhofer eine völlig unerwartete Klärung dieser Beobachtung.

Fraunhofer war kein Physiker und ging nicht von einer physikalischen Fragestellung aus; er suchte nach Lichtquellen, welche nur eine Farbe aussenden, um für diese die Brechung seiner Gläser mit so hoher Genauigkeit zu messen, wie er sie für die Berechnung seiner achromatischen Fernrohrobjektive brauchte. Er konstruierte das „Spektrometer"; das Licht fällt durch einen sehr engen Wollastonschen Spalt auf ein in sehr großem Abstand stehendes Prisma; mit einem Fernrohr, auf die Spaltentfernung eingestellt, wird das aus dem Prisma kommende Licht betrachtet. Wurde der Spalt mit einer durch Einbringung von Kochsalz gelb gefärbten Flamme beleuchtet, so bestand das „Spektrum" nur aus zwei unmittelbar nebeneinander liegenden schmalen gelben Spaltbildern oder „Spektrallinien".

Mit der gleichen Anordnung untersucht Fraunhofer die spektrale Zerlegung des Sonnenlichts. Das Newtonsche „kontinuierliche Spektrum" ist n i c h t kontinuierlich, sondern durch hunderte von sehr schmalen, über die ganze Länge des Spektrums verteilten mehr oder weniger dunklen

Linien durchbrochen; im Licht der Sonne sind also nicht „alle Farben" enthalten. Aufgeklärt wurde die Herkunft dieser „Fraunhoferschen Linien" erst 1859/60 durch Gustav Kirchhoff und Robert Wilhelm Bunsen. Heiße feste und geschmolzene Materie sowie heiße Gase unter sehr hohem Druck emittieren ein wirklich kontinuierliches Spektrum, so auch der Kern der Sonne. Die Fraunhoferschen Linien haben mit dieser Strahlung gar nichts zu tun; sie entstehen durch Absorption zahlreicher, sehr schmaler Teile aus allen Farbbereichen in der Sonnenatmosphäre; der eindeutige Zusammenhang dieser „Absorptionsspektrallinien" mit der Natur der freien Atome in der Sonnenatmosphäre wird festgestellt. Für freie Atome und durch ihre innere Struktur bedingt, sind auch die Emissionsspektrallinien oder „Linienspektra" des Lichtes gefärbter Flammen oder elektrischer Funken gedeutet.

Erst durch diese „Spektralanalyse" war Newtons Behauptung, daß ein Licht durch Brechung in die Farbkomponenten zerlegt wird, welche in ihm enthalten sind, als physikalisch sinnvoll erwiesen. Was die Farben sind, wie sie entstehen und wodurch sie sich physikalisch unterscheiden, warum das Auge Farben sieht, gar die Frage, ob die Farbe, die das Auge „sieht", in einem eindeutigen Zusammenhang mit der Lage der Farbe im Spektrum steht – alle diese Probleme haben mit dem Phänomen der spektralen Zerlegung des Lichtes nichts zu tun und können aus ihr also nicht beantwortet werden. Gerade nach einer Antwort auf diese Frage suchte Goethe; die damalige Physik konnte sie ihm gar nicht geben.

Wir können es erst erklären, warum es ein aussichtsloses Unternehmen war, durch alle möglichen Abänderungen der Newtonschen Brechungsversuche Antwort auf diese Fragen zu erhalten, was Goethe dadurch versuchte, daß er sich immer weiter von Newtons und erst recht von Wollastons Versuchsanordnung entfernte. Hätte er unvoreingenommen diese Experimente in allen ihren Modifikationen wiederholt, so hätte er zwar erkannt, daß seine „tausendmal wiederholte" Beobachtung, daß „die Mitte des Gespenstes nicht grün, sondern weiß" ist, nur auf Überlagerung zu breiter Farbenbündel beruht; er hätte aber nicht das gefunden, was Newton behauptet hatte, sondern im Gegenteil das oben genannte Wollastonsche Ergebnis – in Goethes Worten ausgedrückt: „Farben an der Grenze von Schatten" – also Wasser auf seine Mühle!!

Daß Goethe Genaueres von Wollaston, von Fraunhofer gewußt hat, scheint nicht wahrscheinlich; denn in Biots Traité élémentaire de physique von 1816, welche Goethe studiert hatte, steht nichts von diesen Beobachtungen und selbst in dessen Précis élémentaire de physique, 3. Auflage von 1824, fehlen die Fraunhoferschen Linien. Die Bedeutung dessen, was

Natur und Idee. Andreas Wachsmuth zugeeignet (1966) S. 67–78

heute als eine der wichtigsten optischen Entdeckungen jener Zeit gilt, war damals nicht erkannt.

B. Die physikalische Natur des Lichtes. Dieses Problem betrifft den Vorgang der Lichtübertragung von Lichtquelle bis Auge, die Natur der „radii lucis" der alten Literatur, Goethes „sogenannter", „hypothetischer Lichtstrahlen". Bis zu Goethes Tod standen sich zwei Auffassungen gegenüber.

a) Das Licht besteht aus etwas, was Teilchencharakter hat, aus „globuli of light" mit einer polaren Struktur: Isaak Newtons Emanationstheorie. Kräfte der „kleinsten Teilchen der Materie" auf die Lichtteilchen bedingen ihre Richtungsänderung bei Reflexionen, Brechung und Beugung, sie machen ihre Geschwindigkeit im dichteren Medium größer. Das Violett wird stärker gebrochen, habe also im dichteren Medium die größere Geschwindigkeit; darum seien diese globuli kleiner (und deshalb für das Auge dunkler!) als die roten. Die Doppelbrechung als Folge einer richtungsabhängigen Kraft im Kristall weise auf eine polare Struktur der Lichtteilchen. Die Farben dünner Plättchen, das periodische Erscheinen und Verschwinden der verschiedenen Farben bei der Beleuchtung eines keilförmigen Plättchens führt zu der Folgerung, daß die Lichtteilchen an der Grenze zwei Medien „fits" erleiden, abwechselnde „Anwandlungen" leichterer Reflexion oder Durchlässigkeit, abhängig von der Farbe d. h. der Größe der globuli; dem Lichtteilchenstrahl wird bei den wiederholten Hin- und Hergehen in den keilförmigen Plättchen eine periodische Struktur eingeprägt.

b) Die Übertragung des Lichtes erfolgt durch einen – dem Schall in der Luft ähnlichen – Wellen- oder Schwingungsvorgang in einem „Äther": die von Christian Huygens begründete Undulationstheorie. Die von der Lichtquelle ausgehenden longitudinalen Stoßwellen breiten sich im Äther nach allen Richtungen aus, derart, daß jedes erregte Ätherelement wieder solche Wellen nach allen Richtungen aussendet (Huygenssches Prinzip). An der Grenze zweier Medien entstehen Reflexionen und Brechung, wobei die Welle im dichteren Medium eine kleinere Fortpflanzungsgeschwindigkeit hat – das Gegenteil von Newtons Meinung.

1801 präzisiert Thomas Young diese Huygenssche Vorstellung durch die Annahme kontinuierlicher longitudinaler Wellen, ihre Länge bestimmt die Farbe. Werden zwei von der Lichtquelle nach verschiedenen Richtungen ausgehenden Wellen z. B. durch Reflexion zur Kreuzung gebracht, so entsteht an der Kreuzungsstelle eine „Interferenz": Von der

Differenz der Wegstrecken, welche die beiden Wellenzüge von der Lichtquelle bis zu ihrer Kreuzung zurückgelegt haben, hängt es ab, welche Phasen der Schwingung in ihr zusammentreffen; sind die Phasen gleichgerichtet, so addieren sie sich, sind sie entgegengesetzt gerichtet, so heben sie sich auf. Die Huygenssche Vorstellung liefert alle bei der Beugung auftretenden Phänomene, die abwechselnd hellen und dunklen „Interferenzstreifen", besonders auch die Erklärung für das, in den Schatten hinter einer Scheibe gebeugte Licht, dessen Existenz Newton entschieden geleugnet hatte. Sie liefert (mit der einzigen Zusatzannahme über den Phasensprung) die Farben dünner Plättchen. Ohne zusätzliche Annahme erklären Wellenvorstellung und Interferenzprinzip alle bei der Doppelbrechung auftreffenden farbigen Phänomene. Mit Interferenzversuchen – d. h. unter Annahme der Richtigkeit des Interferenzprinzips – wurde die Verkleinerung der Lichtgeschwindigkeit beim Übertritt vom dünneren ins dichtere Medium bestätigt.

Damit hatte die Undulationstheorie ein ganz entschiedenes Übergewicht über die Newtonsche Emanationsvorstellung erhalten – bis 1808 Malus in Paris die von ihm „la polarisation de la lumiére" genannte Veränderung eines Lichtstrahls bei seiner Reflektion an Glas oder Wasser entdeckte. 1811 folgte der zweite berühmte Malusversuch; ein unter bestimmtem Winkel reflektierter Lichtstrahl wird an einer zweiten Glasplatte unter dem gleichen Winkel nicht mehr reflektiert, sondern unverändert hindurchgelassen, wenn ihre Reflektionsebenen senkrecht zueinander stehen.

Diese Erscheinungen waren mit longitudinalen Lichtwellen n i c h t mehr erklärbar. Sie schienen aber entschieden die Newtonsche Vorstellung der polarisierten Lichtteilchen zu stützen (deshalb nannte Malus die Erscheinung „Polarisation"): Nach dem zweiten Malusversuch wird an einer Glasplatte der Lichtstrahl in zwei Strahlen, den reflektierten und den durchgelassenen, getrennt, welche aus senkrecht zueinander gerichteten polarisierten Lichtteilchen bestehen. In der Tat konnte so zwanglos die Polarisation bei der Aufspaltung eines Lichtstrahls in doppelbrechenden Kristallen nach der Newtonschen Art gedeutet werden.

Jetzt wird selbst Young 1816 mehr und mehr zweifelnd, ob sein Interferenzprinzip und damit die Vorstellung l o n g i t u d i n a l e r Lichtschwingungen richtig sei; als Ausweg sieht er nur die Möglichkeit, eine transversale Schwingungskomponente im Licht anzunehmen. Da zeigte Arago, daß zwei nach Malus senkrecht zueinander polarisierte Strahlen nicht interferieren. Fresnel zieht 1819/21 die radikale Konsequenz: die quantitative Theorie der t r a n s v e r s a l e n Lichtwellen. 1822/24 prüft Fraunhofer durch neuartige Beugungsversuche (Beugung von parallelem

Natur und Idee. Andreas Wachsmuth zugeeignet (1966) S. 67–78

Licht an einem „optischen Gitter") die Youngschen Voraussetzungen quantitativ und beweist nochmals mit neuer Methode, daß die Geschwindigkeit des Lichtes im Widerspruch zu Newton im dichteren Medium kleiner ist. Er diskutiert die Schwierigkeiten der Newtonschen Theorie, faßt aber seine Meinung über die Undulationstheorie sehr vorsichtig: Fest stehe nur, daß die als Wellenlänge gedeutete „Größe" die Eigenschaft haben muß, welche eine Interferenz möglich macht: Periodische Änderungen konstanter Frequenz, so daß zwei solcher „Größen" sich addieren oder aufheben können, je nachdem, ob sie gleich oder entgegengesetzt gerichtet zusammentreffen.

III

Für Goethes Farbenlehre spielen diese „Hypothesen, ob das Licht ein Körper oder eine Energie sei", keine sehr wesentliche Rolle; daß er die Newtonsche Vorstellung des „Kügelchen polarisieren" ablehnt, ist ja selbstverständlich. Von dem Jahre später für die Schwingungstheorie so wichtig werdenden zweiten Malusversuch hat er zwar in der wirklich großartigen Untersuchung der „Entoptischen Farben" Gebrauch gemacht, d. h. bei der Ermittlung der Bedingungen für das Auftreten der Interferenzfarben in polarisiertem Licht, welche teils von Arago, teils von Seebeck 1812 entdeckt und von Letzterem „entoptische Figuren" (oder „Farbenfiguren") genannt worden waren. Aber das Grundphänomen, der Malussche Zweispiegelversuch selbst, wurde übergangen, wohl weil er von Malus und von allen anderen Physikern als Beweis für Newtons polarisierte Lichtkügelchen angesehen wurde.

Goethes Abhandlung ist 1820 geschrieben, also gerade als nach der *heute* herrschenden Ansicht die Theorie der transversalen Lichtwellen durch Fresnel gesichert war, weil sie mit dem Youngschen Interferenzprinzip und dem vorher genannten Arago-Versuch (Interferenz von polarisierten Strahlen) alle bei der Doppelbrechung auftretenden Farbphänomene, auch gerade die Entoptischen Farben und sämtliche Beugungserscheinungen einheitlich zu verstehen gelehrt hatte – wohl gemerkt nach *unserem* Urteil! Man darf wohl annehmen, daß Goethe, der damals von „bedeutenden wissenschaftlichen Freunden" (darunter auch Seebeck!) „höchlich gefördert" wurde, von den sich entwickelnden theoretischen Deutungen der Physiker, die „mehr sich mit Gedanken quälen" gehört hatte. Aber was haben die ihm wohl gesagt?

Sehen wir wieder in Biots Lehrbuch von 1824, so erfahren wir, daß die Newtonsche Lichtteilchentheorie, als weitaus besser durch Experimente gesichert, der Schwingungstheorie betont vorgezogen wird – sogar in dem

Sinn, daß manche Interferenzversuche n o c h n i c h t mit der Teilchentheorie erklärt werden können: „qu'on n'a pas pu jusqu'ici les déduire de la matérialité de la lumière". Dies zu erreichen sei die wichtigste Aufgabe der Physik. Die entoptischen Farben versucht Biot mit einer zweiten Art von Newtonschen „fits" (den „Anwandlungen", er nennt sie „accès") der Lichtteilchen zu erklären. In der doppelbrechenden Platte würde ein polarisierter Lichtteilchenstrahl in zwei aufgespalten, deren Teilchenachsen mit verschiedener Geschwindigkeit in einer Ebene senkrecht zur Strahlrichtung rotieren oder oscillieren. Seine Vorstellung der Anwandlungen, welche diese Teilchen in einzelnen Schichten der doppelbrechenden Platte erfahren, entspricht ganz der, welche Newton aus den ja auch gleichartigen Farben dünner Plättchen abgeleitet hatte. Die „Drehung der Polarisationsebene" beim Durchgang durch manche kristallisierte und flüssige Substanzen zeige übrigens unmittelbar die Rotation oder Oscillation der Lichtteilchen.

Daß die Young-Arago-Fresnelsche Entwicklung auf t r a n s v e r s a l e Lichtschwingungen geführt hatte, fehlt bei Biot (sein Lehrbuch war d a s Lehrbuch der Physik, in allen Auflagen auch ins Deutsche übersetzt): Der Begriff Transversalität der Lichtwellen kommt in ihm nicht vor. Und in der Tat gab es eine große Schwierigkeit für diese Lichtschwingungstheorie: Dem als Träger des Lichtes angenommenen unendlich feinen, alles durchdringenden Lichtäther mußte nämlich die Eigenschaft eines f e s t e n Körpers zugeschrieben werden, weil nur in diesem transversale Schwingungen möglich sind.

Noch bis in die späten zwanziger Jahre des letzten Jahrhunderts – genaugenommen bis zu Maxwell 1865 und Hertz 1887 – war also die Physik des Lichtes ein ungelöstes Problem. Die Physiker konnten Goethe keine verbindliche Grundlage für sein Denken aufzeigen und damit auch keine eindeutig begründete Kritik an seinem negativen Urteil üben. Sein Ärger über diese Zunft ist gar nicht zu verwundern.

IV

Zum Schluß sei noch ein Wort über die „physiologischen Farben" gesagt. Wir kennen heute die Bedeutung der Goetheschen Versuche für Farbenphysiologie und -psychologie, die Entdeckung und die sorgfältige und originelle Analyse der „Ocular spectra of Light und Colours" – so hatten um 1775 Robert Waren Darwin und Erasmus Darwin das genannt, was wir optische Farbentäuschung zu nennen pflegen; die damals übliche Übersetzung von „Ocular spectra" als „Augentäuschung" ersetzt Goethe

Natur und Idee. Andreas Wachsmuth zugeeignet (1966) S. 67–78

durch die sogar wortgetreue „Augengespenst", denn „das Auge täuscht sich nicht, es handelt gesetzlich und macht dadurch dasjenige zur Realität, was man zwar dem Worte, aber nicht dem Wesen nach als ein Gespenst zu nennen berechtigt ist" (was die Physiker von heute wohl zu unterschreiben bereit sein dürften).

Aber die strenge Physik scheidet den Einfluß der Eigenschaften unserer Sinne bei der Analyse der Phänomene aus; sie hat nun einmal mit ihrem „größten Unheil, daß man die Experimente gleichsam vom Menschen absondert und bloß in dem, was künstliche Instrumente zeigen, die Natur erkennen will", die besten Erfahrungen gemacht! So überlegt Biot in dem schon genannten Lehrbuch, ob die Interferenz überhaupt ein physikalischer oder nur ein physiologischer Vorgang im Auge ist, ob die gegenseitige Auslöschung zweier Lichtstrahlen wirklich im Widerspruch zur Lichtteilchentheorie steht und n u r durch die Aufhebung zweier sich (z. B. im Auge) treffender, in entgegengesetzter Phase schwingender Wellen erklärt werden kann: Wenn die, so sagt er, im Undulationssystem als Schwingungsphase definierte Größe in Wirklichkeit die Richtung der Achse der Lichtteilchen in der Ebene senkrecht zu ihrer Strahlrichtung ist, und wenn der entgegengesetzten Phase zweier Wellen entgegengesetzte Richtung der Achse der Lichtteilchen entspricht, so werden unter der Interferenzbedingung Teilchen mit entgegengesetzter Anwandlung oder Achsenrichtung ins Auge kommen; dann sei die Folgerung zwar nicht zwingend, aber plausibel, daß zwei solche Teilchen sich bezüglich ihrer Erregung des Sehnervs aufheben.

Mit solchen Annahmen wird also versucht, die Newtonsche Emanationstheorie als geeignet zur Deutung aller bekannter geometrischer und chromatischer Lichtphänomene darzulegen – und ich weißt nicht, ob diese gewaltsamer, unglaubwürdiger sind, als die Annahme transversaler elastischer Schwingungen im unendlich feinen Ätherstoff; von diesen befreite erst Maxwell – wieder gegen den Widerspruch führender Gelehrter – die Physik.

In der heutigen Physik hat sich das Problem des Lichtes völlig geändert; sie hat den sogenannten Dualismus des Lichtes (und der Materie) entdeckt: daß dieses sich je nach der „Fragestellung", nach der Art des Experiments als kontinuierlicher Schwingungsvorgang oder als Photon mit atomistischem Teilchencharakter – j e w e i l s e i n d e u t i g – manifestiert. Im Hinblick auf das Problem der Goethezeit sei abschließend gesagt, daß diese heutige „k o m p l e m e n t ä r e" Betrachtungsweise gar nichts zu tun hat mit der damaligen A l t e r n a t i v e : transversale elastische Ätherschwingung – polarisierte oder polarisierbare Lichtteilchen.

Johannes Kepler zum 400. Geburtstag

Von Walther Gerlach

Am 27. Dezember jährt sich zum 400. Mal der Tag, an dem Johannes Kepler in der freien Reichsstadt Weil der Stadt – zwischen Stuttgart und dem Schwarzwald gelegen – geboren wurde. Dessen zu gedenken, hat die Bayerische Akademie der Wissenschaften besondere Veranlassung: liegt bei ihr doch die Herausgabe der gesamten Werke und Briefe Keplers und neuerdings auch die Bearbeitung seines seit gerade 200 Jahren in Leningrad bewahrten und gepflegten schriftlichen Nachlasses.

*

Dank der damaligen hervorragenden Schulverhältnisse in Württemberg konnte der fleißige und früh als ungewöhnlich begabt erkannte Sohn einer verarmten Familie sich mit Hilfe von Stipendien zum Studium der protestantischen Theologie in Tübingen emporarbeiten. Nach Abschluß des vorangehenden Studiums der Freien Künste, darunter Mathematik und Astronomie, mit der Promotion zum Magister wurde der Kandidat der Theologie von seinen Professoren als Mathematiklehrer an die Protestantische Stiftschule in Graz geschickt – vielleicht fortgelobt. Sein selbständiges Denken in den theologischen Streitfragen paßte nicht so recht seinen orthodoxen Lehrern.

Zu seinen Grazer Obliegenheiten gehörte auch die jährliche Abfassung von Kalendern und Prognostiken, die allgemein und besonders bei den Mächtigen der Welt angesehene astrologische Futurologie. Diese Aufgabe zwang ihn, sich näher mit Astronomie zu befassen.

In ihr spielte seit fünfzig Jahren das heliozentrische Planetensystem des Kopernikus eine Dornröschenrolle, – bei Theologen und den von ihnen abhängigen Gelehrten war es umstritten, weil es z. B. im Gegensatz zu Worten der Bibel lehrte, daß nicht die Erde mit den Menschen, sodern die Sonne Mittelpunkt der Welt ist, welche von Planeten und Erde umkreist wird.

Kepler war irgendwie fasziniert von der neuen Lehre, anfangs wesentlich aus metaphysischen Gründen: er sah in ihr ein Bild der Trilogie – Gott-Vater die Sonne, Gott-Sohn die die Welt umspannende Fixsternsphäre, Heiliger Geist der Weltenraum mit Planeten und Mensch. Nun kam ihm plötzlich eine ganz rationale Idee: hängen die Zahlen 5 der regulären Euklidischen Körper (mehr gibt es nicht!) und 6 der Planeten (mehr waren damals nicht bekannt!) zusammen – mit anderen Worten: Ist das Planetensystem nach einem geometrischen Prinzip geordnet?

Es gelingt ihm, eine solche Ordnung zu finden: Setzt man die fünf 4, 6, 8, 12, 20-Flächner in geeigneter Reihenfolge ineinander, so können in, zwischen und um sie sechs Kugelflächen gelegt werden, deren Abstände vom gemeinsamen Mittelpunkt den Kopernikanischen Radien der Planetenkreise Merkur, Venus, Erde, Mars, Jupiter, Saturn um die Sonne entsprechen: das Kopernikanische System sei geometrisch beweisbar.

Kepler glaubt, das *Mysterium Cosmographicum*, das Weltgeheimnis, entdeckt zu haben: Gott ist Geometer; weil die Menschen Geometrie treiben können, ist ihr Geist vom Geist Gottes, deshalb können sie die Schöpfungsordnung nachdenken, ihre Prinzipien, die Naturgesetze verstehen. Seinem Lehrer Mästlin schreibt er: „Ich wollte Theologe werden, lange war ich unschlüssig. Nun sehet, wie Gott durch mich in der Astronomie gefeiert wird."

Das Werk wird in Tübingen gedruckt.

In Graz begann die Ausweisung der Protestanten, aber Kepler durfte zunächst zurückkommen: „Der Fürst habe Gefallen an seiner Arbeit".

Kurz vorher hatte Kepler die wohlhabende 21jährige Barbara Müller von Mühleck geheiratet. Die Ehe sollte nicht sehr glücklich werden. Seine sparsame Lebenshaltung paßte nicht zu ihren Ansprüchen – „sie ist nicht gewohnt, sich von Bohnen zu ernähren!". Er konnte zornig werden, „wan ich gestudirt hab und sie mich zum Unzeitten von haussachen angeredt hat . . . und ich hab doch streng studiren muessen".

Aber er rühmt ihre Rechtschaffenheit und Wohltätigkeit; sie starb an Fleckfieber, das sie sich 1611 bei der Krankenpflege von Armen geholt hatte.

Doch zurück nach Graz ins Jahr 1600.

Als die nunmehr katholischen Stände erklärten, man brauche keinen Mathematiker, Kepler solle Medizin studieren, wurde ihm seine Lage unerträglich.

Sein Erstlingswerk hatte ihn bei den Astronomen bekannt gemacht. Der bedeutendste jener Zeit, Tycho Brahe, lehnte zwar diese „*a-priori-Astronomie*" ab. Er war ein Gegner des Kopernikus, hatte aber Keplers wissenschaftliche Originalität und mathematische Fähigkeit erkannt. Er sah in ihm den Mann, der aus seinen jahrelangen Planetenmessungen eine Planeten-Theorie *a posteriori* ableiten könnte, und holte ihn nach Prag, wo er am Hof des sterngläubigen Kaiser Rudolph II. als Kaiserlicher Mathematiker wirkte.

Kaum hatte die gemeinsame, offenbar recht reibungsvolle Arbeit begonnen, starb Brahe. Gerade 31 Jahre alt wurde Kepler der „*Kaiserliche Mathematikus*" – der aus Graz ausgewiesene Protestant am katholischen Kaiserhof!

Der an Brahe erteilte kaiserliche Auftrag, anstelle der überholten Alphonsinischen und Prutenischen Planeten-Tabellen ein neues Tafelwerk als „Tabulae Rudolphinae" zu berechnen, wird von Kaiser Rudolph auf Kepler übertragen.

Diese neuen Aufgaben waren gänzlich anderer Art als die, welche Kepler sich in Graz gestellt hatte: er hoffte schnell aus Tychos Messungen die erforderlichen Daten zu ermitteln. Doch gewann er mit unsagbar mühseligen Berechnungen die Einsicht, daß nicht nur alle bisherigen Planetensysteme, sondern auch das bisherige Grundprinzip aller Astronomie nicht aufrecht zu erhalten waren: mit konstanter Geschwindigkeit durchlaufene Kreisbahnen der Planeten entsprechen nicht der Natur!

Hier stellt Kepler eine der damaligen Naturphilosophie fremde, für alle spätere Naturwissenschaft grundlegende Forderung für eine Theorie auf: ihre quantitative Übereinstimmung mit der aus der Beobachtung folgenden „Wahrheit der Natur“.

„Mangel an Phantasie ist der Tod der Wissenschaft“ – aber die Spekulation ist nur in sofern frei, als sie nicht in Widerspruch zu den Erfahrungstatsachen kommt.

Die Braheschen Beobachtungen ließen nur eine Annahme zu: die Planeten einschließlich Erde laufen auf *Ellipsen* um die Sonne; diese steht auch nicht, wie Kopernikus dachte, im Mittelpunkt der Welt, sondern in einem Brennpunkt der Ellipsen.

Die Bahngeschwindigkeit der Planeten ist *nicht* konstant; sie ändert sich periodisch zwischen einem Maximum in Sonnennähe – bei uns im Winter – und einem Minimum in Sonnenferne – bei uns im Sommer. (Er nennt diese zwei ausgezeichneten Punkte Perihel und Aphel.)

Dieses sind die beiden ersten Kepler'schen Planetengesetze, Keplers „*Astronomia Nova*“. Mit seinem Erstlingswerk, dem „*Mysterium Cosmographicum*“, hat sie nichts mehr gemein.

Mit dem Aufgeben des alten Aristotelischen Dogmas der „natürlichen“ Kreisbewegung der himmlichen Körper macht Kepler den ersten großen Schritt in die Neuzeit. Drei Jahre hatte er mit diesem Gedanken gekämpft, bis er dem Friesischen Astronomen David Fabricius 1605 froh und stolz schreiben konnte: „Nun habe ich das Ergebnis, mein Fabricius! die Planetenbahn ist eine vollkommene Ellipse, die Dürer oft Oval nennt.“

Es war eine harte Zumutung für die Gelehrten seiner Zeit, selbst ein Galilei lehnte sie ab und blieb bei den Kopernikanischen Kreisen um die Sonne.

Erst 1609 erscheint die „*Astronomia Nova seu Physica Coelestis*“ im Druck.

Der Kaiser hatte seine Finanzierung zugesagt und den Verkauf verboten – es war ja Auftragsforschung und er wollte wegen der astrologischen Konsequenzen darüber allein verfügen. Kepler mußte aber den Druck bevorschussen. Als er das Geld vom Kaiser nicht zurückerhielt, verkaufte er kurz entschlossen die ganze Auflage an den Drucker.

So ist die „*Erneuerung der ganzen Astronomie*" nur in kleiner Auflage ohne Angaben über Verlag und Drucker erschienen.

*

Noch eingreifender war eine zweite Forderung Keplers; sie ist in dem Zusatz „*Physica Coelestis* – Himmelsphysik" des Titels enthalten.

Kepler hatte der Naturerforschung eine neue Aufgabe gestellt: „vom *Sein der Dinge zu den Ursachen ihres Seins und Werdens vorzudringen*".

So fragte er – nun *grundsätzlich* weit über Kopernikus hinausgehend – nach der *causa physica*, dem physikalischen Grund für die Bewegung der Planeten durch den freien Raum um die Sonne.

Nach der herrschenden Dogmatik bestand zwischen der irdischen, sublunaren, „elementischen" und der himmlischen aetherischen Region eine auch für den Verstand nicht überschreitbare Grenze; irdische und himmlische Materie seien verschiedener Art. Kepler postulierte eine einheitliche Physik der Erde und des Himmels und prophezeite: „Keine der beiden Wissenschaften Astronomie und Physik wird ohne die andere je zur Vollkommenheit gelangen."

Sein oberster Grundsatz ist: von der Sonne geht eine Kraft aus, welche die Planeten bewegt.

Er verallgemeinert die Vorstellung über Kraft als Ursache der Bewegung. Der natürliche Zustand aller körperlichen Materie – auch in der „Aetherregion" – ist die Ruhe. Bewegung erfolgt erst durch eine Kraft, welche diese Trägheit, die inertia materiae überwindet.

Ein Stein in der Welt steht still; wird ein zweiter Stein in die Welt gebracht, so ziehen sie sich gegenseitig an. Dieses der körperlichen Materie zugehörige „Prinzip" nennt Kepler ihre Gravitas.

Der Apfel fällt nicht auf die Erde: Apfel und Erde ziehen sich gegenseitig an, nur ist die Bewegung der schweren Erde unsagbar klein gegen die des Apfels. Das großartigste Beispiel sind die Gezeiten: die Anziehung des Wassers der Meere durch den Mond. Die Schwere ist nicht, wie Aristoteles meinte, ein dem Körper innewohnender Trieb, sich mit der Erde als Weltmittelpunkt zu vereinigen. Sie ist vielmehr ein „Erleiden" der mit der Erde verbundenen Gravitas.

Alles widersprach der Naturphilosopie ebenso wie der Bibel und den Schriften der Heiligen. Gelehrte wie sein Lehrer Mästlin konnten ihn nicht verstehen und warnten ihn. Ein Astronom hielt ihm gar entgegen: nicht *eine Kraft*, sondern Gott und Teufel regieren die Welt.

„Das ist halt der Handel", meinte Kepler; „so oft sie nit mehr wissen, wo aus, so kommen sie mit der Heiligen Schrift dahergezogen. Gleich als wenn der Heilige Geist in der Schrift die Astronomiam oder Physicam lehrte!" Die weltanschaulichen Barrieren waren noch zu hoch, um die von Kepler geforderte Autonomie der Naturwissenschaft anzuerkennen: „In der Theologie entscheiden die Autoritäten, in der Naturwissenschaft nur die Vernunftgründe".

Als Kepler seine Untersuchungen begann, schrieb er: „Mein Ziel ist es, zu zeigen, daß die himmlische Maschine – caelestis machina – nicht von der Art eines göttlichen Lebewesens, sondern von der Art eines Uhrwerks ist, insofern in ihr fast die ganze Vielfalt der Bewegungen von einer einzigen magnetisch-körperlichen Kraft bewirkt wird, so wie alle Bewegungen in einem Uhrwerk durch ein einziges Gewicht".

Und in späteren Jahren sagt er: „Mästlin pflegte über meine Bestrebungen, alles auf natürliche Ursachen zurückzuführen, zu lachen. Aber das ist mein Stolz und mein Trost, daß mir dieses gelang".

Wie sollte aber diese Kraft ohne eine mechanische Verbindung durch den „gar als völlig leer anzunehmenden" Raum wirken? Haben Sonne, Mond, Erde, alle „körperliche Materie" ein „Seelenvermögen"? Geht von ihnen ein immaterieller Ausfluß aus, vergleichbar dem Licht, jener „species immateriata", von deren Existenz man ja auch erst dann etwas merkt, wenn es auf einen anderen Körper trifft?

Als sich Kepler schon mit solchen Fragen plagte, erschien 1600 das Buch des Londoner *William Gilbert,* Hofarzt der Königin Elisabeth, De Magnete. Rein experimentell wird hier die räumliche Verteilung der magnetischen Kraft aus ihrer bewegenden und richtenden Wirkung auf einen andern Magneten bestimmt und damit nachgewiesen, daß die Kompaßnadel sich nicht auf den Himmelspol, sondern auf den Erdpol richtet.

Schon Gilbert überlegt, ob diese Kraft im Sonnensystem wirken könne.

Gilbert gibt die erste Untersuchung einer nicht-mechanisch übertragenen Kraft; Kepler sieht in dieser Wechselwirkung zwischen zwei Magneten eine Analogie zu seiner von Körper zu Körper wirkenden Gravitas. Er zeigt, unter welchen Annahmen eine zwischen Sonne und Planeten wirkende magnetische Kraft qualitativ zu den beiden ersten Keplerschen Gesetzen führt.

Heute ist diese Hypothese nicht mehr haltbar, zu Keplers Zeit war sie eine durchaus legitime physikalische Überlegung. Welche Bedeutung die „magnetische" Kraft bis ins 18. Jahrhundert hatte, mag man daraus ersehen, daß *Isaak Newton* aus der optischen Erscheinung der Doppelbrechung auf eine – quasi – magnetische Polarisierung seiner Lichtkorpuskel schloß.

Anerkennung fanden Keplers Gedanken zu seinen Lebzeiten nur bei wenigen – „den einer Hochschule Verpflichteten ist es schwer, dem zuzustimmen, was dem Denken der Allgemeinheit widerspricht".

So sehr er sich in Wort und Schrift bemühte – es gelang ihm nicht, sie zu überzeugen. Aber er behielt seinen Humor:

„In der Zwischenzeit – so schrieb er einem Freund – habe ich nach Tübingen in die Studierstube Mästlins eine Versammlung aller Mathematiker einberufen, die seit 2000 Jahren hervortraten und die in Zukunft auftreten werden. Für sie ist es leichter zu erscheinen und auch zuzustimmen als für die mit uns Lebenden".

*

Von weittragender Bedeutung waren auch die aus den Prager Jahren stammenden optischen Arbeiten. Mit der „*Astronomiae Pars Optica*" von 1604 begründete Kepler die physikalisch-geometrische Optik. Aus ihrem reichen Inhalt nennen wir nur die erste richtige Theorie des menschlichen Auges, der Kurz- und Weitsichtigkeit und der Wirkung der Brillen, welche aus Keplers Ableitung der Abbildungsgesetze für Linsen und Linsenkombinationen folgte.

Kepler hat damit als erster ein physikalisches Gesetz zum Verstehen eines physiologischen Vorganges herangezogen; wir nennen es heute *Biophysik.*

Er vollendete seine Optik 1611 mit der Theorie des astronomischen und des terrestrischen Fernrohrs in seiner „Dioptrice" (der Begriff Dioptrik ebenso wie die Bezeichnung „Fokus" ist hier von Kepler eingeführt).

Die Veranlassung hierfür gaben Galileis erste Beobachtungen des Himmels mit einem Fernrohr im Januar 1610. Er schickte sie als „Sidereus Nuncius", als „Sternen-Botschaft" an Kaiser Rudolph, welcher von Kepler ein Gutachten verlangte.

Kepler schrieb in wenigen Tagen die berühmte „Dissertatio cum Nuncio Sidereo" als offenen Brief an Galilei, in welchem er im Gegensatz zu fast allen Gelehrten für die Richtigkeit und die Bedeutung von Fernrohrbeobachtungen als eine neue Astronomie eintrat.

Besonders wichtig war für Kepler die Beobachtung von Bergen und Tälern des Mondes, also der für seine Gravitas-Lehre wichtige Nachweis, daß der Mond nicht „himmlische", sondern körperliche, erdähnliche Materie ist, und ferner der Nachweis der Venus-Phasen, ein sicherer Beweis, daß die Venus die Sonne umläuft.

Sie sagten aber nichts aus über die Grundfragen des Kopernikanischen Systems, die „bewegte" Erde und die im Mittelpunkt der Welt „ruhende" Sonne, also gerade über die Punkte, in welchen es der Bibel widersprach.

Galilei aber behauptete deren Prüfbarkeit mit dem Fernrohr. Nebenbei sei bemerkt, daß Galilei auch bis zuletzt an Ebbe und Flut als einem mechanischen Beweis für den Lauf der Erde um die Sonne festhielt, was schlechthin falsch ist.

Jetzt begann der offene Widerstand der Römischen Kirche gegen das Kopernikanische System, der zu seiner Erklärung als „Ketzerei" führte.

Noch 1609 hatte Kepler zu seiner eigenen Rechtfertigung geschrieben:

„Ich sage, daß die Erde umlaufe, sei nicht wider die Schrift, wenn man sie richtig auslege. So höre er darüber alle Päpste seit 1542; sie haben die Schrift so ausgelegt, daß sie Kopernikus noch nie eines Irrtums oder der Ketzerei beschuldigt hätten. Er höre darüber auch einige Theologen der anderen Partei, die man Protestanten nennt: sie verbieten nicht, das zu glauben. ... Allerdings der große Haufen von Theologen und Mathematikern will nicht zugeben, daß die Erde umlaufe".

Bedenkt man, daß Kepler als Hofbeamter in Prag, dem damaligen Zentrum von Politik und Wissenschaft, mit Gelehrten, mit kirchlichen und weltlichen Gesandten und Würdenträgern aus aller Welt zusammenkam, so ist diesem Urteil wohl große Bedeutung zuzumessen.

1616 wurden Galileis Schriften und auch das Werk des Kopernikus auf den Index gesetzt. 1617 lehnte Kepler den Ruf nach Bologna ab, „weil seine Freiheit im Gebaren und in der Rede ihm leicht, wenn auch nicht Gefahr, so doch Schmähungen zuziehen, Verdächtigungen erregen und ihn den Angebereien benommener Köpfe aussetzen könnte."

Keplers Astronomia Nova blieb unbeanstandet; als er aber 1618 ein allgemeines Lehrbuch für weite Kreise, für Schulbänke niederen Ranges über seine neue Astronomie und Physik herausgab, wurde auch dieses verboten.

Kepler wehrte sich; er verschickte eine „Admonitio ad Bibliopolas": er müsse zwar zugeben, daß andere die neue astronomische Lehre nicht am rechten Ort und nicht nach rechter Methode vorgetragen haben. „Die kirchlichen Stellen aber mögen sich überlegen, ob man den unermeßlichen Ruhm der göttlichen Werke unter dem Volk verbreiten oder einschränken und seine Verkündigung mit Zensuren unterdrücken soll".

In der Widmung seines nächsten Werkes an die Linzer Stände schreibt er geradezu trotzig: „Mögen sich andere zu der Lehre des Kopernikus stellen, wie sie wollen. Ich erachte es als meine Pflicht und Aufgabe, sie, die ich im Innern als wahr erkannt habe, auch nach außen mit allen Kräften meines Geistes zu vertreten".

*

Mittlerweile hatte sich in Keplers Leben eine wesentliche Veränderung ergeben. Veranlaßt durch die Übernahme der Regierung durch Matthias, in tiefer Depression über den Tod seines Sohnes, seiner Frau Barbara und seines unglücklichen Gönners Rudolph hatte er 1612 Prag verlassen. Er war als *Landschaftsmathematiker der Stände von Österreich ob der Enns* nach Linz gegangen, nachdem seine Bestallung als Kaiserlicher Mathematiker mit einem Sondergehalt und der Auftrag zur Vollendung der Rudolphinischen Tafeln vom neuen Kaiser bestätigt waren.

Daneben sollte er unterrichten und eine „Mappa", eine Landkarte mit Beschreibung von Österreich verfertigen.

Da bei der Übersiedlung von Prag nach Linz auch die Einkommensfrage eine Rolle spielte, seien hier einige kurze Bemerkungen über Keplers finanzielle Verhältnisse eingeschaltet, über welche manch irrige Meinung besteht. Als „Stiftler" wurde der Student knapp gehalten, er hatte aber durch das – „wegen seines herrlichen Ingeniums" – sogar zweimal bewilligte Ruoff-Stipendium seiner Vaterstadt eine zusätzliche Hilfe. In Graz war das Anfangsgehalt klein, Unterricht, Verkauf der Kalender und astrologische Gutachten brachten Nebeneinnahmen. Dann kam die Ehe mit der begüterten Frau und schließlich in Prag die Anstellung als Kaiserlicher Mathematiker. Allerdings mußte er zunächst ein halbes Jahr sich um die Auszahlung bemühen, regelmäßig und ohne Drängen erfolgte sie nie. Es gibt einen Brief, in dem er klagt, daß er wegen der Saumseligkeit der Behörden gezwungen sei, das Geld seiner Frau in Anspruch zu nehmen.

Sogar in den offiziellen Widmungsschreiben seiner Bücher an den Kaiser, die Stände und hochgestellte Persönlichkeiten beschwert er sich über das Ausbleiben der Gelder; oft erhielt er eine Abzahlung erst, wenn er wegen seines ständigen „Molestierens" den Behörden lästig geworden war. Daß er aber hungern mußte, ist nicht richtig. Seine Nebeneinnahmen waren immer groß, und was er an Geld erübrigte, wußte er sehr wohl zinstragend anzulegen. Bei dem ihm von den Linzer Ständen gezeigten Entgegenkommen hoffte er auf Ruhe zum Arbeiten; aber er sollte sie nicht finden.

Seine protestantischen Glaubensbrüder schlossen ihn als einen „verschlagenen Calvinisten" vom Abendmahl und damit aus der Kirchengemeinschaft aus.

Wie im Bereich der Wissenschaft war er auch in Fragen der Religion ein selbständiger Denker. Nie war er bereit, auch nur eine Handbreit seiner Überzeugung aufzugeben. „Es steht mir nicht an, in Gewissensfragen zu heucheln", antwortete er stolz und fest den Freunden, die ihn überreden wollten, seiner Ruhe zuliebe doch die verlangte Unterschrift unter die Konkordienformel des orthodoxen Stuttgarter Konsistoriums zu leisten.

Man muß bei diesen theologischen Fragen, denen Kepler mehrere Schriften und viele Briefe widmete, seine Haltung zu den verworrenen kirchlichen Fragen beachten. Er konnte mit der vorbehaltlosen Unterschrift der Konkordienformel der innerprotestantischen Trennung nicht Vorschub leisten, weil sein ganzes Streben auf die Vereinigung aller Konfessionen in einer „wahrhaft" katholischen Kirche gerichtet war.

Kepler wußte, daß ihm nun die in Aussicht stehende und erwünschte Professur in Tübingen endgültig versagt blieb. So hat der Begründer der neuen Naturwissenschaft nie an einer Universität gelehrt.

In dieser Zeit reifte sein Entschluß, einen neuen Hausstand zu begründen. Mit der neuen Ehe mit Susanna Reuttinger aus Efferding bei Linz lebte der wissenschaftliche Geist wieder auf.

Beim Weinkauf für den jungen Haushalt kamen dem sparsamen Kepler Bedenken über die Bestimmung des Inhaltes der Fässer. Er geht der Sache auf den Grund und entwickelt in origineller Weise eine Berechnung aus ihrer äußeren Form, die sich angenähert durch Rotation von Teilen von Kegelschnitten darstellen läßt (auch dieses Fachwort stammt von Kepler.) Diese „Nova Stereometria Doliorum Vinariorum" wurde als Vorarbeit für die Integralrechnung berühmt. Er widmete sie zu Neujahr zwei österreichischen Adligen mit dem Wunsch, das neue Jahr möge ihnen so viel Wein bescheren, daß sie auch etwas davon abgeben!

Eine vereinfachte deutsche Fassung geht als „Messekunst Archimedis, eine Rechnung der Weinfässer, sonderlich der österreichischen, die unter allen anderen den adlichsten Chic haben" an die Bürgermeister, Richter und Räte der Städte mit einer höchst launigen Widmung:

„Das uralte Mütterlein aller Obrigkeit namens Geometria, seine Herrin, lasse alle ehrenfesten usw. usw. Herren mütterlich grüßen. Sie habe des edelen Rebensaftes wegen das Land Österreich besonders lieb ... Nun habe sie ihm befohlen, den im Weinfaß gefundenen mathematischen Schatz den Ständen zu verehren, daß diese ihn in Handel und Wandel nützen und auch ihr Kind aus ihrem Vermögen unterstützen möchten."

Die Stände verehrten ihm auch 150 Gulden, reagierten aber sonst recht unfreundlich: er solle sich gefälligst um die Landmappa und die astronomischen Tafeln und nicht um Weinfässer kümmern.

Keplers Antwort zeigt keine Spur von Einschüchterung. Ob die Stände sich denn darüber klar seien, welch erniedrigende

Arbeit die Verfertigung der Landmappa von ihm verlange, von Ort zu Ort zu fahren, sich den Angriffen argwöhnischer Bauern auszusetzen, die für jede Auskunft etwas zu trinken verlangen, ohne daß er das erforderliche Geld dafür bekomme.

Astronomische Tafeln aber ließen sich nicht „wie eine Comedie über Nacht hinschreiben, oder wie ein Commentarius super Aristotelem aus dem Ärmel schütteln".

Adalbert Stifter hat darüber geschrieben:

„In Linz hat auch einmal so ein moralisch Gekreuzigter gelebt, dessen Spuren ich hier oft mit schauernder Ehrfurcht nachgehe, der Sternkundige Kepler. Weil er hier die Gesetze der Planetenbewegung fand, schalten ihn die Stände, daß er Hirngespinsten nachgehe, statt seiner Pflicht gemäß das Land zu vermessen. Die Stände hatten mit Ausnahme der Hirngespinste garnicht einmal Unrecht; denn Kepler genoß sein Gehalt als Landesvermesser".

Es ist das Los des beamteten Forschers.

*

In der Tat, Keplers Interesse war auf zwei Werke ganz anderer Art gerichtet.

Es war zuerst die Fertigstellung des Lehrbuchs, von dem wir schon sprachen, der *Epitome Astronomiae Copernicanae*. Es erschien schon 1635 in 2. Auflage und hat wohl am meisten zur Verbreitung von Keplers neuartigen Gedanken beigetragen.

Das andere ist „das Werk seines Lebens", die „*Harmonice Mundi*", die Weltharmonik, sein Vermächtnis für spätere Generationen: „Wohlan ich werfe den Würfel und schreibe ein Buch für die Gegenwart oder die Zukunft, – mir ist es gleich, es kann 100 Jahre auf den Leser warten; hat doch auch Gott 6000 Jahre auf den Erkunder seines Werkes warten müssen!"

Astronomisch bedeutungsvoll darin ist die Mitteilung des dritten Keplerschen Gesetzes: die für alle Planeten einschließlich der Erde gleiche *Zahlenbeziehung* zwischen Umlaufzeiten um die

Sonne und mittleren Sonnenabständen. Seit seinem Erstlingswerk hatte er nach ihr gesucht. Nun „ging am 18. Mai 1618 die volle Sonne einer wunderbaren Schau auf".

Es ist unverständlich, daß Galilei in seinem Dialog von 1632 nicht davon Kenntnis nimmt; und dabei war das dritte Keplersche Gesetz das beste Argument für die „bewegte Erde" – und um die ging es ja im Galilei-Prozeß! Gegen Ende des Jahrhunderts wurde das dritte Gesetz verbunden mit Keplers Gravitaslehre und ihrer Fortentwicklung, besonders durch Huygens, die Grundlage für Newtons Gravitationsgesetz.

Das Manuscript zur Weltharmonik wurde vier Tage nach dem Prager Fenstersturz, dem Fanal des Dreißigjährigen Krieges, vollendet. Im Druck erschien sie im Herbst des Jahres: „Vergeblich hat der Kriegsgott geknirscht, gebrummt und dazwischen gebrüllt".

Wir kommen auf die Weltharmonik noch zurück.

*

Während der Abfassung der großen Werke hatten sich die Lebensbedingungen in Linz dauernd verschlechtert. Die Rekatholisierung nahm ihm seine Freunde und die ihn stützenden Kräfte in den Ständen. Man hatte sogar seine Entlassung beschlossen, aber nicht durchgeführt: er war ja auch schließlich Kaiserlicher Mathematikus, er war Hofbeamter und stand so auch als Protestant unter besonderem Schutz.

Aus den Glaubenskämpfen – „jener Geisteskrankheit, die ein gütiger Gott heilen möge" – wurde der große Krieg. Die Vollendung der Epitome erfolgte schon „zwischen baierischen Waffen, verwundeten und toten Soldaten und Zivilisten". Die baierischen Truppen hatten Linz eine hohe Kontribution auferlegt – „man nehme es wo man wölle" –, die Gehaltszahlung ging noch spärlicher ein als früher, der Bücherverkauf kam zum Erliegen.

In dieser schweren Zeit brach das ganze Leid der Hexenverfolgung seiner Mutter über ihn. Schon 1616 hatte er sie bei sich aufgenommen, bis man sich in Württemberg etwas beruhigt hätte. Aber das dauerte nicht lange. Schließlich mußte er 1620 für mehr als ein Jahr unbezahlten Urlaub nehmen, um die Verteidigung an Ort und Stelle durchzuführen. Seiner Tatkraft und juristischen Scharfsinnigkeit gelang ihr Freispruch – wohl nicht zuletzt durch sein Ansehen: „Leider erschien die Beklagte mit ihrem Sohn, dem Kaiserlichen Mathematicus" steht in einem Protokoll.

Nun mußte er endlich an die Vollendung der Tabulae Rudolphinae gehen, der Auswertung von Brahes Messungen für die Bewegung aller Planeten. Er seufzt unter der Knechtschaft der ewigen Rechnerei, die ihm die Zeit für Spekulationen, seine „einzige Wonne", nimmt.

Unter immer schlechter und gefährlicher werdenden Zuständen – „nicht nur ein Mal war ich in Gefahr für Leib und Leben" – gelang 1626 der Abschluß des großen Tabellenwerkes, „des Hauptwerkes meines astronomischen Schaffens"; Kepler beginnt mit dem Druck bei Hans Planck in Linz.

Er gedenkt dankbar der Hilfen, die ihm trotz der Generalausschaffung der Protestanten zuteil wurden. Auch seine Mitarbeiter durften, unbeschadet ihrer Konfession, bleiben; die Beschlagnahmung seiner „ketzerischen Bücher" – „auch Herrn Keplers Bibliothek ist verpitschieret worden" stand in deutschen Zeitungen, – wurde aufgehoben; er konnte Privatbriefe aus der abgeriegelten Stadt schicken, er mußte als einer der wenigen kein Pferdefleisch essen, er bekam eine sichere Wohnung.

Da fiel bei dem Linzer Bauernaufstand die Druckerei einem Brand zum Opfer. Jetzt gab ihm der Kaiser einen Paß, er fuhr mit Manuscript, den schon hergestellten Lettern und Frau und Kindern Donau-aufwärts nach Ulm. Doch der Eisgang machte in Regensburg der Fahrt ein Ende. Die Familie blieb dort. Er fuhr allein weiter – „die Vollendung seines Werkes ersehnend wie die Welt den Frieden".

In Ulm wurde der äußerst schwierige Druck im Herbst 1627 abgeschlossen.

In letzter Minute kam das Unheil. Die Erben von Tycho Brahe forderten unter anderem das Recht, die Widmung des Werkes an Kaiser Ferdinand II., den Nachfolger von Matthias zu verfassen, denn es basiere ja auf den Messungen ihres Vaters. Kepler mußte nachgeben, fügte aber einen Brief an den Kaiser hinzu: „Was soll ich sagen, nachdem die Widmung des Werkes, an dem ich 26 Jahre lang mich abmühte, an Eure Majestät bereits vollzogen ist?".

Dann erinnert Kepler an die lange Geschichte des Werkes, an die unglücklichen politischen Ereignisse der vergangenen Jahre, an den Krieg. Das Werk sei eine Zierde des Friedens. Gleich aller Wissenschaft enthalte es Unvollkommenheiten, welche erst eine friedliche Zukunft beheben könne. Solches zu bedenken rate er auch dem Kaiser: er möge über die ihm noch unvollkommen erscheinenden politischen Verhältnisse hinwegsehen, endlich Frieden schließen und ihre Verbesserung einer friedlichen Zukunft überlassen.

Der Brief ist ein *diplomatisches Meisterstück!*

In den ersten Tagen des Jahres 1628 überreichte Kepler sein Werk dem Kaiser Ferdinand II. Mit dem ihm zuteil werdenden ehrenden Empfang konnte er zufrieden sein. Aber seine Zukunft lag im Dunkeln, denn mit der Ablieferung der Rudolphinischen Tafeln war der kaiserliche Auftrag erloschen.

Man machte ihm zwar ein neues großzügiges Angebot – aber unter der Bedingung, daß er zur katholischen Kirche übertrete. Wieder erhebt sich sein Stolz. „*Recte et candide* – gradaus und rein" lehnt er es ab.

In aussichtsloser Lage traf er *Wallenstein*, der ihm früher einmal Dank für eine Hilfe versprochen hatte. Sie wurden mit Zustimmung des Kaisers bald einig. Kepler zog wieder hoffend, wenn auch schweren Herzens mit der Familie nach Sagan.

Aber es folgte nur ein trauriges Nachspiel des erfolggekrönten Lebens. Er vereinsamte. Er denkt an sein Alter, an die ewigen Krankheiten. „Mit Gottes Hilfe will ich mein Werk wirklich zu Ende führen, die Sorge für mein Begräbnis dem morgigen Tag überlassen". Noch einmal bricht sein starker Wille zur Arbeit durch, noch einmal lehnt er sich gegen die ihn und alle bedrängende Not auf: „Wenn der Sturm wütet und der Schiffbruch des Staates droht, können wir nichts Würdigeres tun, als den Anker unserer friedlichen Studien in den Grund der Ewigkeit zu senken."

In einer neuen, auf Wallensteins Kosten in Sagan eingerichteten Druckerei konnte Kepler u. a. noch zwei Fortsetzungsbände seiner Ephemeriden drucken lassen; er erhielt auch das ihm zugesagte Gehalt, wenn auch nicht ohne Drängen. Aber die von Kaiser Ferdinand an Wallenstein übertragene Auszahlung der großen kaiserlichen Schulden erfolgte nicht.

Wallensteins Stern begann zu verblassen. Kepler fuhr nach Regensburg, um dem beim Fürstentag dort weilenden Kaiser seine Lage und die auf 12694 Gulden angewachsene Schuld vorzulegen.

Er kam am 5. November 1630 an, vom langen Ritt erschöpft und krank. Er starb am 15. November im Hause seines Freundes Hillebrand Billy.

*

Wir haben uns bisher auf Keplers naturwissenschaftliche Leistungen beschränkt. Sein Denken, sein Streben ging aber weiter: der Naturforscher soll auch auf das achten, „was aus seinen Erkenntnissen der Menschheit je zu ausgezeichnetem Nutzen dienen kann".

Wir dürfen hier nicht nur an die Technik denken – etwa an Keplers Erfindung eines Kunstbrunnens oder der Zahnradpumpe zur Entwässerung von Bergwerken, an seine Brillen-Theorie, an optische Vorrichtungen für die Landaufnahme oder an die erwähnte Faßrechnung, in welcher Kepler das überhaupt erste Beispiel einer wissenschaftlichen Forschungsarbeit zur Lösung einer wirtschaftlichen Frage gibt. So fordert er die Behörden auf, das Studium der Mathematik nicht wie bisher für überflüssig zu halten. Wegen ihres ja doch bekannten Nutzens für alles menschliche Wirken vom Handwerk über die Geldwirtschaft bis zur Staatsführung sollten sie besorgt sein, daß „die mathematischen Künste sich fortentwickeln", weil in ihnen noch „ein unerschöpflicher Schatz verborgen liegt, der durch fleißiges Nachdenken fernerhin zu entdecken ist."

Aber das Streben nach ausgezeichnetem Nutzen der Wissenschaft soll sich nicht auf die materiellen Fragen beschränken. Kepler stellt der von ihm erkannten physikalischen Einheitlichkeit der Welt den Gedanken der Einheit von kosmischem Geschehen und menschlichem Handeln zur Seite. Das ist die Wurzel seiner *Astrologie* und auch seiner *Weltharmonik.*

Zunächst die Astrologie.

Um es vorwegzunehmen: Keplers Hin- und Herdenken über dieses in seiner Zeit viel diskutierte Problem ist primär naturwissenschaftlich. Der Einfluß der Sonne durch Licht und Wärme auf Physis und Psyche des Menschen und auf Wettervorgänge ist ja unbestreitbar. Ob auch von Planeten und besonderen astronmischen Geschehnissen wie Finsternissen, Kometen, neuen Sternen eine Wirkung auf „alle beseelten Wesen auf Erden, auf Mensch und Tier und Kraut" ausgeht, kann nur die unvoreingenommene Prüfung an der Erfahrung lehren.

Scharf lehnt Kepler die gewöhnliche Astrologie ab, jenes „magisch-sortilegerische Affenspiel", das sich in Prophezeihungen und Einzeldeutungen ergeht. Wenn hierbei von Erfahrungsbeweisen gesprochen werde, so gelte der alte Satz: was nicht stimmt, wird vergessen, was stimmt, „behält man nach der Weiberart und der Astrologus kommt in Ehren".

„Es war daher von der Römischen Kirche weise gehandelt" – so schreibt er 1605 an den bayerischen Kanzler Herwart von Hohenburg – „wenn sie die Astrologia indiciaria verurteilte, dagegen die Philosophie des Kopernikus unentschieden ließ."

In *einer* der beiden 1609 in deutscher Sprache verfaßten Schriften über Astrologie kritisiert er die Astrologen, in der *anderen* warnt er, nun „nicht gleich das Kind mit dem Bad auszuschütten" wie es im Titel heißt: Man müsse in dem übelriechenden Mist wie ein Huhn scharren, das vielleicht doch ein Goldkörnlein findet.

Eine besondere Gefahr sieht Kepler in der Verwendung astrologischer Prognosen als Karten im politischen Spiel. Hier hatte er aus seiner Tätigkeit am Prager Hof so seine Erfahrungen.

Als 1610 astrologische Gutachten zu einer höchst gefährlichen Zuspitzung des Streits zwischen Rudolph und Matthias geführt hatten, spielte er selbst dieses Spiel, um seinem Herrn zu helfen.

In größter Sorge schreibt er an „einen Vertrauten des Kaisers": „Ich halte dafür, daß man alle Astrologie bei solchen schwerwiegenden Überlegungen völlig ausschalten soll." Dann vertraut er ihm an: Von der dem Kaiser feindlichen Partei gefragt, habe er das gesagt, was die Leichtgläubigen in Bestürzung setze: der Kaiser werde lange leben. Dem Matthias selbst aber habe er drohende Unruhen vorausgesagt, um ihm sein Selbstvertrauen zu nehmen. Alles das sage er aber nicht dem Kaiser; denn es könnte ihn ja zu zuversichtlich machen, sodaß er die ihm zur Verfügung stehenden Mittel nicht voll einsetze.

Nach seiner eigenen „vernünftigeren Astrologie" sei aber Kaiser Rudolph in der ungünstigeren Lage. Er glaube aber, daß man hierauf in keiner Weise bauen dürfe: „die Astrologie muß aus dem Senat heraus und aus den Köpfen derer, die dem Kaiser am besten raten wollen."

Was versteht Kepler unter seiner „vernünft*igeren* Astrologie"? „Über die zuverlässi*geren* Grundlagen der Astrologie" ist der Titel seiner Hauptschrift von 1601.

Nicht die Planeten mit ihren wechselnden Stellungen selbst wirken, sondern nur bestimmte Aspekte, d. h. definierte geometrische Anordnungen, welche durch ausgewählte harmonische Zahlenverhältnisse bestimmt sind – so als ob „die ganze Natur und alle himmlische Zierlichkeit in der *Geometrie* symbolisiert ist".

Offenbar lag hier das für Kepler Faszinierende. Aber wie stand es mit der Erfahrung? Sagt er doch auch, er habe diese Aspektenlehre als „wahr" erkannt. Er schränkt ihre Bedeutung ein; die

Aspekte selbst sind weder gut noch böse, sie bringen nur eine Disposition zu bestimmtem Handeln – das, meint er, stehe fest.

Aber die Faszination, auch hier Geometrie als maßgeblich zu finden, war stärker als die nüchterne Kritik, die seine Astronomia Nova so beispielhaft auszeichnet.

*

Diese Aspektenlehre ist ein sogar wesentlicher Teil seiner Weltharmonik. Sie schließt sich an sein Erstlingswerk an.

Sehr bald nach diesem trat die Frage nach harmonischen Zahlenbeziehungen in den Dimensionen der Euklidischen Körper und der Planetenbahnen auf – mit dem Gedanken, daß ganz bestimmte harmonische Zahlenverhältnisse wie für die Musik, so auch für den Bau der Welt bestimmend sind.

Er glaubt sie übereinstimmend in den regulären geometrischen Körpern, in den geometrischen Bestimmungsgrößen der Planeten-Ellipsen seiner Astronomia Nova und in den Umlaufzeiten der Planeten um die Sonne zu finden. Hierbei stößt er auf das *dritte Keplersche Gesetz*, was ihn „in heilige Raserei" versetzt.

Nun sucht er mit diesen Zahlen alles zu ordnen und zu verbinden, „was mit den Sinnen erfaßt wie das, was vom Geist erkannt wird, das Werk der Wissenschaft und der Menschen, das der Natur und das des Schöpfers." Wir müssen es hier bei diesem kurzen und unvollständigen Abriß der Keplerschen „Harmonie"-Gedanken bewenden lassen, welche Geometrie, Musik, Astronomie, Astrologie, Physik, Theologie, Recht, Politik, Staatsführung, Familie und Soziologie umfassen.

Das Werk hat bis heute die widerspruchsvollsten Beurteilungen erfahren. Vor allem sah man einen unüberbrückbaren Gegensatz zwischen dem Verfasser der Weltharmonik und dem der neuen Astronomie. Und doch steckt in beiden derselbe Drang, unsere Welt als Einheit rational zu erfassen – hier streng an Erfahrung gebunden, dort durch das Aufsuchen eines mathematischen Prinzips.

Man muß berücksichtigen, daß in Kepler noch das ganze spätmittelalterliche naturphilosophische Milieu lebendig war, aus dem er mit seiner neuen Astronomie und Physik herausbrach. Und man darf auch nicht seine betonten Erklärungen vergessen: er rede nicht von „seienden und nichtseienden Dingen", er gäbe keine „Metaphysik wie Aristoteles", er „treibe keine Zahlenmystik": „die Harmonien müssen sich aus der Erfahrung ergeben".

Er will dem Menschengeschlecht für seine Zukunft etwas neues geben – und deshalb sagt er, er könne hundert Jahre auf den Leser warten –: aus dem die Vielschichtigkeit der Erscheinungen verbindenden Prinzip die Einheit des Werkes des Schöpfers und damit dessen Größe verstehbar machen, vom blinden Gottesglauben zur Ehrfurcht vor Gott führen, „der aus dem Buch der Natur erkannt sein will".

*

Läßt man alles Spezielle und Zeitgebundene, alles für uns heute Unhaltbare und auch das auf die Dauer Bewährte beiseite, so muß der Leitgedanke der Weltharmonik uns ganz modern erscheinen. Es ist der erste und großartige Versuch, aus einem der Natur entnommenen mathematischen Prinzip eine „*Weltformel*" zu finden und die wissenschaftliche Erkenntnis für die Regelung der menschlichen Verhältnisse nutzbar zu machen – mit dem ausgesprochenen Ziel einer *ethischen Fortentwicklung* der Menschen.

Es war für Kepler – und es ist in der Tat – ein unerträglicher Gedanke, daß dem *Verstand* der Menschen Einsicht in die Wunder der Natur – und „nur die Wissenschaft zeigt Wunder" –, in die gesetzmäßige *harmonische* Ordnung der Welt gegeben ist, daß aber das *Leben* der Menschen, durch Zank und Streit, Haß und Krieg beherrscht, in allgemeiner *Disharmonie* dahingeht.

Sollte nicht der Blick auf kosmisches Geschehen die Kleinheit der Dinge lehren, um die es den Menschen geht: „O curas hominum, o quantum est in rebus inane" – immer wieder findet sich dieser Wahlspruch in Stammbucheintragungen: O die Sorgen der Menschen, wieviel Eitles liegt in ihren Dingen!

Daß Kepler ihm folgte, ließ ihn sein nicht leichtes Leben meistern und seine Kraft ganz als „Priester am Buch der Natur" in den „Dienst für Menschheit und Zukunft "stellen.

Seine Werke, seine Briefe und Widmungsschreiben durchzieht die Hoffnung, „daß je mehr jemand die Wissenschaft liebt, desto drängender werde er mit ihm seine Gebete zum barmherzigen Gott richten, er möge die Kriegswirren niederschlagen, die Verwüstungen beseitigen und den goldenen Frieden bringen".

So erscheinen die Worte, mit denen Kepler 1620 ein Exemplar der „Harmonice Mundi" – „auf Schreibpapier gedruckt" – dem Senat von Regensburg übergibt, als das mit diesem Werk hinterlassene Testament:

> *Daß gereicht zur Ehre Gottes des schöpffers, zue mehrern dessen erkhentnus aus dem Buch der natur, zue Besserung des menschlichen lebens, zue vermehrung sehnlicher Begierd der Harmonien im gemeinen wesen, bey ietziger schmertzlich vbel khlingenten dissonanz.*

Die Großen der Weltgeschichte *11* (1978) S. 51–71

Walther Gerlach

OTTO HAHN, LISE MEITNER, FRITZ STRASSMANN

Die Spaltung des Atomkerns

Otto Hahns Lebenswerk hat in der Entwicklung einer der großen Entdeckungen der letzten Jahrhundertwende, welche am schnellsten zu Grundlagen des neuen Weltbildes führten, einen beständigen und in seiner Eigenart unverwechselbaren Platz: in der von der klassischen Atomistik zu Kernphysik, Kernchemie und Kerntechnik führenden Radioaktivität.[1] Die Mehrzahl seiner früheren Arbeiten über die Entdeckung zahlreicher radioaktiver Elemente und die Klärung ihrer Zusammenhänge ist in Zusammenarbeit mit Lise Meitner entstanden. Aus ihnen entwickelte Lise Meitner ihre Untersuchungen über die Physik der radioaktiven Beta- und Gamma-Strahlen und Hahn die »Angewandte Radiochemie«. Die folgenden Gemeinschaftsarbeiten mit Lise Meitner und Fritz Straßmann über Transurane führten Hahn und Straßmann zur Entdeckung der Kernspaltung von Uran und Thorium und zu ihrer atomkernenergetischen Klärung durch Lise Meitner und Otto Robert Frisch.[2] Die auf der Kernspaltung beruhende technische Freisetzung der Atomkernenergie hat die Weltpolitik in eine noch nicht beherrschbare Phase gelenkt.

Otto Hahn wuchs in Frankfurt a. M. auf. Sein Vater, Sohn eines pfälzischen Weinbauern, hatte sich dort als Glaser niedergelassen und durch seine Rührigkeit, im Geschäftlichen unterstützt durch Hahns Mutter, begünstigt durch den wirtschaftlichen Aufschwung der Zeit, bürgerliche Geltung, Hausbesitz und Wohlhabenheit erworben. Die zwei älteren Brüder sollten in das Geschäft eintreten, Otto Architekt werden. Er besuchte die Klinger-Oberrealschule, zu mancherlei Interessen durch den Stiefbruder Karl aus der ersten Ehe seiner Mutter, einen späteren Altphilologen, angeleitet. Von den damals üblichen akademischen Schülervorlesungen des »Physikalischen Vereins«, einer jüngeren Schwester der Senckenberg-Stiftung, besuchte er die des Chemikers Freud; sie regten ihn zu normalen, von ihm aber mit großem Ernst betriebenen »Versuchen in Mutters Waschküche« an. Eine zeitweise Beschäftigung mit parapsychologischen und ähnlichen Fragen führte ihn zu dem sein ganzes Leben und später seine wissenschaftliche Haltung bestimmenden extrem rationalen Denken.

Nach dem Ostern 1897 ordentlich bestandenen Abitur studierte er Chemie; den Plan, Architekt zu werden, mußte er mangels jeglichen Zeichentalents aufgeben. Die Studentenjahre verliefen recht farblos; kleinere Episödchen erzählte er mehr oder weniger ausgeschmückt gern in späteren Jahren bei allen möglichen Gelegenheiten – zuweilen auch, um einen sich etwas wichtig machenden Anwesenden ohne Aufsehen zu »tratzen«, was er meisterhaft verstand. Der Besteigung der Zugspitze während seiner Studentenzeit in München folgten in späteren Jahren viele schwerste Bergtouren, auch mit Skiern, teils im Alleingang, teils mit dem »Chemski«, wie ein paar sich zum Wandern zusammenschließende Chemiker sich nannten. Aus München brachte er auch ein gewisses Interesse an Musik mit, das ihn seiner schönen kräftigen Stimme wegen in den Jahren vor dem Ersten Weltkrieg in einen zeitweise von Max Planck geführten Chor brachte; der Krieg beendete den Gesangsunterricht.

Ab Ostern 1899 ging er ernstlich an das Studium und promovierte am 21. Juli 1901 magna cum laude bei Theodor Zincke[3] in Marburg mit einer Untersuchung aus der organischen Chemie zum Dr. phil. Zincke wollte ihn behalten, Hahn aber zunächst den Militärdienst bei einem Frankfurter Infanterie-Regiment absolvieren.

Ohne Reserveoffiziers-Ambitionen ging er im Herbst 1902 als Zinckes Vorlesungsassistent für zwei

Die Großen der Weltgeschichte 11 (1978) S. 51–71

Jahre nach Marburg zurück. Von wissenschaftlicher Betätigung während dieser Zeit ist nichts bekannt. Er bewarb sich mit Zinckes Empfehlung bei der Chemischen Fabrik Kalle in Biebrich am Rhein um eine Stelle. Er gefiel, doch sollte er vorher ein Jahr nach England gehen, um die Sprache zu lernen. Zincke riet, sich auch in Chemie weiterzubilden und vermittelte ihm eine Volontärstelle bei Sir William Ramsay[4], dem durch die Entdeckung der Edelgase bekannten Londoner Chemiker. Die Eltern sagten ihm großzügig die pekuniären Voraussetzungen zu. So ging er lebensfroh und sorgenfrei auf die Reise.

Ramsay nahm ihn freundlich auf und gab ihm die ganz normale Aufgabe, einige in einer Substanz enthaltene Milligramme Radium nach der Curieschen Methode abzutrennen.[5] Für einen jungen Marburger Organiker und Vorlesungsassistenten war das alles neu; man kann nicht einmal sagen, daß die Aufgabe ihn reizte; aber er packte sie pflichtbewußt an, und Ramsay erkannte bald den Eifer und Fleiß. Hahn bat um die Institutsschlüssel, um auch nachts arbeiten zu können, und Ramsay händigte sie ihm aus. Doch vergaß Hahn darüber nicht all das, was London an Kultur und an Vergnügen bot, reichlich zu genießen, und schließlich wollte er ja nicht eine neue Wissenschaft, sondern die fremde Sprache erlernen.

Zu den sein Leben so oft begünstigenden Umständen – wir vermeiden das Wort Zufall, weil dazu seine Art gehörte, sich in sie aufgeschlossen einzufügen und sie für sein Werden zu nützen und zu gestalten – gehört die Anwesenheit eines anderen jungen Landsmanns, des Physikochemikers Otto Sackur, der schon Erfahrungen auf dem neuen Gebiet hatte. Die Zusammenarbeit führte zu einer damals nicht unwesentlichen Feststellung, daß zwei als verschieden angesehene radioaktive Elemente identisch waren. Eine bei seinen eigenen Arbeiten auftretende unerwartete Unstimmigkeit fesselte ihn, obwohl sie für seine eigene Aufgabe belanglos war. Nach zähen Versuchen – Ramsay selbst hatte wenig eigene Erfahrung – kam er zu dem Schluß, daß er eine neue radioaktive Substanz entdeckt habe; er nannte sie »Radiothor«.

Ramsay, schnell für etwas Neues entflammt, legte die Entdeckung seines Schülers der Royal Society vor[6], führte ihn in Kollegenkreisen ein und überredete ihn, die Industriepläne aufzugeben und sich ganz dem neuen Forschungsgebiet zu widmen. Hahn kamen bei näherem Überlegen doch Bedenken – kannte er doch von dieser Materie nur das, was er im vergangenen halben Jahr gelernt hatte. Aber Ramsays Vorschlag hatte ihn gepackt. So bat er Ernest Rutherford in Montreal/Kanada, den jungen erfolgreichen Erforscher der Radioaktivität, um einen Arbeitsplatz. Dieser sagte zu, ließ aber keine Zweifel, daß er an Hahns Radiothor nicht glaube, weil seine Entdeckung ja nur auf chemischen Indizien beruhe. Sein Freund, der Chemiker Boltwood[7], hatte es gar als eine Verbindung von Rutherfords Thorium X mit Hahns »stupidity« bezeichnet.

Nach einigen Reisen, etwas wissenschaftlicher Vorbereitung und der wiederum großzügigen Unterstützungszusage seiner Familie kam Hahn im Herbst 1905 nach Kanada. Er erlernte Rutherfords physikalische Methoden zur Analyse der Alpha-Strahlen und konnte bald mit diesen nicht nur beweisen, daß sein Radiothor ein neuer, Rutherford entgangener Alpha-Strahler war, sondern gleich auch noch einen zweiten in Rutherfords Präparaten entdecken.[8] Er lernte bei Rutherford nicht nur alles, was man über Radioaktivität wußte; wie sein persönliches Leben durch die Grundsätze des Elternhauses – Anspruchslosigkeit als Bescheidenheit und als Sparsamkeit, dazu Fleiß und Pflichterfüllung – bestimmt war, so wurde für sein wissenschaftliches Ethos Rutherford das von ihm so oft dankbar erwähnte Vorbild. Aus der Zusammenarbeit entwickelte sich eine dauernde Freundschaft, von beiden in gegenseitigen Besuchen bis zum frühen Tod Rutherfords 1937 gepflegt, zum letzten Mal in Münster in Westfalen anläßlich der Maitagung 1932 der Bunsengesellschaft, schon überschattet von dem sich drohend ankündigenden politischen Unheil. Hier trafen sich die Cambridger Rutherford und James Chadwick[9], der gerade das Neutron entdeckt hatte, und die Wiener Stefan Meyer und Karl Przibram mit Hans Geiger, Georg von Hevesy, Lise Meitner und Otto Hahn. Niemand ahnte, daß die Ergebnisse ihrer Vorträge und Diskussionen schon so bald zu der die Internationale der Wissenschaft sprengenden Atombombe führen würden. Rutherford erlebte sie nicht mehr und Chadwick legte die Arbeit nieder: »Nuclear physics is no more a job for gentlemen.«

Im Herbst 1906 begann Hahn seine Arbeit im Chemischen Institut der Universität Berlin. Ein Empfehlungsbrief von Ramsay hatte ihm bei Emil Fischer[10] eine Arbeitsmöglichkeit als Volontär verschafft. Dieser hielt zwar nicht viel von jener »neuen« Chemie, gab ihm aber wohlwollend die alte Holzwerkstatt (Liebig hatte noch in einem Gießener Pferdestall anfangen müssen). So wie er es bei Rutherford gelernt hatte, richtete er sich seine Apparate aus Tabaksdosen, Siegellack und Drähten her. Wissenschaftlichen Anschluß fand er bei den Physikern. Dort lernte er auch die junge Wienerin Dr. Lise Meitner kennen. Aufgrund zweier geglückter theoretischer Arbeiten wollte sie sich bei Max Planck weiterbilden; zu experimentellen Arbeiten bot Heinrich Rubens[11] die Gelegenheit. Aber sie fand sich nicht zurecht; sie war derart scheu, daß sie nicht wagte, den großen Männern irgendeine Frage zu stellen. Mit dem gleichaltrigen Hahn konnte sie sprechen – eine kleine, aber bemerkenswerte, auf Anregung von Stefan Meyer in Wien durchgeführte experimentelle Arbeit über radioaktive Alpha-Strahlen lieferte ihnen auch den Gesprächsstoff. Hahn suchte damals eine physikalische Hilfe, und so beschlossen sie eine gemeinsame Untersuchung. Es konnte auch arrangiert werden, daß Lise Meitner die Stelle als Hilfskraft im Planckschen Seminar erhielt, und die Schwierigkeit, daß Emil Fischer in seinem Institut keine Frau duldete, wurde durch das Versprechen, nur die vom Institut getrennte Holzwerkstatt zu betreten, überwunden.

Bei Rutherford hatte Hahn die große Bedeutung der Alpha-Strahlen für die Identifizierung neuer radioaktiver Elemente neben dem chemischen Nachweis kennengelernt. Einige der von ihm neu gefundenen »Körper« waren aber Beta-Strahler: sie gaben nicht die als positive Masseteilchen erkannten Alpha-Strahlen, sondern Elektronen bei ihrer Umwandlung ab.

Der Zusammenhang von Art der Strahlung mit der Elementumwandlung war noch völlig unbekannt. Hahns Problem war, die Beta-Strahlen so zu nutzen wie Rutherford die Alpha-Strahlen.

In schneller Folge erschienen Untersuchungen gemeinsam mit dem Berliner Physiker Otto von Baeyer[12] über die ersten physikalischen Analysen der Beta-Strahlen und daneben die Entdeckung neuer radioaktiver Elemente, die teils mit Uran, teils mit Thorium zusammenhingen. Nach einem Vortrag von Lise Meitner über diese meinte Heinrich Rubens, der Zuwachs in der radioaktiven Familie sei ja erfreulich, man frage sich aber doch, wie das wohl weitergehen sollte.

Ein besonderer Erfolg wurde die Entdeckung des Mesothoriums. Wegen der Vergleichbarkeit seiner Strahlung mit der des Radiums, das für medizinische Behandlung bedeutungsvoll geworden war, bot es sich als ein in viel größerer Menge und preiswerter zu erhaltendes Strahlenpräparat an, und behielt diese Vorteile, bis die spätere Kernphysik und besonders die Hahn-Straßmannsche Uranspaltung radioaktive Strahler verschiedenster Art und für viele neue Zwecke herzustellen lehrte. Eine Entdeckung besonderer Art dabei war die des radioaktiven Rückstoßes: der Impuls der entweichenden Alpha- und Beta-Teilchen wird nach den Gesetzen der Mechanik auf das dabei entstehende Atom übertragen. Er wurde von Lise Meitner zur Isolierung der Teilchen ausgearbeitet.[13]

Unter den vielen neuen radioaktiven Atomarten waren solche, welche auf gar keine Weise chemisch unterscheidbar waren, sondern nur durch die Art ihrer Strahlung; sie hingen auch noch teils mit Radium, teils mit Thorium zusammen. Ordnung in diesen Wirrwarr brachten im Jahre 1911/13 als Folge von Rutherfords Entdeckung des Atomkerns der »radioaktive Verschiebungssatz« und der »Isotopen«-Begriff von Frederick Soddy.[14] Mit der Abgabe eines Alpha-Strahls entsteht aus einem radioaktiven Atom ein Atom, das im Periodensystem um zwei Stellen tiefer (»Atomabbau«), mit der Abgabe eines Beta-Teilchens eines, das eine Stelle höher liegt (»Atomaufbau«). Da Alpha- und Beta-Strahlen in unregelmäßiger Folge wechseln, müssen immer wieder Atomarten an der gleichen Stelle des Periodensystems entstehen, also chemisch gleiche Elemente. Hahn hatte die unwiderlegbaren Beweise ihrer chemischen Nicht-Unterscheidbarkeit geliefert, aber »hatte nicht den Mut, ihre chemische Gleichheit auszusprechen«.[15] Damit war die Generationsfolge vieler radioaktiver Elemente geklärt; welches aber war ihr Urahn? Auf diese Frage konzentrierten nun Otto Hahn und Lise Meitner ihre Forschungen.

In dieser Zeit hatten sich die äußeren Arbeitsverhältnisse wesentlich geändert. In dem neu errichteten Chemischen Institut in Berlin-Dahlem der 1911 von Adolf von Harnack[16] gegründeten »Kai-

Otto Hahn und Lise Meitner im Labor, um 1938.
Photo: Archiv Walter Gerlach.

ser-Wilhelm-Gesellschaft zur Förderung der Wissenschaften« standen zum ersten Mal eingerichtete Arbeitsräume zur Verfügung. Die noch immer recht improvisierten Hilfsmittel wurden durch gekaufte Apparate und die in einer Werkstatt hergestellten Versuchsanlagen ersetzt. Sie erhielten die Möglichkeit, einen Assistenten anzustellen, und selbst einen vierjährigen Anstellungsvertrag bei der Gesellschaft. An der Intensität der Arbeit änderte sich aber nichts – auch nicht durch Hahns Verheiratung am 22. März 1913 mit der Kunststudentin Edith Junghans.[17]
Hahn war inzwischen international bekannt und anerkannt. Seit 1907 war er an der Universität Berlin habilitiert, seit 1910 a.o. Professor. Er war Mitglied der Internationalen Radium-Standard-Kommission, die von Mme. Curie geleitet wurde. Stets nahm er sich auch die Zeit, über seine und andere Arbeiten und über ihre allgemeine Bedeutung für die neue Atomtheorie zusammenfassend, oft auch in populären Artikeln, zu berichten. Nach 1921 gab er elf Jahresberichte der Deutschen Atomkommission, von 1936 bis 1938 die Berichte der »Atomkommission der Internationalen Union für Chemie« heraus. Vermerkt seien auch die zahllosen Vorträge im In- und Ausland, die ebenso wie die breite literarische Tätigkeit wesentlich zur schnellen Verbreitung der radioaktiven Forschung beitrugen.

Der Kriegsausbruch unterbrach die Forschungsarbeiten. Hahn, zunächst zur Fronttruppe eingezogen, wurde wie andere Chemiker und Physiker von Fritz Haber[18] zur Entwicklung von Gaskampfwaffen herangezogen. Hahn behielt es sich vor, manche der stets lebensgefährdenden Versuche selbst vorzunehmen; die erlebten Schrecken des Gaskrieges bestimmten sein späteres pazifistisches Denken, vor allem als seine letzte Entdeckung der Kernspaltung unmittelbar zur Atombombe führte.
Lise Meitner übernahm Kriegsaufgaben als Helferin in Röntgen-Lazaretten. In den späteren Kriegsjahren, als Hahn zum Hauptquartier versetzt und längere Zeit in Berlin war, nahmen sie ihre 1914 unterbrochenen Arbeiten wieder auf.

Fritz Straßmann. Aufnahme aus dem Jahr 1974.
Photo: Hanne Zapp-Berghäuser, Mainz.

Der erste große Erfolg – Hahn scherzte »so ein Nobelpreisarbeitchen« – war die nach vielen Rückschlägen und der Aufklärung irriger anderweitiger Befunde Ende 1917 geglückte, 1918 veröffentlichte Entdeckung des im Periodensystem zwischen Thorium 90 und Uran 92 noch fehlenden Elements 91. Nach internationalem Brauch stand Hahn und Meitner die Namensgebung zu; es heißt heute (nach einer geringfügigen späteren Änderung) Protactinium mit dem Symbol Pa. Es war nach Mme. Curies Radium das erste der neuartigen Elemente, welches in wägbarer Menge gewonnen und so mit normalen chemischen Methoden untersuchbar war. Für die Kenntnis der Radioaktivität lag seine Bedeutung darin, daß es die Muttersubstanz der mit dem Actinium verbundenen radioaktiven Elemente war und somit auch die Schwierigkeiten bei der Einordnung der zahlreichen mit Radium und mit Thorium genetisch verbundenen, aus dem Uran entstehenden radioaktiven Elemente beseitigte.

Zu den politischen Unruhen, die eine geregelte Arbeit nach Kriegsende erschwerten, kam eine noch viel größere persönliche Schwierigkeit. Die von der Kaiser-Wilhelm-Gesellschaft mit Hahn und Lise Meitner abgeschlossenen Verträge, des Kriegs wegen im Oktober 1917 um ein Jahr verlängert, waren abgelaufen. Am 14. Februar 1919 richtete Lise Meitner einen handschriftlichen, von Hahn mitunterzeichneten Brief an den Präsidenten der Gesellschaft, von Harnack. Er ist für die Lage der Forschung in dieser Zeit so charakteristisch, daß einige Sätze hier im Wortlaut erwähnt werden sollen: »Unser Einkommen beträgt zur Zeit 5000 bzw. 4000 M und je 1000 M Kriegszulage. Unser gesamter Etat beläuft sich für uns beide auf 2000 M. Von diesem Etat sollen nicht nur die Materialauslagen bestritten werden, sondern auch die Gehälter für etwaige Assistenten und Laboranten. Bis zum Kriegsausbruch hatten wir einen Assistenten, dem wir ein Jahresgehalt von 1000 M bezahlten. Jetzt haben wir nur einen Laboranten, der mit einem Monatsgehalt von 180 M bereits eine Überschreitung unseres Etats bedingt.«

Hahns Arbeiten der folgenden Jahre betreffen neben der Klärung spezieller Fragen der radioaktiven Elemente und ihrer Umwandlungen vor allem die Anwendung seiner radiochemischen Methoden

Die Großen der Weltgeschichte 11 (1978) S. 51–71

zur Lösung chemischer und physikalisch-chemischer Probleme wie Oberflächenstruktur, Oberflächengröße von Pulvern, Adsorption, Fällung von Niederschlägen und deren Struktur, Flüchtigkeit chemischer Verbindungen (wichtig für die Identifizierung gasförmiger radioaktiver Elemente), besonders aber die Entwicklung der neuen »Rubidium-Strontium-Methode« zur radioaktiven Altersbestimmung geologischer Formationen, nachdem die Radioaktivität des Rubidiums und seine Umwandlung in Strontium studiert war.
Eine weitere Leistung Hahns in dieser Zeit war die Entdeckung der Isomere: 1922 schloß er aus ungemein diffizilen Messungen auf die Existenz von radioaktiven Atomarten, welche wie die Isotopen chemisch gleich, aber auch massengleich waren, sich jedoch in ihren Strahlungseigenschaften unterscheiden. Er nannte sie »Isomere«. Die Bedeutung dieser Entdeckung für die Kernphysik wurde erst viel später erkannt.
Diese thematische Ausweitung und die Aufnahme neuer Mitarbeiter wurde ermöglicht durch die Berufung zum stellvertretenden Direktor des Kaiser-Wilhelm-Instituts für Chemie (nach Ablehnung eines Rufs nach Hannover 1924), der 1928 die Berufung zum Direktor des Instituts folgte. Lise Meitner erhielt eine eigene Abteilung für ihre physikalische Erforschung radioaktiver Strahlungen. Sie hatte sich 1922 an der Berliner Universität habilitiert und wurde 1926 zum a.o. Professor ernannt. Die schon erwähnten Versuche mit Otto von Baeyer über die Analyse der Beta-Strahlen und die Hahn-Meitnerschen Untersuchungen an Beta-Strahlern hatten gezeigt, daß die Beta-Umwandlung energetisch komplexer als die der Alpha-Umwandlung ist. Völlig ungeklärt war noch die Rolle der mit ihr auftretenden Gamma-Strahlung. In mehr als 60, teils klassisch gewordenen Untersuchungen hat Lise Meitner allein und mit ihren Schülern zu ihrer Klärung geführt, so in der Entdekkung der Beziehungen zwischen Elektronen aus der Kernumwandlung und den äußeren Elektronen der Atome und zwischen Beta- und Gamma-Strahlen.[19] Eine von ihr sichergestellte, aber energetisch unverstehbare Eigenschaft der Beta-Strahlung führte zu Wolfgang Paulis berühmter Voraussage der mit der Beta-Strahlung verbundenen (später so genannten) Neutrino-Strahlung.[20]

Das Jahr 1932 war das Wunderjahr der Physik mit fünf eine neue Entwicklung einleitenden Entdekkungen: 1) Deuterium, der schwere Wasserstoff, durch Urey[21], das schon lange gesuchte Isotop des Wasserstoffs mit einfacher positiver Kernladung, aber doppelter Masse noch unbekannter Zusammensetzung; 2) das Positron durch Carl David Anderson[22] und bald darauf durch Paul Kunze in Rostock, das nach der Messung von Jean Thibaud bezüglich der Größe seiner Ladung und Masse dem Elektron gleiche, jedoch positive Elektrizitätsteilchen; 3) das Neutron durch James Chadwick in Cambridge/England, ein ladungsfreier Massenkern, etwa gleich der Masse des Wasserstoffatoms oder Protons, mit welchem die Zusammensetzung der Atomkernmassen erstmals geklärt wurde; 4) der Nachweis von Kernreaktionen durch Wasserstoffkanalstrahlen in Entladungsröhren bei einigen hunderttausend Volt durch John D. Cockcroft und Ernest Th. S. Walton in Cambridge/England[23]; 5) die Entwicklung des Zyclotrons durch Carl David Anderson in USA zur Beschleunigung von Protonen und anderen Atomkernen zu sehr hohen Energien, die methodische Grundlage aller Elementarteilchenphysik. Zu dem mächtigen Aufschwung, welchen die Kernphysik hierdurch methodisch und im Ertrag der Erkenntnis erfuhr, gehört die Entwicklung der heute Kernchemie[24] genannten Forschungsrichtung durch die Entdeckung von Enrico Fermi: die künstliche Umwandelbarkeit der Elemente des Perioden-Systems durch ihre Reaktion mit dem elektrisch neutralen Neutron und die ihr folgenden Kernveränderungen, das heißt irreversiblen Atomumwandlungen und die Bildung neuer, in der Natur nicht bekannter radioaktiver und stabiler Isotopen fast aller Elemente.[25] Die Ausbeute dieser Kernreaktion war zwar zunächst sehr klein; sie konnte aber entdeckt und verfolgt werden, weil dabei zunächst »künstlich-radioaktive« Kerne entstanden. Wie zu den ersten Aussagen über die natürliche Radioaktivität gab die dabei abgegebene Strahlung – meist eine Beta-Strahlung, also ein energiereiches Elektron – das überaus empfindliche Nachweismittel. Dazu standen die in ihr entwickelten radiochemischen Erfahrungen, die Erkenntnisse über die isotopen Kerne, die Änderung im Verhältnis des Neutronengehalts bei gleicher Kernladung, also gleichen Protonen-

zahlen, zur Verfügung. Durch Neutronenanlagerung an niedere Atomkerne entstand fast immer ein Isotop des nächst höheren chemischen Elements. So war eine naheliegende Frage, ob durch Anlagerung eines Neutrons an das höchste bekannte natürliche Element, das Uran, künstliche, das heißt neue, in der Natur unbekannte höhere Elemente, »Transurane«, entstehen. Die von den Experimenten gegebene Antwort schien eindeutig: es bildeten sich mehrere radioaktive, durch relativ kurze Lebensdauer oder Halbwertszeit unterscheidbare Atomkerne, welche als Betastrahler zu Elementen mit höherer Ordnungszahl als der des Uran führen müssen. Kritische Äußerungen wie zum Beispiel von Ida Noddack[26], man solle erst prüfen, ob bei der Uran-Neutron-Reaktion primär wirklich höhere und nicht oder nicht auch niedere radioaktive Elemente durch unbekannte Kernreaktionen entstehen, blieben unbeachtet, weil kein Versuch zu ihrer Begründung gemacht wurde.
Nun hatte wohl niemand eine größere Erfahrung im Aufspüren neuer Elemente mit den Methoden der Radiochemie als Otto Hahn und Lise Meitner. Für sie war es schlechthin wissenschaftliche Verpflichtung, unter Aufgabe anderer Pläne, das Transuran-Problem anzugreifen, obgleich sie nur schwache Neutronenquellen besaßen. Alle folgenden Untersuchungen wurden nun gemeinsam mit Fritz Straßmann durchgeführt. Mehrere Abhandlungen, in denen schon die verschiedene Wirkung langsamer und schneller Neutronen beachtet wurde, erbrachten den Nachweis mehrerer neuer Reaktionsprodukte bei der Einwirkung von Neutronen auf Uran. Alle waren radioaktive Beta-Strahler, mußten also zu Atomkernen mit höherer Kernladung werden. Sekundäre Folgeprodukte führten in Übereinstimmung mit radioaktivem Verschiebungssatz und den Ergebnissen der radiochemischen Analyse zu weiteren Transuranen. Eine Schwierigkeit brachte eine Veröffentlichung von Irène Joliot und Pavel Savitch: sie fanden ein Transuran, das in die Reihe der anderen nicht passen wollte; doch gelang eine zunächst befriedigende Erklärung. Da kam eine Überraschung. 1938 veröffentlichten Lise Meitner, Fritz Straßmann und Otto Hahn die Beobachtung von drei strahlenden Isotopen des Radiums (Element 88), welche bei der Einwirkung von Neutronen auf Thorium (Element 90) entstanden waren, also primär tiefere Reaktionsprodukte. Wie das Radium entstand, konnte nicht geklärt werden.
Da griff die Politik ein. Das Hahnsche Kaiser-Wilhelm-Institut hatte bei politischen Schwierigkeiten Schutz und Wohlwollen der Präsidenten der Gesellschaft, zunächst Max Planck, dann Carl Bosch, gefunden. Hahn hatte schon auf seine Professur an der Berliner Universität verzichtet, als er die von der Kaiser-Wilhelm-Gesellschaft veranstaltete Gedenkfeier für Fritz Haber am 29. 1. 1935 leitete.[27] Den Professorentitel behielt er unbeanstandet bei. Wie Kepler »hielt er seine Finger fort vom Pech der Politik und blieb auf den lieblichen Auen der Wissenschaft«; aber er half bedrängten und notleidenden Menschen wo er nur konnte, auch durch seine Beziehungen zu ausländischen Kollegen, und bei internen Überlegungen wußte man, wie sehr man sich auf ihn verlassen konnte.
Lise Meitner fiel als Österreicherin, also Ausländerin, nicht unter die Ariergesetze und konnte ziemlich unbeanstandet arbeiten, bis ihr Paß mit dem »Anschluß« Österreichs ungültig wurde. Alle Versuche, diese Schwierigkeit zu überwinden, blieben erfolglos. In großer Eile und Heimlichkeit wurde durch Vermittlung von Peter Debije mit den holländischen Physikern Dirk Coster, Adriaan Daniël Fokker, Wander Johannes de Haas ein Fluchtplan ausgearbeitet. Sie kam, begleitet von Dirk Coster, mit notdürftigstem Gepäck am 17. 7. 1938 im D-Zug über die holländische Grenze und von dort nach Stockholm, wo sie im Institut von Manne Siegbahn die zugesagte Unterkunft fand.[28] Wir wissen aus ihren ersten Briefen aus Stockholm, daß es für sie unfaßbar und kaum ertragbar war, daß man sie gleichsam gezwungen hatte, ohne Abschied von ihren alten Mitarbeitern nehmen zu können, das von ihr entwickelte Institut zu verlassen.
Sieht man von der psychischen Belastung ab, unter der das ganze Institut durch das Schicksal der ungemein verehrten Mitarbeiterin litt, so ging die Arbeit in gewohnter Weise weiter. Die begonnenen und geplanten Untersuchungen wurden von Hahn und Straßmann allein fortgeführt. Hahn unterrichtete Lise Meitner über deren Verlauf, welche ihrerseits Verbindung und Meinungsaustausch aufnahm mit Niels Bohr und ihrem Neffen Otto Robert Frisch in Kopenhagen, der bis 1933 in Hamburg mit Otto Stern gearbeitet hatte und ebenfalls emigriert war.[29]

Einer der ersten Briefe betraf das überraschende Ergebnis einer neuen Aktivierung des Urans mit Neutronen: nach der radiochemischen Analyse schien es sich um die Bildung von drei, durch ihre Lebensdauer unterscheidbare, betastrahlende Isotopen des Radiums zu handeln, ähnlich denen nach L. Meitner, F. Straßmann und O. Hahn aus Thorium entstehenden. Aus Uran konnten sie nur durch Abgabe von vier positiven Kernladungen, also von zwei Alpha-Teilchen, entstanden sein, was, wie besonders Bohr bemerkte, aus energetischen Gründen auszuschließen war.
Mit einer von Straßmann modifizierten Methode wuchsen die schon bestehenden Zweifel, ob es sich wirklich um Radiumisotope handele, denn sie waren chemisch dem Element Barium nicht nur ähnlich, sondern ließen sich offenbar von ihm gar nicht unterscheiden. Eine Unsicherheit lag nach Hahns Meinung noch darin, daß die in Frage stehenden Umwandlungsprodukte des Urans nur in sehr kleinen Mengen vorlagen. Unter Erweiterung früherer Hahnscher Versuche wurde mit sehr reinen Radium-Isotopen der Nachweis geführt, daß diese sich auch in kleinsten Konzentrationen von Barium trennen ließen, die vermeintlichen drei neuen Radiumisotope aber auf gar keine Weise. Es schien nur eine Möglichkeit geblieben: bei der Reaktion eines Neutrons mit Uran, dem Element 92, entsteht das viel tiefere Element im Perioden-System, Barium, mit der Ordnungszahl 56.
Am 19. Dezember 1938 schrieb Hahn an Lise Meitner: »... Es ist jetzt gleich 11 Uhr abends; um ½12 Uhr will Straßmann wiederkommen, so daß ich nach Hause kann allmählich. Es ist nämlich etwas bei den Radium-Isotopen, was so merkwürdig ist, daß wir es vorerst nur Dir sagen. [...] Sie lassen sich von *allen* Elementen außer Barium trennen. [...] Es könnte noch ein höchst merkwürdiger Zufall vorliegen. Aber immer mehr kommen wir zu dem schrecklichen Schluß: unsere Radium-Isotope verhalten sich nicht wie Radium, sondern wie Barium. [...] Vielleicht kannst Du irgendeine phantastische Erklärung vorschlagen. Wir wissen dabei selbst, daß es eigentlich nicht in Barium zerplatzen kann. [...] Daß wir dauernd Unsinn machen, daß sonst irgendwelche Infektionen uns Streiche spielen, glauben wir nicht.«[30] Von besonderer Wichtigkeit sollte später ihre Beobachtung werden, daß das Uran nur nach der Einwirkung langsamer Neutronen zerplatzt, also ohne Zufuhr von Energie.
Lise Meitner antwortet am 21. (neben einigen speziellen Fragen): »Mir scheint vorläufig die Annahme eines so weitgehenden Zerplatzens sehr schwierig.« Am gleichen Tag hatte Hahn ergänzend geschrieben, am Barium-Nachweis sei nicht zu zweifeln; auch das früher für Actinium gehaltene Reaktionsprodukt »ist offensichtlich Lanthan!! Wir können unsere Ergebnisse nicht totschweigen, auch wenn sie physikalisch vielleicht absurd sind.« Die am 23. Dezember fertig geschriebene Arbeit erschien dank der Bemühungen von Hahns Freund Dr. Paul Rosbaud trotz der Feiertage schon am 6. Januar 1939 in der von ihm geleiteten Zeitschrift »Die Naturwissenschaften«.[31]
Sie ist in mehrfacher Weise charakteristisch für die wissenschaftliche Haltung ihrer Verfasser Otto Hahn und Fritz Straßmann und auch für den damaligen Stand ihrer Entdeckung. Sie beginnt mit breiter Darlegung aller Untersuchungen über die als Radiumisotope angesehenen Umwandlungsprodukte des Urans und ihrer spontanen Verwandlung in aktive Actinium- und Thorium-Isotope, die jetzt also nicht mehr Transurane, sondern neue Atomarten zwischen Radium und Uran sein mußten. Es folgen dann »einige neuere Untersuchungen, die wir der seltsamen Ergebnisse wegen nur zögernd veröffentlichen. [...] Unsere Radium-Isotope haben die Eigenschaft des Bariums; als Chemiker müßten wir eigentlich sagen, bei den neuen Körpern handelt es sich nicht um Radium, sondern um Barium. [...] Wir müßten statt Ra, Ac, Th (Radium, Actinium, Thorium) die *Symbole* Ba, La, Ce (Barium, Lanthan, Cerium) einsetzen. Als der Physik in gewisserweise nahestehende Kernchemiker können wir uns zu diesem allen bisherigen Erfahrungen der Kernphysik widersprechenden Sprung noch nicht entschließen. Es könnten doch noch vielleicht eine Reihe seltsamer Zufälle unsere Ergebnisse vorgetäuscht haben.«[32]
Während des Drucks wurde das in dem langen Titel enthaltene Wort »Radium-Isotope« geändert. Man war sicher, daß kein Radium entstand, aber noch nicht sicher genug, um schon Barium zu schreiben. So setzten sie – für beide gültig und nicht zu bezweifeln – »Erdalkali-Isotope«. Die zweite, schon nach 4 Wochen erschienene Arbeit hat den Titel *Nachweis der aktiven Barium-Isotope.*

Oben: Apparatur von Hahn und Straßmann zum Nachweis der Kernspaltung (1938). Photo: Deutsches Museum München. *Unten:* Drei-Achsen-Neutronenspektrometer des Reaktors »Dido« im Kernforschungszentrum Jülich. Photo: Keystone.

Der Forschungsreaktor »Dido« im Kernforschungszentrum Jülich. Photo: Keystone.

Auch der letzte Satz der ersten Abhandlung ist bemerkenswert: »An Stellen, denen starke künstliche Strahlungsquellen zur Verfügung stehen, könnte diese allerdings wesentlich leichter geschehen.« Deutschland gehörte dank der Wissenschaftsverachtung in der Regierung nicht dazu.

Eine Frage blieb ganz offen. Ein Uranatom ist fast doppelt so schwer wie ein Bariumatom – was ist aus der Massendifferenz geworden? Hahns Hypothese war – auch das ist bemerkenswert – physikalisch völlig unmöglich, worauf Lise Meitner ihn nachdrücklich hinwies.

Der manchmal in 24stündigem Wechsel wochenlang weitergehende Gedankenaustausch ist ungemein aufschlußreich. Otto Robert Frisch zweifelt; »wenn Hahn so etwas sagt, ist etwas dran«, erwidert Lise Meitner. Am 3. Januar schreibt sie von theoretischen Gründen für eine Zertrümmerung des Urans zum Barium; bei Thorium sei es weniger wahrscheinlich; wiederholt fragt sie, ob wirklich alle Transuranarbeiten falsch seien, sie habe den Druck eines Vortrags über diese zurückgezogen. Hahn meint, es gebe Transurane, am 5. Januar ist er »sogar wieder ängstlich mit dem Barium«. Wenige Tage später folgt die Mitteilung, daß auch das Thorium zu Barium zerplatzt, allerdings nur mit schnellen Neutronen.

Laut Brief vom 18. Januar hatten Frisch und Lise Meitner an die Londoner Zeitschrift »Nature« zwei physikalische Beweise der Hahnschen Entdeckung aogesandt; sie führen das Wort »*Fission*« (Spaltung) ein. Der erste war der mit der bewährten Nebelkammer-Methode geführte Nachweis der Spaltung des Uran-Atomkerns in zwei etwa gleichgroße Kerne, welche nach dem Impulssatz in etwa entgegengesetzte Richtungen mit sehr großer Bewegungsenergie auseinanderfliegen. Den zweiten lieferte die Überlegung, warum bei einer solchen Spaltung eine sehr große Energie frei werden muß. Im Kern des Uranatoms sind 92 Protonen mit 143 Neutronen, also 235 Nukleonen, verbunden. Als Kern zusammengesetzt haben sie etwas weniger Energie als im freien Zustand, denn die Kernmasse ist etwas kleiner als die Summe ihrer Massen; es besteht ein kleiner »Massendefekt«. Würden sich diese Nukleonen aber in zwei Kerne mit ungefähr halb soviel Protonen und Neutronen vereinigen, also zu Elementen in der Mitte des Periodensystems, so wären deren Massendefekte wesentlich größer. Es ist also mehr Bildungsenergie frei geworden als bei der Bildung des Uranatoms. Dieses ist an sich schon nicht ganz stabil, es ist ja allerdings mit sehr langer Lebensdauer radioaktiv. Durch Aufnahme eines Neutrons wird es völlig instabil und explodiert in zwei Teile; die Explosionsenergie ist gleich der Differenz der Bindungsenergie oder der Massendefekte von Uran und den zwei Spaltprodukten. Man nennt sie heute Atomkernenergie.[33]

Am 24. Januar 1939 erhalten Hahn und Straßmann die beiden Artikel; sie sind begeistert – aber sind jetzt nach diesem direkten physikalischen Spaltungsnachweis ihre mühsamen chemischen Versuche nicht zwecklos? Postwendend antwortete Lise Meitner: »Ohne Euer schönes Resultat – Barium statt Radium – hätten wir nie etwas zu überlegen gehabt. [...] Die Rückstoßversuche beweisen doch nur die Tatsache der Zerplatzens, aber nicht, in was es zerplatzt. Das kann doch nur die Chemie entscheiden.«

Für Hahn und Straßmann ist jetzt am wichtigsten die Suche nach dem mit Barium auftretenden zweiten Spaltprodukt; es wird als das chemisch nicht direkt nachweisbare Edelgas Krypton erkannt. Die nächsten Wochen und Monate – viele Forscher anderer Länder hatten mittlerweile das Problem aufgegriffen – folgte die Entdeckung weiterer Spaltpaare von Uran und Thorium, der Nachweis, daß nur ein Uranisotop (»U 235«) sich spaltet, die Messung der relativen Häufigkeit der verschiedenen Spaltpaare und ihre Umwandlungen in zahlreiche radioaktive Isotope der stabilen Elemente des mittleren Periodensystems. Waren und wurden diese Folgen der Hahn-Straßmannschen Entdekkung grundlegend für die Physik der Atomkerne, so war ihre größte Bedeutung doch das »Freiwerden von Atomkernenergie«.

Diese »Atomkernenergie« spielte damals nur die Rolle des physikalischen Schlüssels für ein Verstehen der Kernspaltung. Ihre, die anderen chemischen und physikalischen und teilweise technisch ausgenutzten Energieformen bei dem einzelnen Elementarprozeß um Zehnerpotenzen übersteigende Größe war bekannt, die zu erwartende Leistung, das heißt die Anzahl der in der Zeiteinheit ablaufenden Prozesse, aber um Größenordnungen kleiner und deshalb technisch uninteressant. Schon

Lise Meitner, um 1950.
Photo: Archiv Walther Gerlach.

nach der Klärung der radioaktiven Strahlung kurz nach 1900 wurde phantasiert, mit wieviel Gramm Radium der transatlantische Schiffsverkehr zu schaffen sei. Bekannt war die Umwandlung von Atomkernenergie in Bewegungsenergie der bei Kernreaktionen entstehenden Produkte, also in Wärmeenergie, etwa der Heliumkerne als Spaltungsprodukte von Beryllium und Bor durch hochenergetische Wasserstoffkerne oder bei der »Freimachung« von Atomkernenergie bei der Fusion, das heißt dem Aufbau von Helium aus Wasserstoff und dessen kosmische Bedeutung etwa für die Strahlungsenergie der Sonne.

Während Rutherford, der mit Paul Harteck[34] 1934 die Fusionsenergie nachgewiesen hatte, eine technische Ausnützung für niemals möglich hielt, hatte Frédéric Joliot in seiner Nobelpreisrede schon 1935 warnend auf solche ungeheuer gefährliche Möglichkeiten hingewiesen. So war er es auch, welcher der Vermutung nachging, daß bei der Uranspaltung außer den zwei niederen Atomkernen auch freie Neutronen entstehen, und diese mit Hans H. von Halban und Lew Kowarski im April 1939 auch endgültig nachwies.[35]

Damit war ein neuer Gesichtspunkt gegeben. Der durch ein künstliches Neutron herbeigeführten primären Kernspaltung folgen durch die dabei entstehenden Neutronen in immer schnellerer Folge weitere energieliefernde Uranspaltungen, das heißt: eine Kettenreaktion. Die jetzt ersehbare technische Ausnutzung der Hahn-Straßmannschen Entdeckung – die Ausbeute der primären Spaltung ist ja außerordentlich klein – behandelte Hahns Mitarbeiter Siegfried Flügge in einer im Juni 1939 erschienenen Arbeit; er diskutiert schon die Fragen, wie die schnellen Spaltneutronen zu (allein spaltungsfähigen) langsamen Neutronen abzubremsen sind, und wie die Beschleunigung der Kettenreaktion vor ihrem Anwachsen zu einer Explosion geregelt werden kann.[36]

Bald und verstärkt mit dem am 1. September beginnenden Weltkrieg begann das militärische Interesse an der neuen Energieform. Hahn lehnte jede Mitarbeit an allen sich stellenden technischen Fragen ab. Mit seinem Institut, in das Josef Mattauch[37] als Nachfolger von Lise Meitner berufen worden war, arbeitete er weiter über die verschiedenen primären Spaltprodukte und über die sich an diese anschließenden radioaktiven Reaktionen, die zur Bildung zahlreicher isotoper Kerne der Elemente des mittleren Periodensystems führten, und auch über die nicht zur Spaltung führenden Reaktionen von Uran und Neutron, mit der Folgerung, daß diese unter Verbrauch von Spaltneutronen die Ausbildung der Kettenreaktion wieder fraglich machten. In einem im Oktober 1943 in Schweden gehaltenen Vortrag sagt er hierzu unter Hinweis auf eine Feststellung in einer früheren mit Lise Meitner veröffentlichten Arbeit: »Zum ersten Mal scheint sich so in der Kernspaltung die Möglichkeit einer Ausnützung der Atomenergien abzuzeichnen. Aber auch hier ist dafür gesorgt, daß die Bäume nicht in den Himmel wachsen. So muß es der Zukunft überlassen bleiben, ob die mit der Spaltung des Urans einhergehenden hohen Energiebeträge einmal der praktischen Ausnutzung zugänglich gemacht werden können.« In Chicago hatte Enrico Fermi den ersten Energie liefernden »Reaktor« (Uran-Meiler, Uran-Brenner) schon Ende 1942 in Betrieb gesetzt.[38] Hahn dachte nur an die zukünftige Bedeutung der »in großer Ausbeute auf einfachem Weg« herstellbaren neuen Atomarten für wissenschaftliche Zwecke mit gar heute noch kaum absehbarem, auch medizinischem und technischem Nutzen, vorerst als »Atommüll« gefürchtet.

Im Februar und März 1944 wurden große Teile des Dahlemer Instituts durch Spreng- und Brandbomben zerstört, fast alle Aufzeichnungen, Briefe und Erinnerungen aus einem langen Arbeitsleben vernichtet.[39] Was an Apparaten und Präparaten gerettet war, wurde nach Tailfingen in der Schwäbischen Alb gebracht, nahe bei Hechingen und Haigerloch, wohin das Kaiser-Wilhelm-Institut für Physik verlagert wurde, mit Heisenbergs Reaktorversuchen, den optischen Arbeiten von Hermann Schüler und auch der theoretischen Abteilung von Max von Laue. Allen Nöten der Gegenwart und Sorgen um die Zukunft, allem Ärger mit politischen Denunziationen und allen Verhören zum Trotz lief seit Spätsommer 1944 die wissenschaftliche Arbeit weiter; es wurden sogar Kolloquien unter Teilnahme von Mitarbeitern der in die Nähe verlagerten Firma Heraeus-Hanau unter Prof. Max Auwärter abgehalten. Die Bevölkerung wußte, daß das alles berühmte Leute waren, und Hahn hatte durch seine Menschlichkeit so viel Vertrauen gewonnen, daß er den Bürgermeister von Tailfingen von der Sinnlosigkeit des befohlenen »Widerstands bis zum Letzten« überzeugen konnte und so Tailfingen und Umgebung vor Blutbad und Zerstörung rettete, so wie er auch selbst dem Befehl, sein eigenes Institut zu vernichten, nicht nachkam.

Am 25. April 1945 erschien ein kleiner Trupp Amerikaner in Tailfingen und forderte Hahn auf, sofort mitzukommen; nach eiliger Herrichtung von etwas Gepäck bat er die Amerikaner eindringlich um Schutz für seine und Auwärters Mitarbeiter. Dann ging die Fahrt im offenen Jeep bei eiskaltem Wetter los. Wenige Tage später kam, begleitet von einem Trupp Franzosen, Frédéric Joliot nach Tailfingen, um Hahns Institut gegen unbefugte Eingriffe und Zerstörung zu sichern.
Nach einigen Umwegen traf Hahn mit acht weiteren Wissenschaftlern, denen es ähnlich ergangen war und die mit den Arbeiten über Atomkernenergie mehr oder weniger oder auch nichts zu tun hatten, im Schlößchen Facqueval bei Lüttich zusammen. Nach einigen Wochen wurde diese Gruppe bis zum 3. Januar 1946 in dem großzügigen Landgut Farmhall in Godmanchester a. d. Ouse (England) »detained as guests of His Majesty« – wie man sich ausdrückte, man vermied den Begriff »Gefangenschaft«; zu Recht, denn es fehlte die zu ihm gehörende Primitivität und Erniedrigung.[40] Fünf Kriegsgefangene sorgten für Küche, Haus und Bedienung. Es gab keine Verhöre oder Aufgaben, die meiste Zeit konnte zum Arbeiten benutzt werden, wozu die gewünschte Literatur besorgt wurde; Radio, eine gute Bibliothek und ein großer Park standen zur Verfügung, es gab gelegentliche Autofahrten nach London und Mittelengland. Hahn war »Doyen«, welcher gelegentliche Unstimmigkeiten mit den amerikanischen und englischen Offizieren beseitigte. Mit den beiden zur Bewachung bestimmten, auch am gemeinsamen Mittags- und Abendtisch teilnehmenden englischen Offizieren bestand ein bis ins Persönliche gehendes Einvernehmen. Die gute Atmosphäre wurde nur ganz selten durch einen höheren Inspekteur des Geheimdienstes gestört.
In diese Zeit fiel die Vernichtung zweier japanischer Städte durch die ersten amerikanischen Atombomben, das Bekanntwerden einiger Ergebnisse der amerikanischen Entwicklung der Atomkerntechnik und die Mitteilung der Schwedischen Akademie von der Zuerkennung des Nobelpreises für Chemie des Jahres 1944 an Otto Hahn. Die Militärbehörden verboten ihm – aus welchen Gründen auch immer, vielleicht nur aus Schikane – die Entgegennahme des Preises in Stockholm: das Nobelkomitee stellte die Überreichung zurück, bis Hahn mit seiner Frau im Winter 1946 (in englischer Begleitung) nach Stockholm fahren konnte. Erst aus seinem Nachlaß wurde ein Briefwechsel bekannt, nach welchem Hahn die Verleihung und ihre Zurückstellung bis Kriegsende schon im Herbst 1944 erfahren hatte – er hat offensichtlich niemals ein Wort darüber gesprochen!

Dem Rückflug von England am 3. Januar 1946 folgte ein kurzes Zwischenspiel in Alswede in Westfalen. Man erhielt provisorische Personalausweise und erfuhr unter anderem, daß die ganze Gruppe in der englischen Zone bleiben müsse, daß insbesondere eine Rückkehr Hahns nach Dahlem oder Tailfingen völlig ausgeschlossen sei. Hahn hatte sich mittlerweile entschlossen, seine jäh unterbrochene experimentelle Forschungsarbeit nicht wieder aufzunehmen. Er nahm den Vorschlag, nach Göttingen zu gehen, an, nachdem ihm auch die Übersiedlung seiner Frau nach dorthin zugesagt wurde.
Nach dem Zusammenbruch hatte Max Planck die Leitung der Kaiser-Wilhelm-Gesellschaft übernommen, aber schon im Sommer 1945 Hahn brieflich gebeten, seine Nachfolge anzutreten. Viele Institute waren zerstört, der organisatorischen Zusammenfassung der zahlreichen durch Kriegsverlagerung weit über Deutschland verstreuten Arbeitsgruppen standen interne und politische Schwierigkeiten entgegen. Am 1. April 1946 kam es zum ersten Zusammenschluß von Instituten in der »Kaiser-Wilhelm-Gesellschaft in der Britischen Zone«. Doch wurde der Name »Kaiser-Wilhelm«, der nach 1919 vor allem durch Fritz Habers Bemühung als ein »historisches Dokument« und auch im Dritten Reich erhalten geblieben war, von den Militärregierungen aller Zonen endgültig verboten. Nach Änderung des Namens in »Max-Planck-Gesellschaft in der Britischen Zone« (11.9.1946) erfolgte nach mühsamen Verhandlungen mit wohlwollender Hilfe englischer Stellen am 26. Februar

1948 die Neugründung der »Max-Planck-Gesellschaft zur Förderung der Wissenschaften«. Hahn hatte im August 1947 nach zähem Drängen eine Audienz bei General Clay erreicht, der ihn mit den freundlichen Worten empfing, er möge sich keine Mühe geben, die Gesellschaft sei ein sterbender Schwan. Hahns Antwort, vor seinem Tod singe der Schwan noch einmal, hatte das Eis gebrochen. Zwölf Jahre, von 1948 bis 1960, seinem 81. Lebensjahr, leitete Otto Hahn die »Max-Planck-Gesellschaft zur Förderung der Wissenschaften«, unterstützt von seinem ersten Doktoranden Dr. Ernst Telschow, dem Generalsekretär der Gesellschaft. Er führte sie zu innerer Konsolidierung, zu äußerer Entwicklung und zu wachsender internationaler Beachtung. Die Art der sich ihm stellenden und von ihm gestellten Aufgaben war so ganz anders als die in seinem früheren Gelehrtenleben. Wohl hatte er eine fruchtbare Schule der Radiochemie begründet, aber seine Probleme bearbeitete er allein, nur von ganz wenigen technischen Hilfskräften unterstützt, mit eigener Hand am Experimentiertisch – wenn auch stets in engstem Gedankenaustausch mit Lise Meitner. Auf sie hörte er, aut »sein physikalisches Gewissen«, und ihre Phantasie dämpfende Ratio: »Von Physik verstehst Du nichts, Hähnchen« wurde oft zitiert.
Als Präsident war er stets bedacht, die verschiedensten Meinungen zu hören, sie zu diskutieren und nach Prüfung aller Argumente pro et contra die eigene Meinung aufzugeben oder durchzusetzen, in Notfällen auch die Verantwortung für eine autoritäre Entscheidung zu übernehmen. Seine Selbstlosigkeit, die betonte Zurückstellung seiner Person, manchmal bis zu einem schwer verstehbaren, aber tief wurzelnden »understatement« gehend, sein auch verfahrene Lagen lösender, leicht ironisierender Humor, verblüffende Fragen oder auch ein »Blutrausch« (wie Mitarbeiter seine gelegentlichen Zornesausbrüche nannten) – nur so kann man eine ungefähre Vorstellung von der Atmosphäre geben in den großen Sitzungen, im Verwaltungsrat und Senat oder in dem 30 Quadratmeter großen Göttinger Präsidentenzimmer, dessen Wände und Konsolen mit Erinnerungsstücken und Bildern von Kollegen, von nationalen und internationalen Kongressen und mehr oder weniger scherzhaften Geschenken bedeckt waren; neben dem Schreibtisch hing eingerahmt in schöner Schrift das »Gebet des Forschers« aus Sinclair Lewis' Roman *Dr. Arrowsmith.* Im nicht viel größeren anschließenden »Vorzimmer« saß seine langjährige treue Marie-Luise Rehder.

Naturwissenschaftliche Entdeckungen haben die Entwicklung der Kulturnationen nicht weniger bestimmt als Philosophien und Ideologien, vor deren beherrschendem Einfluß Goethe so nachdrücklich gewarnt hat. Wir erinnern an die tiefe Umstellung des Denkens über das Phänomen des Lebens durch Friedrich Wöhlers Nachweis im Jahre 1828, daß chemische Reaktionen der lebenden Organe nicht auf einer geheimnisvollen »Lebenskraft« beruhen, sondern wie die der anorganischen Welt im Reagenzglas ablaufen können und wie alle anorganische Natur durch Energie und Entropie geregelt sind. Wir denken an Darwins und Mendels biologische Erkenntnisse oder an die erst mit Ende des letzten Jahrhunderts sich durchsetzende Einsicht, daß Erde und Fixsternhimmel nicht vor 6000 Jahren als »die Welt« geschaffen wurden, daß es unzählbare Milliarden von Sonnensystemen gibt, die Milliarden Jahre alt sind, und daß die Menschenfamilie einen Millionen Jahre langen Stammbaum hat.
Nicht minder bedeutungsvoll waren naturwissenschaftliche Entdeckungen für den technischen und humanitären Bereich der Kultur: »Nur die Naturwissenschaften lassen sich praktisch machen und damit wohltätig für die Menschheit« (Goethe). Die Wellentheorie des Lichts (1820) führte zu den hochauflösenden Mikroskopen für Biologie und Medizin; Michael Faradays Induktion (1831) zu Elektrotechnik und drahtloser Telegraphie; aus Ferdinand Brauns Entdeckung der »Halbleiter« (1875) wurde in unseren Jahren die Transistor-Elektronik; für Entwicklung und Fabrikation technischer Materialien und für ihre, die technische Sicherheit gewährende Prüfung, ebenso wie für diagnostische und therapeutische Medizin sind die Röntgenstrahlen (1895) unersetzbar.
Aber in allen Fällen bedurfte es zur geistigen und materiellen Fruchtbarkeit jahrzehntelanger Arbeit. Das gilt auch noch für die Entwicklung der radioaktiven Phänomene und des sie regelnden, seit 1906 bekannten erweiterten Gesetzes der Erhaltung der Energie zur Äquivalenz von Energie und

Die Großen der Weltgeschichte 11 (1978) S. 51–71

Masse, der Theorie der Atomkernenergie. Nun aber dauerte es nur wenige Jahre bis zu der aus ephemerer Kriegspsychose erwachsenden Herstellung der Uran- und Plutonium-Bomben mit dem ihnen unmittelbar folgenden Zusammenbruch der Weltpolitik und deren Gefahren für die Erhaltung der Kultur, gar des Menschengeschlechts.

In Wort und Schrift hat Hahn auf diese Gefahren hingewiesen und auch die Frage seiner eigenen Verantwortung bedacht. Diese aber kann der Forscher bei Mißbrauch seiner Arbeitsergebnisse nicht übernehmen. Das lehrt die ganze Geschichte der Naturwissenschaften und der Technik und besonders die der Entdeckung der Atomkernenergie und ihrer »Freimachung«. Denn als Lise Meitner und Otto Robert Frisch in der Kernenergie den Schlüssel für die Hahn-Straßmannsche Kernspaltung sahen, gab es kein rationales Argument für ihre waffentechnische Verwendung. Als diese aber ersichtlich war, war es auch klar, daß die Sorgen um die Energieversorgung technisch-unentwickelter Gebiete und zukünftiger Generationen behoben waren.

Hier beginnt die Verantwortung der Forscher: mit ihrer Einsicht für die Zukunft zu sorgen durch Warnung vor den Gefahren und durch Nutzung des neuen Wissens.[41] Der hier zeitweise herrschende Optimismus ist gedämpft – es ist wie Hahn sagte, dafür gesorgt, daß die Bäume nicht in den Himmel wachsen.[42] Jede neue Technik bringt neue Gefahren – mit der größten technischen Aufgabe, der Nutzung der Atomkernenergie, sind sie größer als je zuvor. Aber sie sind erkannt und man sollte an ihrer Überwindung nicht zweifeln. Doch es handelt sich nicht nur darum. Die hektische Waffenentwicklung dehnte sich auch auf die Grundlagenforschung aus. Die Arbeit im Elfenbeinturm, im internationalen Gemeinschaftsstreben, kennzeichnend für Hahns Schaffen und Schaffenszeit, ist zu der kaum noch überschaubaren Großforschung, gar mit einer an sich ja sinnlosen Geheimhaltung und nationalem Macht- und Vormachtstreben, geworden.

Nur zögernd breitet sich die Einsicht aus, daß mit dem Enderfolg von Hahns Lebenswerk auch die bisherige Art der Wissenschafts- und Technik-Entwicklung abgeschlossen ist, daß neue Wege zur Gestaltung der Zukunft der Menschheit eingeschlagen werden müssen, auf welchen nicht Politik die Wissenschaft, sondern diese die Politik leitet.

ANMERKUNGEN

1 Im Jahr 1896 entdeckte Antoine-Henri Becquerel (↗ DIE CURIES, IX, S. 410) eine von dem Element Uran ausgehende durchdringende Strahlung. Er erhielt dafür 1903 zusammen mit den Curies (↗ IX, S. 406ff.) den Nobelpreis, nachdem 1898 Marie und Pierre Curie zwei neue, Polonium und Radium genannte Elemente mit scheinbar gleicher Strahlung entdeckt hatten. Das Phänomen wurde »la radioactivité« genannt, aufgrund der Annahme, daß diese Elemente durch eine Weltraumstrahlung zur Aussendung ihrer Strahlungsenergie aktiviert würden. Ernest Rutherford (↗ IX, S. 816ff.) und sein Mitarbeiter, der englische Physikochemiker und spätere Nobelpreisträger (1921 für Chemie) Frederick Soddy (2.9.1877 Eastbourne/Sussex–22.9.1956 Brighton), der Professor an der Universität Aberdeen und von 1919 an in Oxford war, bewiesen 1902 die von den Wolfenbütteler Gymnasiallehrern und Experimentalphysikern Johann Philipp Ludwig Julius Elster (24.12.1854 Blankenburg–6.4.1920 Bad Harzburg) und Hans Friedrich Karl Geitel (16.7.1855 Braunschweig–15.8.1923 Wolfenbüttel) 1899 entwickelte Hypothese: Diese Elemente wandeln sich unter Abgabe von Energie (die heutige Atomkernenergie) spontan in andere ebenfalls strahlende Elemente um. Dieser Prozeß heißt von jetzt an »Radioaktivität«. Die Strahlung erwies sich als komplex: Alphastrahlen (ein positiv geladenes Masseteilchen, später als Heliumkern erkannt), Betastrahlen (Elektronen gleich den Kathodenstrahlen) und Gammastrahlen (ähnlich den Röntgenstrahlen). – Vgl. dazu auch WILHELM CONRAD RÖNTGEN, IX, S. 34ff.

2 Otto Robert Frisch (geb. 1.10.1904 Wien), österreichischer Physiker, war bis 1933 Mitarbeiter von Otto Stern in Hamburg, emigrierte nach Kopenhagen, wo er bis 1939 Mitarbeiter Niels Bohrs war. Er emigrierte dann nach England und war von 1943 an in Los Alamos an der Entwicklung der Atombombe beteiligt. 1947 kehrte er nach England zurück und lehrte Physik in Cambridge. Er gab mit Lise Meitner die physikalische Erklärung der Hahn-Straßmannschen Kernspaltung (s. Anm. 32), wobei er den Begriff »nuclear fission« (= Kernspaltung) prägte.

3 Ernst Carl Theodor Zincke (19.5.1843 Uelzen–17.3.1928 Marburg) lehrte als Professor der Chemie in Bonn und später in Marburg. Er entdeckte die Strukturisomerie bei organischen Verbindungen (Tautomerie).

4 William Ramsay (2.10.1852 Glasgow–23.7.1916 Hazlemere bei High Wycombe/Buckinghamshire) lehrte seit 1880 Chemie in Bristol und von 1887 an am University College in London. Er führte seit 1883 eine Versuchsserie über thermische Eigenschaften von Stoffen durch, um Aufschluß über die molekulare Beschaffenheit vor allem von flüssigen und gasförmigen Stoffen zu erhalten. Er entdeckte, angeregt von Lord Rayleigh, 1894 das Edelgas Argon, 1895 das Helium und 1898 das Krypton, Neon und Xenon. Von 1902 an begann sich Ramsay in zunehmendem Maß für die Radioaktivität zu interessieren.

5 Chemisch-gleichartige Elemente, zum Beispiel die Erdalkalien Calcium, Strontium, Barium, unterscheiden sich durch ihre Atomgewichte (relative Massen der Atome); sie haben qualitativ gleiche, aber quantitativ (z.B. durch die Reaktionsgeschwindigkeit) unterschiedliche Reaktionen. Die radioaktiven Elemente sind fast alle nur in unwägbaren Mengen erhältlich, so anfangs auch die von Marie Curie in der Uranpechblende durch ihre Strahlung entdeckten neuen Elemente Polonium und Radium. Bei der normalen chemischen Aufarbeitung von Uranpechblende ergab die Prüfung auf Erdalkalien, daß das ausfallende Barium die von Becquerel entdeckte Strahlung des Urans aussandte. Uran ist aber kein Erdalkali; also mußte ein neues, dem Barium chemisch ähnliches, aber strahlendes Element vorhanden sein. Das andere neue Element gehörte nicht zu der zweiten (Erdalkali-), sondern zur sechsten (Sauerstoff-)Gruppe des Periodensystems.

6 O. Hahn, *A New Radioactive Element, Which Evolves Thorium-Emanation. Preliminary Communication (Comm. by Sir William Ramsay)*, in: »Proceedings of the Royal Society London« 76A/1905, S. 115.

7 Bertram Borden Boltwood (27.7.1870 Amherst/Mass.–14./15.8.1927 Hancock Point/Maine), amerikanischer Radiochemiker, betrieb seit 1900 ein Privatlabor in New Haven, in dem er Industrieaufträge ausführte. Er begann 1904 mit Forschungen auf dem Gebiet der Radiochemie und erkannte 1907 das Blei als Endprodukt der Radiumzerfallsreihe. Seit 1906 lehrte er an der Yale University und war seit 1918 Direktor des Yale College Chemical Laboratory.

8 Wegen seiner Verwandtschaft mit dem Actinium nannte Hahn dasselbe »Radioactinium«, so wie er wegen der Verwandtschaft mit Thorium das in London entdeckte Element »Radiothor« benannte.

9 James Chadwick (20.10.1891 Manchester–Herbst 1975), Schüler Rutherfords, wurde 1935 Professor für Physik in Liverpool, wirkte maßgeblich an der britischen Kernforschung mit und war 1948–58 Master des Gonville and Caius College in Cambridge. Für seine Entdeckung des Neutrons (1932) erhielt er 1935 den Nobelpreis für Physik.

10 Emil Hermann Fischer (6.10.1852 Euskirchen bei Bonn–15.7.1919 Berlin) war seit 1882 Professor für Chemie in Erlangen, seit 1885 in Würzburg und von 1892 an in Berlin. Seine breit gefächerte Forschungstätigkeit führte ihn zu wichtigen Entdeckungen auf dem Gebiet der Hydrazine, der Kohlehydrate, der Aminosäuren und der Proteine. Für seine Leistungen erhielt er 1902 den Nobelpreis für Chemie.

11 Heinrich Leopold Rubens (30.3.1865 Wiesbaden–17.7.1922 Berlin) war 1890 als Assistent ans Königliche Physikalische Institut der Universität Berlin gekommen und wurde 1896 Professor an der Technischen Hochschule Charlottenburg; seit 1906 lehrte er Physik an der Universität. Seine Forschungen auf dem Gebiet der Optik, insbesondere die Erschließung des langwelligen Infrarot (Methode der »Reststrahlen«) und die Messung der Strahlung des Schwarzen Körpers, führten zur endgültigen Bestätigung des Planckschen Strahlungsgesetzes.

12 Otto von Baeyer (12.9.1877 Bad Reichenhall–15.8.1946 Tutzing) lehrte als Professor für Physik in Berlin und arbeitete hauptsächlich auf dem Gebiet der elektromagnetischen Wellen (Spektralanalyse, Kathodenstrahlen, Radioaktivität).

13 Zur Erklärung benutzt Hahn das anschauliche Bild des »Zerplatzens eines radioaktiven Atoms«. Mit den gleichen Worten beschreibt er später die Entdeckung der Kernspaltung. Die Frage des radioaktiven Rückstoßes wurde auch von anderen, z.B. Rutherford, behandelt, welcher seinen Nachweis als Ergebnis »der schlagenden und durchgreifenden Untersuchungen von Hahn« bezeichnet.

14 In dem nach chemischen Kriterien geordneten Periodensystem der Elemente nehmen die Atomgewichte vom Element Nr. 1 Wasserstoff bis Nr. 92 Uran von Element zu Element um eine oder mehrere Einheiten zu (von Wasserstoff 1 bis Uran 237). Nach den radiochemischen Analysen mußten die damals bekannten rund zwei Dutzend radioaktiven Elemente zu Stellen zwischen Nr. 82 Blei und Nr. 92 Uran gehören, die zudem meist schon besetzt waren. Für eine ganze Anzahl der neuen radioaktiven Elemente war festgestellt worden, daß sie direkt auseinander hervorgehen (zuerst bewiesen 1902 von Rutherford und Soddy) und zwar, wie aus vielen von Otto Hahn und Lise Meitner entdeckten Elementen folgte, unter unregelmäßigem Wechsel von Alpha- und Beta-Strahlen. Der »radioaktive Verschiebungssatz« sagt nach Rutherfords Kernmodell, daß bei der Alpha-Umwandlung der Kern sich in einen um zwei Ladungseinheiten und um vier Masseeinheiten niedrigeren, bei der Beta-Umwandlung in einen um eine Ladungseinheit höheren Kern gleicher Masse umwandelt. – *Isotope* (griech. ἴσοσ [isos] = gleich, τόποσ [topos] = Stelle) bezeichnen chemisch identische Elemente, welche also nach dem chemischen Periodensystem von Mendelejew und Meyer an der gleichen Stelle stehen müssen. Sie haben verschiedene Atomgewichte. Erst seit 1932 weiß man, daß sie die gleiche Zahl positiver Protonen, aber in kleinen Grenzen verschiedene Zahlen von Neutronen enthalten. Die Zahl der Protonen im Kern bestimmt die Zahl der äußeren negativen Elektronen und damit das chemische Verhalten.

15 Die ursprünglichen (oft durch weitere Erforschung noch geänderten) Bezeichnungen der vielen radioaktiven

Elemente waren etwa Radium A, B, C, C', C'', ..., Thorium X, Y, ..., Mesothor I, II, Actinium A, B. Nach Klärung ihrer Verwandtschaften mit Verschiebungssatz und Isotopenbegriff sind die über 40 Atomarten auf die Stellen 92 (Uran) bis 81 (Wismut) eingeordnet, und werden nach diesen genannt, etwa auf Stelle 84 Polonium (Po) die sieben Elemente Radium A, C', E; Thorium A, C'; Actinium A, C''. Die Urahnen der drei Familien sind zwei Isotope des Urans und das Thorium. Das stabile Element Wismut 83 hat vier, das Element Thallium 81 noch zwei natürliche radioaktive Isotope. Stabile Endprodukte von allen sind drei Isotope des Blei 82 mit den Atomgewichten 206, 207, 208.

16 Zu Adolf von Harnack, der nicht nur ein glänzender Theologe war, sondern sich u. a. auch mit naturwissenschaftlichen Fragen beschäftigte und sich um die Organisation wissenschaftlicher Einrichtungen in Berlin große Verdienste erwarb, ↗ BERNHARD VON CLAIRVAUX, III, S. 373, Anm. 2.

17 Edith Junghans (gest. 14.8.1968), die Frau Otto Hahns, war die Tochter des Stettiner Justizrats Paul Ferdinand Junghans. Am 9.4.1922 wurde der Sohn Hanno geboren; er verlor im Krieg einen Arm, studierte Kunstgeschichte und verunglückte am 29.8.1960 tödlich auf einer Forschungsreise in Frankreich.

18 Fritz Haber (9.12.1868 Breslau–29.1.1934 Basel) war Professor für Chemie an der TH Karlsruhe, bis er 1911 bei der Gründung der Kaiser-Wilhelm-Gesellschaft Direktor des Kaiser-Wilhelm-Instituts für Physikalische Chemie in Berlin-Dahlem wurde. 1918 erhielt er den Nobelpreis für das Verfahren zur Oxydation des Stickstoffs (Haber-Bosch-Verfahren zur Ammoniaksynthese; vgl. Anm. 27). 1933 emigrierte er nach England. Vgl. auch ↗ HERMANN STAUDINGER ..., XI.

19 Lise Meitner, *Der Zusammenhang zwischen Beta- und Gamma-Strahlen*, Berlin 1924 (*Ergebnisse der Exakten Naturwissenschaften*, Bd. 3), S. 160–81; Lise Meitner, *Kernstruktur*, in: *Handbuch der Physik*, Bd. 22, Berlin 1926, S. 124–45; sowie Lise Meitner, *Kernphysikalische Vorträge (ETH Zürich)*, Berlin 1936.

20 Wolfgang Pauli (25.4.1900 Wien – 15.12.1958 Zürich) war zunächst Assistent Max Borns in Göttingen, dann Privatdozent in Hamburg und seit 1928 Professor an der ETH Zürich, wo er bis zu seinem Tod lehrte. 1945 erhielt er den Nobelpreis für Physik für seine Leistungen auf dem Gebiet der Quantentheorie, der Erkenntnis, daß in einem Atom nie zwei Elektronen der gleichen Quantenzahl existieren können (Ausschließungsprinzip), die Elektronen also ihrem Energiequantum gemäß schalenförmig um den Kern gelagert sind.

21 Harald Clayton Urey (geb. 29.4.1893 Walkerton/Ind.), Professor für physikalische Chemie in New York und Chicago, erhielt 1934 den Nobelpreis für Chemie für seine Entdeckung des schweren Wasserstoffs.

22 Carl David Anderson (geb. 3.9.1905 New York), seit 1937 Professor am CALTECH in Pasadena, entdeckte 1932 das Positron bei Experimenten mit Höhenstrahlung in der Nebelkammer und erhielt 1936 (zusammen mit Victor Franz Hess) den Nobelpreis für Physik.

23 Zu John Douglas Cockcroft ↗ ERNEST RUTHERFORD, IX, S. 824, Anm. 25. –
Ernest Thomas Sinton Walton (geb. 6.12.1903 Dungarvan/Irland), Professor für Physik in Dublin, war ein Mitarbeiter Cockcrofts und erhielt gemeinsam mit diesem 1951 den Nobelpreis für Physik.

24 *Kernchemie* nennt man die Reaktionen zwischen Atomkernen, welche zur Umwandlung in andere natürliche oder zur Bildung von in der Natur nicht beobachteten Atomarten oder zur Bildung neuer Isotopen bekannter Elemente führen. Die hierzu erforderliche oder dabei frei werdende Energie reicht bis zu millionenfachen Werten der chemischen Reaktionsenergie.

25 Enrico Fermi (29.9.1901 Rom–28.11.1954 Chicago/Ill.) lehrte theoretische Physik in Rom, bis er 1938 in die USA emigrierte und einen Lehrstuhl an der Columbia University in New York erhielt. Er entdeckte, daß sich bei den meisten Elementen durch Neutronenbeschuß künstliche Radioaktivität hervorrufen ließ. Dafür wurde er 1938 mit dem Nobelpreis für Physik ausgezeichnet. Nach der Entdeckung der Uranspaltung widmete er sich ganz der Erforschung des Phänomens der Kettenreaktion. Unter seiner Leitung wurde in Chicago der erste Kernreaktor gebaut und am 2.12.1942 gelang es ihm, die erste kontrollierte Kettenreaktion in Gang zu setzen. Von 1944–46 war er in Los Alamos tätig und maßgeblich an der Entwicklung der amerikanischen Atombombe beteiligt.

26 Ida Eva Noddack (geb. Tacke; geb. 1896 Lackhausen bei Wedel), Mitarbeiterin ihres Mannes, Walter Karl Friedrich Noddack (17.8.1893 Berlin–7.12.1960 Bamberg), der seit 1922 an der Physikalisch-Technischen Reichsanstalt tätig war. Sie entdeckte mit ihm das Rhenium.

27 Karl Friedrich Bonhoeffer wollte die Gedenkrede auf Fritz Haber (s. oben Anm. 18) halten, unterwarf sich aber notgedrungen dem Verbot. Hahn verlas seine Rede bei der Trauerfeier. –
Karl Friedrich Bonhoeffer (13.1.1899 Breslau–15.5.1957 Göttingen), Professor für physikalische Chemie in Frankfurt, dann in Leipzig und schließlich in Berlin, wurde 1949 Direktor des Max-Planck-Instituts für physikalische Chemie in Göttingen. Seine Forschungen galten vor allem der Chemie des atomaren Wasserstoffs; 1929 entdeckte er den Ortho- und den Parawasserstoff. –
Carl Bosch (27.8.1874 Köln–26.4.1940 Heidelberg) war seit 1899 Chemiker bei der Firma BASF und von 1935 an Aufsichtsratsvorsitzender der I. G. Farbenindustrie AG. Auf der Basis der theoretischen Arbeiten Fritz Habers entwickelte er zwischen 1908–13 ein Verfahren der Ammoniaksynthese (s. Anm. 18). 1931 erhielt er den Nobelpreis für Chemie (zusammen mit Friedrich Bergius); 1937 wurde er Präsident der Kaiser-Wilhelm-Gesellschaft.

28 Debije konnte als holländischer Staatsbürger Lise Meitner bei der Flucht über Holland behilflich sein. –

Zu Peter Debije ↗ Arnold Sommerfeld, IX, S. 713, Anm. 7. –
Dirk Coster (5.10.1889 Amsterdam–12.2.1950 Groningen), der Entdecker des Hafniums (zusammen mit Georg Karl von Hevesy, 1923), war seit 1924 Professor für Physik an der Universität Groningen. –
Karl Manne Georg Siegbahn (geb. 3.12.1886 Örebro) war seit 1920 Professor für Physik in Lund, seit 1923 in Uppsala und übernahm 1937 die Leitung des Forschungsinstituts für Physik der Schwedischen Akademie der Wissenschaften. Für seine Forschungen auf dem Gebiet der Röntgenspektroskopie erhielt er 1924 den Nobelpreis für Physik.

29 Otto Stern (17.2.1888 Sorau/Niederlausitz–17.8.1969 Berkeley/Calif.), seit 1921 Professor in Rostock, seit 1923 in Hamburg, wo er das Physikalisch-Chemische Institut leitete, emigrierte 1933 in die USA, wo er am Carnegie Institute of Technology in Pittsburg arbeitete. Für seine Molekularstrahlmethode und die Bestimmung des magnetischen Moments des Protons erhielt er 1943 den Nobelpreis für Physik.

30 Der fast vollständig erhaltene Briefwechsel zwischen Otto Hahn und Lise Meitner vom 26. November 1938 bis zum 22. April 1939, kurz vor Hahns Besuch in Stockholm, ist im ganzen veröffentlicht in O. Hahn, *Erlebnisse und Erkenntnisse,* a. a. O. (↗ Bibliographie, *Schriften);* vgl. dazu auch F. Straßmann, *Erinnerungen an die Entdeckung der Uranspaltung,* in: »Mitteilungen der Max-Planck-Gesellschaft« 1957.

31 Otto Hahn und Fritz Straßmann, *Über den Nachweis und das Verhalten der bei der Bestrahlung des Urans mittels Neutronen entstehenden Erdalkalimetalle,* in: »Die Naturwissenschaften« 6.1.1939. – Ergänzende und neue Befunde enthält die folgende Arbeit: *Nachweis der Entstehung aktiver Barium-Isotope aus Uran und Thorium durch Neutronenbestrahlung. Nachweis weiterer aktiver Bruchstücke bei der Uranspaltung,* in: »Die Naturwissenschaften« 10.2.1939. Diesen ersten beiden Mitteilungen folgen weitere in schneller Folge in der gleichen Zeitschrift.

32 Lise Meitner und Otto Robert Frisch, *Disintegration of Uranium by Neutrons; A New Type of Nuclear Reaction,* in: »Nature« 143/1939, S. 239ff. – *Products of the Fission of the Uranium Nucleus,* in: »Nature« 143/1939, S. 471ff. – *Products of the fission of uranium and thorium under neutron bombardment,* in: »Det Kgl. Danske Videnskabernes Selskab, matematisk-fysiske Meddelelser« 17/1939, S. 5ff. – Es folgen noch einige Arbeiten von Lise Meitner über Uran- und Thoriumspaltung in »Nature« 1939–41.

33 Seit 1932 weiß man, daß die Rutherfordschen Atomkerne aus Protonen mit einer positiven Elektronenladung und elektrisch neutralen Neutronen bestehen, nur der Wasserstoffkern besteht allein aus einem Proton. Dank der äußerst genauen Massenbestimmung der Neutronen weiß man, daß alle Atomkerne etwas leichter sind als die Summe der sie bildenden Nukleonen. So ist die Masse des Heliumkerns in Atomgewichtseinheiten 4.00386, während die Summe der Massen von zwei Protonen plus zwei Neutronen 4.03416 beträgt. Die Differenz, der »Massendefekt« des Heliums, ist nach der Einsteinschen Beziehung der Äquivalenz von Masse und Energie das Äquivalent der bei der Bildung des Heliumkerns aus den Nukleonen frei werdenden Bindungsenergie, der »Atomkernenergie«, pro Gramm Helium rund 800000 Kilowattstunden, bei der Uranspaltung entsprechend rund 25000 kWh.

34 Paul Harteck (geb. 20.7.1902 Wien) übernahm die Leitung des Hamburger Physikalisch-Chemischen Instituts, nachdem Otto Stern 1933 nach Amerika emigriert war, und lehrte Physik an der Universität. Er wanderte nach dem Krieg in die USA aus und erhielt eine Forschungs-Professur auf dem Gebiet der physikalischen Chemie am Rensselaer Polytechnischen Institut Troy/N. Y.

35 M. Dodé/H. von Halban/F. Joliot/L. Kowarski, *Liberation of Neutrons in the Nuclear Explosion of Uranium,* in: »Nature« 143/1939. S. 470f. und S. 680f.

36 S. Flügge, *Kann die Energie der Atomkerne technisch nutzbar gemacht werden?,* in »Die Naturwissenschaften« 27/1939, S. 402–10.

37 Josef Mattauch (21.11.1895 Mährisch-Ostrau–10.8.1976 Kloster Neuburg/Österreich) war 1937–40 Professor in Wien, ab 1941 Wissenschaftliches Mitglied, 1943 Stellvertretender Direktor und 1946 als Nachfolger von O. Hahn Direktor des Kaiser-Wilhelm-Instituts für Chemie. Er war nach Errichtung des neuen Max-Planck-Instituts für Chemie in Mainz dessen Direktor bis 1965. Er stellte 1934 die nach ihm benannte Isobarenregel auf, die besagt, daß es keine stabilen Isotopen gibt, deren Kernladung sich nur um eine Einheit von der Ordnungszahl eines stabilen Kerns unterscheidet. Von größter Bedeutung wurde das Mattauchsche Massenspektrometer zur Präzisionsmessung der Isotopengewichte.

38 S. Anm. 25.

39 Vgl. dazu K.-E. Zimen, *Einige Erinnerungen an das Kaiser-Wilhelm-Institut für Chemie,* in: *Beiträge zur Physik und Chemie des 20. Jahrhunderts,* Braunschweig 1950; sowie Lise Meitner, *Erinnerungen an das Kaiser-Wilhelm-Institut für Chemie,* in: »Die Naturwissenschaften« 41/1954, S. 97–100; und F. Straßmann, *Erinnerungen an die Entdeckung der Uranspaltung,* in: »Mitteilungen der Max-Planck-Gesellschaft« 1/1957, S. 17.

40 Die Gruppe der in Farmhall Internierten bestand aus Erich Bagge (Prof. in Kiel), Kurt Diebner (gest.), Walther Gerlach (München), Otto Hahn (gest.), Paul Harteck (jetzt Prof. in Troy, USA), Werner Heisenberg (gest.), Horst Korsching (MPG), Max von Laue (gest.), Karl Wirtz (jetzt Prof. Kernforschungsinstitut Karlsruhe) und Carl Friedrich v. Weizsäcker (MPG Starnberg). Eine Begründung für diese Internierung ist nie bekannt geworden. In späterer Zeit sagte einer der dafür verantwortlichen Engländer zum Verfasser, er habe nicht verstanden, warum die Amerikaner die Gruppe nach dem Abwurf der Atombomben im August 1945

nicht freiließen. Man könnte daraus schließen, daß man damit rechnete, den mit Uran arbeitenden Internierten sei durch die Spionage während des Krieges etwas über die Atombombenentwicklung als »streng geheim« bekannt geworden; nach dem Zusammenbruch könnten sie möglicherweise darüber sprechen, was die Geheimhaltung der amerikanischen Bombenpläne gefährdet hätte.

41 Erwähnt sei der *Frank-Report.* –
James Franck (26.8.1882 Hamburg–21.5.1964 Göttingen), seit 1916 Professor in Berlin und zeitweilig Abteilungsleiter im Kaiser-Wilhelm-Institut für Physikalische Chemie, 1920–33 Professor in Göttingen, legte aus Protest gegen die Methoden der Nationalsozialisten sein Amt nieder und emigrierte in die USA, wo er 1938–47 in Chicago lehrte. Für seine experimentellen quantenphysikalischen Forschungen, welche die Quantenhypothesen Bohrs und Sommerfelds bestätigten, erhielt er gemeinsam mit Gustav Hertz 1926 den Nobelpreis für Physik. Mit ungemein klarer Voraussicht des weltpolitischen Unheils warnte er in einer Studie *(Franck-Report),* die er im Juni 1945 dem amerikanischen Kriegsminister zuleitete, vor dem geplanten Atombomben-Abwurf. Sie blieb ebenso erfolglos wie die von Hahn unterzeichneten Manifeste, die Mainauer Erklärung der Nobelpreisträger gegen den Mißbrauch der Atomenergie (1955) und die Göttinger Erklärung von 18 Wissenschaftlern (1957).

42 Auch die wissenschaftlich berechtigten Bemühungen, die in der Sonne ablaufende Fusion von Wasserstoff zu Helium, in der Wasserstoffbombe bereits mißbraucht, für die Kultur zu nutzen – offenbar vorteilhafter als die Kernspaltung –, sind trotz enormer Aufwendungen von Geist und Geld in mehreren Ländern bislang ohne Erfolg geblieben.

BIBLIOGRAPHIE

Schriften:

Die Bedeutung der Radioaktivität für chemische Untersuchungsmethoden und *Die Bedeutung der Radioaktivität für die Geschichte der Erde,* in: *Handbuch der Physik,* Bd. 22, Berlin 1926, S. 278–89, bzw. S. 289–306.

Applied Radiochemistry, London und Ithaka 1936.

Die chemischen Elemente und natürlichen Atomarten, Berlin 1938.

Künstliche Atomumwandlungen und die Spaltung schwerer Kerne, Uppsala-Stockholm 1944 (enthält zusammengefaßt die im Oktober 1943 in Schweden gehaltenen Vorträge).

Die Kettenreaktion des Urans und ihre Bedeutung, Düsseldorf 1948.

Künstliche neue Elemente, Weinheim 1948.

Desintegracion atomica y nuevos elementos artificiales, Barcelona 1948.

New Atoms, Amsterdam 1950.

Cobalt 60, Gefahr oder Segen für die Menschheit, Göttingen 1955.

Moderne Alchemie, Wuppertal 1960.

Unwägbarkeit chemischer Elemente als Schlüssel der Forschung, Göttingen-Berlin-Frankfurt 1960.

Vom Radiothor zur Uranspaltung. Eine wissenschaftliche Selbstbiographie, Braunschweig 1962; engl. *A Scientific Autobiography,* Einführung von G. T. Seaborg, New York 1966, London 1966; dass.: *Dal Radiotorio alla Fissione dell'Uranio,* Turin 1968.

Mein Leben, München 1968; engl. *My Life,* Einführung von J. Chadwick, New York 1970, London 1970.

Erlebnisse und Erkenntnisse, mit einer Einführung von K.-E. Zimen, hrsg. von D. Hahn, Düsseldorf-Wien 1975.

Literatur:

Otto Hahn zum 8. März 1959, hrsg. von der Max-Planck-Gesellschaft-Dokumentationsstelle, Göttingen 1959.

Otto Hahn – 8.3.1879–28.7.1968, Sonderheft der »Mitteilungen der Max-Planck-Gesellschaft« 1968. Trauerfeier Göttingen 1968: Predigt Landesbischof D. D. Hanns Lilje; Gedenkwort Prof. Dr. Adolf Butenandt; Nachruf Prof. Dr. Walther Gerlach. (Diese Schrift enthält alle Auszeichnungen, Ehrengrade von Universitäten, Mitgliedschaften Wissenschaftlicher Akademien, Ehrenmitgliedschaften.)

Akademische Gedenkfeier zu Ehren von Otto Hahn und Lise Meitner am 21. Febr. 1969 in Berlin, hrsg. von der Max-Planck-Gesellschaft-Dokumentationsstelle, Göttingen 1969. Ansprache Prof. Dr. Adolf Butenandt, Senator Prof. Dr. Werner Stein; Reden: Prof. Dr. Walther Gerlach, München, und Prof. Dr. Berta Karlik, Wien.

W. Gerlach, *Otto Hahn. Ein Forscherleben unserer Zeit,* München 1969 *(Abhandlungen und Berichte des Deutschen Museums* 37, Heft 3).

E. H. Berninger, *Otto Hahn 1879–1968. 1970 Inter Nationes,* München 1969.

E. H. Berninger, *Otto Hahn. Eine Bilddokumentation,* München 1969.

E. H. Berninger, *Otto Hahn in Selbstzeugnissen und Bilddokumenten,* Reinbek 1974 *(rowohlts monographien* 204).

R. Spence, *Otto Hahn (1879–1968),* in: »Biographical Memoirs of Fellows of The Royal Society London« 16/1970, S. 279–313.

O. R. Frisch, *Lise Meitner (1878–1968)*, in: »Biographical Memoirs of Fellows of The Royal Society London« 16/1970 (dieser Nachruf enthält eine vollständige Bibliographie aller ihrer wissenschaftlichen Arbeiten).

Staatliches Otto-Hahn-Gymnasium Landau/Pfalz. Feier der Namensgebung 23. September 1967, mit einer Ansprache an die Schüler von Otto Hahn.

Festschrift aus Anlaß der Verleihung des Namens Otto-Hahn-Gymnasium Marktredwitz, Stadt Marktredwitz, 14. Nov. 1969, Wunsiedel 1969.

Otto-Hahn-Stiftung Stadt Frankfurt a. M. Zum 90. Geburtstag von Prof. Hahn, hrsg. vom Amt für Wissenschaft, Kunst und Volksbildung der Stadt Frankfurt a. M. 1969.

W. Heisenberg, *Otto Hahn und Lise Meitner*, in: *Reden und Gedenkworte, Orden Pour le mérite für Wissenschaften und Künste*, Bd. 9, Heidelberg 1969.

F. Baumer, *Otto Hahn*, Berlin 1974.

F. Herneck, *Otto Hahn und Lise Meitner*, in: *Bahnbrecher des Atomzeitalters*, Berlin 1970, S. 423–76.

H. G. Graetzer/D. L. Anderson, *The Discovery of Nuclear Fission*, New York 1971.

J. Herbig, *Kettenreaktion. Das Drama der Atomphysiker*, München 1976.

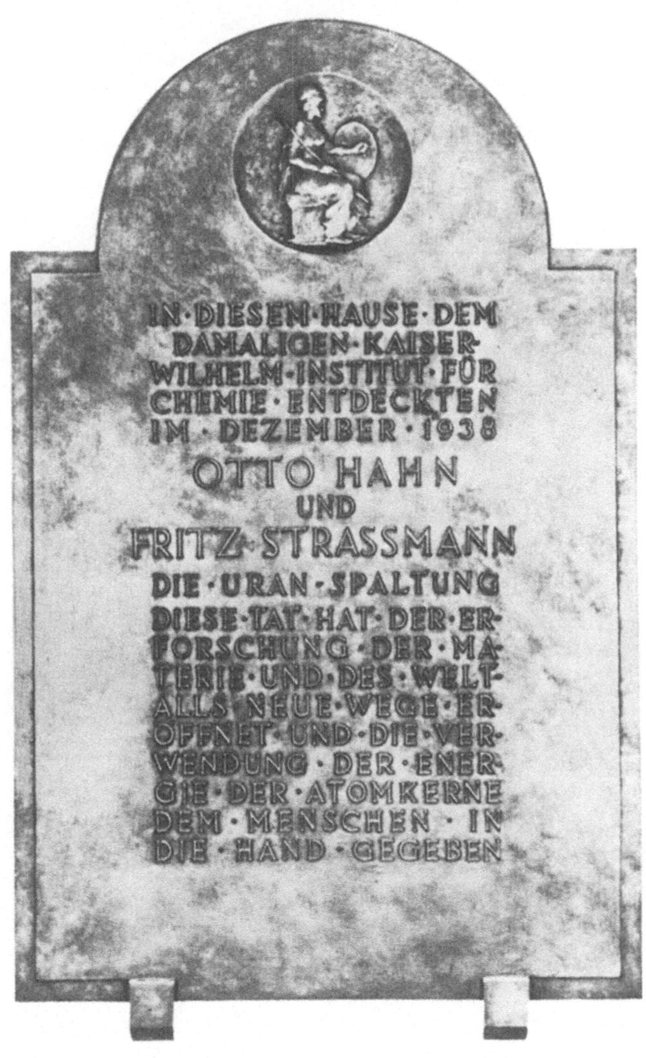

Teil IV

Aus der Korrespondenz

Aus der Korrespondenz

Dachte beim Lenken
Lachte beim Denken
Walther Gerlach

Vorbemerkung

Unter den schützenden und ordnenden Händen seiner Frau haben sich in Walther Gerlachs wissenschaftlichem Nachlaß [1] mehr als 15 000 Briefe erhalten, ein ungewöhnlich reicher, noch ungehobener Schatz! Etwa ein Viertel davon, rund 3 700 Briefe, sind von ihm selbst diktiert und geschrieben – zumeist sind es jene, die er mit der Maschine tippen ließ und von denen ein Durchschlag aufbewahrt wurde. Die Mehrzahl, etwa 11 000, sind an ihn gerichtete handschriftliche oder maschinenschriftliche Briefe, seltener Postkarten und Telegramme.

Wie aber steht es um die große Zahl von Gerlachs eigenhändig geschriebenen Briefen, von denen keine Kopie blieb? Da er die Angewohnheit hatte, seine Post stets zu beantworten, müssen es weit über 7 000 gewesen sein. Die meisten von ihnen sind wohl nicht mehr greifbar oder verschollen; nur eine geringe Anzahl kehrte später als Original oder Kopie zu ihm oder seiner Frau zurück; diese Stücke befinden sich ebenfalls in seinem Nachlaß. Einige hundert aber, so schätze ich, haben heute – zehn Jahre nach seinem Tod – noch die jeweiligen Empfänger oder deren Erben in Verwahrung. Mit etwas Glück und Mühe könnte man diese – oder doch einen Teil von ihnen – als Original oder Kopie noch bekommen und damit den Briefwechsel vervollständigen. Bisher jedenfalls sind längere lückenlose Brieffolgen, die sich über Jahrzehnte erstrecken, eher die Ausnahme in Gerlachs Nachlaß. Hoffen wir, daß die Chance, seinen Briefwechsel zu sammeln, nicht ungenutzt verstreicht. Unabhängig davon bildet schon jetzt der vorhandene Bestand eine Fundgrube für Zeitgeschichtler, Soziologen, Wissenschaftshistoriker, Biographen wie auch für weniger professionelle Leser mit den verschiedensten Interessen. Einige Kostproben mögen das belegen und den Appetit anregen.

Zunächst wird ein Briefaustausch mit Werner Heisenberg [2] aus dem Jahr 1949 wiedergegeben. Damals erfolgte die Gründung der Bundesrepublik Deutschland aus den drei westlichen Besatzungszonen. Zugleich begann ein Ringen um den besten Weg der Wissenschaftsförderung, dessen Ausgang die Entwicklungsmöglichkeiten der Forschung und Lehre im neuen Staat

Abb. 1. Walther Gerlach und Werner Heisenberg vor dem Deutschen Museum (1950)

ganz wesentlich mitbestimmte. Die entscheidende Frage war: Soll die neu errichtete „Notgemeinschaft der deutschen Wissenschaft", deren Vizepräsident Gerlach war, oder der von Heisenberg mitinitiierte und von ihm als Präsidenten geleitete „Deutsche Forschungsrat" künftig die Richtlinien bestimmen? Der Gerlach-Heisenberg-Briefwechsel dieser Zeit birgt also einigen wissenschaftspolitischen Zündstoff, zeigt aber zugleich, trotz aller deutlichen Gegensätze in der Sache, eine hohe persönliche und politische Kultur der Auseinandersetzung: Humor hilft über Spannungen ebenso hinweg wie gegenseitiges Vertrauen und Glauben an die gemeinsame Sache, die Wissenschaft. Beide Korrespondenten liebten eine deutliche Sprache. Ihre Gedanken und Absichten brauchen daher keine ausführlichen Erläuterungen.

Es folgt ein recht nachdenklicher Brief des 84-jährigen Gerlach an den zehn Jahre jüngeren Heisenberg über wissenschaftshistorische Fragen, denen beide schon seit vielen Jahrzehnten, im Alter aber mit vermehrtem Ernst nachgingen. Schließlich möge ein bewegender Brief Gerlachs an Adolf Butenandt [3], der geradezu das Credo des fast 89-jährigen Gerlach enthält, diese kleine Auswahl der wissenschaftlichen Korrespondenz beschließen.

Notgemeinschaft und Forschungsrat (1949)

Es schien vom Anfang an ein Existenzkampf, den die „Notgemeinschaft der deutschen Wissenschaft" und der „Deutsche Forschungsrat" miteinander führten. Gleich nach der Gründung der beiden Wissenschaftsgremien im Winter und Frühjahr 1949 gingen ihre Präsidenten, der ehemalige Ministerpräsident von Großhessen Hermann Geiler [4] und Werner Heisenberg, auf persönliche Distanz, während der Vizepräsident der Notgemeinschaft Walther Gerlach mit Werner Heisenberg auch in der hitzigsten Auseinandersetzung stets freundschaftlich verbunden blieb. Zwei Jahre dauerte diese spannungsreiche Gründerzeit, bis sich am 2. August 1951 in Köln Forschungsrat und Notgemeinschaft zur „Deutschen Forschungsgemeinschaft" zusammenschlossen [5]. Seitdem lebt der Forschungsrat weiter in der Gestalt des Senats und einiger Kommissionen der Forschungsgemeinschaft, in der sich andererseits weitgehend Züge und Struktur der Notgemeinschaft durchsetzten.

Walther Gerlach hatte den jüngeren Heisenberg schon in den frühen zwanziger Jahren auf Physikertreffen kennengelernt. Mit dem hochbegabten Schüler Arnold Sommerfelds verbanden ihn gemeinsame Interessen auf den Arbeitsgebieten Spektroskopie, Atomphysik und Magnetismus, aber als Experimentator bzw.Theoretiker benutzten sie natürlich ganz verschiedene, einander ergänzende Methoden. In nähere persönliche Berührung kamen beide, als Mitte der dreißiger Jahre die Emeritierung Sommerfelds bevorstand. Heisenberg, der in München seine Schul- und Studienzeit verbracht hatte, sollte und wollte dessen Lehrstuhl übernehmen. Als Vorsitzender des Berufungsausschusses führte Gerlach die sehr schwierigen, langwierigen Verhandlungen, die schließlich an Intrigen von nationalsozialistischer Seite scheiterten. Wie Sommerfeld wurde Heisenberg damals von Vertretern der sogenannten „Deutschen Physik" als „Weißer Jude" gebrandmarkt, weil er die Einsteinschen Relativitätstheorien und die moderne Quantenmechanik lehrte. Gerlach hatte übrigens selbst nach 1933 Schwierigkeiten bekommen: er durfte einige Zeit lang keine Vorlesungen halten und hatte Prüfungsverbot, weil er – so hieß es offiziell – nicht würdig war, die deutsche Jugend zu unterrichten und zu prüfen.

Noch enger rückten beide in den letzten Kriegsjahren zusammen, als Heisenberg in Berlin und Hechingen am deutschen Uranprojekt arbeitete, das Gerlach als „Bevollmächtigter des Reichsmarschalls für Kernphysik" beaufsichtigte. Bevor er das für ihn neue und nicht ganz risikolose Amt antrat, hatte sich Gerlach mit Heisenberg und Otto Hahn beraten. Als Internierte der Briten trafen sie sich nach Kriegsende in Facqueval in Belgien und in Farm Hall in England wieder. Hier und anschließend in Alswede bei Hannover lebten sie insgesamt ein dreiviertel Jahr lang ohne große Bewegungsfreiheit im gleichen Haus zusammen; sie lernten sich nun auch privat genauestens kennen und schätzen. Beide wurden sie dann in die britische Besatzungszone entlassen mit der Auflage, diese nicht zu verlassen. Während Heisenberg in Göttingen wieder Schüler und Kollegen um sich sammelte, übernahm Gerlach in Bonn als Gast den Lehrstuhl für Experimentalphysik.

Schon im Frühjahr 1947 gründete Gerlach eine „Notgemeinschaft" für Nordrhein-Westfalen. Sie sollte als Vorläufer für eine spätere überregionale Organisation dienen. Mit britischer Hilfe gelang ihm sogar die Übernahme von Geldern der Vorkriegs-Notgemeinschaft [6]. Aber das Verbot, in andere Besatzungszonen zu reisen, behinderte größere Unternehmungen. Erst als der gemeinsame Hochschultag von Nordwest- und Süddeutschland in Schönberg stattfinden konnte, ging es voran: Rektoren der Hochschulen und Kultusminister beschlossen, überregional die Gründung eines Nachfolgevereins für die alte Notgemeinschaft in die Wege zu leiten. Allerdings trat dann das ein, was Gerlach befürchtet hatte. Beauftragt von Zonenerziehungsrat der britischen Besatzungszone arbeiteten zwei Kultusbeamte, die Hochschulreferenten von Niedersachsen und von Baden-Württemberg (Kurt Zierold und Hans Rupp) die Satzung aus. Und statt der Rektorenkonferenz als Vertretung der Hochschulen lud die nordrhein-westfälische Kultusministerin Christine Teusch im Auftrage der Kultusministerkonferenz zur Gründungsversammlung der neuen „Notgemeinschaft der deutschen Wissenschaft" nach Köln ein. Diese fand am 11. Januar 1949 statt. Gerlach sagte die Teilnahme ab, wurde aber zu seiner Überrraschung in Abwesenheit von seinen Kollegen zum wissenschaftlichen Vizepräsidenten gewählt. Er berichtete darüber in seinem ersten Brief an Heisenberg aus dem Jahr 1949, in dem er zugleich auch ausführlich zu dem gerade ins Leben gerufenen „Deutschen Forschungsrat" Stellung nahm.

München, den 16.3.1949

Lieber Heisenberg!

Zu meinem größten Bedauern konnte ich am letzten Mittwoch nicht als Vertreter der Notgemeinschaft in Stuttgart sein. Herr Geiler hatte mich 2 Tage vorher erst unterrichtet; ich konnte Sitzungen im Ministerium und eine Senatssitzung nicht mehr verlegen lassen; denn leider habe ich als Rektor [7] eben allerlei Kämpfe zu führen, deren Ausgang für die Geschicke der Münchner Universität ziemlich entscheidend ist. Einer der Anlässe mag für Sie von Interesse sein: es ist die Ansicht des Ministers, daß Stiftungen in größerem Ausmaß für die Universität nicht genehm sein können, weil dadurch die Einflußnahme des Ministers gefährdet sein könne!

Damit komme ich zum eigentlichen Zweck des Briefes: Die Gründung des deutschen Forschungsrates. Niemand kann dies mehr begrüßen als ich. Vor allem wird es mein Bestreben sein, eine vernünftige Verbindung zur Notgemeinschaft zu erreichen. So ist es mir besonders lieb, daß in den vorläufigen Satzungen der Satz steht:

„Zur Erfüllung dieser Aufgaben wird er sich vornehmlich auf die Notgemeinschaft der deutschen Wissenschaft stützen."

Bis heute ist nun die Zukunft der Notgemeinschaft noch völlig unklar. Am 28./29. März wird die erste Zusammenkunft des Präsidiums sein, nachdem bisher im Januar nur eine ganz kurze Vorbesprechung war. Ich hatte mich im letzten Jahre auf verschiedene Weise bemüht, die neue Notgemeinschaft in der gleichen Art zusammenzusetzen wie die alte, also besonders ohne die Ministerien. Diese Versuche waren erfolglos. Niemand von uns hörte etwas von den Plänen; obwohl der Rektor von München zu dem vorbereitenden Ausschuß gehörte, erhielt er keine Einladung zu Vorbesprechungen. Die Einladung zu der Gründungssitzung am 11. Januar nahm ich nicht an – um so mehr war ich erstaunt, daß ich 2 Tage später erfuhr, ich sei zum ersten Vizepräsidenten gewählt worden. Ich habe dann zugesagt, in der Hoffnung etwas helfen zu können, vor allem nachdem ich sah, daß der Einfluß der Ministerien stimmenmäßig kleiner als 1 : 2 ist – und sich noch weiter verringern wird, wenn Stifterverband und Industrie sich daran beteiligen. Im Präsidium ist die Bürokratie überhaupt nicht vertreten. Schließlich kann ich dies Amt ja auch aufgeben, wenn es nicht gelingt, Freiheit von ministerieller Beeinflussung zu erreichen.

Ich hatte nun in letzter Zeit mehrfach Besuch von führenden Industriellen, welche die derzeitige Lage nicht verstehen. Einmal haben sie Angst wegen des Einflusses der Ministerien, andererseits meinen sie, daß in den Reihen der Wissenschaftsvertreter große Gegensätze bestehen, welche sie in der *Fülle* von Rundschreiben und Mitteilungen von Notgemeinschaft, Forschungsrat, Aktion Forschung, Dr. Mertonausschuß, Sammlungsaktion der Akademien, Vereinigungen der Freunde der verschiedenen Universitäten, Hilferuf der Bunsengesellschaft u.a. zu sehen glauben. Erst gestern sagte mir der Vorsitzende des Vorstands eines der allergrößten Werke Süddeutschlands: es sei wohl besser mit Stiftungen solange zu warten, bis etwas Klärung erfolgt sei. *Dies alles* zur *Kennzeichnung* der Lage.

Ich komme nun zum ersten Punkt: **die materielle Unterstützung von Forschungsvorhaben.**

Ich verstehe die Satzungen des Forschungsrates dahin, daß derselbe es sich nicht zur Aufgabe macht, selbst Geld zu sammeln, zu verwalten und zu verteilen. Wenn diese Annahme richtig ist, so wäre ein Einwand ja schon behoben. Dann könnte man *eine* Aufgabe des Forschungsrates vielleicht so kennzeichnen: ein übergeordnetes Gremium, welches Wünsche und Richtlinien für die Verteilung der Gelder der Notgemeinschaft beurteilen soll. Daneben hätte er noch andere, in Art. 2 der vorläufigen Satzungen formulierte Aufgaben rein wissenschaftlicher Art. *Alle* diese Aufgaben fordern aber doch eine innere Verbindung des Forschungsrates mit der Notgemeinschaft, und nicht nur gewisse personelle Querverbindungen, die ja oft nur zufällig sind. *Ob Sie hierüber bestimmte Gedanken und Pläne haben, ist meine Hauptfrage.*

Ich habe mir diese Sache schon viel überlegt. Manchmal meine ich, es sei das sachlich Richtigste, wenn die Notgemeinschaft ein Organ des Forschungsrates sei und die Fachausschüsse von Forschungsrat und Notgemeinschaft gemeinsam aufgestellt würden. Ich weiß nicht, wie die anderen Herren des Präsidiums denken und kann deshalb nur meine eigene Meinung sagen; aber ich fürchte, daß die etwas eng denkenden Kultusministerien ein entscheidendes Nein sagen – womit gleichzeitig die Finanzierung der Notgemeinschaft im Augenblick ganz in der Luft hängen würde; wäre das nicht der Fall, so könnte *man* es ja *darauf* ankommen lassen.

Der zweite Punkt ist: **Initiative und Koordination.**

In der Schmidt-Ott'schen [8] Notgemeinschaft wurden Ende der zwanziger Jahre Arbeitsgemeinschaften gegründet, welche sich 1–2 mal im Jahre trafen: unter der Leitung von Schmidt-Ott versammelten sich die einzelnen Fachausschüsse der Notgemeinschaft mit guten Vertretern der betreffenden Fächer, um nach Entgegennahme von kleineren Referaten mit sachlichen Diskussionen eine Koordination von Arbeiten zu erreichen und die Bereitstellung größerer Mittel für eine Aufgabe an einem Institut zu beschließen oder auch Arbeiten zu veranlassen, welche sich auf Grund dieser Diskussionen als erforderlich erwiesen, wobei dann auch beschlossen wurde, wo diese Arbeiten ausgeführt werden sollten, was sie kosten, wer dafür angestellt werden solle usw. Diese Pläne begannen die ersten Früchte zu tragen, als Johannes Stark [9] alles zerschlug. Ich hatte im Januar Herrn Geiler und Herrn Lehnartz [10] gesagt, daß die neue Notgemeinschaft diese Pläne unbedingt wieder aufnehmen muß, und auch Harteck [11] unterstützt mich dabei.

Nun sind dies aber gerade die Hauptaufgaben, die sich der Forschungsrat gegeben hat. So ist meine zweite Frage, ob Sie Pläne erwogen haben, wie in diesen Aufgaben Forschungsrat und Notgemeinschaft wirklich zusammenarbeiten können? Besonders der letzte Satz von Art. 3 gibt mir hier zu denken – würde dies heißen, daß die wissenschaftlichen Ausschüsse und Arbeitsgemeinschaften der Notgemeinschaft dem Forschungsrat als Kommission angegliedert werden sollen? Es kann doch nicht ein Fachausschuß für Kernphysik des Forschungsrates neben einem solchen der Notgemeinschaft arbeiten! „Angliedern" würde aber wieder heißen, daß die Notgemeinschaftsausschüsse bezüglich ihrer fachlich-wissenschaftlichen Arbeit Organe des Forschungsrates seien.

Unter Beachtung aller Gesichtspunkte und sachlichen Notwendigkeiten scheint mir der Vorschlag richtig, eine offizielle Bindung zwischen Präsidium von Forschungsrat und Notgemeinschaft zu schaffen (etwa durch den Vorsitz des Kuratoriums?) und ebenso eine offizielle Verbindung zwischen den Fachausschüssen. Dann hätte die Notgemeinschaft die Autorität des Präsidenten des Forschungsrates den amtlichen Stellen gegenüber in die Waagschale zu werfen und der Forschungsrat hätte in der Notgemeinschaft die Organisation, welche die Ausführung seiner fachlichen Pläne ermöglicht. Nach außen hin würde nicht der Eindruck entstehen, daß zwei konkurrierende Organisationen bestünden.

Ich wäre Ihnen für die Mitteilung Ihrer Gedanken und etwaigen Wünsche sehr dankbar. Unsere erste Präsidialsitzung wird am 28. März in Wiesbaden sein, ich sollte also Ihre Antwort doch bis spätestens 25. März in Händen haben. Bitte adressieren Sie diese an meine Hausadresse (München 13, Frz. Josefstr. 15/II Gths.).

Mit vielen herzlichen Grüssen!
Ihr
Walther Gerlach

Heisenberg hatte nach Vorarbeiten seines Göttinger Kollegen Hermann Rein [12] die Gründung des Forschungsrates in die Hand genommen. Auf der konstituierenden Sitzung in Stuttgart am 9. Mai 1949 wurden die zehn Professoren A. Benninghoff (Marburg), A. Butenandt (Tübingen), K. Freudenberg (Heidelberg), W. Eucken (Freiburg), O. Hahn (Göttingen), W. Kunkel (Heidelberg), E. Lehnartz (Münster), P. Martini (Bonn), F. Oehlkers (Freiburg), E. Regener (Stuttgart), F. Schnabel (München), B. Snell (Hamburg) und J. Zenneck (München) neben dem Präsidenten Heisenberg und dem Vizepräsidenten Rein in das Gremium berufen. Natürlich erhob sich die Frage, ob dieser „Rat der Weisen", der in der Folgezeit laufend ergänzt wurde, allseits Anerkennung finden und sich neben der von Kultusministerien und den Hochschulen eingerichteten Notgemeinschaft behaupten würde. Zum Präsidium der letzteren gehörte neben den beiden Professoren Geiler und Gerlach der Ministerialbeamte Zierold, später kam noch ein Vertreter des „Stifterverbandes für die deutsche Wissenschaft" hinzu.

In der Fortsetzung des Briefwechsels schrieb Heisenberg eineinhalb Monate später:

Göttingen, den 29. April 1949

Lieber Herr Gerlach,

Haben Sie vielen Dank für Ihren Brief. Es tut mir leid, daß die Kultusminister verstimmt sind – wie mir scheint, ganz unberechtigterweise –, denn dadurch wird eine vernünftige Zusammenarbeit zwischen der Notgemeinschaft und dem Forschungsrat schwieriger, als es notwendig ist. Immerhin bin ich ganz froh, daß ich hinsichtlich der Finanzierung jetzt freie Hand habe; denn mir schien von vornherein der Vorschlag, daß die Finanzierung des Forschungsrates allein von den Kultusministerien ausgehen solle (dieser Vorschlag stammte, wenn ich micht recht erinnere, von Herrn Minister Bäuerle [13]), nicht sehr angemessen. In England und Amerika würde man eine solche Regelung für ganz absurd halten.

Auf jeden Fall bitte ich Sie nun dringend, an der ersten Sitzung des Forschungsrates in Stuttgart am Freitag, dem 13. Mai, teilzunehmen. Die Sitzung, soweit sie solche allgemeinere Fragen betrifft, beginnt nachmittags um 3 Uhr, und als erster Punkt steht am Nachmittag auf der Tagesordnung: Beziehung zwischen dem Forschungsrat und der Notgemeinschaft. Außer diesem Punkt sollen noch einige andere Fragen besprochen werden, der eventuelle Beitritt Deutschlands zur UNESCO, die Stellung der deutschen wissenschaftlichen Institute in Italien und die Finanzierung des Forschungsrates. Den Hauptteil der Sitzung wird aber jedenfalls die Regelung der Beziehungen zwischen Notgemeinschaft und Forschungsrat ausfüllen.

Auf unser Telefongespräch hin hatte ich auch Geiler durch Herrn Eickemeyer [14] einladen lassen, dagegen scheint es mir ganz richtig, daß Sie an Frau Teusch nicht mehr herangetreten sind. Ich hatte ja schon im März an Frau Teusch geschrieben und sie um eine Unterredung zwischen ihr, Ihnen, Herrn Geiler und mir gebeten. Außerdem habe ich ihr durch Herrn Klauser sagen lassen, daß ich Anfang der nächsten Woche in Bonn wäre und sie sprechen wollte. Es ist ganz gut, daß diese Briefe vor der Kultusministertagung geschrieben wurden und daß es jetzt an Frau Teusch ist, darauf zu antworten. Ich bin auch überzeugt, daß dann, wenn wir Wissenschaftler in Stuttgart zu einer vernünftigen Vereinbarung kommen, keine ernstlichen Schwierigkeiten von Seiten der Ministerien entstehen können.

Mit vielen herzlichen Grüßen von Haus zu Haus,
Ihr
Werner Heisenberg

P.S. Eben höre ich, daß ich Frau Teusch am 5. in Bonn sprechen werde.

Die nächsten drei Nachrichten Gerlachs beziehen sich auf die Teilnahme an der erwähnten Sitzung des Forschungsrates.

München, den 5.5.1949

Lieber Heisenberg!

Schönen Dank für Ihren Brief vom 29.4. Ich werde also am 13. Mai nachmittags 3 Uhr in Stuttgart sein. Ich wäre Ihnen dankbar, wenn Sie mir eine kurze Karte schreiben ließen, wo die Sitzung stattfindet. Wird sie in dem Sekretariat in Stuttgart, Richard-Wagnerstr. 51 sein?

Ich bin gespannt, wie Ihre Besprechung mit Frau Teusch verläuft.

Mit herzlichen Grüssen
Ihr
Walther Gerlach

München, den 10.5.1949

Lieber Herr Heisenberg!

Ich habe gestern Abend durch Herrn Geiler erfahren, daß die Besprechung zwischen dem Präsidium der Notgemeinschaft und dem Forschungsrat nun doch nicht zustande kommt. Ich halte es für nicht sinnvoll, wenn ich allein an der Besprechung teilnehme. Abgesehen davon, daß in dem Beschluß der Kultusminister von einer notwendigen Besprechung zwischen Präsidium der Notgemeinschaft und Ihnen als Präsident des Forschungsrates gesprochen wird, habe ich ja auch keine Vollmacht im Namen des Präsidiums der Notgemeinschaft zu verhandeln.

Die Teilnahme meinerseits an der Stuttgarter Sitzung könnte also nur die eines stummen Zuhörers sein. Dieses würde der Sache wohl kaum nützen und wo möglich sogar uns beide als Freunde und eng verbundene Kollegen in peinliche Situationen führen.

Ich bitte Sie deshalb zu verstehen, wenn ich von Ihrer freundlichen Einladung keinen Gebrauch mache, sondern warte, bis die Besprechung zwischen Ihnen und Herrn Geiler zu einer gemeinsamen Aussprache führen wird.

Mit herzlichen Grüssen
Ihr
Walther Gerlach

Telegramm an Professor Heisenberg, Villa Reitzenstein Stuttgart

München, 12.5.1949

TEILNEHME AN SITZUNG 3 UHR = GERLACH

Gerlach war es in letzter Minute doch noch gelungen, mit Geiler und Zierold Einvernehmen zu erzielen. Die Notgemeinschaft mußte befürchten, daß zugesagte Ländermittel gesperrt würden, wenn sie wichtige Entscheidungsbefugnisse an den unabhängigen Forschungsrat abtrat. Auf der ersten Arbeitssitzung des Forschungsrates fand Gerlach durchaus Verständnis für die delikate Situation, in der sich die Notgemeinschaft befand. Die Schwierigkeiten waren aber damit keinesfalls gelöst, sie bestimmen auch in Zukunft das Verhältnis der beiden Organisationen. Es galt, über viele Punkte Einvernehmen zu erreichen, was sich auch in dem weiteren Briefwechsel widerspiegelt.

München, den 15.6.1949

Lieber Heisenberg!

Ich möchte Sie nur ganz kurz auf folgendes aufmerksam machen. Ich wurde von der Seite der Wirtschaftsministerien aufgefordert der Auffassung zuzustimmen, daß der Forschungsrat die angewandte Forschung nicht berücksichtige und daß er deshalb gänzlich umgestaltet werden müßte. Ich habe diesem widersprochen und mich ganz auf den Standpunkt gestellt, daß die Forschung unter allen Umständen den Ausschlag geben muß.

Ich darf daran erinnern mit welcher Mühe ich 1943 und 1944 es erreicht habe, daß der damalige Reichsforschungsrat nicht unter die Knute von Speer [15] kam. Was wir damals mit solcher Mühe durchgesetzt haben, sollten wir jetzt nicht preisgeben.

Ich habe mich auf garnichts eingelassen, sondern den Standpunkt eingenommen, *daß der Forschungsrat eine Sache der Forschung und nicht der angewandten Forschung oder der Technik sein soll und daß ich selbst den Forschungsrat in der jetzigen Zusammensetzung als eine durchaus richtige Konzeption erachte, wobei es an sich selbstverständlich ist, daß er noch durch fehlende Fächer ergänzt werden kann und soll.* Die Sitzung soll angeblich am Freitag dieser oder nächster Woche in Königstein sein.

Es wäre ja schön, wenn wir auch mit den Wirtschaftsministerien zusammenarbeiten würden, aber der Schwerpunkt unserer ministeriellen Beziehungen liegt doch (wenn ich das so nennen darf) bei den Kultusministerien. Wie gefährlich es ist, den Wirtschaftsministerien maßgebenden Einfluß zu gewähren, sieht man allein daran, daß es ja Wirtschaftskreise gab und vielleicht noch gibt, welche die Verteilung der von ihnen gestifteten Mittel nach eigenen Gesichtspunkten durchführen wollen. Dann ist die freie Forschung zu Ende.

Mit vielen herzlichen Grüssen
Ihr
Walther Gerlach

Göttingen, 20.Juni 1949

Lieber Herr Gerlach!

Haben Sie vielen Dank dafür, daß Sie mir in der Stellung des Forschungsrates zu den Angewandten Wissenschaften durch Ihre Stellungnahme geholfen haben. Ich hatte mich bisher auf den Standpunkt gestellt, daß die zentrale Gruppe des Forschungsrates, die bisher gebildet ist, keinen Vertreter der Angewandten Wissenschaft enthalten müßte, daß aber in den einzelnen Fachkommissionen die Vertreter der Angewandten Forschung je nach der gestellten Aufgabe einen erheblichen Einfluß haben sollten. Vielleicht soll man aber doch dem Drängen der Wirtschaft nachgeben und den einen oder anderen Vertreter der Angewandten Forschung auch in die zentrale Gruppe des Forschungsrates aufnehmen. Wir werden bei der nächsten Sitzung des Forschungsrates über diesen Punkt verhandeln. Es erscheint mir wirklich sehr wichtig, daß die Beziehungen zwischen der Grundlagen-Forschung und der Angewandten Forschung enger werden als bisher. Es ist ja gerade eine der Hauptaufgaben des Forschungsrates, dieses zu erreichen. In der zentralen Gruppe des Forschungsrates möchte ich aber jedenfalls der Grundlagen-Forschung das größere Gewicht geben, da die Vertreter der Angewandten Forschung gewöhnlich Spezialisten sind, während die Vertreter der Grundlagen-Forschung viel leichter die Brücke von einer Wissenschaft zur anderen schlagen können. Ich wäre Ihnen dankbar, wenn Sie mir ausführlich Ihre Meinung über diese Frage schicken könnten; denn es kommt mir sehr darauf an, daß an dieser sehr kritischen Stelle der richtige Weg gewählt wird.

Vielleicht sollte ich noch hinzufügen, daß ich mir gelegentlich Gedanken darüber gemacht habe, wie man in Zukunft, wenn die deutsche Bundesregierung besteht, die

Betreuung der Forschung organisieren soll. Ich war dabei (in Besprechungen mit verschiedenen Kollegen und auch mit Vertretern der Militärregierung) etwa zu folgendem Schema gekommen: Es soll in Bonn eine Verwaltungsstelle für Forschung geben, zu der erstens die Kultusminister der Länder gehören, zu der aber auch Vertreter der Wirtschaftsministerien und insbesondere des Bundes-Wirtschaftsministeriums gehören. Dieses von der Politik her zusammengesetzte Amt soll also gewissermaßen die Konferenz der Kultusminister und die für Forschung interessierten Vertreter für Wirtschaft umfassen und die gesamte Exekutive der Forschung durchzuführen haben. Dieser Exekutivinstanz sollte der Forschungsrat als Beratungsinstanz gegenübergestellt werden. Der Forschungsrat sollte aber dann ausschließlich von der Wissenschaft und nicht von den Ministerien her zusammengesetzt sein. Ich weiß nicht, ob diese saubere Trennung zwischen Beratungs- und Exekutivinstanz auf die Dauer wird durchgeführt werden können. Aber als „erste Näherung" scheint sie mir das Beste, was gemacht werden kann.

Übrigens werde ich am 12. und 13. Juli zur 100-Jahrfeier des Max-Gymnasiums nach München kommen. Ich würde sehr gern bei dieser Gelegenheit mit Ihnen zusammen einmal zu Hundhammer [16] gehen, sodaß wir gemeinsam über die Frage sprechen können, ob man ernstlich daran denken soll, das Max-Planck-Institut für Physik nach München zu verlagern. Sommerfeld meinte, dies sei Hundhammers Wunsch, und ich möchte diese ganze Frage jedenfalls nicht ohne Sie mit ihm besprechen.

Mit vielen Grüssen von Haus zu Haus
Ihr
Werner Heisenberg

Göttingen, den 28.6.1949

Lieber Herr Gerlach!

Heute nur eine Berichtigung meines Besuchsplanes in München. Ich werde am Dienstag den 12. am späten Nachmittag eintreffen und bis zum Mittag des 14. in München bleiben. Wenn wir also eine Besprechung mit Hundhammer haben wollen, so müßte das am Nachmittag des 13. oder am Vormittag des 14. sein. Auch irgendwelche anderen Besprechungen, die sich etwa als notwendig erweisen sollten (z. B. über Notgemeinschaft oder Akademieangelegenheiten oder dgl.) müßten in dieser Zeit stattfinden.

Mit vielen Grüssen von Haus zu Haus
Ihr
Werner Heisenberg

Die Bildung der Bundesregierung brachte neues Leben in die Verhandlungen, am 10. Oktober 1949 trafen Forschungsrat und Notgemeinschaft eine erste Vereinbarung. Unmittelbar darauf schrieb Heisenberg nach München:

Göttingen, den 12.Okt. 1949

Lieber Herr Gerlach,

Es hat mir leid getan, daß wir uns in Bad Nauheim nicht getroffen haben. Aber die Verhandlungen mit der Notgemeinschaft sind, wie mir scheint, zu einem sehr erfreulichen Abschluß gekommen. Ich hoffe, daß es nun in Zukunft keine Reibungen mehr geben wird. Daß Adenauer in seiner Regierungserklärung ausdrücklich von der Notwendigkeit gesprochen hat, die Wissenschaft auch von Bundeswegen zu fördern, scheint mir ein gutes Vorzeichen für die zukünftige Arbeit. ...

Mit vielen Grüssen,
Ihr
Werner Heisenberg

Die letzten drei ausführlichen Briefe, die wir hier wiedergeben, befassen sich eingehender mit dem Verhältnis von Forschungsrat zur Notgemeinschaft. Sie bringen dabei ganz grundsätzliche Gedanken Gerlachs and Heisenbergs zur Neuordnung der Forschungsförderung, die noch heute ihre Bedeutung nicht verloren haben.

München, den 18.10.1949

Lieber Herr Heisenberg!

...

Die Sache Forschungsrat – Notgemeinschaft ist ja nun leider doch noch nicht in Ordnung. Als ich in Nauheim zu der Besprechung kommen wollte, wurde ich angerufen, daß eine für nachmittags angesetzte Besprechung mit Mr. McCloy [17] auf vormittags verlegt werden mußte, so daß ich sofort nach Frankfurt fahren mußte. Ich hatte nicht einmal mehr Zeit, in Nauheim noch im Kerckhoff-Institut Bescheid zu sagen. Der Versuch, von einer amerikanischen Dienststelle aus in Frankfurt anzurufen, ist zweimal gescheitert, weil sich die Telefonzentrale im Kerckhoff-Institut nicht meldete. So konnte ich auch mittags um 2 Uhr, als die Konferenz zu Ende war, nicht erfahren, ob Sie noch in Nauheim waren oder nicht.

Ich nehme an, daß Ihnen Herr Lehnartz eingehend berichtet hat. Nach meiner Ansicht waren die Vorbedingungen für die Besprechung in Nauheim durch die inzwischen eingetretene Entwicklung gänzlich andere, als nach dem Bericht von Herrn Lehnartz und Herrn Zierold [18] dort zugrunde gelegt wurden. Es war nämlich mittlerweile eine große Denkschrift von Minister Stein [19] eingegangen, in welcher eine Forschungsorganisation, teils auf Länder-, teils auf Bundesbasis diskutiert wird. Der Grund hierfür ist offenbar der gewesen, daß die Forschung nicht Bundessache ist, sondern nur zu den Gebieten der konkurrierenden Gesetzgebung gehört (ich glaube, so nennt man eine Angelegenheit, die an sich unter den Länderministerien steht, vom Bund aber in den überregionalen Angelegenheiten wahrgenommen werden kann).

Das zweite ist die auch von Ihnen in Ihrem Brief erwähnte Regierungserklärung von Adenauer. Nach dem Text derselben, den ich zugeschickt bekam, hat Adenauer aber nur von der angewandten Forschung, welche für die Technik Bedeutung hat, gesprochen. So wichtig diese ist, so kann es doch nicht unsere Aufgabe sein, nur die angewandte Forschung zu betrieben. Bei Verhandlungen, die ich in der letzten Zeit auch mit Industriellen führte, wurde immer wieder die Meinung vertreten, daß für die reine Forschung genug geschehen sei, nachdem die Max-Planck-Gesellschaft 12 Millionen [DM] bekomme. Daß an den Hochschulen auch Forschungsarbeit getrieben wird und zwar schätzungsweise den Veröffentlichungen nach 9 mal so viel als in den wissenschaftlichen Max-Planck-Instituten, daß ein Großteil der Max-Planck-Institute mit Wissenschaft überhaupt garnichts zu tun hat – all diese Dinge sind infolge der geschickten Propaganda der Max-Planck-Gesellschaft weitgehend unbekannt.

Ein dritter Punkt ist der, daß mich gerade in den letzten Tagen unmittelbar vor der Nauheimer Besprechung Kollegen von Technischen Hochschulen gebeten haben, ihre Ansicht zu vertreten, daß die technischen Wissenschaften in dem bisherigen Forschungsrate überhaupt nicht vertreten sind und daß ihre Vertretung mindestens genau so umfangreich sein sollte, wie die Vertretung der naturwissenschaftlichen Grundlagenfächer. Schließlich haben, wie Ihnen wohl bekannt ist, sowohl der Verein deutscher Ingenieure als auch Vertreter der Wirtschaftsministerien sich sehr heftig gegen die jetzige Zusammensetzung des Forschungsrates gewandt.

Überall kommt zum Ausdruck, daß ein Forschungsrat zwar in irgendeiner Form schon erforderlich sei, daß aber der jetzige Forschungsrat eben doch nicht als Vertretung der gesamten deutschen Forschung angesehen werden könne.

Soviel mir berichtet wurde, hat Herr Geiler in Nauheim die Verhandlungen so geführt, daß gerade die grundlegenden Schwierigkeiten, insbesondere die große Denkschrift von Minister Stein und die scharfen Widersprüche gegen den Forschungsrat von Seiten der technischen Wissenschaften, der Technik und der Wirtschaftsministerien garnicht behandelt wurden. Zu meinem Erstaunen war allerdings von dem Letzteren bei der Notgemeinschaft nichts bekannt, wohl aber das Erstere.

In der Hauptausschußsitzung ist die Sache sehr eingehend besprochen worden. Herr Raiser [20] und Herr Lehnartz werden Sie darüber ja unterrichtet haben.

Ich meine, daß die Sache augenblicklich so liegt, daß man zu irgendeiner Ansicht noch garnicht kommen kann. Die Bemerkung, daß der jetzige Forschungsrat „im leeren Raum operiere", scheint mir, offen gestanden, nicht ganz falsch zu sein. Ich habe mir die Sache immer wieder überlegt, finde aber selbst bis jetzt keinerlei Ausweg.

Mit herzlichen Grüssen,
Ihr
Walther Gerlach

München, den 21.Okt.1949

Lieber Herr Gerlach,

Haben Sie vielen Dank für Ihren Brief. Über den Inhalt dieses Briefes bin ich aber, das muß ich gestehen, so besorgt, daß ich Ihnen sofort antworten muß, und da ich weiß, daß Sie ein offenes Wort lieben, und in Erinnerung an unsere Farmhall-Freundschaft muß ich damit anfangen zu sagen, daß ich überhaupt nicht verstehen kann, wie ein so vernünftiger Mensch wie Sie soviel Widersprüche in einem Brief zusammenschreiben kann.

Ich möchte mit der Kritik an der Max-Planck-Gesellschaft anfangen: „Ein Großteil der Max-Planck-Institute hat mit Wissenschaft überhaupt nichts zu tun". Ich würde Ihnen vorschlagen, die Liste der Institute vorzunehmen und diesen Satz einmal genau zu begründen. Sie werden eine Anzahl von Max-Planck-Instituten finden, die sich mit Anwendung der Wissenschaft auf praktische Probleme beschäftigen (aber angewandte Forschung ist doch auch Forschung!), aber wohl nicht leicht Institute, die mit Wissenschaft gar nichts zu tun haben. Aber woher kommt die Kritik an der Max-Planck-Gesellschaft, die ja unter allen Rektoren Mode ist: weil die MPG 12 Millionen bekommt, die Universitäten aber viel zu wenig. Die Kritik würde ich dann für begründet halten, wenn im ganzen in Deutschland nur ein Betrag von etwa 20 Millionen verfügbar wäre, die MPG aber den Löwenanteil erhielte. Davon ist aber überhaupt nicht die Rede, und jetzt komme ich zum Kernpunkt der Angelegenheiten.

In jedem Kulturland können ohne Schwierigkeiten 5‰ des Volkseinkommens für Forschung ausgegeben werden, wenn man nur will. Der Einwand, Deutschland sei dazu zu arm, ist ebenso dumm wie der Einwand: ein reicher Mann kann sich zwar leisten 3% seines Einkommens für Brot auszugeben, ein armer Mann aber nicht. Also auch Deutschland kann sich ohne weiteres leisten, jährlich etwa 300–500 Millionen für Forschung auszugeben, wenn man nur will, d. h. wenn man die Forschung für so wichtig hält. Von dieser Menge erhält die Max-Planck-Gesellschaft einen verschwindend kleinen Bruchteil. Warum erhalten die Universitäten nun nicht einen viel größeren Bruchteil dieser Summe (etwa 60 bis 80 Millionen), die ihnen nach unserer Ansicht (ganz sicher auch der Hahns) unbedingt zusteht? Aus dem einfachen Grunde, weil die Hochschulen sich nicht *die* Mühe geben, auf die Öffentlichkeit und die Ministerien einzuwirken, um Geldmittel für Forschung zu beschaffen, die Hahn [21] sich seit 1946 gegeben hat. Hahn hat eben Tag und Nacht gearbeitet, mit Ministern und Landtagen verhandelt, Vorträge gehalten und allen Menschen klargemacht, daß für Forschung etwas getan werden müsse. Daß er dies vor allem für die Max-Planck-Gesellschaft tun mußte, war seine Pflicht. Hätten die Hochschulen das gleiche getan, so hätten sie ohne Schwierigkeiten auch das gleiche erreichen können, denn das jährliche Steueraufkommen in Westdeutschland beträgt bekanntlich über 12 Milliarden Mark. Als die Kultusminister in Ravensburg tagten, waren die Rektoren und Hahn geladen. Die Rektoren sind brav zum Befehlsempfang erschienen und haben bedauernd die Achseln gezuckt, als man ihnen sagte, daß eben leider für Forschung so wenig Geld da sei, daß Deutschland für solchen Luxus zu sehr verarmt sei usw. Nur Hahn hat, wie ich von Teilnehmern hörte, schließlich einen „Blutrausch bekommen", wie er das nennt, und mit der Faust auf den Tisch geschlagen und gesagt, daß es so nicht weiterginge.

Erfolg: Hahn hat dadurch sich wirklich Respekt bei den Ministern verschafft und für die Max-Planck-Gesellschaft etwas erreicht. Weiterer Erfolg: Jetzt hacken alle Rektoren auf Hahn herum, weil er der einzige ist, der die Dinge getan hat, die wirklich notwendig waren, und weil er sie gut gemacht hat. Statt daß man sich an Hahn ein Beispiel nimmt, schimpft man über ihn.

Nun aber weiter: Nach der neuen Verfassung untersteht die Forschung der konkurrierenden Gesetzgebung. Der Bund muß sich jedenfalls auch um die Forschung kümmern; da der Bund die ganze Wirtschaft zu betreuen hat, lag es also wirklich nahe zu hoffen, daß der Bund erhebliche Geldmittel für Forschung bereitstellt. Nun hätte man annehmen können, daß in dieser so äußerst wichtigen Angelegenheit sofort etwas geschehen würde: daß die Rektorenkonferenz sich etwa an Adenauer oder Erhard wenden würde, daß die Notgemeinschaft sich um Bundesmittel bemühen würde usw. usw. Aber nichts von allem geschah. Der einzige, der wirklich energisch etwas unternommen hat, war der Forschungsrat. Der Forschungsrat hatte sogar den großen Erfolg, daß der Bundeskanzler in seiner Regierungserklärung [15. Sept. 1949] von der Notwendigkeit der Betreuung der Forschung spricht und an die großen Aufwendungen der Angelsachsen erinnert. (Das bedeutet, daß er an die Größenordnung von 300 Millionen denkt. – Daß Adenauer nur die angewandte Forschung gemeint habe, ist übrigens eine böswillige Interpretation, hinter der ich Zierold spüre. Adenauer sprach davon, daß die Anwendung der Forschung wirtschaftlich wichtig sei und daß man deshalb die Forschung fördern müsse, er sagt aber keineswegs, daß nur die angewandte Forschung gefördert werden solle.) Der Forschungsrat hatte auch in seiner Denkschrift immer wieder auf die Notwendigkeit hingewiesen, die Forschung gerade an den Hochschulen entscheidend zu fördern. Weiterer Erfolg: Alle Rektoren hacken auf dem Forschungsrat herum, er repräsentiere nicht die deutsche Forschung und zwar aus zwei Gründen: 1) weil er Adenauer dazu veranlaßt habe, viel zu sehr auf die angewandte Forschung zu achten und die Grundlagenforschung zu vergessen; und 2) weil er sich (vgl. VDI usw.) viel zu wenig für die angewandte Forschung interessiere und sich nur um die Grundlagenforschung bemühe.

Mein Gesamteindruck ist also der: Immer dann, wenn eine Institution oder ein Mann sich einmal bemüht, den Politikern klarzumachen, daß etwas für die Forschung getan werden müsse, sind alle Rektoren eifrig am Werke, diese Arbeit unmöglich zu machen, den Politikern zu sagen, daß der betreffende Mann oder die betreffende Institution keineswegs die Meinung der Forschung repräsentiere. Worauf natürlich alles beim alten bleibt.

Vielleicht ist bei dem praktischen Einwand der Notgemeinschaft, daß der Forschungsrat die Forschung nicht repräsentiere, gemeint, der Forschungsrat müsse noch viel mehr Vertreter sowohl der Geisteswissenschaften wie auch der angewandten Forschung aufnehmen. Dazu ist zu sagen: Wir würden natürlich noch sehr gern 20 Techniker und 20 Geisteswissenschaftler aufnehmen (werden auch sicher noch einige aufnehmen), aber jede Vergrößerung der Organisation erschwert die Arbeit, und ich bin nach den bisherigen Erfahrungen sicher, daß die Rektoren dann, wenn der Forschungsrat in dieser Weise dreimal so groß gemacht worden wäre, gesagt hätten: hier handelt es sich um eine völlig unnötige Überorganisation, der Apparat ist viel zu schwerfällig. Auf gut deutsch: wie man's macht, ist's verkehrt.

Trotzdem werden wir uns im Forschungsrat weiter Mühe geben, den Hochschulen Geld zu verschaffen, auch wenn sie sich noch so sehr dagegen sträuben, und ich bin trotz aller Gegenaktionen der Notgemeinschaft immer noch völlig überzeugt, daß es uns gelingen wird.

Mit vielen herzlichen Grüssen und in alter Freundschaft,
Ihr
Werner Heisenberg

P.S. Nach diesem gefühlsbetonten Brief noch einige sachliche politische Sorgen hinsichtlich der Forschungsbetreuung:
Die Kultusminister und, wie ich fürchte, auch die Notgemeinschaft kämpfen energisch dafür, daß die Bundesdienststelle für Forschung als eine der vielen Abteilungen des Innenministeriums eingerichtet werden möge, um sie dadurch dem Interessengebiet der Wirtschaft zu entziehen. Da umgekehrt die Wirtschaft zweifellos nicht nachgeben wird, wird durch diese Entwicklung die ganz große Gefahr heraufbeschworen, daß es eine Dienststelle für Forschung (lies: Geisteswissenschaften plus Hochschulen) beim Bundes-Innenministerium und eine Dienststelle für angewandte Forschung beim Bundes-Wirtschaftsministerium geben wird. Dies wäre die sichere Folge des Vorschlages der Länder-Kultusminister und würde die Spaltung zwischen angewandter und Grundlagenforschung endgültig vollziehen. Welche der beiden Dienststellen dann die großen Geldmittel zu verteilen hätte, brauche ich wohl nicht näher auseinanderzusetzen. Ich bin also nach wie vor überzeugt davon, daß der Vorschlag des Forschungsrates, diese Dienststelle beim Bundeskanzler einzurichten, die einzige Möglichkeit ist, um die genannte Spaltung zu verhindern, und es ist mir nur im Sinne des oben geschriebenen Briefes verständlich, wenn sich die Rektoren auch noch für das Bundes-Innenministerium einsetzen.

München, den 12.11.1949

Lieber Heisenberg!

Ich hörte gestern gesprächsweise durch Meißner [22], Sie seien vielleicht geneigt anzunehmen, ich sei über Ihren saugroben Brief eingeschnappt. *Ich* glaube das nicht, daß Sie das meinen, und es ist natürlich auch in keiner Weise der Fall. Wenn ich noch nicht antwortete, so war daran Schuld nur die erhöhte Arbeit bei dem Semesterbeginn und außerdem mehrfache Reisen und Konferenzen wegen der sehr schwierigen und auch etwas heiklen Lage in der Studentenschaft. Ich will Ihnen jetzt wenigstens kurz antworten.

Ich gebe Ihnen ganz recht, daß es Unsinn ist zu sagen, daß es Max-Planck-Institute gäbe, welche nichts mit *Wissenschaft* zu tun haben. Es sollte selbstverständlich heißen, welche keine *Grundlagenforschung* treiben, sondern rein angewandte Untersuchungen machen. Es sind dieses die vielen landwirtschaftlichen und Züchtungsinstitute verschiedener Art, worüber sich ganz vor kurzem erst, wie schon früher öfters, die Herren Kühn und Hartmann sehr kritisch geäußert haben; beispielsweise gehört hierzu das Institut von Vogelpohl, seit mehreren Jahren auch das Silikatinstitut, in welchem Herr Dietzel zwar als sehr guter Praktiker arbeitet, aber doch ohne wohl selbst darauf Anspruch zu machen, daß man ihn als „Forscher" bezeichnen kann.

Was nun die Bundeskanzlerpläne betrifft, so muß ich eben sagen, daß mir diese nicht gefallen. Wir sagen immer, daß Forschung und Lehre und damit alle regionalen und überregionalen Universitätsfragen einschließlich der Studentenfragen für uns Vertreter der Hochschulen zusammengehören. Nun besteht aber die Gefahr, daß alles auseinander gerissen wird, daß sich Kompetenzstreitigkeiten zwischen den Länder-Kultusministerien, zwischen dem Bundes-Innenministerium (überregionale Studentenfragen einschließlich deren Ausbildung) und eventuell auch Bundeskanzlerstelle entwickeln. Ich habe sowohl mit Bundesstellen als auch mit den verschiedenen Länderministerien, nicht nur mit Herrn Hundhammer und Frau Teusch, sondern auch mit Landahl [23] und Sauer [24], sowie Frau Gantenberg mehrfach über diese Probleme gesprochen, wobei ich grundsätzlich (was ich gerade Ihnen gegenüber betonen möchte) immer wieder darauf hingewiesen habe, daß wir einen Forschungsrat in irgendeiner Form brauchen, welcher auch ein wirkliches Organ der gesamten Forschung ist; ich habe dabei deutlich gemerkt, wie schwierig für die Universitäten die Lage wird, wenn sich noch eine weitere amtliche Stelle auftut. Es ist doch schon so, daß manche Minister Einrichtungen wie die „Studienstiftung des Deutschen Volkes" für eine nicht berechtigte überregionale Sache halten, weil sie der Ansicht sind, daß sie das Geld statt an eine Zentralstelle zu liefern, ebenso gut unmittelbar für ihre eigenen Landeskinder ausgeben könnten.

Wenn man aber zugeben will, daß solche Kompetenzschwierigkeiten kein *sachlicher* Grund sind, so habe ich doch noch einen ganz wichtigen Grund gegen eine Bundeskanzlerstelle. Dieser Grund ist, daß wenn einmal ein solches Amt geschaffen ist, dieses Amt sich auch selbst Arbeit macht, d. h. anfängt zu regieren und damit gerade das Gegenteil schafft von dem, was wir alle wollen. Ich habe die Verhandlungen der letzten Besprechungen der Wirtschaftsminister über die alliierte Forschungskontrolle gelesen. In dieser Kontrolle hat sich ja eine gewisse Änderung angebahnt und die Bürokraten – so weitblickend sie sind – sehen die Gefahr, daß diese Forschungskontrolle mehr und mehr aufhört; schon sind sie am Werk, ihre Büros aufrecht zu erhalten und sich neue Arbeit zu machen dadurch, daß sie den Vorschlag machen, es sollen Forschungsberichte der Institute bei ihnen eingereicht werden, damit Stellen da sind, „wo alles zusammenläuft". Es ist sogar schon die Frage in die Diskussion geworfen worden, ob es nicht zweckmässig sei, Pläne für Beschaffungen größerer wissenschaftlicher Einrichtungen, sagen wir eine Hochspannungsanlage oder etwas dergleichen, über diese „Forschungsstellen" des Wirtschaftsministeriums laufen zu lassen.

Ich fürchte eben, daß ein Bürokratismus der Forschung eintritt, der im 3. Reich beabsichtigt war, der aber an Herrn Mentzel [25] scheiterte, wobei manche Leute sagen an seiner Faulheit, andere an seinem tiefen Verständnis für die freie Forschung.

Schließlich fürchte ich, daß bei der Bundeskanzlerstelle sich doch leicht politische Einflüsse geltend machen könnten. Ich habe in dieser Beziehung ein paar bedrohliche Erscheinungen in der letzten Zeit gesehen, zunächst nur Anzeichen, die sich aber leicht auswachsen können. Soweit ich in den letzten Tagen über die im Bundesministerium herrschende Diskussion über die Schaffung der Bundeskanzlerstelle unterrichtet bin – so erst gestern Abend durch einen Herrn aus dem Ministerium Heinemann [26] – scheinen ja auch innerhalb des Kabinetts politische Gesichtspunkte für die Entscheidung für oder gegen Bundeskanzlerstelle keine geringe Rolle zu spielen.

Ich kann mir nicht helfen: Ich habe den Eindruck, daß mindestens einmal die Bundeskanzlerstelle den Kultusministern ein Dorn im Auge ist. Wer also mit dieser verhandelt, hat die Kultusminister gegen sich, und dieses schafft wenigstens mal in Bayern für die Hochschule eine ganz bedenkliche Lage. Hierüber bin ich mir auch mit vielen anderen Kollegen, auch von der Technischen Hochschule, ganz klar. Wir haben gerade genug Schwierigkeiten mit unserem Kultusminister, haben aber doch eine solche Lage, daß wenigstens ein grundsätzliches Wohlwollen der Universität gegenüber besteht. Unser Kultusminister gibt sich zweifellos Mühe, für den Wiederaufbau und auch für die Forschung Geld bei dem Finanzministerium zu bekommen. Es fällt ihm dieses sicher oft schwer. Ich fürchte, daß er es übel nehmen würde, wenn man über die Bundeskanzlerstelle etwas unternähme; sicher wäre es aber sehr naheliegend, wenn man sich etwa auf die Bundeskanzlerstelle beruft, dann gesagt zu bekommen, wir sollten uns auch dort das Geld holen.

Die Verhältnisse an den Universitäten sind eben objektiv anders als früher und von Land zu Land verschieden. Vor allem die Rektoren müssen mit den lokalen Stellen arbeiten.

Schließlich noch ein kurzes Wort zu Ravensburg. Dort waren die Rektoren garnicht eingeladen. Durch persönliche „Beziehungen" einiger Rektoren zu einigen Ministern war die „Zulassung" einiger Rektoren beschlossen worden. Wir Münchner Rektoren waren ursprünglich eingeladen zu einer Rektorenkonferenz mit den Kultusministern und wurden dann wieder ausgeladen mit der Begründung, daß diese geplante gemeinsame Konferenz nicht stattfindet. Dennoch haben einige Wenige es für richtig gehalten hinzugehen. Diese Sache war Gegenstand der Rektorenkonferenz im Frühjahr dieses Jahres, welche solche Methoden scharf verurteilt hat und deshalb den Beschluß faßte, daß die Rektoren in Zukunft allein tagen werden oder alle Rektoren mit allen Kultusministern zusammen in der Form eines Hochschultages. Eine willkürliche Einladung oder Vorladung einiger Rektoren zu der Ministerkonferenz wurde scharf abgelehnt, und ich hoffe, daß alle Rektoren genügend Rückgrat haben, vorkommendenfalls sich auf diesen Beschluß zu berufen. Über den Verlauf selbst, über den Hahnschen Blutrausch bin ich übrigens nicht so unterrichtet wie Sie, aber das mag Ansichtssache sein. Ich will hierüber garnichts sagen, weil ich nicht dabei war und weil ich schließlich weiß, daß es auch Rektoren gibt, welche Angst haben aufzutreten, wenn es erforderlich ist.

Lieber Heisenberg ! Wir werden halt warten, was das Schicksal uns bestimmt ! Ich darf nur noch eines hinzufügen, was ich neulich einmal in einem Kreis von Rektoren sagte, vielleicht haben Sie es erfahren, ich weiß eben nicht mehr genau, wie sich der Kreis zusammengesetzt hat. Es war wohl bei der letzten oder vorletzten Besprechung in Tübingen: Ich selbst habe mit dem Speer-Ministerium, in dem man Forschung und Entwicklung kombinieren wollte, meine Erfahrungen. Ich habe mit den hohen Herren dieses Ministeriums Tage und Nächte lang auf das Erbittertste gekämpft um durchzusetzen, daß die Hochschulinstitute nicht dem Speerministerium unterstellt wurden, sondern daß sie lediglich in dem damaligen Forschungsrat unter einzig maßgeblicher Leitung von Professoren stehen mußten. Ich habe gesehen, welche Gefahren sich damals zu entwickeln drohten, wenn unsere Institute unter die Leitung von Bürokraten und von Leuten, die technische Zwecke verfolgen, kommen würden. Ich glaube, es war damals richtig, und ich fürchte, daß auch im jetzigen Bund diese Bürokratie und unsachliche Gefahren nicht kleiner sind.

Mit vielen herzlichen Grüssen von Haus zu Haus
Ihr
Walther Gerlach

Haben Sie den Jahresbericht des englischen Forschungsrats gelesen? *Nur* Naturwissenschaften, *soweit* sie sich technisch auswirkt! (D. h. wohl (a) Krieg (b) Konkurrenz mit Amerika.)

Gerlach wies im Postscriptum dieses Briefes auf den Jahresbericht des „British Research Council" hin. Die Wirtschaft Großbritaniens mußte in den ersten Nachkriegsjahren in der Tat am meisten den Wettbewerb mit den Vereinigten Staaten fürchten. Nach kurzer Atempause wurden auch die Rüstungsanstrengungen wieder forciert. Den britischen Weg, bevorzugt die technischen Wissenschaften zu fördern und dabei die breite Palette der Grundlagenforschung, also auch die in den Geisteswissenschaften zu vernachlässigen, hielt Gerlach für verfehlt und besonders verhängnisvoll als Vorbild für die deutschen Verhältnisse. Heisenberg stimmte im Prinzip zu, sah aber die britische Lage differenzierter und weniger schwarz als Gerlach. In der Tat konnten britische Wissenschaftler und Gelehrte gerade kurz nach dem Zweiten Weltkrieg eine Reihe weltweit beachteter Pionierleistungen erbringen. Die Wissenschaften in Deutschland erholten sich viel langsamer von den Folgen des Dritten Reiches und des Krieges, daher mußte die Grundlagenforschung in der Tat stärker von staatlicher Seite unterstützt werden.

Über die Anfänge der neuzeitlichen Wissenschaft (1974)

Wir wollen nun noch einen weiteren Auszug aus der Korrespondenz von Walther Gerlach und Werner Heisenberg abdrucken, nämlich einen Brief, in dem Gerlach zu einer entscheidenden physikhistorischen Frage Stellung nimmt.

München
den 12. 2. 74.

Lieber Herr [illegible],

Vielen Dank für Ihren Brief – an der Zusendung des Kolloquium-Vortrags bin ich unschuldig; Sie haben ihn (wie auch ich!) als Mitglied automatisch erhalten! – Die „praktischen Anwendungen" der Astronomie sind ganz sicher: nicht nur die Astrologen wollten auch die Kalenderreformer und die Seefahrer richtige und zuverlässige Tafeln. Man kannte die Fehler der Alphonsinischen Tafeln. Als daher früh die copernicanische Idee bekannt wurde, lud der Papst den Copernicus zur Teilnahme an der Kalenderreformkommission ein; er lehnte aber ab, weil er die astronomischen Daten noch für unzureichend hielt. Sofort nach der Veröffentlichung der Revolutiones wurden (mit dem copernicanischen System berechneten) die prutenischen Tafeln (Ephemeriden) gedruckt. Dass sie keine wirklichen Vorzüge gegenüber den Alphonsinischen hatten, war einer der sachlichen Gründe gegen Copernicus. Deshalb gab der Anticopernicaner Tycho Brahe 1588 neue Ephemeriden heraus. Und Kepler klagt oft darüber, dass er Ephemeriden berechnen muss, weil nur das Geld, das sie einbringen, anderen leicht in den Schoss fällt und er die praktischen Ergebnisse seiner Arbeiten vorläufig gebe! Aber primär haben wohl ganz sicher weder Copernicus noch Kepler an die Anwendung ihrer richtigen Resultate gedacht.

Die europäisch-mittelalterliche Zuwendung zur Naturwissenschaft, speziell zur Astronomie ist nach meiner Ansicht ganz einfach damit zu erklären, dass die verlorenen Kenntnisse des Altertums (z.B. des Ptolemäus) von den Arabern bekannt gemacht wurden. Der Almagest (arabische Verstümmelung des Titels ἡ μεγίστη σύνταξις ...) wurde erstmals kurz nach 1400 von Peurbach (Peuerbach) bearbeitet, Regiomontanus vollendete die Arbeit so um 1460; sie erschien (eine Bearbeitung) erst 1496 (als Copernicus studierte); die erste lateinische Ausgabe kam

von 1510 (das genaue Jahr habe ich vergessen), die erste Ausgabe des griechischen Originaltextes (wie voll noch fehlerhaft war) durch den Nürnberger Grüner (Grynaeus) 1532 (in Basel?) heraus. Die arabische Chemie (al chymie) spielte im XIII. Jahrh. in Klöstern eine Rolle — bei Versuchen entstanden die Klosterliköre!! Es gibt deshalb auch päpstliche Verbote.
Ich habe die Vorstellung, dass das Bekanntwerden der Kultur des Altertums dazu führte, nach den Quellen zu suchen — und so auch bei den Naturwissenschaften nach den „Quellen", d.h. die Natur selbst, was Aristoteles ja gefordert hatte. Also Renaissance des Denkens des Altertums.

Für Ihre Musik noch mittags viel Vergnügen; ich werde nur kurz über Kepler sprechen, mehr über das, was man in der Zeit von ihm bis nach Copernicus weiss, also die „Wende" (keine Revolution!) darlegen, die erst mit Bessel u. Struves Parallaxe 1838 / und Foucaults Pendelversuch 1851 vollendet war. Entscheidend für die Parallaxe ist Fraunhofer, der vor genau 150 Jahren Mitglied der Akademie wurde — allerdings nur „ausserordentliches besuchendes Mitglied", kein ordentliches, „weil er keine „gelehrte Bildung" hatte. In einem Gutachten hiess es", wenn man den zum Mitglied mache, dann könne man auch einen Verfertiger von Musikinstrumenten zum Generalmusikdirektor und einen Messerfabrikanten zum Leiter einer chirurg. Klinik machen! Tempora mutantur — oder doch nicht??

Herzliche Grüsse von Haus zu Haus

Ihr Wattenberg

München, den 12.2.74

Lieber Heisenberg!

Vielen Dank für Ihren Brief – an der Zusendung des Hallenser Vortrages bin ich unschuldig; Sie haben ihn (wie auch ich!) als Mitglied automatisch erhalten! – Die „praktischen Anwendungen" der Astronomie sind ganz sicher: nicht nur die Astrologen sondern auch die Kalenderreformer und die Seefahrer *riefen* nach zuverlässigen Tafeln. Man kannte die Fehler der Alphonsinischen Tafeln. Als schon früh die copernicanische Idee bekannt wurde, lud der Papst den Copernicus zur Teilnahme an der Kalenderreformcommission ein; er lehnte aber ab, weil er die astronomischen Daten noch für zu ungenau hielt. Sofort nach der Veröffentlichung der *Revolutiones* wurden die mit dem copernicanischen System berechneten prutenischen Tafeln (Ephemeriden) gedruckt. Daß sie keine wirklichen Vorzüge gegenüber den Alphonsinischen hatten, war einer der sachlichen Gründe gegen Copernicus. Deshalb gab der Anticopernicaner Tycho Brahe 1568 neue Ephemeriden heraus. Und Kepler klagt oft darüber, daß er Ephemeriden berechnen muß, weil sonst das Geld, das sie einbringen, anderen leicht in den Schoß fällt und er den pekuniären Ergebnissen seiner Arbeit verlustig geht! Aber *primär* haben wohl ganz sicher weder Copernicus noch Kepler an die Anwendung eines richtigen Planetensystems gedacht.

Die europäisch-mittelalterliche Zuwendung zur Naturwissenschaft, speziell zur Astronomie ist nach meiner Ansicht ganz einfach damit zu erklären, daß die verlorenen Kenntnisse des Altertums (z.B. des Ptolemäus) von den Arabern bekannt gemacht wurden. Der *Almagest* (arabische Verstümmelung des Titels η μεγίστη σύνταξις ...) wurde erstmals kurz nach 1400 von Purbach (Peuerbach) bearbeitet, Regiomontanus vollendete die Arbeit so um 1460; sie erschien (eine *Bearbeitung*) erst 1496 (als Copernicus studierte); die erste lateinische Ausgabe kam *um* 1510 (das genaue Jahr habe ich vergessen), die erste Ausgabe des griechischen Originaltextes (sie soll sehr fehlerhaft sein) durch den Nürnberger Grüner (Grynaeus) 1532 (in Basel) heraus. Die arabische Chemie (al chymie) spielte im XIII. Jahrh. in Klöstern eine Rolle. – Bei Versuchen entstanden die Klosterliköre !! Es gibt deshalb auch päpstliche Verbote.

Ich habe die Vorstellung, daß das Bekanntwerden der Kultur des Altertums dazu führte, nach den Quellen zu suchen – und so auch bei den Naturwissenschaften nach den „Quellen", d.h. der Natur selbst, was Aristoteles ja erforscht hatte. Also Renaissance des Denkens des Altertums.

Für Ihren Musiknachmittag viel Vergnügen; ich werde nur kurz über Kepler sprechen, mehr über das, was man in der Zeit vor und direkt nach Copernicus weiß, also die „Wende" (keine Revolution!) darlegen, die erst mit Bessel und Struves Parallaxe 1838 und Foucaults Pendelversuch 1851 vollendet war. Entscheidend für die Parallaxe ist Fraunhofer, der vor gerade 150 Jahren Mitglied der Akademie wurde – allerdings nur „ausserordentliches besuchendes Mitglied", kein ordentliches, weil er keine „gelehrte Bildung" hatte. In einem Gutachten hieß es, wenn man ihn zum

Mitglied mache, dann könne man auch einen Verfertiger von Musikinstrumenten zum Generalmusikdirektor oder einen Messerfabrikanten zum Leiter einer chirurgischen Klinik machen! Tempora mutantur – oder doch nicht??

Herzliche Grüsse von Haus zu Haus
Ihr
Walther Gerlach

Gerlachs Vortrag, für dessen Zusendung sich Heisenberg vorher (irrtümlich) beim Autor bedankt hatte, trug den Titel „Die Evolution des Denkens über die Natur" [27]. Er hatte ihn in Halle auf der Jahresversammlung der Deutschen Akademie der Naturforscher Leopoldina am 11. Oktober 1973 gehalten. Für einige der darin aufgeworfenen Fragen interessierte sich Heisenberg lebhaft, so für die alte Streitfrage, ob die Aussicht auf praktischen Nutzen den Forscher beflügele.

Zur historischen Beantwortung konnte Gerlach in der Tat einiges beitragen. Er bereitete gerade einen Vortrag über „Die Copernicanische Wende" vor, den er wenige Tage später, am 15. Februar 1974, auf der Plenarsitzung der Bayerischen Akademie der Wissenschaften unmittelbar nach der Wahl neuer Mitglieder bringen wollte [28]. Er nutzte dabei zugleich die Gelegenheit, die von Heisenberg aufgeworfenen Fragestellungen zu behandeln. Schließlich versäumte er nicht, der hohen Körperschaft, die soeben zur Wahl geschritten war, den Spiegel vorzuhalten: Hatte sie doch vor 150 Jahren den Autodidakten Josef Fraunhofer *nur* zum „besuchenden Mitglied" bestimmt.

Das Credo des 88-jährigen Walther Gerlach (1977)

Am 24. März 1978 schrieb Walther Gerlach dem gerade 75 Jahre alt gewordenen Adolf Butenandt:

Lieber Herr Butenandt,

Mit meinen besten Wünschen zu Ihrem Geburtstag erhalten Sie beiliegenden Brief. Er ist vor einem halben Jahr geschrieben und wurde dann wie viele andere „ad acta" gelegt aus Scheu vor Belastung und Belästigung des Adressaten. Bei einer so hohen Geburtstagszahl und deren unvermeidlichen Begleiterscheinungen können solche Hemmungen vielleicht entfallen.

Mit herzlichen Grüßen von Haus zu Haus
Ihr
W. G.

24. Mai 78

Lieber Herr Butenandt

Mit meinen besten Wünschen zu dem Geburtstag erhalten Sie beiliegenden Brief. Er ist vor einem halben Jahr geschrieben, und wurde dann wie viele andere „ad acta" gelegt, aus Scheu vor Belastung und Belästigung des Adressaten. Bei einer so hohen Geburtstagszahl und den zu erwartenden Begleiterscheinungen können solche Hemmungen vielleicht entfallen.

Mit herzlichen Grüßen von Haus zu Haus

Ihr [illegible]

Der beigelegte Brief lautete:

Höfle, September 1977

Lieber Herr Butenandt!

Am Ende des Vortragsabends von Chargaff [29] stellten Sie die alte Frage aus der Kapuzinerpredigt: quid faciamus nos – daß wir kommen in Abrahams Schoß.

Ich unterließ eine mir auf Grund eines früheren Vortrags naheliegende Antwort, weil sie sicher zu einer Diskussion geführt hätte, die vom eigentlichen Thema sich entfernt hätte.

Ich möchte sie Ihnen aber doch noch skizzieren. Ich gehe (natürlich!) aus von Goethe, der so ungefähr um 1805 an Riemer [30] schrieb: „Die abstrakten Wissenschaften, Philosophie und Philologie, führen, wenn sie metaphysisch sind, ins Absurde der Möncherei und Scholastik; und sind sie historisch, in das Revolutionäre der Welt- und Staatsverbesserung." ... „Bloß die Naturwissenschaften lassen sich praktisch machen und dadurch wohltätig für die Menschheit."

Welchen Nutzen hat Goethe hier im Sinne? Man muß wohl an seine begeisternde Gewerkenrede über den Nutzen der Technik für sein Ilmenauer Bergwerk denken – auch den Brief an Schiller –, aber auch an die Überlegungen über die Bedeutung des Copernicus: „Nichts hat einen solchen Einfluß auf das Denken der Menschheit ausgeübt. Was ging nicht alles in Rauch auf." Einigen „nostalgischen" Hinweisen folgt dann die lapidare Formulierung, daß die neue Weltsicht „der Menschheit eine nichterahnbare Denkfreiheit" geschenkt hat.

Eine ähnliche Formulierung steht bei Kant: „Die Freiheit, von der Vernunft Gebrauch zu machen" – ich möchte da hinzufügen, von „der Vernunft, die benachbart dem Gewissen ist" (auch Goethe). Ihn hat das Problem der Denkfreiheit, die er für sich in Anspruch nahm, recht beschäftigt. Das geht hervor von seiner Antwort auf die Gretchenfrage – wer darf ihn nennen, wer bekennen ... – bis zu den vielen Überlegungen über die Frage, wo die Grenze des Erkennens und wo die Grenze des Strebens nach Erkenntnis liegt (was keineswegs dasselbe ist).

Zur „Gretchenfrage" ist meine Antwort, daß der Naturwissenschaftler nicht darüber reden soll, worüber der Pfarrer berufsmäßig reden muß. Zur Frage nach den Grenzen der Erkenntnis in der Naturwissenschaft und für den Naturwissenschaftler hat wohl Goethe die beste Antwort gegeben, Du Bois Reymond [31] wohl die schlechteste mit seinem „Ignorabimus", wenn man bei der Naturwissenschaft bleibt – vielleicht soll man sogar sagen: bei der Wissenschaft – also vor allem die Theologie ausschließt, die ja nach Kant auch keine Wissenschaft ist.

Goethe unterscheidet deutlich die Grenze, welche „durch das bornierte Individuum" gegeben ist und die Grenze, die sich dem „treuen Forscher" stellt. (Die folgenden Zitate habe ich nicht wörtlich-genau im Kopf.) „Dem Menschen mag es wohl anstehen, das Erforschbare zu erforschen und das Unerforschbare ruhig zu verehren". Das wird oft zitiert, z. B. von Planck [32] und ist ja auch ein wirkungsvoller Schluß seiner Rede!

Zu dem Unerforschbaren rechnet Goethe den auch undefinierbaren Begriff des „Urphänomens", der ja an das Wort vom „ersten Menschen" erinnert! Aber dann sagt er: „Wo liegt aber das Urphänomen, daß ich mein Forschen dabei bewenden lassen könnte? Der treue Forscher wird nicht ablassen zu suchen, ob nicht die Natur irgendwo ein Wörtchen hat fallen lassen – und noch immer wird es gefunden."

Das scheint mir die richtige Denkweise zu sein, wenn man unter Suchen die Anwendung der wissenschaftlichen Methode versteht. So meine ich, daß die Grenze der Erkenntnis jeweils da liegt, wo eine Frage nicht mehr naturwissenschaftlich begründet werden kann, d. h. zur Zeit eine Beantwortungsmöglichkeit mangels einer Methode nicht – also *noch* nicht! – besteht. „Denken" ist kein Begriff der Naturwissenschaft, ebenso wenig „undenkbar". Was ein immer tieferes Schauen für den Menschen bedeutet, wird bei Goethe verschieden und differenziert beantwortet: von dem „Das beste, was Du wissen kannst, darfst Du den Buben doch nicht sagen" bis zu dem „So bleibe mir die Sonne denn im Rücken ... weil er den vollen Glanz der Wahrheit nicht ertragen kann."

Von den „ethischen" Gefahren der Naturwissenschaften findet sich keine so entschiedene Warnung wie die von den Folgen der „abstrakten Wissenschaften". Die Angst vor dem „den Augen unerträglichen Glanz" hat Goethe fast wörtlich von Kepler übernommen. Kepler aber fügt noch einen anderen Gedanken über den menschlichen Wert naturwissenschaftlicher Erkenntnis hinzu – und damit komme ich zur direkten Beantwortung der von Ihnen gestellten Frage.

Für Kepler ist „das Suchen nach dem Sein der Natur und den Ursachen ihres Seins und Werdens" – also wohl genau das, was wir als exakte Naturwissenschaft bezeichnen – „Dienst am Werk Gottes", ein Auftrag, den der Schöpfer dem Menschen gegeben hat, um seine Allmacht zu erkennen: „Nur wer erkannt hat, was Gott gemacht, wird auch befolgen, was er geboten hat."

Viel tiefer geht aber sein – wohl als wirklich ethisches (im Gegensatz zur „Erfüllung eines Gebots") zu bezeichnendes – Denken: wer erkannt hat, daß der Lauf der Welt auf Ordnungsgesetzen beruht, wird auch sein eigenes Handeln nach Gesetzen der Ordnung regeln. „Das gereicht zur Ehre Gottes des Schöpfers, zu mehren dessen Erkenntnis aus dem Buch der Natur, zur Besserung des menschlichen Lebens, zur Vermehrung sehnlicher Begier nach Harmonie im gemeinen Wesen, bei jetziger schmerzlich-übelklingender Dissonanz". (NB: geschrieben beim Beginn des 30-jährigen Krieges).

Hier und an manchen anderen Stellen entwickelt und betont Kepler diesen „menschlichen" Wert der Naturwissenschaft, der sich wie ein roter Faden durch die Weltgeschichte zieht. Das älteste „westliche" Beispiel, das ich kenne, stammt von Euripides. In einem erst vor wenigen Jahrzehnten gefundenen, Kepler mit Sicherheit noch nicht bekannten Fragment (wie man meint, aus der Verteidigung des von den Athenern wegen seiner neuen Naturwissenschaft als Gotteslästerung verklagten Anaxagoras) heißt es frei übersetzt und geringfügig ergänzt:

„Glücklich ist, wer Kenntnis gewann vom erkundbaren Wesen der Dinge.
Denn er trachtet nicht nach dem Leid der Menschen,
noch sinnt er auf unrechte Taten.
Wer überblickt den nie sich wandelnden Kosmos,
unterliegt nicht der Sucht nach unrechtem Handeln".

In den „Science fiction Romanen" der beginnenden Neuzeit werden die Menschen in die „Mond- und Sonnen-Staaten" geführt, um geordnetes Leben kennen zu lernen, damit sie die irdischen Verhältnisse zu verurteilen lernen. Auch Kepler denkt daran, seinen Traum vom Mond in diesem Sinn zu erweitern, läßt aber „lieber die Finger vom Pech der Politik und bleibt auf den lieblichen Auen der Wissenschaft".

Naturerkenntnis führt nicht nur „zur Friedensliebe und Mäßigung in allen Dingen" – „Wenn der Sturm wütet und der Schiffbruch des Staates droht, so weiß ich nichts Würdigeres zu tun, als den Anker meines Denkens in den Grund der Ewigkeit zu senken", so schreibt er in dem von ihm auch gedruckten Brief an seinen Schwiegersohn, als geistiges Testament anzusehend, als er 1629 den völligen Zusammenbruch des Reiches klar voraussieht.

Und bis in unser Jahrhundert haben die großen Naturforscher so gedacht, so gehandelt: nicht aber so viele „Größen" der humanistischen, der Geisteswissenschaften. Das Kriegsgeschrei Ende Juli 1914 hielt mein Lehrer Paschen für eine Verrücktheit (er wiederholte das Anfang der 20er Jahre!), und der Gynäkologe Hugo Sellheim sagte zu mir:„ Packen Sie Ihren Rucksack, wir gehen auf meine Jagdhütte im Schönbuch, feiern Ihren Geburtstag bis der Schwindel zu Ende ist." Am 3. August kam der Jagdaufseher: der Herr Forstmeister ließe dem Herrn Professor sagen, es sei Krieg und er solle zurückkommen! Ich habe datierte Photos davon! Und während der Continentalsperre ernannte die französische Akademie den Engländer Davy [33] zum Mitglied der Unsterblichen. Ich darf wohl auch auf eine kleine Episode unserer Zeit hinweisen: die physikalische Gesellschaft hat nach 1933 kein jüdisches Mitglied ausgewiesen, sie blieb als einzige „nichtgleichgeschaltet". Und auf meine Bitte schrieb Sam Goudsmit [34] 1936, daß er in Gedanken an so viele Beziehungen seinen Jahresbeitrag weiter bezahlen werde.

Es gibt viele Naturwissenschaftler der letzten etwa 200 Jahre, welche sich gegen den Nationalismus wendeten, wohl das größte Übel, welches gerade „Dichter und Denker" förderten – erlebt haben wir Rutherford [35], Langevin [36], Andrade [37], Einstein, Laue [38], Bragg [39] ..., aber nur wenige der anderen Art wie Lenard [40] und Stark, vielleicht auch Lindemann (Lord Cherwell) [41].

So ist meine Antwort auf Ihre Frage: Gründung aller Ausbildung und „Bildung" auf die Naturwissenschaften, auf naturwissenschaftliches Denken, auf Unterordnung unter die Natur – „zur *Mäßigung in allen Dingen*" (auch Kepler!).

Ist es dafür zu spät? Ich meine, etwas Gutes kommt nie zu spät.

Ihr
Walther Gerlach

Wir kennen solche Situationen zur Genüge. Nach einem anregenden Vortrag findet eine Diskussion statt, aber es bleibt nicht ausreichend Zeit, es ist auch nicht der rechte Ort, die passende Gelegenheit, auf eine tiefe Frage eine ausfürliche, gültige Antwort zu geben. Diesem Umstand nun verdanken wir Gerlachs Brief, der auf Butenandts Frage: Was sollen wir tun? schriftlich antwortete. Die Antwort ist ganz radikal und lautet: Wir müssen die Ausbildung der Menschen vollständig ändern und sie auf die Naturwissenschaften gründen. Die Absicht ist aber nicht, auf diese Weise bessere Technokraten zu erzeugen, sondern die Menschen von naturwissenschaftlichen Denken lernen und eine neue Ethik gewinnen zu lassen, die heißt: Unterordnung unter die Natur und Zurückhaltung in den Ansprüchen, Friedensliebe und Mäßigung in allen Dingen.

In seinem Dankschreiben an Gerlach betonte Butenandt, wie kostbar ihm gerade dieser Geburtstagsbrief sei „als ein Dokument einer Diskussion und als Zeichen der Übereinstimmung in grundsätzlichen Fragen der Wissenschaft". Es gibt in der Tat kein schöneres Dokument, um diese Auswahl von Walther Gerlachs Korrespondenz abzuschließen.

Schlußbemerkungen

Aus den wenigen hier wiedergegebenen Briefbeispielen läßt sich gewiß kein abgerundetes Persönlichkeitsbild von Walther Gerlach gewinnen, denn die Auswahl ist einseitig und in ihrem Umfang beschränkt. So wichtige Arbeits- und Lebensbereiche wie die moderne Physik und ihre technische Anwendungen werden kaum gestreift, noch kommen in diesen Briefen Gerlachs Lust am experimentellen Forschen und Lehren sowie seine Sorge um den wissenschatlichen Nachwuchs zum Ausdruck. Weitgehend fehlen ferner die Themen Forschung im Krieg, Verantwortung des Wissenschaftlers, die Abrüstungsfrage, die jüngsten Umweltbelastungen und die Strahlenverseuchung oder auch Gerlachs persönliche Freude an der unberührten Natur, der Musik, Sprache und Kunst des Vortrags – obwohl sich manche indirekten Hinweise durchaus entdecken lassen. Was unsere Briefauswahl freilich bewirken kann, ist, eine gewisse Nähe zur Person und zum Geschehen herzustellen, Unmittelbarkeit und Autenzität zu vermitteln wie es sonst nur noch Tagebuchnotizen, Randbemerkungen und Diskussionsbeiträge im kleinen, vertrauten Kreis erreichen können. Solches gelingt kaum durch die wissenschaftlichen und populären Publikationen und Vorträge, die wir in den anderen Teilen in Auswahl vorgestellt haben: in ihnen werden die behandelten Gegenstände sachlich abgesichert und reflektierend dargestellt, sie scheinen eher für die Ewigkeit bestimmt als für den Augenblick und den individuellen Leser oder Hörer [42].

Neben den von Gerlach selbst verfaßten Briefen, haben häufig auch die an ihn gerichteten Schreiben besonderen wissenschaftshistorischen Wert. So finden sich mehr als 250 Briefe der Nobelpreisträger Max Born, James Franck, Otto Hahn, Werner Heisenberg, Gustav Hertz, Max von Laue, Max Planck, Erwin Schrödinger, Heinrich Wieland und Willy Wien in seinem Nachlaß. Aus dem Gebiet der Experimentalphysik, das naturgemäß stark vertreten ist, seien außerdem noch die folgenden Korrespondenten genannt: Wolfgang Gentner (35), Edgar Meyer (31), Lise Meitner (55), Friedrich Paschen (15), Robert Pohl (46) und Eduard Rüchardt (20) – die Ziffer in der runden Klammer hinter den Namen gibt jeweils die Anzahl der Briefe an.

Schließlich wollen wir auf ein physikhistorisch besonders interessantes Konvolut hinweisen: auf die Briefe, Karten und Telegramme, die Gerlach mit Niels Bohr, James Franck, Fritz Haber, Edgar Meyer, Wolfgang Pauli und anderen zur Ideengeschichte, Durchführung, Absicherung und Rezeption des Stern-Gerlach-Versuchs wechselte.

Anmerkungen und Referenzen

[1] Walther Gerlachs wissenschaftlicher Nachlaß befindet sich seit 1986 im Deutschen Museum in München. Die hier abgedruckten Briefe werden in Originalschreibweise wiedergegeben (bis auf die Ersetzung von ss durch ß wo nötig), wenige Schreibfehler und Interpunktionen verbessert.

[2] Werner Heisenberg (1901–1976), theoretischer Physiker und Pionier der Quantenmechanik, erhielt den Physik-Nobelpreis für das Jahr 1932. Er war Professor in Leipzig (1927–1942) und Berlin (1942–1945) und leitete im Zweiten Weltkrieg das Kaiser Wilhelm-Institut für Physik und die dortigen Arbeiten für das geheime deutsche Uranprojekt. Nach dem Krieg baute er in Göttingen das Institut als Max-Planck-Institut für Physik wieder auf.

[3] Adolf Butenandt, geboren am 24. März 1903 in Bremerhaven–Lehe, Biochemiker, erhielt 1939 für seine Arbeiten über Sexualhormone den Nobelpreis für Chemie, den er aber erst nach dem Zweiten Weltkrieg annehmen durfte.

[4] Professor Dr. Karl Hermann Geiler war Jurist und wurde 1945 von der amerikanischen Militärregierung zum Ministerpräsidenten von Großhessen ernannt. Am 11. Januar 1949 wurde er zum Präsidenten der Notgemeinschaft der deutschen Wissenschaft gewählt.

[5] Der Zusammenschluß wurde am 15. August 1951 wirksam (siehe Phys. Blätter 7, 377 (1951).

[6] Siehe z. B. Thomas Stamm: *Zwischen Staat und Selbstverwaltung. Die deutsche Forschung im Wiederaufbau 1945–1965* (Verlag Wissenschaft und Politik, Köln 1981);
Maria Osietzki: *Wissenschaftsorganisation und Restauration. Der Aufbau außeruniversitärer Forschungseinrichtungen und die Gründung des westdeutschen Staates 1945–1952* (Böhlau Verlag, Köln, Wien 1984).

[7] Walther Gerlach war von 1948 bis 1951 Rektor der Ludwig-Maximilians-Universität München.

[8] Friedrich Schmidt-Ott (1860–1950), Preußischer Ministerpräsident a.D., wurde im Sommer 1920 zum Gründungspräsidenten der „Notgemeinschaft", des wichtigsten Selbstverwaltungsorgans der deutschen Forschung gewählt (siehe sein Buch: *Erlebtes und Erstrebtes 1860–1950*, Wiesbaden 1952).

[9] Johannes Stark (1974–1957), Nobelpreisträger für Physik 1919, ließ sich nach 1934 zum Nachfolger Schmidt-Otts machen. Später bekam er Schwierigkeiten mit dem Reichserziehungsministerium, dessen Referent Rudolf Mentzel ihn im November 1936 als Präsident der „Notgemeinschaft der deutschen Wissenschaft" oder „Deutschen Forschungsgemeinschaft" (wie sie damals auch genannt wurde) ablöste.

[10] Emil Lehnartz (1898–1979), Direktor des Instituts für physiologische Chemie in Münster, Vorsitzender des Hauptausschusses der Notgemeinschaft der deutschen Wissenschaft.

[11] Paul Harteck, geboren am 20. Juli 1902, physikalischer Chemiker, arbeitete während des Zweiten Weltkrieges am deutschen Uranprojekt mit und war daher Gerlach und Heisenberg bestens bekannt (auch aus der Zeit der Internierung in Farm Hall).

[12] Hermann Rein (1989–1953), Mediziner und Humanbiologe. Er war Rektor der Universität Göttingen im Jahre 1947/48 und arbeitete über die menschlichen Sinnesorgane und den Blutkreislauf.

[13] Theodor Bäuerle, Kultusminister von Württemberg-Baden.

[14] Helmut Eickemeyer, Vorsitzender des Arbeitsausschusses Forschungskontrolle beim süddeutschen Länderrat, diente als Geschäftsführer des Deutschen Forschungsrates.

[15] Albert Speer (1905–1981), Architekt, 1942 Reichsminister für Bewaffnung und Munition, 1943 für Rüstung und Kriegsproduktion. Der Reichsforschungsrat, in dem Gerlach ab Januar 1944 die Fachsparte Physik leitete, blieb formal dem Reichserziehungsministerium zugeordnet.

[16] Alois Hundhammer (1900–1974), Volkswirt, war von 1946 bis 1950 Kultusminister in Bayern.

[17] John Jay McCloy (1895–1986) war von 1949 bis 1952 amerikanischer Hochkommissar in Deutschland.

[18] Kurt Zierold, Ministerialrat und Mitarbeiter des niedersächsischen Kultministers A. Grimme, 2. Vizepräsident und Sekretär der Notgemeinschaft der deutschen Wissenschaft.

[19] Erwin Stein, Kultminister des Landes Hessen.

[20] Ludwig Raiser, Jurist, 1948 und 1949 Rektor der Universität Göttingen.

[21] Otto Hahn (1879–1968), Nobelpreisträger für Chemie 1944, 1945–1960 Präsident der Kaiser Wilhelm- bzw. Max-Planck-Gesellschaft.

[22] Fritz Walter Meißner (1882–1974), Tieftemperaturphysiker, entdeckte 1933 zusammen mit Rudolf Ochsenfeld den Meißner-Ochsenfeld-Effekt.

[23] Heinrich Landahl, Chef der Hamburger Kultusbehörde.

[24] Albert Sauer, Kultusminister von Württemberg-Hohenzollern.

[25] Rudolf Mentzel, Wissenschaftsreferent im Reichserziehungsministerium.

[26] Gustav Heinemann (1899–1976), 1949–1950 Bundesminister des Inneren im ersten Kabinett Adenauer, 1969–1974 Bundespräsident.

[27] Der Vortrag wurde veröffentlicht in Nova acta Leopoldina, N.F., Band **42**, Nr. 218 (1975).

[28] Siehe die Veröffentlichung in Sitz. ber. Bayer. Akad. Wiss., math.-naturw. Kl., 1974, II. Wiss. Arbeiten, S. 1–13 (1975).

[29] Erwin Chargaff, geboren am 11. August 1905 in Czernowitz, Österreich, Biochemiker. Er emigrierte aus Deutschland, nachdem er von 1930 bis 1933 in Berlin gearbeitet hatte, in die USA.

[30] Friedrich Wilhelm Riemer (1774–1845), Bibliothekar in Weimar und neun Jahre lang Lehrer von Goethes Sohn.

[31] Emil Du Bois Reymond (1818–1896), aus einer Hugenottenfamilie stammender Berliner Physiologe, Begründer der Elektrophysiologie.

[32] Max Planck (1858–1947), Begründer der Quantentheorie und Nobelpreisträger für Physik des Jahres 1918.

[33] Humphrey Davy (1788–1829), seit 1812 Sir Humphrey, britischer Chemiker und einer der Begründer der Elektrochemie.

[34] Samuel Goudsmit (1902–1978), niederländischer Physiker. Er interpretierte 1925, zusammen mit seinem Landsmann G. Uhlenbeck, Paulis vierte Quantenzahl als Spin des Elektrons und ging 1927 nach seiner Promotion in Leiden in die USA.

[35] Ernest Rutherford (1871–1937), britischer Physiker. Er erhielt 1908 den Nobelpreis für Physik. 1919 publizierte er die erste künstliche Kernumwandlung.

[36] Paul Langevin (1872–1946), französischer Physiker, der u. a. Arbeiten über Para- und Diamagnetismus veröffentlichte.

[37] Jules Frédéric Charles Andrade (1857–1933), französischer Physiker.

[38] Max von Laue (1879–1960), theoretischer Physiker. Er entdeckte 1912 mit W. Friedrich und P. Knipping Röntgenstrahlinterferenzen an Zinksulfid-Kristallen, wofür er 1914 den Physik-Nobelpreis erhielt. Er leistete aktiv Widerstand gegen die „Deutsche Physik" und wurde bei Kriegsende mit Gerlach, Hahn, Heisenberg und anderen Mitgliedern des „Uranvereins" in Farm Hall interniert.

[39] Sir William Henry Bragg (1862–1942), englischer Physiker. Zusammen mit seinem Sohn William Lawrence erhielt er den Nobelpreis für Physik des Jahres 1915.

[40] Philipp Lenard (1862–1947), deutscher Experimentalphysiker. Ihm gelangen grundlegende Erkenntnisse auf dem Gebiet der Phosphoreszenz, der Kathodenstrahlen und des photoelektrischen Effektes. 1905 erhielt er den Nobelpreis für Physik. Später wurde er bekannt durch seine Ablehnung der Relativitätstheorie und als ein Urheber der „Deutschen Physik".

[41] Frederick Alexander Lindemann, seit 1956 Viscount Cherwell, britischer Physiker deutscher Abstammung, wurde 1886 in Baden-Baden geboren. Während des Zweiten Weltkrieges diente er Churchill als Berater, wobei er das Konzept der Flächenbombardierung entwickelte. Ab 1951 war er Leiter der britischen Atomforschung. Er starb 1957 in Oxford.

[42] Über dieses Problem wurde in jüngster Zeit immer wieder von wissenschaftshistorischer Seite her berichtet, wobei man besonders auf den hohen Erkenntniswert der wissenschaftlichen Korrespondenz aufmerksam machte: siehe z. B. A. Hermann: Die Funktion und Bedeutung von Briefen. In A. Hermann, K. v. Meyenn, V.F. Weisskopf (Hrsg.): *Wolfgang Pauli. Wissenschaftlicher Briefwechsel, Band I: 1919–1929* (Springer-Verlag, New York, Heidelberg, Berlin 1979) S. XI–XLII;
K. v. Meyenn: Paulis Briefe als Wegbereiter wissenschaftlicher Ideen. In: C.P. Enz, K. v. Meyenn: *Wolfgang Pauli. Das Gewissen der Physik* (Vieweg & Sohn, Braunschweig, Wiesbaden 1988) S. 20–39.

Quellenverzeichnis

Teil I

Teil II

Teil III

Teil IV

Die Briefe bzw. Briefkopien aus der Korrespondenz von Walther Gerlach und Werner Heisenberg befinden sich in der Sondersammlung des Deutschen Museums (München) und im Werner-Heisenberg-Archiv am Werner-Heisenberg-Institut für Physik (München).

Weißbuch Multiple Sklerose

M. Kip
T. Schönfelder
H.-H. Bleß
(Hrsg.)

Weißbuch Multiple Sklerose

Versorgungssituation in Deutschland

Unter Mitarbeit von Judith Haas , Uwe Meier,
Iris-Katharina Penner, Dorothea Pitschnau-Michel, Dieter Pöhlau,
Christoph J. Rupprecht, Heinz Wiendl

Mit 25 Abbildungen

OPEN

Herausgeber
Dr. med. Miriam Kip
IGES Institut GmbH, Berlin

Dr. rer. medic. Tonio Schönfelder
IGES Institut GmbH, Berlin

Hans-Holger Bleß
IGES Institut GmbH, Berlin

ISBN 978-3-662-49203-1 978-3-662-49204-8 (eBook)
DOI 10.1007/978-3-662-49204-8

Die Deutsche Nationalbibliothek verzeichnet diese Publikation in der Deutschen Nationalbibliografie; detaillierte bibliografische Daten sind im Internet über http://dnb.d-nb.de abrufbar.

Springer

Umschlaggestaltung: deblik Berlin
Fotonachweis Umschlag: © deblik Berlin

Gedruckt auf säurefreiem und chlorfrei gebleichtem Papier

Springer ist Teil von Springer Nature
Die eingetragene Gesellschaft ist Springer-Verlag GmbH Berlin Heidelberg

Geleitwort

Die Diagnose »Multiple Sklerose« löst noch immer einen Schock bei den Betroffenen aus. Die Ungewissheit, welchen individuellen Verlauf die Erkrankung nehmen wird, weckt Ängste, verunsichert die Erkrankten, ihre Angehörigen und Freunde zutiefst und wirft viele Fragen auf: Wie wird es weitergehen? Kann ich meinen Arbeitsplatz behalten? Wie wird meine Belastungsfähigkeit sein? Mit welchen Beeinträchtigungen werde ich leben müssen? Wie wird die Familie mit der Krankheit zurechtkommen? Welche Behandlungsmethoden gibt es? Aus eigener Erfahrung kann ich persönlich sehr gut nachempfinden, was diese Diagnose für eine betroffene Familie bedeutet.

Dieses Weißbuch kann in einer solchen Situation ein hilfreicher Wegweiser sein. Es ist eine aktuelle Standortbestimmung und informiert auf wissenschaftlicher Basis über die diagnostischen und therapeutischen Fortschritte und die aktuelle Versorgungssituation der Multiple-Sklerose-Erkrankten in unserem Land. Es zeigt auf, was erreicht wurde und was noch erreicht werden sollte. Es gibt damit sehr komprimiert vielfältige Antworten auf brennende Fragen.

Als Schirmherr des Bundesverbandes der Deutschen Multiple Sklerose Gesellschaft freue ich mich, dass zu diesem Buch ganz wesentlich Autoren aus den Reihen des DMSG-Bundesverbandes beigetragen haben. Ich wünsche dem Weißbuch eine weite Verbreitung und hoffe, dass es viele Leser findet. Das Weißbuch bietet interessierten MS-Erkrankten, aber vor allem auch Entscheidungsträgern aus dem Bereich der Medizin, der Krankenkassen, der Rentenversicherer, der Pflegekassen, der Gesundheitswirtschaft und der Politik die Möglichkeit, sich umfassend und auf hohem wissenschaftlichen Niveau zu informieren.

Die Stärke der DMSG liegt darin, mit immer neuen Angeboten MS-Erkrankten Mut zu machen, damit sie nicht etwa resignieren, sondern beginnen, ihr Leben neu zu gestalten und sich intensiv dazu auszutauschen. Dabei wünsche ich von Herzen alles Gute.

Christian Wulff
Bundespräsident a. D.
Schirmherr der Deutschen Multiple Sklerose Gesellschaft, Bundesverband e.V.

Geleitwort

Die Multiple Sklerose ist eine Erkrankung, die Menschen in der Mitte oder zum Teil auch schon zum Anfang des Lebens trifft. Die Krankheit kann mit schwerwiegenden Beeinträchtigungen der Lebensqualität oder Behinderungen einhergehen. Gleichwohl gab es in den vergangenen Jahrzehnten enorme Fortschritte in Forschung und Versorgung, die vielen Patienten ein normales Leben ermöglichen. Als Vorstandsvorsitzender des Berufsverbandes Deutscher Neurologen freue ich mich deshalb außerordentlich über das vorliegende Weißbuch, das einen Überblick über die aktuelle Versorgungssituation der Multiplen Sklerose in Deutschland gibt und Verbesserungspotenziale aufzeigt.

Multiple Sklerose ist mit rund 144.000 bis 200.000 Betroffenen in Deutschland die häufigste entzündliche neurologische Erkrankung junger Menschen und betrifft hauptsächlich Frauen im Alter vom 20. bis zum 40. Lebensjahr. Dennoch können genauso Kinder und Jugendliche an Multipler Sklerose erkranken und auch späte Manifestationen im Alter sind nicht ungewöhnlich. Zwar ist die Multiple Sklerose nicht heilbar, und die Ursachen sind trotz großer Forschungsanstrengungen noch nicht vollständig geklärt, das Krankheitsverständnis und die Therapiemöglichkeiten haben sich jedoch dramatisch verändert: Einerseits steht heute der Begriff der Krankheitsaktivität im Fokus der therapeutischen Bemühungen; weil eine Vielzahl an zum Teil hochwirksamen Immuntherapien zur Verfügung steht, gilt es, die Krankheitsaktivität frühzeitig und vollständig individuell zu erfassen, um die jeweils wirksamste Therapie zu identifizieren und damit die Krankheit so gut wie möglich zu kontrollieren. Andererseits gilt ein weiterer Fokus der Kontrolle von Krankheitssymptomen und den nichtmedikamentösen Maßnahmen, Lebensstilfaktoren sowie der Rehabilitation. Bestehende Beschwerden und Beeinträchtigungen müssen einer ganzheitlichen, d.h. an Lebensqualität und Teilhabe orientierten Therapie zugänglich gemacht werden.

Die Krankheitsaktivität kann sich durch neue Symptome im Rahmen von Schüben bemerkbar machen, sie kann aber auch vom Patienten unbemerkt verlaufen. Neben der Erfassung der Schubhäufigkeit spielt daher die Diagnostik mittels MRT nicht nur zu Beginn der Erkrankung, sondern auch im Verlauf eine bedeutsame Rolle. Aufgrund der zunehmenden Relevanz von MRT-Daten für Therapieentscheidungen sind standardisierte Untersuchungsprotokolle wichtig, um die Vergleichbarkeit von MRT-Bildern zu ermöglichen. Daher besteht ein dringender Bedarf an einem in der Fachwelt konsentierten Standard, der praktikabel ist und damit die Chance hat, sich in der Regelversorgung zu etablieren.

Für die Verlaufsbeurteilung der Multiplen Sklerose ist die Erfassung der Behinderungsprogredienz ein wichtiges Kriterium. In Studien und in der Versorgung ist die EDSS bis heute Goldstandard. Die EDSS bildet in erster Linie motorische Beeinträchtigungen ab, kognitive und affektive Elemente werden hingegen nicht ausreichend berücksichtigt. Ein wichtiger und notwendiger Trend im Verständnis der Multiplen Sklerose gilt daher zunehmend der Neuropsychologie. Nicht wenige Patienten im frühen Verlauf der Erkrankung, die ansonsten symptomlos sind, leiden erheblich unter Konzentrations- und Gedächtnisstörungen sowie Fatigue und Depressionen, ohne dass sich dies adäquat in den Standardassessments abbildet. Dabei ist bekannt, dass gerade diese unsichtbaren Symptome der Multiplen Sklerose zu den Beschwerden führen, die die psychosoziale und berufliche Teilhabe am meisten einschränken. Neuropsychologische Symptome können nicht nur Ausdruck einer entzündlichen Krankheitsaktivität etwa in Form von kognitiven Schüben sein, die heute noch vielfach übersehen werden, sie sind auch Ausdruck einer schleichenden neurodegenerativen Veränderung des Gehirns, die erst in letzter Zeit das Verständnis der Pathologie der Multiplen Sklerose bereichert hat. In der Versorgung werden dringend Standards in der Diagnostik und Therapie von neuropsychologischen und affektiven Symptomen sowie der Fatigue benötigt, die auch im Versorgungsalltag fest etabliert werden können. Auch Edukationsansätze zur Krankheitsverarbeitung sollten fester Bestandteil der Regelversorgung werden.

Anders als bei vielen nichtmedikamentösen Therapien ist der Zugang zu den Immuntherapien in Deutschland in der Regel auf hohem Niveau möglich. Dabei werden aufgrund der wachsenden Anforderungen an die Durchführung und die Therapieüberwachung Spezialisierungen und Vernetzung der Versorgungsstrukturen an Bedeutung gewinnen. Zugangsbarrieren spielen bisher in diesem Bereich keine große Rolle. Allerdings hat der Gemeinsame Bundesausschuss bei einer Vielzahl neuer verlaufsmodifizierender Therapien keinen Zusatznutzen anerkannt. Festzuhalten ist, dass die eingesetzten methodischen Verfahren zur Nutzenbewertung dem heterogenen Krankheitsbild und den interindividuell unterschiedlichen Krankheitsverläufen der Multiplen Sklerose oft nicht gerecht werden können. Es werden auch Stimmen von Kostenträgerseite laut, die eine Erstattung von Medikamenten ohne Zusatznutzen ablehnen. Dies wäre jedoch fatal, da eine ausschließlich mittelwertbasierte Herangehensweise in der Bestimmung eines Zusatznutzens eine mitunter nicht geringe Anzahl an Patienten vernachlässigt, die dennoch von einzelnen Therapien profitieren könnten oder einen Zuwachs an Lebensqualität gewinnen. Daher sollten patientenrelevante Outcomes verstärkt in der Nutzenbewertung berücksichtigt werden und vor allem weiterhin die Bewertung des individuellen Nutzens für den einzelnen Patienten möglich sein. Hierzu sind interne Evidenz, sprich Erfahrungswissen, und eine vertrauensvolle Arzt-Patienten-Beziehung erforderlich, die jenseits von Mittelwertbetrachtungen eine individuelle Sicht unter Berücksichtigung des Studienwissens ermöglichen.

Bei der Behandlung von Patienten mit Multipler Sklerose wird auf verschiedenen Wegen in die ärztliche Entscheidungsfindung zu stark eingegriffen, sodass Arzt und Patient in ein Spannungsfeld zwischen finanziellen Interessen und einer am Patienten orientierten medizinischen Versorgung geraten. So führen Quoten über Aut-idem-Ausschlüsse oder Richtgrößen dazu, dass sich Ärzte für bestimmte Therapieentscheidungen rechtfertigen müssen, auch wenn sie leitliniengerecht behandeln. Ökonomische Überlegungen und Preisgestaltungen dürfen Therapieentscheidungen nur dann beeinflussen, wenn diese im Einzelfall für den Patienten nicht schädlich sind. Die Patientenorientierung muss auch und gerade im Einzelfall stets Vorrang haben vor primär ökonomischen Betrachtungen oder reinen Mittelwertbewertungen.

Ein erhebliches Versorgungsproblem besteht leider immer noch bei der Behandlung von Patienten mit progredienten Verlaufsformen der Multiplen Sklerose aufgrund der geringen Verfügbarkeit wirksamer Medikamente und evidenzbasierter Empfehlungen. So sind für die primär progrediente Multiple Sklerose derzeit in Deutschland formal keine verlaufsmodifizierenden Arzneimittel zugelassen, dennoch werden in der Praxis individuell Behandlungsversuche unternommen. Neben dem Zugang zu wirksamen Therapien besteht aus Sicht dieser Patienten Versorgungsbedarf hinsichtlich infrastruktureller Aspekte. Durch verbesserte Transportmöglichkeiten oder kürzere Wartezeiten könnte den Betroffenen zufolge der Zugang zu Einrichtungen der spezialisierten Versorgung erhöht werden.

Zu guter Letzt ist eine adäquate Informiertheit und die Einbeziehung des Patienten in Therapieentscheidungen eine notwendige Voraussetzung für eine »gute Versorgung«. Jeder Mensch möchte ein möglichst selbstbestimmtes Leben führen, ganz besonders gilt das auch im Krankheitsfall. Viele Patienten verlassen sich daher nicht nur auf ihre Ärzte und suchen Rat im Internet, machen Erfahrungen mit komplementären Therapiemethoden und nehmen ihr Leben selbst in die Hand. Edukationsprogramme verbessern den Grad der Informiertheit. Auch Selbsthilfegruppen und Patientenorganisationen wie die DMSG spielen hier eine unverzichtbare Rolle. Zur Selbstbestimmung zählt es aber auch, einen gesunden Lebensstil zu haben. Was für Gesunde erwiesenermaßen wichtig ist, gilt für den Patienten mit Multipler Sklerose noch viel mehr: Sport und Bewegung, der richtige Umgang mit Stress und das Erlernen von Entspannungstechniken, sei es Autogenes Training oder Meditation, und nicht zuletzt eine gesunde und ausgewogene, möglichst entzündungshemmende Ernährung sind wichtige Elemente eines selbstbestimmten Lebens. Die Forschung wendet sich nur sehr langsam diesen Themen zu. Dabei sind die wenigen Studien durchaus vielversprechend.

Zusammenfassend kann festgehalten werden, dass wir in Deutschland einen hohen Standard in der Versorgung der Multiplen Sklerose vorhalten, was den Zugang zu Versorgungsstrukturen und medikamentösen Therapien betrifft. Die Forschung, die Diagnostik und die Therapie der Multiplen Sklerose sollten nicht nur die Immuntherapie fokussieren, sondern auch sehr viel teilhabeorientierter sein, um den individuellen Patientenbedürfnissen gerecht zu werden. Wie bereits erwähnt, fehlen hier Behandlungsangebote mit neuropsychologischen Therapien, Therapien der Fatigue und der Krankheitsverarbeitung fast vollständig. Diesbezüglich besteht ein dringender Entwicklungsbedarf. Die Regelversorgung bietet hierzu bisher keine Leistungskomplexe oder Vergütungsanreize, die dem erhöhten Betreuungsaufwand Rechnung tragen. Dabei existieren in Selektivverträgen, wie etwa der Integrierten Versorgung in Nordrhein, ausgesprochen interessante Vertragsmodelle. Diesbezügliche Evaluationsdaten zeigen, dass eine bessere und patientenorientierte Versorgung möglich und auch mit Kosteneinsparungen durch Vermeidung von Fehlallokationen vereinbar ist, indem etwa überflüssige Krankenhausaufenthalte bei einfachen Schüben vermieden werden.

Wie auch immer, die modernen Behandlungsmöglichkeiten sind vielfältig. Patienten, Therapeuten und Ärzte sollten alles tun, um der Multiplen Sklerose keine Chance zu geben, denn jeder Mensch hat nur ein Gehirn. Und dem Schutz des Gehirns sollten wir daher unsere volle Aufmerksamkeit schenken. Gerade die nichtmedikamentösen Therapien müssen allerdings viel stärker als bisher Zugang zur Regelversorgung finden. Ärzte, Kostenträger und die Politik sollten an einem Stang ziehen, um die Versorgungsangebote dem Stand des Wissens anzupassen, auszubauen und zu verbessern.

Vor diesem Hintergrund freue ich mich, dass das vorliegende Weißbuch die benannten Versorgungsdefizite aufgreift und wichtige Anstöße für die zukünftige Gestaltung des Versorgungsgeschehens von Patienten mit Multipler Sklerose gibt. In diesem Sinne wünsche ich den Herausgebern und Autoren des Weißbuches größtmöglichen Erfolg und bedanke mich herzlich für die konstruktive Zusammenarbeit.

Dr. med. Uwe Meier
Vorstandsvorsitzender des Berufsverbandes Deutscher Neurologen (BDN)

Geleitwort

Die Multiple Sklerose (MS) ist die häufigste entzündliche Erkrankung des Nervensystems junger Menschen in Deutschland. Die Erkrankung nimmt an Häufigkeit insbesondere bei jungen Frauen zu. Im Alter unter 30 Jahren sind bis zu 80 % der Betroffenen weiblich. Der frühe Krankheitsbeginn beeinflusst die Lebensplanung im Einzelfall entscheidend. Die Entwicklung der letzten 20 Jahre hat die MS in der Wahrnehmung der Neurologen verändert. Sie ist eine behandelbare Erkrankung geworden. Neue diagnostische Kriterien wurden entwickelt, die heute eine frühe Therapie ermöglichen. Dennoch liegt zwischen Erstsymptom und Diagnose noch im Mittel ein Zeitraum von drei Jahren. Unser Gesundheitssystem sichert prinzipiell allen MS-Betroffenen einen Zugang zu den Fortschritten der Medizin, wenngleich im Einzelfall dies durchaus anders wahrgenommen werden kann.

Der MS-Kranke kann heute ein informierter Partner des Arztes sein und sich früh in die Entscheidungen zur Diagnose und Therapie mit einbringen. Der Bundesverband der Deutschen Multiple Sklerose Gesellschaft klärt kontinuierlich über Therapiemöglichkeiten und sozialmedizinische Änderungen auf seiner Website auf. Es gibt in Deutschland mehr als 180 Neurologiepraxen, die das Zertifikat der DMSG tragen und damit ein Wegweiser für Patienten und Zuweiser sind. Aber auch Rehabilitationskliniken und Akutkliniken mit dem Schwerpunkt MS, die bestimmte Voraussetzungen erfüllen, sind Träger des Zertifikats. Darüber hinaus hat der Gesetzgeber mit der Einführung des Paragraphen 116b neue Möglichkeiten der ambulanten Versorgung an Krankenhäusern mit MS-Schwerpunkt geschaffen.

Die Versorgungssituation für MS-Kranke weist in Ballungsräumen eine hohe Dichte auf. Eine flächendeckende Versorgung ist aber nicht in allen Bundesländern gleichermaßen gegeben. Dies spiegelt sich auch im Verordnungsverhalten bezüglich neuer Immuntherapien und symptomatischen Therapien wider. Seit 1995 sind zehn neue Immuntherapien zur Behandlung der MS zugelassen worden und weitere werden noch 2016 erwartet. Während mit diesen Therapien die Schubhäufigkeit in der Mehrzahl der Fälle gut bis sehr gut kontrollierbar ist, ist das Aufhalten der fortschreitenden Behinderung im Langzeitverlauf noch nicht gelungen. Aber auch hier werden aktuell neue Therapien auf den Weg gebracht, die Hoffnung auch für Patienten mit dem seltenen primär progredienten Verlauf wecken.

Immuntherapien bedeuten Eingriffe in das Immunsystem und verändern auch die Antworten des Immunsystems. Die möglichen daraus resultierenden Komplikationen werden im Weißbuch aufgeführt und Strategien zur Sicherheit der Patienten aufgezeigt. Je wirksamer die Immuntherapien sind, umso wichtiger ist die sorgfältige Überwachung und Aufklärung. Firmenunabhängige Handbücher zur Immuntherapie der MS legen die Standards in der Behandlung und Überwachung fest.

Während die Immuntherapie das langfristige Schicksal des MS-Verlaufes bestimmt, bestimmt die Qualität der symptomatischen Therapie die Lebensqualität. Auch hier wurden speziell für die MS neue Therapien zugelassen, die z. B. die Gehstrecke verlängern, die Spastik reduzieren und Blasenstörungen beeinflussen.

Die Kenntnisse der Risikofaktoren für den Verlauf der MS für die Lebensführung erlauben heute eine wissenschaftlich begründete Beratung für den Lebensstil der MS-Kranken. Erwähnt seien hier insbesondere die wichtige Nahrungsergänzung mit Vitamin D und der negative Einfluss von Rauchen und Übergewicht. Besonders hervorzuheben sind die heute gut belegten positiven Einflüsse von Sport und Bewegung und regelmäßiger Rehabilitationsmaßnahmen bei bestehender Behinderung.

Dieses Weißbuch stellt die aktuelle Versorgungssituation der MS-Kranken in Deutschland umfänglich dar und zeigt die Möglichkeiten, aber auch die aktuellen Grenzen in unserer Versorgungsstruktur auf. Es stellt alle Beteiligten in dem Versorgungssystem vor die Herausforderung, die Möglichkeiten unseres Gesundheitssystems auszuschöpfen und den MS-Betroffenen den Weg in die medizinischen und sozialen Systeme zu weisen.

Prof. Dr. med. Judith Haas
Vorsitzende des Bundesverbands der Deutschen Multiplen Sklerose Gesellschaft e. V.

Vorwort

Das vorliegende Weißbuch hat das Ziel der neutralen Aufarbeitung und umfassenden Darstellung der aktuellen Versorgungssituation von Patientinnen und Patienten mit Multipler Sklerose in Deutschland.

Weißbücher bzw. »White Papers« stammen ursprünglich aus dem angloamerikanischen Raum und stehen für unabhängige Informationen zu einem gesamtgesellschaftlich relevanten Thema. Ergänzend zur umfassenden Darstellung von Sachverhalten werden diese auch bewertet und Handlungsbedarfe identifiziert. Weißbücher leisten daher einen Beitrag zur Entscheidungsfindung in verschiedenen politischen Bereichen. Auch in Deutschland etablieren sich gesundheitsbezogene Weißbücher in zunehmendem Maße. So liegen vom IGES Institut unter anderem Weißbücher zu den Themen Schlaganfallprävention bei Vorhofflimmern, Akutes Koronarsyndrom und Diabetes mellitus vor.

Zur Darstellung des Versorgungsgeschehens wurden eine strukturierte Literaturrecherche und zusätzlich eine Handsuche relevanter Literatur vorgenommen. Herr Dr. Uwe Meier, Vorstandsvorsitzender des Berufsverbandes Deutscher Neurologen, Mitglied der Leitlinienkommission der Deutschen Gesellschaft für Neurologie und niedergelassener Facharzt für Neurologie sowie Frau Prof. Dr. med. Judith Haas, Ärztliche Leiterin des Zentrums für Multiple Sklerose am Jüdischen Krankenhaus, Berlin, und 1. Vorsitzende des Bundesverbandes der Deutschen Multiple Sklerose Gesellschaft e. V. haben bei der Recherche und Interpretation der gefundenen Daten mitgewirkt. Frau Dorothea Pitschnau-Michel, ehemalige Geschäftsführerin der MS Forschungs- und Projektentwicklung gGmbH hat den Abschnitt zu Patientenvertretung und Selbsthilfe mitgestaltet. Als Herausgeber dieses Buches möchten wir uns dafür ganz besonders bedanken.

Des Weiteren danken wir allen Autoren, die das Weißbuch unterstützt und um viele wichtige inhaltliche Aspekte bereichert haben.

Sabine König, Gertrud Hammel und dem Springer-Verlag danken wir für die sorgfältige Durchsicht des Manuskripts und die gute Zusammenarbeit.

Darüber hinaus danken wir der Novartis Pharma GmbH für die finanzielle Unterstützung des Projektes. Auf die Inhalte dieses Weißbuchs hatte die Novartis Pharma GmbH keinerlei Einfluss.

Dr. Miriam Kip, Dr. Tonio Schönfelder, Hans-Holger Bleß
Mitarbeiter des IGES Instituts
Berlin, im März 2016

Inhaltsverzeichnis

Autoren- und Mitarbeiterverzeichnis

Herausgeber

Dr. Miriam Kip
Dr. Tonio Schönfelder
Hans-Holger Bleß
IGES Institut GmbH
Friedrichstr. 180
10117 Berlin

Autoren

Susann Behrendt
IGES Institut GmbH
Friedrichstr. 180
10117 Berlin

Hans-Holger Bleß
IGES Institut GmbH
Friedrichstr. 180
10117 Berlin

Dr. med. Miriam Kip
IGES Institut GmbH
Friedrichstr. 180
10117 Berlin

Simon Krupka
IGES Institut GmbH
Friedrichstr. 180
10117 Berlin

PD Dr. phil. Iris-Katharina Penner
COGITO GmbH
Zentrum für Angewandte Neurokognition
und Neuropsychologische Forschung
Merowingerplatz 1
40225 Düsseldorf

Dr. med. Dieter Pöhlau
DRK Kamillus Klinik Asbach
Hospitalstraße 6
53567 Asbach

Christoph J. Rupprecht
AOK Rheinland/Hamburg – Die Gesundheitskasse
Kasernenstr. 61
40213 Düsseldorf

Dr. rer. medic. Tonio Schönfelder
IGES Institut GmbH
Friedrichstr. 180
10117 Berlin

Anne Talaschus
IGES Institut GmbH
Friedrichstr. 180
10117 Berlin

Univ.-Prof. Dr. med. Heinz Wiendl
Universitätsklinikum Münster
Klinik für Allgemeine Neurologie
Department für Neurologie
Albert-Schweitzer-Campus 1
48149 Münster

Anne Zimmermann
IGES Institut GmbH
Friedrichstr. 180
10117 Berlin

Unter Mitarbeit von

Prof. Dr. med. Judith Haas
Jüdisches Krankenhaus Berlin
Zentrum für Multiple Sklerose
Heinz-Galinski-Str. 1
13347 Berlin

Dr. med. Uwe Meier
NeuroCentrum am Kreiskrankenhaus
Am Ziegelkamp 1F
41515 Grevenbroich

Dorothea Pitschnau-Michel
MSFP
MS Forschungs- und Projektentwicklungs-gGmbH
Krausenstr. 50
30171 Hannover

Abkürzungsliste

9-HPT 9-Hole Peg Test

AEP Akustisch evozierte Potenziale
AMNOG Gesetz zur Neuordnung des Arzneimittelmarktes
AMSEL Aktion Multiple Sklerose Erkrankter
ASV Ambulante spezialfachärztliche Versorgung
AWMF Arbeitsgemeinschaft der Wissenschaftlichen Medizinischen Fachgesellschaften e. V.

BDN Bundesverband deutscher Neurologen e. V.
BDNR Berufsverband Deutscher Neuroradiologen e. V.
BKJPP Berufsverband für Kinder- und Jugendlichen-Psychiatrie und -Psychotherapie e. V.
BMG Bundesministerium für Gesundheit
BNR Bundesverband NeuroRehabilitation e. V.
BtMG Betäubungsmittelgesetz
BV ANR Bundesverband ambulante/teilstationäre Neurorehabilitation e. V.
BVDN Bundesverband Deutscher Nervenärzte e. V.
BVDP Berufsverband Deutscher Psychiater e. V.

CC Comorbidity and complications/Komorbiditäten und Komplikationen

DALY Disability-Adjusted Life Years/Behinderungsbereinigte Lebensjahre
DDD Defined daily dose/Definierte Tagesdosis
DGN Deutsche Gesellschaft für Neurologie e. V.
DGNR Deutsche Gesellschaft für Neuroradiologie e. V.
DGPPN Deutsche Gesellschaft für Psychiatrie, Psychotherapie und Nervenheilkunde e. V.
DIMDI Deutsches Institut für Medizinische Dokumentation und Information
DKG Deutsche Krankenhausgesellschaft
DMSG Deutsche Multiple Sklerose Gesellschaft
DMSKW Deutschsprachiges Multiple Sklerose- und Kinderwunsch-Register
DRG Diagnosis Related Groups

EBM Einheitlicher Bewertungsmaßstab
EBPS Evidence based practices/evidenzbasierte Patientenschulungen
EDR Excess death rate
EDSS Expanded Disability Status Scale
EBV Ebstein-Barr-Virus
EEG Elektroenzephalografie
EP Evozierte Potenziale

FS Funktionelles System
FSMC Fatique Scale for Motor and Cognitive Functions

G-BA Gemeinsamer Bundesausschuss
GFL Gesundheitsforen Leipzig
GKV Gesetzliche Krankenversicherung
GNP Gesellschaft für Neuropsychologie e. V.

HADS Hospital Anxiety Depression Scale
HMG Hierarchisierte Morbiditätsgruppe
HPG Hospiz- und Palliativgesetz

ICD-10 International Statistical Classification of Diseases and Related Health Problems/Internationale statistische Klassifikation der Krankheiten und verwandter Gesundheitsprobleme
ICF International Classification of Functioning
InEK Institut für das Entgeltsystem im Krankenhaus
IMA Immunmodulatorische Arzneimittel
IMSF Institut für Multiple Sklerose Forschung
IQWiG Institut für Qualität und Wirtschaftlichkeit im Gesundheitswesen
IV Integrierte Versorgung
IVIG Intravenöse Immunglobuline

KIS Klinisch isoliertes Syndrom

LCSLC Low Contrast Sloan Letter Chart
LTA Leistungen zur Teilhabe am Arbeitsleben

MEP Motorisch evozierte Potenziale
MPR Medication possession ratio
MRT Magnetresonanztomografie
MS Multiple Sklerose
MSDM Multiple Sclerosis Decision Model
MSFC Multiple Sclerosis Functional Composite
MSIS Multiple Sclerosis Impact Scale
MSTKG Multiple Sklerose Therapie Konsensus Gruppe

NEDA No evidence of disease activity
NMO Neuromyelitis optica

OPS Operationen- und Prozedurenschlüssel

PASAT Paced Auditory Serial Addition Test
PKV Private Krankenversicherung
PNF Propriozeptive Neuromuskuläre Fazilitation
PPMS Primary progressive multiple sclerosis/Primär-progrediente MS

PRO Patient-reported outcomes
PSG Pflegestärkungsgesetz

QALY Quality adjusted life years/Qualitätsbereinigtes Lebensjahr

RIS Radiologisch isoliertes Syndrom
RNFL Retinal nerve fiber layer/Retinale Nervenfaserschicht
RNFL Retinale Nervenfaserschicht
RRMS Relapsing-remitting multiple sclerosis/Schubförmig-remittierende MS

SDMT Symbol Digit Modalities Test
SEP Somatosensibel evoziertes Potenzial
SPiZ Spitzenverband ZNS
SPMS Secondary-progressive multiple sclerosis/Sekundär-progrediente MS
SVR Sachverständigenrat zur Begutachtung der Entwicklung im Gesundheitswesen

T25-FW Timed 25-Foot Walk
THC Tetrahydrocannabinol

VEP Visuell evozierte Potenziale

YLD Years lived with disability/Lebensjahre mit Behinderung
YLL Years of life lost/verlorene Lebensjahre

ZNS Zentrales Nervensystem

Krankheitsbild Multiple Sklerose

Miriam Kip, Anne Zimmermann

M. Kip et al. (Hrsg.), *Weißbuch Multiple Sklerose*,
DOI 10.1007/978-3-662-49204-8_1,

Zusammenfassung

Die Multiple Sklerose ist die häufigste chronisch entzündlich-degenerative Erkrankung des Zentralen Nervensystems im jungen Erwachsenenalter. Charakteristisch sind fokale Demyelinisierungen und der Verlust von Nervenzellfasern sowie die zeitliche Dissemination der Läsionen. Die Ursachen der Erkrankung sind unklar. Es wird von einer multifaktoriellen, durch Umweltfaktoren getriggerten Autoimmunerkrankung im genetisch prädisponierten Menschen ausgegangen. Zu den wahrscheinlichen Umweltfaktoren zählen u.a. eine Infektion mit dem Ebstein-Barr-Virus (im Kindesalter) oder Vitamin D-Mangel. Frauen erkranken im Vergleich zu Männern deutlich häufiger. Bei den meisten Patienten verläuft die Erkrankung in Schüben. Primär progrediente Verläufe, bei denen sich der Gesundheitszustand mit dem Krankheitsbeginn kontinuierlich verschlechtert, sind vergleichsweise selten. Das Beschwerdebild ist heterogen und schließt neuropsychologische Symptome wie Fatigue, Störungen der Kognition oder Depressionen, Spastik und Einschränkungen der Mobilität, Schmerzen, Störungen der Blasenfunktion sowie Störungen der Sexualität mit ein. Die Wahrscheinlichkeit bleibender Funktionseinschränkungen nimmt mit der Krankheitsdauer zu. Die individuellen Krankheitsverläufe sind aber sehr unterschiedlich und lassen sich nicht sicher voraussagen. Die Diagnosestellung erfolgt nach definierten klinischen und paraklinischen Kriterien (McDonald-Kriterien). Die Behandlung der Multiplen Sklerose besteht aus der verlaufsmodifizierenden Therapie (Schubprophylaxe) und der Therapie des akuten Schubes, die in der Stufentherapie zusammengefasst sind, sowie der symptomatischen Therapie. Die Erkrankung ist nicht heilbar. Die Stufentherapie umfasst Medikamente, die auf unterschiedliche Weisen das Immunsystem modulieren mit dem Ziel, das Fortschreiten der Erkrankung aufzuhalten. Die symptomatische Therapie besteht aus nicht-medikamentösen und medikamentösen Verfahren, die eine Linderung der Beschwerden anstreben.

1.1 Beschreibung und Einteilung nach der Verlaufsform

Die Multiple Sklerose (MS) ist eine chronisch entzündliche und degenerative Erkrankung des zentralen Nervensystems (ZNS).

In Abhängigkeit der Krankheitsaktivität und Progredienz der Erkrankung werden die folgenden Verlaufsformen der MS voneinander abgegrenzt (◘ Tab. 1.1, ► Kap. 4.1.2) (Lublin et al. 2014):

- Klinisch isoliertes Syndrom (KIS)
- Schubförmig verlaufende MS (Relapsing Remitting MS, RRMS)
- Sekundär progrediente MS (SPMS)
- Primär progrediente MS (PPMS)

Das radiologisch isolierte Syndrom (RIS) ist eine weitere Unterform der MS und beschreibt Patienten, bei denen in der Magnetresonanztomografie (MRT) zwar MS-typische Läsionen messbar, die Patienten aber klinisch asymptomatisch sind. Zwischen 30 und

◘ Tab. 1.1 ICD-10 GM Klassifikation der MS

ICD-10-Code	Erkrankung
G35.0	Erstmanifestation einer MS
G35.1	MS mit vorherrschend schubförmigem Verlauf
G35.10	MS mit vorherrschend schubförmigem Verlauf: Ohne Angabe einer akuten Exazerbation oder Progression
G35.11	MS mit vorherrschend schubförmigem Verlauf: Mit Angabe einer akuten Exazerbation oder Progression
G35.2	MS mit primär-chronischem Verlauf
G35.20	MS mit primär-chronischem Verlauf: Ohne Angabe einer akuten Exazerbation oder Progression
G35.21	MS mit primär-chronischem Verlauf: Mit Angabe einer akuten Exazerbation oder Progression
G35.3	MS mit sekundär-chronischem Verlauf
G35.30	MS mit sekundär-chronischem Verlauf: Ohne Angabe einer akuten Exazerbation oder Progression
G35.31	MS mit sekundär-chronischem Verlauf: Mit Angabe einer akuten Exazerbation oder Progression
G35.9	MS, nicht näher bezeichnet

Quelle: IGES – DIMDI ICD-10 GM Version (2014)

45 % dieser Patienten entwickeln einige Jahre später (im Median nach zwei bis fünf Jahren) typische Symptome einer RRMS oder SPMS (Lebrun 2015).

1.2 Pathophysiologie und Ätiologie

1.2.1 Pathophysiologie

Das pathologische Korrelat der MS sind multiple Entzündungsherde charakterisiert durch Entmarkungen (Demyelinisierungen) und Zerstörung von Nervenzellfasern im ZNS (axonale Destruktion und axonaler Verlust). Konfluierende Demyelinisierungen erscheinen als Plaques, die Degeneration und Verlust der Nervenzellfasern mündet in einer Hirnatrophie. Die Läsionen betreffen bevorzugt den Sehnerv, Hirnstamm, das Rückenmark, Kleinhirn und die die Gehirnventrikel umgebenden Areale (Wiendl u. Kieseier 2010). Die chronische Entzündungsreaktion, die die MS-typischen Läsionen im ZNS hervorrufen, und die Neurodegeneration, stehen in engem (zeitlichen) Zusammenhang (Dendrou et al. 2015; Garg u. Smith 2015).

Die Entzündungsreaktion ist am ehesten im Sinne einer Autoimmunreaktion zu verstehen, bei der Zellen des spezifischen (T-Lymphozyten, B-Lymphozyten) und unspezifischen Immunsystems (z.B. Makrophagen) die Blut-Hirn-Schranke überwinden und sich dort gegen das körpereigene, die Nervenfasern des ZNS (Oligodendrozyten) umhüllende, Myelin in Gehirn und Rückenmark wenden. Bei Verlust der Nervenscheiden (Demyelinisierung) verlangsamt sich die Erregungsleitung an den betroffenen Nerven, was der Patient beispielsweise als Muskelschwäche oder Sensibilitätsstörungen wahrnimmt. Zu Beginn der Erkrankung ist der Körper imstande, Demyelinisierungen teilweise selbst durch Remyelinisierungen auszugleichen. Schädigungen und Verlust der Nervenfasern sind allerdings irreversibel und damit vor allen Dingen mit den bleibenden neurologischen Beeinträchtigungen der MS assoziiert (Dendrou et al. 2015; Garg u. Smith 2015). Die Entzündungsreaktion verläuft chronisch und ist bei allen Verlaufsformen der MS messbar. Sie ist besonders ausgeprägt in akuten Phasen der Erkrankung (bei der schubförmig verlaufenden MS) und nimmt mit Progredienz der Erkrankung ab. Die Degeneration tritt mit der Krankheitsdauer in den Vordergrund und ist gekennzeichnet durch Destruktion und Verlust der Nervenzellfasern und einer Atrophie des Hirngewebes. Degenerative Prozesse treten auch schon vor Krankheitsbeginn auf (subklinisch) (Dendrou et al. 2015; Garg u. Smith 2015) (◘ Abb. 1.1).

1.2.2 Ätiologie

Die Ätiologie (Ursachen) der MS ist unklar (Wiendl u. Kieseier 2010). Man geht davon aus, dass verschiedene Umweltfaktoren (◘ Tab. 1.2) in genetisch prädisponierten Menschen eine Störung in der Immunantwort auslösen, die die Demyelinisierungen und Degeneration der Nervenzellfasern hervorrufen (Dendrou et al. 2015, Garg und Smith 2015).

Hinweise auf einen Zusammenhang zwischen **Infektionen** mit verschiedenen Erregern und der MS wurden in verschiedenen Studien erbracht (Wiendl u. Kieseier 2010). Insbesondere eine Infek-

◘ Tab. 1.2 Mögliche Risiko- und Umweltfaktoren im Zusammenhang mit einer MS

Erhöhtes Risiko	Umweltfaktoren
Frauen	Pathogene z.B. Ebstein-Barr Virus (EBV)
Genetische Prädisposition (HLA DR15/DQ6, IL2RA und IL7RA Allele)	Wenig Sonnenexposition und Vitamin D-Mangel
	Rauchen
	Übergewicht
	Hohe Kochsalzzufuhr

Quelle: IGES – Garg u. Smith (2015); Hucke et al. (2015)

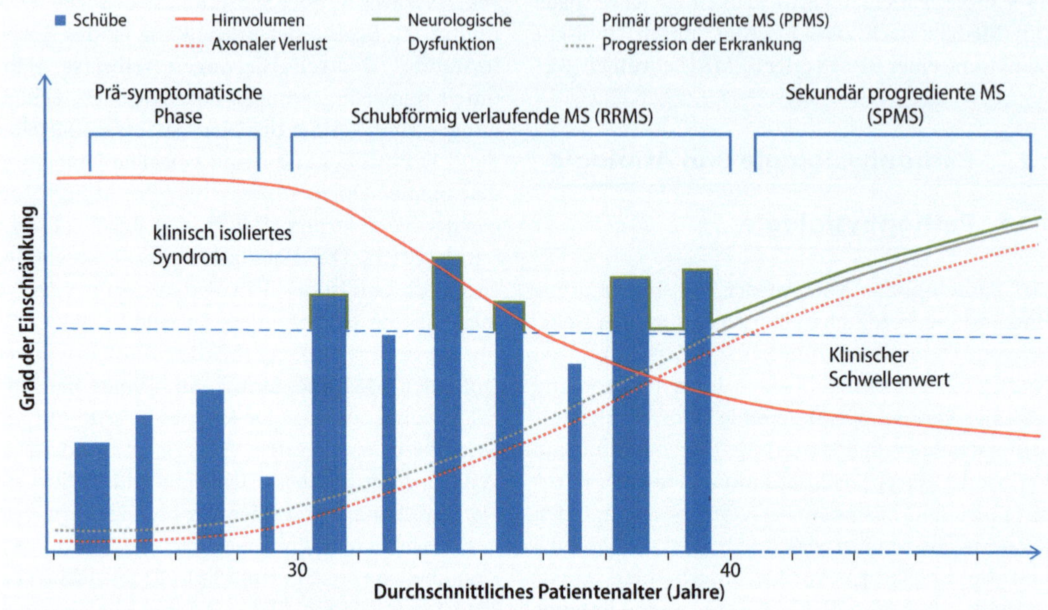

Abb. 1.1 Zusammenhang von Entzündungs- und degenerativen Prozessen unter Berücksichtigung der Verlaufsformen der MS (Quelle: IGES – mit Genehmigung von Macmillan Publishers Ltd: Nature; modifiziert aus Dendrou et al. (2015))

tion mit dem Ebstein-Barr-Virus (EBV) ist mit einem erhöhten Risiko einer MS assoziiert. Wobei die Infektion allein die MS nicht auslöst, aber eine Funktionsstörung in der Immunantwort bei genetisch prädisponierten Menschen begünstigt, insbesondere dann, wenn die Infektion erst im Erwachsenenalter erfolgte (Garg u. Smith 2015; Wiendl u. Kieseier 2010).

Vor dem Hintergrund höherer Prävalenz- und Inzidenzangaben in Skandinavien im Vergleich zu südeuropäischen Ländern (Kingwell et al. 2013) wird seit einigen Jahren die **Sonnenexposition** und damit zusammenhängend **Vitamin D** als möglicher Umweltfaktor in der Entstehung und Verlauf der MS untersucht. Vitamin D wird im Körper insbesondere durch Sonneneinstrahlung gebildet und hat eine immunmodulatorische Wirkung (Wiendl u. Kieseier 2010). Zum einen war höhere Sonnenexposition während der Kindheit und Jugend mit einem niedrigeren Risiko für MS verbunden, zum anderen war bei niedrigem Vitamin D-Level das Risiko, an einer MS zu erkranken, erhöht (Ascherio et al. 2014; Duan et al. 2014; Mokry et al. 2015). Derzeit wird in Studien untersucht, ob sich eine Vitamin-D-Substitution positiv auf den Krankheitsverlauf auswirken kann (DMSG 2015a).

Auch die **Ernährungsgewohnheiten** unterscheiden sich regional, und so wird die hohe Kochsalzzufuhr über die Ernährung insbesondere in Industrieländern als ein weiterer Umweltfaktor im Zusammenhang mit der MS diskutiert (Hucke et al. 2015). Eine Assoziation zwischen Kochsalzzufuhr und MS-typischen Läsionen ist bislang im Tiermodell nachgewiesen. Neben einer immunmodulatorischen Wirkung (Kleinewietfeld et al. 2013), konnten Schädigungen der Blut-Hirn-Schranke bei hoher Kochsalzzufuhr gezeigt werden, was dazu führt, dass Immunzellen in das Gehirn migrieren können, was bei intakter Blut-Hirn-Schranke nicht möglich ist. Schädigungen der Blut-Hirn-Schranke waren geschlechtsspezifisch und traten bevorzugt bei Weibchen auf (Krementsov et al. 2015). Eine HDL-cholesterinreiche Ernährung wiederum kann unter Umständen dazu beitragen, das Erkrankungsrisiko zu senken bzw. den Verlauf der Erkrankung günstig zu beeinflussen, da HDL-Cholesterin im Zusammenhang mit einer protektiven Wirkung auf die Blut-Hirn-Schranke diskutiert wird (Fellows et al.

2015). Der genaue Einfluss der Ernährung auf den Verlauf der Erkrankung ist aber bisher unzureichend untersucht. Eine Korrelation der Darmflora (Mikrobiom) mit der Erkrankung ist wahrscheinlich. Die genauen Zusammenhänge und darauf basierend eine gezielte Modulation der Darmflora als mögliche Therapie der MS sind Gegenstand laufender Untersuchungen (DMSG 2015b).

Rauchen wurde ebenfalls als möglicher Risikofaktor für eine MS-Erkrankung identifiziert. Das relative Risiko, eine MS zu entwickeln, war in Studien bei Rauchern im Vergleich zu Nichtrauchern um das 1,5-Fache erhöht, wobei das Risiko mit zunehmender Dosis stieg (Wingerchuk 2012). Des Weiteren beeinflusst Rauchen die Krankheitsaktivität, und Patienten mit MS profitieren davon, mit dem Rauchen aufzuhören (Ramanujam et al. 2015).

Zudem zeigen sich in der Epidemiologie der MS **geschlechtsspezifische Unterschiede**. Frauen erkranken im Vergleich zu Männern deutlicher häufiger (ungefähr im Verhältnis 2-3:1) (Kingwell et al. 2013). In den letzten Jahrzehnten hat die Neuerkrankungsrate (Inzidenz) unter Frauen besonders stark zugenommen, wie internationale epidemiologische Studien zeigten (Koch-Henriksen u. Sorensen 2010; Westerlind et al. 2014a). Auch bei gleicher genetischer Prädisposition erkranken Frauen phänotypisch häufiger als Männer. Die Ursachen für die unterschiedliche Penetranz der Gene (Wahrscheinlichkeit, dass ein bestimmter Genotyp zu einem bestimmten Phänotyp führt) sind nicht geklärt (Wiendl u. Kieseier 2010), es wird aber diskutiert, ob eine unterschiedliche Exposition zu Umweltfaktoren eine Rolle spielt und in Teilen das erhöhte Erkrankungsrisiko von Frauen erklärt (Koch-Henriksen u. Sorensen 2010). Das Risiko, an einer MS zu erkranken, nimmt zwar mit dem Verwandtschaftsverhältnis bzw. mit dem Anteil gemeinsamen Genmaterials zu (Wiendl u. Kieseier 2010), das Vererbungsrisiko für die Nachkommen von MS-Erkrankten ist insgesamt aber nur gering erhöht (Westerlind et al. 2014b).

Die **genetische Prädisposition** hat nicht nur Einfluss auf das Erkrankungsrisiko, sondern bestimmt möglicherweise auch den Therapieverlauf mit. Es gibt Hinweise darauf, dass die therapeutische Wirksamkeit mancher Medikamente mit der Expression und Mutationen der Gene assoziiert ist, die auch mit der Erkrankung selbst in Zusammenhang stehen (Wiendl et al. 2010).

1.3 Krankheitszeichen und Krankheitsverlauf

1.3.1 Frühe Krankheitszeichen und häufige Symptome

Die Erkrankung manifestiert sich meist im jüngeren Erwachsenenalter durch ein oder mehrere Läsionen im Gehirn, Rückenmark oder am Sehnerv. Frauen im Alter von 20 bis 40 Jahre erkranken am häufigsten. In Abhängigkeit der betroffenen Areale im ZNS berichten die Patienten zu Krankheitsbeginn von einzelnen oder mehreren sensorischen, motorischen, visuellen oder Hirnstamm-Symptomen (Garg u. Smith 2015) sowie neurokognitiven und psychischen Beschwerden (Kister et al. 2013). Ein charakteristisches Symptom zu Krankheitsbeginn ist die Entzündung des Sehnervs (Optikusneuritis), begleitet von Doppelbildwahrnehmungen sowie Sehstörungen und Augenschmerzen. Weitere typische Symptome im frühen Krankheitsstadium sind Sensibilitätsstörungen wie Missempfindungen (Parästhesien), Taubheitsgefühle oder Schmerzen in den Extremitäten. Hinzu kommen Gangstörungen mit häufig belastungsabhängiger Schwäche der Beine sowie Gangunsicherheit. Jüngere Patienten leiden zunächst häufig unter einer Optikusneuritis als alleinigem Symptom oder Sensibilitätsstörungen. Bei älteren Patienten treten häufig zu Beginn Paresen als alleiniges Symptom oder in Kombination mit sensiblen Ausfällen auf (DGN 2014; Wiendl u. Kieseier 2010).

Aber auch neuropsychologische Symptome wie Fatigue oder kognitive Beeinträchtigungen treten früh im Krankheitsverlauf auf. Eine prospektive Verlaufsstudie unter Patienten aus den USA zeigte, dass Patienten sogar schon nach dem ersten demyelinisierenden Ereignis (KIS) und vor einer gesicherten Diagnose einer MS signifikant häufiger Symptome einer Fatigue zeigten im Vergleich zu gesunden Kontrollen. Das Ausmaß der Müdigkeitssymptomatik war unter den Patienten mit KIS vergleichbar der Symptomatik bei Patienten mit einer gesicherten MS und war ein unabhängiger Risikofaktor für die spätere bestätigte Diagnose einer MS (Runia et al. 2015).

Die häufig mit einer MS assoziierten Symptome lassen sich grob in neuropsychologische Symptome (kognitive Beeinträchtigungen, Fatigue und Depression), motorische Einschränkungen und Einschränkungen der Mobilität (Spastik, Muskelschwäche, Ataxie und Tremor), Sensibilitätsstörungen und Schmerzen sowie Störungen der Blasen- und Darmfunktion sowie Störungen der Sexualität einteilen. Im Folgenden werden die häufigsten und am stärksten beeinträchtigenden Symptome beschrieben (DGN 2014).

Kognitive Beeinträchtigungen äußern sich unter anderem als Konzentrations- und Aufmerksamkeitsstörungen oder Abnahme von Gedächtnisleistungen. Sie haben eine starke Korrelation zu MS-typischen morphologischen Veränderungen im ZNS (Tiemann et al. 2009). Während bei milden bis moderaten Verläufen nicht betroffene Areale kognitive Funktionen übernehmen, nimmt die Fähigkeit der spontanen Rekrutierung neuronaler Systeme mit der Progression der Erkrankung ab (Penner et al. 2007).

Die **Fatigue** äußert sich in einer erhöhten Tagesmüdigkeit sowie muskulären und kognitiven Erschöpfung, die sich durch körperliche Anstrengung oder Wärme verschlechtert (Iriarte et al. 2000). Die primäre Fatigue wird als Folge der MS-spezifischen immunologischen Prozesse und neuroendokriner Fehlfunktion im Rahmen von Läsionen im ZNS erklärt (Patejdl et al. 2015). Eine sekundäre Fatigue liegt aufgrund indirekter Beschwerden vor, die wiederum eine Folge anderer MS-assoziierten Symptome sind, wie Blasenfunktionsstörungen, Depression oder gestörte Nachtruhe bei Schmerzen. Auch andere Erkrankungen wie eine Anämie oder Unterfunktion der Schilddrüse können die Ermüdungssymptomatik zusätzlich verschlimmern (Patejdl et al. 2015).

Die **Depression** zählt ebenfalls zu den häufigen und sehr beeinträchtigenden Begleitsymptomen in allen Phasen der Erkrankung (Feinstein et al. 2014). Eine depressive Symptomatik ist unter anderem mit der Fatigue assoziiert und begünstigt eine schlechte Adhärenz bezüglich der verlaufsmodifizierenden Therapie (Tarrants et al. 2011).

Motorische Symptome und Einschränkungen der Mobilität aufgrund von Symptomen wie **Spastik, Muskelschwäche, Ataxie und Tremor** führen ebenfalls zu starken funktionellen Beeinträchtigungen. Die Spastik beschreibt eine Zunahme des Muskeltonus mit Reduktion der Kraft und Ausdauerleistung des Muskels. Sie kann intermittierend oder kontinuierlich bestehen und von Schmerzen begleitet sein. Die Ataxie ist ein Begriff für die gestörte Bewegungskoordination, die insbesondere das Gehen oder Stehen betrifft. Sie betrifft auch die oberen Extremitäten und ist häufig bei einer zielgerichteten Bewegung, wie beim Greifen eines Glases, von Zittern (Intentionstremor) begleitet (DMSG 2004). Weitere Symptome können die Augenmotorik, das Schlucken (Dysphagie) und Sprechen (Dysarthrie) betreffen.

Schmerzen kommen nicht nur im Zusammenhang mit der Spastik vor. Es werden verschiedene Arten des Schmerzes unterschieden, die bei einer MS-Erkrankung häufig in Kombination auftreten, entsprechend ihrer Genese aber unter Umständen unterschiedlich therapiert werden (DGN 2015; DMSG 2004). Der mit einer MS am häufigsten auftauchende Schmerz ist der neuropathische **Schmerz**, welcher die Unterbrechung oder Veränderung von Nervenleitungen zur Ursache hat und somit eine direkte Folge der MS-Erkrankung beschreibt. Patienten berichten häufig über Kopfschmerzen, Missempfindungen, Brennen (Dysästhesien) oder Neuralgien.

Blasenstörungen äußern sich beispielsweise in Form von Inkontinenz, Harnverhalt (bei Spastik) oder Drangsymptomen. Als Folge werden Harnwegsinfekte und Schädigungen der Nieren begünstigt (DGN 2014). Darmfunktionsstörungen treten als Obstipation oder Inkontinenz auf (DMSG 2004).

Der Erkrankungsbeginn der MS liegt meist zwischen dem 20. und 40. Lebensjahr und betrifft somit den Lebensabschnitt, in welchem neben der beruflichen Karriere Partnerschaften gebildet und Familien geplant werden. **Störungen der Sexualität** sind daher häufig nicht nur ein individuelles, sondern auch ein partnerschaftliches Problem. Neben den neurologischen Ursachen kommen des Weiteren die signifikant erhöhten Symptome von Depression und Angst als Ursache in Frage. Zudem haben der Umgang mit der Erkrankung und die Bewältigungsstrategien innerhalb einer partnerschaftlichen Beziehung einen wesentlichen Einfluss auf die sexuelle Funktionalität und Aktivität. Es besteht die Gefahr,

Tab. 1.3 Auswahl häufiger Symptome unter Patienten mit MS auf Basis des Datensatzes der DMSG (n = 16.554) in Abhängigkeit von der Krankheitsdauer

Symptom	Krankheitsdauer < 2 Jahre (%)	Krankheitsdauer >15 Jahre (%)
Neuropsychologisch		
Fatigue	40,6	67,6
Kognitive Einschränkungen	19,6	40,6
Depressionen	23,6	38,0
Motorisch		
Spastiken	17,3	75,8
Ataxie/Tremor	24,4	56,5
Schmerzen	24,6	42,2
Blasenstörungen	20,5	74,0
Darmstörungen	4,8	31,1
Sexuelle Dysfunktion	8,0	27,3
Andere	2,1	3,9

Quelle: IGES – Stuke et al. (2008)
Anmerkung: DMSG = Deutsche Multiple Sklerose Gesellschaft

dass sich das Gleichwertigkeitsgefühl des Betroffenen mindert. Zudem kann es ihm aufgrund der fluktuierenden Symptome schwer fallen, sich dem Partnern gegenüber zu erklären, was wiederum zur Folge haben kann, dass die Probleme als psychische Leiden interpretiert werden (Beier et al. 2002; Goecker et al. 2006).

1.3.2 Krankheitsverlauf

Die klinische Symptomatik ist aufgrund der für die MS typischen multiplen und oft unterschiedlichen Lokalisierung der Läsionen im ZNS äußerst heterogen und auch der Schweregrad der Symptome unterliegt einer großen Variationsbreite. Bleiben die Symptome länger als sechs Monate bestehen, sinkt ihre Rückbildungswahrscheinlichkeit und die Häufigkeit der mit der Erkrankung assoziierten Symptome und bleibenden Einschränkungen nimmt mit der Krankheitsdauer zu (Tab. 1.3) (Kister et al. 2013; Stuke et al. 2008).

Insbesondere die Anzahl der Patienten mit Spastiken, motorischen Einschränkungen, Ataxien/Tremore sowie Blasen- und Darmfunktionsstörungen nimmt mit der Krankheitsdauer zu, wie eine Auswertung des North American Registry of Multiple Sclerosis (NARCOMS Kohorte) zeigte. NARCOMS beinhaltet Selbstausauskünfte zu Krankheitszeichen, Krankheitsverlauf und Therapien von über 35.000 Patienten mit MS aus dem Zeitraum 1996 bis 2011. Dabei wurde die Erkrankungshäufigkeit einzelner Symptome bzw. Symptomkomplexe im Zusammenhang mit der Erkrankungsdauer (von weniger als ein Jahr bis 30 Jahre) betrachtet.

Mit der Krankheitsdauer verschlimmerte sich auch der Schweregrad bleibender körperlicher Einschränkungen (Kister et al. 2013). Laut DMSG war nach einer durchschnittlichen Krankheitsdauer von 12,7 Jahren (±9,2 Jahre) noch gut die Hälfte (51 %) der Patienten des DMSG-Datensatzes uneingeschränkt gehfähig und wies geringfügige Einschränkungen auf, 28 % benötigten eine Gehilfe, um 100 m laufen zu können und 6 % waren bei schwer eingeschränkter Gehfähigkeit an einen Rollstuhl gebunden (Flachenecker et al. 2008).

Neuropsychologische Symptome nehmen ebenfalls an Häufigkeit und Schweregrad mit der Krankheitsdauer zu. Die Häufigkeit dieser Symptome scheint aber im Vergleich zur Spastik, Einschränkungen der Mobilität oder den Blasen- wie Darmfunktionsstörungen weniger deutlich mit der Krankheitsdauer assoziiert zu sein (Kister et al. 2013).

Die (bleibenden) neurologischen Ausfälle und neurokognitiven Einschränkungen können in einer eingeschränkten Erwerbsfähigkeit oder Frühberentung resultieren. Dies ist besonders schwerwiegend, denn die meisten Patienten erkranken jung in einer Lebensphase der beruflichen Findung und Etablierung. Nur 27,9 % der im Datensatz der DMSG dokumentierten Patienten waren voll berufstätig, 39,4 % bezogen Rentenleistungen aufgrund von Berufs- und Erwerbsunfähigkeit, 6 % waren arbeitslos. Mit zunehmenden Grad der Behinderung steigt die Anzahl der Patienten im vorzeitigen Ruhestand (Flachenecker et al. 2008).

Der individuelle Krankheitsverlauf lässt sich bei Krankheitsbeginn nicht sicher voraussagen. Es sind aber einige Faktoren (demografische, klinische und paraklinische) identifiziert worden, die mit einem erhöhten Risiko eines ungünstigen Krankheitsverlaufs und den Folgen der Erkrankung assoziiert sind (◘ Tab. 1.4) (DGN 2014). Auch bei Patienten mit RRMS unter Therapie werden unterschiedliche Verläufe in Abhängigkeit des Behinderungsgrades beobachtet, wobei der Zeitpunkt des Übergangs von milden zu schweren Verläufen auch hier nicht sicher vorausgesagt werden kann (Scott et al. 2014).

1.4 Diagnostik und Behandlung

Das diagnostische Vorgehen bei Patienten mit Verdacht auf das Vorliegen einer MS hat das Ziel einer zügigen und sicheren Bestätigung der Diagnose, indem die klinischen Symptome erfasst, objektiviert und quantifiziert werden. Die Diagnosestellung der MS erfolgt nach definierten Kriterien (McDonald-Kriterien), die schwerpunktmäßig auf klinischen und MS-typischen Veränderungen in bildgebenden Verfahren (MRT) basieren. Die Liquoruntersuchung und elektrophysiologische Verfahren (evozierte Potenziale) können zusätzlich hinzugezogen werden. Die Liquordiagnostik ist allerdings nur in Ausnahmefällen für die Diagnosestellung der MS selbst relevant, sondern dient hauptsächlich der differenzialdiagnostischen Abklärung (▶ Kap. 3) (DGN 2014). Insbesondere bei nur einem Krankheitszeichen oder mehreren atypischen Symptomen bei der Erstkonsultation ist eine Abgrenzung zu anderen entzündlichen, z.B. erregerbedingten Erkran-

◘ **Tab. 1.4** Übersicht relevanter Einflussfaktoren auf die Progression

Günstiger Verlauf	Ungünstiger Verlauf
Erkrankungsbeginn < 35. Lebensjahr	Erkrankungsbeginn > 50. Lebensjahr
Schubförmiger Verlauf	Progredienter Verlauf
Geringe Schubrate mit großen Abständen zwischen Schüben und guter Rückbildungstendenz	Hohe Schubrate mit geringen Abständen zwischen Schüben und schlechter Rückbildungstendenz
Monosymptomatischer Beginn: sensible Symptome oder Sehnerventzündung	Polysymptomatischer Beginn: motorische und zerebelläre Symptome
Geringe Behinderung in früher Krankheitsphase	Hoher Behinderungsgrad schon in ersten Krankheitsjahren
Unauffälliges MRT zu Beginn	Zahlreiche und große Läsionen in MRT
Keine pathologischen SEP und MEP	Früh pathologische SEP und MEP

Quelle: IGES – DGN (2014)
Anmerkung: SEP = somatosensorisch evozierte Potenziale, MEP = motorisch evozierte Potenziale

Tab. 1.5 Sonderformen

ICD-10-Code	Erkrankung
G36.0	Neuromyelitis optica (NMO; Devic Syndrom)
G04.0	Akut disseminierte/demyelinisierende Enzephalomyelitis (ADE)
G37.5	Balos konzentrische Sklerose (Encephalomyelitis periaxialis concentrica)
G37.0	Diffus disseminierte Sklerose (Schilder-Krankheit; Encephalitis periaxialis diffusa)

Quelle: IGES – Wiendl u. Kieseier (2010); DIMDI ICD-10 GM (Version 2014)

kungen oder anderen demyelinisierenden Erkrankungen des ZNS und Sonderformen der MS notwendig (Tab. 1.5) (DGN 2014; Wiendl u. Kieseier 2010).

Wegen der Notwendigkeit eines frühzeitigen Beginns der medikamentösen, verlaufsmodifizierenden Therapie (Schubprophylaxe) und der Prävention bleibender Einschränkungen hat die frühe, sichere Diagnosestellung einen hohen Stellenwert.

Auch wenn die MS bislang nicht heilbar ist, stehen im Jahr 2016 eine Vielzahl therapeutischer Optionen zur Verfügung, mittels derer die Erkrankung behandelbar ist (Ransohoff et al. 2015). Die Behandlung von Patienten mit MS setzt sich aus der verlaufsmodifizierenden Therapie und der Therapie des akuten Schubs (Stufentherapie) (► Abschn. 4.1) und der symptomatischen Therapie (► Abschn. 4.2) zusammen (DGN 2014). Die verlaufsmodifizierende Therapie hat das Ziel, die Krankheitsaktivität medikamentös einzudämmen (no evidence of disease activity, NEDA), Schübe zu verhindern und damit den Krankheitsverlauf zu bremsen. Ziel in der Behandlung der RRMS ist eine an die Krankheitsaktivität angepasste Therapie (DGN 2014).

Verallgemeinernd gesprochen wirken alle für die verlaufsmodifizierende Therapie zugelassenen Medikamente als Immunmodulatoren, die mehr oder weniger spezifisch das Immunsystem beeinflussen (Garg u. Smith 2015; Wiendl u. Meuth 2015). Bei der Auswahl der Therapie wird der individuelle Nutzen (Effektivität) gegenüber den Risiken abgewogen (Havla et al. 2015; Ransohoff et al. 2015). Die Therapie ist dann effektiv, wenn die klinische und paraklinische Krankheitsaktivität reduziert ist. Ziel ist – wie oben beschrieben – ein Zustand frei von Krankheitsaktivität (keine Schübe, keine neue Läsionen im MRT) (DGN 2014). Die Risiken der verlaufsmodifizierenden Therapie sind medikamentenspezifisch. Sie können unter anderem Nebenwirkungen wie Infektionen, progressive multifokale Leukenzephalopathie (PML) oder Neoplasien umfassen (Tab. 1.6) (DGN 2014; Garg u. Smith 2015).

Mit Zunahme der Progredienz nehmen die therapeutischen Möglichkeiten aber ab. Für die primär progrediente Verlaufsform sind aktuell formal keine Medikamente zugelassen (DGN 2014). Medikamente, die primär darauf abzielen, bestehende Schädigungen am Nerven zu reparieren, wie beispielsweise verschiedene Remyelinisierungstherapien sind noch Gegenstand von Untersuchungen (Harlow et al. 2015) (► Kap. 6).

Ziel der symptomatischen Therapie ist eine Reduktion bzw. Stabilisierung von Funktionseinschränkungen sowie die Vermeidung von symptombedingten Komplikationen und die Verbesserung der Lebensqualität. Kern der symptomatischen Behandlung ist die Rehabilitation. Die Behandlung beinhaltet nicht-medikamentöse Maßnahmen wie z. B. Physiotherapie und neuropsychologische Therapien gegebenenfalls im Rahmen der multimodalen (stationären) Rehabilitation und medikamentöse Verfahren.

Aus Perspektive der Patienten stehen die Minderung der Symptome und das Vorbeugen einer Progression der Erkrankung im Vordergrund der Behandlung. Patienten sind bereit, ein Risiko von schweren Nebenwirkungen oder Tod in Höhe von einem Prozent hinzunehmen, wenn dafür das Fortschreiten der Symptome für zehn Jahre oder die Progression für sieben Jahre verhindert wird. Das gleiche Risiko waren Patienten bereit, für eine orale Therapie aufzunehmen oder für eine Therapie, welche die Symptome selten, aber dafür erheblich bessert (Wilson et al. 2015).

Tab. 1.6 Wichtige Nebenwirkungen zugelassener Therapien für die verlaufsmodifizierende Therapie der MS nach Garg u. Smith (2015)

Arzneimittel*	Häufige Nebenwirkungen
Alemtuzumab	Schwere Infusionsreaktionen, sekundäre autoimmune Schilddrüsenerkrankung, Thrombozytopenie, Erkrankung der Anti-Glomerulären Basalmembran, erhöhtes Risiko für maligne Schilddrüsenkarzinome, Melanome, lymphoproliferative Störungen
Interferon Beta-1a	Grippesymptome, Reaktionen an der Injektionsstelle, Erhöhung der Leberenzymwerte, Schilddrüsen-Anomalien, Leukopenie oder Anämie, Depressionen
Interferon Beta-1b	Grippesymptome, Reaktionen an der Injektionsstelle, Erhöhung der Leberenzymwerte, Schilddrüsen-Anomalien, Leukopenie oder Anämie, Depressionen
Dimethylfumarat	Gastrointestinale Beschwerden wie Übelkeit, Diarrhö oder abdominale Schmerzen; Hitzewallungen, Juckreiz, Erhöhung der Leberenzymwerte, Lymphopenie, seltene Fälle von PML
Fingolimod	Nach erstmaliger Einnahme Bradykardie, AV-Block, Herpes-Virus Infektionen, Makulaödem, erhöhter Blutdruck, geringes Risiko von PML
Glatirameracetat	Reaktionen an der Injektionsstelle, Folgereaktionen nach Injektion (Hitzewallung, Engegefühl im Brustkorb, Herzklopfen, Atemnot), selten Lipoatrophie bei dauerhafter Verabreichung
Mitoxantron	Kardiotoxizität, sekundäre Leukämie
Natalizumab	Lebertoxizität, Infusionsreaktionen, PML
PEG-Interferon Beta-1a	Grippesymptome, Reaktionen an der Injektionsstelle, Erhöhung der Leberenzymwerte, Schilddrüsen-Anomalien, Leukopenie oder Anämie, Depressionen
Teriflunomid	Haarausfall, Kopfschmerzen, Diarrhö, Hepatotoxizität, Teratogenität, erhöhtes Risiko für Infektionen aufgrund von Lymphopenie

Quelle: IGES – Garg und Smith (2015)
Anmerkung: *in alphabetischer Reihenfolge, PML = progressive multifokale Leukenzephalopathie

Literatur

Ascherio A, Munger KL, White R, Kochert K, Simon KC, Polman CH, Freedman MS, Hartung HP, Miller DH, Montalban X, Edan G, Barkhof F, Pleimes D, Radu EW, Sandbrink R, Kappos L, Pohl C (2014) Vitamin D as an early predictor of multiple sclerosis activity and progression. JAMA Neurol 71(3), 306-314. DOI: 10.1001/jamaneurol.2013.5993.

Beier KM, Goecker D, Babinsky S, Ahlers CJ (2002) Sexualität und Partnerschaft bei Multipler Sklerose – Ergebnisse einer empirischen Studie bei Betroffenen und ihren Partnern. Sexuologie 9(1), 4-22.

Dendrou CA, Fugger L, Friese MA (2015) Immunopathology of multiple sclerosis. Nat Rev Immunol 15(9), 545-558. DOI: 10.1038/nri3871.

DGN (Hrsg.) (2014) Leitlinien für Diagnostik und Therapie in der Neurologie. Diagnose und Therapie der Multiplen Sklerose. Entwicklungsstufe: S2e. Stand: Januar 2012, Ergänzung August 2014. Gültig bis 2017. (AWMF-Registernummer: 030/050). Deutsche Gesellschaft für Neurologie. http://www.awmf.org/uploads/tx_szleitlinien/030-050l_S2e_Multiple_Sklerose_Diagnostik_Therapie_2014-08_verlaengert.pdf [Abruf am: 04.11.2015].

DGN (Hrsg.) (2015): Leitlinien für Diagnostik und Therapie in der Neurologie. Pharmakologisch nicht interventionelle Therapie chronisch neuropathischer Schmerzen. Entwicklungsstufe: S1. Veröffentlicht September 2012, Ergänzt 7.1.2014, Gültig bis 31. Dezember 2016. (AWMF-Registernummer: 030/114). Berlin: Deutsche Gesellschaft für Neurologie. http://www.awmf.org/uploads/tx_szleitlinien/030-114l_S1_Neuropathischer_Schmerzen_Therapie_2014-01.pdf [Abruf am: 18. Dezember 2015].

DMSG (2004) Symptomatische Therapie der Multiplen Sklerose – Aktuelle Therapieempfehlungen Multiple Sklerose Therapie Konsensus Gruppe (MSTKG). Hannover: Deutsche Multiple Sklerose Gesellschaft Bundesverband e.V.

DMSG (2015a) Kanadische Studie belegt: Genetischer Vitamin-D-Mangel erhöht das Multiple Sklerose-Risiko. Letzte Änderung: 26.08.2015. Hannover: Deutsche Multiple Sklerose Gesellschaft Bundesverband e.V. http://www.dmsg.de/multiple-sklerose-news/index.php?w3pid=news&kategorie=forschung&anr=5700&suchbegriffe=vitamin%20d [Abruf am 04. Januar 2016].

DMSG (2015b) Multiple Sklerose: Wie Darmbakterien die Gesundheit des Gehirns beeinflussen. Letzte Aktualisierung: 24. September 2015. Hannover: Deutsche Multiple Sklerose Gesellschaft Bundesverband e.V. http://www.dmsg.de/multiple-sklerose-news/index.php?w3pid=news&kategorie=forschung&anr=5727&suchbegriffe=Ern%E4hrung [Abruf am: 04. Januar 2016].

Duan S, Lv Z, Fan X, Wang L, Han F, Wang H, Bi S (2014) Vitamin D status and the risk of multiple sclerosis: a systematic review and meta-analysis. Neurosci Lett 570, 108-113. DOI: 10.1016/j.neulet.2014.04.021.

Feinstein A, Magalhaes S, Richard JF, Audet B, Moore C (2014) The link between multiple sclerosis and depression. Nat Rev Neurol 10(9), 507-517. DOI: 10.1038/nrneurol.2014.139.

Fellows K, Uher T, Browne RW, Weinstock-Guttman B, Horakova D, Posova H, Vaneckova M, Seidl Z, Krasensky J, Tyblova M, Havrdova E, Zivadinov R, Ramanathan M (2015) Protective associations of HDL with blood-brain barrier injury in multiple sclerosis patients. J Lipid Res. 56(10), 2010-2018. DOI: 10.1194/jlr.M060970.

Flachenecker P, Stuke K, Elias W, Freidel M, Haas J, Pitschnau-Michel D, Schimrigk S, Zettl UK, Rieckmann P (2008) Multiple sclerosis registry in Germany: results of the extension phase 2005/2006. Deutsches Ärzteblatt 105(7), 113-119. DOI: 10.3238/arztebl.2008.0113.

Garg N, Smith TW (2015) An update on immunopathogenesis, diagnosis, and treatment of multiple sclerosis. Brain Behav 5(9), e00362. DOI: 10.1002/brb3.362.

Goecker D, Rösing D, Beier KM (2006) Der Einfluss neurologischer Erkrankungen auf Partnerschaft und Sexualität: Unter besonderer Berücksichtigung der Multiplen Sklerose und des Morbus Parkinson. Der Urologe 45(8), 992-998. DOI: 10.1007/s00120-006-1094-7.

Harlow DE, Honce JM, Miravalle AA (2015) Remyelination Therapy in Multiple Sclerosis. Front Neurol 6, 257. DOI: 10.3389/fneur.2015.00257.

Havla J, Kumpfel T & Hohlfeld R (2015): [Immunotherapies for multiple sclerosis : review and update]. Internist (Berl) 56(4), 432-445. DOI: 10.1007/s00108-015-3668-1.

Hucke S, Wiendl H, Klotz L (2015) Implications of dietary salt intake for multiple sclerosis pathogenesis. Mult Scler Oct 7. DOI: 10.1177/1352458515609431.

Iriarte J, Subira ML, Castro P (2000) Modalities of fatigue in multiple sclerosis: correlation with clinical and biological factors. Mult Scler 6(2), 124-130. ISSN: 1352-4585 (Print), 1352-4585 (Linking).

Kingwell E, Marriott JJ, Jette N, Pringsheim T, Makhani N, Morrow SA, Fisk JD, Evans C, Beland SG, Kulaga S, Dykeman J, Wolfson C, Koch MW, Marrie RA (2013) Incidence and prevalence of multiple sclerosis in Europe: a systematic review. BMC Neurol 13, 128. DOI: 10.1186/1471-2377-13-128.

Kister I, Bacon TE, Chamot E, Salter AR, Cutter GR, Kalina JT, Herbert J (2013) Natural history of multiple sclerosis symptoms. Int J MS Care 15(3), 146-158. DOI: 10.7224/1537-2073.2012-053.

Kleinewietfeld M, Manzel A, Titze J, Kvakan H, Yosef N, Linker RA, Muller DN, Hafler DA (2013) Sodium chloride drives autoimmune disease by the induction of pathogenic TH17 cells. Nature 496(7446), 518-522. DOI: 10.1038/nature11868.

Koch-Henriksen N, Sorensen PS (2010) The changing demographic pattern of multiple sclerosis epidemiology. Lancet Neurol 9(5), 520-532.

Krementsov DN, Case LK, Hickey WF, Teuscher C (2015) Exacerbation of autoimmune neuroinflammation by dietary sodium is genetically controlled and sex specific. FASEB J 29(8), 3446-3457. DOI: 10.1096/fj.15-272542.

Lebrun C (2015) The radiologically isolated syndrome. Rev Neurol (Paris) 171(10), 698-706. DOI: 10.1016/j.neurol.2015.05.001.

Lublin FD, Reingold SC, Cohen JA, Cutter GR, Sorensen PS, Thompson AJ, Wolinsky JS, Balcer LJ, Banwell B, Barkhof F, Bebo B, Jr., Calabresi PA, Clanet M, Comi G, Fox RJ, Freedman MS, Goodman AD, Inglese M, Kappos L, Kieseier BC, Lincoln JA, Lubetzki C, Miller AE, Montalban X, O'Connor PW, Petkau J, Pozzilli C, Rudick RA, Sormani MP, Stuve O, Waubant E, Polman CH (2014) Defining the clinical course of multiple sclerosis: the 2013 revisions. Neurology 83(3), 278-286. DOI: 10.1212/WNL.0000000000000560.

Mokry LE, Ross S, Ahmad OS, Forgetta V, Smith GD, Leong A, Greenwood CM, Thanassoulis G, Richards JB (2015) Vitamin D and Risk of Multiple Sclerosis: A Mendelian Randomization Study. PLoS Med 12(8), e1001866. DOI: 10.1371/journal.pmed.1001866.

Patejdl R, Penner IK, Noack TK, Zettl UK (2015) [Fatigue in patients with multiple sclerosis--pathogenesis, clinical picture, diagnosis and treatment]. Fortschr Neurol Psychiatr 83(4), 211-220. DOI: 10.1055/s-0034-1399353.

Penner IK, Opwis K, Kappos L (2007) Relation between functional brain imaging, cognitive impairment and cognitive rehabilitation in patients with multiple sclerosis. Journal of Neurology & Neurophysiology 254 Suppl 2, II53-57. DOI: 10.1007/s00415-007-2013-6.

Ramanujam R, Hedstrom AK, Manouchehrinia A, Alfredsson L, Olsson T, Bottai M, Hillert J (2015) Effect of Smoking Cessation on Multiple Sclerosis Prognosis. JAMA Neurol 72(10), 1117-1123. DOI: 10.1001/jamaneurol.2015.1788.

Ransohoff RM, Hafler DA, Lucchinetti CF (2015) Multiple sclerosis-a quiet revolution. Nat Rev Neurol 11(3), 134-142. DOI: 10.1038/nrneurol.2015.14.

Runia TF, Jafari N, Siepman DA, Hintzen RQ (2015) Fatigue at time of CIS is an independent predictor of a subsequent diagnosis of multiple sclerosis. J Neurol Neurosurg Psychiatry 86(5), 543-546. DOI: 10.1136/jnnp-2014-308374.

Scott TF, Hackett CT, Quigley MR, Schramke CJ (2014) Relapsing multiple sclerosis patients treated with disease modifying therapy exhibit highly variable disease progression: a predictive model. Clin Neurol Neurosurg 127, 86-92. DOI: 10.1016/j.clineuro.2014.09.008.

Stuke K, Flachenecker P, Zettl U, Elias W, Freidel M, Haas J, Pitschnau-Michel D, Schimrigk S, Rieckmann P (2008) MS-Register in Deutschland 2008 – Symptomatik der MS. http://www.dmsg.de/dokumentearchiv/dgn2008__msregister.pdf [Abruf am: 19. Mai 2015].

Tarrants M, Oleen-Burkey M, Castelli-Haley J & Lage MJ (2011) The impact of comorbid depression on adherence to therapy for multiple sclerosis. Multiple sclerosis international 2011, 271321. DOI: 10.1155/2011/271321.

Tiemann L, Penner IK, Haupts M, Schlegel U, Calabrese P (2009) Cognitive decline in multiple sclerosis: impact of topographic lesion distribution on differential cognitive deficit patterns. Mult Scler 15(10), 1164-1174. DOI: 10.1177/1352458509106853.

Westerlind H, Bostrom I, Stawiarz L, Landtblom AM, Almqvist C, Hillert J (2014a) New data identify an increasing sex ratio of multiple sclerosis in Sweden. Mult Scler 20(12), 1578-1583. DOI: 10.1177/1352458514530021.

Westerlind H, Ramanujam R, Uvehag D, Kuja-Halkola R, Boman M, Bottai M, Lichtenstein P, Hillert J (2014b) Modest familial risks for multiple sclerosis: a registry-based study of the population of Sweden. Brain 137(Pt 3), 770-778. DOI: 10.1093/brain/awt356.

Wiendl H, Kieseier BC (2010) Multiple Sklerose. Klinik, Diagnostik und Therapie. Klinische Neurologie. Stuttgart: Kohlhammer. ISBN: 978-3170184633.

Wiendl H, Meuth SG (2015) Pharmacological Approaches to Delaying Disability Progression in Patients with Multiple Sclerosis. Drugs 75(9), 947-977. DOI: 10.1007/s40265-015-0411-0.

Wilson LS, Loucks A, Gipson G, Zhong L, Bui C, Miller E, Owen M, Pelletier D, Goodin D, Waubant E, McCulloch CE (2015) Patient preferences for attributes of multiple sclerosis disease-modifying therapies: development and results of a ratings-based conjoint analysis. Int J MS Care 17(2), 74-82. DOI: 10.7224/1537-2073.2013-053.

Wingerchuk DM (2012) Smoking: effects on multiple sclerosis susceptibility and disease progression. Therapeutic advances in neurological disorders 5(1), 13-22. DOI: 10.1177/1756285611425694.

Epidemiologie der Multiplen Sklerose

Miriam Kip, Anne Zimmermann, Hans-Holger Bleß

M. Kip et al. (Hrsg.), *Weißbuch Multiple Sklerose*,
DOI 10.1007/978-3-662-49204-8_2,

Zusammenfassung

Die jährliche Inzidenz der Multiplen Sklerose liegt in Deutschland bei 8 Fällen pro 100.000 Einwohner. Frauen erkranken rund drei Mal so häufig wie Männer. In der Regel manifestiert sich die Erkrankung zwischen dem 20. und 40. Lebensjahr. Ein Krankheitsbeginn in Kindheit oder Jugend oder im höheren Lebensalter ist selten. Die Prävalenz liegt auf Grundlage von Abrechnungsdaten der gesetzlichen Krankenversicherung (Sekundärdaten) zwischen 175 und 289 Fälle pro 100.000 Versicherten. Dies entspricht einer Anzahl gesetzlich Versicherter Patienten mit dokumentierter Diagnose einer Multiplen Sklerose in Deutschland im Bereich von 143.000 bis 199.500 Versicherten. Gesetzlich versicherte Personen machen dabei über 85 % der Bevölkerung aus. Internationale bevölkerungsbasierte epidemiologische Untersuchungen zeigen im Verlauf der letzten Jahrzehnte eine Zunahme der Prävalenz der Erkrankung. Dieser Anstieg wird u. a. auf die erhöhte Lebenserwartung und auf eine Zunahme der Inzidenz insbesondere unter Frauen zurückgeführt. Zusätzlich erlauben verbesserte diagnostische Möglichkeiten eine frühere Diagnosestellung. Patienten mit Multipler Sklerose haben im Vergleich zur Allgemeinbevölkerung eine im Durchschnitt um 7 bis 14 Jahre verkürzte Lebenszeit. In den letzten Jahren ist das Risiko, an einer MS zu versterben, gesunken. Trotzdem sterben mehr als die Hälfte der Patienten an der Erkrankung selbst oder aufgrund ihrer Komplikationen.

Epidemiologische Kenngrößen beschreiben die Häufigkeit (Prävalenz und Inzidenz) sowie die Prognose (Mortalität und Letalität) einer Erkrankung und ihrer Risikofaktoren innerhalb einer Population. Die Bestimmung dieser Kenngrößen dient sowohl der Abschätzung des Gesundheitszustandes der Bevölkerung als auch zur Planung präventiver, therapeutischer und rehabilitativer Maßnahmen.

Prävalenz

Die Prävalenz macht eine Aussage über die Anzahl der Personen innerhalb einer definierten Population, die an einer bestimmten Erkrankung leiden, bezogen auf alle Personen, die zu dieser Population zählen. Zur besseren Vergleichbarkeit und Vereinheitlichung der Angaben wird die Erkrankungshäufigkeit meist als Anzahl Erkrankter (Fälle) pro 100.000 angeben. Die Punktprävalenz beschreibt die Häufigkeit einer Erkrankung zu einem bestimmten Zeitpunkt, wobei dies nicht der gleiche Zeitpunkt für alle untersuchten Personen sein muss. Bei der Periodenprävalenz werden die Personen über einen längeren Zeitraum an mehreren Untersuchungspunkten hinsichtlich des Vorhandenseins einer Erkrankung beobachtet (Fletcher et al. 1996).

Inzidenz

Die Inzidenz ist eine Kennzahl für die Anzahl der Personen innerhalb einer definierten Population, bei denen eine Erkrankung neu auftritt. Sie bezieht sich auf alle Personen dieser Population, die zu Beginn der Beobachtung gesund waren (Risikopopulation). Die Neuerkrankungsrate hat immer einen zeitlichen Bezug, der mit angegeben wird (z. B. pro 100.000 Personen pro Jahr oder 1.000 Personenjahre) (Fletcher et al. 1996).

Mortalität

Die Mortalität (Sterblichkeit) beschreibt die Häufigkeit von Todesfällen innerhalb einer betrachteten Population. In Überlebensanalysen wird die beobachtete Lebensdauer ab Geburt im Vergleich zur erwarteten Lebensdauer der Allgemeinbevölkerung oder ab Krankheitsbeginn ermittelt. Die *standardized mortality ratio* (SMR) drückt das Verhältnis der beobachteten Sterblichkeit zur Sterblichkeit in der Allgemeinbevölkerung aus (erwartete Sterblichkeit). Mittels der *excess death rate* (EDR) wird die Differenz von beobachteten Todesfällen und erwarteten Todesfällen pro 1.000 Personenjahre ausgedrückt. Die Letalität (Tödlichkeit) beschreibt das Verhältnis der Todesfälle infolge einer Erkrankung zur Gesamtzahl der Erkrankten (Fletcher et al. 1996).

Es ist in der Regel nicht praktikabel, eine gesamte Bevölkerung auf das Vorkommen einer bestimmten Erkrankung hin zu untersuchen. Epidemiologische Untersuchungen werden daher meist auf Basis von selektierten Populationen (z. B. Patienten der neurologischen Versorgung) oder anderen Stichproben beispielsweise im Rahmen von Querschnittsuntersuchungen (Prävalenzstudien) oder Kohortenstudien gemacht.

Für die Gesundheitsplanung ist die Angabe der absoluten Häufigkeit der Betroffenen von Bedeutung. Die Schätzung der Anzahl aller Betroffenen in der Gesetzlichen Krankenversicherung (GKV) beispielsweise erfolgt, indem die Prävalenz, die in einer selektierten Teilpopulation oder Stichprobe erhoben wurde, auf die GKV-Versichertengemeinschaft oder die Bevölkerung Deutschlands hochgerechnet wird. Mittels direktem Standardisierungsverfahren werden mögliche Unterschiede in der Alters- und Geschlechtsstruktur zwischen der beobachteten Population und dem gesamten Umfang der Population ausgeglichen. Neben Alter und Geschlecht gibt es eine Vielzahl weiterer Parameter, die Einfluss auf das Erkrankungsrisiko haben, z. B. der sozio-ökonomische Status oder das Bildungsniveau. Besteht eine Korrelation zwischen Exposition und Erkrankungsrisiko werden Einflussparameter als Confounder bezeichnet. In den meisten Studien zur Epidemiologie der Multiplen Sklerose (MS) bleiben diese Faktoren in der Berechnung der Erkrankungshäufigkeit unberücksichtigt.

In den letzten Jahren haben epidemiologische Untersuchungen auf Basis von Sekundärdaten (Abrechnungsdaten) der GKV an Bedeutung gewonnen. Eine Analyse von Sekundärdaten bedeutet, dass schon vorhandene Daten retrospektiv ausgewertet werden. Werden die Daten erst im Rahmen der Studie prospektiv zum Zwecke der Analyse erhoben, liegen Primärdaten vor. Retrospektive Sekundärdatenanalysen haben den Vorteil, dass im Gegensatz zu prospektiven epidemiologischen Untersuchungen Diagnosedaten schon im großen Umfang vorliegen. Die konkrete Fragestellung kann die Erhebung der Daten nicht mehr beeinflussen. Allerdings können in der Regel auch keine zusätzlichen Daten erhoben werden, die eventuell für eine differenzierte Abbildung der Forschungsfrage notwendig wären. Kenntnisse über die Validität der Diagnosedaten im Rahmen von Sekundärdatenanalysen liegen meist nicht vor. Insbesondere bei ambulanten Diagnosedaten ist eine Verzerrung der Ergebnisse aufgrund von Fehlklassifikationen denkbar. Aufgrund der Vollständigkeit und der von der Forschungsfrage losgelösten Erhebungsweise gelten Untersuchungen auf Basis von Abrechnungsdaten als besonders robust gegenüber Bias durch Selektions- oder Erinnerungsmechanismen (Hoffmann et al. 2009; Schubert et al. 2008).

Bias

Jede Untersuchung unterliegt dem Risiko, dass die gemachten Beobachtungen oder gemessenen Ergebnisse verzerrt sind und systematisch von der tatsächlichen Häufigkeit abweichen (Bias). Beobachtungsstudien sind dafür besonders anfällig, und prinzipiell gilt, dass selbst unter der Bedingung, dass kein systematischer Bias vorliegt, die Resultate rein zufällige Beobachtungen sein könnten (Fletcher et al. 1996).

Im folgenden Kapitel erfolgt die Darstellung der für Deutschland verfügbaren Daten zur Prävalenz und Inzidenz der MS unter Berücksichtigung der Verteilung der verschiedenen Verlaufsformen der MS. Neben Ergebnissen aus prospektiven Bevölkerungsstudien aus den 1980er- und 1990er-Jahren werden aktuelle Erhebungen basierend auf Abrechnungsdaten der GKV für die Darstellung herangezogen. Des Weiteren werden die Mortalität und Letalität der Erkrankung beschrieben.

2.1 Inzidenz

Die aktuellsten Angaben zur Inzidenz der MS in Deutschland stammen aus einer Auswertung bevölkerungsbezogener Daten aus der Stadt Erfurt, Thüringen. Im Zeitraum 1998 bis 2002 betrug die Inzidenz der MS 8 Fälle pro 100.000 Einwohner pro Jahr. Unter Frauen wurden jährlich 11,8 Fälle und unter Männern 3,9 Fälle pro 100.000 beobachtet (Fasbender u. Kolmel 2008). In früheren regionalen Erhebungen aus den 1970er- bis 1990er-Jahren schwankt die jährliche Neuerkrankungsrate zwischen 4,6 (südliches Niedersachsen) und 6,1 Patien-

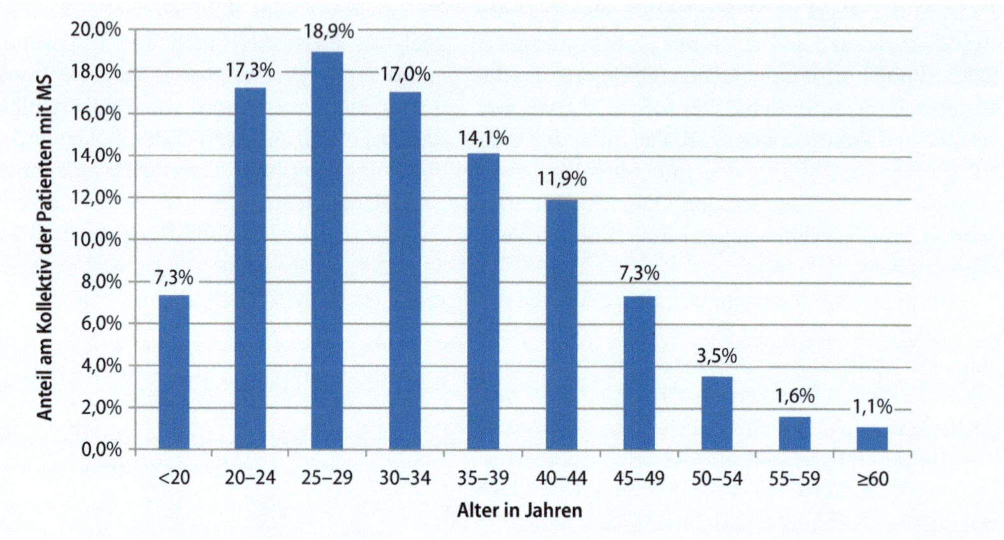

Abb. 2.1 Altersverteilung von MS-Erkrankten bei Krankheitsbeginn, Stand Mai 2013, n = 34.000 Patienten (IGES – DMSG (2013)

ten (Bochum) pro 100.000 Einwohner (Haupts 2001; Poser et al. 1989).

Bei der Mehrheit der Patienten beginnt die Erkrankung zwischen dem 20. und 40. Lebensjahr. Im Durchschnitt sind die Patienten bei Krankheitsbeginn 33 Jahre alt, wie eine Auswertung der im Datensatz der Deutschen Multiple Sklerose Gesellschaft (DMSG) enthaltenen Patienten ergab (DMSG 2013) (Nähere Beschreibung des Datensatzes ▶ Abschn. 4.1.3).

2.2 Prävalenz

Die Prävalenz der MS betrug in einer Analyse von Abrechnungsdaten des morbiditätsorientierten Risikostrukturausgleichs (Morbi-RSA) in der GKV zur Epidemiologie der MS in Deutschland 289 pro 100.000 gesetzlich Versicherte im Jahr 2010. Für diese Berechnung wurden aus einer für die Versicherten repräsentativen 7 %-Stichprobe aller GKV-Versicherten Patienten mit mindestens einer ambulanten gesicherten oder stationären Entlassungsdiagnose »Multiple Sklerose« (ICD-10 G35.-) pro Quartal im Jahr 2010 berücksichtigt. Frauen waren in dieser Untersuchung mehr als doppelt so häufig an einer MS erkrankt wie Männer (Verhältnis 2,3:1). Das mittlere Alter von Patienten mit einer Diagnose MS betrug 49,4 Jahre. In den Altersgruppen ab 50 Jahren wird die MS (unter Männern wie Frauen) mit abnehmender Häufigkeit dokumentiert, während sie im jungen Erwachsenenalter bis zum Alter von 49 Jahren deutlich zunimmt. Die höchste Prävalenz wurde in der Altersgruppe 45 bis 49 Jahre ermittelt. In jeder Altersgruppe waren Frauen häufiger als Männer erkrankt (Petersen et al. 2014).

Eine Prävalenz von 289 pro 100.000 entspräche einer absoluten Häufigkeit an Personen mit mindestens einer dokumentierten Diagnose MS unter den gesetzlich Versicherten in Deutschland von 199.505 Versicherten. Allerdings wurde bei 90 % der identifizierten Patienten mit MS in zwei Quartalen und bei lediglich gut zwei Dritteln dieser Patienten in jedem Quartal im Jahr 2010 mindestens eine ambulante (gesicherte) oder stationäre Diagnose MS dokumentiert. Die Validität der Diagnosekodierungen wurde in dieser Analyse nicht überprüft. Es besteht daher das Risiko der Zählung von Fehlklassifikationen (Petersen et al. 2014).

Ganz ähnliche Ergebnisse wurden in einer Auswertung berichtet, die ebenfalls auf GKV-Daten beruht: in einer Berechnung basierend auf Daten der Gesundheitsforen Leipzig (GFL) lag die Periodenprävalenz der MS im Zeitraum 2006 bis 2010 bei

0,3 % (oder 300 pro 100.000). In dieser Auswertung wurden alle Patienten mit mindestens zwei dokumentierten Diagnosen einer MS oder mit mindestens einer dokumentierten Diagnose und einer MS-spezifischen Verordnung berücksichtigt (Dippel et al. 2015).

Eine andere Analyse von GKV-Abrechnungsdaten basierend auf einem Datensatz gesetzlich Versicherter in Bayern kommt zu deutlich niedrigeren Ergebnissen. In dieser Untersuchung betrug die (standardisierte) Prävalenz der MS im Jahr 2009 175 Fälle pro 100.000 (0,175 %) innerhalb der Versichertenpopulation. Hochgerechnet auf den Bevölkerungsstand der deutschen Wohnbevölkerung (gemäß Statistischem Bundesamt Stand: 31.12.2009), würde sich auf Basis dieser Untersuchung eine Gesamtanzahl an Patienten mit MS von 143.000 Patienten ergeben. Auch diese Auswertung zeigte, dass Frauen deutlich häufiger an einer MS erkrankt waren als Männer. 44 % der Patienten waren zwischen 30 und 44 Jahre alt und 29 % zwischen 45 und 59 Jahre (Höer et al. 2014).

Auch in dieser Studie wurden die berücksichtigten Diagnosen der MS nicht extern validiert. Um das Risiko der Zählung von Fehlklassifikationen zu minimieren, wurden aber nur die Patienten berücksichtigt, deren Diagnose einer MS durch einen Spezialisten der neurologischen Versorgung dokumentiert wurde oder bei denen zusätzlich zur Diagnose eine Arzneimittelverordnung für die Therapie der MS vorlag (Höer et al. 2014).

Etwa 85 % der Bevölkerung Deutschlands sind gesetzlich krankenversichert. Für eine möglichst genaue Wiedergabe der Prävalenz müssen auch eventuelle Unterschiede in der Erkrankungshäufigkeit bei dem nicht gesetzlich versicherten Anteil der Bevölkerung (privat Versicherte oder Nichtversicherte) berücksichtigt werden. Schätzungsweise sind rund 12.700 Patienten mit MS in der Privaten Krankenversicherung (PKV), wie eine Untersuchung zur Arzneimittelversorgung von Patienten mit MS in der PKV im Vergleich zu GKV-Versicherten ergab (Wild 2013).

Als eines der wenigen Länder verfügt Dänemark über ein nationales und nahezu vollständiges MS-Register (The Danish Multiple Sclerosis Registry). Über 90 % der dänischen Patienten mit MS sind in diesem Register erfasst. Die Validität liegt bei 94 %, d. h. bei 94 von 100 als MS-krank klassifizierten Patienten liegt tatsächlich eine MS vor (Bronnum-Hansen et al. 2011).

In einer Auswertung der Registerdaten zur Prävalenz der MS in Dänemark von 1950 bis 2005 lag die (altersstandardisierte) Prävalenz der MS im Jahr 2005 bei 154 pro 100.000 Einwohner und somit etwas unterhalb der auf Basis von GKV-Versicherten in Bayern ermittelten Prävalenz der MS von 175 Fällen pro 100.000 (Höer et al. 2014). Frauen waren auch in dieser Untersuchung mehr als doppelt so häufig an einer MS erkrankt im Vergleich zu Männern (Verhältnis 2,02:1) (Bentzen et al. 2010).

2.2.1 Entwicklung der Prävalenz

Im Jahr 1980 betrug die Prävalenz der MS 85,2 Patienten pro 100.000 Einwohner, wie eine Studie zu den epidemiologischen Charakteristika der MS in Südhessen ergab (Lauer u. Firnhaber 1994). Eine spätere Untersuchung aus dem Jahr 1994 zu Veränderungen in der Diagnosestellung der MS in Niedersachsen ermittelte eine Prävalenz der MS (gesichertes und wahrscheinliches Vorliegen einer MS) von 127 Fällen pro 100.000 Einwohner (Poser u. Bauersfeld 1995). In einer deutschlandweiten Hochrechnung von ärztlichen Angaben (Praktische Ärzte, Allgemeinmediziner, Internisten, Neurologen und Nervenärzte) zur Anzahl der sich 1997 in Behandlung befindenden Patienten mit MS wurde die Prävalenz der MS auf 149 Patienten pro 100.000 geschätzt. Dies entsprach bezogen auf die damalige Bevölkerungsstatistik einer Anzahl von 122.000 Betroffenen in Deutschland (Hein u. Hopfenmüller 2000).

Vergleicht man die Prävalenzangaben basierend auf GKV-Daten mit den älteren epidemiologischen Untersuchungen aus den 1980er- und 1990er-Jahren, gibt es Hinweise auf eine Zunahme der Prävalenz der MS in Deutschland. Prinzipiell sind die Ergebnisse der angeführten Studien nur eingeschränkt vergleichbar, denn die Erhebungen unterscheiden sich deutlich in Studiendesign, Datenbasis, regionalem Bezug und Diagnosesicherheit. Die Ergebnisse sind daher in unterschiedlichem Ausmaß verschiedenen Formen des Bias' (Verzerrung) unterworfen. Die gemachten Beobachtungen könnten Ausdruck einer tatsächlichen Zunahme der MS bedeuten, aber ebenso als Variationsbreite (zufällig oder verzerrt) einer relativ konstanten Prävalenz interpretiert werden.

Eine Metaregressionsanalyse von 178 internationalen Studien zur Epidemiologie der MS ergab aber, dass die Prävalenz und Inzidenz der MS in den letzten Jahren (weltweit) kontinuierlich zugenommen hat (Koch-Henriksen u. Sorensen 2010). Die Auswertung der dänischen Registerdaten beispielsweise ergab, dass sich die Anzahl erkrankter Männer seit 1950 verdreifacht und die Anzahl erkrankter Frauen verfünffacht hat (Bentzen et al. 2010).

Verschiedene Erklärungen werden für eine (tatsächliche) Zunahme der Prävalenz der MS bzw. für die unterschiedlichen Angaben eines höheren Anteils entdeckter Patienten mit MS angeführt. Sowohl eine allgemein höhere Lebenserwartung als auch das verbesserte Überleben mit einer MS kann eine (wahre) Zunahme der Prävalenz erklären. Des Weiteren haben die Weiterentwicklungen der Diagnosekriterien und die Verbesserung der Diagnosemöglichkeiten (► Kap. 3) durch die frühere Diagnosestellung zu einem Anstieg der entdeckten Fälle und damit der Inzidenz und Prävalenz der MS in den letzten Jahren beigetragen. Ob zu der Zunahme der erkannten Fälle auch eine Zunahme (neu-)erkrankter Fälle beiträgt, ist umstritten. Einige Autoren gehen aber davon aus, dass (insbesondere unter Frauen) von einer wahren Zunahme der Erkrankungshäufigkeit der MS auszugehen sei. Die genauen Gründe dafür sind nicht geklärt, es wird aber von einer geschlechtsspezifischen erhöhten genetischen Vulnerabilität im Zusammenhang mit MS-assoziierten Umweltfaktoren ausgegangen (► Abschn. 1.2) (Bentzen et al. 2010, Höer et al. 2014; Koch-Henriksen u. Sorensen 2010).

2.2.2 Verteilung der Verlaufsformen der MS

Die MS wird entsprechend ihrer zum Zeitpunkt der Untersuchung vorherrschenden Ausprägung in verschiedene Verlaufsformen unterteilt (► Abschn. 1.1). Der Anteil der MS-Patienten innerhalb der beobachteten GKV-Versichertenpopulation auf Basis der Morbi-RSA-Daten mit Dokumentation einer Erstmanifestation einer MS (G35.0) oder nicht näher bezeichneten MS (G35.9) betrug im Jahr 2010 37 %. Bei 33 % der Patienten mit MS wurde eine MS mit vorherrschend schubförmigen Verlauf (relapsing-remitting MS (RRMS), G35.1), bei 7 % eine MS mit primär progredientem Verlauf (primary progressive MS (PPMS) G35.2) und bei ebenfalls 7 % eine MS mit sekundär progredientem Verlauf (secondary progressive MS (SPMS), G35.3) als alleinige Diagnose einer MS dokumentiert. Bei 11 % der Patienten mit MS lagen Kombinationen der Diagnosen (G35.1-3) vor (Petersen et al. 2014).

Die Analyse von GKV-Abrechnungsdaten der KV Bayerns kommt zu einem ähnlichen Verteilungsmuster der verschiedenen Verlaufsformen. Bei 36 % der Patienten mit MS wurde 2009 eine RRMS (G35.1), bei 4 % eine PPMS (G35.2) und bei 7 % eine SPMS (G35.3) dokumentiert. Der Anteil der Patienten mit Erstmanifestation der MS (G35.0) betrug 10 % und mit nicht näher bezeichnetem Verlauf (G35.9) 39 % (Höer et al. 2014).

Für das klinisch-isolierte Syndrom der MS (KIS) gibt es aktuell keine eigene Klassifikation nach ICD-10 GM, es kann daher im Rahmen von Analysen basierend auf GKV-Versichertendaten nicht getrennt abgebildet werden.

Eine Auswertung des Datensatzes der DMSG ergab einen höheren Anteil an Patienten mit vorwiegend schubförmigem und sekundär progredientem Verlauf im Vergleich zu den Auswertungen basierend auf Abrechnungsdaten der GKV. Die DMSG-Daten zeigten, dass im November 2014 59 % der registrierten Patienten eine RRMS hatten. Bei 25,7 % lag eine SPMS und bei 7,7 % der registrierten Patienten eine PPMS vor. Bei 3,6 % der Patienten war ein klinisch-isoliertes Syndrom der MS (KIS) dokumentiert und bei 4 % war die MS nicht eindeutig klassifiziert (msfp 2014).

2.3 Mortalität und Letalität

Patienten mit MS haben im Vergleich zur Allgemeinbevölkerung ein erhöhtes Sterblichkeitsrisiko. Die Lebenserwartung von Patienten mit MS ist im Durchschnitt um 7 bis 14 Jahre reduziert, wie eine 2013 erschienene Übersichtsarbeit zur Mortalität

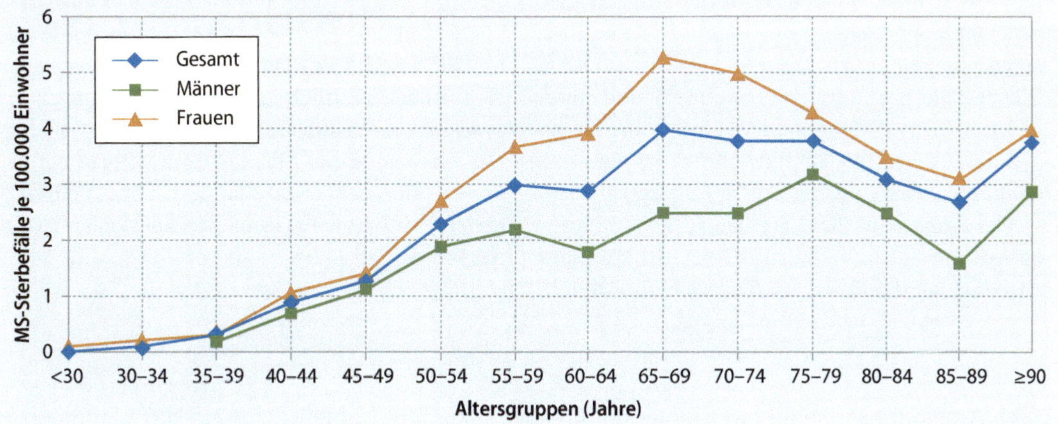

Abb. 2.2 MS-Sterbefälle je 100.000 Einwohner – differenziert nach Alter und Geschlecht (IGES – GBE-Bund Sterbeziffer nach Alter 2013)

der MS basierend auf einer Auswahl internationaler Studien ergab (Scalfari et al. 2013).

Patienten mit PPMS haben im Vergleich zu Patienten mit RRMS ab dem Zeitpunkt der Diagnosestellung ein erhöhtes Sterblichkeitsrisiko. Das tatsächliche durchschnittliche Sterbealter lag in verschiedenen Studien sowohl für Patienten mit PPMS als auch mit RRMS zwischen 66 und 76 Jahren. Während bei Vorliegen einer RRMS ein Erkrankungsbeginn in jungen Jahren mit einem verbesserten Überleben im Vergleich zu einem höheren Erkrankungsalter assoziiert ist, konnte bei Vorliegen einer PPMS oder SPMS kein Einfluss des Erkrankungsalters auf die Prognose der Erkrankung beobachtet werden (Scalfari et al. 2013).

47 % bis 75 % der Todesfälle unter Patienten mit MS werden auf die Erkrankung selbst und ihre assoziierten Komplikationen zurückgeführt. Darüber hinaus wiesen Patienten mit MS in verschiedenen Studien ein erhöhtes Suizidrisiko im Vergleich zur Allgemeinbevölkerung auf (Scalfari et al. 2013).

Die Todesursachen von Patienten mit MS, die nicht infolge der Erkrankung selbst sterben, scheinen sich je nach Altersverteilung der untersuchten Population mit den häufigsten Todesursachen in der Allgemeinbevölkerung, wie kardiovaskuläre Erkrankungen, Krebs, nicht MS-assoziierte Atemwegs- und Infektionskrankheiten, zu decken (Scalfari et al. 2013.

Eine Auswertung des dänischen Multiple Sklerose-Registers zu Trends im Überleben und Todesursachen von Patienten mit MS in Dänemark ergab, dass Patienten mit MS eine im Vergleich zur »gematchten« Population im Durchschnitt um 10 Jahre (Männer) bzw. 12 Jahre (Frauen) verkürzte Lebenszeit hatten. Die höchste excess death rate (EDR (95 % KI) = 24,6 (22,8-26,3)) wurde im Zeitraum 20 bis 50 Jahre nach Krankheitsbeginn beobachtet (Bronnum-Hansen et al. 2004).

Die 10-Jahre-Überlebenswahrscheinlichkeit hat für Männer und Frauen mit MS aber deutlich zugenommen (Beobachtungszeitraum 1949-2000) (Bronnum-Hansen et al. 2004). Laut Autoren lässt sich dieser Trend nicht allein durch die auch in der Allgemeinbevölkerung zu beobachtende gesunkene Mortalität erklären. Sondern das verbesserte Überleben von Patienten mit MS sei hauptsächlich Ausdruck verbesserter Rehabilitations- und Therapiemöglichkeiten der krankheitsassoziierten Komplikationen (Bronnum-Hansen et al. 2004).

Gemäß Todesursachenstatistik waren in Deutschland im Jahr 2013 etwa 1,2 Personen pro 100.000 Einwohner infolge der MS gestorben (1.231 Todesfälle). Mit 1,7 Todesfällen pro 100.000 Einwohner war die Sterblichkeit bei Frauen mit MS deutlich höher als bei Männern (0,8 Todesfälle pro 100.000 Einwohner), was jedoch vorrangig auf die höhere Prävalenz der MS von Frauen im Vergleich zu Männern zurückzuführen ist. Die Anzahl der Sterbefälle pro 100.000 Einwohner stieg mit dem Alter an und erreichte mit 4 Sterbefällen pro 100.000

Einwohner ihren Höhepunkt in der Altersgruppe 65 bis 69 Jahre. Unter Frauen wurden die meisten Todesfälle in der Altersgruppe 65 bis 69 Jahre (5 Todesfälle pro 100.000 Einwohner) und unter Männern in der Altersgruppe 75 bis 79 Jahre erfasst (3 Todesfälle pro 100.000 Einwohner) (◘ Abb. 2.2), (Gesundheitsberichterstattung des Bundes 2013c).

Das durchschnittliche Sterbealter von Patienten mit MS betrug laut Todesursachenstatistik im Jahr 2013 64,7 Jahre und war im Vergleich zum durchschnittlichen Sterbealter (78 Jahre) über alle erfassten Todesfälle reduziert. Insbesondere bei Frauen mit MS lag das durchschnittliche Sterbealter von 65,4 Jahren deutlich unter dem Sterbealter von Frauen bezogen auf alle Erkrankungen (81,3 Jahre). Das Sterbealter bei Männern mit MS lag bei 63,2 Jahren (Sterbealter von Männern über alle Krankheiten: 74,5 Jahre) (Gesundheitsberichterstattung des Bundes 2013a,b).

Literatur

Bentzen J, Flachs EM, Stenager E, Bronnum-Hansen H, Koch-Henriksen N (2010) Prevalence of multiple sclerosis in Denmark 1950-2005. Multiple Sclerosis 16(5), 520-525. DOI: 10.1177/1352458510364197.

Bronnum-Hansen H, Koch-Henriksen N, Stenager E (2004) Trends in survival and cause of death in Danish patients with multiple sclerosis. Brain 127(Pt 4), 844-850. DOI: 10.1093/brain/awh104.

Bronnum-Hansen H, Koch-Henriksen N, Stenager E (2011) The Danish Multiple Sclerosis Registry. Scand J Public Health 39(7 Suppl), 62-64. DOI: 10.1177/1403494810390729.

Dippel FW, Mäurer M, Schinzel S, Müller-Bohn T, Larisch K (2015) Krankenversicherungsdaten bestätigen hohe Prävalenz der Multiplen Sklerose. Akt Neurol (42), 191–196. DOI: 10.1055/s-0034-1387640.

DMSG (2013) Multiple Sklerose-Register – weiterhin Anstieg der Datensatzzahlen. Hannover: Deutsche Multiple Sklerose Gesellschaft Bundesverband e.V. http://www.dmsg.de/multiple-sklerose-news/index.php?w3pid=news&kategorie=ausdembundesverband&anr=4838 [Abruf am: 19. Mai 2015].

Fasbender P, Kolmel HW (2008) Incidence of multiple sclerosis in the urban area of Erfurt, Thuringia, Germany. Neuroepidemiology 30(3), 147-151. DOI: 10.1159/000122331.

Fletcher RH, Fletscher SW, Wagner EH (1996) Clinical Epidemiology - The Essentials. Baltimore/Maryland, USA: Williams u. Williams.

Gesundheitsberichterstattung des Bundes (2013a) Sterbealter A00-T98. Bonn: Statistisches Bundesamt.

Gesundheitsberichterstattung des Bundes (2013b) Sterbealter der MS. Bonn: Statistisches Bundesamt.

Gesundheitsberichterstattung des Bundes (2013c) Sterbeziffern nach Alter. Bonn: Statistisches Bundesamt.

Haupts M (2001) Hochrechnung der Zahl an Multiple Sklerose erkrankten Patienten in Deutschland. Leserbrief zu Der Nervenarzt (2000) 71(4): 288-294. Der Nervenarzt 72, 161.

Hein T, Hopfenmüller W (2000) Hochrechnung der Zahl an Multiple Sklerose erkrankter Patienten in Deutschland. Nervenarzt 71, 288-294.

Höer A, Schiffhorst G, Zimmermann A, Fischaleck J, Gehrmann L, Ahrens H, Carl G, Sigel KO, Osowski U, Klein M, Bless HH (2014) Multiple sclerosis in Germany: data analysis of administrative prevalence and healthcare delivery in the statutory health system. BMC Health Services Research 14, 381. DOI: 10.1186/1472-6963-14-381.

Hoffmann S, Vitzthum K, Mache S, Spallek M, Quarcoo D, Groneberg DA, Uibel S (2009) Multiple Sklerose: Epidemiologie, Pathophysiologie, Diagnostik und Therapie. Praktische Arbeitsmedizin 17, 12-18. ISSN: 186-6704.

Kingwell E, Marriott JJ, Jette N, Pringsheim T, Makhani N, Morrow SA, Fisk JD, Evans C, Beland SG, Kulaga S, Dykeman J, Wolfson C, Koch MW, Marrie RA (2013) Incidence and prevalence of multiple sclerosis in Europe: a systematic review. BMC Neurology 13, 128. DOI: 10.1186/1471-2377-13-128.

Koch-Henriksen N, Sorensen PS (2010) The changing demographic pattern of multiple sclerosis epidemiology. Lancet Neurology 9(5), 520-532.

Lauer K, Firnhaber W (1994) Epidemiologische Charakteristika der Multiplen Sklerose in Südhessen. Informatik, Biometrie und Epidemiologie in Medizin und Biologie 25(1), 84-92. ISSN: 0943-5581.

msfp (2014) Aktuelles aus dem MS-Register der DMSG, Bundesverband e.V. Hannover: MS Forschungs- und Projektentwicklungs-gGmbH.

Petersen G, Wittmann R, Arndt V, Göpffarth D (2014) Epidemiologie der Multiplen Sklerose in Deutschland. Der Nervenarzt 85(8), 990-998. DOI: DOI 10.1007/s00115-014-4097-4.

Poser S, Bauersfeld T (1995) The changing diagnostic pattern multiple sclerosis in an epidermiological area. Journal of Neuroimmunology Suppl. 1(72).

Poser S, Stickel B, Krtsch U, Burckhardt D, Nordman B (1989) Increasing incidence of multiple sclerosis in South Lower Saxony, Germany. Neuroepidemiology 8(4), 207-213. ISSN: 0251-5350.

Scalfari A, Knappertz V, Cutter G, Goodin DS, Ashton R, Ebers GC (2013) Mortality in patients with multiple sclerosis. Neurology 81(2), 184-192. DOI: 10.1212/WNL.0b013e31829a3388.

Schubert I, Koster I, Kupper-Nybelen J, Ihle P (2008) [Health services research based on routine data generated by the SHI. Potential uses of health insurance fund data in health services research]. Bundesgesundheitsblatt Gesundheitsforschung Gesundheitsschutz 51(10), 1095-1105. DOI: 10.1007/s00103-008-0644-0.

Wild F (2013) Arzneimittelversorgung bei Multipler Sklerose – Evaluation des Arzneimittelverbrauchs bei der Privaten Krankenversicherung. Der Nervenarzt 84(2), 202-208.

Früherkennung und Diagnostik der Multiplen Sklerose

Tonio Schönfelder, Dieter Pöhlau

M. Kip et al. (Hrsg.), *Weißbuch Multiple Sklerose*,
DOI 10.1007/978-3-662-49204-8_3,

Zusammenfassung

Das Ziel der Diagnostik bei Multipler Sklerose ist die frühe und sichere Erkennung der Erkrankung, um eine zeitnahe und adäquate Therapie einleiten zu können. Des Weiteren dient sie der Verlaufsbeurteilung der Erkrankung mit dem Ziel einer an die Verlaufsform und Krankheitsaktivität angepassten und konsequenten Therapie. Zum Nachweis einer räumlichen und zeitlichen Dissemination von Entzündungsherden, d.h. dem Vorliegen von Entzündungsherden an mehr als einem Ort im Zentralnervensystem sowie dem zeitlich voneinander unabhängigen Auftreten von Entzündungsherden im Verlauf der Erkrankung, stützt sich die Diagnosestellung auf verschiedene Untersuchungsmethoden. Hierzu zählen die Anamnese und die klinisch-neurologische Untersuchung, die Magnetresonanztomografie, die Aufzeichnung evozierter Potenziale und die Liquoruntersuchung. Andere (entzündliche) Erkrankungen des Zentralnervensystems müssen ausgeschlossen werden. Keine dieser Untersuchungsmethoden ist jedoch allein dazu in der Lage, die Diagnose Multiple Sklerose zu stellen. Aus diesem Grund beruht die Diagnosestellung auf definierten Kriterien, die sich aus einer Kombination verschiedener Untersuchungsmethoden zusammensetzen. Die von der Deutschen Gesellschaft für Neurologie empfohlenen McDonald-Kriterien stützen sich sowohl auf klinische als auch auf paraklinische Tests und betonen insbesondere die Bedeutung der Magnetresonanztomografie im Rahmen der Diagnosestellung der Multiplen Sklerose. Auch im Zuge der Entwicklung der Diagnosekriterien hat die Diagnosehäufigkeit der Erkrankung in den letzten Jahren zugenommen, jedoch ist generell ein Anstieg der Inzidenz der Multiplen Sklerose in den letzten Jahrzehnten zu beobachten. Die Verlaufsbeurteilung der Krankheitsaktivität kann mit dem multifaktoriellen Multiple Sclerosis Decision Model erfolgen, das neben dem Auftreten von Schüben auch die Behinderungsprogression, neuropsychologische Aspekte und MRT-Befunde berücksichtigt. Auf Grundlage der vorhandenen Studien- und Datenlage sind präzise Aussagen zur Versorgungssituation in der Diagnostik der Multiplen Sklerose nur sehr eingeschränkt möglich. Die vorhandene Datenlage gibt Hinweise, dass die Versorgungskapazitäten mit MRT für Patienten mit Verdacht auf Multiple Sklerose ausreichend sind. Um eine exakte Bewertung der Versorgungssituation bezüglich der MRT-Diagnostik treffen zu können, sind weitere Untersuchungen notwendig, die fallbezogen sowohl stationäre als ambulante Daten berücksichtigen. In den letzten Jahren ist ein Trend zu verkürzten Diagnosezeiten vom Auftreten erster Symptome bis zur Diagnosestellung der Multiplen Sklerose zu beobachten. Aktuell beträgt die durchschnittliche Diagnosedauer in Deutschland 2,7 Jahre.

Die Diagnosestellung der Multiplen Sklerose (MS) basiert auf definierten klinischen Kriterien und stützt sich auf verschiedene Untersuchungsmethoden (Wiendl u. Kieseier 2010). Keine dieser Untersuchungsmethoden allein ist dazu in der Lage, die Diagnose MS zu stellen. Die einzelnen Untersuchungsmethoden und aktuellen Diagnosekriterien (McDonald-Kriterien) werden im folgenden Kapitel beschrieben. Abschnitt eins gibt eine Einführung und Übersicht über die derzeit von der Deutschen Gesellschaft für Neurologie (DGN) empfohlenen Untersuchungen bei MS. In den darauffolgenden Abschnitten werden die vorgeschlagenen Untersuchungsmethoden vertiefend beschrieben und der Versorgungsrealität gegenübergestellt.

3.1 Einführung und Übersicht der empfohlenen Untersuchungsmethoden

MS kann sich in in recht typischen Symptomen, wie beispielsweise durch eine Optikusneuritis, erstmalig bemerkbar machen, aber auch durch eine Vielzahl unspezifischer Symptome. Bei den meisten Patienten verläuft die Erkrankung in Schüben, d.h. Episoden mit Symptomen werden von beschwerdefreien Intervallen abgelöst (Remission) (Definition des Schubes ▶ Abschn. 3.2).

Das Ziel der Diagnostik bei MS ist der Nachweis einer räumlichen und zeitlichen Streuung (Dissemination) von Entzündungsherden im zentralen Nervensystem (ZNS). Eine räumliche Dissemination bezeichnet das Vorliegen von Entzündungsherden an mehr als einem Ort des ZNS. Eine zeitliche Dissemination bezeichnet das zeitlich voneinander unabhängige Auftreten von Entzündungsherden im Verlauf der Erkrankung (Wiendl u. Kieseier 2010).

Tab. 3.1 Empfohlene Untersuchungen bei Verdacht auf MS und im Verlauf der Erkrankung

Untersuchung	Bei Verdacht	3. Monat	6. Monat	12. Monat	Halbjährlich	Jährlich	Bei Schub/Progression
Anamnese und klinisch-neurologische Untersuchung	X	X	X	X	X		X
EDSS	X		X	X	X		X
Gehstrecke[1]	(X)		(X)	(X)		(X)	(X)
MSFC	X			X		X	(X)
MRT (kraniell)[2]	X			X			(X)
MRT (spinal)[2,3]	(X)						(X)
Lumbalpunktion	X			(X)			
Laboruntersuchungen[4]	X			X		X	X
Urinstatus	X		X	X	X		X
Serologie	X						
Evozierte Potenziale	X						(X)

Quelle: IGES – DGN (2014)
()= eingeschränkte Empfehlung, [1] Bei Angabe von verkürzter Gehstrecke < 1 km, [2] MRT bei Schub oder rascher Progression, wenn eine Änderung der immunmodulatorischen Therapie geplant ist, [3] insbesondere dann, wenn die klinische Symptomatik an eine NMO oder an spinale Herde denken lassen oder wenn eine intrathekale Kortisontherapie geplant ist, [4] Routinelabor (Blutbild, Serumchemie, C-reaktives Protein, Blutzucker, Elektrolyte)

Auch wenn das klinische Bild, mit dem sich der Patient präsentiert, die Diagnose einer MS nahelegt, sind weitere klinische, labormedizinische und apparative Untersuchungen und Befunde sowie Spezialisten der neurologischen Versorgung notwendig, um die gesicherte Diagnose MS zu stellen. Die Diagnostik der MS basiert dabei auf festgelegten Kriterien. Die McDonald-Kriterien beinhalten Elemente der klinischen Untersuchung in Kombination mit Befunden aus der bildgebenden Diagnostik (▶ Abschn. 3.3). Eine im Krankheitsverlauf frühe Erkennung der Erkrankung und der frühe Therapiebeginn können einen entscheidenden Einfluss auf das weitere Fortschreiten und die Prognose der Patienten haben (DGN 2014). Des Weiteren ist eine zügige, sichere Diagnosestellung wichtig, um den Patienten nicht unnötig lange in der Ungewissheit zu belassen, an einer möglicherweise schwerwiegenden neurologischen Erkrankung zu leiden. Außerdem konnte für die schubförmig verlaufende MS (RRMS) gezeigt werden, dass die Defizite, die aufgrund eines verspäteten Therapiebeginnes aufgetreten sind, im weiteren Verlauf nicht wieder aufgeholt werden können. Offenbar gilt auch für die MS die aus der Schlaganfallbehandlung bekannte Sentenz »time is brain«.

Zu den notwendigen Untersuchungen zählen die Anamnese und die klinisch-neurologische Untersuchung inklusive der Quantifizierung der Funktionseinschränkungen z. B. mittels Expanded Disability Status Scale (EDSS) oder des Multiple Sclerosis Functional Composite (MSFC). Paraklinische Befunde werden durch die Magnetresonanztomografie (MRT), die Liquoruntersuchung (Lumbalpunktion) und durch die Aufzeichnung evozierter Potenziale ermittelt (Tab. 3.1) (DGN 2014).

Labormedizinische Untersuchungen von Blut und Urin dienen im Wesentlichen der differenzialdiagnostischen Abklärung von anderen, insbesondere entzündlichen Erkrankungen, die mit ähnlichen Symptomen oder Kernspinbildern wie die MS einhergehen können. Die MS selbst kann im Blut oder Urin nicht nachgewiesen werden. Zu den obligaten Untersuchungen im Blut (Serologie) zum Ausschluss von anderen Erkrankungen gehören u.a. die Bestimmung des C-reaktiven Proteins, des Blutzuckerwerts, der Nachweis von Rheumafaktoren und antinukleären Antikörpern und der Ausschluss einer Borreliose, einer HIV-Erkrankung und eines Vitamin B12-Mangels.

Je nach klinischen, paraklinischen und kernspintomographischen Muster der individuellen Erkrankung müssen weitere erregerbedingte oder auch degenerative Erkrankungen des Zentralnervensystems ausgeschlossen werden. Dies gilt insbesondere für die Neuromyelitis optica (NMO, bzw. Devic-Syndrom), die mittlerweile als eigenständige, humoral vermittelte Autoimmunerkrankung gesehen wird, bei der überwiegend Autoantikörper gegen Aquaporin-4 Kanäle eine Rolle spielen.

Im Krankheitsverlauf soll in regelmäßigen Abständen die Bestimmung eines Routinelabors erfolgen (DGN 2014).

3.2 Anamnese und klinisch-neurologische Untersuchung bei Verdacht auf Multiple Sklerose

Ziel der Anamnese ist es, sowohl die Symptome, die zum Aufsuchen des Arztes geführt haben, sowie weitere Symptome, die auf eine MS hindeuten können, zu erfassen (▶ Kap. 1). Zu den häufigsten Symptomen zählen Taubheitsgefühle in Armen und Beinen, Sehstörungen, Störungen der Muskelfunktion einhergehend mit Lähmungserscheinungen und Steifheit der Extremitäten, Erschöpfung, Schmerzen, Blasen- und Mastdarmstörungen und Störungen der Sexualfunktion. Je nach Schwere der Erkrankung können auch kognitive Störungen auftreten (DGN 2014; Wiendl u. Kieseier 2010).

Bei Krankheitsbeginn liegt bei einem Großteil der Patienten eine schubförmige Verlaufsform der MS vor (remitting relapsing MS, RRMS). Für die korrekte Einordnung der Symptome des Betroffenen sind daher definierte Kriterien eines Schubes von Bedeutung. Des Weiteren hat die Anzahl (wieder-) aufgetretener Schübe in einem bestimmten Zeitraum Relevanz für die Therapie von Patienten mit MS (▶ Abschn. 4.1) (DGN 2014; Wiendl u. Kieseier 2010). Insbesondere die rechtzeitige Einleitung einer adäquaten Behandlung im Frühstadium der Erkrankung bei Patienten mit klinisch isoliertem Syndrom (KIS) (▶ Kap. 1) kann das Risiko des Fortschreitens der Erkrankung signifikant reduzieren (Freedman 2014).

Definition

Ein Schub ist gemäß der DGN definiert als neue oder Reaktivierung bereits zuvor aufgetretener klinischer Ausfälle und Symptome, die subjektiv berichtet oder durch die Untersuchung objektiviert werden können und

- mindestens 24 Stunden anhalten
- mit einem Zeitintervall von 30 Tagen zum Beginn vorausgegangener Schübe auftreten und
- nicht durch Änderungen der Körpertemperatur oder im Rahmen von Infektionen erklärbar sind (DGN 2014).

Paroxysmale Episoden von kurzer Dauer (Sekunden oder Minuten) erfüllen nicht die Definition eines Schubes (DGN 2014).

Die Patienten sollen auch hinsichtlich zurückliegender Episoden mit neurologischen Ausfällen befragt werden. Diese können Hinweise für einen früheren Erkrankungsbeginn oder schubförmigen Charakter der Erkrankung liefern und wurden eventuell in zurückliegenden Untersuchungen nicht mit einer MS in Zusammenhang gesetzt (DGN 2014). Dies betrifft auch äußerlich unsichtbare Symptome wie Schmerzen, Konzentrationsstörungen, depressive Stimmungen und starke Erschöpfung (Fatigue) sowie Symptome und Beschwerden, welche die Blasen-, Mastdarm- und Sexualfunktion betreffen (DGN 2014).

Weiterer Bestandteil der Anamnese ist die Erfassung vorliegender Autoimmunerkrankungen bei dem Patienten selbst oder bei Familienmitgliedern ersten Grades (DGN 2014). Broadley et al. konnten in einer Fall-Kontroll-Studien zeigen, dass Autoimmunerkrankungen (wie Hashimoto-Thyreoiditis oder Morbus Basedow) in der Familie bei Patienten mit MS häufiger vorkommen (15,7 % bzw. 27,0 %,

Tab. 3.2 Funktionelle Systeme der EDSS

Funktionelles System	Beschreibung	Einschränkung
Pyramidenbahn	Motorik und Willkürbewegungen	z.B. Lähmungen
Kleinhirn	Bewegungskoordination	Ataxie, Tremor
Hirnstamm	Funktionen wie Augenbewegungen, Schlucken, Motorik des Gesichts	z.B. Sprachstörungen
Sensorium	Eingeschränkter Berührungssinn	z.B. Abschwächung des Vibrationssinns, verminderter Berührungsschmerz
Blasen- und Mastdarmfunktion		z.B. Harn- und Stuhlinkontinenz
Sehfunktion		z.B. eingeschränktes Sichtfeld
Zerebrale Funktion	Stimmung, Gedächtnis, Konzentration	z.B. Stimmungsschwankungen, eingeschränkte Orientierung, vermehrte Vergesslichkeit, Demenz
Sonstige Funktionen	Andere bisher nicht genannte neurologische Befunde, die auf eine MS zurückzuführen sind	z.B. Schmerzen

Quelle: IGES – Kurtzke (1983)

wenn zusätzlich mindestens ein Verwandter an MS erkrankt war), als bei Personen ohne MS (11,7 %) (Broadley et al. 2000).

Bei MS-verdächtigen Symptomen in der Anamnese soll eine detaillierte klinisch-neurologische Untersuchung unter Einschluss einer differenzierten Bestimmung der Sehschärfe erfolgen (DGN 2014). Bei der klinisch-neurologischen Untersuchung wird das Funktionieren von Gehirn, Muskeln und Nerven überprüft, um potenzielle Ausfälle und Funktionseinschränkungen des zentralen oder peripheren Nervensystems zu erfassen und damit Hinweise auf weitere Auffälligkeiten in anderen Funktionssystemen zu erhalten. Überprüft werden Reflexe, Bewegung und Koordination, Bewusstsein und Sprache, Sensibilität, Psyche, vegetative- und Hirnnervenfunktionen (Masuhr et al. 2013; Sitzer u. Steinmetz 2011).

Die Quantifizierung von Funktionseinschränkungen soll gemäß den Leitlinien der DGN mit der Expanded Disability Status Scale (EDSS) (▶ Abschn. 3.2.1) und des Multiple Sclerosis Functional Composite (MSFC) (▶ Abschn. 3.2.2) vorgenommen werden (DGN 2014). Die Leitlinie empfiehlt bei Verdacht auf MS Funktionseinschränkungen mit beiden Instrumenten und mindestens einmal jährlich zu erheben sowie bei einem erneuten Schub (DGN 2014). Durch mehrmaliges Erfassen von Funktionseinschränkungen kann eine Verlaufsbeurteilung und Evaluation des Therapieerfolges vorgenommen werden. Neben diesen beiden Instrumenten sind weitere verfügbar, (z.B. Illness Severity Scale, Cambridge Multiple Sclerosis Basic Score, Multiple Sclerosis Impairment Scale), die jedoch aufgrund von methodischen Limitationen und geringerer Verbreitung im Folgenden nicht näher beschrieben werden.

3.2.1 Expanded Disability Status Scale

Mithilfe der EDSS kann der Schweregrad der Behinderung bei Patienten mit MS erhoben und quantifiziert werden (Kurtzke 1983). Der Entwicklung der EDSS liegen Verfahren der klinisch-neurologischen Untersuchung zugrunde. Die Ergebnisse der Untersuchung werden in funktionelle Systeme (FS) klassifiziert (Kurtzke 1983) (Tab.

3.2). Grundlage für diese Einteilung waren Daten neurologischer Untersuchungen von Soldaten, die während des Zweiten Weltkriegs aufgrund von Anfällen behandelt worden waren (Kurtzke et al. 1972).

Jedes funktionelle System kann getrennt hinsichtlich möglicher Einschränkungen auf einer Skala von 0 bis 5 bzw. bis 6 bewertet werden. Grad 0 entspricht hierbei einer normalen Funktion, während der höchste Grad einen vollständigen Funktionsverlust innerhalb des funktionellen Systems bedeutet. Im Rahmen der Schweregradbestimmung wird zudem die Gehstrecke ermittelt, die der Patient zurücklegen kann. In die Bewertung fließen hierbei die zurückgelegte Strecke in Metern und die Notwendigkeit von einseitigen oder beidseitigen Gehhilfen ein. Aus der Bewertung der einzelnen funktionellen Systeme und der Gehstrecke wird der EDSS-Gesamtscore ermittelt. Dieser setzt sich aus 20 Punktwerten zusammen und beginnt bei 0,0 (≙ keine neurologischen Auffälligkeiten) und endet bei 10,0 (≙ Tod infolge MS) (◘ Tab. 3.3).

Viele Untersuchungen haben sich mit den psychometrischen Eigenschaften der EDSS auseinandergesetzt und bescheinigen ihr eine gute Validität (Amato u. Ponziani 1999; Hobart et al. 2000; Sharrack et al. 1999). Einige Studien weisen jedoch auf Limitationen im Bereich der Reliabilität hin; insbesondere bei der Übereinstimmung der Einordnung des gleichen Patienten durch verschiedene Anwender (Interrater-Reliabilität), aber auch durch denselben Anwender (Intrarater-Reliabilität), sind die Ergebnisse heterogen.

Ein statistisches Maß für diese sogenannte Interrater-Reliabilität ist Cohens Kappa. Die Werte dieser Maßzahl zeigen den Grad der Übereinstimmung zwischen zwei Ratern bzw. Anwendern an: je weiter sich Cohens Kappa der 1,0 annähert, umso größer ist die Übereinstimmung der beiden Rater und je weiter sich Cohens Kappa der 0 annähert, umso geringer ist deren Übereinstimmung. Akzeptable Werte liegen zwischen 0,60 und 0,75 (Bortz u. Döring 2006). In verschiedenen Studien wurden Kappa-Werte für die EDSS-Skala zwischen 0,32 bis 0,76 (Francis et al. 1991; Gaspari et al. 2002; Goodkin et al. 1992; Noseworthy et al. 1990) und für die FS zwischen 0,23 bis 0,58 (Cohen et al. 2000; Francis et al. 1991; Gaspari et al. 2002; Goodkin et al. 1992; Noseworthy et al. 1990) ermittelt. Dies kann als eine lediglich leichte bis mittelmäßige Übereinstimmung interpretiert werden (Bortz u. Döring 2006; Grouven et al. 2007). Dies bedeutet, dass es bei Anwendung der EDSS durch zwei oder mehrere Anwender zu einer wesentlich voneinander abweichenden Beurteilung des Schweregrades der MS des Patienten kam. Ein ähnlich heterogenes Bild ergaben Bestimmungen der Intra-Rater-Reliabilität (Untersuchung der Häufigkeit desselben Ergebnisses bei Wiederholung des Tests durch denselben Anwender zu verschiedenen Zeitpunkten) (Goodkin et al. 1992; Sharrack et al. 1999).

Der EDSS ist eine Rangskala. Abstände zwischen den Graden sind nicht exakt bestimmbar und damit auch nicht miteinander vergleichbar (Amato u. Ponziani 1999; Goldman et al. 2010). Ein Patient mit einem EDSS-Wert von beispielsweise 2,0 ist nicht doppelt so »funktionsfähig« wie ein Patient mit einem Wert von 4,0. Eine Veränderung vom EDSS-Wert 1,0 zu 2,0 ist ebenfalls anders zu interpretieren als eine Veränderung des EDSS-Wertes 5,0 in den Wert 6,0. Die häufig geübte Praxis der Bildung von arithmetischen Mittelwerten ist für diese Skala nicht zulässig.

Die Verweildauer der Patienten in den EDSS-Stufen ist zudem nicht gleichmäßig verteilt; die Ska-

◘ Tab. 3.3 Einstufung der Funktionseinschränkung auf Basis der EDSS

Grad	Betroffene Funktionelle Systeme und Schweregrad	Beschreibung
0,0	Grad 0 in allen FS	Normaler neurologischer Befund
1,0	Grad 1 in einem FS	Keine Behinderung, minimale Abnormität in einem funktionellen System
1,5	Grad 1 in mehr als einem FS	Keine Behinderung, minimale Abnormität in mehr als einem FS
2,0	Grad 2 in einem FS (übrige FS 0 oder 1)	Minimale Behinderung in einem funktionellen System
2,5	Grad 2 in mehr als einem 1 FS (übrige FS 0 oder 1)	Minimale Behinderung in zwei funktionellen Systemen

Tab. 3.3 (Fortsetzung)

Grad	Betroffene Funktionelle Systeme und Schweregrad	Beschreibung
3,0	Grad 2 in drei oder vier FS oder Grad 3 in einem FS (übrige FS 0 oder 1)	Mäßige Behinderung in einem FS oder leichte Behinderung in drei oder vier FS, jedoch uneingeschränkt gehfähig
3,5	Grad 3 in einem FS und Grad 2 in einem oder zwei FS oder Grad 3 in zwei FS oder Grad 2 in fünf FS (übrige FS 0 oder 1)	Uneingeschränkt gehfähig, jedoch mit mäßiger Behinderung in einem FS (Grad 3) und einem oder zwei FS Grad 2; oder zwei FS Grad 3; oder fünf FS Grad 2
4,0	Grad 4 in einem FS (übrige FS 0 oder 1)	Gehfähig für mindestens 500 m ohne Hilfe und Rast, trotz relativ schwerer Behinderung circa 12 Stunden pro Tag aktiv, uneingeschränkte Selbstversorgung
4,5	Grad 4 in einem FS (übrige FS 0 oder 1)	Gehfähig für mindestens 300 m ohne Hilfe und Rast, ganztägig arbeitsfähig, leichte Einschränkung der Aktivität, benötigt minimale Hilfe, relativ schwere Behinderung
5,0	Grad 5 in einem FS (übrige FS 0 oder 1) oder Kombination niedriger Grad, die jedoch nicht über Grad 4,0 hinaus gehen	Gehfähig für mindestens 200 m ohne Hilfe und Rast, Behinderung erschwert ganztägige Arbeit (z.B. ganztägig zu arbeiten ohne besondere Vorkehrungen)
5,5	Äquivalent zu Grad 5,0	Gehfähig für 100 m ohne Hilfe und Rast, Behinderung macht normale tägliche Aktivität unmöglich
6,0	Kombination von Grad 3+ in mehr als zwei FS	Bedarf der Unterstützung (Krücke, Stock, Schiene) intermittierend oder auf einer Seite konstant, um etwa 100 m ohne Rast zu gehen
6,5	Äquivalent zu Grad 6,0	Benötigt konstant beidseits Hilfsmittel (Krücke, Stock, Schiene) um etwa 20 m ohne Rast zu gehen
7,0	Kombination von Grad 4+ in mehr als einem FS, selten Pyramidenbahn Grad 5 allein	Unfähig selbst mit Hilfe mehr als 5 m zu gehen, weitgehend an den Rollstuhl gebunden, bewegt den Rollstuhl selbst und transferiert ohne Hilfe, aktiv im Rollstuhl ca. 12 Stunden täglich
7,5	Äquivalent zu Grad 7,0	Unfähig mehr als ein paar Schritte zu gehen, an den Rollstuhl gebunden, benötigt eventuell Hilfe für den Transfer, bewegt einen Standard-Rollstuhl selbst, aber kann nicht den gesamten Tag im Rollstuhl verbringen, benötigt eventuell einen motorisierten Rollstuhl
8,0	Kombination von Grad 4+ in mehreren FS	Weitgehend an Bett oder Rollstuhl gebunden, pflegt sich weitgehend selbst, meist nützlicher Gebrauch der Arme
8,5	Äquivalent zu Grad 8,0	Weitgehend an Bett gebunden, auch während des Tages; Selbstpflege teilweise möglich, teilweise nützlicher Gebrauch der Arme
9,0	Kombination von Grad 4+ in den meisten FS	Hilfloser Patient im Bett, kann essen und kommunizieren
9,5	Kombination von Grad 4+ in fast allen FS	Gänzlich hilfloser Patient, unfähig zu essen, zu schlucken oder zu kommunizieren
10,0		Tod in Folge der MS

Quelle: IGES – Kurtzke (1983)
FS = Funktionelles System; EDSS-Werte < 4,0 beschreiben Patienten, die größtenteils uneingeschränkt mobil sind. Zwischen den Werten 6,0 bis 7,5 wird die Einstufung maßgeblich durch die Gehfähigkeit des Patienten bestimmt. Eine Einstufung zwischen Grad 8,0 und 9,0 wird durch den Funktionsverlust der oberen Extremität beeinflusst. Ab Grad 9,5 kommt der Verlust bulbärer Funktionen (Schlucken, Sprechen) hinzu (Goldman et al. 2010).

la zeigt hierbei eine bimodale Häufigkeitsverteilung mit Maximalwerten bei den Stufen 1 und 6 (Weinshenker et al. 1989). Die geringste Zeit verbringen Patienten zwischen den Stadien 3,0 und 6,0 (Amato u. Ponziani 1999; Hohol et al. 1995; Ravnborg et al. 2005; Weinshenker et al. 1991). Dies ist im Kontext von klinischen Studien von Bedeutung, denn die während des Studienzeitraums gemessene Progressionsrate ist vom EDSS-Stadium bei Studieneintritt abhängig und muss entsprechend bei der Interpretation der Ergebnisse berücksichtigt werden.

Weitere Untersuchungen zeigen zudem, dass die EDSS insbesondere in den niedrigen und hohen Skalenwerten eine geringe Sensitivität aufweist, Veränderungen in den FS zu erfassen. Diese spiegeln sich in der Skala erst dann wider, wenn die neurologischen Defizite relativ stark ausgeprägt sind, während leichte Veränderungen eher unberücksichtigt bleiben. Eine starke Gewichtung bei der Bewertung hat die Beinfunktion, wodurch Beeinträchtigungen in anderen Funktionssystemen in geringerem Maße zum Ausdruck kommen (Hobart 2003; Kragt et al. 2008; Sharrack et al. 1999; van Winsen et al. 2010).

3.2.2 Multiple Sclerosis Functional Composite

Der MSFC ist ein standardisiertes Instrument zur Beurteilung des Schweregrades der Behinderung bei MS. Es wurde 1994 von der Task Force on Clinical Outcomes Assessment als Alternative zu bestehenden Skalen entwickelt und für klinische Studien an Patienten mit MS empfohlen (Cutter et al. 1999; Fischer et al. 1999).

Das Instrument ist eine Kombination aus drei Einzeltests (Timed 25-Foot Walk, 9-Hole Peg Test, Paced Auditory Serial Addition Test), die die Funktion der unteren und oberen Extremität sowie des kognitiven Funktionssystems des Patienten messen. Diese drei Tests wurden bereits in der Vergangenheit in verschiedenen Studien angewandt und bei der Entwicklung des MSFC als die geeignetsten Tests für die Beurteilung der Funktionssysteme ausgewählt.

Bei dem Timed 25-Foot Walk (T25-FW) wird zur Beurteilung der Funktionsfähigkeit der unteren Extremität die Laufgeschwindigkeit (in Sekunden) des Patienten über eine Distanz von circa 7,6 m erfasst. Die Gehstrecke wird zweimal zurückgelegt. Aus beiden gemessenen Zeiten wird der Mittelwert als Ergebnis dieses Tests gebildet (Fischer et al. 2001).

Der 9-Hole Peg Test (9-HPT) dient der Erfassung der Feinmotorik. Die Patienten sollen neun Plastikstifte in ein Steckbrett stecken und anschließend wieder hinausziehen. Die hierfür benötigte Zeit (in Sekunden) wird als Indikator für eine potenzielle manuelle Einschränkung betrachtet. Dieser Test wird jeweils zweimal mit der dominanten und der nicht-dominanten Hand durchgeführt. Als Ergebnis wird der Durchschnittswert der vier Einzelmessungen berechnet (Fischer et al. 2001).

Mithilfe des Paced Auditory Serial Addition Test (PASAT) sollen kognitive Defizite erfasst werden. Dem Teilnehmer wird in einem Abstand von drei Sekunden eine Zahl genannt, die zur vorher gehörten Zahl addiert werden soll. Insgesamt werden 61 Zahlen genannt. Die kognitive Leistungsfähigkeit wird mittels der Anzahl der korrekten Antworten gemessen (Fischer et al. 2001).

Aus den Ergebnissen der Einzeltests wird der MSFC-Score gebildet. Mithilfe dieses Gesamtscores werden Veränderungen der Funktionsfähigkeit im Zeitverlauf ersichtlich. Tritt eine Verschlechterung oder Verbesserung der Funktionsfähigkeit in mehreren Komponenten des Tests ein, hat dies insgesamt eine stärkere Wirkung auf den Gesamtscore als die Veränderung in nur einer der Komponenten. Eine Verschlechterung in einem Test und eine gleichzeitige Verbesserung in einem anderen Test können sich gegenseitig ausgleichen (Fischer et al. 2001). Aufgrund der unterschiedlichen Operationalisierung der drei Tests (Sekunden, Anzahl korrekter Antworten) und Interpretationsrichtungen der Resultate (T25-FW und 9-HPT negativ bei hohen Werten, PASAT negativ bei niedrigen Werten) werden die Testergebnisse in Z-Scores transformiert. Aus den Z-Scores der Einzeltests wird der MSFC-Score ermittelt (Fischer et al. 2001). Niedrigere MSFC-Werte im Vergleich zu vorherigen Messungen implizieren eine neurologische Verschlechterung (Cohen et al. 2001).

Z-Scores sind standardisierte Werte, die die Testergebnisse der Patienten mit den Testergebnissen einer Standard- oder Referenzpopulation vergleichen. Sie zeigen, in welchem Bereich die Testresultate im Vergleich zu den Durchschnittswerten der betrachteten Referenzpopulation liegen (Fischer et al. 2001). Als Referenzpopulation können verschiedene Vergleichsgruppen gewählt werden. Dies können beispielsweise eine externe Gruppe von Patienten mit MS aus einer vergleichbaren Studienkohorte, Kontrollen ohne MS oder die Gruppe von Patienten, mit denen der MSFC durchgeführt wird, sein (Fischer et al. 2001). Zu beachten ist, dass die Z-Scores von der gewählten Referenzpopulation abhängen, d.h. bei einem Vergleich der Testergebnisse im Zeitverlauf, um potenzielle neurologische Defizite zu erfassen, muss die identische Referenzpopulation gewählt werden.

Z-Scores werden ausgedrückt in den Maßeinheiten der Standardabweichung. Sie sind damit relative Maßzahlen, die angeben, wie viele Standardabweichungen das betrachtete Testergebnis vom Durchschnitt der Referenzpopulation entfernt ist. Unabhängig von der zugrunde liegenden Maßzahl sind die Einheiten somit identisch und erlauben die Kombination von Tests mit unterschiedlichen Einheiten (Zeit zur Absolvierung der T25-FW und 9-HPT gemessen in Sekunden und Anzahl korrekter Antworten im PASAT). Der MSFC-Score ist positiv, wenn die Patienten besser und negativ, wenn die Patienten schlechter als der Durchschnitt der Referenzpopulation abschneiden (Fischer et al. 2001).

Studien bescheinigen dem MSFC eine gute Validität, Reliabilität und Sensitivität, Veränderungen im Krankheitsverlauf zu erfassen. Häufig wird zur Beurteilung der Validität des MSFC die EDSS herangezogen, die trotz bekannter Limitationen, den Goldstandard darstellt. Untersuchungen zeigen eine starke Korrelation zwischen beiden Instrumenten (Cohen et al. 2001; Cutter et al. 1999; Miller et al. 2000; Pascual et al. 2008). Mit der EDSS korreliert am stärksten der T25-FW und 9-HPT des MSFC, die primär, wie die EDSS, die Motorik erfassen. Der schwächste Zusammenhang besteht mit dem PASAT (Cohen et al. 2001; Cutter et al. 1999; Kalkers et al. 2000), der kognitive Defizite misst, die in der EDSS nicht erhoben werden. Weitere Studienergebnisse zeigen, dass die beiden Mobilitätstests des MSFC zusammen rund 55 % der Varianz in den EDSS-Stufen von Patienten mit MS erklären, PASAT hingegen keinen Einfluss auf die erklärte Varianz hat (Kalkers et al. 2000). Dies impliziert, dass der MSFC mit dem PASAT eine relevante Dimension der durch MS ausgelösten Behinderungen erfasst, die in der EDSS nicht abgebildet wird (Rudick et al. 2002). Zusammenhänge zwischen dem MSFC und abnormen Befunden im MRT des Gehirns (Brochet et al. 2008; Kalkers et al. 2001) und patientenberichteten Endpunkten wie Lebensqualität sind dagegen heterogen und zeigen schwache bis keine Korrelationen (Miller et al. 2000; Ozakbas et al. 2004).

Der MSFC weist eine hohe Reliabilität auf (Cohen et al. 2000; Fischer et al. 1999; Kalkers et al. 2000). In einer Studie von Cohen et al. lag die Interrater-Reliabilität beispielsweise bei 0,95 und die Intrarater-Reliabilität bei 0,97 (Cohen et al. 2000). In einigen Studien wurden Lerneffekte aufseiten der Teilnehmer bei Durchführung des 9-HPT und des PASAT festgestellt. Diese Lerneffekte stabilisierten sich jedoch nach Absolvierung von drei Testdurchläufen (Cohen et al. 2001; Fischer et al. 1999).

Untersuchungen implizieren, dass der MSFC im Vergleich zur EDSS Veränderung bei Patienten mit MS mit höherer Sensitivität erfassen kann (Cutter et al. 1999; Goldman et al. 2010; Ozakbas et al. 2005; Patzold et al. 2002).

Die Z-Scores erlauben durch das zugrundeliegende Skalenniveau die Anwendung parametrischer Tests und damit den Vergleich von Mittelwerten verschiedener Individuen und Populationen miteinander (Goldman et al. 2010). Dies ist bei Anwendung der EDSS nicht möglich. Ein Nachteil liegt jedoch in der Auswahl der Referenzpopulation zur Berechnung der Z-Scores: da die Werte von den Charakteristiken der Referenzpopulation abhängen, können Vergleiche der Testergebnisse über verschiedene Studien hinweg schwierig sein.

Unumstritten ist, dass die Messung kognitiver Funktionen und der krankheitsbezogenen Lebensqualität von MS Betroffenen sowohl in klinischen Studien wie im Krankheitsmonitoring stärker berücksichtigt werden muss, als es bisher geschieht (▶ Abschn. 3.4).

3.2.3 Magnetresonanztomografie

Die Entzündungsprozesse des ZNS erzeugen zerebrale und spinale Läsionen, die in der Untersuchung mit dem bildgebenden Verfahren der MRT (Synonym Kernspintomographie) sichtbar sind. Durch MRT-Untersuchungen lassen sich MS-charakteristische Befunde bereits im Frühstadium der Erkrankung erheben (Wiendl u. Kieseier 2010). Die MRT erreicht eine hohe Sensitivität von rund 95 % hinsichtlich pathologischer Veränderungen bei Patienten mit MS (Lovblad et al. 2010) und nimmt daher bei der Diagnosestellung eine wichtige Rolle ein. Die aktuelle Leitlinie der DGN empfiehlt bei Verdacht auf MS und nach zwölf Monaten eine MRT des Kopfes und gibt eine eingeschränkte Empfehlung für eine MRT der Wirbelsäule sowie bei einem Schub bzw. Progression der Erkrankung (DGN 2014).

Bei einer MRT im Rahmen der Diagnosestellung von MS werden Schnittbilder des Gehirns und des Rückenmarks erstellt. Hierdurch kann entzündetes und vernarbtes Gewebe sichtbar gemacht werden.

Das Prinzip der MRT arbeitet mit einem Magnetfeld, in dem sich die Wasserstoffprotonen im Körper ausrichten. Die MRT basiert auf dem Eigendrehimpuls von Protonen (Kernspin), der in Verbindung mit der positiven Ladung des Wasserstoffprotons ein messbares magnetisches Feld erzeugt. Im Normalzustand sind die Wasserstoffprotonen nicht angeordnet und haben eine zufällige Lage im Raum. Wird jedoch ein starkes Magnetfeld angelegt, richten sich die Kernspinachsen der Wasserstoffprotonen parallel und antiparallel an den Feldlinien des Magnetfeldes aus und führen dabei Kreiselbewegungen um die Feldlinien durch (Präzession).
Um das für die MRT benötigte Signal zu erzeugen, wird ein Hochfrequenzimpuls senkrecht zur Richtung des Magnetfelds eingestrahlt. Hierdurch werden die entlang des Magnetfeldes ausgerichteten Protonen ausgelenkt und ihre Kreiselbewegungen synchronisiert (Phasenkohärenz).
Nach Abschalten des Hochfrequenzimpulses richten sich die Protonen erneut entlang des Magnetfelds aus und kehren von der Phasenkohärenz in ihren Ausgangszustand zurück (Relaxation) (Sailer u. Bodammer 2006). Hierbei entstehen Signale, die gemessen und in ein Schichtbild umgewandelt werden können. Je nach Gewebeart benötigen die Wasserstoffprotonen unterschiedliche Zeiten (Relaxationszeiten), woraus verschiedene Bildkontraste errechnet werden können.
Von Bedeutung ist hierbei der Wassergehalt in den Körpergeweben; erkranktes Gewebe enthält häufig mehr Wasser als gesundes und aufgrund der größeren Anzahl der Wasserstoffprotonen lässt sich in der MRT-Aufnahme krankes von gesundem Gewebe unterscheiden.
Die Signalmessung der Neuausrichtung der Protonen entlang des Magnetfeldes wird T1-Relaxation (Spin-Gitter-Relaxation) genannt (Sailer u. Bodammer 2006). Der durch das Abschalten des Hochfrequenzimpulses induzierte Übergang der Phasenkohärenz der Wasserstoffprotonen in ihren Ursprungszustand wird als T2-Relaxation (Spin-Spin-Relaxation) bezeichnet (Sailer u. Bodammer 2006).
Die Pulssequenz ist durch verschiedene Parameter (Repetitionszeit, Echozeit, Inversionszeit) variierbar. Demnach existiert eine Vielzahl von MRT-Sequenzen (z.B. FLAIR), die unterschiedliche Bilder erzeugen und je nach zugrunde liegender Fragestellung gewählt werden müssen.

Die verschiedenen Relaxationszeiten (T1 und T2) der unterschiedlichen Gewebetypen sind entscheidend für den Bildkontrast und damit für die Interpretation des MRT-Befundes (Sailer u. Bodammer 2006). So werden in einer T1-gewichteten MRT-Untersuchung Flüssigkeiten (z.B. Liquor) dunkel (hypointens) und Körperfett und fetthaltiges Körpergewebe hell (hyperintens) dargestellt. Flüssigkeiten und somit flüssigkeitsgefüllte Strukturen wie Hirnventrikel erscheinen in der T2-gewichteten MRT-Untersuchung dagegen hell.

T1-gewichtete MRT-Aufnahmen stellen chronische Läsionen, d.h. bleibende Schäden, hypointens als schwarze Löcher dar. Das Kontrastmittel Gadolinium kann das Magnetresonanzsignal in T1-gewichteten MRT-Befunden verstärken. Die Dauer der Aufnahme von Kontrastmittel während aktiver Läsionen beträgt für die Mehrheit der Patienten circa 4-6 Wochen (Wiendl u. Kieseier 2010). Aktive Läsionen sind als kontrastmittelanreichernde Herde hyperintens (hell) erkennbar. Diese implizieren eine Störung der Blut-Hirn-Schranke (Wiendl u. Kieseier 2010). Neue aktive Läsionen in der MRT sind ein Indikator der Krankheitsaktivität. Die aktuelle Leitlinie der DGN empfiehlt daher T1-gewichtete MRT-Untersuchungen mit und ohne Gabe von Kontrastmittel durchzuführen (DGN 2014). In der T2-gewichteten MRT-Untersuchung zeigen sich typische MS-Läsionen oval bis rund und werden aufgrund hoher Signalintensität hyperintens dargestellt (Sailer u. Bodammer 2006).

Die spinale MRT-Untersuchung ist weniger sensitiv als die zerebrale. Es besteht keine signifikante Korrelation zwischen der Anzahl spinaler Läsionen in MRT-Aufnahmen mit T2-Gewichtung und dem Behinderungsgrad des Patienten mit MS. Eine MRT-Untersuchung des Rückenmarks kann jedoch hinsichtlich der Differenzialdiagnostik hilfreich sein, denn ein Nachweis von sowohl zerebralen als auch spinalen Läsionen unterstützt die Diagnose einer MS (Sailer u. Bodammer 2006).

Zur Verlaufskontrolle ist eine Vergleichbarkeit der MRT-Aufnahmen eines Patienten von großer Bedeutung. Die Nutzung unterschiedlicher MRT-Protokolle und abweichende Geräteeinstellungen können die Vergleichbarkeit von MRT-Aufnahmen beeinträchtigen. Damit sind Aussagen zum Krankheitsverlauf möglicherweise fehlerbehaftet. Ein in der Fachwelt konsentiertes, standardisiertes Vorgehen zur Durchführung von MRT-Untersuchungen existiert bisher nicht.

MRT-Diagnosekriterien

Verschiedene Autoren haben Regeln zur Diagnose der MS im Rahmen einer MRT-Untersuchung definiert. Diese Diagnosekriterien weisen Unterschiede hinsichtlich ihrer statistischen Gütekriterien auf. Validierte Diagnosekriterien sind jene nach Paty et al. (1988), Fazekas et al. (1988) und Barkhof et al. (1997).

In einer Studie von Barkhof et al. (1997) wurden Daten von MRT-Untersuchungen von 74 Patienten mit KIS (▶ Kap. 1) analysiert. Die Studie hatte das Ziel, mithilfe eines statistischen Modells MRT-Kriterien zu selektieren, die die Konversion zu einer klinisch definitiven MS vorhersagen können. Es wurde gezeigt, dass die vier Parameter gadoliniumanreichernde, juxtakortikale, infratentorielle und periventrikuläre Läsionen die höchste prädiktive Aussagekraft besitzen. Die Sensitivität dieser Diagnosekriterien betrug 82 %, die Spezifität 78 % und die Genauigkeit (Korrektklassifikationsrate) 80 %.

Eine Untersuchung von Tintoré et al. (2000) verglich die Diagnosekriterien von Barkhof mit den bereits seit längerem bestehenden Kriterien von Paty et al. (1988) und Fazekas et al. (1988). In die Analyse flossen Daten von 70 Patienten mit KIS ein. Die Sensitivität der Barkhof-Kritierien lag mit 78 % unter jenen von Paty et al. und Fazekas et al., die jeweils 86 % erreichten. Aufgrund der höheren Spezifität und Genauigkeit mit jeweils 73 % im Vergleich zu 54 % und 64 % der Kriterien nach Paty et al. und Fazekas et al. empfahlen Tintoré et al. die Barkhof-Kriterien zur Diagnosestellung einer MS (Tintore et al. 2000). Tintoré et al. zeigten zudem, dass bereits drei der vier Parameter der Barkhof-Kriterien für eine optimale Genauigkeit bei der Diagnosestellung ausreichten (Tintore et al. 2000). Diese sogenannten Barkhof/Tintoré-Kriterien wurden in den ersten Versionen der McDonald-Kriterien im Rahmen der Diagnosestellung der MS empfohlen. Die Diagnosekriterien wurden von Swanton et al. (2006) weiter vereinfacht und in die aktuelle Version der McDonald-Kriterien von 2010 aufgenommen (▶ Abschn. 3.3) (Polman et al. 2011).

Tab. 3.4 Diagnosekriterien für radiologisch isoliertes Syndrom

Nr.	Beschreibung
A	Vorhandensein zufällig identifizierter Veränderungen der weißen Substanz mit folgenden MRT-Kriterien:
1.	Ovoide, gut umschriebene, homogene Herde mit oder ohne Mitbeteiligung des Balkens.
2.	T2-Hyperintensitäten > 3 mm im Durchmesser unter Erfüllung der Barkhof-Kriterien (mindestens drei der vier Kriterien) für Dissemination im Raum.
3.	Weiße-Substanz-Veränderungen nicht vereinbar mit vaskulärer Ätiologie
B	Keine vorangehenden schubförmigen Symptome, die mit einer neurologischen Ausfallsymptomatik einhergehen.
C	Die MRT-Veränderungen sind nicht vereinbar mit etwaigen klinischen Auffälligkeiten.
D	Die MRT-Veränderungen sind nicht durch Kontakt mit toxischen Substanzen oder Drogenkontakt oder einem medizinischen Umstand zu erklären.
E	Ausschluss von Personen mit MRT-Muster von Leukoaraiose oder extensiver Pathologie der weißen Substanz ohne Balkenbeteiligung.
F	MRT-Veränderungen können nicht durch eine andere Erkrankung erklärt werden.

Quelle: IGES – Okuda et al. (2009)

Radiologisch isoliertes Syndrom

Durch die zunehmende Nutzung der MRT-Untersuchung bei der Diagnostik neurologischer Erkrankungen entstehen vermehrt Zufallsbefunde (Leahy u. Garg 2013). Die MRT-Untersuchung erfüllt bei einigen Patienten MRT-Diagnosekriterien und deutet damit auf eine vorhandene MS hin, die Betroffenen leiden jedoch unter keinen klinischen Beschwerden. Diese Patienten werden dem radiologisch isolierten Syndrom (RIS) zugeordnet (Okuda et al. 2009). Die Kriterien hierfür sind in Tab. 3.4 dargestellt.

3.2.4 Evozierte Potenziale

Eine weitere Rolle bei der Diagnosestellung der MS spielen die neuroelektrophysiologischen Untersuchungsmethoden. Durch diese Untersuchungen sollen klinisch stumme Läsionen aufgedeckt werden, die in der klinisch-neurologischen Untersuchung nicht festgestellt werden können (Wiendl u. Kieseier 2010). Hierbei wird die Leitgeschwindigkeit von Nervenbahnen mittels evozierter Potenziale (EP) untersucht. Sie liefern Informationen über das Ausmaß einer potenziellen Demyelinisierung (Reinshagen 2006).

Es erfolgt die Stimulation eines Sinnesorgans (Auge, Ohr) oder eines peripheren Nerven durch einen Reiz, wodurch in der Großhirnrinde ein Signal ausgelöst wird (Potenzialänderung), das mittels einer Elektroenzephalografie (EEG)-Technik gemessen werden kann. Bei Patienten mit MS tritt eine verzögerte Reizantwort auf, die auf eine – durch Demyelinisierung hervorgerufene – gestörte Erregungsleitung hinweist (Reinshagen 2006).

Im Rahmen der MS-Diagnostik besitzen die visuell evozierten Potenziale (VEP) und die somatosensorisch evozierten Potenziale (SEP) die größte Bedeutung. Motorisch evozierte Potenziale (MEP) und akustisch evozierte Potenziale (AEP) sind aufgrund niedrigerer Sensitivität und Spezifität von geringerer Relevanz (Wiendl u. Kieseier 2010).

Bei VEP wird die Reizantwort der Sehnerven gemessen. Typischerweise liegt bei Patienten mit MS eine Schädigung des Sehnervs vor und diese Patienten haben eine verzögerte Reizantwort. Die VEP sind im Vergleich zu den übrigen EP die sensitivste Methode zur Feststellung einer demyelinisierenden Erkrankung (Reinshagen 2006). Abnorme VEP werden bei circa 30 % der Patienten mit KIS und mehr als 50 % der Patienten mit klinisch sicherer MS gefunden (Marcus u. Waubant 2012). Studien zeigen, dass Patienten mit Verdacht auf MS mit zusätzlich abnormen VEP ein wesentlich höheres Risiko haben, eine klinisch gesicherte MS zu entwickeln, als Patienten mit normalem VEP. Deren relatives Risiko ist je nach Studie circa 2,5-fach (95 %-Konfidenzintervall 1,52–4,08) bis circa 9-fach höher (95 %-Konfidenzintervall 4,42–18,2) (Gronseth u. Ashman 2000).

Bei SEP erfolgt eine elektrische Stimulation von Nerven an Beinen und Armen (*Nervus tibialis* und *Nervus medianus*). Es wird die Reizantwort gemessen, welche Aufschluss über eine mögliche Verzögerung des Signals gibt (Reinshagen 2006). Pathologische Befunde der SEP finden sich bei circa 80 % der Patienten (Wiendl u. Kieseier 2010).

Ergänzend zu VEP und SEP wird die Aufzeichnung von MEP im Rahmen der MS-Diagnostik in den Leitlinien der DGN empfohlen (DGN 2014). Bei MEP wird die Funktion motorischer Nervenbahnen beurteilt. Es werden mit einem Magnetimpuls über dem Kopf Nervenzellen im Gehirn, die für Bewegungen zuständig sind, aktiviert. Die Nervenantwort resultiert in Muskelzuckungen in Armen und Beinen. Die verstrichene Zeit zwischen dem ausgelösten Impuls über dem Kopf und der Reizantwort des Muskels kann gemessen werden und gibt Aufschluss über potenzielle Schäden in der Myelinisierung. Bei Schäden in den Nervenfasern ist der Zeitraum zwischen Impuls und Reaktion verlängert und bei sehr schweren Schäden ist keine Reizantwort messbar.

AEPs dienen der Untersuchung der Bahnen im Gehirn, die akustische Signale leiten und weisen auf eine mögliche Schädigung des Hirnstamms hin. Der Patient erhält über einen Kopfhörer Töne und es erfolgt eine Messung der Hirnströme. Eine verzögerte oder ausbleibende Reizantwort gibt Aufschluss über mögliche Schäden. AEP sind bei der Diagnostik der MS zwar von geringerer Bedeutung als die oben beschriebenen EP, zusammen mit VEP und SEP können sie jedoch Hinweise auf eine Demyelinisierung geben. Pelayo et al. (2010) haben gezeigt, dass das gleichzeitige Vorhandensein von drei abnormen EP bei Patienten mit KIS das Risiko für eine leichte Behinderung (moderate disability) auf der EDSS signifikant erhöht (Hazard Ratio: 7,0; 95 %-Konfidenzintervall: 1,4–4,9; Beobachtungsdauer durchschnittlich 76 Monate).

3.2.5 Labordiagnostische Untersuchungen

Medizinische Biomarker in Körperflüssigkeiten sind objektiv messbare Parameter biologischer Prozesse, die im Rahmen der Diagnostik und hinsichtlich der Krankheitsprognose und Beurteilung des

Tab. 3.5 Charakteristischer Liquorbefund einer MS

Biomarker	Gesunde	Patienten mit Multipler Sklerose	Häufigkeit Nachweis bei Patienten mit Multipler Sklerose
Oligoklonale IgG-Banden	Nicht nachweisbar	Nachweisbar	98 %
Zellzahl (Zellen/µl)	< 5	0–35	94 %
Aktivierte B-Zellen (%)	< 0,1	> 0,1	79 %
Autochtone Produktion von Antikörpern gegen Masern-, Röteln-, Varizella-Zoster-Viren	< 1,5 (ASI)	≥ 1,5	94 %
Albuminquotient ($n \times 10^{-3}$)	< 8	< 8 oder 8–10 (normal oder leicht erhöht)	88 %
IgG-Synthese im Quotientendiagramm (mg/dl)	0	> 0	73 %

Quelle: IGES – Tumani u. Rieckmann (2006),
IgG = Immunglobulin der Klasse G, ASI = Antikörperspezifitätsindex

Therapieeffektes herangezogen werden (Tumani u. Rieckmann 2006).

Im Rahmen des Diagnoseprozesses einer MS wird die Untersuchung des Liquor cerebrospinalis (Gehirn-Rückenmarks-Flüssigkeit) zum Ausschluss anderer Erkrankungen empfohlen (DGN 2014) und weil sich bei beinahe allen Patienten mit klinisch sicherer MS ein pathologischer Befund ergibt (Wiendl u. Kieseier 2010). Hierzu wird je nach den anatomischen Gegebenheiten zwischen dem zweiten Lendenwirbel und dem Kreuzbein eine Hohlnadel in den Lumbalkanal eingeführt (Lumbalpunktion) und Liquor entnommen, der im Labor analysiert wird.

Ein MS-charakteristischer Liquorbefund besteht aus mehreren Liquormarkern (Tab. 3.5). Er umfasst eine leichte bis mäßige Pleozytose, d.h. eine erhöhte Zellzahl von Leukozyten (primär Lymphozyten) im Liquor (Wiendl u. Kieseier 2010). Der Normbereich gesunder Personen liegt bei 4/µl und kann bei Patienten mit MS bis zu circa 35/µl aufweisen.

Weiterhin ist ein normaler bis leicht erhöhter Albumin-Quotient charakteristisch (Tumani u. Rieckmann 2006). Albumin ist ein Eiweiß, das ausschließlich in der Leber gebildet wird und normalerweise im Blut, aber nicht im Liquor vorhanden ist. Wird es dennoch im Liquor festgestellt, ist dies ein Indikator für die Veränderung der Durchlässigkeit der Blut-Liquor-Schranke durch z. B. entzündliche Prozesse. Der Albumin-Quotient wird aus dem Verhältnis von Albumin im Blutserum und im Liquor berechnet.

Weiterhin ist die Produktion von Immunglobulinen im Liquor, insbesondere von Immunglobulinen der Klasse G (intrathekale IgG-Synthese) (Tumani u. Rieckmann 2006) charakteristisch. Immunglobuline sind Antikörper, die in verschiedene Klassen (IgA, IgD, IgE IgG, IgM) eingeteilt werden und je nach Klassenzugehörigkeit unterschiedliche Aufgaben übernehmen. Die Analyse der Immunglobuline im Liquor erfolgt über den Immunglobulin-Quotienten, der sich aus dem Verhältnis der Konzentration von Immunglobulinen der Klasse G im Liquor und im Blutserum berechnet.

Das Vorliegen einer Funktionsstörung der Blut-Liquor-Schranke führt neben der Erhöhung der Albuminkonzentration gleichzeitig zur Erhöhung der Immunglobulinkonzentration im Liquor.

Die Unterscheidung zwischen intrathekaler Synthese und Diffusion von Immunglobulin der Klasse G wird mittels Quotienten- bzw. Reiber-Diagramm vorgenommen (Tumani u. Rieckmann 2006). Hierzu werden der Immunglobulin-Quotient und der Albumin-Quotient in ein Schema eingetragen. Eine Erhöhung des Immunglobulin-Quotienten weist auf eine Produktion von Immunglobulinen im Liquor hin. Sind der Immunglobulin-

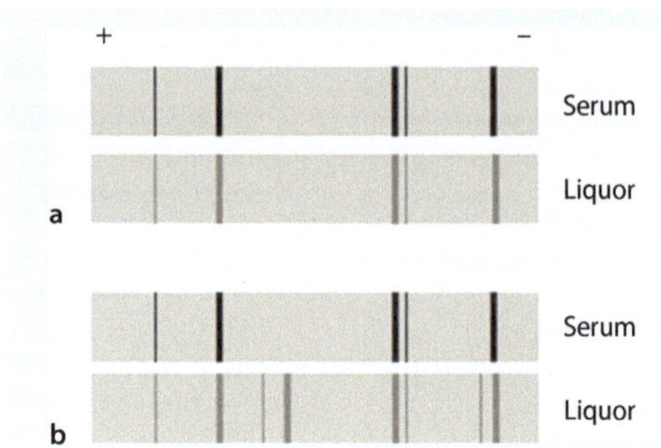

Abb. 3.1 Oligoklonale Banden **a** ohne Befund und **b** mit für Multiple Sklerose charakteristischen Befund
Quelle: IGES – eigene Darstellung

Quotient und der Albumin-Quotient erhöht, indiziert dies eine Störung der Blut-Liquor-Schranke und sind beide Quotienten erhöht, der Immunglobulin-Quotient jedoch in größerem Maße, weist dies auf eine Produktion von Immunglobulinen im Liquor und auf eine gleichzeitige Störung der Schrankenfunktion hin.

Eine zusätzliche Möglichkeit, die Produktion von Immunglobulinen im Liquor von einer Diffusion aus dem Blut zu unterscheiden, ist die Analyse des Verteilungsmusters der Immunglobuline (oligoklonale Banden) im Liquor und im Blutserum. Abweichungen der Verteilungsmuster deuten auf einen entzündlichen Prozess im Zentralnervensystem (ZNS) hin. Diese Analyse erfolgt mit dem biochemischen Verfahren der isoelektrischen Fokussierung. Hierbei erfolgt eine Auftrennung der Immunglobuline nach deren Größe und elektrischen Ladung in einem elektrischen Feld. Immunglobuline gleicher Art konzentrieren sich an demselben Punkt und es entstehen schmale Bänder, die durch spezielle Einfärbungen sichtbar gemacht werden. Wenn sich im Liquor Banden zeigen, die im Blutserum nicht vorhanden sind, deutet dies auf die Bildung von Immunglobulinen im Liquor hin und zeigt damit einen entzündlichen Prozess bzw. eine Immunantwort im ZNS an, wie er auch bei MS stattfindet (Abb. 3.1).

Drei oder mehr Banden im Liquor im Vergleich zur Anzahl der Banden im Blutserum implizieren einen positiven Befund (Wiendl u. Kieseier 2010).

Zwischen 60 % und 70 % der Patienten mit KIS und mehr als 90 % der Patienten mit klinisch gesicherter MS weisen zwei oder mehr oligoklonale Banden im Liquor auf (Marcus u. Waubant 2012). Tintoré et al. (2008) zeigten, dass das Vorhandensein von oligoklonalen Banden bei Patienten mit KIS das Risiko eines zweiten Schubes beinahe verdoppelt (Hazard Ratio: 1,7; 95 %-Konfidenzintervall: 1,1–2,7). In einer Studie von Villar et al. (2002) mit 22 Studienteilnehmern hatten Patienten in der Frühphase der Erkrankung mit oligoklonalen Banden eine höhere Wahrscheinlichkeit, später eine klinisch gesicherte MS zu entwickeln, erlitten mehr Schübe und wiesen eine höhere Stufe auf der EDSS auf als Patienten ohne oligoklonale Banden. Im Gegensatz hierzu fanden Gout et al. (2011) in einer Analyse mit 208 Patienten keine Hinweise, dass oligoklonale Banden das Risiko der Konversion zu einer klinisch gesicherten MS erhöhen (Hazard Ratio: 1,15; 95 %-Konfidenzintervall 0,58-1,97).

Die intrathekale Synthese von Immunglobulinen und der Nachweis oligoklonaler Banden nur im Liquor ist zwar ein Hinweis auf eine vorliegende MS, jedoch nicht pathognomonisch, da auch bei anderen Entzündungen des Zentralnervensystems oligoklonale Banden vorkommen (Tumani u. Rieckmann 2006). Dies betrifft z. B. die Neuroborreliose, die bei 80 %-90 % der Patienten mit neurologischen Symptomen auftritt, Neurosyphilis (90 %–95 %), Sjögren-Syndrom (75 %–90 %) und Neurosarkoidose (40 %–70 %) (Awad et al. 2010). Aber auch der Untergang von Hirngewebe kann eine intrathekale Immunantwort hervorrufen. Ein weiterer MS-typischer Liquormarker ist die autochtone (im Liquorraum stattfindende) Produktion von Antikörpern gegen Masern-, Röteln- und Varizella-Zoster-Viren (MRZ-Reaktion), die bei circa 94 % der Patienten mit gesicherter MS nachweisbar sind (Tumani u. Rieckmann 2006).

3.2.6 Optische Kohärenztomografie

Die optische Kohärenztomografie (OCT) ist ein hochauflösendes, nicht-invasives Verfahren, bei dem die Retina des Patienten mit Infrarotlicht abgetastet wird. Das Prinzip der OCT entspricht jenem des Ultraschall-Echolots bzw. Radars. Das Infrarotlicht wird in verschiedenen Schichten der Retina unterschiedlich reflektiert, woraus ein Bild der

Netzhautschichten berechnet wird und damit der Zustand der Nervenzellen in der Retina beurteilt werden kann (Frohman et al. 2008). Der Zustand der Netzhaut ist ein potenzieller Indikator für das Vorliegen einer MS. Verschiedene Studien zeigen, dass Patienten mit MS eine dünnere retinale Nervenfaserschicht (RNFL) aufweisen als gesunde Patienten. Parisi et al. (1999) untersuchten 14 Patienten mit klinisch gesicherter MS, die alle an einer Entzündung des Sehnervs litten, und 14 Kontrollen mittels OCT. Bei den Patienten mit MS wurde eine signifikant geringere Dicke der RNFL festgestellt. Diese Ergebnisse wurden in einer weiteren Untersuchung bestätigt. Trip et al. (2005) analysierten die Daten von 25 MS-Patienten mit Neuritis nervi optici und verglichen deren Daten mit 15 Kontrollpatienten. Bei den Patienten mit MS wurde eine um circa ein Drittel geringere Dicke der RNFL und ein um rund 11 % geringes Volumen der Makula festgestellt. Die DGN (2014) beschreibt die OCT als ein potenziell interessantes Verfahren, auch für Verlaufsuntersuchungen und als potenzieller Endpunkt von Studien zu neuroprotektiven Therapien der MS, spricht hierfür jedoch aktuell keine direkte Empfehlung im Rahmen der Diagnosestellung der MS aus.

3.3 Diagnosekriterien der Multiplen Sklerose

Einzelne diagnostische Tests oder ein bestimmtes klinisches Merkmal sind nicht ausreichend, um bei Menschen mit neurologischen Symptomen die Diagnose MS zu stellen. Aus diesem Grund existieren Diagnosekriterien, die verschiedene klinische und paraklinische Tests miteinander kombinieren. In der aktuellen Leitlinie der DGN werden die McDonald-Kriterien zur Diagnosestellung einer MS empfohlen (DGN 2014).

Im Jahr 2000 wurden durch eine internationale Expertengruppe (International Panel on the Diagnosis of Multiple Sclerosis) eine Neubewertung der bestehenden diagnostischen Kriterien von MS vorgenommen und notwendige Änderungen vorgeschlagen (McDonald et al. 2001). Mit den Poser-Kriterien von 1983 (Poser et al. 1983) lag die letzte Überarbeitung diagnostischer Kriterien bereits rund 20 Jahre zurück.

Ziele der Überarbeitung waren unter anderem die Vereinfachung der bestehenden diagnostischen Kriterien und die Vereinheitlichung der mit der Diagnose von MS in Zusammenhang stehenden Begrifflichkeiten sowie Definitionen, z.B. Definition eines Schubes, Messung des Zeitraums zwischen zwei Schüben und Charakterisierung auffälliger Befunde in paraklinischen Tests. Die Überarbeitung der diagnostischen Kriterien sollte sowohl bestehende Elemente des bisherigen Diagnoseprozesses beibehalten als auch neue Erkenntnisse zum Krankheitsbild der MS und neue Technologien berücksichtigen. So wurde in das Diagnoseschema ergänzend zu den bestehenden klinischen und paraklinischen Tests das bildgebende Verfahren MRT aufgrund deren hoher Sensitivität aufgenommen.

Diese neuen diagnostischen Kriterien wurden 2001 veröffentlicht (McDonald et al. 2001) und nach dem Vorsitzenden der Expertengruppe, Prof. W. Ian McDonald, benannt. Studien zeigen, dass die McDonald-Kriterien von 2001 eine gute Sensitivität (74 %-83 %) und Spezifität (83 %-76 %) aufweisen, ein Fortschreiten der Erkrankung MS vorherzusagen (Dalton et al. 2002, Tintore et al. 2003). Eine rechtzeitige Diagnosestellung von MS ist von großer Bedeutung, da der frühzeitige Beginn der Behandlung einen entscheidenden Einfluss auf den Behandlungsverlauf und die Prognose der Patienten hat (DGN 2014). Im Vergleich zu den Poser-Kriterien ermöglichten die McDonald-Kriterien von 2001 bei Patienten mit KIS eine frühzeitigere Diagnose und eine Verdopplung der diagnostizierten MS-Fälle innerhalb des ersten Jahres nach Präsentation (Dalton et al. 2002; Tintore et al. 2003). Aus diesem Grund haben die McDonald-Kriterien inzwischen die früher verwandten Kriterien nach Poser (Poser et al. 1983) und Schumacher (Schumacher et al. 1965) ersetzt.

Die McDonald-Kriterien wurden in den Jahren 2005 und 2010 überarbeitet, um neue Erkenntnisse der MS-Forschung zu berücksichtigen. In der aktuellen Version (◻ Tab. 3.6) wurde insbesondere die Anwendung der Kriterien vereinfacht und die MRT-Untersuchung erfuhr eine stärkere Gewichtung im Diagnoseprozess im Vergleich zu den Vorversionen (McDonald et al. 2001; Polman et al. 2011; Polman et al. 2005).

Die Diagnose MS kann gestellt werden, falls die McDonald-Kriterien erfüllt sind und keine bessere

Erklärung für die klinische Symptomatik des Patienten besteht, das heißt wenn keine Hinweise auf andere Erkrankungen existieren. Falls die Symptome MS-verdächtig sind, die Kriterien jedoch nicht vollständig erfüllt sind, so ist die Diagnose »mögliche MS«, und falls eine andere Diagnose während des Diagnoseprozesses in Betracht kommt, welche die klinische Symptomatik besser erklärt, so lautet die Diagnose »keine MS«.

Bevor die abschließende Diagnose MS gestellt werden kann, muss der Nachweis für mindestens einen Schub mittels klinisch-neurologischer Untersuchung, VEP bei Patienten mit Sehstörung oder MRT erbracht werden (Polman et al. 2011). Die Liquoruntersuchung spielt im Rahmen der Diagnosestellung nur bei Verdacht auf eine primär-chronisch progrediente MS eine Rolle (Tab. 3.5).

In der aktuellen Version der McDonald-Kriterien wurden primär Änderungen im Rahmen der MRT-Diagnostik vorgenommen (Polman et al. 2011). Die Versionen von 2001 und 2005 basierten zum Nachweis der räumlichen Dissemination auf den Barkhof/Tintoré-Kriterien (► Abschn. 3.2.3), die eine gute Sensitivität und Spezifität aufweisen (Barkhof et al. 1997; Tintore et al. 2000). Studien zeigen jedoch auch, dass deren Anwendung vielen Neurologen Schwierigkeiten bereitet (McHugh et al. 2008). In den McDonald-Kriterien

Tab. 3.6 Revidierte McDonald-Kriterien zur Diagnose von MS (2. Revision nach Polman et al. (2011))

Klinische Symptomatik	Zusätzliche Anforderungen zur Diagnose einer MS
≥ 2 Schübe[a]; objektiver klinischer Nachweis von ≥ 2 Läsionen oder 1 Läsion und begründete Beweise für einen vorangegangenen Schub[b]	Keine[c]
≥ 2 Schübe[a], objektiver klinischer Nachweis von 1 Läsion	Äußerung räumliche Dissemination durch: ≥ 1 T2-Läsionen in mindestens 2 von 4 MS-charakteristischen Regionen des ZNS (periventrikular, juxtakortikal, infratentoriell, spinal)[d] ODER Abwarten auf neuen Schub[a] mit neuer Läsionslokalisation
1 Schub[a], objektiver klinischer Nachweis von ≥ 2 Läsionen	Äußerung zeitliche Dissemination durch: Gleichzeitigen Nachweis von asymptomatischen Gadolinium-aufnehmenden und nicht-aufnehmenden Läsionen ODER Nachweis einer neuen T2- oder Gadolinium-aufnehmenden Läsion im Kontroll-MRT zeitunabhängig in Bezug auf eine Voruntersuchung ODER Abwarten auf einen zweiten Schub[a]
1 Schub[a], objektiver klinischer Nachweis von 1 Läsion (Klinisch isoliertes Syndrom)	Äußerung räumliche und zeitliche Dissemination durch: **Für räumliche Dissemination:** ≥ 1 T2-Läsionen in mindestens 2 von 4 MS-charakteristischen Regionen des ZNS (periventrikular, juxtakortikal, infratentoriell, spinal)[d] ODER Abwarten auf einen zweiten Schub[a] eine andere Region des ZNS betreffend UND **Für zeitliche Dissemination:** Gleichzeitiger Nachweis von asymptomatischen Gadolinium-aufnehmenden und nicht-aufnehmenden Läsionen zu jedem Zeitpunkt ODER 1 neue T2- und/oder Gadolinium-aufnehmende Läsion(en) im Kontroll-MRT zeitunabhängig in Bezug auf eine Voruntersuchung ODER Abwarten auf einen zweiten Schub[a]

Tab. 3.6 (Fortsetzung)

Klinische Symptomatik	Zusätzliche Anforderungen zur Diagnose einer MS
Schleichende neurologische Progression mit Verdacht auf primär-chronisch progrediente MS	1 Jahr Progression (retrospektiv oder prospektiv bestimmt) und 2 der folgenden 3 Kriterien[d] Nachweis für räumliche Dissemination im Gehirn gestützt auf ≥ 1 Läsionen in den MS-charakteristischen Regionen periventrikulär, juxtakortikal, infratentiorell Nachweis für räumliche Dissemination gestützt auf ≥ 2 T2 spinalen Läsionen Positive Liquoruntersuchung (oligoklonale Banden in der isoelektrischen Fokussierung und/ oder Nachweis einer intrathekalen IgG-Synthese)

Quelle: IGES – Polman et al. (2011)

[a] Ein Schub in den McDonald-Kriterien ist definiert als eine durch den Patienten berichtete oder objektiv erfasste Episode neurologischer Störungen, die typisch für einen entzündlichen demyelinisierenden Prozess im ZNS sind, mindestens 24 Stunden anhalten und nicht von Fieber oder einer Infektion begleitet werden. Der Schub sollte durch eine zeitgleiche neurologische Untersuchung dokumentiert werden. Zurückliegende Episoden, für die keine objektiven neurologischen Befunde dokumentiert sind, können Hinweise auf zuvor stattgefundene demyelinisierende Ereignisse liefern.

[b] Eine klinische Diagnose, die sich auf objektive klinische Befunde für 2 oder mehr Schübe stützt, ist am zuverlässigsten. Ein gesicherter Nachweis für 1 vorangegangenen Schub ohne dokumentierte objektive Befunde betrifft zurückliegende Episoden mit Symptomen und Hinweise auf entzündliche demyelinisierende Ereignisse. Jedoch sollte ein Schub durch objektive Befunde gestützt sein.

[c] Es sind keine zusätzlichen Untersuchungen notwendig. Falls jedoch Untersuchungen durchgeführt werden (z.B. Liquoruntersuchung) und diese negativ sind, ist extreme Vorsicht geboten, bevor die Diagnose MS gestellt wird und es sollten Alternativdiagnosen in Betracht gezogen werden. Für die klinische Symptomatik darf keine bessere Erklärung vorhanden sein als MS und es müssen objektive Nachweise vorhanden sein, um die Diagnosen mit MS zu bestätigen.

[d] Gadolinium-aufnehmende Läsionen sind nicht notwendig; symptomatische Läsionen werden nicht gewertet bei Personen mit Hirnstamm- und Rückenmarksyndrom.

von 2010 wurden stattdessen vereinfachte Kriterien integriert.

Die Voraussetzungen zum Nachweis einer räumlichen Dissemination basieren auf einer Studie des European MAGNIMS multicenter collaborative research network. In dieser Studie wurden die McDonald-Kriterien mit vereinfachten Kriterien verglichen, die von Swanton et al. (2006) entwickelt worden sind. Eine räumliche Dissemination kann hiernach mit mindestens einer T2-gewichteten Läsion in mindestens zwei von vier Regionen, die für MS charakteristisch sind (juxtakortikal, periventrikulär, infratentorial, Rückenmark) nachgewiesen werden. In einer Studie mit 282 Patienten mit KIS konnte gezeigt werden, dass die Swanton-Kriterien zum Nachweis einer räumlichen Dissemination eine höhere Sensitivität im Vergleich zu den McDonald-Kriterien von 2005 (72 % versus 60 %) bei gleichbleibender Spezifität (88 % versus 87 %) aufweisen (Swanton et al. 2007).

Zum Nachweis einer zeitlichen Dissemination reicht die Feststellung einer neuen Läsion in der T2-Wichtung der MRT aus, wenn diese Läsion nach einer bereits zuvor durchgeführten MRT-Referenzuntersuchung auftritt, unabhängig davon, wann dieser Scan durchgeführt worden ist (Polman et al. 2011). Die in den beiden früheren Versionen der McDonald-Kriterien geforderten Zeiträume zwischen ersten klinischen Beschwerden und MRT-Referenzuntersuchung von drei Monaten und 30 Tagen (McDonald et al. 2001; Polman et al. 2005) entfallen. Zum Nachweis einer zeitlichen Dissemination werden das gleichzeitige Vorhandensein von asymptomatischen Gandolinium-aufnehmenden und nichtaufnehmenden Läsionen akzeptiert (Polman et al. 2011). Somit kann bei einigen Patienten mit KIS die Diagnose MS bereits nach einer einzigen MRT-Untersuchung gestellt werden. Für die Diagnosestellung ist ein positiver MRT-Befund jedoch keine Voraussetzung und eine klinische Diagnosestellung ist weiterhin möglich (Polman et al. 2011).

3.4 Verlaufsbeurteilung von Krankheitsaktivität

Das Ziel der Therapie von Patienten mit MS ist die Abwesenheit von Anzeichen für Krankheitsaktivität (»no evidence of disease activity«, NEDA). Bei zunehmender Krankheitsaktivität sollte die Therapie rechtzeitig angepasst werden, um die Progression von Behinderungen zu verzögern (▶ Abschn. 4.1). Das Konzept von NEDA basiert auf der Freiheit von Schüben, der Abwesenheit von Behinderungsprogression auf der EDSS und dem Fehlen von gadolinium-aufnehmenden bzw. neuen oder sich vergrößernden T2-Läsionen im MRT (Arnold et al. 2014; Nixon et al. 2014). Es wird zunehmend diskutiert, ob diese Parameter zur adäquaten Erfassung von Verlauf und Therapieerfolg ausreichend sind (Foley et al. 2013), denn häufig sind mit einer MS auch neuropsychologische Symptome wie Fatigue und Depression assoziiert (▶ Kap. 1). Für eine differenziertere Beurteilung der Krankheitsaktivität wurde das Multiple Sclerosis Decision Model (MSDM) entwickelt, das ergänzend zu den drei im NEDA-Konzept integrierten Parametern auch neuropsychologische Aspekte sowie die Lebensqualität berücksichtigt (Stangel et al. 2015).

Das multifaktorielle MSDM umfasst vier Domänen, anhand deren die Krankheitsaktivität bewertet wird (Stangel et al. 2015):

- Schübe
- Behinderungsprogression
- Neuropsychologische Aspekte
- MRT-Aktivität

Für die vier Domänen werden Punkte vergeben, die sich in einem Ampelschema widerspiegeln und die Krankheitsaktivität sowie den Anpassungsbedarf der Therapie implizieren (◘ Tab. 3.1).

Schübe

In das Modell fließen neben dem Auftreten von Schüben auch deren funktionelle Relevanz für den Betroffenen (z.B. Auswirkung auf Berufsleben, Freizeitaktivitäten), das Vorhandensein von Residualsymptomen nach einem stattgehabten Schub sowie der Zeitraum zwischen Behandlungsbeginn bzw. letzter -änderung und (Neu)Auftreten eines Schubes ein.

Behinderungsprogression

Das Fortschreiten der Behinderung hat einen bedeutenden Einfluss auf die Lebensqualität und wirkt sich wesentlich auf die Aktivitäten des täglichen Lebens aus (Stangel et al. 2015). Eine Analyse von Leray et al. auf Grundlage von rund 2.000 Patienten mit MS zeigte, dass MS als zweiphasige Erkrankung betrachtet werden kann. In der ersten Phase mit vergleichsweise geringer Behinderung (bis EDSS 3) hat der Patienten den größten Nutzen von einer Behandlung (Leray et al. 2010). Daher ist es von großer Bedeutung, dass die Krankheitsprogression bereits in der früheren Phase der Erkrankung erfasst wird. Da die EDSS (▶ Abschn. 3.2.1) keine ausreichende Sensitivität aufweist, um geringe Veränderungen der Behinderungsprogression zu erfassen, nutzt der MSDM eine modifizierte Version des MSFC (▶ Abschn. 3.2.2). Der 9-HPT wird angewandt zur Prüfung der Feinmotorik, der T25-FW zur Gehfähigkeit und der Symbol Digit Modalities Test (SDMT) als Ersatz für den PASAT. Zusätzlich kommt zur Überprüfung der Sehschärfe das Low Contrast Sloan Letter Chart (LCSLC) (Kontrast 1,25 %) zum Einsatz (Stangel et al. 2015).

Neuropsychologische Aspekte

Neuropsychologische Aspekte wirken sich signifikant auf die Lebensqualität von Patienten mit MS aus und können darüber hinaus die Adhärenz der verlaufsmodifizierenden Therapie beeinflussen (▶ Kap. 1). Im MSDM werden die Lebensqualität mittels der Multiple Sclerosis Impact Scale (MSIS-29), Fatigue mit der Fatigue Scale for Motor and Cognitive Functions (FSMC) sowie Depressionen und Angstgefühle mittels der Hospital and Anxiety Depression Scale (HADS) erhoben (Stangel et al. 2015).

MRT

Die MRT-Aktivität wird analog zum NEDA-Konzept anhand jeder Gadolinium-anreichernden Läsion oder jeder neuen oder vergrößerten T2-Läsion ohne Gadolinium-Anreicherung erfasst. Für diese Domäne existiert keine »rote Ampel«, da eine über MRT-Befunde allein identifizierte Krankheitsaktivität kein ausreichendes Kriterium zur Therapieänderung darstellt und daher immer gemeinsam mit den Bewertungen der klinischen Domänen interpretiert werden sollte (Stangel et al. 2015).

Aus den MSDM-Punkten der vier Domänen wird ein Gesamtscore abgeleitet (Stangel et al. 2015):

- Falls die Ergebnisse aller Domänen mit »grün« bewertet worden sind, wird empfohlen, die Therapie ohne Anpassung fortzuführen und Nachfolgeuntersuchungen im Abstand von sechs Monaten durchzuführen.
- Falls eine der vier Domänen mit »gelb« bewertet worden ist, soll die nächste Untersuchung bereits nach drei Monaten stattfinden.
- Falls zwei oder mehr Domänen mit »gelb« und mindestens eine Domäne mit »rot« bewertet worden sind, sollte eine Anpassung der Therapie erwogen werden.

Der MSDM ist ein relativ neues Instrument, das sich aus verschiedenen etablierten Tests zusammensetzt. Dessen Nutzen zur NEDA durch eine frühzeitige Therapieoptimierung muss in zukünftigen Studien noch untersucht werden.

Tab. 3.7 Dimensionen der Krankheitsaktivität, deren Wertung und Interpretation im Rahmen des Multiple Sclerosis Decision Model

Domänen der Krankheitsaktivität	MSDM-Punktzahl	Interpretation des MSDM-Gesamtscores
Schübe		
Jeder Schub	3	0 Punkte = grün
Charakteristika		
Funktionsrelevant (individuelle Evaluation: z.B. Arbeit, Sport, etc.)	+1	1–4 Punkte = gelb
Mit Residualsymptomen nach 3 bis 6 Monaten	+2	
Zeitraum seit Behandlungsbeginn oder letzter Behandlungsanpassung		≥5 Punkte = rot
> 12 Monate	+0	
6–12 Monate	+1	
> 3 bis < 6 Monate	+2	
Behinderungsprogression (modifizierter MSFC)		
T25-FW, 9-HPT, LCSLC (1,25 % Kontrast)		0 Punkte = grün
Jeder Test mit einer Verschlechterung von 20 %	1	
Jeder Test mit einer Verschlechterung von 40 %	2	1 Punkt = gelb
SDMT		
Verschlechterung bei ≥ 4 Punkten	1	
Verschlechterung bei ≥ 8 Punkten	2	≥2 Punkte = rot

Tab. 3.7 (Fortsetzung)

Domänen der Krankheitsaktivität	MSDM-Punktzahl	Interpretation des MSDM-Gesamtscores
Neuropsychologie		
Fatigue		0 Punkte = grün
Verschlechterung um 1 Kategorie	1	
Verschlechterung um 2 Kategorien	2	
Verschlechterung um 3 Kategorien	3	−2 Punkte = gelb
Depression (erhoben mittels HADS)	−1	
Angstgefühl (erhoben mittels HADS)	−1	3 Punkte = rot
Lebensqualität (MSIS-29)	Keine MSDM-Punkte	
Veränderung von > 7 Punkten	Warnsignal, zeitnah überprüfen	
MRT-Befunde		0–2 Punkte = grün
Jede gadolinium-aufnehmende Läsion	1	
Jede neue oder vergrößerte T2-Läsion ohne Gadolinium-Aufnahme	1	≥3 Punkte = gelb

Quelle: IGES – Stangel et al. (2015)
Interpretation: »Grün« = keine Veränderung: kein Handlungsbedarf, »Gelb«: leichte Veränderung: baldige Überprüfung, »Rot« = deutliche Veränderung: Therapieanpassung erwägen
Abkürzungen: 9-HPT: 9-Hole Peg Test, FSMC: Fatigue Scale for Motor and Cognitive Functions, HADS: Hospital Anxiety and Depression Scale, LCSLC: Low Contrast Sloan Letter Chart, MSDM: Multiple Sclerosis Decision Model, MSFC: Multiple Sclerosis Functional Composite, MSIS-29: Multiple Sclerosis Impact Scale, T25-FW: Timed 25-Foot Walk

3.5 Versorgungssituation Diagnosestellung

3.5.1 Datenlage

Die sichere Diagnosestellung einer MS ist mit einem einzelnen Test nicht möglich, sodass die Notwendigkeit einer Kombination aus klinischen, labormedizinischen und apparativen Untersuchungen in der MS-Diagnostik besteht. Die aktuelle Leitlinie der DGN zur Diagnose und Therapie der MS (DGN 2014) und die McDonald-Kriterien (Polman et al. 2011) empfehlen die Diagnosestellung mittels MRT, Liquoruntersuchung, Aufzeichnung von EP und Anamnese begleitet von einer klinisch-neurologischen Untersuchung.

Mittels einer strukturierten Literaturrecherche wurden Studien zur Inanspruchnahme diagnostischer Leistungen bei Patienten mit MS identifiziert. Untersuchungen mit einem Datenerfassungszeitraum vor dem Jahr 2000 wurden aufgrund fehlender Aktualität ausgeschlossen. Datengrundlage der identifizierten Studien waren Befragungen von Patienten (Kobelt et al. 2006; Karampampa et al. 2012) und Sekundärdaten von Versicherten der gesetzlichen Krankenversicherung (GKV) (Höer et al. 2014).

Kobelt et al. (2006) und Karampampa et al. (2012) haben Daten von Patienten, die an MS erkrankt waren, mittels Fragebögen erfasst. Es wurden Daten zur Versorgung im ambulanten und stationären Sektor erhoben. Der Befragungszeitraum zur Inanspruchnahme erstreckte sich auf die zurückliegenden drei bis zwölf Monate. Kobelt et al. (2006) befragten 2.973 Patienten mit MS, die über jeweils drei Kliniken und Privatpraxen und eine Patientendatenbank rekrutiert worden sind. Karampampa et

Tab. 3.8 Studien zur Inanspruchnahme diagnostischer Leistungen von Patienten mit MS in Deutschland

Studiencharakteristika	Kobelt et al. (2006)	Karampampa et al. (2012)	Höer et al. (2014)
Erhebungszeitraum	2005	2009	2005-2009
Datenbasis	Patientenbefragung	Patientenbefragung	Routinedaten
Stichprobenumfang	2.973	244	18.183 (2009)
Rekrutierung	3 Kliniken, 3 Privatpraxen, Patientendatenbank	MS-Behandlungszentren	–
Verlaufsformen			
Erstmanifestation (%)	k.a.	k.a.	10,2 %
RRMS (%)	39,7 %	65 %	36,3 %
PPMS (%)	47,4 %	8 %	3,9 %
SPMS (%)		13 %	7,5 %
Nicht spezifiziert	12,8 %	14 %	38,9 %
EDSS-Score			k.a.
Mittlerer EDSS-Score	3,8 ± 2,3	1,8 ± 1,8	
0–3	47,4 %	67 %	
4–6,5	35,6 %	28 %	
7–9,5	12,0 %	5 %	

Quelle: IGES – Kobelt et al. (2006); Karampampa et al. (2012); Höer et al. (2014)
Anmerkungen: RRMS = relapsing remitting MS, PPMS = primary progressive MS, SPMS = secondary progressive MS, k.a. = keine Angabe.
Für Höer et al. (2014) werden nur die aktuellsten Daten (Jahr 2009) aufgeführt.

al. (2012) selektierten insgesamt 244 Patienten mit MS aus verschiedenen MS-Behandlungszentren. Höer et al. (2014) analysierten Abrechnungsdaten von GKV-Versicherten aus dem Freistaat Bayern mit mindestens einer MS-Diagnose. Die Analyse war begrenzt auf ambulant abgerechnete Leistungen. Es wurden Daten von 2005 bis 2009 analysiert, mit einer Spannweite von 12.836 (Jahr 2005) bis 18.183 (Jahr 2009) Fällen (Tab. 3.8).

Die Unterschiede der identifizierten Studien in ihrer Erhebungsmethodik und Auswahl der Studienteilnehmer wirken sich auf die zur Verfügung stehende Datenbasis aus. So unterscheiden sich die analysierten Stichproben hinsichtlich des Behinderungsgrades, gemessen anhand der EDSS, und der Verlaufsformen der Erkrankung. Insbesondere in der Studie von Karampampa et al. (2012) setzt sich die Stichprobe aus Patienten mit einem vergleichsweise geringen Behinderungsgrad zusammen. Der EDSS-Score beträgt 1,8 und unterscheidet sich damit wesentlich von Kobelt et al. (EDSS-Score 3,8) als auch von Registerauswertungen von deutschen Patienten mit MS; der mediane EDSS-Score beträgt hier 3,5 (Flachenecker et al. 2008; MSFP 2014). Zudem lag der Anteil an Patienten mit RRMS bei Karampampa et al. (2012) mit 65 % wesentlich höher als bei Kobelt et al. und Höer et al. mit jeweils rund einem Drittel. Im Gegensatz hierzu umfasste die Stichprobe von Kobelt et al. (2006) mit über 47 % den größten Anteil an Patienten mit progredienter Verlaufsform (Tab. 3.8).

Die Leitlinie der DGN zur Diagnose und Therapie der MS empfiehlt, die in Tab. 3.1 genannten Untersuchungen sowohl bei Verdacht auf MS als auch zu verschiedenen Zeitpunkten im Verlauf der Erkrankung durchzuführen. Da die identifizierten Studien von Kobelt et al. (2006) und Karampampa et al. (2012) nur solche Patienten einschlossen, bei denen bereits eine gesicherte MS-Diagnose vorlag, sind zwar Aussagen über durchgeführte diagnostische Untersuchungen im Verlauf der Erkrankung möglich, jedoch nicht bei vorliegendem Verdacht auf MS. In der Analyse von Höer et al. (2014) erhielt mit fast 40 % die Mehrzahl der Patienten nur eine unspezifische Diagnose (G35.9, Multiple Sklerose nicht näher bezeichnet). Daher wurden zusätzlich Daten des DRG-Browsers (Version 2013/2014) herangezogen. Der DRG-Browser wird vom Institut für das Entgeltsystem im Krankenhaus (InEK GmbH) zur Verfügung gestellt und enthält Daten abgerechneter stationärer Leistungen von Krankenhäusern des gesamten Bundesgebietes. Ambulant durchgeführte diagnostische Leistungen werden im DRG-Browser nicht dargestellt. Da bei den meisten Patienten die Therapie häufig zumindest temporär stationär stattfindet und die Erstmanifestation der MS meist ein akuter Schub ist, ist davon auszugehen, dass ein nicht unerheblicher Anteil von Patienten mit MS regelmäßig ein Krankenhaus aufsucht. Die Datenabfrage erfolgte differenziert nach DRG, die im Zusammenhang mit einer MS-Diagnose (G35.-) stehen. Die DRG ‚B68D' (Multiple Sklerose und zerebellare Ataxie, ein Belegungstag oder ohne äußerst schwere CC, Alter > 15 Jahre, ohne komplexe Diagnose) repräsentiert über 90 % aller Patientenfälle mit einer Diagnose G35.- und steht daher im Zentrum der Datendarstellung der Inanspruchnahme diagnostischer Leistungen im stationären Bereich.

3.5.2 Magnetresonanztomografie

Die MRT ist ein wichtiges bildgebendes Verfahren der Diagnostik bei MS. Im Bundesgebiet entfallen im Schnitt 1,14 stationäre MRT-Geräte auf 100.000 Einwohner (Statistisches Bundesamt 2015; Statistische Ämter des Bundes und der Länder 2016). Damit liegt Deutschland im europäischen Vergleich (EU27) leicht über dem Durchschnitt von 10,5 MRT pro 1 Million Einwohner und an elfter Stelle des Rankings (OECD/European Union 2014). Daten des Statistischen Bundesamtes zeigen eine regionale Variation der Ausstattung mit MRT-Geräten der Krankenhäuser in Deutschland (Statistisches Bundesamt 2015). Thüringen weist die höchste MRT-Dichte mit 1,85 MRT pro 100.000 Einwohner auf, gefolgt von Berlin und Hamburg mit 1,67 bzw. 1,65 MRT pro 100.000 Einwohner. Bremen weist mit 0,30 MRT pro 100.000 Einwohner die niedrigste Rate auf (◘ Abb. 3.2).

Die Leitlinie der DGN zur Diagnose und Therapie der MS empfiehlt die Durchführung einer MRT des Schädels bei Verdacht auf MS (transversale PD-T2-Gewichtung und transversale T1-Gewichtung mit/ohne Gadolinium) und im zwölften Monat nach Diagnosestellung. Weiterhin existiert eine eingeschränkte Empfehlung für eine MRT des Schädels bei einem Schub bzw. Krankheitsprogression und für eine spinale MRT bei Verdacht auf MS sowie bei einem Schub bzw. Krankheitsprogression ◘ Tab. 3.1 (DGN 2014).

Die identifizierten Studien zeigen, dass bei rund einem Drittel (Kobelt et al. 2006; Höer, 2014) bis der Hälfte (Karampampa, 2012) der Patienten mit MS mindestens einmal im Erhebungsjahr eine MRT durchgeführt worden ist (◘ Tab. 3.9). Bei Interpretation der Daten muss berücksichtigt werden, dass MRT-Untersuchungen zur Verlaufskontrolle primär bei Patienten mit schubförmig verlaufender MS zur Anwendung kommen. Bei Patienten mit progredienten Verlaufsformen (PPMS und SPMS) ist eine Verlaufskontrolle zum Nachweis einer zeitlichen Streuung mittels MRT nicht möglich und wurde bei diesen Patienten sehr wahrscheinlich nicht durchgeführt. In ◘ Tab. 3.9 ist daher nur der Anteil der Patienten mit RRMS dem Anteil der Studienteilnehmer mit MRT-Untersuchung gegenübergestellt. Der Anteil der Patienten mit RRMS variiert je nach betrachteter Studie. Diese Unterschiede sind auf das unter Kapitel 3.5.1 dargestellte methodische Vorgehen zurückzuführen (► Abschn. 3.5.1).

Die Daten der drei Studien zeigen, dass überwiegend eine Übereinstimmung zwischen Anteil der RRMS-Population und durchgeführten MRT (Kopf und Wirbelsäule) besteht (◘ Tab. 3.9). Die Zahlen von Kobelt et al. (2006) und Karampampa et al. (2012) basieren auf einer Selbstauskunft von Patienten und sind deshalb anfällig für Verzerrungen durch fehlerhafte Auskünfte der Studienteilnehmer (Recall Bias). So ist beispielsweise denkbar, dass sich

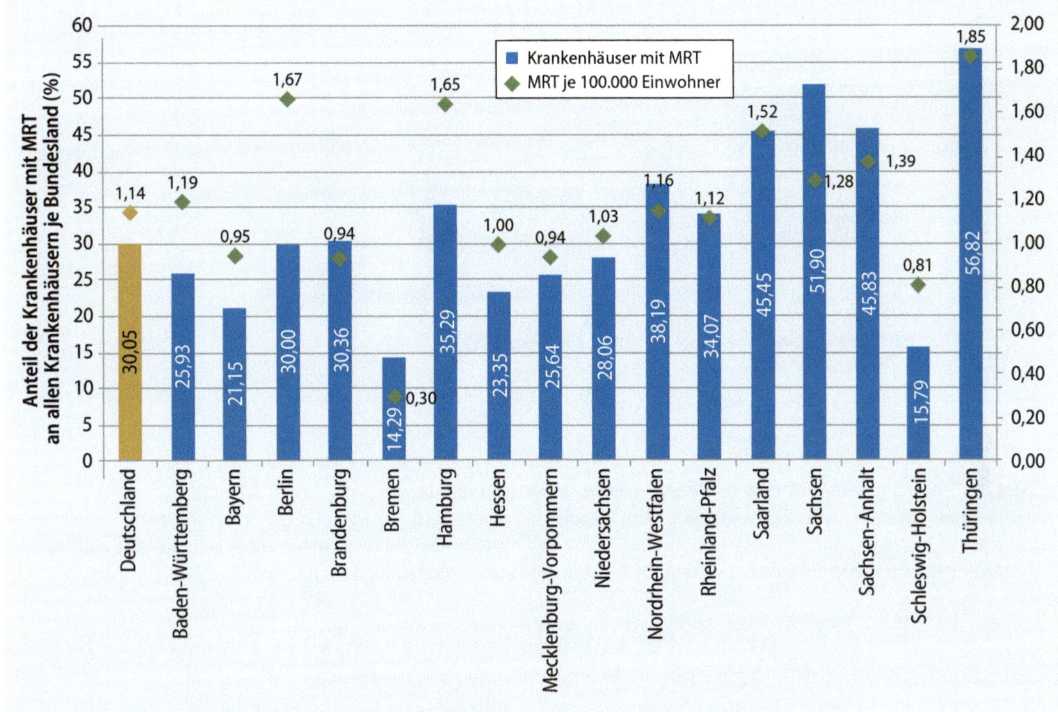

Abb. 3.2 Krankenhäuser mit MRT sowie Anzahl der MRT/100.000 Einwohner in Deutschland (2013).
Quelle: IGES – Statistisches Bundesamt (2015); Statistische Ämter des Bundes und der Länder (2016)
Anmerkung: Nicht enthalten sind die MRT der ambulanten radiologischen Praxen

ein Teil der Befragten nicht an eine MRT-Untersuchung erinnern konnte, wenn diese bereits längere Zeit zurück lag, sodass die Daten möglicherweise eine Unterschätzung der realen Versorgungssituation widerspiegeln. Die Datenanalyse von Höer et al. (2014) beruht auf einer Sekundäranalyse von GKV-Versichertendaten und ist, unter der Voraussetzung einer korrekten Datenkodierung, weniger anfällig für Verzerrungen. Diese Untersuchung zeigt auch die größte Übereinstimmung zwischen Patienten mit RRMS und dem Anteil der Patienten mit erhaltener MRT-Untersuchung (Tab. 3.9). Von

Tab. 3.9 Durchgeführte MRT-Untersuchungen bei Patienten mit MS

Studie	Jahr der Datenerhebung	MRT Kopf und/ oder Wirbelsäule	Anteil RRMS an Studienpopulation
Kobelt et al. (2006*)	2005	32 %	40 %
Karampampa et al. (2012*)	2009	57 %	65 %
Höer et al. (2014)	2009	34 %	36 %

Quelle: Kobelt et al. (2006); Karampampa et al. (2012); Höer et al. (2014)
Anmerkungen: RRMS = relapsing remitting MS
*Datengrundlage war eine Befragung von Patienten
#Nur ambulante Daten, nur GKV-Versicherte aus Bayern. Es werden nur die aktuellsten Daten (Jahr 2009) aufgeführt.

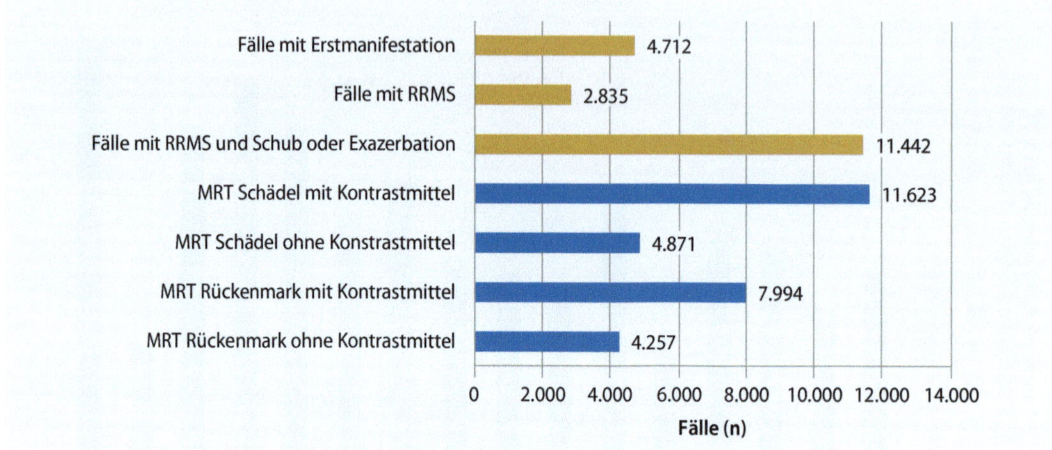

Abb. 3.3 Stationär durchgeführte MRT bei Patienten mit MS (DRG B68D, Jahr 2013) (IGES - InEK (2015))
Anmerkungen: Fälle mit Erstmanifestation = G35.0, Fälle mit RRMS = G35.10, Fälle mit RRMS mit Schub oder Exazerbation = G35.11, MRT des Schädels mit Kontrastmittel = OPS 3-823, MRT des Schädels ohne Kontrastmittel = OPS 3-800, MRT von Wirbelsäule und Rückenmark mit Kontrastmittel = OPS 3-823, MRT von Wirbelsäule und Rückenmark ohne Kontrastmittel = OPS 3-802

rund 18.000 Patienten mit MS hatten 36 % einen schubförmigen Verlauf. Von diesen erhielten im Jahr 2009 rund 34 % eine MRT-Untersuchung.

Die Datenanalyse durchgeführter Prozeduren (nach Operationen- und Prozedurenschlüssel, OPS) im stationären Bereich zeigt, dass im Jahr 2013 rund 16.500 MRT des Schädels, davon rund 4.800 ohne Kontrastmittel und rund 11.600 mit Kontrastmittel, sowie 12.250 MRT des Rückenmarks im Krankenhaus durchgeführt worden sind (Abb. 3.3). Demgegenüber stehen rund 4.700 Fälle mit Erstmanifestation, bei denen gemäß Leitlinie der DGN eine MRT mit/ohne Kontrastmittel durchgeführt werden sollte (DGN 2014). Für diese Patientenpopulation lässt sich aus den vorliegenden Daten keine Unterversorgung ableiten. Die Diskrepanz zwischen den übrigen Fällen mit RRMS und RRMS mit akuten Schüben bzw. Exazerbation (rund 14.300) kann auch darauf hindeuten, dass ein Teil der Patienten ambulant behandelt worden ist. So zeigen Analysen auf Grundlage des DMSG-Datensatzes, dass rund ein Drittel der Patienten mit RRMS mit akuten Schüben ausschließlich ambulant behandelt werden (Rommer et al. 2015). Einschränkend ist anzumerken, dass diese Zahlen keine Aussage darüber zulassen, wie hoch der Anteil der dargestellten Patientenpopulationen ist, die tatsächlich eine MRT erhalten haben, denn die Daten des DRG-Browsers des InEK lassen keine direkte Zuordnung der Zahlen zu einzelnen Patienten, sondern nur Fällen zu.

Bei gemeinsamer Betrachtung der gesamten einbezogenen Studien- und Datenlage sind Aussagen zur Versorgungssituation von Patienten mit MS mit dem bildgebenden Verfahren der MRT nur eingeschränkt möglich. Die Daten des DRG-Browsers für die stationäre Behandlung geben Hinweise, dass die Versorgungskapazitäten für Patienten mit Verdacht auf MS ausreichend sind. Über die Versorgungssituation weiterer MS-Populationen kann auf Grundlage der vorhandenen Studien- und Datenlage keine Aussage getroffen werden. Um eine exakte Bewertung der Versorgungssituation bezüglich der MRT-Diagnostik treffen zu können, sind weitere Untersuchungen notwendig, die fallbezogen sowohl stationäre als ambulante Daten berücksichtigen.

3.5.3 Liquoruntersuchung

Die Leitlinie der DGN empfiehlt die Liquoruntersuchung bei Verdacht auf MS und eingeschränkt im zwölften Monat nach der Diagnosestellung. Zum Nachweis einer PPMS sollten neben einer Krank-

Tab. 3.10 Durchgeführte Liquoruntersuchungen bei Patienten mit MS

Studie	Jahr der Datenerhebung	Liquoruntersuchung	Anteil PPMS und SPMS
Kobelt et al. (2006)*	2005	2,6 %	47,4 %
Karampampa et al. (2012)*	2009	17 %	21 %

Quelle: Kobelt et al. (2006); Karampampa et al. (2012)
Anmerkungen: RRMS = relapsing remitting MS, PPMS = primärprogrediente MS, SPMS = sekundärprogrediente MS
*Datengrundlage war eine Befragung von Patienten

heitsprogression von mehr als 12 Monaten zudem oligoklonale Banden im Liquor nachweisbar sein in Kombination mit Läsionen im MRT des Kopfes oder des Rückenmarks (Tab. 3.1) (DGN 2014).

Die identifizierten Studien von Kobelt et al. (2006) und Karampampa et al. (2012) zeigen, dass bei rund 3 % bzw. 17 % der befragten Patienten mit MS mindestens einmal pro Jahr eine Liquoruntersuchung durchgeführt worden ist (Tab. 3.10).

Die Studiendaten lassen keine Aussage bezüglich durchgeführter Lumbalpunktionen bei Verdachtsfällen zu, da sich die Angaben nur auf Patienten mit bereits diagnostizierter MS beziehen. Bei der Interpretation der Daten ist von Bedeutung, dass Liquoruntersuchungen zur Verlaufskontrolle häufig bei Patienten mit progredienter MS (PPMS und SPMS) durchgeführt werden, da MRT-Untersuchungen bei dieser Patientenpopulation keine Aussagen zum Verlauf zulassen. In der Studie von Karampampa et al. (2012) betrug der Anteil von Patienten mit PPMS und SPMS rund 21 %. Beinahe genauso viele (17 %) erhielten eine Liquoruntersuchung. Bei Kobelt et al. (2006) war die Lücke zwischen dem Anteil der progredienten Verlaufsformen und Liquoruntersuchung wesentlich größer; von 47 % in Frage kommender Patienten erhielten rund 3 % eine Liquoruntersuchung. Zur Einordung der Daten ist weiterhin die Krankheitsdauer der Studienteilnehmer zu beachten. Bei Patienten, die bereits sehr lange an MS erkrankt sind, insbesondere bei Patienten mit diagnostizierter PPMS, schafft eine Verlaufskontrolle einen eher geringen diagnostischen Mehrwert. Aus den Studien geht die mittlere Krankheitsdauer der Studienteilnehmer zwar nicht direkt hervor, jedoch implizieren die EDSS-Scores, insbesondere bei Kobelt et al., dass ein Patientenklientel mit fortgeschrittenem Krankheitsverlauf befragt worden ist. Der mittlere EDSS-Score war in der Studie von Kobelt et al. (2006) mit 3,8 vergleichsweise hoch, und auch der Anteil an Patienten mit hohen Werten auf der EDSS ab 7,0 war mit 12 % relativ groß und erklärt möglicherweise die Diskrepanz zwischen dem Anteil progredienter Verlaufsformen und den Angaben zu durchgeführten Liquoruntersuchungen (Tab. 3.10).

Daten zu durchgeführten Prozeduren (OPS) des DRG-Browsers zeigen, dass im Jahr 2013 für die DRG B68D rund 7.800 Liquoruntersuchungen im Krankenhaus durchgeführt worden sind. Demgegenüber stehen rund 4.700 Fälle mit Erstmanifestation, bei denen gemäß der Leitlinie der DGN eine Liquoruntersuchung durchgeführt werden sollte. Für rund 7.000 Fälle mit progredienter MS besteht eine eingeschränkte Empfehlung zur Verlaufskontrolle im 12. Monat (DGN 2014) (Abb. 3.4). Eine Empfehlung zur Verlaufskontrolle über einen noch längeren Zeitraum hinweg geht aus der Leitlinie der DGN nicht hervor. Die Abrechnungsdaten geben jedoch keine Information über die Diagnosezeitpunkte der Patienten mit progredienter MS, sodass die Abrechnungsdaten keinen Aufschluss darüber geben, auf welchen Anteil der Patienten die Leitlinienempfehlung der DGN zutrifft.

Die dargestellten Studien- und Abrechnungsdaten lassen keine Aussage darüber zu, bei welchem Anteil der Patientenpopulation eine Liquoruntersuchung durchgeführt worden ist. Präzise Angaben zur Versorgungssituation sind daher aus den vorliegenden Zahlen nicht ableitbar.

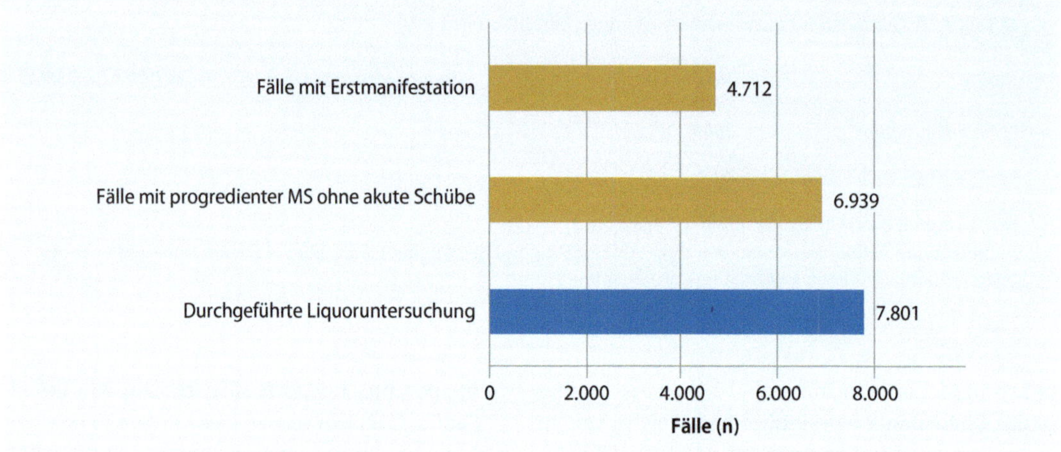

Abb. 3.4 Stationär durchgeführte Liquoruntersuchungen bei Erstmanifestation und bei Patienten mit progredienter MS (DRG B68D, Jahr 2013) (IGES – InEK (2015))
Anmerkungen: Fälle mit Erstmanifestation = G35.0, Fälle mit progredienter MS ohne akute Schübe = G35.20 und G35.30, Liquoruntersuchung = OPS 1-204.2

3.5.4 Evozierte Potenziale

Die Leitlinie der DGN zur Diagnose und Therapie der MS empfiehlt die Aufzeichnung von VEP, SEP und MEP bei Verdacht auf MS und eingeschränkt bei einem Schub bzw. Krankheitsprogression (Tab. 3.1) (DGN 2014).

Die Datenanalyse durchgeführter Prozeduren (OPS) im stationären Bereich zeigt, dass im Jahr 2013 insgesamt ca. 32.800 EP (visuell, somatosensorisch, motorisch) aufgezeichnet worden sind (Abb. 3.5). Die Mehrzahl entfällt dabei mit jeweils rund 40 % auf die von der DGN empfohlenen visuellen und somatosensorischen EP.

Diese Daten zeigen, dass bei Patienten mit MS im stationären Bereich die Aufzeichnung von EP in großem Umfang dokumentiert wird, möglicherweise auch aufgrund der nicht vorhandenen Nebenwirkungen. Diese Zahlen lassen jedoch keinen Rückschluss zu, welcher Anteil der Patientenpopulation die empfohlene Prozedur erhalten hat. Eine Ableitung der Versorgungssituation ist mit den vorliegenden Zahlen daher nicht möglich.

3.5.5 Anamnese und klinisch-neurologische Untersuchung

In der aktuellen Leitlinie zu Diagnose und Therapie empfiehlt die DGN die Anamnese und klinisch-neurologische Untersuchung unter Verwendung der EDSS und des MSFC bei Verdacht auf MS und in regelmäßigen Abständen bzw. bei Schub oder Progression (Tab. 3.11) (DGN 2014).

Entsprechende Daten zur Umsetzung der Leitlinienempfehlung bezüglich Anamnese und klinisch-neurologischer Untersuchung sind kaum vorhanden. Ein Grund hierfür ist darin zu sehen, dass diese Untersuchung im ambulanten oder stationären Bereich nicht gesondert vergütet, sondern pauschal abgerechnet wird. Daher stehen keine dokumentierten Daten zur Analyse zur Verfügung. Die einzige identifizierbare Studie war jene von Heesen et al. (2010), in der neurologische Reha-Kliniken befragt wurden. Standardisierte Messinstrumente zur Verlaufsevaluation wurden von der Mehrzahl der Einrichtungen nicht eingesetzt; nur 12 von 20 befragten MS-Schwerpunktkliniken (≙ 63 %) verwandten die EDSS und nur 5 (≙ 29 %) den MSFC.

Die Ergebnisse dieser Querschnittsuntersuchung bilden nur einen kleinen Teil des Versorgungsgeschehens von Patienten mit MS ab und las-

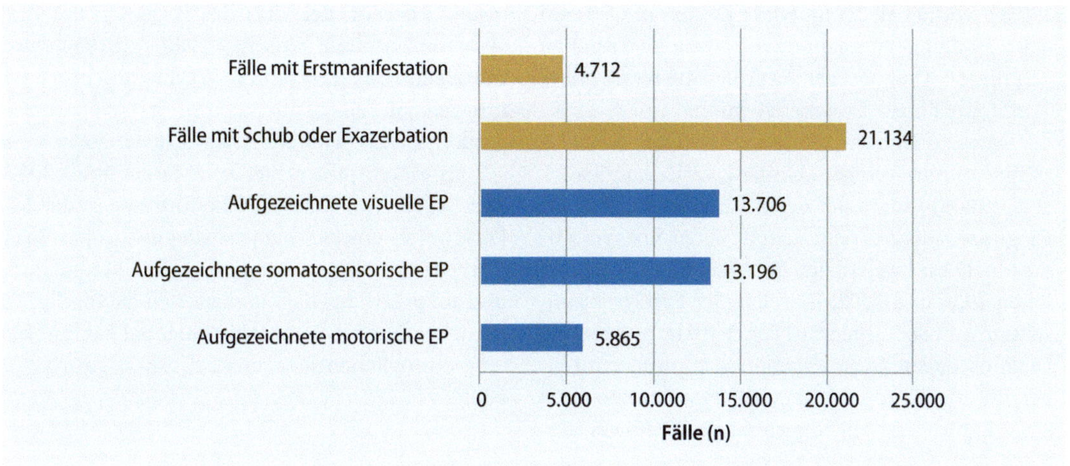

Abb. 3.5 Stationär aufgezeichnete evozierte Potenziale bei Patienten mit MS (DRG B68D, Jahr 2013) (IGES – InEK (2015))

Tab. 3.11 Empfehlung der DGN zur Anamnese und klinisch-neurologischen Untersuchung bei Patienten mit MS

Empfehlung	Verdacht	3. Monat	6. Monat	12. Monat	Halbjährlich	Jährlich	Schub/Progression
Anamnese	X	X	X	X	X		X
EDSS	X		X	X	X		X
MSFC	X			X		X	(X)
Gehstrecke	(X)		(X)	(X)		(X)	(X)

Quelle: IGES – DGN (2014)
Anmerkung: EDSS = Expanded Disability Status Scale, MSFC = Multiple Sclerosis Functional Composite

sen sich aufgrund des Studiendesigns und der geringen Stichprobengröße nicht auf die allgemeine Versorgungssituation übertragen. Allerdings geben diese Zahlen Hinweise darauf, dass die empfohlenen Instrumente, EDSS und MSFC, möglicherweise nicht ausreichend eingesetzt werden.

3.5.6 Diagnosedauer

Eine frühzeitige Diagnosestellung ist für die rechtzeitige Einleitung einer Therapie von großer Bedeutung, um das Auftreten eines erneuten Schubes sowie den Untergang von Glia- und Hirngewebe und eine damit zusammenhängende Behinderung soweit wie möglich zu verzögern. Aufgrund der Variabilität der MS-Symptomatik und des individuell sehr unterschiedlichen Verlaufs ist es für den behandelnden Arzt schwierig, die Symptome sofort einer MS zuzuordnen (Twork et al. 2005). Eine Auswertung des DMSG-Datensatzes (Stand 2014) zeigt eine relativ lange durchschnittliche Diagnosedauer vom Auftreten erster Symptome bis zur Diagnosestellung von rund 2,7 Jahren (msfp 2014). Eine Analyse auf Grundlage desselben Datensatzes mit älteren Daten von 2005 und 2006 zeigte noch eine längere durchschnittliche Diagnosedauer von 3,4 Jahren (Flachenecker u. Stuke 2008). In anderen Studien mit deutschen Patienten betrug die Diagnosedauer zwischen 4,5 und 6,0 Jahren (Haas et al.

2003; Twork et al. 2005). Diese Zahlen implizieren einen in den letzten Jahren einsetzenden Trend zu verkürzten Diagnosezeiten vom Auftreten erster Symptome bis zur Diagnosestellung.

Daten zu Einflussfaktoren auf die Diagnosedauer sind in nur geringem Umfang verfügbar. Twork et al. (2005) weisen auf einen Zusammenhang der Diagnosedauer mit dem Zeitpunkt der Erstsymptome hin. Diese lagen in den untersuchten Daten zwischen 1936 und 2002. Je weiter der Erstsymptomzeitpunkt in der Gegenwart lag, desto kürzer war die Diagnosedauer. Diese Ergebnisse stimmen mit einer Datenanalyse von 16.500 Patienten eines US-amerikanischen MS-Registers (NARCOMS Registry) überein. Bei 50 % der Patienten mit Erstsymptomzeitpunkt zwischen 1980 und 1984 wurde innerhalb von sechs Jahren MS diagnostiziert, wohingegen 50 % der Patienten mit Erstsymptomzeitpunkt nach 2000 die MS-Diagnose bereits in weniger als einem Jahr erhielten (Marrie et al. 2005). Dies wurde u.a. auf neue Erkenntnisse in der MS-Forschung, einer Zunahme diagnostischer Möglichkeiten, insbesondere der MRT-Untersuchung, und auf präzisere Diagnosekriterien (▶ Abschn. 3.3) zurückgeführt, die eine frühzeitigere Diagnosestellung ermöglichen (Marrie et al. 2005; Twork et al. 2005).

Literatur

Amato MP, Ponziani G (1999) Quantification of impairment in MS: discussion of the scales in use. Multiple sclerosis 5(4): 216-219. ISSN: 1352-4585.

Arnold DL, Calabresi PA, Kieseier BC, Sheikh SI, Deykin A, Zhu Y, Liu S, You X, Sperling B, Hung S (2014): Effect of peginterferon beta-1a on MRI measures and achieving no evidence of disease activity: results from a randomized controlled trial in relapsing-remitting multiple sclerosis. BMC Neurology 14, 240. DOI: 10.1186/s12883-014-0240-x.

Awad A, Hemmer B, Hartung HP, Kieseier B, Bennett JL, Stuve O (2010) Analyses of cerebrospinal fluid in the diagnosis and monitoring of multiple sclerosis. Journal of neuroimmunology 219(1-2): 1-7. DOI: 10.1016/j.jneuroim.2009.09.002.

Barkhof F, Filippi M, Miller DH, Scheltens P, Campi A, Polman CH, Comi G, Ader HJ, Losseff N, Valk J (1997) Comparison of MRI criteria at first presentation to predict conversion to clinically definite multiple sclerosis. Brain : a journal of neurology 120 (Pt 11): 2059-2069. ISSN: 0006-8950.

Bortz J, Döring N (2006) Forschungsmethoden und Evaluation für Human- und Sozialwissenschaftler. 4. Auflage. Berlin: Springer.

Broadley SA, Deans J, Sawcer SJ, Clayton D, Compston DA (2000) Autoimmune disease in first-degree relatives of patients with multiple sclerosis. A UK survey. Brain: journal of neurology 123 (Pt 6): 1102-1111. ISSN: 0006-8950.

Brochet B, Deloire MS, Bonnet M, Salort-Campana E, Ouallet JC, Petry KG, Dousset V (2008) Should SDMT substitute for PASAT in MSFC? A 5-year longitudinal study. Multiple sclerosis 14(9): 1242-1249. DOI: 10.1177/1352458508094398.

Cohen JA, Cutter GR, Fischer JS, Goodman AD, Heidenreich FR, Jak AJ, Kniker JE, Kooijmans MF, Lull JM, Sandrock AW, Simon JH, Simonian NA, Whitaker JN (2001) Use of the multiple sclerosis functional composite as an outcome measure in a phase 3 clinical trial. Archives of neurology 58(6): 961-967. ISSN: 0003-9942.

Cohen JA, Fischer JS, Bolibrush DM, Jak AJ, Kniker JE, Mertz LA, Skaramagas TT, Cutter GR (2000) Intrarater and interrater reliability of the MS functional composite outcome measure. Neurology 54(4): 802-806. ISSN: 0028-3878.

Cutter GR, Baier ML, Rudick RA, Cookfair DL, Fischer JS, Petkau J, Syndulko K, Weinshenker BG, Antel JP, Confavreux C, Ellison GW, Lublin F, Miller AE, Rao SM, Reingold S, Thompson A, Willoughby E (1999) Development of a multiple sclerosis functional composite as a clinical trial outcome measure. Brain : a journal of neurology 122 Pt 5): 871-882. ISSN: 0006-8950.

Dalton CM, Brex PA, Miszkiel KA, Hickman SJ, MacManus DG, Plant GT, Thompson AJ, Miller DH (2002) Application of the new McDonald criteria to patients with clinically isolated syndromes suggestive of multiple sclerosis. Annals of neurology 52(1): 47-53. DOI: 10.1002/ana.10240.

DGN (Hrsg.) (2014) Leitlinien für Diagnostik und Therapie in der Neurologie. Diagnose und Therapie der Multiplen Sklerose. Entw icklungsstufe: S2e. Stand: Januar 2012, Ergänzung August 2014. Gültig bis 2017. (AWMF-Registernummer: 030/050). Deutsche Gesellschaft für Neurologie. http://www.awmf.org/uploads/tx_szleitlinien/030-050l_S2e_Multiple_Sklerose_Diagnostik_Therapie_2014-08_verlaengert.pdf [Abruf am: 04. November 2015].

Fazekas F, Offenbacher H, Fuchs S, Schmidt R, Niederkorn K, Horner S, Lechner H (1988) Criteria for an increased specificity of MRI interpretation in elderly subjects with suspected multiple sclerosis. Neurology 38(12): 1822-1825. ISSN: 0028-3878.

Fischer JS, Jak AJ, Kniker JE, Rudick RA, Cutter G (2001) Administration And Scoring Manual. National Multiple Sclerosis Society. http://www.mstrust.org.uk/competencies/downloads/MSFC.pdf [Abruf am: 11. Juni 2015].

Fischer JS, Rudick RA, Cutter GR, Reingold SC (1999) The Multiple Sclerosis Functional Composite Measure (MSFC) an integrated approach to MS clinical outcome assessment. National MS Society Clinical Outcomes Assessment Task Force. Multiple sclerosis 5(4): 244-250. ISSN: 1352-4585.

Flachenecker P, Stuke K (2008) National MS registries. Journal of neurology 255 Suppl 6, 102-108. DOI: 10.1007/s00415-008-6019-5.

Foley JF, Barnes CJ, Nair KV (2013): Emerging methods for evaluating the effectiveness of intramuscular interferon beta-1a for relapsing-remitting multiple sclerosis. Journal of Managed Care Pharmacy 19(1 Suppl A), S16-23. ISSN: 1083-4087.

Francis DA, Bain P, Swan AV, Hughes RA (1991) An assessment of disability rating scales used in multiple sclerosis. Archives of neurology 48(3): 299-301. ISSN: 0003-9942.

Freedman MS (2014) Evidence for the efficacy of interferon beta-1b in delaying the onset of clinically definite multiple sclerosis in individuals with clinically isolated syndrome. Therapeutic advances in neurological disorders 7(6): 279-288. DOI: 10.1177/1756285614549554.

Frohman EM, Fujimoto JG, Frohman TC, Calabresi PA, Cutter G, Balcer LJ (2008) Optical coherence tomography: a window into the mechanisms of multiple sclerosis. Nature clinical practice. Neurology 4(12): 664-675. DOI: 10.1038/ncpneuro0950.

Gaspari M, Roveda G, Scandellari C, Stecchi S (2002) An expert system for the evaluation of EDSS in multiple sclerosis. Artificial intelligence in medicine 25(2): 187-210. ISSN: 0933-3657.

Goldman MD, Motl RW, Rudick RA (2010) Possible clinical outcome measures for clinical trials in patients with multiple sclerosis. Therapeutic advances in neurological disorders 3(4): 229-239. DOI: 10.1177/1756285610374117.

Goodkin DE, Cookfair D, Wende K, Bourdette D, Pullicino P, Scherokman B, Whitham R (1992) Inter- and intrarater scoring agreement using grades 1.0 to 3.5 of the Kurtzke Expanded Disability Status Scale (EDSS). Multiple Sclerosis Collaborative Research Group. Neurology 42(4): 859-863. ISSN: 0028-3878.

Gout O, Bouchareine A, Moulignier A, Deschamps R, Papeix C, Gorochov G, Heran F, Bastuji-Garin S (2011) Prognostic value of cerebrospinal fluid analysis at the time of a first demyelinating event. Multiple sclerosis 17(2): 164-172. DOI: 10.1177/1352458510385506.

Gronseth GS, Ashman EJ (2000) Practice parameter: the usefulness of evoked potentials in identifying clinically silent lesions in patients with suspected multiple sclerosis (an evidence-based review) Report of the Quality Standards Subcommittee of the American Academy of Neurology. Neurology 54(9): 1720-1725. ISSN: 0028-3878.

Grouven U, Bender R, Ziegler A, Lange S (2007) [The kappa coefficient]. Deutsche medizinische Wochenschrift 132 Suppl 1, e65-e68. DOI: 10.1055/s-2007-959046.

Haas J, Kugler J, Nippert I, Pöhlau D, Scherer P (2003) Lebensqualität bei Multipler Sklerose - Berliner DMSg-Studie. Berlin und New York: Walter de Gruyter. ISBN: 9783110897609.

Heesen C, Stückrath E, Köpke S, Hauptmann B, Henze T (2010) Rehabilitation bei Multipler Sklerose in Deutschland – Ergebnisse einer Umfrage. Aktuelle Neurologie 37: 4-9. DOI: 10.1055/s-0029-1223433.

Hobart J (2003) Rating scales for neurologists. Journal of neurology, neurosurgery, and psychiatry 74 Suppl 4, iv22-iv26. ISSN: 0022-3050.

Hobart J, Freeman J, Thompson A (2000) Kurtzke scales revisited: the application of psychometric methods to clinical intuition. Brain : a journal of neurology 123 (Pt 5): 1027-1040. ISSN: 0006-8950.

Höer A, Schiffhorst G, Zimmermann A, Fischaleck J, Gehrmann L, Ahrens H, Carl G, Sigel KO, Osowski U, Klein M, Bless HH (2014) Multiple sclerosis in Germany: data analysis of administrative prevalence and healthcare delivery in the statutory health system. BMC Health Services Research 14, 381. DOI: 10.1186/1472-6963-14-381.

Hohol MJ, Orav EJ, Weiner HL (1995) Disease steps in multiple sclerosis: a simple approach to evaluate disease progression. Neurology 45(2): 251-255. ISSN: 0028-3878.

Institut für das Entgeltsystem im Krankenhaus GmbH (InEK) (2015) Datenveröffentlichung gem. § 21 KHEntgG. G-DRG-Browser 2013_2014. http://www.gdrg.de/cms/Datenveroeffentlichung_gem._21_KHEntgG [Abruf am 25. Juni 2015].

Jacobs LD, Beck RW, Simon JH, Kinkel RP, Brownscheidle CM, Murray TJ, Simonian NA, Slasor PJ, Sandrock AW (2000) Intramuscular interferon beta-1a therapy initiated during a first demyelinating event in multiple sclerosis. CHAMPS Study Group. The New England journal of medicine 343(13): 898-904. DOI: 10.1056/NEJM200009283431301.

Kalkers NF, de Groot V, Lazeron RH, Killestein J, Ader HJ, Barkhof F, Lankhorst GJ, Polman CH (2000) MS functional composite: relation to disease phenotype and disability strata. Neurology 54(6): 1233-1239. ISSN: 0028-3878.

Kalkers NF, Polman CH, Uitdehaag BMJ (2001) Measuring clinical disability: The MS Functional Composite International MS Journal 8(3): 79-87.

Karampampa K, Gustavsson A, Miltenburger C, Eckert B (2012a) Treatment experience, burden and unmet needs (TRIBUNE) in MS study: results from five European countries. Multiple Sclerosis 18(2 Suppl): 7-15. DOI: 10.1177/1352458512441566.

Kobelt G, Berg J, Lindgren P, Elias WG, Flachenecker P, Freidel M, Konig N, Limmroth V, Straube E (2006) Costs and quality of life of multiple sclerosis in Germany. The European journal of health economics 7 Suppl 2, S34-44. DOI: 10.1007/s10198-006-0384-8.

Kragt JJ, Thompson AJ, Montalban X, Tintore M, Rio J, Polman CH, Uitdehaag BM (2008) Responsiveness and predictive value of EDSS and MSFC in primary progressive MS. Neurology 70(13 Pt 2): 1084-1091. DOI: 10.1212/01.wnl.0000288179.86056.e1.

Kurtzke JF (1983) Rating neurologic impairment in multiple sclerosis: an expanded disability status scale (EDSS). Neurology 33(11): 1444-1452. ISSN: 0028-3878.

Kurtzke JF, Beebe GW, Nagler B, Auth TL, Kurland LT, Nefzger MD (1972) Studies on the natural history of multiple sclerosis. 6. Clinical and laboratory findings at first diagnosis. Acta neurologica Scandinavica 48(1): 19-46. ISSN: 0001-6314.

Leahy H, Garg N (2013) Radiologically Isolated Syndrome: An Overview. Neurological Bulletin 5: 22-26. DOI: 10.7191/neurol_bull.2013.1044.

Leray E, Yaouanq J, Le Page E, Coustans M, Laplaud D, Oger J, Edan G (2010): Evidence for a two-stage disability progression in multiple sclerosis. Brain 133(Pt 7), 1900-1913. DOI: 10.1093/brain/awq076.

Lovblad KO, Anzalone N, Dorfler A, Essig M, Hurwitz B, Kappos L, Lee SK, Filippi M (2010) MR imaging in multiple sclerosis: review and recommendations for current practice. AJNR. American journal of neuroradiology 31(6): 983-989. DOI: 10.3174/ajnr.A1906.

Marcus JF, Waubant EL (2012) Updates on Clinically Isolated Syndrome and Diagnostic Criteria for Multiple Sclerosis. The Neurohospitalist 3(2): 65-80. DOI: 10.1177/1941874412457183.

Marrie RA, Cutter G, Tyry T, Hadjimichael O, Campagnolo D, Vollmer T (2005) Changes in the ascertainment of multiple sclerosis. Neurology 65(7): 1066-1070. DOI: 10.1212/01.wnl.0000178891.20579.64.

Masuhr KF, Masuhr F, Neumann M (2013) Duale Reihe Neurologie. 7. überarbeitete und erweiterte Auflage. Stuttgart: Thieme Verlag. ISBN: 9783131359476.

McDonald WI, Compston A, Edan G, Goodkin D, Hartung HP, Lublin FD, McFarland HF, Paty DW, Polman CH, Reingold SC, Sandberg-Wollheim M, Sibley W, Thompson A, van den Noort S, Weinshenker BY, Wolinsky JS (2001) Recommended diagnostic criteria for multiple sclerosis: guidelines from the International Panel on the diagnosis of multiple sclerosis. Annals of neurology 50(1): 121-127. ISSN: 0364-5134.

McHugh JC, Galvin PL, Murphy RP (2008) Retrospective comparison of the original and revised McDonald criteria in a general neurology practice in Ireland. Multiple sclerosis 14(1): 81-85. DOI: 10.1177/1352458507081169.

Miller DM, Rudick RA, Cutter G, Baier M, Fischer JS (2000) Clinical significance of the multiple sclerosis functional composite: relationship to patient-reported quality of life. Archives of neurology 57(9): 1319-1324. ISSN: 0003-9942.

msfp (2014): Aktuelles aus dem MS-Register der DMSG, Bundesverband e.V. Hannover: MS Forschungs- und Projektentwicklungs-gGmbH.

Nixon R, Bergvall N, Tomic D, Sfikas N, Cutter G, Giovannoni G (2014): No Evidence of Disease Activity: Indirect Comparisons of Oral Therapies for the Treatment of Relapsing–Remitting Multiple Sclerosis. Advance in Therapy (31), 1134-1154. DOI: 10.1007/s12325-014-0167-z.

Noseworthy JH, Vandervoort MK, Wong CJ, Ebers GC (1990) Interrater variability with the Expanded Disability Status Scale (EDSS) and Functional Systems (FS) in a multiple sclerosis clinical trial. The Canadian Cooperation MS Study Group. Neurology 40(6): 971-975. ISSN: 0028-3878.

OECD/European Union (2014): Medical technologies: CT scanners and MRI units. In: Publishing O: Health at a Glance: Europe 2014. http://dx.doi.org/10.1787/health_glance_eur-2014-28-en.

Okuda DT, Mowry EM, Beheshtian A, Waubant E, Baranzini SE, Goodin DS, Hauser SL, Pelletier D (2009) Incidental MRI anomalies suggestive of multiple sclerosis: the radiologically isolated syndrome. Neurology 72(9): 800-805. DOI: 10.1212/01.wnl.0000335764.14513.1a.

Ozakbas S, Cagiran I, Ormeci B, Idiman E (2004) Correlations between multiple sclerosis functional composite, expanded disability status scale and health-related quality of life during and after treatment of relapses in patients with multiple sclerosis. Journal of the neurological sciences 218(1-2): 3-7. DOI: 10.1016/j.jns.2003.09.015.

Ozakbas S, Ormeci B, Idiman E (2005) Utilization of the multiple sclerosis functional composite in follow-up: relationship to disease phenotype, disability and treatment strategies. Journal of the neurological sciences 232(1-2): 65-69. DOI: 10.1016/j.jns.2005.01.008.

Parisi V, Manni G, Spadaro M, Colacino G, Restuccia R, Marchi S, Bucci MG, Pierelli F (1999) Correlation between morphological and functional retinal impairment in multiple sclerosis patients. Investigative ophthalmology, visual science 40(11): 2520-2527. ISSN: 0146-0404.

Pascual AM, Bosca I, Coret F, Escutia M, Bernat A, Casanova B (2008) Evaluation of response of multiple sclerosis (MS) relapse to oral high-dose methylprednisolone: usefulness of MS functional composite and Expanded Disability Status Scale. European journal of neurology: the official journal of the European Federation of Neurological Societies 15(3): 284-288. DOI: 10.1111/j.1468-1331.2008. 02061.x.

Paty DW, Oger JJ, Kastrukoff LF, Hashimoto SA, Hooge JP, Eisen AA, Eisen KA, Purves SJ, Low MD, Brandejs V et al. (1988) MRI in the diagnosis of MS: a prospective study with comparison of clinical evaluation, evoked potentials, oligoclonal banding, and CT. Neurology 38(2): 180-185. ISSN: 0028-3878.

Patzold T, Schwengelbeck M, Ossege LM, Malin JP, Sindern E (2002) Changes of the MS functional composite and EDSS during and after treatment of relapses with methylprednisolone in patients with multiple sclerosis. Acta neurologica Scandinavica 105(3): 164-168. ISSN: 0001-6314.

Pelayo R, Montalban X, Minoves T, Moncho D, Rio J, Nos C, Tur C, Castillo J, Horga A, Comabella M, Perkal H, Rovira A, Tintore M (2010) Do multimodal evoked potentials add information to MRI in clinically isolated syndromes? Multiple sclerosis 16(1): 55-61. DOI: 10.1177/1352458509352666.

Polman CH, Reingold SC, Banwell B, Clanet M, Cohen JA, Filippi M, Fujihara K, Havrdova E, Hutchinson M, Kappos L, Lublin FD, Montalban X, O'Connor P, Sandberg-Wollheim M, Thompson AJ, Waubant E, Weinshenker B, Wolinsky JS (2011) Diagnostic criteria for multiple sclerosis: 2010 revisions to the McDonald criteria. Annals of neurology 69(2): 292-302. DOI: 10.1002/ana.22366.

Polman CH, Reingold SC, Edan G, Filippi M, Hartung HP, Kappos L, Lublin FD, Metz LM, McFarland HF, O'Connor PW, Sandberg-Wollheim M, Thompson AJ, Weinshenker BG, Wolinsky JS (2005) Diagnostic criteria for multiple sclerosis: 2005 revisions to the »McDonald Criteria«. Annals of neurology 58(6): 840-846. DOI: 10.1002/ana.20703.

Poser CM, Paty DW, Scheinberg L, McDonald WI, Davis FA, Ebers GC, Johnson KP, Sibley WA, Silberberg DH, Tourtellotte WW (1983) New diagnostic criteria for multiple sclerosis: guidelines for research protocols. Annals of neurology 13(3): 227-231. DOI: 10.1002/ana.410130302.

Ravnborg M, Blinkenberg M, Sellebjerg F, Ballegaard M, Larsen SH, Sorensen PS (2005) Responsiveness of the Multiple Sclerosis Impairment Scale in comparison with the Expanded Disability Status Scale. Multiple sclerosis 11(1): 81-84. ISSN: 1352-4585.

Reinshagen A (2006) Neuroelektrophysiologie. 14. In: Schmidt RM, Hoffmann FA: Multiple Sklerose. 4. neu bearbeitete und erweiterte Auflage. München und Jena: Urban u. Fischer, 177-196. ISBN: 9783437220814.

Rommer PS, Buckow K, Ellenberger D, Friede T, Pitschnau-Michel D, Fuge J, Stuve O, Zettl UK, German Multiple Sclerosis Registry of the German National MSS (2015): Patients characteristics influencing the longitudinal utilization of steroids in multiple sclerosis - an observational study. Eur J Clin Invest 45(6), 587-593. DOI: 10.1111/eci.12450.

Rudick RA, Cutter G, Reingold S (2002) The multiple sclerosis functional composite: a new clinical outcome measure for multiple sclerosis trials. Multiple sclerosis 8(5): 359-365. ISSN: 1352-4585.

Sailer M, Bodammer N (2006) Magnetresonanztomographie. 13. In: Schmidt RM, Hoffmann FA: Multiple Sklerose. 4. neu bearbeitete und erweiterte Auflage. München und Jena: Urban u. Fischer, 137-176. ISBN: 9783437220814.

Schumacher GA, Beebe G, Kibler RF, Kurland LT, Kurtzke JF, McDowell F, Nagler B, Sibley WA, Tourtellotte WW, Willmon TL (1965) Problems of Experimental Trials of Therapy in Multiple Sclerosis: Report by the Panel on the Evaluation of Experimental Trials of Therapy in Multiple Sclerosis. Annals of the New York Academy of Sciences 122: 552-568. ISSN: 0077-8923.

Sharrack B, Hughes RA, Soudain S, Dunn G (1999) The psychometric properties of clinical rating scales used in multiple sclerosis. Brain: a journal of neurology 122 (Pt 1): 141-159. ISSN: 0006-8950.

Sitzer M, Steinmetz H (2011) Lehrbuch Neurologie. München: Urban u. Fischer in Elsevier. ISBN: 9783437414428.

Stangel M, Penner IK, Kallmann BA, Lukas C, Kieseier BC (2015): Towards the implementation of ›no evidence of disease activity‹ in multiple sclerosis treatment: the multiple sclerosis decision model. Ther Adv Neurol Disord 8(1), 3-13. DOI: 10.1177/1756285614560733.

Statistische Ämter des Bundes und der Länder (2016) Gebiet und Bevölkerung – Fläche und Bevölkerung. Stand: 31.12.2014. http://www.statistik-portal.de/Statistik-Portal/de_jb01_jahrtab1.asp [Abruf am 11. Januar 2016].

Statistisches Bundesamt (2015) Gesundheit. Grunddaten der Krankenhäuser 2014. Fachserie 12 Reihe 6.1.1. Wiesbaden: Statistisches Bundesamt.

Swanton JK, Fernando K, Dalton CM, Miszkiel KA, Thompson AJ, Plant GT, Miller DH (2006) Modification of MRI criteria for multiple sclerosis in patients with clinically isolated syndromes. Journal of neurology, neurosurgery, and psychiatry 77(7): 830-833. DOI: 10.1136/jnnp.2005.073247.

Swanton JK, Rovira A, Tintore M, Altmann DR, Barkhof F, Filippi M, Huerga E, Miszkiel KA, Plant GT, Polman C, Rovaris M, Thompson AJ, Montalban X, Miller DH (2007) MRI criteria for multiple sclerosis in patients presenting with clinically isolated syndromes: a multicentre retrospective study. The Lancet. Neurology 6(8): 677-686. DOI: 10.1016/S1474-4422(07)70176-X.

Tintoré M, Rovira A, Martinez MJ, Rio J, Diaz-Villoslada P, Brieva L, Borras C, Grive E, Capellades J, Montalban X (2000) Isolated demyelinating syndromes: comparison of different MR imaging criteria to predict conversion to clinically definite multiple sclerosis. AJNR. American journal of neuroradiology 21(4): 702-706. ISSN: 0195-6108.

Tintoré M, Rovira A, Rio J, Nos C, Grive E, Sastre-Garriga J, Pericot I, Sanchez E, Comabella M, Montalban X (2003)

New diagnostic criteria for multiple sclerosis: application in first demyelinating episode. Neurology 60(1): 27-30. ISSN: 1526-632X.

Tintoré M, Rovira A, Rio J, Tur C, Pelayo R, Nos C, Tellez N, Perkal H, Comabella M, Sastre-Garriga J, Montalban X (2008) Do oligoclonal bands add information to MRI in first attacks of multiple sclerosis? Neurology 70(13 Pt 2): 1079-1083. DOI: 10.1212/01.wnl.0000280576.73609.c6.

Trip SA, Schlottmann PG, Jones SJ, Altmann DR, Garway-Heath DF, Thompson AJ, Plant GT, Miller DH (2005) Retinal nerve fiber layer axonal loss and visual dysfunction in optic neuritis. Annals of neurology 58(3): 383-391. DOI: 10.1002/ana.20575.

Tumani H, Rieckmann P (2006) Marker des Liquor cerebrospinalis und des Blutes im Überblick. 12. In: Schmidt RM, Hoffmann FA: Multiple Sklerose. 4. neu bearbeitete und erweiterte Auflage. München und Jena: Urban u. Fischer. ISBN: 9783437220814.

Twork S, Gothe H, Klewer J, Pöhlau D, Kugler J (2005) Einflussfaktoren auf die Diagnosedauer bei MS-Patienten: Evidenz für einen Yentl-Effekt*. Zeitschrift für medizinische Psychologie 14(1): 33-36.

van Winsen LM, Kragt JJ, Hoogervorst EL, Polman CH, Uitdehaag BM (2010) Outcome measurement in multiple sclerosis: detection of clinically relevant improvement. Multiple sclerosis 16(5): 604-610. DOI: 10.1177/1352458509359922.

Villar LM, Masjuan J, Gonzalez-Porque P, Plaza J, Sadaba MC, Roldan E, Bootello A, Alvarez-Cermeno JC (2002) Intrathecal IgM synthesis predicts the onset of new relapses and a worse disease course in MS. Neurology 59(4): 555-559. ISSN: 0028-3878.

Weinshenker BG, Bass B, Rice GP, Noseworthy J, Carriere W, Baskerville J, Ebers GC (1989): The natural history of multiple sclerosis: a geographically based study. I. Clinical course and disability. Brain: a journal of neurology 112 (Pt 1): 133-146. ISSN: 0006-8950.

Weinshenker BG, Rice GP, Noseworthy JH, Carriere W, Baskerville J, Ebers GC (1991): The natural history of multiple sclerosis: a geographically based study. 4. Applications to planning and interpretation of clinical therapeutic trials. Brain : a journal of neurology 114 (Pt 2): 1057-1067. ISSN: 0006-8950.

Wiendl H, Kieseier BC (2010): Multiple Sklerose. Klinik, Diagnostik und Therapie. Klinische Neurologie. Stuttgart: Kohlhammer. ISBN 978-3-17-018463-3.

Therapie der Multiplen Sklerose

M. Kip et al. (Hrsg.), *Weißbuch Multiple Sklerose*,
DOI 10.1007/978-3-662-49204-8_4, © Der/die Autor(en) 2016

4.1 Stufentherapie

Miriam Kip, Heinz Wiendl

Zusammenfassung

Die Stufentherapie beinhaltet die (dauerhafte) Arzneimitteltherapie zur Reduktion der Anzahl der Schübe (Schubprophylaxe, verlaufsmodifizierende Therapie) und die Akut-Therapie des Schubes. Dabei wird idealerweise ein Zustand frei von Krankheitsaktivität angestrebt (no evidence of disease activity, NEDA). Sie richtet sich nach der Verlaufsform der Erkrankung und hat das Ziel, die Progression der Erkrankung zu verhindern. Die Primärversorgung der Patienten mit Multipler Sklerose erfolgt durch Neurologen, und in den meisten Fällen wird die verlaufsmodifizierende Therapie ambulant durchgeführt. Seit 2011 hat mit dem Hinzukommen neuer therapeutischer Möglichkeiten bei der Behandlung der schubförmig verlaufenden MS (RRMS) der indikationsbezogene Arzneimittelverbrauch unter gesetzlich Versicherten in Deutschland jährlich zugenommen. Die Versorgungssituation in der Therapie von Patienten mit Erstdiagnose einer MS ist dennoch unzureichend. Studien, basierend auf Versichertendaten der gesetzlichen Krankenkasse, deuten darauf hin, dass zu wenig Patienten mit Erstdiagnose einer MS zeitnah auch eine Therapie erhalten. Lediglich jeder zweite Patient mit dokumentierter Erstmanifestation einer MS in 2009 nahm im selben Jahr eine verlaufsmodifizierende Therapie in Anspruch. In Abhängigkeit von der regionalen Facharztdichte suchten zwischen 37 % und 64 % der Patienten innerhalb der ersten sechs Wochen nach Erstdiagnose überhaupt einen Neurologen für die Weiterbehandlung auf. Der frühe Therapiebeginn ist aber für die erfolgreiche Behandlung wichtig. Es ist anzustreben, Patienten nach erstmaligem demyelinisierendem Ereignis (klinisch-isoliertes Syndrom) medikamentös zu behandeln, da dies beispielsweise eine Konversion in eine RRMS verzögert bzw. die Wahrscheinlichkeit längerfristiger Behinderung reduziert. In der Behandlung der RRMS geben Studien Hinweise auf eine Unter- und mögliche Fehlversorgung. Gut 40 % der Patienten der gesetzlichen Krankenversicherung mit dokumentierter RRMS nahmen 2009 überhaupt keine verlaufsmodifizierende Therapie in Anspruch. Die Behandlung der RRMS soll sich entsprechend den 2014 geänderten Handlungsempfehlungen der Deutschen Gesellschaft für Neurologie an der Krankheitsaktivität orientieren. Rund 15 % der Patienten mit MS innerhalb der gesetzlichen Krankenversicherung werden jährlich akut-stationär behandelt. Gut zwei Drittel der wegen einer MS stationär behandelten Patienten nahmen sechs Monate vor dem Krankhausaufenthalt keine verlaufsmodifizierende Therapie in Anspruch. Bei 27 % dieser Patienten wurde nach dem Krankenhausaufenthalt eine verlaufsmodifizierende Therapie initiiert. Bei gut einem Viertel der mit Medikamenten bei niedriger Krankheitsaktivität behandelten Patienten mit RRMS, die klinisch unauffällig waren, waren Zeichen erhöhter Krankheitsaktivität im MRT messbar. Entsprechend den aktuell geänderten Empfehlungen einer an die Krankheitsaktivität angepassten Therapie können diese Patienten von einer Therapie mit Medikamenten für eine (hoch-) aktive Verlaufsform profitieren. Die Adhärenz hinsichtlich der verlaufsmodifizierenden Therapie ist niedrig. Zwischen 2002 und 2006 betrug sie unter gesetzlich Versicherten zwischen 30 und 40 %. Nur ein Drittel der Patienten führte die Therapie für einen Zeitraum von zwei Jahren auch kontinuierlich durch. Als Hemmnisse der Adhärenz werden vor allen Dingen Nebenwirkungen, eine nachgewiesene oder angenommen fehlende Wirksamkeit der Therapie, aber auch Begleiterkrankungen wie die Fatigue oder Depressionen genannt. Es gibt Hinweise, dass die Akutbehandlung des Schubes zu häufig stationär erfolgt. Eine Auswertung des Datensatzes der Deutschen Multiple Sklerose Gesellschaft ergab, dass lediglich gut ein Drittel der Schubtherapien ambulant durchgeführt wird, wobei die Wahrscheinlichkeit einer ambulanten Therapie mit der Krankheitsdauer zunahm. Aus Sicht von Patienten und Ärzten ist die fehlende Verfügbarkeit wirksamer Medikamente für die Behandlung progredienter Verlaufsformen ein dringender Versorgungsbedarf. Denn mit Zunahme der Progredienz der Erkrankung nehmen die therapeutischen Möglichkeiten innerhalb der verlaufsmodifizierenden Therapie ab. Für die Therapie der primär-progredienten MS sind in Deutschland derzeit formal keine Medikamente zugelassen.

Gegenwärtig sind keine kurativen Therapien für die Multiple Sklerose (MS) bekannt. Für die meisten Betroffenen existieren aber wirksame Therapieansätze, um die Krankheitsaktivität zu reduzieren, den Krankheitsverlauf günstig zu beeinflussen und die Symptome der Erkrankung zu behandeln. Die Stufentherapie beschreibt Behandlungspfade getrennt nach Verlaufsform der MS (schubförmige, sekundär und primär progrediente MS) und in Abhängigkeit der Krankheitsaktivität. Bei der schubförmigen Verlaufsform (relapsing remitting MS, RRMS) setzt sie sich aus der verlaufsmodifizierenden Therapie für die Schubprophylaxe und der Therapie des akuten Schubs zusammen. Sie umfasst medikamentöse Therapieansätze, die spezifisch und unspezifisch auf das Immunsystem wirken.

Das folgende Kapitel beschreibt die Versorgungssituation hinsichtlich der Inanspruchnahme der Stufentherapie von Patienten mit MS. Abschnitt eins erläutert die Therapieziele und gibt eine Übersicht über die derzeit empfohlenen Arzneimittel für die verlaufsmodifizierende Therapie. Abschnitt zwei beschreibt die Prinzipien der Stufentherapie unter Berücksichtigung aktueller Entwicklungen im Bereich der Verlaufsformen und der Krankheitsaktivität. Abschnitt drei beschreibt die Inanspruchnahme der Stufentherapie unter Berücksichtigung von Aspekten der Adhärenz und der besonderen Behandlungssituation bei einem Kinderwunsch und einer Schwangerschaft. Dabei werden aktuelle Behandlungsempfehlungen der Versorgungsrealität gegenübergestellt.

4.1.1 Therapieziele und Übersicht empfohlener Therapieansätze

Die Stufentherapie der RRMS gliedert sich in die verlaufsmodifizierende Therapie und die Therapie des Schubs. Sie hat das Ziel, die Krankheitsaktivität und Schubhäufigkeit zu reduzieren und damit die Wahrscheinlichkeit langfristiger Krankheitssymptome zu senken. Die Therapie strebt an, irreversible neurologische Schäden und körperliche Behinderungen sowie neurokognitive und psychische Veränderungen unter Berücksichtigung der Lebensqualität und Patientenautonomie zu verhindern (DGN 2014, Gold et al. 2012). Dabei ist neben der Kontrolle der klinischen Krankheitsaktivität auch die Kontrolle der paraklinischen Aktivität ein erklärtes Ziel (no evidence of disease activity – NEDA).

Für die Darstellung der Arzneimittel zur Therapie der MS nehmen wir Bezug auf die aktuelle S2e-Leitlinie zur Diagnose und Therapie der Multiplen Sklerose der Deutschen Gesellschaft für Neurologie (DGN) mit Stand Januar 2012. In der Online-Ausgabe der Leitlinie wurden im Jahr 2014 einige Änderungen zur Stufentherapie und seit dem Jahr 2012 neu zugelassene Arzneimittel für die Therapie der MS ergänzend aufgenommen (DGN 2014) (▫ Tab. 4.1).

Die neu für die Behandlung der MS zugelassenen Medikamente erweitern das Spektrum therapeutischer Möglichkeiten, insbesondere bei Versagen der herkömmlichen Medikamente und (hoch) aktiven Verläufen der RRMS. Die meisten der bislang verfügbaren Medikamente mussten subkutan (s.c.), intramuskulär (i.m.) oder intravenös (i.v.) verabreicht werden. Neue oral verfügbare Medikamente zielen zusätzlich auf eine verbesserte Therapieadhärenz (Wilson et al. 2015).

Aufgrund der multifaktoriellen und in Teilen ungeklärten Pathogenese der Erkrankung lassen sich individuelle Krankheitsverläufe nicht sicher voraussagen. Faktoren wie das gleichzeitige Auftreten mehrerer Symptome, die Betonung motorischer Funktionseinschränkungen, lang andauernde Schübe wie auch eine hohes Ausmaß messbarer Krankheitsaktivität in bildgebenden und elektrophysiologischen Verfahren, werden mit einer schlechteren Prognose in Zusammenhang gebracht. Letztendlich sind aber aktuell keine Risikofaktoren identifiziert, mit denen sich verlässlich das individuelle Schubrisiko und der weitere Verlauf und damit das Morbiditäts- und Mortalitätsrisiko von Patienten mit MS vorhersagen ließe (DGN 2014). Die neuen verfügbaren medikamentösen Behandlungsansätze sind mit der therapeutischen Unsicherheit verbunden, ob langfristig die Progression körperlicher und neurokognitiver Funktionseinschränkungen günstig beeinflusst wird (Filippini et al. 2013, Vogel 2015). Unumstritten ist aber, dass eine frühe und an die Krankheitsaktivität angepasste Therapie sich günstig auf den weiteren Krankheitsverlauf auswirkt (Wiendl und Meuth 2015).

Tab. 4.1 Übersicht* der derzeit empfohlenen Arzneimittel für die verlaufsmodifizierende Therapie bei MS (Immuntherapeutika, inklusive Glukokortikoide für die Therapie des Schubs)

Arzneimittel	Beschreibung
Alemtuzumab	Monoklonaler Antikörper mit Bindung an Zelloberfläche von Lymphozyten. Darreichung parenteral (intravenös). Seit 2013 für MS zugelassen
Azathioprin	Hemmt Lymphozyten-Differenzierung und -Aktivierung. Darreichung oral. Markteinführung 1967, seit 2000 für MS zugelassen
Cyclophosphamid	Alkylierendes Zytostatikum (N-Lost-Derivat). Verhindert Vermehrung der Körperzellen. Darreichung parenteral (intravenös). Markteinführung 1958 (keine Zulassung für MS)
Dimethylfumarat	Fumarsäureesther. Darreichung oral. Markteinführung 2014
Fingolimod	Hemmt die Lymphozytenmigration. Darreichung oral. Markeinführung 2011
Glatirameracetat	Synthetisches Polypeptid, Acetatsalz aus Aminosäuren. Darreichung parenteral (subkutan). Markteinführung 2001
Interferon beta-1a Präparate	Natürlich vorkommendes Protein. Darreichung parenteral (subkutan oder intramuskulär). Markteinführung 1997
Interferon beta-1b Präparate	Natürlich vorkommendes Protein. Darreichung parenteral (subkutan). Markteinführung 1996
Intravenöse Immunglobuline	Blutplasmaderivat. Darreichung parenteral (intravenös). Markteinführung 1962 (Keine Zulassung für MS, Off-Label-Use in der Regel nicht anerkannt)
Methotrexat	Antimetabolit, unspezifisches Zytostatikum. Darreichung parenteral (intravenös). Markteinführung 1958 (keine Zulassung für MS)
Methylprednisolon	Glukokortikoid, Steroidhormon. Darreichung oral oder parenteral (intravenös). Markteinführung 1959
Mitoxantron	Synthetisches Anthrazyklin. Darreichung parenteral (intravenös). Markteinführung 1985, für MS seit 2001 zugelassen
Natalizumab	Monoklonaler Antikörper. Darreichung parenteral (intravenös). Markteinführung 2006
PEG-Interferon beta-1a	Pegylierte Form des Interferon beta-1a. Darreichung parenteral (subkutan). Markteinführung 2014
Teriflunomid	Reversible Hemmung des Zellmetabolismus. Darreichung oral. Markteinführung 2013

Quelle: IGES – atd arznei-telegramm Arzneimitteldatenbank (2015); DGN (2014); Häussler et al. (2014); Mutschler et al. (2013); Wiendl et al. (2010)
Anmerkung: * = in alphabetischer Reihenfolge, eine detaillierte Beschreibung von Wirkmechanismen, Nebenwirkungen und Kontraindikationen empfohlener Arzneimittel für die Therapie der MS sind den jeweiligen Fachinformationen zu entnehmen.

Indikation		KIS[1]	RRMS[1]			SPMS[1]	
			1. Wahl	*2. Wahl*	*3. Wahl*	*mit aufgesetzten Schüben*	*ohne aufgesetzten Schüben*
Verlaufsmodifizierte Therapie	(Hoch-)akute Verlaufsform		– Alemtuzumab – Fingolimod – Natalizumab	– Mitoxantron (-Cyclophosphamid)[4]	– Experimentelle Verfahren		
	Milde/moderne Verlaufsform	– Glatirameracetat – Interferon-β 1a im – Interferon-β 1a sc – Interferon-β 1b sc	– Dimethylfumarat – Glatirameracetat – Interferon-β 1a im – Interferon-β 1a sc – Interferon-β 1b sc – PEG-IFN-β 1a sc – Teriflunomid *(-Azathioprion)*[2] *(-IVIg)*[3]			– Interferon-β 1a sc – Interferon-β 1b sc – Mitoxantron *(-Cyclophosphamid)*[4]	– Mitoxantron *(-Cyclophosphamid)*[4]
Schub-Therapie	2. Wahl	– Plasmaseparation					
	1. Wahl	– Methylprednisolonpuls					

Abb. 4.1 Stufentherapie der MS; Anmerkung: *KIS* = Klinisch isoliertes Syndrom, *RRMS* = relapsing-remitting MS, *SPMS* = sekundär progrediente MS. Bei Versagen einer verlaufsmodifizierenden Therapie bei milder/moderater Verlaufsform einer MS werden diese Patienten wie bei einer aktiven MS behandelt. [1]Substanzen in alphabetischer Reihenfolge; die hier gewählte Darstellung impliziert KEINE Überlegenheit einer Substanz gegenüber einer anderen innerhalb einer Indikationsgruppe (dargestellt innerhalb eines Kastens). [2]zugelassen, wenn Interferon beta nicht möglich oder unter Azathioprin-Therapie stabiler Verlauf erreicht. [3]Einsatz nur postpartal im Einzelfall gerechtfertigt, insbesondere vor dem Hintergrund fehlender Behandlungs-alternativen. [4]zugelassen für bedrohlich verlaufende Autoimmunkrankheiten, somit lediglich nur für fulminante Fälle als Ausweichtherapie vorzusehen, idealerweise nur an ausgewiesenen MS-Zentren.
Quelle: IGES – Mit freundlicher Genehmigung des Krankheitsbezogenes Kompetenznetz Multiple Sklerose (KKNMS) DGN (2014)

4.1.2 Prinzipien der Stufentherapie

Die Stufentherapie gliedert sich in die verlaufsmodifizierende Therapie (Schubprophylaxe) und die Therapie des akuten Schubes bei schubförmig verlaufender Erkrankung (Abb. 4.1).

Das therapeutische Vorgehen richtet sich dabei nach der Verlaufsform der MS und der Krankheitsaktivität. Hieraus ergeben sich innerhalb der Stufentherapie unterschiedliche Behandlungspfade (DGN 2014; Vogel 2015).

In den aktuellen Empfehlungen wurden neu zugelassene Medikamente (Alemtuzumab, Dimethylfumarat, Fingolimod, Teriflunomid) aufgenommen und das Prinzip der Basis- und Eskalationstherapie zugunsten einer Orientierung an der Krankheitsaktivität verlassen (DGN 2014).

Die Entscheidung über die verlaufsmodifizierende Therapie wird von Arzt und Patient zu Beginn der Therapie gefällt und muss im Verlauf der Erkrankung vor dem Hintergrund von Nutzen (Wirksamkeit) und Risiken (Nebenwirkungen) immer wieder neu überprüft werden (Butler et al. 2015; DGN 2014).

Die Behandlung des akuten Schubs wird für drei bis fünf Tage mit Kortison und ggf. für weitere fünf Tage bei Nichtansprechen durchgeführt (Kortison-Stoßtherapie). Als Mittel der zweiten Wahl steht die Plasmaseparation oder alternativ die Immunapharese zur Verfügung (DGN 2014).

Einteilung der Multiplen Sklerose nach Verlaufsformen

Die seit dem Jahr 1996 gültige Klassifikation der MS erfuhr in den Jahren 2010 und 2014 eine Neuordnung mit den Zielen, eine bessere Vergleichbarkeit der Patienten zu erreichen, die Kommunikation über die Krankheit zu verbessern, Prognosen zu treffen und erfolgreichere Interventionsstudien und Behandlungsentscheidungen zu etablieren. Zur schubförmig verlaufenden MS (relapsing remitting MS, RRMS) kam das klinisch isolierte Syndrom (KIS) hinzu und die progressive Form der MS wird in primär und sekundär (PPMS, SPMS) unterteilt (Lublin et al. 2014).

Das KIS beschreibt das erstmalige Auftreten eines klinischen Schubs und nachweisbarer disseminierter entzündlicher Demyelinisierung. Das KIS kann sich zu einer MS entwickeln, wenn eine zeitliche Dissemination auftritt, d.h. wenn es zu neuen klinischen Symptomen oder neuen Läsionen in der Bildgebung kommt (Lublin et al. 2014). Eine Längsstudie zeigte, dass 82 % der Patienten mit KIS und nachweisbaren MS-typischen Läsionen im MRT und 21 % ohne pathologische MRT-Veränderungen im Verlauf von 20 Jahren eine MS entwickelten (Fisniku et al. 2008a). Die frühzeitige Behandlung, d.h. die Behandlung von Patienten mit KIS, senkt das Risiko eines erneuten klinischen Schubes oder neuer Läsionen im MRT und die Wahrscheinlichkeit einer Konversion in eine MS wird reduziert (Lublin et al. 2014).

Der schubförmige Verlauf der MS (relapsing-remitting MS, RRMS) ist die häufigste Verlaufsform. Bei über 80 % der Patienten wird zum Zeitpunkt der Diagnosestellung eine RRMS diagnostiziert. Im Verlauf kommt es wiederkehrend zu einer akuten klinischen Verschlechterung, zu neuen Läsionen in der MRT-Bildgebung und/oder Entmarkungen (Demyelinisierungen), die in elektrophysiologischen Untersuchungen nachgewiesen werden (▶ Kap. 3). Die neurologischen Funktionseinschränkungen bilden sich nach Abklingen des Schubs ganz (komplette Remission) oder teilweise wieder zurück. Die zwischen den Schüben liegenden beschwerdefreien Intervalle sind von unterschiedlicher Dauer (Lublin et al. 2014). Im natürlichen, unbehandelten Verlauf geht nach schätzungsweise 15 bis 29 Jahren nach Krankheitsbeginn bei über der Hälfte der Patienten die Erkrankung in einen progredienten Verlauf über (SPMS) (Hurwitz 2011; Weinshenker et al. 1989).

Die SPMS beschreibt eine kontinuierliche, schleichende Verschlechterung. Der SPMS geht immer eine RRMS voraus. Der Übergang zwischen den beiden Verlaufsformen ist fließend, und ein exakter Zeitpunkt kann weder klinisch noch anhand bestimmter biochemischer Marker oder in der Bildgebung bestimmt werden. Die SPMS kann von aufgesetzten Schüben begleitet sein, die meist mit der Krankheitsdauer in der Häufigkeit abnehmen (Lublin et al. 2014).

Bei Vorliegen einer PPMS liegt eine kontinuierliche klinische Verschlechterung ohne vorangegangene Schübe vor. Nur in wenigen Ausnahmefällen werden Schübe beobachtet. Pathologische Untersuchungen und die MRT-Bildgebung zeigen bei dieser Verlaufsform weniger Entzündungsaktivität als bei der schubförmigen Verlaufsform. Aktuell besteht keine Empfehlung für eine verlaufsmodifizierende Therapie bei der PPMS, da derzeit hierfür keine zugelassenen Therapieoptionen existieren (DGN 2014).

Das radiologisch isolierte Syndrom (RIS) beschreibt eine morphologische Veränderung im MRT ohne klinisches Korrelat, die MS-typischen Symptome entsprechen. Patienten mit einem RIS bedürfen vom Grundsatz noch keiner Therapie, sollten jedoch engmaschig hinsichtlich klinischer und paraklinischer Krankheitsaktivität kontrolliert werden (DGN 2014, Gold et al. 2012).

Krankheitsaktivität

Die Krankheitsaktivität soll im Verlauf der Erkrankung (mindestens) einmal jährlich anhand klinischer und paraklinischer (im MRT messbarer) Parameter bestimmt werden. Zu den klinischen Kriterien zählen die Schubrate, -dauer, und -intensität, Grad funktioneller Einschränkungen bzw. körperlicher Beeinträchtigungen und Schwere der Symptome. Im MRT werden definierte Kriterien wie Gadolinium (Gd)-aufnehmende Läsionen, neu auftretende oder vergrößerte T2-Läsionen zur Beurteilung der Krankheitsaktivität herangezogen (▶ Kap. 3.4) (Gold et al. 2012; Lublin et al. 2014).

Die Progression der Erkrankung soll anamnestisch, durch standardisierte Erhebungsinstrumente zur Quantifizierung funktioneller Beeinträchtigungen (EDSS, MSFC, ▶ Kap. 3.2) erhoben werden. Paraklinische Zeichen irreversibler neuronaler Schädigungen (axonale Degeneration, Hirnatrophie) in elektrophysiologischen Verfahren und im MRT korrelieren dabei gut mit dem Grad körperlicher Beeinträchtigungen (Fisniku et al. 2008a,b).

Vor dem Hintergrund eines differenzierten Abbildes von Krankheitsaktivität und des therapeutischen Zieles eines Zustandes ohne Krankheitsaktivität (NEDA), schlagen Stangel et al. in einer 2015 erschienen Publikation eine erweiterte Bewertung der Krankheitsaktivität vor. Demnach sollen neben der Schubrate, der Verschlechterung körperlicher Beeinträchtigungen und MRT-Kriterien auch neuropsychologische Parameter wie Fatigue, Depressionen, Angststörungen und die Lebensqualität berücksichtigt werden. Das auf der Krankheitsaktivität aufbauende Schema (Ampelschema) soll dem Arzt helfen, frühzeitig ein Therapieversagen und eine Zunahme der Krankheitsaktivität zu erkennen und die Therapie entsprechend anzupassen (Stangel et al. 2015).

Ein standardisiertes und validiertes Vorgehen zur Bestimmung und Bewertung patientenindividueller Krankheitsaktivität existiert aber derzeit nicht.

Bei Zunahme der Krankheitsaktivität von mild/moderat zu (hoch)aktiv, sollen die Patienten frühzeitig auf eine Behandlung mit Alemtuzumab, Fingolimod oder Natalizumab umgestellt werden (DGN 2014), da sowohl häufige als auch lang andauernde Schübe zu einer Degeneration von Nervenzellen, zu körperlich bleibenden Beeinträchtigungen und kognitiven Funktionseinschränkungen führen können (Summers et al. 2008).

Patienten mit einer hohen Schubfrequenz zu Beginn der Erkrankung haben ein erhöhtes Risiko einer raschen Verschlechterung und eines frühzeitigen Übergangs in eine SPMS im Vergleich zu Patienten mit weniger Schüben (Scalfari et al. 2014), sodass auch zu Beginn der Erkrankung eine hohe Krankheitsaktivität besteht und damit Medikamente für einen (hoch)aktiven Verlauf indiziert sein können. Der Schub ist eine primär klinische Diagnose. Die Krankheitsaktivität ist aber unabhängig von der klinischen Manifestation als Schub im MRT messbar (paraklinische Manifestation).

4.1.3 Versorgungssituation

Studienlage

Seit 2001 werden im Rahmen einer Datensammlung der Deutschen Multiple Sklerose Gesellschaft (DMSG) deutschlandweit Daten aus MS-Zentren, Schwerpunktpraxen und Kliniken unter anderem zu soziodemografischen Merkmalen, Verlaufsformen, Progression und Therapien von Patienten mit MS gesammelt. Aktuell sind 161 Zentren beteiligt. Insgesamt sind Datensätze von über 44.000 Patienten vorhanden (DMSG 2014). Die Identifizierung der Patienten erfolgt über die ärztlich gestellte Diagnose einer MS. Aufgrund der Struktur des Registers werden dort ausschließlich Patienten aus den oben genannten Einrichtungen abgebildet, sodass sich die Auswertungen auf diese Patientenklientel beziehen (Flachenecker et al. 2008; Rommer et al. 2015).

Studien, die auf Abrechnungsdaten (Sekundärdaten) von Versicherten der gesetzlichen Krankenversicherung (GKV) basieren (Hapfelmeier et al. 2013, Höer et al. 2014), bilden unabhängig von der versorgenden Einrichtung alle abrechnungsrelevanten Inanspruchnahmen ab. Sie sind robust gegenüber einer Verzerrung (Bias) der Ergebnisse aufgrund der Selektion der Studienpopulation (Schubert et al. 2008). Die Identifikation der Patienten erfolgt über mindestens zwei Diagnosen einer MS, die durch Fachärzte der Neurologie, Nervenärzte oder Psychiater dokumentiert wurden oder über eine MS-spezifische Arzneimittelverordnung (ICD-10 GM G35,-, ► Kap. 1). Allerdings können klinische Informationen wie Befunde bildgebender Verfahren, Laborwerte oder der Beeinträchtigungsgrad den Daten nicht entnommen werden. Dementsprechend liegen hier auch keine Informationen zur Krankheitsaktivität oder zur Krankheitsdauer der MS vor. Die Untersuchungen basierend auf GKV-Daten lassen auch keine Rückschlüsse über die Wirksamkeit und Nebenwirkungen zu. Da nur tatsächlich eingelöste Verordnungen in die Auswertungen eingegangen sind, bleibt unklar, in wie vielen Fällen Ärzte eine Verordnung zwar ausstellten, diese aber nicht eingelöst wurde. Ebenso ist es denkbar, dass Verlaufsformen, für die weniger bzw. keine medikamentösen Behandlungsansätze zur Verfügung stehen, in diesen Datensätzen unterrepräsentiert sind.

Daher sind die Verlaufsformen der MS zu unterschiedlichen Anteilen in den Studienpopulationen repräsentiert. In den Auswertungen der DMSG sind Patienten mit einer SPMS deutlich häufiger vertreten als in der Patientenpopulation basierend auf GKV-Daten (◘ Tab. 4.2).

Zum Zeitpunkt der Erstellung des Buches waren keine wissenschaftlichen Studien zur Inanspruchnahme der neu für die Therapie der MS zugelassenen Medikamente in Deutschland verfügbar. Die in den folgenden Abschnitten zitierten Erhebungen zur Adhärenz und zum Versorgungsbedarf aus Perspektive der Betroffenen und Behandelnden datie-

Tab. 4.2 Verteilung der Patienten mit MS differenziert nach den verschiedenen Verlaufsformen am Beispiel einer Patientenpopulation gesetzlich Versicherter im Vergleich zu Datenbasis der DMSG

	Gesetzlich Versicherte Bayern	Datenbasis DMSG
Autor	Höer et al. (2014)	Flachenecker et al. (2008)
Erhebungszeitraum	2005–2009	2005–2006
Datenbasis	Abrechnungsdaten	übermittelte Datensätze von teilnehmenden Einrichtungen
Zuordnung MS	dokumentierte Diagnosen (ICD-10 GM G35,-) oder ambulante Verordnung MS spezifischer Arzneimittel	ärztliche Diagnosen aller Verlaufsformen aus der spezialisierten MS Versorgung
N	18.176 (2009)	5.445
Beobachtungszeitraum	2005-2009 Tägliche Betrachtung, jährliche Darstellung	Querschnittsuntersuchung Stichtag 31.12.2006
Verlaufsform		
Erstmanifestation (%)	10,2	1
KIS (%)	k.A.	k.A.
RRMS (%)	36,3	55
SPMS (%)	7,5	32
PPMS (%)	3,9	9
nicht spezifiziert (%)	38,9	k.A.

Quelle: IGES – Flachenecker et al. (2008); Höer et al. (2014)
Anmerkung: DMSG = Deutsche Multiple Sklerose Gesellschaft, KIS = Klinisch isoliertes Syndrom, RRMS = relapsing remitting MS, SPSM = secondary progressive MS, PPMS = primary progressive MS, k.A. = keine Angabe

ren ebenfalls vor der Verschreibungsfähigkeit der neu für die Therapie der MS zugelassenen Medikamente. Dem aktuellen Arzneimittelatlas lässt sich der Arzneimittelverbrauch in der Gesamt-GKV der letzten drei Jahre entnehmen (2012 bis 2014), sodass hier Informationen über die neuen Medikamente und die Marktdynamik bis 2014 einfließen (Häussler et al. 2015).

Der Barmer GEK Arzneimittelreport berichtet in einer Auswertung von Arzneimitteldaten der Jahre 2012 und 2013 unter anderem die Verordnungsanteile der für die Therapie der MS bis 2012 zugelassenen Medikamente ohne aber einen anteiligen Bezug zur Gesamtheit der MS-Patienten in der Versichertenpopulation der Barmer GEK oder einer Verlaufsform der MS herzustellen (Glaeske u. Schicktanz 2014).

Allgemeine Inanspruchnahme

In den folgenden Abbildungen ist der jährliche Verbrauch (gemessen in Tagesdosen) in der Gesamt-GKV von Arzneimitteln für die verlaufsmodifizierende Therapie bei MS inklusive der neu verfügbar gewordenen Ansätze dargestellt. Die Tagesdosis (engl. »defined daily dose«, DDD) ist die angenommene tägliche Erhaltungsdosis für die Hauptindikation eines Wirkstoffes bei Erwachsenen. Der Festlegung der DDD werden die Dosierungsempfehlungen gemäß den Fachinformationen zugrunde gelegt und auf 365 Tage umgerechnet. So wird unterschiedlichen Therapiezyklen Rechnung getragen, auch wenn die empfohlene Dosierung von einer täglichen Einnahme mit konstanter Dosis abweicht. Bei der DDD handelt es sich somit um eine Mengeneinheit, die in epidemiologischen Studien

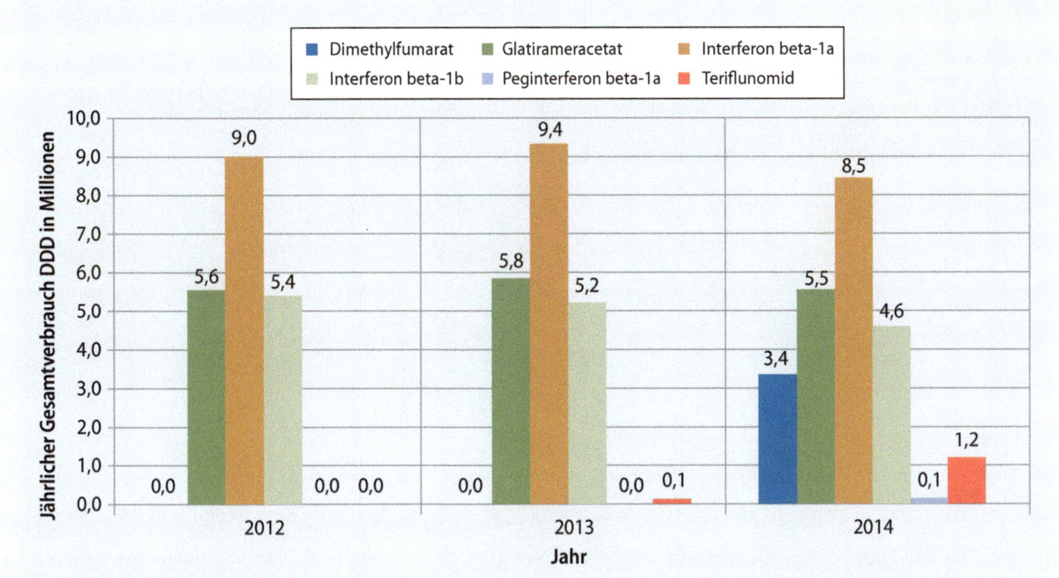

Abb. 4.2 Jährlicher Verbrauch durchschnittlicher Tagesdosen (DDD) empfohlener Arzneimittel* für die verlaufsmodifizierende Therapie bei KIS, milden/moderaten Verläufen der RRMS oder bei SPMS mit aufgesetzten Schüben Anmerkung: *= zugelassene Indikationsgebiete siehe Leitlinie der DGN (2014). *KIS* = klinisch isoliertes Syndrom, *RRMS* = relapsing remitting MS, *SPMS* = secondary progressive MS. Marktzulassungen: Dimethylfumarat in 2014, Glatirameracetat in 2001, Interferon beta-1a in 1997, Interferon beta-1b in 1996, Peginterferon beta-1a in 2014, Teriflunomid in 2013
Quelle: IGES – Häussler et al. (2015)

den Verbrauch von Arzneimitteln auch über längere Zeiträume standardisiert erfassen soll. Auf diese Weise werden Verordnungen mit unterschiedlichen Wirkstärken, Packungsgrößen und Darreichungsformen vergleichbar (Fricke u. Beck 2014).

Die Betrachtung der in Anspruch genommenen Verbräuche der letzten drei Jahre in der GKV zeigt, dass die aktuellen Empfehlungen der DGN für die Therapie milder bis moderater und (hoch-)aktiver Verläufe grundsätzlich verfügbar sind und mit steigender Tendenz verordnet werden.

Bei Arzneimitteln zur Behandlung von milden bzw. moderaten Verläufen der MS stieg der Verbrauch in der GKV von 20,0 Mio. DDD im Jahr 2012 auf 23,3 Mio. DDD im Jahr 2014 (Abb. 4.2). Dieser Anstieg war Folge dreier neuer Therapieoptionen in den Jahren 2013 und 2014. Im Oktober 2013 kam Teriflunomid auf den Markt und erreichte im Jahr 2014 einen Verbrauch von 1,2 Mio. DDD. Eine deutlich stärkere Marktdurchdringung erreichte der Fumarsäureester Dimethylfumerat. In den Monaten Mai bis Dezember 2014 wurden 3,3 Mio. DDD des Wirkstoffes abgegeben. Seit September 2014 steht eine pegylierte Form von Interferon-Beta-1a zur Verfügung (0,1 Mio. DDD im Jahr 2014) (Häussler et al. 2015).

Bei Arzneimitteln zur Behandlung von Verläufen der MS mit hoher Krankheitsaktivität war der Anstieg des Verbrauchs in der GKV von 2012 nach 2014 deutlich stärker (Abb. 4.3). Im Jahr 2012 wurden 3,0 Mio. DDD abgegeben und im Jahr 2014 waren es 5,0 Mio. DDD. Insbesondere der Verbrauch des S1P-Rezeptor-Modulatoren Fingolimod nahm um mehr als das Doppelte von 1,4 Mio. DDD auf 3,1 Mio. DDD zu (Häussler et al. 2015).

Die Inanspruchnahme von Arzneimitteln für die verlaufsmodifizierende Therapie wird im Bereich zwischen 41,5 % bis 71,0 % der beobachteten Patienten mit MS beziffert (Flachenecker et al. 2008; Hapfelmeier et al. 2013; Höer et al. 2014). Diese Angaben beziehen sich auf Patienten ungeachtet der Verlaufsform oder der Krankheitsaktivität, sodass die Unterschiede unter anderem auch durch ein unterschiedliches Patientenkollektiv zu erklären sind.

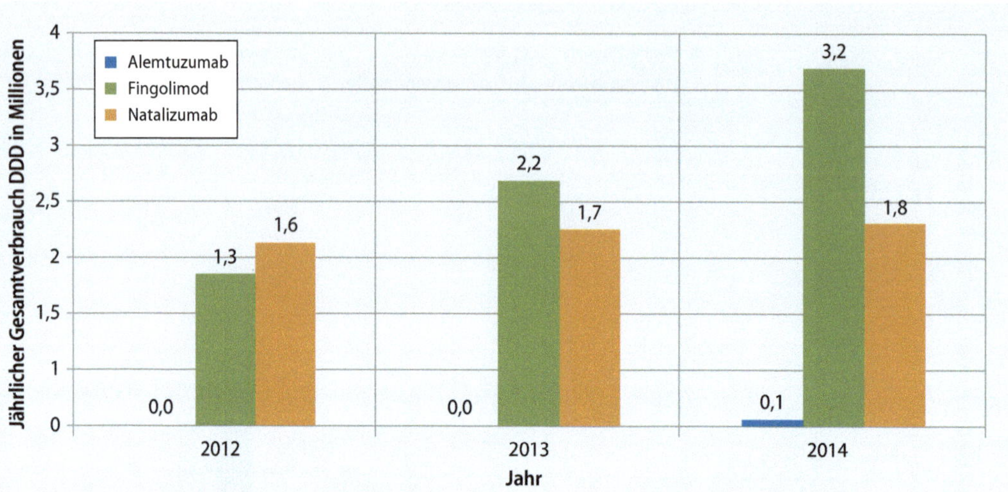

Abb. 4.3 Jährlicher Verbrauch durchschnittlicher Tagesdosen (DDD) empfohlener Arzneimitteln* für die verlaufsmodifizierende Therapie bei (hoch-) aktiven Verläufen der RRMS Anmerkung: *= zugelassene Indikationsgebiete siehe Leitlinie der DGN (DGN 2014). *RRMS* = relapsing remitting MS Marktzulassungen: Alemtuzumab in 2013, Fingolimod in 2011, Natalizumab in 2006 Quelle: IGES – Häussler et al. (2015)

Die Auswertung von Sekundärdaten gesetzlich Versicherter aus der Forschungsdatenbank der Gesundheitsforen Leipzig (GFL) zeigte, dass im Beobachtungszeitraum von 2006 bis 2010 41,5 % der Patienten mit MS (ICD-10 GM G35*) mindestens zwei Verordnungen eines Arzneimittels für die verlaufsmodifizierende Therapie erhielten (Interferon beta-1a, Interferon beta-1b, Glatirameracetat, Azathioprin, Mitoxantron oder Natalizumab) (Hapfelmeier et al. 2013).

Die Auswertung von Verordnungsdaten gesetzlich Versicherter (n = 10.4 Millionen) der Kassenärztlichen Vereinigung (KV) Bayerns ergab ein ähnliches Ergebnis. Höer et al. zeigten, dass 45,5 % (2005) bzw. 50,5 % (2009) der Patienten mit einer von einem Facharzt für Neurologie, Nervenarzt oder Psychiater kodierten Diagnose einer MS pro Jahr mindestens eine Verordnung für eine verlaufsmodifizierende Therapie in Anspruch genommen haben. Berücksichtigt wurden Verordnungen für Interferon beta-1a, Interferon beta-1b, Glatirameracetat, Mitoxantron oder Natalizumab (nur in 2009). Der Anteil behandelter Patienten war in der Altersgruppe <30 Jahre am größten und nahm mit zunehmendem Alter ab. Über alle Altersgruppen nahm die Anzahl der eingelösten Verordnungen im Beobachtungszeitraum zu (Abb. 4.4) (Höer et al. 2014).

Eine Querschnittsuntersuchung von Patientendaten des DMSG-Datensatzes aus dem Zeitraum 2005/2006 ergab, dass 71 % der beobachteten Patienten (n = 3.431) eine verlaufsmodifizierende Therapie oder Glukokortikoide erhielten oder erhalten haben (Flachenecker et al. 2008). In dieser Untersuchung wurden Interferone (37,6 %) am häufigsten in Anspruch genommen (Flachenecker et al. 2008). Die Gabe von Glukokortikoiden zählt nicht zur verlaufsmodifizierenden Therapie und wurde bei den voran genannten Untersuchungen nicht mit betrachtet.

85,7 % bzw. 87,6 % der Verordnungen im Jahr 2009 für Interferone beta-1a bzw. Interferon beta-1b Präparate und 91,6 % der Verordnungen für Natalizumab stellten Neurologen oder Nervenärzte aus (Höer et al. 2014).

Interferone und Glatirameracetat waren die am häufigsten verordneten Ansätze für die verlaufsmodifizierende Therapie (Hapfelmeier et al. 2013; Höer et al. 2014), wobei die Verordnungshäufigkeit im Beobachtungszeitraum 2005 bis 2009 für Interferone ab- und für Glatirameracetat zunahm (Abb. 4.5).

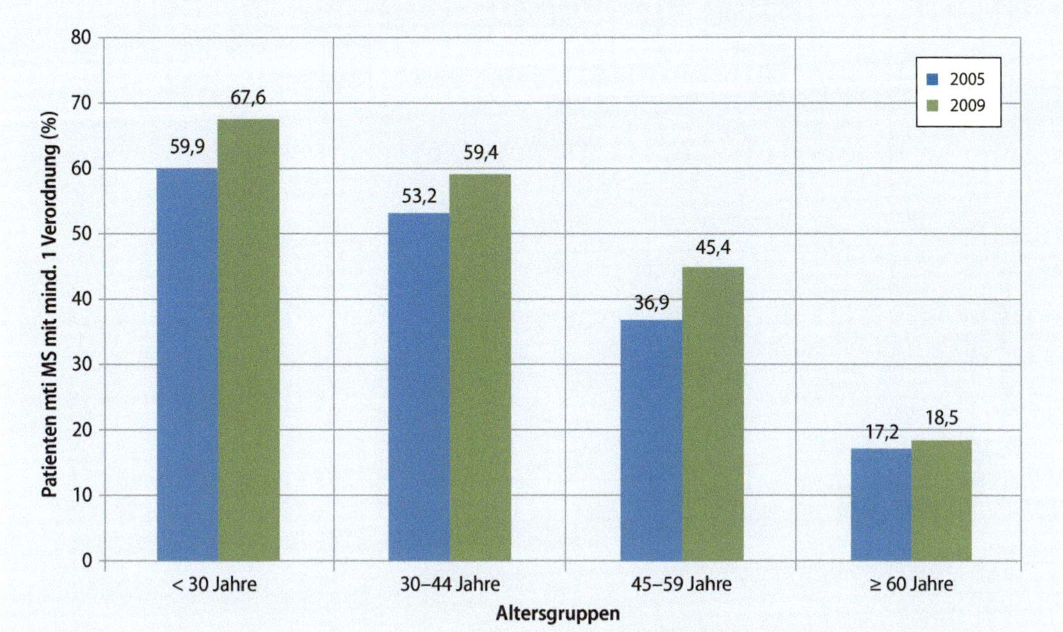

Abb. 4.4 Inanspruchnahme (mindestens einer Verordnung pro Jahr) einer verlaufsmodifizierenden Therapie* differenziert nach Altersgruppe Anmerkung: * = berücksichtigt wurden Verordnungen für Interferon beta-1a, Interferon beta-1b, Glatirameracetat, Mitoxantron oder Natalizumab (nur in 2009) Marktzulassungen: Glatirameracetat in 2001, Interferon beta-1a in 1997, Interferon beta-1b in 1996, Mitoxantron in 1985, Natalizumab in 2006
Quelle: IGES – Höer et al. (2014)

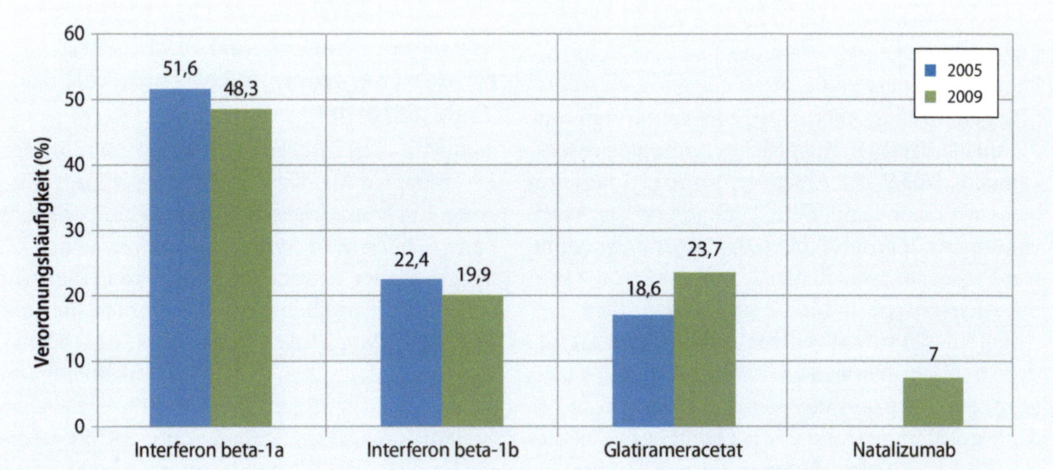

Abb. 4.5 Verordnungshäufigkeit von Medikamenten für die verlaufsmodifizierende Therapie Anmerkung: Marktzulassungen: Glatirameracetat in 2001, Interferon beta-1a in 1997, Interferon beta-1b in 1996, Natalizumab in 2006
Quelle: IGES – Höer et al. (2014)

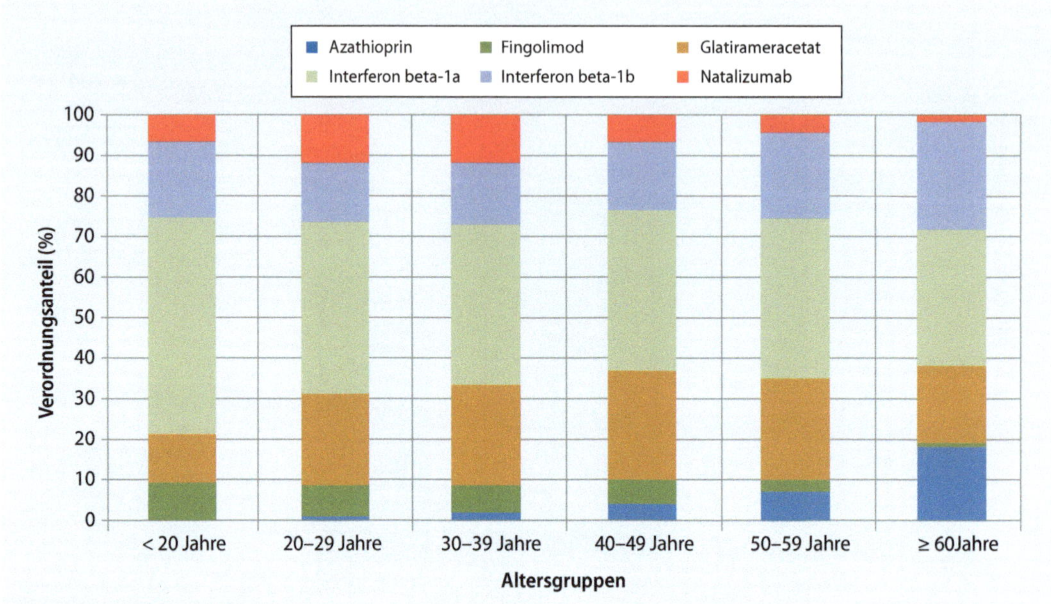

Abb. 4.6 Verordnungsanteile von Medikamenten für die verlaufsmodifizierende Therapie bei gesetzlich Versicherten mit MS nach Altersgruppen (2012) Anmerkung: Marktzulassungen: Azathioprin in 1967, Fingolimod in 2011, Glatirameracetat in 2001, Interferon beta-1a in 1997, Interferon beta-1b in 1996, Natalizumab in 2006
Quelle: IGES – Glaeske u. Schicktanz (2014)

Der Arzneimittelreport der Barmer GEK untersuchte für ihre Versichertenpopulation für das Jahr 2012 die Verordnungsanteile von Medikamenten für die verlaufsmodifizierende Therapie unter behandelten Patienten mit MS ebenfalls nach Altersgruppen. In allen Altersgruppen waren Interferone die am häufigsten in Anspruch genommenen Medikamente, wobei der Anteil verordneter Interferon beta-1a-Präparate mit dem Alter ab und der Anteil verordneter Interferon beta-1b-Präparate zunahm. Der Verordnungsanteil von Glatirameracetat war in der Altersgruppe 40 bis 49 Jahre am größten. Der Anteil an Verordnungen für Natalizumab lag bei den 20- bis 29-Jährigen am höchsten. In der Altersgruppe 60 Jahre und älter waren es lediglich gut 1 % der Verordnungen für die MS-Therapie, die auf diesen Wirkstoff fielen. Fingolimod wurde über alle Altersgruppen anteilig relativ konstant verordnet. Der Anteil lag bei den 20- bis 29-Jährigen bei 23 %, bei den 40- bis 49-Jährigen bei 27 % und in der Altersgruppe ≥ 60 Jahre bei 19 %. Azathioprin wurde in den jüngeren Altersgruppen kaum verordnet, in der Altersgruppe ≥ 60 Jahre lag der Verordnungsanteil bei 18 % (Abb. 4.6).

Inanspruchnahme verlaufsmodifizierender Therapien in Abhängigkeit der Verlaufsform

Aktuell stehen insbesondere verlaufsmodifizierende Therapien für die schubförmige MS zur Verfügung. Ein frühzeitiger Beginn wird empfohlen, um neue Schübe und Symptome zu vermeiden. Mit zunehmender Krankheitsdauer, Progredienz und sinkender Krankheitsaktivität nehmen die therapeutischen Möglichkeiten ab (DGN 2014). Die Verfügbarkeit therapeutischer Möglichkeiten spiegelt sich in der Inanspruchnahme differenziert nach Verlaufsform wider: Patienten mit RRMS nahmen im Vergleich zu Patienten mit progredienter Verlaufsform (SPMS, PPMS) deutlich häufiger eine verlaufsmodifizierende Therapie in Anspruch (Abb. 4.7).

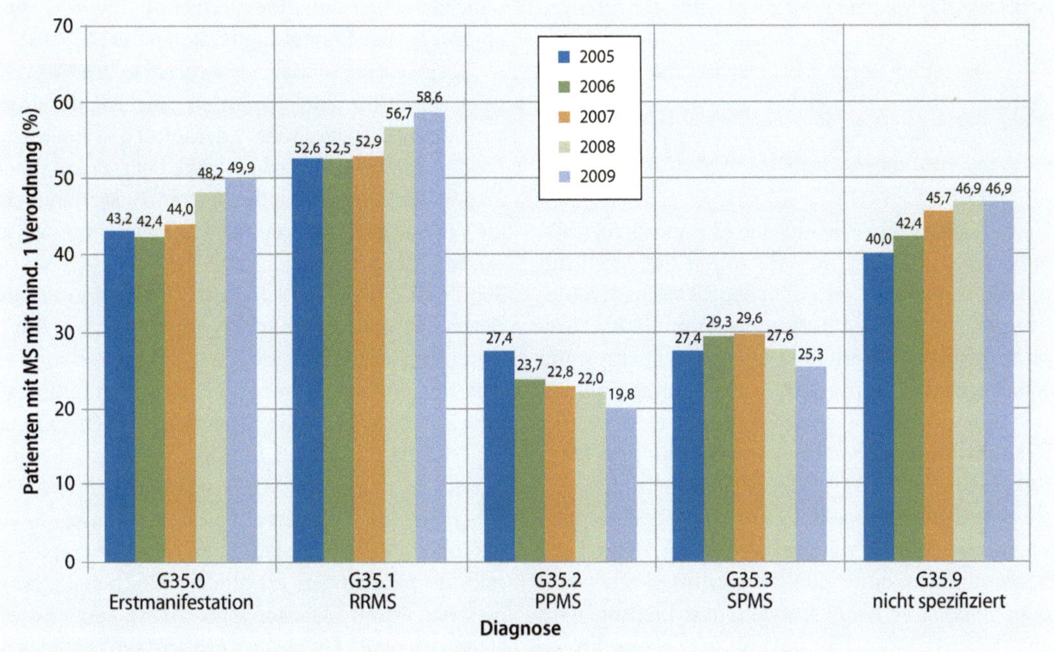

Abb. 4.7 Anteil der Patienten mit MS mit mindestens einer Verordnung für eine verlaufsmodifizierende Therapie differenziert nach dokumentierter Verlaufsform der MS (ICD-10 GM G35,-) Anmerkung: *RRMS* = relapsing remitting MS, *SPSM* = secondary progressive MS, *PPMS* = primary progressive MS
Quelle: IGES – Höer et al. (2014)

Versorgungssituation von Patienten mit Erstmanifestation

Die Hälfte der Patienten mit einer von einem Facharzt der Neurologie diagnostizierten Erstmanifestation einer MS nahm im Jahr 2009 keine verlaufsmodifizierende Therapie in Anspruch (Höer et al. 2014). Der nach Diagnosestellung frühzeitige Therapiebeginn und die damit verbundene wirksame Reduzierung der Krankheitsaktivität und Schubprophylaxe sind aber für den weiteren Verlauf der Erkrankung prognostisch entscheidend. Insbesondere die Schubhäufigkeit in den ersten zwei Jahren nach Krankheitsbeginn und der Zeitraum zwischen dem ersten und zweiten Schub korrelieren mit dem körperlichen Beeinträchtigungsgrad im späteren Verlauf der Erkrankung (z.B. Scalfari et al. (2010)). Auch Patienten nach einem erstmalig aufgetretenen demyelinisierendem Ereignis (KIS) sollen daher Glatirameracetat oder Interferone, die derzeit für diese Indikation formal zugelassen sind, für die verlaufsmodifizierenden Therapie erhalten mit dem Ziel, eine Konversion in eine RRMS oder SPMS zu verhindern (DGN 2014).

Die Dauer zwischen MS-Erstdiagnose bis zur nächsten fachärztlichen neurologischen (Neurologen, Nervenärzte und Psychiater) Behandlung variiert in Deutschland regional und ist abhängig von der Facharztdichte: eine Auswertung basierend auf Versichertendaten der Barmer GEK ergab, dass in Brandenburg (Facharztdichte: 4,4 pro 100.000 Einwohner) lediglich 37 % der Patienten mit MS im Zeitraum von maximal sechs Wochen nach Erstdiagnose ambulant ärztlich durch einen Neurologen versorgt wurden, in Hamburg betrug dieser Anteil hingegen 63,5 % (Facharztdichte: 11,1 pro 100.000 Einwohner) (IGES Institut 2014).

Da über 90 % aller MS-spezifischen Arzneimittelverordnungen durch Neurologen erfolgen und weniger als 1 % dieser Patienten mit MS im Beobachtungsjahr ausschließlich durch Hausärzte betreut wurde (83,3 % ausschließlich fachärztlich neurologisch) (IGES Institut 2014), ist davon auszugehen, dass die Mehrheit der nicht zeitnah nach Erstdiagnose versorgten Patienten auch nicht an anderer Stelle bezüglich ihrer MS-Erkrankung behandelt wurde.

▪ Versorgungssituation von Patienten mit RRMS

Gemäß aktuellem Update der Leitlinien für Diagnose und Therapie der MS sollen Patienten mit milden/moderaten Verläufen der RRMS neben Glatirameracetat oder Interferone, Dimethylfumarat oder Teriflunomid erhalten. Falls eine Therapie mit Interferonen nicht möglich ist oder unter einer bestehenden Behandlung mit Azathioprin ein stabiler Krankheitsverlauf besteht, kann Azathioprin theoretisch für die Therapie der MS weiter angewandt werden. Zur Neueinstellung gilt Azathioprin jedoch nicht mehr als Mittel der Wahl. Wenn es trotz Behandlung zu einer Zunahme klinisch relevanter oder messbarer Krankheitsaktivität kommt, wird ein Wechsel des Therapieansatzes empfohlen (◘ Abb. 4.1) (DGN 2014). Bei RRMS mit hoher Krankheitsaktivität werden als Mittel der Wahl Alemtuzumab, Fingolimod oder Natalizumab eingesetzt. Mitoxantron wird bei sekundär chronisch progredienter MS empfohlen und ist bei Versagen oder Unverträglichkeit anderer Immuntherapeutika zugelassen. Als letzte Therapieoption können mit experimentellen Verfahren individuelle Heilversuche unternommen werden (DGN 2014).

Höer et al. zeigten, dass 47,4 % der Patienten mit RRMS im Jahr 2005 und 41,4 % der Patienten im Jahr 2009 überhaupt keine verlaufsmodifizierende Therapie erhielten (die seit dem Jahr 2009 neu für die MS zugelassenen Therapien wie Alemtuzumab, Dimethylfumarat, Fingolimod, Teriflunomid sind in der Untersuchung entsprechend nicht abgebildet) (Höer et al. 2014).

Die verlaufsmodifizierende Therapie hat nicht nur das Ziel, Schübe zu verhindern (Schubprophylaxe), sondern soll im besten Falle dazu führen, dass keine Krankheitsaktivität vorliegt (► Abschn. 4.1.2).

Auch bei Patienten mit »benignen« Verläufen, die sich zwar hinsichtlich der Zunahme körperlicher Beeinträchtigung über die Zeit von Patienten mit schweren Verlaufsformen unterscheiden, aber nicht im Mittel hinsichtlich der Abnahme der kognitiven Leistungsfähigkeit, ist eine (frühzeitige) dauerhafte verlaufsmodifizierende Therapie von ebenso großer Bedeutung (Gajofatto et al. 2015).

Eine retrospektive Auswertung zur Versorgungssituation von Patienten mit RRMS unter verlaufsmodifizierender Therapie (n = 7.896) für milde/moderate Krankheitsaktivität ergab, dass 33,6 % der Patienten in den letzten 12 Monaten unter verlaufsmodifizierender Therapie einen Schub erlitten. Bei gut 8 % der Patienten war mehr als ein Schub zu beobachten. Bei 61% der Patienten, die unter Therapie einen Schub erlitten, waren MRT-Daten aus den vergangenen 12 Monaten vorhanden. Bei gut 90 % dieser Patienten waren radiologische Zeichen hoher Krankheitsaktivität (über neun T2-Läsionen und/oder mindestens eine Gd-anreichernde Läsion) im MRT messbar. Die Autoren gaben an, dass bezogen auf alle Patienten somit bei gut einem Viertel der Patienten unter Therapie paraklinische Zeichen erhöhter Krankheitsaktivität messbar waren (Maurer et al. 2011), sodass diese eigentlich einer Therapie für (hoch)aktive Verlaufsformen zugeführt werden sollten.

Die behandelnden Ärzte dieser Untersuchung gaben an, bei 20 % der Patienten eine Therapieumstellung erwogen zu haben. Klinisch relevante Parameter wie die Häufigkeit beobachteter Schübe waren besonders stark mit der Überlegung einer Therapieumstellung assoziiert, wohingegen messbare Kriterien erhöhter Krankheitsaktivität alleine im kranialen MRT weniger deutlich mit einer Therapieumstellung korrelierten (Maurer et al. 2011).

Flachenecker et al. berichteten, dass gut 15 % der unbehandelten Patienten der DMSG-Datenbasis Schubaktivität zeigten und Zeichen einer raschen Progression der Erkrankung zu beobachten waren (Flachenecker et al. 2008). Eine Folgeuntersuchung des DMSG-Datensatzes (Stand 2009, n = 8.695) ergab, dass die Wahrscheinlichkeit eines Therapieabbruchs mit der Krankheitsdauer und höherem körperlichem Beeinträchtigungsgrad zunahm (Khil et al. 2009). Die neu für die Therapie der RRMS zugelassenen Therapieansätze sind in den zitierten Studien nicht abgebildet, da sie zum Zeitpunkt der Datenerhebungen noch nicht zur Verfügung standen.

Eine erhöhte Schubrate ist Ausdruck einer nicht ausreichenden Schubprophylaxe und erhöhten Krankheitsaktivität unter Umständen aufgrund einer medikamentösen Unterversorgung (Nichtinanspruchnahme) oder Fehlversorgung (Inanspruchnahme eines nicht ausreichend wirksamen Medikaments).

14,6 % der Patienten mit MS (n = 29.850) innerhalb der Barmer GEK Versichertenpopulation wurden 2012 wegen einer MS (Behandlungsdiagnose ICD-10 GM G35,-) stationär behandelt (Glaeske u. Schicktanz 2014). Der Großteil dieser im Krankenhaus behandelten Patienten war zwischen 40 und 60 Jahre alt und etwa zwei Drittel waren Frauen. 67,3 % der im Krankenhaus behandelten Patienten (durchgängig versichert, keine stationäre Behandlung sechs Monate vor Krankenhauseinweisung in 2012, n = 2.168) nahmen sechs Monate vor der stationären Aufnahme keine verlaufsmodifizierende Therapie in Anspruch. Bei 27,4 % dieser unbehandelten Patienten wurde aber nach dem stationären Aufenthalt eine verlaufsmodifizierende Therapie in der ambulanten Versorgung dokumentiert (Glaeske u. Schicktanz 2014). Bei gut 30 % der Patienten erfolgte eine stationäre Aufnahme bei bestehender verlaufsmodifizierender Therapie. Da eine Zuordnung in die Verlaufsformen der MS, Informationen zur Krankheitsaktivität oder andere klinische Informationen zur Beurteilung einer vorliegenden Indikation für eine verlaufsmodifizierende Therapie oder Änderung einer bestehenden Therapie nicht vorliegen, kann ein kausaler Zusammenhang zwischen stationärer Behandlung und einer medikamentösen Unter-, Über- oder Fehlversorgung auf Basis der Versichertendaten aber nicht hergestellt werden (Glaeske u. Schicktanz 2014).

▪ Verlaufsmodifizierende Therapie bei progredienten Verlaufsformen

Die Wirksamkeit der verlaufsmodifizierenden Therapie nimmt mit Progression der Erkrankung ab. So stehen für die Behandlung der SPMS ohne aufgesetzte Schübe nur noch wenige therapeutische Optionen zur Verfügung. Für die Behandlung der PPMS besteht aktuell keine Empfehlung über einen wirksamen Therapieansatz. Der Anteil von Patienten mit SPMS, die eine verlaufsmodifizierende Therapie erhielten, betrug im Jahr 2009 25,3 % bzw. 19,8 % unter Patienten mit PPMS (Höer et al. 2014). Auf Basis der KV-Daten kann bei Patienten mit SPMS nicht zwischen Verläufen mit und ohne aufgesetzte Schübe unterschieden werden. Der Anteil der Patienten mit progredienter Verlaufsform, die eine verlaufsmodifizierende Therapie erhalten, ist auch vor dem Hintergrund individueller Heilversuche zu bewerten.

Galushko et al. untersuchten in einer qualitativen Erhebung den Versorgungsbedarf von Patienten mit schwerer Verlaufsform der MS aus Perspektive der Betroffenen. Als dringlicher Bedarf wurde neben sozio-familiären Aspekten insbesondere der optimierte Zugang zu Einrichtungen der neurologischen Versorgung durch beispielsweise verbesserte Transportmöglichkeiten oder kürzere Wartezeiten sowie bessere Therapiemöglichkeiten identifiziert (Galushko et al. 2014).

Aus Perspektive der Leistungserbringer (Ärzte, Pfleger und Sozialarbeiter), die Patienten mit schweren Verläufen der MS betreuten, wurde ebenfalls ein barrierefreier Zugang zur medizinischen Behandlung sowie die Verfügbarkeit therapeutischer Optionen als wichtiger Versorgungsbedarf genannt (Golla et al. 2012).

Adhärenz

Die Adhärenz ist ein wichtiger Aspekt des Therapieerfolgs in der Behandlung der MS. Eine Zunahme der Adhärenz für verlaufsmodifizierende Arzneimittel ist mit einer geringeren Inanspruchnahme von Gesundheitsleistungen und Kosten in der Behandlung von Patienten mit MS assoziiert (Yermakov et al. 2015).

Der Terminus Adhärenz (»Einhaltung«) sollte zunächst von dem Begriff der Compliance abgegrenzt werden. Während Compliance (»Folgsamkeit«) sich auf das Ausmaß der Bereitschaft eines Patienten bezieht, medizinische Empfehlungen umzusetzen, wird unter Adhärenz die Übereinstimmung zwischen dem vereinbarten und dem tatsächlichen Patientenverhalten verstanden. Im Gegensatz zur Compliance liegt bei der Adhärenz folglich der Schwerpunkt auf einer Therapiepartnerschaft zwischen Patient und Arzt (Gorenoi et al. 2008).

Die Möglichkeiten zur Bestimmung der Adhärenz unterscheiden sich abhängig von der verwendeten Immuntherapie. Prinzipiell werden direkte (z.B. Bestimmung des Serumspiegels) von indirekten Methoden (z.B. über eingelöste Verordnungen) zur Bestimmung der Adhärenz abgegrenzt.

In einer 2015 erschienenen retrospektiven Kohortenstudie wurde die Adhärenz bezüglich der verlaufsmodifizierenden Therapie unter Patienten mit MS (n = 50.057) in Deutschland untersucht. Basierend auf Abrechnungsdaten gesetzlich Versicherter, die dem Deutschen Arzneiprüfungsinstitut e.V. von gut 80 % der Apotheken zur Verfügung standen, wurden im Zeitraum 2002 bis 2006 Patienten mit erstmaliger oder erneuter Therapie der damals verfügbaren Medikamente (Interferon beta-1a (im.), Interferon beta-1b (sc.) oder Glatirameracetat (sc.)) für 24 Monate (730 Tage) hinsichtlich adhärenter Inanspruchnahme (Compliance und Persistenz) beobachtet. Als Proxy für die Compliance diente die medication possession ratio (MPR), ein Verhältnis, das sich aus der Anzahl eingelöster DDD zum entsprechenden, definierten Zeitraum ergibt. Die Persistenz (kontinuierliche Einnahme) wurde als Anzahl der Tage nach erster Verordnung bis zum Aussetzen der Medikation um das Doppelte der Tage der vorangegangenen Therapiedauer ermittelt. Weniger als 40 % der beobachteten Patienten nahmen die verlaufsmodifizierende Therapie an mindestens 80 % des Beobachtungszeitraums von 24 Monaten überhaupt in Anspruch (Adhärenz). Bei zwei Drittel der Patienten wurde die Therapie für einen signifikanten Zeitraum unterbrochen, sprich lediglich gut 30 % aller Patienten nahmen die empfohlenen Medikamente über einen Zeitraum von 24 Monaten auch kontinuierlich ein. 25 % aller Patienten unterbrachen die Therapie innerhalb der ersten drei Monate nach Beobachtungsbeginn (Hansen et al. 2015).

Häufige Gründe einer niedrigen Adhärenz unter Patienten mit MS sind Nebenwirkungen wie Fieber oder Schmerzen sowie eine nachgewiesene oder angenommene fehlende Wirksamkeit der verlaufsmodifizierenden Therapie (Bischoff et al. 2012; Twork et al. 2007).

Frühe Abbrüche werden dabei im Zusammenhang mit Nebenwirkungen und späte (mehr als ein Jahr nach Therapiebeginn) Therapieabbrüche im Zusammenhang einer fehlenden (wahrgenommenen) Wirksamkeit diskutiert (Hansen et al. 2015).

Begleiterkrankungen wie Fatigue oder Depressionen erhöhen ebenfalls das Risiko, dass Patienten eine begonnene verlaufsmodifizierende Therapie abbrechen oder gar nicht erst beginnen (Bischoff et al. 2012; Tarrants et al. 2011).

Die parenterale Darreichungsform für die verlaufsmodifizierende Therapie wird von vielen Patienten als unangenehm empfunden und ist daher nicht selten ein Grund für einen Therapieabbruch. Ein großer Teil der Patienten gibt aber an, die Therapie mit einem anderen Präparat fortsetzen zu wollen (Bischoff et al. 2012).

Eine fehlende Krankheitseinsicht ist ein wichtiger Risikofaktor dafür, die verlaufsmodifizierende Therapie zu unterbrechen oder ganz abzubrechen. Auch bei Symptomlosigkeit ist bei mangelnder Information über mögliche Verläufe und Auswirkungen der Erkrankung eine effektive Schubprophylaxe erschwert. Aber gerade in der frühen Phase der Erkrankung besteht die Aussicht auf den größtmöglichen neuroprotektiven Effekt der verlaufsmodifizierenden Therapie.

Zur Erhöhung der Adhärenz bei Patienten mit MS werden zum einen Bestrebungen unternommen, den Patienten zu mehr Eigenverantwortung bezüglich seiner Erkrankung zu befähigen. Für dieses »Empowerment« werden Patientenschulungen als wichtiges Mittel genutzt, den Patienten hinsichtlich Risiken und Nebenwirkungen der verlaufsmodifizierenden Therapie und hinsichtlich der Risiken einer ausbleibenden Anwendung zu informieren. Der Grundgedanke dahinter ist, die Perspektive des Patienten in den medizinischen Entscheidungsfindungsprozess mit einzubeziehen. Dieses wird auch als partizipative oder informierte Entscheidungsfindung bezeichnet, bei der gegenseitig Informationen ausgetauscht und das Autonomiebedürfnis des Patienten berücksichtigt werden sollen (Heesen et al. 2006). Ein Großteil der Betroffenen und behandelnden Ärzte begrüßen eine autonome Beteiligung an den Therapieentscheidungen (Kopke et al. 2012).

Eine evidenzbasierte Patientenschulung (EBPS) unter Patienten mit MS in einem frühen Stadium der Erkrankung führte zu Zuwachs an Information hinsichtlich Risiken und Nutzen der verlaufsmodifizierenden Therapie (▶ Kap. 1.3). Die Inanspruchnahme und Haltung gegenüber der verlaufsmodifizierenden Therapie konnte im Vergleich zur Kontrollgruppe, die an keiner EBPS teilgenommen hatten, allerdings nicht verbessert werden (Kopke et al. 2014).

Zum anderen können Ärzte dazu beitragen, die Adhärenz zu erhöhen, wenn sie gemeinsam mit dem Patienten eine Therapie auswählen, die die in-

Tab. 4.3 Häufigste DRG in Zusammenhang mit einer Hauptdiagnose MS

DRG	Bezeichnung
B68D	MS und zerebellare Ataxie ohne äußerst schwere Komorbidität und Komplikationen (CC), 98 % der Fälle dieser DRG mit Hauptdiagnose MS (ICD-10 GM G35,–)
B68A	MS und zerebellare Ataxie mit äußerst schweren CC, 88 % der Fälle dieser DRG mit Hauptdiagnose MS (ICD-10 GM G35,–)

Quelle: IGES – DRG-Browser, Datenjahr 2013 (InEK 2015)
Anmerkung: Die Einheit der Abfrage ist der Fall. Einem Patienten können pro Jahr mehrere Fälle zugeordnet sein.
B68D: 76 % Normallieger, 18 % Kurzlieger, 6 % Langlieger.
B68A: 82 % Normallieger, 7 % Kurzlieger, 11 % Langlieger.

dividuellen Lebensumstände und Präferenzen des Patienten berücksichtigen (Remington et al. 2013).

Inanspruchnahme bei akutem Schub

Der akute Schub ist eine klinische Manifestation erhöhter Krankheitsaktivität (▶ Kap. 3.2). Die Akuttherapie des MS-Schubes ist die Behandlung der Entzündungsreaktion mit einer relativ unspezifischen Hemmung des Immunsystems (Glukokortikoid-Stoßtherapie). Die Therapie des akuten Schubes beinhaltet im Wesentlichen die intravenöse Methylprednisolon-Pulstherapie, die eine bessere Wirksamkeit und geringere Nebenwirkungen gegenüber der oralen Glukokortiokoidtherapie hat. Bei Therapieversagen der Pulstherapie stehen die Plasmapherese oder die Immunadsorption mit dem Ziel der Verringerung der als ätiologisch ursächlich angenommenen Autoantikörper zur Verfügung (DGN 2014).

Die Pulstherapie könnte in Abwesenheit von schwerer Komorbidität und Komplikationen ambulant durchgeführt werden. Knapp jeder Dritte gesetzlich versicherte Patient (KV Bayern) mit einer MS (ICD-10 GM G35,-) erhielt im Jahr 2009 mindestens eine ambulante Verordnung für ein systemisches Glukokortikoid. 67,5 % dieser Verordnungen wurden von Neurologen bzw. Nervenärzten verschrieben (Höer et al. 2014).

Bei 36 % der Patienten des DMSG-Datensatzes, die im Zeitraum 2006 bis 2011 Glukokortikoide erhielten, wurde die Therapie des Schubs ambulant durchgeführt. Die Wahrscheinlichkeit einer ambulanten Behandlung nahm in dieser Untersuchung mit der Krankheitsdauer und dem Schweregrad körperlicher Beeinträchtigungen zu (Rommer et al. 2015).

Des Weiteren wurde der Einfluss von Patientencharakteristika auf den Gebrauch von Glukokortikoiden in der Behandlung von Patienten mit RRMS oder SPMS mit aufgesetzten Schüben untersucht. Es wurden die Patienten eingeschlossen, bei denen im Beobachtungszeitraum mindestens eine Behandlung mit Glukokortikoiden erfolgte (n = 5.106). Im ersten Beobachtungsjahr (2006) wurden 65 % der beobachteten Patienten mit Glukokortikoiden für die Therapie des Schubs behandelt. Der Anteil sank auf ca. 55 % im letzten Beobachtungsjahr (2011). Parallel dazu nahm der Anteil der Patienten, die Natalizumab erhielten, von <2 % auf 12 % im Jahr 2009 zu (Rommer et al. 2015), sodass die Anwendung dieses Medikamentes unter Umständen den Rückgang mit beeinflusst hat.

Zur Therapie des Schubs und hochaktiver Phasen mit schneller Verschlechterung bzw. Progression der Erkrankung erfolgt in vielen Fällen die stationäre Aufnahme. Das Institut für das Entgeltsystem im Krankenhaus (InEK GmbH) stellt Daten abgerechneter stationärer Leistungen öffentlich mittels DRG-Browser zur Verfügung. Alle Krankenhäuser im Bundesgebiet sind zur Datenübermittlung verpflichtet. Dem Browser liegen die Daten aus der Datenlieferung gemäß § 21 KHEntgG für das Datenjahr 2013 (Datenstand 31.05.2014), basierend auf der Gruppierung nach G-DRG Version 2013/2014, zugrunde (InEK 2015).

Die Darstellung von stationären Versorgungsleistungen für die Therapie des akuten Schubs erfolgt differenziert nach DRG spezifisch für die Behandlung der MS (Tab. 4.3).

Tab. 4.4 Anteil der Verlaufsform unter Berücksichtigung der dokumentierten Krankheitsaktivität (akuter Schub, Exazerbation) in der stationären Versorgung der MS im Jahr 2013

		B68D, ohne CC (n=37.483)		B68A, mit CC (n=419)	
ICD-10 GM	Beschreibung	Fälle (n)	%	Fälle (n)	%
G35.0	Erstmanifestation	4.712	12,57%	0	0,00%
G35.10	RRMS	2.835	7,56%	15	3,58%
G35.11	RRMS, akuter Schub oder Exazerbation	11.442	30,53%	38	9,07%
G35.20	PPMS	1.897	5,06%	31	7,40%
G35.21	PPMS, akuter Schub oder Exazerbation	2.114	5,64%	48	11,46%
G35.30	SPMS	5.042	13,45%	61	14,56%
G35.31	SPMS, akuter Schub oder Exazerbation	7.578	20,22%	154	36,75%
G35.9	MS, nicht näher bezeichnet	960	2,56%	22	5,25%
G35*	Gesamt	36.580	97,59%	369	88,07%
G35. x1	mit Schub oder Exazerbation	21.134	56,39%	240	57,28%

Quelle: IGES – DRG-Browser, Datenjahr 2013 (InEK 2015)
Anmerkung: CC = Komorbidität und Komplikationen, RRMS = relapsing remitting MS, SPMS = secondary progressive MS, PPMS = primary progressive MS

In über 55 % der stationären Behandlungsfälle von Patienten mit MS war 2013 der akute Schub oder eine Exazerbation der Behandlungsgrund. Über die Hälfte der Fälle akuter Schübe unter Patienten mit MS ohne äußerst schwere Komorbidität und Komplikationen (CC) wurde als akuter Schub der RRMS klassifiziert. Unter Patienten mit äußerst schweren CC war der Großteil auf einen akuten Schub oder eine Exazerbation einer SPMS oder PPMS zurückzuführen (Tab. 4.4).

In 33 % der stationären Fälle von MS ohne äußerst schwere und in 14 % der stationären Fälle von MS mit äußerst schwerer Komorbidität und Komplikationen wurde eine Immuntherapie durchgeführt. Die am häufigsten durchgeführte Immuntherapie war die intravenöse Kortisontherapie. In 0,84 % der Fälle von MS ohne äußerst schwere CC wurde eine Plasmapherese durchgeführt. In 0,45 % der Fälle kam eine Immunadsorption zur Anwendung, bei 1,43 % der Fälle von MS mit äußerst schwerer CC wurde eine Immunadsorption dokumentiert (Tab. 4.5).

Insgesamt wurden im Jahr 2013 21.134 Fälle eine MS und zerebellare Ataxie ohne äußerst schwere Komorbidität und Komplikationen (B68D) stationär wegen eines akuten Schubs oder einer Exazerbation behandelt. In 15.461 der Fälle wurde eine Therapie des Schubs oder Exazerbation dokumentiert (Abb. 4.8).

Die Diskrepanz zwischen der Anzahl an Fällen mit Behandlungsdiagnose eines akuten Schubs und tatsächlich therapierten Schüben in der stationären Versorgung kann Hinweis darauf sein, dass ein Teil der Patienten ambulant weiterbehandelt werden konnte und wurde.

Eine wichtige Differenzialdiagnose des akuten Schubs ist eine durch einen Infekt oder Wärme ausgelöste Verschlechterung mit den klinischen Symptomen des Schubs. Diese ist aber nicht auf eine erhöhte Krankheitsaktivität zurückzuführen, sondern auf eine Reizung des vernarbten Hirngewebes und bedarf keiner Behandlung im Sinne einer Schubtherapie (inklusive Uhthoff-Phänomen) (DGN 2014).

Tab. 4.5 Anteil durchgeführter Prozeduren (OPS) für die Therapie (hoch-) aktiver Phasen der MS in der stationären Versorgung ohne (B68D) und mit (B68A) äußerst schwerer CC der MS

		B68D, ohne CC (n=37.483)		B68A, mit CC (n=419)	
OPS	**Beschreibung**	**Fälle (n)**	**%**	**Fälle (n)**	**%**
8-547*	Immuntherapien, gesamt	12.634	33,71%	58	13,84%
8-547.x	Sonstige	107	0,29%	0	0,00%
8-547.31	Immunsuppression, sonstige Applikationsform	272	0,73%	6	1,43%
8-547.30	iv. Kortisontherapie	10.087	26,91%	42	10,02%
8-547.2	Mit Immunmodulatoren	1.995	5,32%	10	2,39%
8-547.1	Mit modifizierten Antikörpern	59	0,16%	0	0,00%
8-547.0	Mit nicht modifizierten Antikörpern	114	0,30%	0	0,00%
8-820*	Plasmapherese	319	0,84%	0	0,00%
8-821*	Immunadsorption	167	0,45%	6	1,43%
8-544.0 o. 8-543.51 o. 8-543.31 o. 8.543.11 o. 8.542*	Chemotherapie	1.892	5,04%	7	1,67%
6-003.f0	Natalizumab	229	0,61%	0	0,00%
6-003*	Rituximab	220	0,59%	0	0,00%

Quelle: IGES – DRG-Browser, Datenjahr 2013 (InEK 2015)
Anmerkung: CC = Komorbidität und Komplikationen, OPS = Operationen- und Prozedurenschlüssel, iv. = intravenös

Verlaufsmodifizierende Therapie bei Kinderwunsch und Schwangerschaft

Frauen und Männern mit MS und einem Kinderwunsch muss nicht grundsätzlich von einer Schwangerschaft bzw. Vaterschaft abgeraten werden. Die Fertilität ist durch die Erkrankung selbst unbeeinflusst. Das Risiko für Nachkommen von Patienten mit MS, ebenfalls an einer MS zu erkranken, ist nur sehr leicht erhöht (Westerlind et al. 2014). Die Reproduktionsmedizin, d.h. die hormonelle Stimulation, sollte allerdings kritisch diskutiert werden, da es Hinweise für hormonell induzierte Schübe gibt (DGN 2014).

Aktuell stehen keine Therapieoptionen für die verlaufsmodifizierende Therapie zur Verfügung, die unbedenklich während einer Schwangerschaft eingenommen werden können. Die meisten der verfügbaren Ansätze sollten spätestens bei Bekanntwerden der Schwangerschaft abgesetzt werden. Für die Therapie des akuten Schubs wird während der Schwangerschaft der Steroidpuls empfohlen mit strengerer Indikationsstellung während des ersten Trimenons. Die Einschränkungen für die Gabe von Immuntherapeutika in der Schwangerschaft für die Schubprophylaxe bei schubförmiger MS sind allerdings nicht mehr für alle Therapeutika als absolute Kontraindikationen zu betrachten (DGN 2014). Ausgenommen davon sind aufgrund des embryotoxischen Potenzials die Wirkstoffe Alemtuzumab, Azathioprin, Fingolimod, Mitaxantron, Natalizumab oder Teriflunomid. Sie sollten schon Wochen bis Monate vor Eintritt einer Schwangerschaft von Frauen und Männer abgesetzt werden. Bei Alemtuzumab wird ein Abstand von vier Monaten zur letzten Gabe bei Patientinnen empfohlen. Eine Therapie mit Fingolimod kann von Männern mit

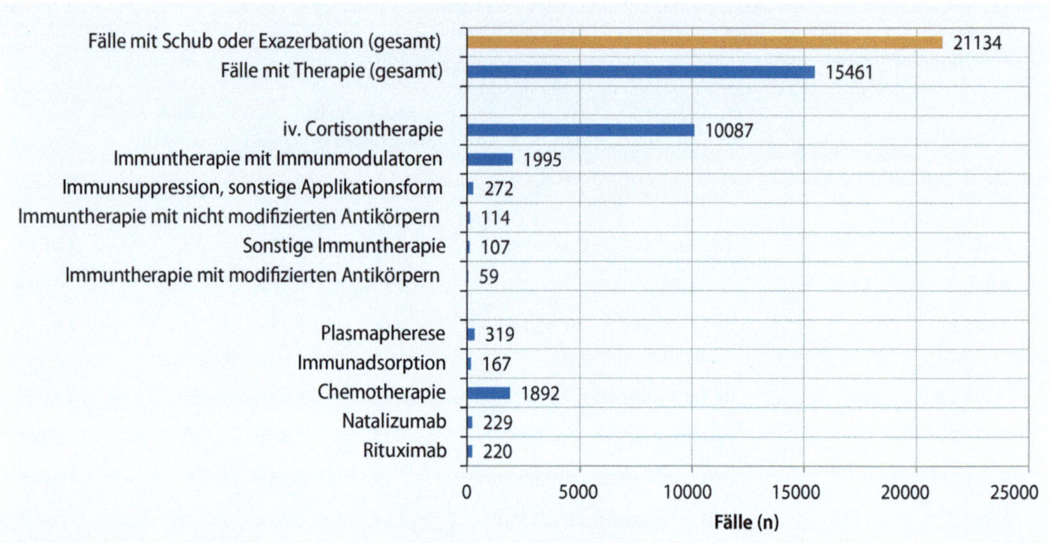

Abb. 4.8 Anzahl stationärer Fälle mit Schub oder Exazerbation und Anzahl der Fälle mit dokumentierter Therapie (B68D, ohne CC) Anmerkung: *CC* = Komorbidität und Komplikationen, *iv.* = intravenös
Quelle: IGES – DRG-Browser, Datenjahr 2013 (InEK 2015)

Kinderwunsch fortgeführt werden. Frauen wird davon abgeraten, die Therapie bis zum Eintritt der Schwangerschaft fortzusetzen. Bei Teriflunomid wird eine effektive Kontrazeption bis zum Abfall des Medikamentenspiegels unter 0,02 mg/l empfohlen sowie ein beschleunigtes Auswaschen im Falle einer ungeplanten Schwangerschaft. (DGN 2014). Eine prospektive Studie zur Frage erhöhter Abortneigung, Missbildungsrate, verringerter somatischer Entwicklung des Fötus und Frühgeburtlichkeit konnte keinen Zusammenhang zu väterlicher Einnahme von Interferon beta-Präparaten oder Glatirameracteat bei MS feststellen (Pecori et al. 2014).

Eine postnatale Schubprophylaxe durch intravenöse Immunglobuline (IVIG) während der Stillzeit wird weiterhin diskutiert. Nach Ende der Stillzeit sollte eher die zuvor etablierte Dauertherapie wiederaufgenommen werden, die Datenlage zu IVIG ist sehr schwach (DGN 2014).

Nach aktueller Datenlage basierend auf deutschlandweiten Daten des Multiple Sklerose und Kinderwunsch Registers (DMSKW) geht man davon aus, dass sich eine Schwangerschaft positiv auf den Verlauf der MS auswirken kann (Hellwig et al. 2008, 2012). Die zellulär vermittelte Entzündungsreaktion bei MS wird durch den veränderten Immunstatus der schwangeren Frau unterdrückt (Wiendl et al. 2010) und die Schubhäufigkeit kann sich während der Schwangerschaft um bis zu 80 % verringern (Hellwig et al. 2008). Nach der Entbindung ist das Risiko für Schübe für sechs Monate allerdings erhöht. Die (akzidentelle) Einnahme von Interferon beta-Präparaten oder Glatirameracetat während der Schwangerschaft reduzierte das Schubrisiko während und nach der Schwangerschaft im Vergleich zu unbehandelten Patientinnen (Hellwig et al. 2012).

Die Frauen sollten zum Stillen angeregt werden, da sich dies auch eher günstig auf die postpartale Schubrate auszuwirken scheint. Patientinnen, die ausschließlich stillten, hatten im Vergleich zu Müttern, die nicht stillten, eine deutlich geringere jährliche Schubrate (0,68 vs. 1,68) (Hellwig et al. 2012).

Eine weitere Auswertung der Registerdaten schwangerer Frauen mit MS in Deutschland (DMSKW) zeigte, dass 90 % der Frauen anfangen, ihre Kinder zu stillen, 30 % davon mussten aber aufgrund der negativen hormonalen Wirkung bei notwendig werdenden Steroidpulsen die Brustmilchernährung beenden (Hellwig u. Gold 2008).

4.2 Symptomatische Therapie und Rehabilitation körperlicher und kognitiver Symptome

Miriam Kip, Anne Talaschus, Iris-Katharina Penner

Die symptomatische Therapie hat das Ziel, die Auswirkungen der Erkrankung auf die körperlichen sowie kognitiven Fähigkeiten zu lindern und Folgekomplikationen zu vermeiden. Hierzu zählen auch die Abwendung psychosozialer Folgen und das Vermeiden dauerhafter Arbeitsunfähigkeit. Die Therapie soll sich dabei an dem individuellen Beschwerdebild und den Präferenzen der Betroffenen orientieren. Zentrales Element der symptomatischen Therapie ist die strukturierte multimodale (stationäre) Rehabilitation, bei der verschiedene Verfahren inklusive der Arzneimitteltherapie kombiniert Anwendung finden.
Insgesamt wird eine deutliche Unterversorgung in der symptomatischen Therapie festgestellt. Diese begründet sich zum einen in einem erschwerten Zugang zu ambulant tätigen Kognitions- und Neuropsychologen oder Physiotherapeuten aufgrund fehlender Angebotskapazitäten. Zum anderen fehlen bei vielen Indikationen ausreichend wirksame, nicht-medikamentöse und medikamentöse Optionen sowie ärztliche Aufklärung und Informationen bei beispielsweise MS-assoziierten Störungen der Sexualität.
Auswertungen der Deutschen Multiple Sklerose Gesellschaft auf Basis von Daten aus den Jahren 2005/2006 zeigten, dass lediglich bei 17 % bis 21 % der Patienten mit Störungen der Kognition oder einer Fatigue und bei 63 % der Patienten mit Depressionen eine Therapie dokumentiert war. Seit 2013 sind neuropsychologische Verfahren Teil des Gegenstandskatalogs der gesetzlichen Krankenversicherung. 2015 verzeichnete die Gesellschaft für Neuropsychologie 287 ambulant tätige Neuropsychologen im gesamten Bundesgebiet (2009 waren es 181). Aufgrund der geringen ambulanten Versorgungsdichte ist eine wohnortnahe Versorgung der Patienten derzeit nicht möglich. Aber gerade neuropsychologische Verfahren können die bereits im (frühen) Krankheitsverlauf auftretenden kognitiven Beeinträchtigungen oder Fatiguesymptome zuverlässig diagnostizieren und quantifizieren sowie eine depressive Symptomatik zeitnah aufdecken. Anschließende neurokognitive und psychologische Interventionen können helfen, die Krankheitsbewältigung und Adhärenz zu verbessern und so zu einer gesteigerten Teilhabe und Lebensqualität beitragen.
Physiotherapeutische Verfahren sind Mittel der ersten Wahl in der Behandlung motorischer Symptome und Einschränkungen der Mobilität z.B. aufgrund von Spastiken. Gut ein Drittel der im Datensatz der Deutschen Multiple Sklerose Gesellschaft registrierten Patienten erhielt keine Therapie der Spastik. 18 % wurden nicht-medikamentös, 38 % medikamentös und 13 % in Kombination nicht-medikamentöser und medikamentöser Verfahren behandelt. Wenn physiotherapeutische Maßnahmen nicht genügen, die Symptomatik zu lindern oder zu stabilisieren, kann versucht werden, medikamentös eine Verbesserung zu erreichen. Aus der Perspektive von Patienten und Ärzten ist die Versorgungssituation der Spastik und assoziierter Schmerzen nicht zufriedenstellend, weil unter anderem wirksame und langfristig einsetzbare Arzneimittel derzeit fehlen. In einer bundesweiten Auswertung zur Behandlungssituation MS-induzierte Spastiken sahen die befragten Ärzte daher vor allen Dingen Potenzial im Ausbau physiotherapeutischer Verfahren.
Weitere Studien weisen auf eine zu geringe ärztliche Berücksichtigung sexueller Funktionsstörungen hin. Bei der Behandlung der sexuellen Dysfunktion besteht hier aus Perspektive der Betroffenen ein ungedeckter Aufklärungs- und Informationsbedarf.

Die MS ist mit einer Vielzahl unterschiedlicher Symptome assoziiert. Das Auftreten und die Ausprägung der Symptome können stark in der individuellen Krankheitsbiographie variieren. Phasen starker Symptomausprägung können sich mit Phasen schwacher oder gar stummer Ausprägung abwechseln. Zu den häufigsten und beeinträchtigendsten Phänomenen zählen neuropsychologische Symptome wie Störungen der Kognition, Fatigue, Depression, Angst, Spastik und andere Einschränkungen der Mobilität, Schmerzen sowie Blasenfunktionsstörungen und Störungen der Sexualität (DGN 2014). Manche Patientinnen und Patienten haben auch nach Jahren der Erkrankung kaum Beschwerden, während andere schon nach kurzer Krankheitsdauer unter deutlichen körperlichen und/oder neurokognitiven und neuropsychiatrischen Einschränkungen leiden.

Die medizinische Rehabilitation ist das zentrale Element der symptomatischen Therapie. Sie folgt einem ganzheitlichen Ansatz und umfasst (neuro-) rehabilitative Verfahren, (neuro-) psychologische und psychotherapeutische Verfahren, Heil- und Hilfsmittel, Arzneimittel und andere Heilverfahren.

Im folgenden Kapitel werden verschiedene Therapieansätze sowie die Ziele der symptomatischen Therapie vorgestellt. Es folgt eine Einführung in die wichtigsten Prinzipien der symptomatischen Therapie, die multimodale (stationäre) Rehabilitation sowie die neuropsychologische Rehabilitation. Anschließend werden Versorgungssituation und Angebotskapazitäten beschrieben und symptombezogen aktuellen Empfehlungen der Versorgungsrealität gegenüber gestellt.

4.2.1 Therapieziele und Übersicht empfohlener Therapieansätze

Die symptomatische Therapie hat das Ziel, Auswirkungen der Erkrankung auf die körperlichen, geistigen und affektiven Gegebenheiten der Patienten zu verbessern und einer weiteren Verschlechterung entgegenzuwirken. Im Gegensatz zur verlaufsmodifizierenden Therapie vermag die symptomatische Therapie das Fortschreiten der Erkrankung selbst nicht zu beeinflussen. Übergeordnetes Ziel der symptomatischen Therapie ist, durch nicht-medikamentöse und medikamentöse Verfahren die soziale Teilhabe und Selbstbestimmung der Patienten zu fördern und damit eine Verbesserung der Lebensqualität zu erreichen (DGN 2014).

Im Vordergrund der symptomatischen Therapie steht die medizinische Rehabilitation. Sie hat das Ziel, den Auswirkungen der Erkrankung wie Beeinträchtigung von körperlichen und kognitiven Fähigkeiten und sozialen Beeinträchtigungen wie Behinderungen, Erwerbsunfähigkeit oder Pflegebedürftigkeit entgegenzuwirken (Augurzky et al. 2011).

Zu den rehabilitativen Maßnahmen in der Behandlung von Patienten mit MS zählen neuropsychologische Rehabilitationsverfahren, die Anwendung von Heilmitteln (Physiotherapie, Ergotherapie und Logopädie), Hilfsmitteln (z.B. Gehilfen) und Arzneimitteln. Im Rahmen der multimodalen (stationären) Rehabilitation kommen die verschiedenen Verfahren kombiniert zur Anwendung (◻ Tab. 4.6, (DGN 2014; Beer et al. 2012)).

Medikamentöse Verfahren werden für die symptomatische Therapie allein oder in Kombination mit nicht-medikamentösen (rehabilitativen) Maßnahmen eingesetzt. In der Therapie der Spastik sind in den letzten Jahren neue Behandlungsoptionen hinzugekommen. So sind seit 2011 Cannabinoide bei schwerer Spastik als Behandlungsoption (▶ Kap. 6.1) und Fampridin für die (kurzfristige) Therapie der Spastik für Patienten mit MS zugelassen (◻ Tab. 4.7, (DGN 2014)).

4.2.2 Prinzipien der Rehabilitation

Gemäß der Internationalen Klassifikation der Funktionsfähigkeit (International Classification of Functioning, ICF) liegt der medizinischen Rehabilitation das Konzept der funktionalen Gesundheit zugrunde, das biologische, psychologische und soziale Komponenten berücksichtigt. Eine Indikation für die medizinische Rehabilitation ist bei Schädigungen der Körperfunktionen und -strukturen, Beeinträchtigungen der Aktivität und Beeinträchtigungen der Partizipation (Teilhabe) erfüllt (DGN 2012; World Health Organization 2005).

Die MS ist eine chronisch entzündlich-degenerative Erkrankung des ZNS. Die symptomatische Therapie basiert auf dem Prinzip der Rehabilitation und Prävention und richtet sich nach dem individuellen Beschwerdebild des Patienten. Da die Symptome häufig gemeinsam auftreten und sich gegenseitig bedingen oder verstärken können, eignen sich ganzheitliche bzw. multimodale Ansätze (DGN 2012). Aufgrund der Komplexität des Krankheitsbildes profitieren Patienten besonders von speziell in der Behandlung der MS geschultem und erfahrenem Personal (DGN 2014).

Bei nicht progredienten Verläufen tragen die Maßnahmen dazu bei, früh im Krankheitsverlauf Symptomen vorzubeugen, sie zu beseitigen oder zu verbessern. Bei Progression der Erkrankung gewinnen Maßnahmen der Symptomlinderung und Maßnahmen zur Abwendung einer wesentlichen Verschlechterung des Gesundheitszustandes des Patienten, z.B. durch Folgeerkrankungen und deren Komplikationen, an Bedeutung (Beer et al. 2012). Das

Tab. 4.6 Auswahl der wichtigsten Maßnahmen für die Rehabilitation von Patienten mit MS*

Intervention	Beschreibung, Effekte Zielparameter
Bewegungstherapie	Verbesserung der Muskelkraft, Kondition und Beweglichkeit durch beispielsweise Ausdauertraining und Widerstandstraining. Mechanisch assistiertes Training kann Gehgeschwindigkeit und -strecke bei Patienten mit schweren Einschränkungen der Gehfähigkeit verbessern. Linderung der Fatiguesymptomatik.
Ergotherapie und Patientenschulungen	Verbesserung motorischer und kognitiver Fähigkeiten, der Bewältigung von Aufgaben des täglichen Lebens und der Kompensation. Reduktion der Auswirkungen der Fatigue bei Patienten mit Einschränkungen alltäglicher Aktivitäten.
Multimodale (multidisziplinäre) Rehabilitation inklusive Heilmittel (z.B. Physiotherapie, Logopädie) und Hilfsmittel,(z.B. Kühlwesten, Gehhilfen)	Verbesserung der allgemeinen Funktionalität, Teilhabe und Lebensqualität.
Ambulant	Insbesondere für Patienten mit geringen bis mittleren Funktionseinschränkungen.
Stationär	Insbesondere für Patienten mit mittleren bis schweren Funktionseinschränkungen.
Neuropsychologische Verfahren	Verbesserung kognitiver Teilleistungen wie Aufmerksamkeit, Gedächtnis, Geschwindigkeit, Multi-Tasking bei Patienten mit kognitiven Beeinträchtigungen.

Quelle: IGES – Beer et al. (2012)
Anmerkung: *in alphabetischer Reihenfolge

Setting und die Auswahl der Verfahren erfolgen aufgrund des heterogenen Beschwerdebildes und der unterschiedlichen Krankheitsverläufe patientenindividuell in Abhängigkeit der funktionellen Einschränkungen. Auch die Festlegung realistischer Rehabilitationsziele erfolgt am sinnvollsten unter Berücksichtigung der individuellen Krankheitsbiografie und der persönlichen Präferenzen der Betroffenen (Beer et al. 2012).

Die Berücksichtigung individueller Determinanten, Ressourcen und Ziele sowie von Umweltfaktoren ist ein wichtiger Faktor dafür, dass rehabilitative Maßnahmen und psychotherapeutische Begleitung auch dauerhaft erfolgreich umgesetzt werden können (DGN 2012).

Multimodale (stationäre) Rehabilitation

Unter multimodaler Rehabilitation wird die kombinierte Anwendung verschiedener Interventionen verstanden (Tab. 4.7). Eine systematische Übersichtsarbeit zur Wirksamkeit von strukturierten multimodalen (multidisziplinären) ambulanten und stationären Rehabilitationsprogrammen unter erwachsenen Patienten mit MS ergab starke Belege für eine Steigerung des Aktivitätsniveau und der gesellschaftlichen Teilhabe von Patienten mit MS. Allerdings konnten keine Veränderungen auf Ebene der eigentlichen funktionellen Einschränkungen gefunden werden (Khan et al. 2007).

Eine 2015 erschienene systematische Übersichtsarbeit untersuchte die Wirksamkeit rehabilitativer Maßnahmen, die mittels Telemedizin dem Patienten zugänglich gemacht wurden. Durch das telemedizinische Angebot soll die Zugänglichkeit von Rehabilitationsverfahren erhöht werden. Gleichzeitig ist aber vorauszusetzen, dass die Patienten ausreichend Kapazitäten besitzen, die übermittelten Komponenten auch selbstständig durchzuführen oder sie jemanden haben, der sie dabei unterstützt (mobile Rehabilitation). Die Analyse deutete auf eine kurz-

Tab. 4.7 Übersicht der derzeit empfohlenen Arzneimittel für die symptomatische Therapie bei MS

Arzneimittel	Beschreibung
Therapie kognitiver Störungen	Aktuell keine Empfehlung, die auf nachgewiesener Evidenz basiert
Therapie der Fatigue*	
Amantadin	M2-Ionenkanalblocker. Steigert u.a. Dopaminfreisetzung. Darreichung oral. Markteinführung 1966 (Gemeinsamer Bundesausschuss (G-BA) schloss 2011 Off-Label-Use für MS explizit aus)
Modafinil	Einsatz bei Narkolepsie. Wirktyp wie Amphetamin, aber chemisch abweichend. Genauer Wirkmechanismus nicht bekannt. Darreichung oral. Markteinführung 1998
Antidepressive Therapie	Siehe Leitlinie (DGPPN et al. 2009)
Schmerztherapie	Siehe u.a. Leitlinien für Diagnostik und Therapie in der Neurologie: Pharmakologisch nicht interventionelle Therapie chronisch neuropathischer Schmerzen (DGN 2015)
Therapie der Spastik*	
Baclofen	Gamma-Aminobuttersäure (GABA)-Derivat (Neurotransmitter). Zentrales Muskelrelaxans, stimuliert die GABA-Rezeptoren vorwiegend im Rückenmark und dämpft dadurch die Erregungsübertragung. Darreichung oral oder parenteral (intrathekal). Markteinführung 1971
Benzodiazepine	Muskelrelaxantien und Tranquilizer, verstärken dämpfende Wirkung des Neurotransmitter Gamma-Aminobuttersäure (GABA). Hauptsächlich angstlösend und schlafanstoßend. Entsprechend auch muskelrelaxierend. Darreichung oral. Markteinführung des ersten Wirkstoffs 1960
Botulinum-Toxin A	Neurotoxin. Hemmt Freisetzung von Azetylcholin. Entspannung des hyperaktiven Blasenwandmuskels. Darreichung parenteral. Markteinführung 1993 (Seit 2011 zugelassen für die Behandlung von Harninkontinenz bei MS)
Cannaboide	Tetrahydrocannabinol-Extrakt (THC) aus der Hanfpflanze. Betäubungsmittel. Darreichung oral (Spray). Als Arzneistoff Nabiximols seit 2011 bei schwerer Spastik unter MS zugelassen
Dantrolen	Kalziumkanalblocker, Wirkung auf das longitudinale System. Darreichung oral. Markteinführung 1978
Fampridin	Kaliumkanalblocker, erhöht damit indirekt die Ausschüttung von Acetylcholin. Verbesserung der Gehfähigkeit bei MS. Darreichung oral. Markteinführung 2011
Gabapentin	Gamma-Aminobuttersäure (GABA)-Derivat (Neurotransmitter). Erhöht die Freisetzung des GABA-Neurotransmitters. Darreichung oral. Markteinführung 1995
Tizanidin	Alpha2-Rezeptoragonist, zentral am Rückenmark wirkendes Skelettmuskelrelaxans. Darreichung oral. Markteinführung 1985
Tolperison	Muskelrelaxans. Dämpfende Wirkung über das Zentralnervensystem. Darreichung oral. Markteinführung 1981 (nicht für MS zugelassen)
Therapie Ataxie und Tremor	
Topiramat	Sulfamat-substitutiertes Monosaccharid. Wirkmechanismus weitgehend unbekannt. Dämpfende Wirkung über das Zentralnervensystem. Darreichung oral. Markteinführung 1997

Tab. 4.7 (Fortsetzung)

Arzneimittel	Beschreibung
Therapie von Blasenstörungen*	
Anticholinergika	Wirkstoffe zur Unterdrückung von Acetylcholin im parasympathischen Nervensystem. Darreichung überwiegend oral aber auch extern (Pflaster). Dämpfen bei MS einen überaktiven Blasenmuskel. Markteinführung des ersten Wirkstoffs 1968
Botulinum-Toxin A	Toxin des Bakteriums Clostridium botulinum, lähmt periphere Muskeln durch irreversible Hemmung der Freisetzung von Acetylcholin. Darreichung parenteral. Markteinführung 1993
Therapie der sexuellen Dysfunktion*	
Bei erektiler Dysfunktion: Sildenafil, Tadalafil, Vardenafil	Phosphodiesterase-5-Inhibitoren. Darreichung oral. Markteinführung Sildenafil 1998, Tadalafil 2003, Vardenafil 2003

Quelle: IGES – atd arznei-telegramm Arzneimitteldatenbank (2015); DGN (2014); Häussler et al. (2014); Mutschler et al. (2013); Schwabe u. Paffrath (2014)
Anmerkung: *=in alphabetischer Reihenfolge

fristige und langfristige Verbesserung körperlicher Einschränkungen sowie anderer Symptome wie der Fatigue durch telemedizinisch vermittelte Rehabilitationsverfahren hin (Khan et al. 2015).

Insgesamt besteht zunehmend Evidenz dafür, dass die multimodale Rehabilitation für die Betroffenen sinnvoll und empfehlenswert ist, da sie zu einer Steigerung der Aktivität sowie der gesellschaftlichen Teilhabe führen kann. Der kombinierte und auf den Patienten zugeschnittene Einsatz verschiedener Verfahren im Rahmen der multimodalen Therapie ist im Hinblick auf die Erbringung eines Wirksamkeitsnachweises jedoch herausfordernd, da dies den Einsatz komplexer Studiendesigns erfordert (Campbell et al. 2000). Der Grad der Evidenz bisheriger Studien ist daher oftmals als eher gering einzustufen.

Physiotherapie, Bewegungstherapie und Sport (Heilmittel)

Die Physiotherapie ist Kernkomponente der symptomatischen Therapie und Rehabilitation (Vogel 2015). Die Leitlinien der DGN verweisen im Rahmen der symptomatischen Behandlung der MS bei einer Vielzahl von Indikationen auf die Physiotherapie als eine sinnvolle Maßnahme. Symptome, welche effektiv behandelt werden können, sind beispielsweise zentrale Lähmungen, Koordinationsstörungen und Gleichgewichtsstörungen. Sie ist gemäß den Leitlinien die erste Wahl bei der Behandlung von Spastiken und wird ebenfalls bei Tremor und Ataxie empfohlen. Aber auch die Verbesserung von Störungen der Tiefensensibilität, Schwindel sowie Blasenstörungen können Ziele einer physiotherapeutischen Intervention sein (DGN 2014; DMSG Berlin e.V. 2015).

Körperliche Aktivitäten bei MS wurden lange Zeit mit unerwünschten Auswirkungen auf den Krankheitsverlauf in Verbindung gebracht. Entsprechend sollten sich die Patienten schonen und es wurde Bettruhe in den aktiven Krankheitsphasen verordnet. Kritisch hinterfragt wurde dieses Therapiekonzept bereits Mitte des 20. Jahrhunderts. Internationale Studien konnten zeigen, dass Bewegung keinen negativen Effekt auf den Krankheitsverlauf hat. Dennoch hielt sich die Behandlungsstrategie bis in die 90er-Jahre in Deutschland (Tallner et al. 2013).

Erste Belege dafür, dass Bewegung nicht nur unschädlich ist, sondern sich auch positiv auf den Krankheitsverlauf auswirken kann, wurden bereits in einer Studie von Russel und Palfrey in den 1960ern erbracht. In der Studie wurden 69 Patienten mit MS zwei Jahre beobachtet. Ihnen wurde ihm Rahmen einer stationären Reha ein Bewegungsprogramm erstellt, welches sie auch nach Entlassung fortführen und in Abhängigkeit von ihrer Konstitution um weitere sportliche Aktivitäten ergänzen sollten. Insgesamt zeigten sich bei keinem Teilnehmer negative Auswirkungen. 41 Patienten wiesen klinische Verbesserung auf, bei 28 Patienten stellte sich kein nachweisbarer Effekt ein (Russel u. Palfrey 1969).

Obwohl ein positiver Effekt körperlicher Bewegung heutzutage als allgemein anerkannt gilt, liegen dennoch nur wenige Studien vor, welche die konkreten Auswirkungen und Therapieempfehlungen beschreiben (Tallner et al. 2013). Dennoch kamen Latimer-Cheung et al. 2013 in ihrer Meta-Analyse, welche 54 Studien umfasste, zu dem Ergebnis, dass für Patienten mit einem milden bis moderaten Verlauf der MS eine positive Auswirkung von sportlichem Training auf die Muskelkraft und auf die aerobe Kapazität mit ausreichender Evidenz belegt ist. Zudem kamen sie zu dem Schluss, dass weiterhin die Mobilität, die Fatigue sowie die gesundheitsbezogene Lebensqualität verbessert werden können (Latimer-Cheung et al. 2013). Eine Metanalyse von Pearson et al. (2015, n=13 Studien) zeigte ebenfalls, dass sportliches Training bei Patienten mit MS eine Verbesserung der Gehgeschwindigkeit und der Ausdauer zu Folge hat (Pearson et al. 2015).

Von besonderer Wichtigkeit ist es, die Physiotherapie individuell an den Patienten anzupassen, um so seinem Krankheitsverlauf, welcher starken Schwankungen unterliegen kann, gerecht zu werden. Auch die jeweilige Tagesverfassung muss bei den therapeutischen Maßnahmen berücksichtigt werden (DMSG Berlin e.V. 2015).

Speziell für die MS finden verschiedene Therapiekonzepte Anwendung, welche durch physikalische Therapien, Lymphdrainage oder Stand- und Gangschulung ergänzt werden können. Genannt seien beispielsweise das Bobath-Konzept, die Vojta-Therapie und die Propriozeptive Neuromuskuläre Fazilitation (PNF) (Simonow 2015).

Die genannten Therapiekonzepte sind Teil der Rahmenempfehlungen zur Heilmittelversorgung gemäß § 125 Abs. 1 SGB V und dürfen nur durch speziell geschulte Physiotherapeuten ausgeführt werden (Spitzenverbände der Krankenkassen et al. 2006).

Neuropsychologische Rehabilitation

Neuropsychologische Verfahren werden im Rahmen der stationären Neurorehabilitation seit vielen Jahren angewandt (Gesellschaft für Neuropsychologie (GNP) e.V. 2013). Seit dem 1.1.2013 sind neuropsychologische diagnostische und therapeutische Verfahren auch ambulante Leistung der GKV (KV Hessen 2014). Basierend auf einem Beschluss des Gemeinsamen Bundesausschusses (G-BA) vom 24.11.2011 wurde die Richtlinie zu »Untersuchungs- und Behandlungsmethoden der vertragsärztlichen Versorgung« um diagnostische und therapeutische Verfahren ergänzt (Bundesministerium für Gesundheit 2012). Bei Vorliegen einer von einem Facharzt für Neurologie, Nervenheilkunde, Psychiatrie und Psychotherapie gestellten Diagnose (somatische Abklärung, Stellen der Indikation; ◘ Tab. 4.8) kann die neuropsychologische Diagnostik und Therapie im weiteren Verlauf neben den oben genannten Fachgruppen ebenso durch ärztliche und psychologische Psychotherapeuten mit neuropsychologischer Zusatzqualifikation erfolgen (Bundesministerium für Gesundheit 2012). Aus Gründen der Qualitätssicherung kann die somatische Abklärung und weiterführende Diagnostik sowie Therapie nicht durch dieselbe Person, sondern muss durch unterschiedliche Behandler erfolgen (Bundesministerium für Gesundheit 2012).

Grundlagen neuropsychologischer Verfahren sind die Restitution (Wiederherstellung), die Kompensation (Ausgleich) sowie Akzeptanz und Adaptation unter Verwendung integrierter Verfahren (z.B. bestimmte psychotherapeutische Verfahren) (Gauggel 2003).

Die Restitution beschreibt die Wiederherstellung oder Verbesserung eingeschränkter oder gestörter Funktionalität von kognitiven oder emotionalen Bereichen aufgrund von Läsionen des zentralen Nervensystems. (Gauggel 2003). Insbesondere zu Beginn einer MS-Erkrankung scheint die Wahrscheinlichkeit besonders groß, durch gezielte Stimulationen neuronaler Netzwerke die Funktionalität wiederherzustellen, sie zu erhalten oder zu verbessern (Penner et al. 2006).

Kompensation beschreibt das Erlernen und Anwenden von internen und externen Strategien mit dem Ziel, dass gesunde und funktionsfähige Areale die eingeschränkten Hirnleistungen ausgleichen. Kompensationsstrategien spielen bei der Behandlung von Patienten mit MS eine zentrale Rolle (DGN 2014). Eine wichtige Bedeutung hat dabei

Tab. 4.8 Indikationen (somatische Abklärung) zur neuropsychologischen Therapie (ICD-10-GM)

ICD-10-Code	Titel	Beschreibung nach DIMDI
F04	Organisches amnestisches Syndrom, nicht durch Alkohol oder andere psychotrope Substanzen bedingt	Beeinträchtigungen des Kurz- und Langzeitgedächtnisses. Eingeschränkte Fähigkeit, neues Material zu erlernen. Zeitliche Desorientierung. Prognose ist abhängig vom Verlauf der zugrunde liegenden Läsion.
Aus F06*	Andere psychische Störungen aufgrund einer Schädigung oder Funktionsstörung des Gehirns oder einer körperlichen Krankheit	
F06.6	Organische emotional labile [asthenische] Störung	Affektdurchlässigkeit oder –labilität. Ermüdbarkeit. Vielzahl körperlicher Missempfindungen (z.B. Schwindel) und Schmerzen als Folge einer organischen Störung
F06.7	Leichte kognitive Störung	Gedächtnisstörungen, Lernschwierigkeiten, Konzentrationsschwäche. Geistige Ermüdung. Objektiv erfolgreiches Lernen wird subjektiv als schwierig empfunden
F06.8	Sonstige näher bezeichnete organische psychische Störungen aufgrund einer Schädigung oder Funktionsstörung des Gehirns oder einer körperlichen Krankheit	
F06.9	Nicht näher bezeichnete organische psychische Störung aufgrund einer Schädigung oder Funktionsstörung des Gehirns oder einer körperlichen Krankheit	
F07	Persönlichkeits- und Verhaltensstörung aufgrund einer Krankheit, Schädigung oder Funktionsstörung des Gehirns	Persönlichkeits- oder Verhaltensveränderungen als Rest- oder Begleiterscheinung einer Krankheit, Schädigung oder Funktionsstörung des Gehirns.

Quelle: IGES – Bundesministerium für Gesundheit (2012); DIMDI (2014)
Anmerkung: DIMDI = Deutsches Institut für Medizinische Dokumentation und Information

auch das Erkennen und Nutzen externer Hilfestellungen und Unterstützersysteme durch Familien, im beruflichen Umfeld oder durch technische Hilfsmittel und Kommunikationsmittel (Haase et al. 2012). Durch Kompensationsstrategien können zum einen Fertigkeiten wieder erlernt und zum anderen einer physischen wie psychischen dauerhaften Überforderung entgegengewirkt werden. Der sorgfältige Umgang mit den eigenen physischen wie psychischen Ressourcen hat positive Effekte auf das Aktivitätsniveau, die Teilhabe sowie das individuelle Erleben der eigenen Situation.

Um eine Restitution oder Kompensation bestehender Einschränkungen zu erreichen, werden im Rahmen der neuropsychologischen Rehabilitation integrierte Verfahren eingesetzt. Integrierte Verfahren sind Psychotherapieverfahren, die darauf abzielen, den Patienten in der Krankheitsbewältigung (Adaptation) und Krankheitseinsicht (Akzeptanz) zu unterstützen. Aus Sicht der Betroffenen ist der Erhalt der biografischen Kontinuität (familiär, beruflich) ein zentraler Versorgungsbedarf (Galushko et al. 2014). Familientherapeutische Verfahren helfen, Verständnis für den Betroffenen zu generieren, externe Ressourcen zu identifizieren und das soziale Umfeld in den Prozess der Krankheitsbewältigung einzubeziehen (Gauggel 2003; Patejdl et al. 2015).

Eine 2014 erschienene systematische Übersichtsarbeit (Meta-Analyse) untersuchte die Wirksamkeit der neuropsychologischen Rehabilitation auf die kognitive Leistungsfähigkeit von Patienten mit MS. Ausgewertet wurden insgesamt 20 Studien. Die meisten der beobachteten Patienten (n = 966) hatten eine RRMS. Der mittlere Einschränkungsgrad lag bei einem EDSS von 3,2 und die mittlere Erkrankungsdauer betrug 14 Jahre. Das Fazit der Meta-Analyse war, dass sich durch gezieltes Gedächtnistraining die Gedächtnisleistung und in Kombination mit anderen neurorehabilitativen Interventionen das verbale Erinnerungsvermögen verbessern ließ. Der Evidenzgrad neurorehabilitativer Maßnahmen hinsichtlich einer Reduktion kognitiver Symptome wurde insgesamt jedoch als gering eingestuft. Des Weiteren konnte mittels der Meta-Analyse kein Effekt der untersuchten Maßnahmen auf das seelische Wohlbefinden der Patienten nachgewiesen werden (Rosti-Otajarvi u. Hamalainen 2014). Bei Betrachtung der einzelnen Studien zeigte sich jedoch, dass in 90 % der Fälle (18 von 20 Studien) die jeweiligen Interventionen einen positiven Effekt auf die meisten der untersuchten Outcome-Parameter hatten. Die eher schwache Evidenzlage, die sich aus der Meta-Analyse ergibt, liegt also weniger an den Interventionen per se, sondern ist vielmehr methodisch in der schwierigen Vergleichbarkeit der einzelnen Interventionen begründet (Rosti-Otajarvi u. Hamalainen 2014).

In der Behandlung der MS-assoziierten Fatigue haben sich des Weiteren kognitive Verhaltenstherapie, Programme zum Management der Fatigue unter Berücksichtigung des individuellen Beschwerdebilds und vorhandener Ressourcen sowie das Achtsamkeitstraining, das sich auch auf die eine depressive Symptomatik positiv auswirken kann, bewährt (Patejdl et al. 2015).

Vor dem Hintergrund fehlender standardisierter Verfahren wurde jüngst eine standardisierte Intervention vorgestellt (Metacognitive Training in MS, MaTiMS), die die relevanten neuropsychologischen Komponenten wie Aufmerksamkeit, Gedächtnis, Fatigue, Stress, Depression und Einfühlung berücksichtigt (Pottgen et al. 2015). Die Ergebnisse der Pilotstudie wiesen auf einen positiven Effekt der Intervention hinsichtlich Selbstwirksamkeit, Verbesserung der Fatigue und Lebensqualität der Teilnehmer hin (Pottgen et al. 2015).

Die neuropsychologischen Verfahren können zusätzlich dazu beitragen, die Adhärenz (▶ Abschn. 4.1.3) und damit den Therapieerfolg der verlaufsmodifizierenden Therapie zu erhöhen. Während die Bedeutung der Adhärenz für die Arzneimitteltherapie in der Behandlung der MS und anderen chronischen Erkrankungen gut untersucht ist, besteht nur wenig Evidenz bezüglich der Auswirkung auf die Therapieadhärenz und den Therapieerfolg bei nicht-medikamentösen rehabilitativen Maßnahmen (Heesen et al. 2014).

4.2.3 Versorgungssituation

Studienlage

Flachenecker et al. (2008) untersuchten die symptombezogene Inanspruchnahme symptomatischer Therapieformen anhand des DMSG-Datensatzes in Deutschland und stellten eine deutliche Unterversorgung hinsichtlich der Inanspruchnahme fest. Die Auswertung spiegelt sehr gut die Versorgungssituation der im Datensatz erfassten Patienten und Einrichtungen wider. Inwieweit sich diese Ergebnisse aber auf die Gesamtversorgungssituation in Deutschland übertragen lassen, ist nicht geklärt. Im Vergleich zu Daten der GKV z.B. sind Patienten mit einer SPMS oder PPMS deutlich häufiger enthalten (Datensatzbeschreibung DMSG ▶ Kap. 4.1.3). Der Zeitpunkt der Datenerhebung liegt außerdem zehn Jahre zurück, entsprechend sind aktuelle Entwicklungen von z.B. neuen Therapieoptionen oder Veränderungen der Versorgungsstrukturen in der Erhebung nicht abgebildet. Des Weiteren fehlen Angaben zum Schweregrad der Beschwerden sowie zum zeitlichen Bezug zwischen Auftreten der Beschwerden und der Initiierung einer möglicher Behandlung (Flachenecker et al. 2008).

Andere Studien setzten sich mit der Qualität der Versorgung auseinander. Beispielsweise Henze et al. (2013) untersuchten in einer bundesweiten Studie die Bedeutung und Behandlung der MS-induzierten Spastik aus Perspektive von Ärzten und Patienten im Jahr 2011 (MObilitätsVErbesserung bei Spastik in Multipler Sklerose, MOVE-1-Studie).

Insgesamt sind 2015 aber nur wenige Studien verfügbar, die die Inanspruchnahme und Qualität der Versorgung in Deutschland unter den aktuellen Rahmen- und Alltagsbedingungen abbilden.

Für die in Frage kommende Arzneimitteltherapie ist in den meisten Fällen die Evidenzlage, die die Grundlage der Leitlinienempfehlungen bildet, nicht sehr belastbar. Der Großteil der Medikamente wird seit vielen Jahren bis Jahrzehnten eingesetzt (◘ Tab. 4.7) (DGN 2014).

Aufgrund der Vielfältigkeit der Symptome und der Variationsbreite der individuellen Beschwerdebilder, die im Krankheitsbild »MS« zusammengefasst werden, ist es prinzipiell schwierig, einen Therapiestandard zu identifizieren und einer Versorgungsrealität gegenüberzustellen. Die in diesem Kapitel beschriebenen Symptome bilden nicht die Gesamtheit der klinischen Symptomatik ab, sondern stellen lediglich eine Auswahl der häufigsten MS-assoziierten Symptome dar. Der Fokus wird dabei auch auf Faktoren gelegt, die mittlerweile zunehmend zur Beurteilung der Krankheitsaktivität herangezogen werden. Hierzu gehören insbesondere neuropsychologische Beeinträchtigungen, wie kognitive Dysfunktion, Fatigue, Depression und Angst (Stangel et al. 2015).

Allgemeine Inanspruchnahme und Angebotskapazitäten

▪ Stationäre (multimodale) Rehabilitation

Der Zugang zu einer stationären Rehabilitationsmaßnahme erfolgt in der Regel über einen vom Arzt gestellten Antrag bei der Krankenkasse. Bisher war die Beantragung einer stationären Rehabilitation mit vergleichsweise hohen Hürden verbunden. Zum einen ging die Beantragung mit einem hohen bürokratischen Aufwand einher, zum anderen waren nur Ärzte antragsberechtigt, die im Besitz einer bestimmten Zusatzqualifikation waren. Mit der Neufassung der Rehabilitations-Richtlinie des G-BA, welche zum 01. April 2016 in Kraft tritt, dürfen nun alle Vertragsärzte eine Rehabilitationsmaßnahme verordnen. Zudem ist eine deutliche Reduzierung des bürokratischen Aufwands für die Ärzte vorgesehen, sodass Patienten mit MS im Idealfall ein besserer Zugang zu einer stationären Rehabilitation gewährleistet werden kann (Gemeinsamer Bundesausschuss 2015).

Zu den relevanten leistungserbringenden Einrichtungen zählen stationäre Rehabilitationskliniken ebenso wie ambulante rehabilitative Anbieter. Im Jahr 2013 waren rund 13 % der 1.187 aufgestellten Betten der stationären Vorsorge- und Rehabilitationseinrichtungen in Deutschland Betten der Fachabteilung Neurologie (Statistisches Bundesamt 2013). Je nach Klinik sind insbesondere Neurologen und Psychologen bzw. Psychotherapeuten, Neuropsychologen sowie Ergo- und Physiotherapeuten, Pflegekräfte und Sozialpädagogen in die MS-Rehabilitation involviert.

In einer bundesweiten Umfrage wurde die Behandlungs- und Betreuungsstruktur neurologischer Rehabilitationseinrichtungen mit und ohne MS-Schwerpunkt erfasst. Insgesamt konnten 90 Kliniken (49 % aller Einrichtungen in 2007) in die Auswertung einbezogen werden (Gesamt n = 183, Rücklauf n = 118, nicht auswertbare Bögen = 28). Der überwiegende Anteil der Einrichtungen (N = 70; 78 %) gab an, keinen MS-Schwerpunkt zu besitzen (allgemein-neurologische Kliniken), während 20 Einrichtungen (22 %) einen expliziten MS-Fokus aufwiesen (MS-Kliniken). Die allgemein-neurologischen Kliniken behandelten vorwiegend Patienten zwischen 25 und 30 Jahren sowie zwischen 60 und 80 Jahren. Die Patienten der MS-Schwerpunktkliniken waren größtenteils zwischen 50 und 70 Jahre alt. Der Behandlungsschwerpunkt aller Reha-Kliniken lag in der weiterführenden Reha und der Anschlussheilbehandlung (◘ Tab. 4.9). Im Gegensatz zu allgemein-neurologischen Klinken führten Schwerpunktklinken keine Nachsorge und keine berufliche Rehabilitationen durch (Heesen et al. 2010).

Der überwiegende Teil der allgemein-neurologischen und der Schwerpunktkliniken führte sowohl ambulante als auch stationäre Behandlungen durch. Die Betreuungsstruktur als Verhältnis zwischen Patienten- und Therapeutenanzahl zeigte keine wesentlichen Unterschiede zwischen den beiden Einrichtungsarten. In allen Kliniken gehören Physiotherapeuten zur Hauptberufsgruppe. Am wenigsten vertreten sind Sozialpädagogen sowie Musik- und Kunsttherapeuten. Die Anzahl der Pflegekräfte wurde nicht erfasst (Heesen et al. 2010).

In Reha-Einrichtungen mit MS-Schwerpunkt lag die durchschnittliche Behandlungsdauer bei 4,6

Tab. 4.9 Schwerpunktsetzung der Reha-Kliniken bezüglich unterschiedlicher Rehabilitationsphasen

Reha-Phase	MS-Schwerpunktklinik: Patienten n (% aller Patienten der Einrichtungsart)	Allgemein-neurologische Klinik: Patienten n (% aller Patienten der Einrichtungsart)
Frührehabilitation	14 (70 %)	46 (66 %)
weiterführende Reha	17 (85 %)	62 (90 %)
Anschlussheilbehandlung	18 (90 %)	67 (96 %)
Nachsorge und berufliche Reha	0 (0 %)	15 (21 %)
aktivierende Pflege	2 (10 %)	5 (7 %)
sonstige	5 (25 %)	15 (21 %)

Quelle: IGES – Heesen et al. (2010)
Anmerkung: Unter »sonstige« werden v. a. Nachbefragungen subsumiert.

Wochen im Vergleich zu 5,4 Wochen in allgemeinneurologischen Kliniken. Insgesamt liegt die durchschnittliche Dauer der stationären neurologischen Rehabilitation über der in anderen Fachbereichen (ca. 3 Wochen). Über 90 % der Schwerpunktkliniken gaben an, ein MS-spezifisches Behandlungsprogramm durchzuführen. Bezüglich der therapeutischen Teilbereiche standen bei fast allen Reha-Einrichtungen physiotherapeutische Maßnahmen (v. a. Bobath-Techniken) und Neurosport im Vordergrund. Zum Management von Ataxie und Tremor wurden differenzierte Behandlungen (z. B. Kühlwesten, Eiswasserbäder, Tiefenhirnstimulation in Kooperation) wesentlich häufiger in MS-Schwerpunktkliniken durchgeführt im Vergleich zu allgemeinen Reha-Einrichtungen. Bei etwa 66 % der Patienten mit MS fand eine neuropsychologische Untersuchung statt. Kognitive Trainings sowie Schulungen wurden von allen Rehabilitationskliniken angeboten (Heesen et al. 2010).

In den betrachteten Einrichtungen wurden hauptsächlich sozialrechtliche und Berufsberatungen durchgeführt. Angehörigenberatungen wurden von den allgemein-neurologischen Kliniken häufiger angeboten als von den Schwerpunktkliniken. Individuelle Therapieziele wurden laut Eigenangaben in fast allen Einrichtungen zwischen Arzt und Patient zu Beginn der Therapie festgelegt, allerdings in den wenigsten Fällen schriftlich fixiert. In weniger als 20 % der befragten Kliniken fand eine Evaluation mit standardisierten MS-spezifischen Instrumenten z. B. zur Erhebung der Lebensqualität oder zur Bestimmung des EDSS-Wertes statt (Heesen et al. 2010).

In seinem Gutachten wies der Sachverständigenrat zur Begutachtung der Entwicklung im Gesundheitswesen darauf hin, dass der Bedarf an medizinischer Rehabilitation das vorhandene Angebot deutlich übersteigt (Sachverständigenrat zur Begutachtung der Entwicklung im Gesundheitswesen 2014). Auch in Zukunft ist aufgrund der Alterung der Bevölkerung und der (absoluten) Zunahme chronischer Erkrankungen wie auch der MS mit einem steigenden ungedeckten Versorgungsbedarf zu rechnen.

▪ Physiotherapie (Heilmittel)

Die ambulante Physiotherapie zählt zu den Heilmitteln und muss ambulant vertragsärztlich verordnet werden. Ein direkter Zugang ist (noch) nicht möglich. Der Zugang zur Physiotherapie hat sich in den letzten Jahren für Patienten mit MS verbessert. Bis vor einigen Jahren bestanden vergleichsweise hohe Hürden, was eine dauerhafte Verordnung der Physiotherapie anging. In einem Merkblatt in Zusammenhang mit der Heilmittelrichtlinie regelte der Gemeinsame Bundesausschuss (G-BA) in 2013, dass Patienten mit dauerhaftem Heilmittelbedarf entsprechende dauerhafte Anwendungen durch ihre Krankenkasse genehmigt bekommen können.

Die MS wird dabei in einer Liste von Erkrankungen geführt, der ein dauerhafter Heilmittelbedarf bescheinigt wird (siehe Kapitel 6.5.4) (Gemeinsamer Bundesausschuss 2011).

Die Anzahl an beschäftigten Physiotherapeuten und zugelassenen Physiotherapie-Praxen steigt (▶ Kap. 6.5.4). Dennoch gilt die Physiotherapie als Engpassberuf, das heißt, es gibt mehr unbesetzte Stellen als Arbeitsuchende. Der Bedarf wird im Zuge des demographischen Wandels grundsätzlich weiter steigen, die Ausbildungszahlen sind jedoch rückläufig (Grosch 2015).

Informationen zur Inanspruchnahme von ambulanten Rehabilitationsmaßnahmen bei Patienten mit MS sind kaum vorhanden.

Neuropsychologische Therapie

Der Zugang zu neuropsychologischen Therapieleistungen erfolgt für Patienten mit MS in der Regel durch die Überweisung zu einem Neuropsychologen. Die Gesellschaft für Neuropsychologie (GNP) (2015) verzeichnet bundesweit aktuell (Stand: 18.09.2015) 287 ambulant und stationär tätige zertifizierte Neuropsychologen.

Neuropsychologen sind sowohl im stationären Bereich als auch in der ambulanten Versorgung tätig. Gemäß einer bundesweiten Totalerhebung zur Versorgungssituation im Bereich der ambulanten neuropsychologischen Therapie aus dem Jahr 2009 wurden 181 ambulant tätige zertifizierte Neuropsychologen berichtet (insgesamt etwa 200 ambulant tätige Neuropsychologen bundesweit in 2009) (Mühlig et al. 2009). Basierend auf diesen Angaben errechneten die Autoren eine Versorgungsdichte von einem Neuropsychologen pro 356.874 Einwohner im Jahr 2009, wobei der Großteil der ambulant tätigen Neuropsychologen in den westlichen Bundesländern praktizierte (Verhältnis 3:1) (Mühlig et al. 2009).

Flachenecker et al. schlussfolgerten in einer ihrer Auswertungen des DMSG-Datensatzes, dass auch aufgrund der geringen Angebotskapazitäten für die neuropsychologische Versorgung von einer erheblichen Unterversorgung von Patienten mit MS auszugehen ist (Flachenecker et al. 2008).

Neben der Verfügbarkeit spielt die barrierefreie Zugänglichkeit existierender Versorgungsangebote eine wichtige Rolle für Patienten mit MS. Die wohnortnahe Versorgung ist ein wichtiger Versorgungsbedarf, um trotz krankheitsbedingter Einschränkungen und Behinderungen Behandlungsprogramme in Anspruch nehmen zu können (Galushko et al. 2014). Bei über der Hälfte der neuropsychologischen Einrichtungen reisten die Patienten aber aus einem Umkreis von 11 bis 50 km für die Inanspruchnahme einer neuropsychologischen Therapie an, bei 18 % der Einrichtungen betrug das Einzugsgebiet über 50 km. Bei einem Drittel der ambulanten Einrichtungen betrug das Einzugsgebiet unter 10 km (Mühlig et al. 2009).

Unter Berücksichtigung des jährlichen Neuerkrankungsrisikos (Inzidenz) von rund 550.000 Hirnschädigungen insgesamt in der Bevölkerung (davon schätzungsweise 10 % mit Indikation für eine neuropsychologische Therapie) (Kasten et al. 1997), der steigenden Inzidenz und Prävalenz der MS-Erkrankungen und den Angebotsstrukturen (287 ambulant tätige Neuropsychologen) ist auch aktuell von einem erheblichen ungedeckten Bedarf in der ambulanten neuropsychologischen Versorgung auszugehen.

Arzneimittel

Die Leitlinien zur Diagnose und Therapie der Multiplen Sklerose sehen eine Behandlung mit Arzneimitteln im Rahmen der symptomatischen Therapie bei verschiedenen Indikationen vor (DGN 2014). Innerhalb der GKV-Population Bayerns erhielten 2009 40,6 % der Patienten mit MS mindestens eine Verordnung eines Medikaments für die symptomatische Therapie. 33 % der Patienten erhielten mindestens eine Verordnung aus der Gruppe der nichtsteroidalen Antirheumatika NSAR. 12 % der Patienten erhielten Hypnotika und Sedativa, 7 % Opioide und bei 4 % war mindestens eine Verordnung für ein Medikament aus der Gruppe der Neuroleptika dokumentiert (Höer et al. 2014).

Das am häufigsten in Anspruch genommen Medikament war Baclofen, welches zur Behandlung der Spastik eingesetzt wird. Auch Tolperison und Gabapentin dienen der Behandlung von Spastiken. Bei Citalopram und Mirtazapin handelt es sich um Antidepressiva, welche auch in der Schmerztherapie eingesetzt werden (◘ Abb. 4.9) (Höer et al. 2014).

Über 50 % der Arzneimittelverordnungen für die symptomatische Therapie wurden von Neurologen und Nervenärzten ausgestellt. Gut ein Drittel

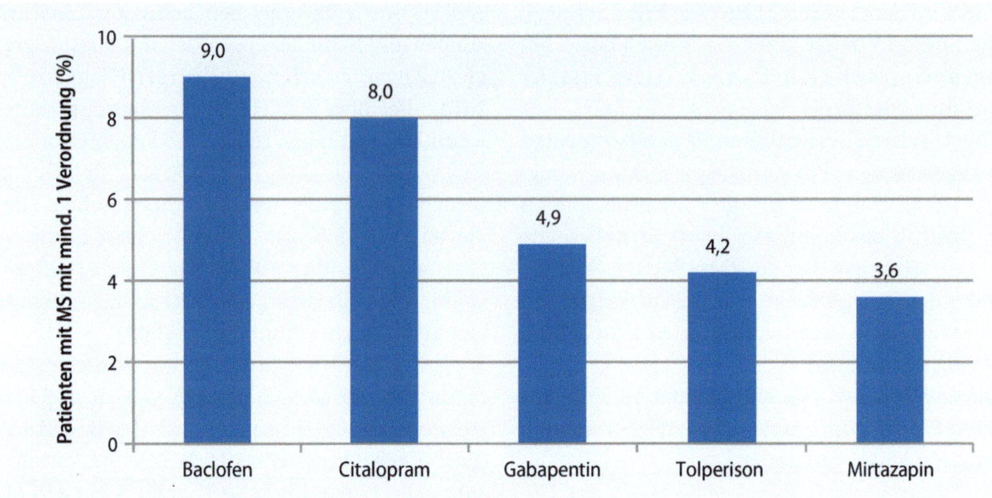

Abb. 4.9 Anteil an Patienten mit mindestens einer arzneimittelspezifischen Verordnung für die symptomatische Therapie der MS (2009) Quelle: IGES – Höer et al. (2014)

der Verordnungen für NSAR erfolgte durch Hausärzte (Höer et al. 2014).

Symptombezogene Inanspruchnahme

▪ Neuropsychologische Symptome (Kognitive Beeinträchtigungen, Fatigue und Depression)

Symptome des neuropsychologischen Formenkreises wie kognitive Beeinträchtigungen, Fatigue, Depression und Angst zählen zu den häufigsten Krankheitszeichen der MS (Beschreibung der Symptome siehe auch ▶ Kap. 1.2). Die Symptome sind bei Patienten mit MS häufig eng mit einander assoziiert (Nagaraj et al. 2013).

Die Therapie der **kognitiven Beeinträchtigung** kann durch teilleistungsspezifisches kognitives Training, durch die Vermittlung von Kompensationsstrategien und einer begleitenden Psychotherapie, welche auch die Angehörigen berücksichtigt, erfolgen. Studien zeigen, dass spezifisches Aufmerksamkeitstraining über 4–12 Wochen eine Verbesserung der Informationsverarbeitungsgeschwindigkeit und des Gedächtnisses für 6–12 Monate nach sich ziehen kann (Brenk et al. 2008, O'Brien et al. 2008). Zudem deuten Studien darauf hin, dass sich ein gezieltes Arbeitsgedächtnistraining darüber hinaus positiv auf die Fatiguesymptomatik auswirken kann (Vogt et al. 2008; Vogt et al. 2009).

Zur medikamentösen Behandlung liegen derzeit keine Empfehlungen vor (DGN 2014). Analysen des DMSG-Datensatzes zeigten, dass 83 % der Patienten mit MS, die eine kognitive Beeinträchtigung aufwiesen, unbehandelt blieben. Etwa 8 % erhielten eine medikamentöse oder nicht-medikamentöse Therapie (Flachenecker et al. 2008).

Die Therapie der **Fatigue** beginnt mit der Behandlung der zugrunde liegenden Primärerkrankung. Dazu zählt zum einem die frühzeitige an die Krankheitsaktivität angepasste verlaufsmodifizierende Therapie, die über die Reduktion der immunologischen Korrelate der MS, die eventuell damit zusammenhängende Fatigue-Symptomatik verringert (▶ Abschn. 4.1.1). In der Behandlung der Fatigue kommen weitere nicht-medikamentöse und medikamentöse Ansätze (◘ Tab. 4.7) inklusive der Therapie auslösender Ursachen (wie gestörter Nachtschlaf bei Blasenstörungen, Unterfunktion der Schilddrüse) in Frage (Pateijdl 2015). Bewegung und sportliches Training können beispielsweise wirksam zu einer Linderung der Fatigue-Symptomatik beitragen. Andreasen et al. kommen in einer Übersichtsarbeit zu dem Ergebnis, dass sich körperliche Aktivität in Form von verschiedenen Modellen der kontinuierlichen Bewegungstherapie insgesamt günstig auf die Fatigue-Symptomatik auswirkt (Andreasen et al. 2011). In einer 2015 erschienenen Untersuchung zeigten Kerling et al., dass eine Kurzintervention (zwei Trainingseinheiten pro Woche von 40 Minuten Dauer, moderate Intensität, über drei Monate) bestehend aus Ausdauertraining oder als Kombination von Ausdauer- und Widerstandstraining zu einer signifikanten Verbesserung der Fatigue-Symptomatik und der Lebensqualität von Patienten mit MS führte. Die Form des Trainings (Ausdauertraining allein oder in Kombination mit Widerstandstraining) spielte dabei keine Rolle (Kerling et al. 2015). Aufgrund der multifaktoriellen Ätiologie der Fatigue ist eine Kombination verschiedener Verfahren häufig am vielversprechendsten (DGN 2014; Patejdl et al. 2015).

Auf Basis von Daten des DMSG-Datensatzes konnte gezeigt werden, dass bei 79 % der Patienten mit MS, die an einer Fatigue litten, keine Behandlung dokumentiert war. Etwa 14 % der Betroffenen erhielten eine medikamentöse und 7 % eine nicht-medikamentöse Therapie. Eine Kombination der Verfahren wurde bei keinem der Patienten dokumentiert (Flachenecker et al. 2008).

Für die Therapie der Depression kommen psychotherapeutische, medikamentöse oder somatische Verfahren in Betracht (DGPPN et al. 2009). Analysen des DMSG-Datensatzes zeigten hier, dass bei 63 % der Patienten mit MS die vorliegende Depression behandelt wurde (bei 56 % medikamentös und bei 5 % der Betroffenen durch nicht medikamentöse Verfahren, bei 2 % in Kombination) (Flachenecker et al. 2008).

▪ Motorische Symptome und Einschränkungen der Mobilität (am Beispiel der Spastik und Ataxie)

Die Therapie der Wahl bei motorischen Symptomen und Einschränkungen der Mobilität ist die Physiotherapie (DGN 2014). Eine medikamentöse Behandlung von **Spastik** wird erst empfohlen, wenn mit Hilfe der Physiotherapie keine ausreichenden Erfolge verzeichnet werden konnten. Verwendet werden beispielsweise orale Antispastika wie Baclofen, Tolperison oder Tizanidin (◘ Tab. 4.7). Invasive Therapiemaßnahmen mit beispielsweise Botulinum-Toxin A werden bei ausgeprägter lokaler Spastik verwendet (DGN 2014).

Analysen des DMSG-Datensatzes hinsichtlich der Therapie motorischer Symptome und Einschränkungen ergaben, dass etwa 31 % der Patienten mit MS eine unbehandelte Spastik aufwiesen. Bei 18 % der Patienten mit spastischen Symptomen war eine nicht-medikamentöse, bei 38 % eine medikamentöse und bei 13 % eine Kombinationstherapie dokumentiert. Die Ataxie blieb in 62 % der Fälle unbehandelt, 29 % erhielten eine nicht-medikamentöse und 8 % eine medikamentöse Therapie (Flachenecker et al. 2008).

Eine Querschnittsuntersuchung zur Bedeutung und Behandlung der Spastik bei MS (MOVE-1-Studie) kam zu dem Ergebnis, dass sich durch die zum Studienzeitpunkt verfügbaren Medikamente aus Perspektive der Patienten und Ärzte keine ausreichende Versorgung der Spastik und ihren assoziierten Symptomen herstellen ließ. Die Studie berücksichtigte dabei Daten von 414 Patienten aus 42 verschiedenen Behandlungseinrichtungen in Deutschland. Insbesondere Nebenwirkungen und unzureichende Wirksamkeit der verfügbaren Antispastika trugen aus Sicht der Ärzte und Patienten zur schlechten Versorgungssituation bei. Ein Drittel der Patienten suchte zusätzliche Hilfe durch Selbstmedikation. Die Autoren sehen aber Potenzial in einer Ausweitung und Optimierung physiotherapeutischer Maßnahmen und in der Verwendung von Cannabinoiden (Henze et al. 2013).

▪ Schmerz

Für die Behandlung **neuropathischer Schmerzen** kommen unter anderem Antidepressiva und Opioide zum Einsatz, da diese den Anstieg der den Schmerz inhibierenden Neurotransmitter anregen bzw. den der Schmerz verursachenden hemmen (DMSG 2004; Wiendl et al. 2010). Neben den neuropathischen Schmerzen können Schmerzen im Zusammenhang mit Spastiken, muskulären Fehlstellungen oder anderen Symptomen der MS (indirekte Schmerz) oder in Zusammenhang mit der Arzneimitteltherapie (arzneimittelassoziierter Schmerz) auftreten. In der Behandlung der Schmerzen werden zusätzlich physikalische Therapien, Massagen oder gezielte Bewegungen eingesetzt, um beispielsweise die mit der Spastik oder mit Fehlstellungen assoziierten Schmerzen zu behandeln (DMSG 2004).

Bei 44 % der Patienten des DMSG-Datensatzes war keine Behandlung vorhandener Schmerzen dokumentiert. 47 % der Patienten mit Schmerzsymptomatik wurden medikamentös, 7 % nicht-medikamentös und 2 % in Kombination therapiert (Flachenecker et al. 2008).

■ Störungen der Blasenfunktion und Sexualität

Grundlage der Behandlung von **Blasenstörungen** ist die Verhaltenstherapie. Diese beinhaltet die Bestimmung der patientenindividuellen richtigen Trinkmenge, das Führen von Miktionstagebüchern, um den Entleerungsrhythmus entsprechend anpassen zu können, sowie Beckenbodentraining. Weiterhin wird der intermittierende Selbstkatheterismus empfohlen (DGN 2014).

Die medikamentöse Standardtherapie stellen Anticholinergika wie beispielsweise Oxybutynin und Tolterodin dar (◘ Tab. 4.7). Deren Wirksamkeit sowie ein positiver Einfluss auf die Lebensqualität gilt als belegt, und sie werden entsprechend auch in den Leitlinien zur Therapie der überaktiven Blase empfohlen (DGGG et al. 2010). Zur Vermeidung von Harnwegsinfekten können zur Harnansäuerung Methionin oder Cranberry-Präparate verwendet werden. Desmopressin, welches als nasales Spray verabreicht wird, findet bei erheblicher Pollakisurie Anwendung. Eine Behandlung der überaktiven Blase bei MS mit Botulinum-Toxin ist derzeit aufgrund mangelnder Langzeitstudien nicht zugelassen, gilt jedoch als vielversprechend (DGN 2014).

Als invasive Therapiemaßnahmen zur Reduktion der Blasenaktivität kommen die sakrale Neuromodulation sowie rekonstruktive operative Verfahren zum Einsatz. Für letztere Ansätze liegen jedoch keine Langzeiterfahrungen bei Patienten mit MS vor und sie sollten daher nur als Ultima ratio erfolgen (DGN 2014).

Nach Flachenecker et al. (2008) bleiben 45 % der Blasenstörungen bei MS Patienten des DMSG-Datensatzes unbehandelt. Lediglich 36 % der Patienten erhalten eine medikamentöse Therapie. 14 % der Patienten bekommen eine nicht-medikamentöse Behandlung und weitere 5 % erhielten beides (Flachenecker et al. 2008).

Auch die Behandlung der **sexuellen Dysfunktion** ist Teil der symptomatischen Therapie bei Multipler Sklerose. Gemäß der Leitlinie kommen auch bei der sexuellen Dysfunktion neben psychotherapeutischen Verfahren medikamentöse und invasive Verfahren zum Einsatz. Für die medikamentöse Behandlung der erektilen Dysfunktion werden insbesondere Sildenafil, Tadalafil und Vardenafil empfohlen. Weiterhin kann eine intrakavernöse Applikation von Prostaglandinen durch einen Urologen erfolgen. Für Patientinnen mit MS stehen bei mangelnder Lubrifikation der Scheide und Dyspareunie hormonhaltige Cremes zur Verfügung (DGN 2014).

Untersuchungen zeigen, dass sich die betroffenen Patienten hinsichtlich der sexuellen Dysfunktionen unzureichend versorgt fühlen. Beispielsweise gaben 86 % der Patienten an, es bestünde ein Informations- bzw. Aufklärungsbedarf hinsichtlich sexueller Funktionsstörrungen im Rahmen der Erkrankung. Tatsächlich haben nur ein Drittel der Männer und ein Zehntel der Frauen Unterstützung bezüglich ihrer sexuellen Fragen durch Ärzte erfahren. Zudem wünschen sich 46 % der betroffenen Frauen und 36 % der Männer Paargespräche zu dieser Thematik (Goecker et al. 2006).

Inanspruchnahme Pflege

Bei Progredienz der Erkrankung nehmen dauerhafte Beschwerden und bleibende Beeinträchtigungen zu. Wenn die individuellen Ressourcen nicht mehr ausreichen, um den Anforderungen des Alltags gerecht zu werden, liegt gemäß § 14 SGB XI Pflegebedürftigkeit vor[1]. Um Zugang zu Leistungen der Pflegeversicherung zu erhalten, muss bei der Pflegekasse ein Antrag auf Pflegeleistungen gestellt werden. Die Pflegekasse lässt daraufhin durch den Medizinischen Dienst der Krankenversicherung überprüfen, ob die Voraussetzungen der Pflegebedürftigkeit beim Antragsteller erfüllt sind und in welchem Ausmaß diese vorliegt[2]. Aktuell erfolgt die Zuordnung der Pflegebedürftigkeit in eine von drei Pflegestufen (Pflegestufe I: erheblich Pflegebedürftige, Pflegestufe II: Schwerpflegebedürftige, Pflegestufe III: Schwerstpflegebedürftige)[3]. Im Zuge der Neuformulierung des Pflegebedürftigkeitsbegriffs im Pflegestärkungsgesetz II wird die Beeinträchtigung der

1 § 14 SGB XI
2 § 18 SGB XI
3 § 15 SGB XI

Selbstständigkeit ab 2017 in fünf Pflegegraden erfolgen und kognitive und psychische Beeinträchtigungen dabei stärker berücksichtigen als bisher (▶ Kap. 6.1). Eine Analyse auf Grundlage von Versichertendaten der Barmer GEK zeigte, dass gut 20 % der Patienten mit MS in 2010 gemäß SGB XI pflegebedürftig waren und Pflegeleistungen in Anspruch genommen haben. 8,5 % der Patienten mit MS hatten Pflegestufe I, weitere 8,1 % wurden der Pflegestufe II zugeordnet und 4 % der Patienten Pflegestufe III (weitere 0,2 % der MS-Patienten wurden als Härtefall der Pflegestufe III eingestuft). Der Anteil der Versicherten mit Pflegestufe III lag damit rund zehnmal höher im Vergleich zu allen Versicherten der Sozialen Pflegeversicherung mit 0,4 %. Die Patienten behielten ihre Pflegestufen dabei konstant über 300 Tage im Jahr. Am häufigsten (12,6 % der Patienten) wurde das Pflegegeld nach § 37 SGB XI beansprucht, gefolgt von den Sachleistungen nach § 36 SGB XI mit 5,6 % (IGES Institut 2014).

Literatur

Andreasen AK, Stenager E, Dalgas U (2011) The effect of exercise therapy on fatigue in multiple sclerosis. Mult Scler 17(9), 1041-1054. DOI: 10.1177/1352458511401120

atd arznei-telegramm Arzneimitteldatenbank (2015) Startseite. Berlin. http://www.arznei-telegramm.de/db/atd-start.php3 [Abruf am: 16. Dezember 2015].

Augurzky B, Reichert A, Scheuer M (2011) Faktenbuch Medizinische Rehabilitation 2011. (Heft 66). Materialien. Essen: Rheinisch-Westfälisches Institut für Wirtschaftsforschung. ISSN: 1312-3573.

Beer S, Khan F, Kesselring J (2012) Rehabilitation interventions in multiple sclerosis: an overview. J Neurol 259(9), 1994-2008. DOI: 10.1007/s00415-012-6577-4.

Bischoff C, Schreiber H, Bergmann A (2012) Background information on multiple sclerosis patients stopping ongoing immunomodulatory therapy: a multicenter study in a community-based environment. J Neurol Neurophysiol 259(11), 2347-2353. DOI: 10.1007/s00415-012-6499-1.

Brenk A, Laun K, Haase CG (2008) Short-term cognitive training improves mental efficiency and mood in patients with multiple sclerosis. Eur Neurol 60(6), 304-309. DOI: 10.1159/000157885.

Bundesministerium für Gesundheit (2012) Bekanntmachung eines Beschlusses des Gemeinsamen Bundesausschusses über eine Änderung der Richtlinie Methoden vertragsärztliche Versorgung: Neuropsychologische Therapie. Bundesanzeiger (BAnz.). https://www.g-ba.de/downloads/39-261-1415/2011-11-24_MVV-RL_NeuroPsych_BAnz.pdf [Abruf am: 15. Dezember 2015].

Butler M, Forte ML, Schwehr N, Carpenter A, Kane RL (2015) Decisional Dilemmas in Discontinuing Prolonged Disease-Modifying Treatment for Multiple Sclerosis. Rockville (MD): Agency for Healthcare Research and Quality.

Campbell M, Fitzpatrick R, Haines A, Kinmonth AL, Sandercock P, Spiegelhalter D, Tyrer P (2000) Framework for design and evaluation of complex interventions to improve health. BMJ 321(7262), 694-696.

DGGG, AGUB, DGU, AUB Österreich, AUG Schweiz (2010) Die überaktive Blase (ÜAB). http://www.awmf.org/uploads/tx_szleitlinien/015-007l_S2k_Ueberaktive_Blase_2010-abgelaufen.pdf [Abruf am: 16. Dezember 2015].

DGN (Hrsg.) (2012) Multiprofessionelle neurologische Rehabilitation. Entwicklungsstufe: S1, Stand: September 2012, Gültig bis: 31. Juli 2014 (AWMF-Registernummer: 030/122). Deutsche Gesellschaft für Neurologie. http://www.dgn.org/images/red_leitlinien/LL_2012/pdf/ll_87_

multiprofessionelle_neurologische_rehabilitation.pdf [Abruf am: 17. Dezember 2015].

DGN (Hrsg.) (2014) Leitlinien für Diagnostik und Therapie in der Neurologie. Diagnose und Therapie der Multiplen Sklerose. Entwicklungsstufe: S2e. Stand: Januar 2012, Ergänzung August 2014. Gültig bis 2017. (AWMF-Registernummer: 030/050). Deutsche Gesellschaft für Neurologie. http://www.awmf.org/uploads/tx_szleitlinien/030-050l_S2e_Multiple_Sklerose_Diagnostik_Therapie_2014-08_verlaengert.pdf [Abruf am: 04. November. 2015].

DGN (Hrsg.) (2015) Leitlinien für Diagnostik und Therapie in der Neurologie. Pharmakologisch nicht interventionelle Therapie chronisch neuropathischer Schmerzen. Entwicklungsstufe: S1. Veröffentlicht September 2012, Ergänzt 7.1.2014, Gültig bis 31. Dezember 2016. (AWMF-Registernummer: 030/114). Berlin: Deutsche Gesellschaft für Neurologie. http://www.awmf.org/uploads/tx_szleitlinien/030-114l_S1_Neuropathischer_Schmerzen_Therapie_2014-01.pdf [Abruf am: 18. Dezember 2015].

DGPPN, BÄK, KBV, AWMF, AkdÄ, BPtK, BApK, DAGSHG, DEGAM, DGPM, DGPs, DGRW (Hrsg. für die Leitliniengruppe Unipolare Depression) (2009) S3-Leitlinie/Nationale VersorgungsLeitlinie Unipolare Depression – Kurzfassung, 1. Auflage. Version 5. 2009, zuletzt verändert: Juni 2015. DOI: 10.6101/AZQ/000240. http://www.awmf.org/uploads/tx_szleitlinien/nvl-005k_Unipolare_Depression-2015-07_verlaengert.pdf [Abruf am: 15. Dezember 2015].

DIMDI (2014) ICD-10-GM Version 2015: Kapitel V Psychische und Verhaltensstörungen (F00-F99): Organische, einschließlich symptomatischer psychischer Störungen (F00-F09). Letzte Aktualisierung: 19. September 2014. Köln. http://www.dimdi.de/static/de/klassi/icd-10-gm/kodesuche/onlinefassungen/htmlgm2015/block-f00-f09.htm [Abruf am: 15. Dezember 2015].

DMSG (2014) msregister. Hannover: Deutsche Multiple Sklerose Gesellschaft Bundesverband e.V. http://www.dmsg.de/msregister/ [Abruf am: 03. Februar 2016].

DMSG (2004): Symptomatische Therapie der Multiplen Sklerose – Aktuelle Therapieempfehlungen. Multiple Sklerose Therapie Konsensus Gruppe (MSTKG). Hannover: Deutsche Multiple Sklerose Gesellschaft Bundesverband e.V.

DMSG Berlin e.V. (2015) Rehabilitation. Berlin. http://www.dmsg-berlin.de/multiple-sklerose/rehabilitation.html [Abruf am: 14. Dezember 2015].

Filippini G, Del Giovane C, Vacchi L, D'Amico R, Di Pietrantonj C, Beecher D, Salanti G (2013) Immunomodulators and immunosuppressants for multiple sclerosis: a network meta-analysis. Cochrane Database Syst Rev 6, CD008933. DOI: 10.1002/14651858.CD008933.pub2.

Fisniku LK, Brex PA, Altmann DR, Miszkiel KA, Benton CE, Lanyon R, Thompson AJ, Miller DH (2008a) Disability and T2 MRI lesions: a 20-year follow-up of patients with relapse onset of multiple sclerosis. Brain 131(Pt 3), 808-817. DOI: 10.1093/brain/awm329.

Fisniku LK, Chard DT, Jackson JS, Anderson VM, Altmann DR, Miszkiel KA, Thompson AJ, Miller DH (2008b) Gray matter atrophy is related to long-term disability in multiple sclerosis. Ann Neurol 64(3), 247-254. DOI: 10.1002/ana.21423.

Flachenecker P, Stuke K, Elias W, Freidel M, Haas J, Pitschnau-Michel D, Schimrigk S, Zettl UK, Rieckmann P (2008) Multiple sclerosis registry in Germany: results of the extension phase 2005/2006. Deutsches Ärzteblatt 105(7), 113-119. DOI: 10.3238/arztebl.2008.0113.

Fricke U, Beck T (2014) Neue Arzneimittel: Fakten und Bewertungen. Bd. 21. Stuttgart: Wissenschaftliche Verlagsgesellschaft mbH. ISBN: 978-3-8047-3182-0.

Gajofatto A, Turatti M, Bianchi MR, Forlivesi S, Gobbin F, Azzara A, Monaco S, Benedetti MD (2015) Benign multiple sclerosis: physical and cognitive impairment follow distinct evolutions. Acta Neurol Scand 133(3), 183-191. DOI: 10.1111/ane.12442.

Galushko M, Golla H, Strupp J, Karbach U, Kaiser C, Ernstmann N, Pfaff H, Ostgathe C, Voltz R (2014) Unmet needs of patients feeling severely affected by multiple sclerosis in Germany: a qualitative study. J Palliat Med 17(3), 274-281. DOI: 10.1089/jpm.2013.0497.

Gauggel S (2003) Grundlagen und Empirie der Neuropsychologischen Therapie: Neuropsychotherapie oder Hirnjogging? Z Neuropsychol 14(4), 217-246. DOI: http://dx.doi.org/10.1024/1016-264X.14.4.217.

Gemeinsamer Bundesausschuss (2015) Beschluss des Gemeinsamen Bundesausschusses über eine Änderung der Rehabilitations-Richtlinie: Vereinfachung Verordnungsverfahren/Qualifikationsanforderungen. Berlin: Gemeinsamer Bundesausschuss. https://www.g-ba.de/downloads/39-261-2361/2015-10-15_Re-RL_Vereinachung-Verordnungsverf.pdf [Abruf am: 10. Februar 2016].

Gemeinsamer Bundesausschuss (2011) Merkblatt Genehmigung langfristiger Heilmittelbehandlungen nach § 32 Abs. 1a SGB V in Verbindung mit § 8 Abs. 5 Heilmittel-Richtlinie. https://www.g-ba.de/downloads/17-98-3382/2013-09-19_HeilM-RL_Merkblatt%20mit%20Anlage.pdf [Abruf am: 10. Februar 2016].

Gesellschaft für Neuropsychologie (GNP) e.V. (2013) Was ist Neuropsychologie? Letzte Aktualisierung: 24. Juni 2013. Fulda. http://www.gnp.de/_de/fs-Was-ist-Neuropsychologie.php [Abruf am: 15. Dezember 2015].

Gesellschaft für Neuropsychologie (GNP) e.V. (2015) Zertifizierte Neuropsychologen der GNP – Behandlerliste. 22.09.2015: 287 Einträge. 36001 Fulda: Gesellschaft für Neuropsychologie (GNP) e.V. http://www.gnp.de/_de/fs-Behandlerliste.php [Abruf am: 22. September 2015].

Glaeske G, Schicktanz C (2014) BARMER GEK Arzneimittelreport 2014: Auswertungsergebnisse der BARMER GEK Arzneimitteldaten aus den Jahren 2012 bis 2013. Schriftenreihe zur Gesundheitsanalyse, Bd. 26. Siegburg: Asgard Verlagsservice. ISBN: 978-3-943-74491-0. http://www.zes.uni-bremen.de/uploads/News/2014/140526_AMReport_2014_Internet.pdf [Abruf am: 18. August 2014].

Goecker D, Rösing D, Beier KM (2006) Der Einfluss neurologischer Erkrankungen auf Partnerschaft und Sexualität: Unter besonderer Berücksichtigung der Multiplen Sklerose und des Morbus Parkinson. Urologe 45(8), 992-998. DOI: 10.1007/s00120-006-1094-7.

Gold R, Hartung HP, Stangel M, Wiendl H, Zipp F (2012) Therapieziele von Basis- und Eskalationstherapien zur Behandlung der schubförmig-remittierenden Multiplen Sklerose. Akt Neurol 39(7), 342-350. DOI: 10.1055/s-0032-1305248.

Golla H, Galushko M, Pfaff H, Voltz R (2012) Unmet needs of severely affected multiple sclerosis patients: the health professionals' view. Palliat Med 26(2), 139-151. DOI: 10.1177/0269216311401465.

Gorenoi V, Schonermark MP, Hagen A (2008) Interventions for enhancing medication compliance/adherence with benefits in treatment outcomes. GMS Health Technol Assess 3, Doc14. ISSN: 1861-8863.

Grosch M (2015) Engpassberuf Physiotherapie. https://physiotherapeuten.de/engpassberuf-physiotherapie/#.VnKvc_nhCig [Abruf am: 17. Dezember 2015].

Haase R, Schultheiss T, Kempcke R, Thomas K, Ziemssen T (2012) Use and acceptance of electronic communication by patients with multiple sclerosis: a multicenter questionnaire study. J Med Internet Res 14(5), e135. DOI: 10.2196/jmir.2133.

Hansen K, Schussel K, Kieble M, Werning J, Schulz M, Friis R, Pohlau D, Schmitz N, Kugler J (2015) Adherence to Disease Modifying Drugs among Patients with Multiple Sclerosis in Germany: A Retrospective Cohort Study. PLoS One 10(7), e0133279. DOI: 10.1371/journal.pone.0133279.

Hapfelmeier A, Dippel FW, Schinzel S, Holz B, Seiffert A, Mäurer M (2013) Aktuelle Aspekte zur Versorgungssituation und zu den Behandlungskosten bei Patienten mit Multipler Sklerose in Deutschland. Gesundh ökon Qual manag 19, 210-216. DOI: 10.1055/s-0033-1335883.

Häussler B, Höer A , de Millas C (Hrsg.) (2015) Arzneimittel-Atlas 2015: Der Arzneimittelverbrauch in der GKV. Berlin: IGES Institut GmbH. ISBN: 978-3-9808407-5-0.

Häussler B, Höer A, Hempel E (Hrsg.) (2014) Arzneimittel-Atlas 2014: Der Arzneimittelverbrauch in der GKV. Berlin, Heidelberg: Springer Verlag. ISBN: 978-3-662-43446-8.

Heesen C, Bruce J, Feys P, Sastre-Garriga J, Solari A, Eliasson L, Matthews V, Hausmann B, Ross AP, Asano M, Imonen-Charalambous K, Kopke S, Clyne W, Bissell P (2014) Adherence in multiple sclerosis (ADAMS): classification, relevance, and research needs. A meeting report. Mult Scler 20(13), 1795-1798. DOI: 10.1177/1352458514531348.

Heesen C, Berger B, Hamann J, Kasper J (2006) Empowerment, Adhärenz, evidenzbasierte Patienteninformation und partizipative Entscheidungsfindung bei MS –Schlagworte oder Wegweiser? Neurol Rehabil 12(4), 232-238

Heesen C, Stückrath E, Köpke S, Hauptmann B, Henze T (2010) Rehabilitation bei Multipler Sklerose in Deutschland: Ergebnisse einer Umfrage. Aktuelle Neurologie 37, 4-9.

Hellwig K, Haghikia A, Rockhoff M, Gold R (2012) Multiple sclerosis and pregnancy: experience from a nationwide database in Germany. Ther Adv Neurol Disord 5(5), 247-253. DOI: 10.1177/1756285612453192.

Hellwig K, Brune N, Haghikia A, Muller T, Schimrigk S, chwodiauer V, Gold R (2008) Reproductive counselling, treatment and course of pregnancy in 73 German MS patients. Acta Neurol Scand 118(1), 24-28. DOI: 10.1111/j.1600-0404.2007.00978.x.

Hellwig K, Gold R (2008) Breastfeeding and multiple sclerosis in a German cohort. Mult Scler 14(5), 718. DOI: 10.1177/1352458507087847.

Henze T, Flachenecker P, Zettl U (2013) Bedeutung und Behandlung der Spastik bei Multipler Sklerose: Ergebnisse der MOVE-1-Studie. Nervenarzt 84(2), 214-222. DOI: 10.1007/s00115-012-3724-1.

Höer A, Schiffhorst G, Zimmermann A, Fischaleck J, Gehrmann L, Ahrens H, Carl G, Sigel KO, Osowski U, Klein M, Bless HH (2014) Multiple sclerosis in Germany: data analysis of administrative prevalence and healthcare delivery in the statutory health system. BMC Health Serv Res 14, 381. DOI: 10.1186/1472-6963-14-381.

Hurwitz BJ (2011) Analysis of current multiple sclerosis registries. Neurol 76(1 Suppl 1), S7-13. DOI: 10.1212/WNL.0b013e31820502f6.

IGES Institut (2014) Neurologische und psychiatrische Versorgung aus sektorenübergreifender Perspektive. Studie im Auftrag von Berufsverband Deutscher Nervenärzte e.V. (BVDN), Berufsverband Deutscher Neurologen e.V. (BDN), Berufsverband Deutscher Psychiater e.V (BVDP), Kassenärztliche Bundesvereinigung (KBV) / Zentralinstitut für die kassenärztliche Versorgung in Deutschland (ZI), Deutsche Gesellschaft für Neurologie e.V (DGN). Ergebnisbericht. Berlin: IGES Institut

InEK (2015) G-DRG-Browser 2013_2014. Siegburg: Institut für das Entgeltsystem im Krankenhaus http://www.gdrg.de/cms/Datenveroeffentlichung_gem._21_KHEntgG [Abruf am: 29. Oktober 2015].

Kasten E, Eder R, Robra B-P, Sabel BA (1997) Der Bedarf an ambulanter neuropsychologischer Behandlung. Neuropsychol 8(1), 72-85. ISSN: 1016-264X.

Kerling A, Keweloh K, Tegtbur U, Kuck M, Grams L, Horstmann H, Windhagen A (2015) Effects of a Short Physical Exercise Intervention on Patients with Multiple Sclerosis (MS). Int J Mol Sci 16(7), 15761-15775. DOI: 10.3390/ijms160715761.

Khan F, Amatya B, Kesselring J, Galea MP (2015) Telerehabilitation for persons with multiple sclerosis. A Cochrane review. Eur J Phys Rehabil Med 51(3), 311-325. ISSN: 1973-9087.

Khan F, Turner-Stokes L, Ng L, Kilpatrick T (2007) Multidisciplinary rehabilitation for adults with multiple sclerosis. The Cochrane Database of Syst Rev (2), CD006036. DOI: 10.1002/14651858.CD006036.pub2.

Khil L, Flachenecker P, Zettl U, Elias W, Freidl M, Haas J, Pitschnau-Michel D, Schimrigk S, Rieckmann P (2009) Update on the German MS Register - Immunotherapy and drug discontinuation. 19th Meeting oft he European Neorological Society, 20.06.2009-24.06.2009.

Kopke S, Kern S, Ziemssen T, Berghoff M, Kleiter I, Marziniak M, Paul F, Vettorazzi E, Pottgen J, Fischer K, Kasper J, Heesen C (2014) Evidence-based patient information programme in early multiple sclerosis: a randomised controlled trial. J Neurol Neurosurg Psychiatry 85(4), 411-418. DOI: 10.1136/jnnp-2013-306441.

Kopke S, Richter T, Kasper J, Muhlhauser I, Flachenecker P, Heesen C (2012) Implementation of a patient education program on multiple sclerosis relapse management. Patient Educ Couns 86(1), 91-97. DOI: 10.1016/j.pec.2011.03.013.

KV Hessen (2014) Qualitätssicherung und Genehmigungspflicht. Neuropsychologische Therapie. Frankfurt: Kassenärztliche Vereinigung Hessen http://www.kvhessen.de/fuer-unsere-mitglieder/qualitaet/qualitaetssicherung-und-genehmigungspflicht/neuropsychologische-therapie/ [Abruf am: 15.09.2015].

Latimer-Cheung AE, Pilutti LA, Hicks AL, Martin Ginis KA, Fenuta AM, MacKibbon KA, Motl RW (2013) Effects of Exercise Training on Fitness, Mobility, Fatigue, and Health-Related Quality of Life Among Adults With Multiple Sclerosis: A Systematic Review to Inform Guideline Development. Arch Phys Med Rehabil 94(9), 1800-1828. DOI: 10.1016/j.apmr.2013.04.020.

Lublin FD, Reingold SC, Cohen JA, Cutter GR, Sorensen PS, Thompson AJ, Wolinsky JS, Balcer LJ, Banwell B, Barkhof F, Bebo B, Jr., Calabresi PA, Clanet M, Comi G, Fox RJ, Freedman MS, Goodman AD, Inglese M, Kappos L, Kieseier BC, Lincoln JA, Lubetzki C, Miller AE, Montalban X, O'Connor PW, Petkau J, Pozzilli C, Rudick RA, Sormani MP, Stuve O, Waubant E, Polman CH (2014) Defining the clinical course of multiple sclerosis: the 2013 revisions. Neurol 83(3), 278-286. DOI: 10.1212/WNL.0000000000000560.

Maurer M, Dachsel R, Domke S, Ries S, Reifschneider G, Friedrich A, Knorn P, Landefeld H, Niemczyk G, Schicklmaier P, Wernsdorfer C, Windhagen S, Albrecht H, Schwab S, TYPIC Study Investigators (2011) Health care situation of patients with relapsing-remitting multiple sclerosis receiving immunomodulatory therapy: a retrospective survey of more than 9000 German patients with MS. Eur J Neurol 18(8), 1036-1045. DOI: 10.1111/j.1468-1331.2010.03313.x.

Mühlig S, Rother A, Neumann-Thiele A, Scheurich A (2009) Zur Versorgungssituation im Bereich der ambulanten neuropsychologischen Therapie - eine bundesweite Totalerhebung. Z Neuropsychol 20(2), 93-107. DOI: 10.1024/1016-264X.20.2.93.

Mutschler E, Geisslinger G, Kroemer HK, Menzel S, Ruth P (2013) Mutschler Arzneimittelwirkungen: Lehrbuch der Pharmakologie, der klinischen Pharmakologie und Toxikologie; mit einführenden Kapiteln in die Anatomie, Physiologie und Pathophysiologie. 10. vollständig überarbeitete und erweiterte Auflage. Stuttgart: Wissenschaftliche Verlagsgesellschaft mbH.

Nagaraj K, Taly AB, Gupta A, Prasad C, Christopher R (2013) Depression and sleep disturbances in patients with multiple sclerosis and correlation with associated fatigue. J Neurosci Rural Pract 4(4), 387-391. DOI: 10.4103/0976-3147.120201.

O'Brien AR, Chiaravalloti N, Goverover Y, Deluca J (2008) Evidenced-based cognitive rehabilitation for persons with multiple sclerosis: a review of the literature. Arch Phys Med Rehabil 89(4), 761-769. DOI: 10.1016/j.apmr.2007.10.019.

Patejdl R, Penner IK, Noack TK, Zettl UK (2015) [Fatigue in patients with multiple sclerosis--pathogenesis, clinical picture, diagnosis and treatment]. Fortschr Neurol Psychiatr 83(4), 211-220. DOI: 10.1055/s-0034-1399353.

Pearson M, Dieberg G, Smart N (2015) Exercise as a Therapy for Improvement of Walking Ability in Adults With Multiple Sclerosis: A Meta-Analysis. Arch Phys Med Rehabil 96(7), 1339-1348. DOI: 10.1016/j.apmr.2015.02.011.

Pecori C, Giannini M, Portaccio E, Ghezzi A, Hakiki B, Pasto L, Razzolini L, Sturchio A, De Giglio L, Pozzilli C, Paolicelli D, Trojano M, Marrosu MG, Patti F, Mancardi GL, Solaro C, Totaro R, Tola MR, De Luca G, Lugaresi A, Moiola L, Martinelli V, Comi G, Amato MP, MS Study Group of the Italian Neurological Society (2014) Paternal therapy with disease modifying drugs in multiple sclerosis and pregnancy outcomes: a prospective observational multicentric study. BMC Neurol 14, 114. DOI: 10.1186/1471-2377-14-114.

Penner IK, Kappos L, Rausch M, Opwis K, Radu EW (2006) Therapy-induced plasticity of cognitive functions in MS patients: insights from fMRI. J Physiol, Paris 99(4-6), 455-462. DOI: 10.1016/j.jphysparis.2006.03.008.

Pottgen J, Lau S, Penner I, Heesen C, Moritz S (2015) Managing Neuropsychological Impairment in Multiple Sclerosis: Pilot Study on a Standardized Metacognitive Intervention. Int J MS Care 17(3), 130-137. DOI: 10.7224/1537-2073.2014-015.

Remington G, Rodriguez Y, Logan D, Williamson C, Treadaway K (2013): Facilitating medication adherence in patients with multiple sclerosis. Int J MS Care 15(1), 36-45. DOI: 10.7224/1537-2073.2011-038.

Rommer PS, Buckow K, Ellenberger D, Friede T, Pitschnau-Michel D, Fuge J, Stuve O, Zettl UK, German Multiple Sclerosis Registry of the German National Multiple Sclerosis Society (2015) Patients characteristics influencing the longitudinal utilization of steroids in multiple sclerosis - an observational study. Eur J Clin Invest 45(6), 587-593. DOI: 10.1111/eci.12450.

Rosti-Otajarvi EM, Hamalainen PI (2014) Neuropsychological rehabilitation for multiple sclerosis. Cochrane Database Syst Rev 2, CD009131. DOI: 10.1002/14651858.CD009131.pub3.

Russel WR, Palfrey G (1969) Disseminated sclerosis: rest-exercise therapya progress report. Physiother 55(8), 306-310.

Sachverständigenrat zur Begutachtung der Entwicklung im Gesundheitswesen (2014) Bedarfsgerechte Versorgung - Perspektiven für ländliche Regionen und ausgewählte Leistungsbereiche. http://www.svr-gesundheit.de/file admin/user_upload/Gutachten/2014/SVR-Gutachten_2014_Langfassung.pdf [Abruf am: 30. April 2015].

Scalfari A, Neuhaus A, Daumer M, Muraro PA, Ebers GC (2014) Onset of secondary progressive phase and long-term evolution of multiple sclerosis. J Neurol Neurosurg Psychiatry 85(1), 67-75. DOI: 10.1136/jnnp-2012-304333.

Scalfari A, Neuhaus A, Degenhardt A, Rice GP, Muraro PA, Daumer M, Ebers GC (2010) The natural history of multiple sclerosis: a geographically based study 10: relapses and long-term disability. Brain 133(Pt 7), 1914-1929. DOI: 10.1093/brain/awq118.

Schubert I, Koster I, Kupper-Nybelen J, Ihle P (2008) [Health services research based on routine data generated by the SHI. Potential uses of health insurance fund data in health services research]. Bundesgesundheitsblatt 51(10), 1095-1105. DOI: 10.1007/s00103-008-0644-0.

Schwabe U, Paffrath D (2014) Arzneiverordnungs-Report 2014. Berlin Heidelberg: Springer-Verlag. ISBN: 978-3-662-43487-1.

Simonow A (2015) Multiple Sklerose: Was hilft jenseits von Medikamenten?- MS-Komplexbehandlung oder Reha? –. [Präsentation] 14. Hamburger MS -Forum. 30. Mai 2015. Hamburg-Schnelsen. http://www.dmsg-hamburg.de/wp-content/uploads/2015/06/DMSG-HH_20153005.pdf [Abruf am: 14. Dezember 2015].

Spitzenverbände der Krankenkassen, Bundesarbeitsgemeinschaft der Heilmittelverbände e.V. (BHV), Deutscher Bundesverband der Atem- S-uSi, Lehrervereinigung Schlaffhorst-Andersen e.V. (dba), Deutscher Bundesverband der akademischen Sprachtherapeuten e.V. (dbs) (2006) Anlage 1a zu den Rahmenempfehlungen nach § 125 Abs. 1 SGB V vom 1. August 2001 in der Fassung vom 1. Juni 2006: Leistungsbeschreibung Physiotherapie. https://www.gkv-spitzenverband.de/media/dokumente/krankenversicherung_1/ambulante_leistungen/heilmittel/heilmittel_rahmenempfehlungen/125_Anlage_1a_208.pdf [Abruf am: 14. Dezember 2015].

Stangel M, Penner IK, Kallmann BA, Lukas C, Kieseier BC (2015) Towards the implementation of 'no evidence of disease activity' in multiple sclerosis treatment: the multiple sclerosis decision model. Ther Adv Neurol Disord 8(1), 3-13. DOI: 10.1177/1756285614560733.

Statistisches Bundesamt (2013) Gesundheit. Grunddaten der Vorsorge- oder Rehabilitationseinrichtungen. Fachserie 12 Reihe 6.1.2. Wiesbaden: Statistisches Bundesamt.

Summers M, Fisniku L, Anderson V, Miller D, Cipolotti L, Ron M (2008) Cognitive impairment in relapsing-remitting multiple sclerosis can be predicted by imaging performed several years earlier. Mult Scler 14(2), 197-204. DOI: 10.1177/1352458507082353.

Tallner A, Mäurer M, Pfeifer K (2013) Multiple Sklerose und körperliche Aktivität: Eine historische Betrachtung. Der Nervenarzt 84(10), 1238-1244. DOI: 10.1007/s00115-013-3838-0.

Tarrants M, Oleen-Burkey M, Castelli-Haley J, Lage MJ (2011) The impact of comorbid depression on adherence to therapy for multiple sclerosis. Mult Scler Int 2011, 271321. DOI: 10.1155/2011/271321.

Twork S, Nippert I, Scherer P, Haas J, Pohlau D, Kugler J (2007) Immunomodulating drugs in multiple sclerosis: compliance, satisfaction and adverse effects evaluation in a German multiple sclerosis population. Curr Med Res Opin 23(6), 1209-1215. DOI: 10.1185/030079907X 188125.

Vogel H-P (2015) Die Behandlung der Multiplen Sklerose – der Stand heute. Arzneiverordnung in der Praxis 42(1).

Vogt A, Kappos L, Calabrese P, Stöcklin M, Gschwind L, Opwis K, Penner I (2008) Wirksamkeit eines neu entwickelten kognitiven Trainingsprogramms bei MS. Neurol Rehabil 14(2), 95-103.

Vogt A, Kappos L, Calabrese P, Stocklin M, Gschwind L, Opwis K, Penner IK (2009) Working memory training in patients with multiple sclerosis - comparison of two different training schedules. Restor Neurol Neurosci 27(3), 225-235. DOI: 10.3233/RNN-2009-0473.

Weinshenker BG, Bass B, Rice GP, Noseworthy J, Carriere W, Baskerville J, Ebers GC (1989) The natural history of multiple sclerosis: a geographically based study. I. Clinical course and disability. Brain 112 (Pt 1), 133-146. ISSN: 0006-895.

Westerlind H, Ramanujam R, Uvehag D, Kuja-Halkola R, Boman M, Bottai M, Lichtenstein P, Hillert J (2014) Modest familial risks for multiple sclerosis: a registry-based study of the population of Sweden. Brain 137(Pt 3), 770-778. DOI: 10.1093/brain/awt356.

Wiendl H, Kieseier BC, Brandt T, (Hrsg), Hohlfeld R, (Hrsg.), Noth J, (Hrsg.), Reichmann H, (Hrsg) (2010) Multiple Sklerose. Klinik, Diagnose und Therapie. München: Kohlhammer. ISBN: 978-3170184633.

Wiendl H, Meuth SG (2015) Pharmacological Approaches to Delaying Disability Progression in Patients with Multiple Sclerosis. Drugs 75(9), 947-977. DOI: 10.1007/s40265-015-0411-0.

Wilson LS, Loucks A, Gipson G, Zhong L, Bui C, Miller E, Owen M, Pelletier D, Goodin D, Waubant E, McCulloch CE (2015) Patient preferences for attributes of multiple sclerosis disease-modifying therapies: development and results of a ratings-based conjoint analysis. Int J MS Care 17(2), 74-82. DOI: 10.7224/1537-2073.2013-053.

Windt R (2014): Multiple Sklerose - Neue Therapieoptionen. In: Glaeske G & Schicktanz C: BARMER GEK Arzneimittelreport 2014. Auswertungsergebnisse der BARMER GEK Arzneimitteldaten aus den Jahren 2012 bis 2013. BARMER GEK.

World Health Organization (2005) Internationale Klassifikation der Funktionsfähigkeit, Behinderung und Gesundheit. Köln: DIMDI.

Yermakov S, Davis M, Calnan M, Fay M, Cox-Buckley B, Sarda S, Duh MS , Iyer R (2015) Impact of increasing adherence to disease-modifying therapies on healthcare resource utilization and direct medical and indirect work loss costs for patients with multiple sclerosis. Journal Med Econ 18(9), 1-10. DOI: 10.3111/13696998.2015.1044276.

Gesundheitsökonomische Aspekte der Versorgung der Multiplen Sklerose

Anne Zimmermann, Tonio Schönfelder

M. Kip et al. (Hrsg.), *Weißbuch Multiple Sklerose*,
DOI 10.1007/978-3-662-49204-8_5,

Zusammenfassung

Die Versorgung von Patienten mit Multipler Sklerose ist mit hohen Gesundheitsausgaben verbunden. Die jährlichen direkten Durchschnittskosten liegen zwischen 21.932 € bis 23.087 € pro Patient. Diese variieren in Abhängigkeit von der Verlaufsform, dem Behinderungsgrad und der Schubaktivität. Mit einem Anteil von rund 60 % bilden die Arzneimittel den größten Kostenblock innerhalb der direkten medizinischen Kosten, gefolgt von den Kosten für stationäre und ambulante Leistungen. Mit zunehmendem Behinderungsgrad gewinnen die direkten nicht-medizinischen Ausgaben an Bedeutung, insbesondere durch steigende Kosten für die informelle Pflege. Die jährlichen indirekten Kosten der Multiplen Sklerose variieren je nach Studie zwischen 16.911 € bis 19.384 € pro Patient. Der größte Anteil an den indirekten Kosten entsteht infolge von Erwerbsminderung bzw. Frühverrentung. Gemäß einer Analyse von Abrechnungsdaten gesetzlich Krankenversicherter bezogen im Jahr 2010 fast 50 % der Patienten mit Multipler Sklerose eine Erwerbsminderungsrente im Vergleich zu rund 3 % in der Gesamtbevölkerung. Mit zunehmender Schubaktivität steigen die Ausgaben an. Studien schätzen die direkten und indirekten Kosten eines Schubes auf 2.955 € bis 5.249 € pro Patient. Die Schubprophylaxe hat somit besondere Bedeutung in der Versorgung von Patienten mit Multipler Sklerose im Kontext begrenzter finanzieller Ressourcen. Die intangiblen Kosten werden auf durchschnittlich 10.000 € pro Patient geschätzt. Die größte Krankheitslast verursacht die Multiple Sklerose bei Patienten im Alter zwischen 30 bis 59 Jahren.

Im folgenden Kapitel werden gesundheitsökonomische Aspekte der Multiplen Sklerose (MS) dargestellt. Dazu zählt die Betrachtung der direkten, indirekten und intangiblen Kosten, soweit die vorhandene Daten- und Studienlage dies zulässt. Im Anschluss werden verschiedene Aspekte der Finanzierung und Vergütung beschrieben, u. a. auch die Nutzenbewertungsverfahren von MS-Arzneimitteln.

Direkte Kosten bezeichnen den Ressourcenverbrauch, der mit der Ausführung oder Anwendung einer Gesundheitsleistung verbunden ist (Graf von der Schulenburg u. Greiner 2007; IQWiG 2009). Dazu zählen beispielsweise Kosten für Arzneimittel, für diagnostische Leistungen wie die Liquoruntersuchung und die Durchführung einer Magnetresonanztomografie (MRT) sowie die Behandlung in einer Fachklinik für Patienten mit MS. Indirekte Krankheitskosten umfassen den mittelbar mit einer Krankheit verbundenen Ressourcenverlust (Statistisches Bundesamt 2010). Diese Kosten belasten Dritte in der Gesellschaft und somit nicht die Krankenkasse, weitere Kostenträger oder die Patienten selbst (Graf von der Schulenburg u. Greiner 2007). Sie entstehen durch Produktivitätsausfälle in Folge von Arbeits- und Erwerbsunfähigkeit oder vorzeitigen Tod (IQWiG 2009). Intangible Kosten in gesundheitsökonomischen Evaluationen stellen eine Bewertung von krankheitsbedingten Einschränkungen wie beispielsweise Schmerzen, Depressionen oder den Verlust an Lebensqualität dar (Gesundheitsberichterstattung des Bundes 2015a).

Zur Analyse der ökonomischen Belastung der MS stehen keine sektorenübergreifenden aggregierten Daten zur Verfügung. Die für diesen Zweck geeigneten Krankheitskostendaten des Statistischen Bundesamtes sind für MS nicht abrufbar. Daher basiert die folgende gesundheitsökonomische Betrachtung ausschließlich auf Kostenstudien. Bei der Auswertung dieser Studien muss berücksichtigt werden, dass deren Qualität sehr eng mit den einbezogenen Daten und der Studienmethodik zusammenhängt. Ein Vergleich zwischen den Studien ist oftmals schwierig, da u. a. unterschiedliche Zeitperioden und Kostenkomponenten betrachtet werden (Evers et al. 2004). Krankheitskostenstudien zur MS in Deutschland werden zu Beginn des folgenden Abschnitts beschrieben. Diese Kostenstudien werden für die Darstellung der direkten und indirekten Kosten herangezogen und ggf. mit weiteren Studien zu einzelnen Kostenkomponenten ergänzt.

In den Kostenstudien zur MS in Deutschland überwiegt die gesellschaftliche Perspektive. Diese gilt als die umfassendste Kostenbetrachtung, da sämtliche Kosten eingeschlossen werden, ohne Berücksichtigung des jeweiligen Kostenträgers (IQWiG 2009). Wenn die Datenlage es ermöglicht, werden in Einzelfällen zusätzlich die Kosten der gesetzlichen Krankenversicherung (GKV) abgebildet.

Tab. 5.1 Merkmale der Kostenstudien zur MS in Deutschland. (IGES – Hapfelmeier et al. (2013); Karampampa et al. (2012a); Karampampa et al. (2012b); Kobelt et al. (2006); Reese et al. (2011)

Erstautor	Kobelt, 2006	Karampampa, 2012	Reese, 2011	Hapfelmeier, 2013
Stichprobe (n)	2.973	244	144	3.007
Jahr der Kostenschätzung	2005	2009	2009	2009–2010
Datenerhebung	Befragung	Befragung	Befragung	Routinedaten
Rekrutierung	3 Kliniken, 3 Privatpraxen, Patientendatenbank	MS-Behandlungszentren	MS-Ambulanz	–
Alter in Jahren (∅)	45,1 ± 11,1	41,2 ± 9,9	41,7 ± 11,3	k. A.
EDSS-Wert (∅)	3,8 ± 2,3	1,8 ± 1,8	3,5 ± 2,0	k. A.
MS-Verlaufsform	RRMS: 40% SPMS+PPMS: 47% NO: 13%	RRMS: 65% SPMS: 13% PPMS: 8% NO: 14%	RRMS: 67% SPMS: 28% PPMS: 5%	k. A.

k. A.: keine Angabe, RRMS: schubförmig-remittierende MS; SPMS: sekundär-progrediente MS, PPMS: primär-progrediente MS; NO: Verlaufsform unbekannt oder nicht angegeben, ∅: Durchschnitt
Anmerkungen: Zum Vergleich die Merkmale des DMSG-Datensatzes 2014: Durchschnittsalter: 45,6 Jahre; durchschnittlicher EDSS-Wert: 3,5; MS-Verlaufsformen: RRMS 59 %; SPMS 26 %, PPMS 8 %, KIS 4 %, Unbekannte Verlaufsform 4 % (msfp 2014)

5.1 Datenlage

Mittels einer strukturierten Literaturrecherche konnten insgesamt vier Krankheitskostenstudien identifiziert werden, die Daten zu den Kosten der MS in Deutschland liefern. Studien, die Daten vor dem Jahr 2000 erhoben haben, wurden aufgrund ihrer fehlenden Aktualität ausgeschlossen. Eine Übersicht der Studien und ihrer Merkmale ist in ◻ Tab. 5.1 dargestellt.

Die internationale Krankheitskostenstudie von Kobelt et al. (2006) hat Daten von 2.973 Patienten mit MS in Deutschland erhoben. Die Patienten wurden über drei Kliniken, drei auf MS spezialisierten Privatpraxen sowie über eine Patientendatenbank rekrutiert und schriftlich befragt. Die Kostenberechnung aus gesellschaftlicher Perspektive beinhaltet direkte und indirekte Kosten für das Jahr 2005.

Die internationale Studie TRIBUNE (Treatment Experience, Burden and Unmet Needs of MS) liefert die aktuellsten Daten zu den Kosten der MS (Karampampa et al. 2012a). In Deutschland wurden dafür 244 Patienten über MS-Behandlungszentren rekrutiert und schriftlich befragt (Karampampa et al. 2012b). Die genaue Anzahl und Lage der Behandlungszentren ist nicht angegeben. Die Studie schätzt die direkten und indirekten gesellschaftlichen Kosten der MS für das Jahr 2009 in Abhängigkeit der Verlaufsform und des Behinderungsgrads. Eine Darstellung der Gesamtkosten für einen durchschnittlichen Patienten mit MS erfolgt nicht.

Für die Kostenstudie von Reese et al. (2011) wurden in den Jahren 2007 und 2008 144 Patienten in der MS-Ambulanz des Universitätsklinikums Marburg rekrutiert. Die Datenerhebung erfolgte durch eine Befragung der Patienten. Die Studie schätzt die gesellschaftlichen direkten und indirekten Kosten für das Jahr 2009. Die Kostenerhebung erfolgte über einen Zeitraum von drei Monaten. Daher wurden die Angaben zur Vergleichbarkeit mit den anderen Kostenstudien auf ein Jahr hochgerechnet.

Bei der Studie von Hapfelmeier et al. (2013) handelt es sich um eine Analyse von Abrechnungsdaten der GKV. Die Studie ermittelt die direkten

Kosten für Arzneimittel, Arzt- und Krankenhausbehandlungen in Abhängigkeit des eingesetzten immunmodulatorischen Arzneimittels für die Jahre 2009 und 2010. Für die Analyse standen Daten von ca. 1 Mio. Versicherten zur Verfügung. Die Ergebnisse basieren auf einer repräsentativen Stichprobe von 3.007 durchgehend Versicherten mit einer gesicherten MS-Diagnose (ICD-10-Code: G35). Patienten mit einer gesicherten MS-Diagnose werden in der Studie definiert als Patienten mit mindestens zwei MS-Diagnosen oder mindestens einer MS-Diagnose und zusätzlich einer Verordnung eines immunmodulatorisch wirksamen Arzneimittels zur MS-Therapie (Hapfelmeier et al. 2013). Die Betrachtungsperspektive ist in diesem Fall die GKV (◘ Tab. 5.1).

Ein direkter Vergleich der Kosten zwischen den Studien ist nur eingeschränkt möglich, da sich die Studien u. a. hinsichtlich der Abdeckung und Aktualität der Daten sowie der Zusammensetzung der Studienpopulation unterscheiden bzw. relevante Angaben zur Interpretation der Daten fehlen.

Kobelt et al. (2006) liefern flächendeckende Daten für die MS-Population in Deutschland für das Jahr 2005, die im Hinblick auf Alter und EDSS-Wert (► Kap. 3) ähnlich zum DMSG-Datensatz (msfp 2014) sind. Bei der Studie von Karampampa et al. (2012) ist unklar, wie viele und welche Behandlungszentren in die Studie involviert wurden. Es fällt allerdings auf, dass die eingeschlossenen Patienten jünger sind und einen geringeren Behinderungsgrad aufweisen im Vergleich zu den anderen Studien und zum DMSG-Datensatz (msfp 2014). Die Ergebnisse von Reese et al. (2011) basieren auf nur einer MS-Ambulanz und sind somit nur eingeschränkt auf die Grundgesamtheit der Patienten mit MS in Deutschland übertragbar. Hapfelmeier et al. (2013) liefern flächendeckende Abrechnungsdaten für die MS-Population in Deutschland, allerdings sind aufgrund fehlender Angaben zur Patientenpopulation (Alter, Behinderungsgrad, Verlaufsform) keine Aussagen zur Repräsentativität der Studienpopulation möglich. Darüber hinaus unterscheiden sich die Studien in den berücksichtigten Kostenarten und ihrer Berechnung. So werden beispielsweise in der Studie von Reese et al. (2011) keine Angaben zu den Kosten von diagnostischen Verfahren oder ambulanter Pflege gemacht. In der Regel werden in den Studien die zur Berechnung genutzten Datenquellen angegeben, allerdings fehlen oftmals detaillierte Angaben, um die Rechenschritte nachvollziehen zu können. Insbesondere bei den Kosten der informellen Pflege sowie den indirekten Kosten zeigen sich zwischen den Studien Unterschiede in der Vorgehensweise der Kostenberechnung.

5.2 Direkte Kosten

Die direkten Kosten der Behandlung setzen sich zusammen aus direkten medizinischen Kosten und direkten nicht-medizinischen Kosten. Direkte medizinische Kosten entstehen unmittelbar durch den Ressourcenverbrauch im Zusammenhang mit der Gesundheitsversorgung (Graf von der Schulenburg u. Greiner 2007; IQWiG 2009). Dazu zählen Krankenhausaufenthalte, ambulante Arztbesuche, diagnostische Leistungen und Medikamente. Als direkte nicht-medizinische Kosten werden Ausgaben bezeichnet, die unterstützend zur Erstellung der medizinischen Leistung wirken und in Folge der Erkrankung oder Behandlung entstehen. Dazu gehören beispielsweise Transportkosten, Kosten für Anschaffungen und Umbauten, Kosten für eine Haushaltshilfe sowie der bewertete Zeitaufwand von Patienten und pflegenden Angehörigen (Graf von der Schulenburg u. Greiner 2007; IQWiG 2009). Eine Übersicht über die direkten medizinischen und nicht-medizinischen Kosten der MS ist in ◘ Tab. 5.2 dargestellt.

Die direkten durchschnittlichen Kosten für einen Patienten mit MS liegen je nach betrachteter Studie zwischen 21.932 € bis 23.087 € (Kobelt et al. 2006; Reese et al. 2011). Sie variieren jedoch in Abhängigkeit von der Verlaufsform, dem Behinderungsgrad und der Schubaktivität (Karampampa et al. 2012b; Kobelt et al. 2006; Reese et al. 2011). Werden nur die Kosten der GKV betrachtet, d. h. Ausgaben, die den Patienten oder Dritten entstehen, bleiben unberücksichtigt, liegt die Kostenspanne zwischen 15.583 € und 21.376 € pro Patient (Kobelt et al. 2006; Reese et al. 2011).

■ **Tab. 5.2** Vergleich der jährlichen direkten Kosten der MS in € pro Patient (IGES – Hapfelmeier et al. (2013); Karampampa et al. (2012b); Kobelt et al. (2006); Reese et al. (2011)

	Gesellschaftliche Perspektive			GKV-Perspektive
Erstautor und Jahr der Kostenschätzung	Kobelt 2005	Karampampa[3] 2009	Reese 2006	Hapfelmeier[4] 2009
Kostenarten				
Stationäre Behandlung, inkl. Rehabilitation und Pflege	3.203	1.087–3.162	4.232	1.357–2.578[9]
Ambulante Behandlung, inkl. Heilmittelbehandlungen	2.193	655–1.246	1.936	770–1.459[10]
Ambulante Pflege	903	114–1.707	k. A.	k. A.
Diagnostik	368	78–116	k. A.	k. A.
Medikamente	10.498	10.783–16.450	14.880	6.767
Direkte medizinische Kosten (Summe)	17.165	14.788–21.756	k. A.	k. A.
Anschaffungen und Umbauten[5]	989	622–2.208	768[7]	k. A.
Transport	80	k. A.	k. A.	k. A.
Professionelle Unterstützung[6]	447	21–491	k. A.	k. A.
Informelle Pflege	4.407	1.482–12.919	k. A.	k. A.
Direkte nicht-medizinische Kosten (Summe)	5.922	2.612–14.887	k. A.	k. A.
Direkte Kosten (Summe)	23.087	17.400–35.280	21.932[8]	k. A.

[1] Bei der gesellschaftlichen Perspektive werden sämtliche Kosten eingeschlossen, ohne Berücksichtigung des jeweiligen Kostenträgers (einschließlich der Kosten für Patienten).
[2] Bei der GKV-Perspektive werden nur Kosten, die der gesetzlichen Krankenkasse entstehen, berücksichtigt.
[3] Die Kostenspanne ergibt sich in Abhängigkeit der MS-Verlaufsform.
[4] Die Kostenspanne ergibt sich in Abhängigkeit vom eingesetzten immunmodulatorischen Arzneimittel.
[5] Beinhaltet Kosten für Hilfsmittel wie z. B. Gehilfen und Rollstühle sowie Anpassungen z. B. im Auto oder Haus.
[6] Beinhaltet Kosten für eine Haushaltshilfe oder ambulant tätige Krankenschwester.
[7] In der Studie von Reese et al. (2012) wird dieser Kostenblock den direkten Kosten zugeordnet.
[8] Zuzahlungen (Copayments) von 140 € werden nicht separat aufgeführt, sind jedoch in den direkten Kosten enthalten.
[9] Kosten für die stationäre Rehabilitation und Pflege wurden nicht berücksichtigt.
[10] Kosten für Heilmittelbehandlungen wurden nicht berücksichtigt.

5.2.1 Direkte medizinische Kosten

Kobelt et al. (2006) geben die direkten medizinischen Kosten der MS mit durchschnittlich 17.165 € pro Patient an. Die Kosten variieren jedoch in Abhängigkeit der Verlaufsform, wobei diesbezügliche Studienergebnisse nicht konsistent sind (Karampampa et al. 2012b; Reese et al. 2011). In der Studie von Karampampa et al. (2012) verursachen Patienten mit sekundär-progredienter MS (SPMS) aufgrund der höheren Ausgaben für Arzneimittel und stationärer sowie ambulanter Behandlung mit rund 21.800 € die höchsten direkten medizinischen Kosten im Vergleich zu den anderen Verlaufsformen. Für schubförmig-remittierende MS (RRMS) werden Kosten von rund 17.800 Euro angegeben und für primär-progrediente (PPMS) rund 16.800 € (Karampampa et al. 2012b). In der Studie von Reese et al. (2011) sind stattdessen die Kosten (exkl. Kosten für Pflege und diagnostische Verfahren) für Patienten mit RRMS am höchsten, möglicherweise aufgrund des hohen Anteils von Patienten mit Im-

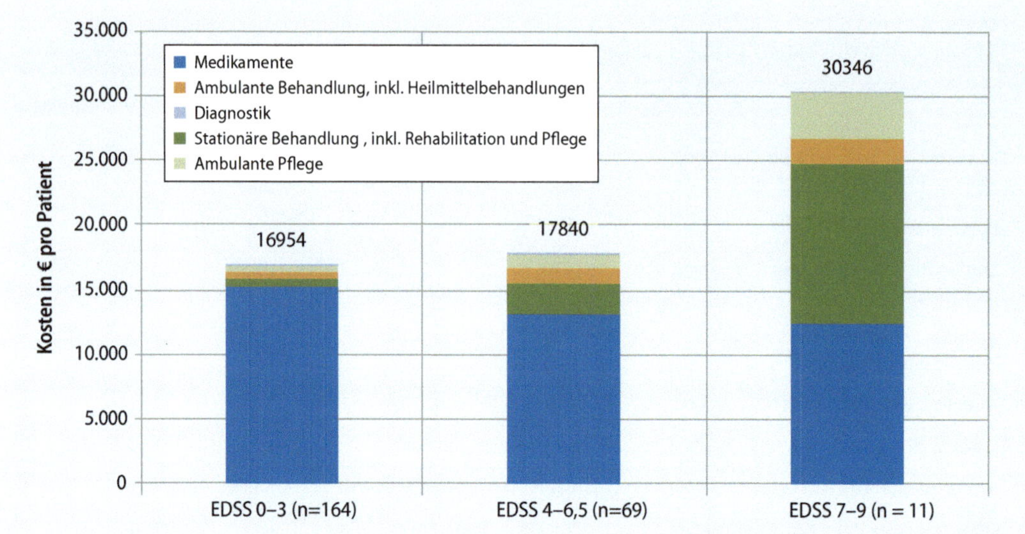

Abb. 5.1 Jährliche direkte medizinische Kosten der MS nach Behinderungsgrad in 2009
Quelle: IGES – Karampampa et al. (2012b)

muntherapie (89 %) und den damit verbundenen hohen Arzneimittelkosten. Patienten mit PPMS verursachen auch in dieser Studie die geringsten direkten medizinischen Kosten (Reese et al. 2011).

Ausgelöst durch einen höheren Behinderungsgrad steigen die direkten medizinischen Kosten von Patienten mit MS aufgrund zunehmender stationärer und pflegerischer Leistungen an (Abb. 5.1).

Darüber hinaus verursachen Patienten mit Schüben höhere direkte medizinische Kosten als Patienten ohne Schubaktivität, insbesondere durch höhere Ausgaben für stationäre und ambulante Behandlungen (Karampampa et al. 2012b; Kobelt et al. 2006). Kobelt et al. geben die Gesamtkosten eines Schubes für Patienten mit einem EDSS-Wert < 5 mit 2.955 € an (Kobelt et al. 2006). Karampampa et al. schätzen den durchschnittlichen Kostenunterschied von Patienten mit RRMS, einem EDSS-Wert ≤ 5 und einem oder mehreren Schüben innerhalb eines Jahres im Vergleich zu Patienten ohne Schübe auf 5.249 € (Karampampa et al. 2012b). Beide Kostenangaben beinhalten neben den direkten Kosten auch die indirekten Kosten eines Schubes (▶ Abschn. 5.3). Eine Aufteilung nach Kostenarten lassen die Studiendaten nicht zu.

In allen einbezogenen Studien bilden die Ausgaben für Arzneimittel mit 10.498 € bis 14.880 € den größten Kostenblock innerhalb der direkten medizinischen Kosten (Karampampa et al. 2012b; Kobelt et al. 2006; Reese et al. 2011). Eine Ausnahme bildet die Studie von Hapfelmeier et al. (2013) basierend auf der Analyse von Routinedaten der GKV. Die durchschnittlichen Arzneimittelkosten für alle Patienten mit MS betrugen im Jahr 2009 6.767 € und im Jahr 2010 7.083 € pro Patient (Hapfelmeier et al. 2013). Im Vergleich zu den übrigen Studien sind diese Kosten wesentlich niedriger, was vor allem auf einen deutlich geringeren Anteil von Patienten mit Immuntherapie zurückzuführen ist. In den Abrechnungsdaten der GKV liegt der Anteil der Patienten mit MS-Therapeutika bei 41,5 %, während ihr Anteil in den anderen Studien bei 50 %–80 % liegt. Darüber hinaus berücksichtigen die GKV-Daten keine Ausgaben der Patienten für freiverkäufliche Arzneimittel oder Medikamentenzuzahlungen. Arzneimittel, die in den letzten Jahren eingeführt worden sind, wie Fingolimod (Erstzulassung EU 2011), Fampridin (Erstzulassung EU 2011), Teriflunomid (Erstzulassung EU 2013), Alemtuzumab (Erstzulassung EU 2013) und Dimethylfumarat (Erstzulassung EU 2014) (▶ Abschn. 5.6.4), sind in diesen Kostenberechnungen noch nicht berücksichtigt.

Die Arzneimittelkosten sind – vermutlich aufgrund fehlender Therapieoptionen – bei Patienten mit PPMS am niedrigsten (Karampampa et al. 2012b; Reese et al. 2011). Mit zunehmendem Behinderungsgrad sinken sie, da die Immuntherapien insbesondere bei Patienten im frühen Krankheitsverlauf mit geringerem Behinderungsgrad eingesetzt werden (siehe ◘ Abb. 5.1) (Karampampa et al. 2012b; Reese et al. 2011).

Mit einem Anteil von 88 % verursachen die immunmodulatorischen Arzneimittel (IMA) die meisten Medikamentenkosten. Die durchschnittlichen Kosten für Patienten, die mit einem IMA behandelt werden, lagen bei 14.929 € in 2009 bzw. 15.780 € pro Patient in 2010 (Hapfelmeier et al. 2013). Die Arzneimittelkosten variieren zwischen den IMA stark. Die geringsten jährlichen Kosten verursachen Patienten, die mit Azathioprin behandelt werden (450 € pro Patient). Die höchsten Kosten verursachen Patienten, die mit Natalizumab (25.104 € pro Patient) behandelt werden. Etwa 11 % der Arzneimittelkosten werden durch sonstige Arzneimittel, insbesondere durch Kortikoide zur Schubbehandlung und Hilfsmittelverordnungen verursacht. Die Kosten für die medikamentöse Symptombehandlung der MS sind mit 1 % gering. Die durchschnittlichen jährlichen Kosten für Patienten, die symptomatisch behandelt werden, lagen bei 272 € in 2009 und 256 € in 2010 pro Patient (Hapfelmeier et al. 2013). Patienten mit MS geben durchschnittlich zwischen 81 € und 290 € für freiverkäufliche Präparate aus (Karampampa et al. 2012b; Kobelt et al. 2006).

Den zweitgrößten Kostenblock bei den direkten medizinischen Kosten bilden die Ausgaben im stationären Bereich. Die stationären Kosten werden je nach Studie auf 3.203 € bis 4.232 € pro Patient geschätzt (Kobelt et al. 2006; Reese et al. 2011). Die Kostenunterschiede zwischen den Studien sind aufgrund fehlender Angaben schwer nachzuvollziehen, werden aber möglicherweise insbesondere durch unterschiedliche Vorgehensweisen bei der Kostenschätzung herbeigeführt. Der größte Teil der Kosten wird durch die stationäre Behandlung im Krankenhaus verursacht, hauptsächlich in den neurologischen Abteilungen (Kobelt et al. 2006). Zwischen 23 % bis 32 % der Kosten entstehen im Bereich der stationären Rehabilitation (Kobelt et al. 2006; Reese et al. 2011). Bei den Kosten für stationäre Behandlungen zeigt sich eine große Abhängigkeit vom Behinderungsgrad der Patienten mit MS; auf Patienten mit höheren Werten auf der EDSS entfallen signifikant höhere Kosten (◘ Abb. 5.1). Darüber hinaus verursachen Patienten mit primär-progredienter Verlaufsform (3.162 €) und sekundär-progredienter Verlaufsform (2.316 €) höhere stationäre Kosten als Patienten mit schubförmigem Verlauf (1.455 €) (Karampampa et al. 2012b).

Die durchschnittlichen ambulanten Behandlungskosten liegen je nach betrachteter Studie zwischen 1.936 € und 2.193 € pro Patient (Kobelt et al. 2006; Reese et al. 2011). Die Kosten variieren in Abhängigkeit von der Verlaufsform der MS: Bei Patienten mit unbekannter Verlaufsform oder RRMS sind die ambulanten Behandlungskosten am geringsten. Die ambulanten Kosten steigen in Abhängigkeit vom Ausmaß des Behinderungsgrades (◘ Abb. 5.1). Mehr als die Hälfte der Kosten im ambulanten Bereich wird durch Heilmittelbehandlungen wie Physio- oder Ergotherapien verursacht (Kobelt et al. 2006; Reese et al. 2011). Weitere direkte medizinische Kosten entstehen durch Ausgaben für die ambulante Pflege. In der Studie von Kobelt et al. (2006) liegen die ambulanten Pflegekosten bei durchschnittlich 903 € pro Patient. Die Pflegekosten sind für Patienten mit SPMS (491 €) und PPMS (178 €) deutlich höher als bei Patienten mit RRMS (141 €) oder unbekannter Verlaufsform (21 €) (Karampampa et al. 2012b). Sie steigen aufgrund des erhöhten Pflegeaufwands mit zunehmender Behinderung an. Einen geringen Anteil an den direkten medizinischen Kosten haben diagnostische Leistungen. Bei Kobelt et al. (2006) liegen diese Kosten bei 368 € pro Patient. Etwa 80 % davon werden durch Untersuchungen des Kopfes und der Wirbelsäule mittels MRT verursacht, rund 4 % durch die Aufzeichnung evozierter Potenziale und weniger als 1 % der Kosten für diagnostische Leistungen entfallen auf die Liquoruntersuchung (Kobelt et al. 2006).

5.2.2 Direkte nicht-medizinische Kosten

Den größten Kostenfaktor innerhalb der direkten nicht-medizinischen Kosten stellt die informelle Pflege dar (◘ Tab. 5.2). Zur Ermittlung wird die Zeit erfasst, die Angehörige oder Freunde mit der Betreuung des an MS Erkrankten verbringen, und die-

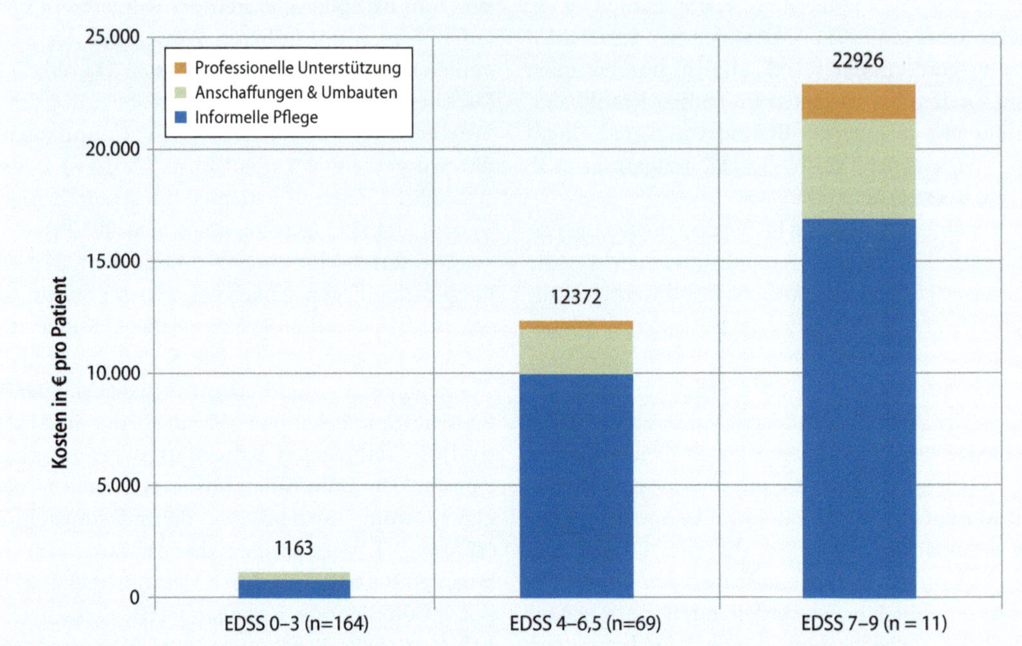

Abb. 5.2 Direkte nicht-medizinische Kosten der MS in 2009
Quelle: IGES – Karampampa et al. (2012b)

se wird mit dem entgangenen Einkommen der Betreuenden bewertet. In der Studie von Kobelt et al. (2006) nehmen 47,5 % der Patienten durchschnittlich 87 Stunden pro Monat pflegerische Leistungen durch Angehörige in Anspruch (Kobelt et al. 2006). Die jährlichen Kosten für die informelle Pflege werden auf durchschnittlich 4.407 € pro Patient geschätzt, sind jedoch stark abhängig vom Grad der Behinderung und konzentrieren sich überwiegend auf die höheren EDSS-Stufen (Karampampa et al. 2012b) (Abb. 5.2).

Die Kosten für Anschaffungen und Umbauten liegen je nach Studie zwischen 768 € und 989 € pro Patient (Kobelt et al. 2006, Reese et al. 2011). Sie steigen mit zunehmender Behinderung stark an (Abb. 5.2).

Weitere direkte nicht-medizinische Kosten entstehen durch die professionelle Unterstützung beispielsweise durch eine Haushaltshilfe oder eine ambulant tätige Krankenschwester. Kobelt et al. (2006) schätzen die Kosten dafür auf 447 € pro Patient. Diese Leistungen werden insbesondere von Patienten mit höherer EDSS-Stufe in Anspruch genommen (Abb. 5.2). Transportkosten bilden mit ca. 80 € einen geringen Anteil der direkten nicht-medizinischen Kosten (Kobelt et al. 2006).

5.3 Indirekte Kosten

Die Mehrheit der an MS-Erkrankten erhält die Diagnose zwischen dem 20. und 40. Lebensjahr. Somit sind insbesondere jüngere Menschen in ihrer produktiven Lebensphase von der Erkrankung betroffen. Es ist daher davon auszugehen, dass den indirekten krankheitsassoziierten Kosten infolge von Produktivitätsausfällen durch Arbeits- und Erwerbsunfähigkeit oder vorzeitigem Tod eine hohe Relevanz zukommt.

Gemäß den Daten des DMSG-Datensatzes aus dem Jahr 2005/2006 sind etwa 37 % der Patienten berufstätig, davon 76 % in Vollzeit (Flachenecker et al. 2008). Knapp 40 % der Patienten beziehen nach einer durchschnittlichen Krankheitsdauer von 13 Jahren (Durchschnittsalter 44 Jahre) Rentenleistungen aufgrund von krankheitsbedingten Einschrän-

▫ **Tab. 5.3** Vergleich der jährlichen indirekten Kosten der MS in € pro Patient aus Kostenstudien (IGES – Karampampa et al. (2012b); Kobelt et al. (2006); Reese et al. (2011))

Erstautor und Jahr der Kostenschätzung	Kobelt 2005	Karampampa[1] 2009	Reese 2006
Arbeitsunfähigkeit (kurz- und langfristig)	2.137	101 – 1.884	5.188
Teilweise oder vollständige Erwerbsminderung/Frühberentung	14.774	2.573 – 8.085	13.088
Arbeitslosigkeit	k. A.	k. A.	524
Reduzierung der Wochenarbeitszeit	k. A.	k. A.	584
Indirekte Kosten gesamt	16.911	4.457 – 9.702	19.384

[1] Die Kostenspanne ergibt sich in Abhängigkeit der MS-Verlaufsform

kungen bei der Arbeit (Flachenecker et al. 2008). Der Anteil der Patienten mit Erwerbsminderung steigt in Abhängigkeit vom Alter und dem Behinderungsgrad der Patienten. Bereits 15 % der Patienten mit einem EDSS-Wert von ≤ 3,5 beziehen Rentenleistungen, obwohl diese Patienten noch gehfähig sind. Dies lässt die Schlussfolgerung zu, dass neben den physischen Defiziten auch andere Beschwerden eine Rolle spielen. Probleme in der Mobilität und Motorik gelten als sichere Prädiktoren für eine vorzeitige Berentung (Kern et al. 2013). Darüber hinaus können aber auch andere Symptome den Arbeitsalltag für die Patienten erschweren. Fatigue, Angst, Depressionen, Schmerzen und kognitive Defizite können zu einer eingeschränkten Konzentrations- und Gedächtnisfähigkeit führen. Störungen beim Schlucken und Sprechen erschweren die Kommunikation, und visuelle Tätigkeiten können bei Sehstörungen nur eingeschränkt durchgeführt werden.

Eine Analyse der Abrechnungsdaten von Versicherten der BARMER GEK für das Jahr 2010 kommt zu dem Ergebnis, dass beinahe die Hälfte der Patienten mit MS fast durchgängig eine Erwerbsminderungsrente bezog. In der Gesamtbevölkerung lag dieser Anteil bei 2,9 % (IGES Institut 2014). Die Studie von Kobelt et al. (2006) berichtet ähnliche Daten: der Anteil der Patienten im vorzeitigen Ruhestand infolge der MS lag bei 34 %. Die Patienten waren im Durchschnitt 40 Jahre alt, als sie vorzeitig berentet wurden (Kobelt et al. 2006).

Die Therapien in der Behandlung von Patienten mit MS haben auch das Ziel, eine aktive Teilnahme des Patienten am Arbeitsleben zu ermöglichen. Versorgungsökonomische Betrachtungen zum langfristigen Nutzen der verschiedenen Therapieansätze sind aktuell nicht verfügbar.

Die sich aus den Produktivitätsverlusten ergebenden indirekten Kosten der MS wurden in verschiedenen Kostenstudien geschätzt. Eine Übersicht der indirekten Kosten für die ausgewählten Studien ist in ▫ Tab. 5.3 dargestellt.

Je nach Studie variieren die durchschnittlichen indirekten Kosten für einen Patienten mit MS zwischen 16.911 € und 19.384 € (▫ Tab. 5.3) (Kobelt et al. 2006; Reese et al. 2011). In der Studie von Karampampa et al. (2012b) liegen die indirekten Kosten deutlich niedriger im Vergleich zu den anderen Studien. Ursache dafür ist möglicherweise die jüngere Studienpopulation mit einem geringeren Behinderungsgrad, die infolgedessen auch einen geringeren Anteil von Erkrankten in vorzeitigem Ruhestand aufweist (9 % im Vergleich zu 34 %). Darüber hinaus kommt es zu Abweichungen zwischen den Studien aufgrund unterschiedlicher Ansätze bei der Kostenberechnung.

Den größten Kostenblock innerhalb der indirekten Kosten bilden die Kosten für Rentenleistungen infolge einer teilweisen oder vollständigen Erwerbsminderung. Je nach Studie variieren die Kosten zwischen 13.088 € und 14.774 € pro Patient (Kobelt et al. 2006; Reese et al. 2011). Weitere indirekte Kosten entstehen durch Arbeitsunfähigkeit, Arbeitslosigkeit oder durch die Reduzierung der Arbeitszeit. Die indirekten Kosten unterscheiden

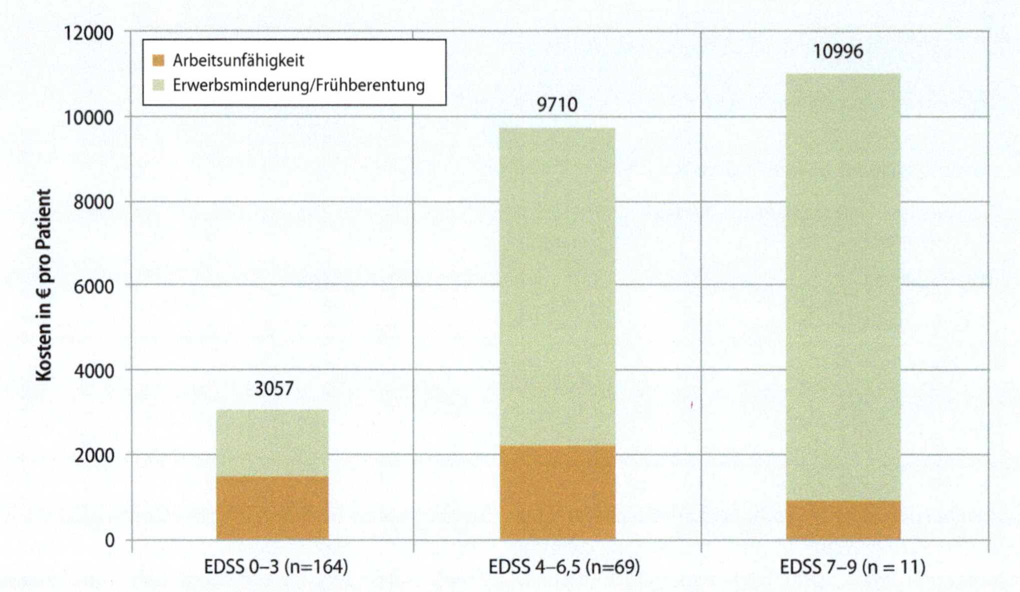

Abb. 5.3 Indirekte Kosten der MS nach EDSS-Stufe in €, Jahr 2009
Quelle: IGES – Karampampa et al. (2012b)

sich in Abhängigkeit von der Verlaufsform. Patienten mit progredienter Verlaufsform verursachen höhere indirekte Kosten als Patienten mit RRMS, ausgelöst vor allem durch höhere Kosten infolge der Erwerbsminderung (Karampampa et al. 2012b; Reese et al. 2011). Darüber hinaus steigen die indirekten Kosten in Abhängigkeit vom Behinderungsgrad (Abb. 5.3).

Die indirekten Kosten sind auch für Patienten mit Schüben höher als bei Patienten ohne Schubaktivität, insbesondere durch höhere Kosten infolge von Arbeitsunfähigkeit (Kobelt et al. 2006).

Ein weiterer Indikator für die indirekten krankheitsassoziierten Kosten ist die vorzeitige Mortalität auf Basis der potenziell verlorenen Lebensjahre (Potential Years of Life Lost) durch eine Krankheit (Gesundheitsberichterstattung des Bundes 2015a; Graf von der Schulenburg u. Greiner 2007). Dabei wird auch die nicht-erwerbstätige Bevölkerung in die ökonomische Betrachtung mit einbezogen (Löwel et al. 2006). Errechnet werden die verlorenen Lebensjahre als Differenz aus dem tatsächlichen Sterbealter und dem 70. Lebensjahr (Gesundheitsberichterstattung des Bundes 2015b). Es wird angenommen, dass die Gestorbenen ohne die Erkrankung 70 Jahre alt geworden wären. Die Daten werden vom Statistischen Bundesamt zur Verfügung gestellt.

Im Jahr 2013 sind in Deutschland 773 Personen (278 Männer und 495 Frauen) vor ihrem 70. Lebensjahr an MS verstorben. Die errechnete Zahl der verlorenen Lebensjahre in 2013 liegt für beide Geschlechter bei 10.198 Jahren. Mit 62 % entfällt die Mehrheit der verlorenen Lebensjahre auf Frauen. Die Anzahl der vorzeitig Gestorbenen infolge der MS hat sich seit 2003 mit 740 kaum verändert. Daher ist auch bei der Zahl der verlorenen Lebensjahre infolge der MS über die letzten zehn Jahre weder ein wesentlicher An- noch Abstieg zu erkennen (Abb. 5.4).

5.4 Intangible Kosten

Intangible Kosten bezeichnen monetär nicht messbare Effekte infolge der Erkrankung wie z. B. Einschränkungen durch Schmerzen, Depressionen oder den krankheitsbedingten Verlust der Lebensqualität (IQWiG 2009). Eine Querschnittsstudie mit 3.157 Mitgliedern der Deutschen Multiple Sklerose

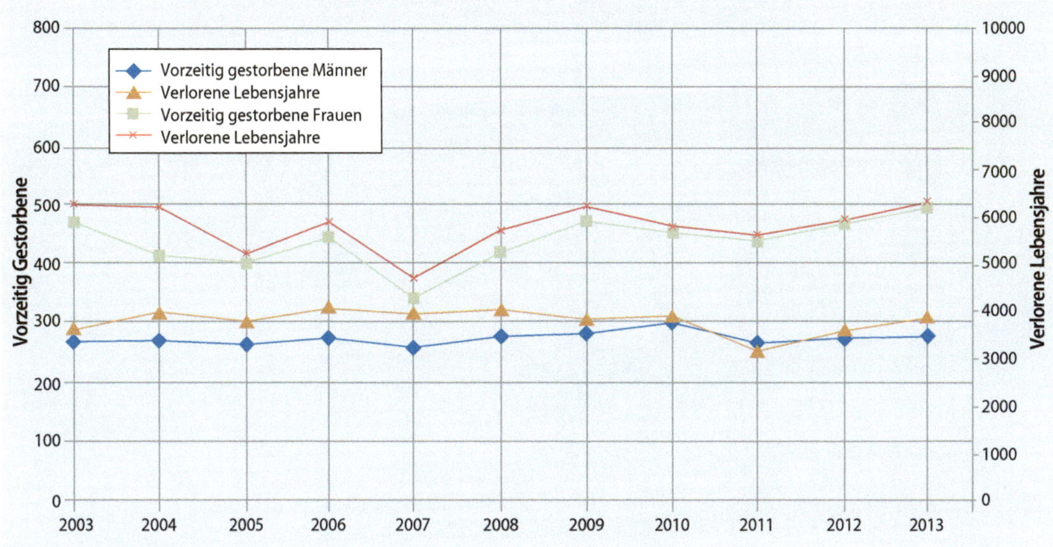

Abb. 5.4 Veränderung der Anzahl vorzeitig Gestorbener und verlorener Lebensjahre aufgrund der MS (ICD-10: G.35) (2003 bis 2013)
Quelle: IGES – Gesundheitsberichterstattung des Bundes (2015b)

Gesellschaft (DMSG) in Nordrhein-Westfalen untersuchte die Lebensqualität der Erkrankten (Schipper et al. 2011). Zur Messung wurde der SF-36-Fragebogen eingesetzt, der die krankheitsübergreifende Lebensqualität auf Basis von acht Dimensionen erfasst. Dazu zählt neben Schmerzen u. a. auch die körperliche Rollenfunktion, die das Ausmaß der körperlichen Beeinträchtigung bei der Arbeit und anderen Aktivitäten erfasst. Die emotionale Rollenfunktion als weitere Dimension bildet ab, inwieweit emotionale Probleme die Arbeit oder andere Aktivitäten erschweren. Die Werte der einzelnen Skalen können zwischen 0 und 100 variieren, wobei hohe Werte auch für eine hohe Lebensqualität stehen. Die Ergebnisse der Patienten mit MS im Vergleich zur deutschen Normalbevölkerung sind in Tab. 5.4 dargestellt.

Die Daten zeigen, dass an MS erkrankte Patienten alle Dimensionen der Lebensqualität niedriger bewerten als die deutsche Normalbevölkerung. Insbesondere in den Bereichen körperliche Funktionsfähigkeit sowie körperliche und emotionale Rollenfunktion ist die Lebensqualität geringer als bei Personen ohne MS. Auch an MS Erkrankte mit kurzer Krankheitsdauer (< 2 Jahren) und mit geringer Behinderung erleben – mit Ausnahme der Dimension Schmerzen – in allen Bereichen eine signifikant verringerte Lebensqualität im Vergleich zur Normalbevölkerung. Einschränkend muss erwähnt werden, dass die Befragten im Vergleich zu Patienten im DMSG-Datensatz älter und schwerwiegender von der MS betroffen sind (Schipper et al. 2011).

Eine Befragung von 757 Mitgliedern des Sächsischen Landesverbandes der DMSG zeigt, dass bei 90 % der Befragten die Erkrankung den Lebensalltag beeinflusst (Voigt et al. 2007). Etwa 80 % der Teilnehmer berichten über Auswirkungen auf ihre Freizeitgestaltung. Zudem beeinflusst die Erkrankung Freundschaften (42 %), die Partnerschaft (37 %) und die Familienplanung (23 %). Mehr als 90 % der Befragten berichten, dass sie bei der Verrichtung alltäglicher Tätigkeiten beispielsweise beim Säubern der Wohnung oder dem Zubereiten von Mahlzeiten unterstützt werden. Hilfe bekommen sie dabei überwiegend durch Familienmitglieder (Ehepartner: 77 %, Kinder: 58 %, Eltern: 35 %). Im Hinblick auf die Lebensqualität wirken sich neben dem Alter vor allem krankheitsspezifische Faktoren wie die Gehfähigkeit, Blasen- und Stuhl-

Tab. 5.4 Lebensqualität von Patienten mit MS im Vergleich zur Normalbevölkerung gemessen mittels SF-36 (IGES – Schipper et al. (2011))

Skalen des SF-36	Patienten mit MS	Normalbevölkerung[1]
Körperliche Funktionsfähigkeit	44,34	85,93
Körperliche Rollenfunktion	36,12	82,19
Schmerzen	62,04	67,17
Allgemeine Gesundheitswahrnehmung	44,95	66,76
Vitalität	39,67	59,81
Soziale Funktionsfähigkeit	63,76	85,95
Emotionale Rollenfunktion	58,33	88,61
Psychisches Wohlbefinden	61,28	72,07

[1] Für die Daten zur Normalbevölkerung wurden die Ergebnisse des Bundes-Gesundheitssurveys 1998 herangezogen.

probleme oder psychische Störungen negativ aus. Die sächsische Stichprobe ist durch ältere Patienten (Durchschnittsalter 50,5 Jahre) in fortgeschrittenem Krankheitsstadium gekennzeichnet (Voigt et al. 2007).

Patienten mit MS weisen auch im Vergleich mit Betroffenen anderer chronischer Krankheiten wie Rheumatoide Arthritis, Diabetes oder Epilepsie eine niedrigere Lebensqualität auf (Hermann et al. 1996; Rudick et al. 1992; Voigt et al. 2007).

Eine Möglichkeit, die intangiblen Kosten zu berechnen, besteht darin, den Verlust an Lebensqualität durch QALY (Quality adjusted life years) zu ermitteln. Ein QALY stellt den Nutzwert für ein Lebensjahr dar. Ein QALY von 1 bedeutet ein Jahr in vollständiger Gesundheit, während ein QALY von 0 dem Versterben entspricht (Schöffski u. Graf von der Schulenburg 2000). Die intangiblen Kosten können ermittelt werden, indem die QALY multipliziert werden mit der Zahlungsbereitschaft in der Gesellschaft, d. h. mit dem Geldbetrag, den die Gesellschaft bereit ist, für ein zusätzliches QALY zu zahlen. Die Krankheitskostenstudie von Kobelt et al. (2006) berechnet die intangiblen Kosten der MS in Deutschland. Der Verlust der Lebensqualität bei Patienten mit MS im Vergleich zur Gesamtbevölkerung wird dabei auf 0,2 QALY pro Jahr geschätzt. Bei einer angenommen Zahlungsbereitschaft von 50.000 € für ein QALY beziffern sich die intangiblen Kosten der MS auf durchschnittlich etwa 10.000 € pro Patient (Kobelt et al. 2006).

5.5 Krankheitslast

Daten zur Krankheitslast (englisch: Burden of Disease) kombinieren epidemiologische Informationen zur Mortalität und Morbidität zu einer Maßeinheit und ermöglichen dadurch den Vergleich zwischen verschiedenen Erkrankungen (Field u. Gold 1998; Murray et al. 2002; Plass et al. 2014). Die World Health Organization (WHO) veröffentlicht auf ihrer Website aktuelle Daten zur globalen Krankheitslast auf Basis von DALY (Disability-Adjusted Life Years) mit dem Ziel, gesundheitspolitische Entscheidungen in den Regionen und Ländern zu unterstützen. DALY quantifizieren die Abweichung vom optimalen Gesundheitszustand (Plass et al. 2014). Der Indikator wird gebildet durch die Kombination von verlorenen Lebensjahren durch vorzeitiges Versterben (Years of Life Lost due to premature death, YLL)[1] und die in suboptimaler Gesundheit bzw. mit Behinderung gelebten Lebens-

1 Zur Berechnung der YLL wird die Anzahl der Verstorbenen infolge einer Erkrankung (nach Alter und Geschlecht) mit einer Standard-Lebenserwartung für beide Geschlechter in Höhe von 92 Jahren bei Geburt multipliziert (WHO Department of Health Statistics and Information Systems 2013)

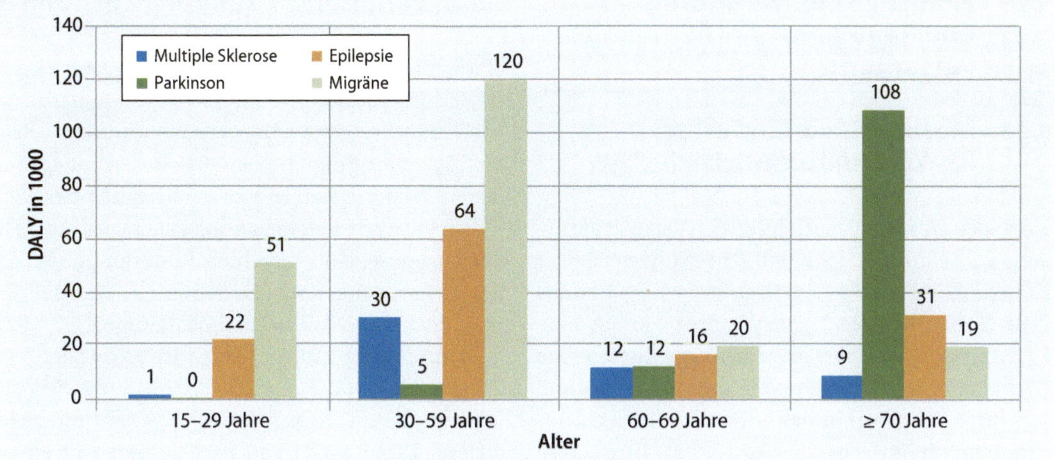

Abb. 5.5 Vergleich der DALY zusammengesetzt aus verlorenen Lebensjahren durch vorzeitiges Versterben (YLL) und der Jahre mit Behinderung (YLD) für neurologische Erkrankungen in Deutschland für 2012 Quelle: IGES – WHO (2013)

jahre (Years Lived with Disability, YLD)[2] (WHO 2013).

MS verursacht insgesamt eine Krankheitslast von ca. 52.000 DALY, zusammengesetzt aus 35.000 verlorenen Lebensjahren durch vorzeitiges Versterben (YLL) und 17.000 Lebensjahren in suboptimaler Gesundheit (YLD). Die Krankheitslast der MS im Vergleich zu anderen neurologischen Erkrankungen in Abhängigkeit vom Alter ist in Abb. 5.5 dargestellt. In der Altersgruppe der 30- bis 59-Jährigen stellt die MS mit 30.000 DALY, neben der Migräne (120.000 DALY) und der Epilepsie (64.000 DALY), eine große Belastung dar. Dabei ist zu berücksichtigen, dass die Prävalenz von Migräne und Epilepsie höher ist als die von MS. Fast 60 % der gesamten Krankheitslast der MS entstehen in dieser Alterskategorie. In den höheren Altersstufen sinkt die Krankheitslast. Mit ca. 12.000 DALY verursacht MS bei den 60- bis 69-Jährigen eine ähnlich große Krankheitslast wie Parkinson. Bei Personen ab 70 Jahren spielen die neurologischen Erkrankungen Parkinson (108.000 DALY) und Epilepsie (31.000 DALY) im Hinblick auf die Krankheitsbelastung eine größere Rolle als MS.

Zu berücksichtigen ist, dass die Prävalenz von Migräne und Epilepsie höher ist als die von MS und daher zu einer höheren Krankheitslast in den entsprechenden Altersgruppen führt.

Die Krankheitslast ist mit 33.000 DALY (64 %) für Frauen mit MS deutlich höher als für Männer mit 19.000 DALY. Der Unterschied zwischen den Geschlechtern besteht in allen Altersgruppen. Die Anzahl der DALY für MS ist in den Jahren 2000 bis 2012 um 11 % angestiegen. Die Zunahme ist vor allem auf einen Anstieg der YLL, insbesondere bei Frauen, zurückzuführen.

2 Zur Berechnung der YLD wird die Prävalenz einer Erkrankung (nach Alter und Geschlecht) multipliziert mit einem krankheitsspezifischen Gewichtungsfaktor (»disability weights«). Der Gewichtungsfaktor bewertet die Auswirkungen der Erkrankung auf die Gesundheit auf einer Skala von 0 bis 1. Ein Wert von 0 beschreibt einen optimalen Gesundheitszustand ohne Einschränkungen und der Wert 1 wird mit dem Tod gleichgesetzt. Die Faktoren wurden in populationsbasierten Studien ermittelt, in denen die Teilnehmer in paarweisen Vergleichen den präferierten Gesundheitszustand auswählen mussten (Plass et al. 2014). Die Gewichtungsfaktoren der MS liegen bei 0,198 Punkten für eine milde Verlaufsform, bei 0,445 Punkten für eine moderate Verlaufsform und bei 0,707 für eine schwere Verlaufsform (WHO Department of Health Statistics and Information Systems 2013).

5.6 Finanzierung, Vergütung und Regularien der Arzneimittelversorgung

5.6.1 Morbiditätsorientierter Risikostrukturausgleich

Über den morbiditätsorientierten Risikostrukturausgleich wird die Höhe der Zuweisungen für die Krankenkasse zur Finanzierung ihrer Ausgaben aus dem Gesundheitsfond geregelt. Dazu erhält eine Krankenkasse zunächst für jeden Versicherten eine Grundpauschale in Höhe der durchschnittlichen Pro-Kopf-Ausgaben in der GKV (Bundesversicherungsamt 2008). Für das Jahr 2015 liegt diese Grundpauschale bei 2.797 € (Bundesversicherungsamt 2014). Um dem unterschiedlichen Versorgungsbedarf zwischen den Kassen gerecht zu werden, wird die Grundpauschale durch ein System von Zu- und Abschlägen ergänzt. Dabei wird neben den Versichertenmerkmalen Alter, Geschlecht und Bezug von Erwerbsminderungsrente auch die Krankheitslast auf Basis von 80 ausgewählten Krankheiten berücksichtigt. Die 80 selektierten Krankheiten stellen kostenintensive Erkrankungen dar sowie Krankheiten mit schwerwiegenden Verläufen, bei denen die durchschnittlichen Ausgaben pro Versicherten mindestens 50 % höher sind als die durchschnittlichen Pro-Kopf-Leistungsausgaben für alle Versicherten (Bundesversicherungsamt 2008). Für gesunde Versicherte muss die Krankenkasse in der Regel, mit Ausnahme von Neugeborenen und sehr alten Menschen (≥ 90 Jahre), in Abhängigkeit vom Alter und Geschlecht des Versicherten, einen Abschlag zahlen. Für Versicherte, die eine der 80 ausgewählten Erkrankungen haben, erhält die Krankenkasse einen Morbiditätszuschlag, der die durchschnittlichen durch die Krankheit verursachten Ausgaben widerspiegelt. Jede der 80 Krankheiten wird dazu hierarchisierten Morbiditätsgruppen (HMG) zugeordnet, für die ein entsprechender Zuschlag festgelegt wird. Für die HMG »Multiple Sklerose ohne Dauermedikation« liegt der vorläufige monatliche Zuschlag für 2015 bei 294,80 €. Für die HMG »Multiple Sklerose mit Dauermedikation« liegt der Zuschlag bei 1.261,02 €.

5.6.2 Vergütung stationärer Leistungen

Stationäre Leistungen werden über Fallpauschalen (Diagnosis Related Groups, DRG) vergütet, die das leistungserbringende Krankenhaus mit dem Kostenträger abrechnet. Die gesetzliche Grundlage bildet § 17b des Krankenhausfinanzierungsgesetzes. Jedem individuellen Behandlungsfall wird auf Basis der Diagnose, der erbrachten Prozeduren, der Art der Behandlung und des Schweregrades der Erkrankung eine DRG-Fallpauschale zugeordnet. Zur Berechnung der Fallpauschale wird jeder DRG – in Abhängigkeit vom Behandlungsaufwand – ein Zahlenwert, die sogenannte Bewertungsrelation, zugeordnet. Diese wird dann multipliziert mit einem Basisfallwert, der den Basispreis für die einzelnen DRG-Leistungen darstellt (DIMDI 2015).

Die geschätzten Gesamtausgaben der MS im stationären Bereich auf Basis der DRG-Daten des Statistisches Bundesamtes liegen bei 136,4 Mio. € (GKV-Spitzenverband et al. 2012; InEK 2013; Statistisches Bundesamt 2013) (eigene Berechnung). In Tab. 5.5 sind die im Jahr 2013 ausgabenintensivsten DRG (mindestens 0,5 Mio. €) für die Hauptdiagnose MS (ICD-10: G35) dargestellt. Fast 80 % der Ausgaben (108,4 Mio. €) werden von der DRG B68D »Multiple Sklerose und zerebellare Ataxie (ein Belegungstag oder ohne äußerst schwere Komplikationen oder Komorbiditäten, Alter > 15 Jahre, ohne komplexe Diagnose)« verursacht. Für die Berechnung der Ausgaben je DRG wurde die Bewertungsrelation der einzelnen DRGs mit dem Bundesbasisfallwert in Höhe von 3.068,37 € für das Jahr 2013 multipliziert. Der Bundesbasisfallwert wird zwischen der Deutschen Krankenhausgesellschaft (DKG), dem GKV-Spitzenverband und dem Verband der privaten Krankenversicherung (PKV) jedes Jahr vertraglich vereinbart und gibt die Grenzwerte für die Landesbasisfallwerte vor (GKV-Spitzenverband et al. 2012). Die stationären Ausgaben der MS sind wahrscheinlich unterschätzt, da krankenhausindividuell vereinbarte DRGs sowie Zusatzentgelte wie beispielsweise für Arzneimittel nicht berücksichtigt werden.

Tab. 5.5 Die kostenintensivsten DRG (≥ 0,5 Mio. €) für die Hauptdiagnose MS (ICD-10: G35) im Jahr 2013 (IGES – Berechnung basierend auf Statistisches Bundesamt 2013 (GKV-Spitzenverband et al. 2012; InEK 2013)

DRG	DRG-Bezeichnung	Anzahl der Fälle	Bewertungs-relation	Ausgaben in Mio. €
B68D	Multiple Sklerose und zerebellare Ataxie, ein Belegungstag oder ohne äußerst schwere Komplikationen oder Komorbiditäten, Alter > 15 Jahre, ohne komplexe Diagnose	47.936	0,737	108,4
B48Z	Frührehabilitation bei Multipler Sklerose und zerebellarer Ataxie, nicht akuter Para- / Tetraplegie oder anderen neurologischen Erkrankungen	3.024	1,850	17,2
B68A	Multiple Sklerose und zerebellare Ataxie mit äußerst schweren Komplikationen oder Komorbiditäten, mehr als ein Belegungstag	1.013	1,773	5,5
B68B	Multiple Sklerose und zerebellare Ataxie, ein Belegungstag oder ohne äußerst schwere Komplikationen oder Komorbiditäten, Alter < 16 Jahre	348	0,979	1,0
B42B	Frührehabilitation bei Krankheiten und Störungen des Nervensystems bis 27 Tage ohne neurologische Komplexbehandlung des akuten Schlaganfalls	46	3,641	0,5
B44B	Geriatrische frührehabilitative Komplexbehandlung bei Krankheiten und Störungen des Nervensystems mit schwerer motorischer Funktionseinschränkung, ohne neurologische Komplexbehandlung des akuten Schlaganfalls	67	2,434	0,5

5.6.3 Vergütung ambulanter Leistungen

Die ambulante Versorgung der MS erfolgt in der Regel durch Neurologen, spezialisierte (Neuro)-Radiologen sowie durch Hausärzte (▶ Kap. 6). Die Vergütung der vertragsärztlichen Leistungen erfolgt basierend auf dem Einheitlichen Bewertungsmaßstab (EBM). Dieser bestimmt den Inhalt der abrechnungsfähigen Leistungen und weist einer festgelegten Leistung durch die Vergabe von Punkten einen Wert zu[3]. Der bundesweit geltende EBM wird im Bewertungsausschuss zwischen Vertretern der Kassenärztlichen Bundesvereinigung und dem GKV-Spitzenverbänden vereinbart. Die Abrechnung der Leistungen erfolgt pauschal über die Kassenärztlichen Vereinigungen. In Abhängigkeit der erbrachten Leistungen variiert die Vergütung für die Behandlung eines Patienten.

Ein Großteil der Therapie des akuten Schubes könnte ambulant erfolgen. In der ambulanten Versorgung sind aber die vorgesehenen Strukturen nicht ausreichend vorhanden. Aus diesem Grund werden viele Patienten mit einem akuten Schub unnötigerweise sehr viel kostenintensiver stationär versorgt.

5.6.4 Regulatorische Aspekte der Arzneimittelversorgung

Am 1. Januar 2011 trat das Gesetz zur Neuordnung des Arzneimittelmarktes (AMNOG) in Kraft, wonach der Gemeinsame Bundesausschuss (G-BA) für die Bewertung des Nutzens von Arzneimitteln mit neuen Wirkstoffen zuständig ist[4] (▶ Kap. 6). Die pharmazeutischen Unternehmen sind dazu verpflichtet, spätestens bei Markteintritt bzw. vier Wochen nach Zulassung eines neuen Anwendungsgebietes dem G-BA ein Dossier vorzulegen, in dem sie anhand der Zulassungsunterlagen und den klinischen Studien den Zusatznutzen des Arzneimit-

3 § 87 SGB V

4 § 35a SGB V

tels im Vergleich zur vorher festgelegten zweckmäßigen Vergleichstherapie nachweisen. Zur Nutzenbewertung kann der G-BA das Institut für Qualität und Wirtschaftlichkeit im Gesundheitswesen (IQWiG) oder Dritte beauftragen[5]. Das IQWiG leitet dem G-BA seine Ergebnisse als Empfehlungen zu, diese sind allerdings nicht bindend. Die Ergebnisse der Nutzenbewertung werden in Form von Beschlüssen veröffentlicht. Darin werden der Zusatznutzen des Arzneimittels gegenüber der zweckmäßigen Vergleichstherapie, das Ausmaß des Zusatznutzens, die zur Behandlung in Frage kommenden Patientengruppen, Anforderungen an eine qualitätsgesicherte Anwendung sowie die Therapiekosten festgelegt (Gemeinsamer Bundesausschuss 2015a).

Das Ergebnis der Nutzenbewertung bildet die Entscheidungsgrundlage dafür, welchen Erstattungspreis die gesetzlichen Krankenkassen bereit sind, für das neue Arzneimittel zu zahlen (Gemeinsamer Bundesausschuss 2015a). Wird einem Arzneimittel durch den G-BA ein Zusatznutzen zugewiesen, beginnen Preisverhandlungen zwischen dem GKV-Spitzenverband und dem pharmazeutischen Hersteller. Kommt es zu keiner Einigung, wird der Erstattungsbetrag von einer Schiedskommission festgelegt. Für neue oder in einem neuen Anwendungsgebiet zugelassene Medikamente ohne Zusatznutzen kann ein entsprechender Festbetrag festgelegt werden[6].

Die methodischen Verfahren zur Nutzenbewertung können den interindividuell unterschiedlichen Krankheitsverläufen der MS nicht gerecht werden. Eine mittelwertbasierte Herangehensweise in der Bewertung eines Zusatznutzens eines sehr heterogenen Krankheitsbildes wie der MS vernachlässigt eine mitunter nicht geringe Anzahl an Patienten, die dennoch von einzelnen Therapien profitieren können.

In der Indikation MS waren bisher insgesamt vier neue Wirkstoffe (Fingolimod, Fampridin, Teriflunomid, Dimethylfumarat) Gegenstand der Nutzenbewertung. Die Ergebnisse der einzelnen Nutzenbewertungsverfahren für die jeweiligen Anwendungsgebiete der Arzneimittel sowie die zweckmäßige Vergleichstherapie sind in ◘ Tab. 5.6 dargestellt.

5 § 35a SGB V

6 § 35a SGB V

Der Wirkstoff Fingolimod ist seit 2011 zur Behandlung der hochaktiven RRMS bei Patienten, die nicht auf einen vollständigen und angemessenen Zyklus einer Interferon-ß-Therapie angesprochen haben und bei Patienten mit rasch fortschreitender schwerer RRMS zugelassen sowie seit 2014 für Patienten mit hochaktiver RRMS, die mit einer anderen Therapie als Interferon-ß vorbehandelt wurden (Gemeinsamer Bundesausschuss 2014a). Der G-BA kommt in seiner Nutzenbewertung vom Oktober 2015 zur Einschätzung, dass bei Patienten mit hochaktiver, noch nicht vollständig mit Interferon-ß behandelter RRMS ein Hinweis auf einen beträchtlichen Zusatznutzen und bei Patienten mit rasch fortschreitender schwerer RRMS ein geringer Zusatznutzen vorliegt (Gemeinsamer Bundesausschuss 2015b). Für Patienten mit hochaktiver RRMS, die bereits eine vollständige Vorbehandlung mit Beta-Interferonen (IFN-ß 1a) erhalten haben, war im Vergleich zu Glatirameracetat der Zusatznutzen nicht belegt.

Fampridin ist zur Verbesserung der Gehfähigkeit von Erwachsenen mit MS mit Gehbehinderung (Grad 4-7 auf der EDSS-Behinderungsskala) zugelassen. Die vom G-BA festgelegte zweckmäßige Vergleichstherapie war Krankengymnastik. Aus Sicht des G-BA konnte der Zusatznutzen von Fampridin als zusätzliche Therapie zur Krankengymnastik im Vergleich zur Krankengymnastik allein nicht nachgewiesen werden (Gemeinsamer Bundesausschuss 2012a).

Teriflumomid ist seit 2013 zur Behandlung der RRMS zugelassen. Als zweckmäßige Vergleichstherapie bestimmte der G-BA Interferon-ß (1a oder 1b) oder Glatirameracetat. Studienergebnisse zeigten u.a. keine relevanten Unterschiede zwischen den beiden Präparaten in Hinblick auf die Morbidität und Lebensqualität. Der G-BA entschied daher, dass der Zusatznutzen von Teriflunomid nicht belegt ist (Gemeinsamer Bundesausschuss 2014b).

Dimethylfumarat ist seit 2014 zur Behandlung der RRMS zugelassen. Als zweckmäßige Vergleichstherapie bestimmte der G-BA Interferon-ß (1a oder 1b) oder Glatirameracetat. Der G-BA entschied, dass der Zusatznutzen von Dimethylfumarat nicht belegt ist. Er begründet diese Entscheidung damit, dass trotz vorhandener Studiendaten kein direkter

Tab. 5.6 Ergebnisse bisheriger Nutzenbewertungsverfahren für zur Therapie von MS empfohlener Wirkstoffe (IGES – Gemeinsamer Bundesausschuss (2015b; 2014a; 2014b; 2014c; 2012a)

Wirkstoff	Anwendungsgebiet	Zweckmäßige Vergleichstherapie	Zusatznutzen G-BA
Fingolimod	Patienten mit hochaktiver RRMS mit hoher Krankheitsaktivität ohne ausreichende krankheitsmodifizierende Therapie mit IFN-β	Fortführung der mit IFN-β begonnenen krankheitsmodifizierenden Therapie mit einer gemäß Zulassung optimierten Dosierung bis zu einem angemessenen Zyklus	beträchtlich
	Rasch fortschreitende schwere RRMS	Glatirameracetat oder IFN-β (1a oder 1b)	gering
	Patienten mit hochaktiver RRMS mit hoher Krankheitsaktivität die nicht auf einen vollständigen und angemessenen Zyklus mit IFN-β angesprochen haben	Glatirameracetat	nicht belegt
	Patienten mit hochaktiver RRMS mit hoher Krankheitsaktivität ohne ausreichende krankheitsmodifizierende Therapie (anders als INF-β)	Fortführung der mit Glatirameracetat oder INF-β begonnenen krankheitsmodifizierenden Therapie mit einer gemäß Zulassung optimierten Dosierung bis zu einem angemessenen Zyklus. Ist die krankheitsmodifizierende Therapie mit anderen Arzneimitteln begonnen worden, ist ein Wechsel auf Glatirameracetat oder INF-β mit einer gemäß Zulassung optimierten Dosierung bis zu einem angemessenen Zyklus durchzuführen	nicht belegt
	Patienten mit hochaktiver RRMS mit hoher Krankheitsaktivität, die nicht auf einen vollständigen und angemessenen Zyklus mit mindestens einer krankheitsmodifizierenden Therapie (anders als INF-β) angesprochen haben	Glatirameracetat oder INF-β (1a oder 1b)	nicht belegt
Fampridin	Verbesserung der Gehfähigkeit von erwachsenen Patienten mit MS (EDSS 4 bis 7)	Krankengymnastik nach Heilmittelrichtlinie und optimierte MS-Standardtherapie	nicht belegt
Teriflunomid	Behandlung erwachsener Patienten mit RRMS	Glatirameracetat oder IFN-β (1a oder 1b)	nicht belegt
Dimethylfumarat	Behandlung erwachsener Patienten mit RRMS	Glatirameracetat oder IFN-β (1a oder 1b)	nicht belegt

Abkürzungen: RRMS: schubförmig-remittierende MS; INF-ß: Interferon-Beta, EDSS: Expanded Disability Status Scale

Vergleich zwischen dem Arzneimittel und der Vergleichstherapie durchgeführt wurde (Gemeinsamer Bundesausschuss 2014c).

Die Wirkstoffe Natalizumab und Alemtuzumab durchliefen das Nutzenbewertungsverfahren nach § 35a SGB V nicht. Natalizumab wurde bereits im Jahr 2006 – vor Beginn des Nutzenbewertungsverfahrens – eingeführt und auch Alemtuzumab war bereits zuvor für die Behandlung von B-Zell-Leukämien zugelassen.

Literatur

Bundesversicherungsamt (2014) Bekantmachung zum Gesundheitsfond Nr. 1/2015.

Bundesversicherungsamt (2008) So funktioniert der neue Risikostrukturausgleich im Gesundheitsfond. http://www.bundesversicherungsamt.de/fileadmin/redaktion/Risikostrukturausgleich/Wie_funktioniert_Morbi_RSA.pdf [Abruf am: 20.11.2015].

DIMDI (2015) G-DRG-System - Fallpauschalen in der stationären Versorgung. Deutsches Institut für Medizinische Dokumentation und Information. https://www.dimdi.de/static/de/klassi/icd-10-gm/anwendung/zweck/g-drg/ [Abruf am: 28. Mai 2015].

Evers SM, Struijs JN, Ament AJ, van Genugten ML, Jager JH, van den Bos GA (2004) International comparison of stroke cost studies. Stroke 35(5), 1209-1215. DOI: 10.1161/01.STR.0000125860.48180.48.

Field MJ, Gold MR (1998) Summarizing Population Health. Directions for the Development and Application of Population Metrics. Washington: National Academy Press.

Flachenecker P, Stuke K, Elias W, Freidel M, Haas J, Pitschnau-Michel D, Schimrigk S, Zettl UK, Rieckmann P (2008) Multiple sclerosis registry in Germany: results of the extension phase 2005/2006. Deutsches Ärzteblatt 105(7), 113-119. DOI: 10.3238/arztebl.2008.0113.

Gemeinsamer Bundesausschuss (2012a) Beschluss des Gemeinsamen Bundesausschusses über eine Änderung der Arzneimittel-Richtlinie (AM-RL) Anlage XII - Beschlüsse über die Nutzenbewertung von Arzneimitteln mit neuen Wirkstoffen nach § 35a SGB V - Fampridin vom 2. August 2012. Berlin: Gemeinsamer Bundesausschuss.

Gemeinsamer Bundesausschuss (2014a) Beschluss des Gemeinsamen Bundesausschusses über eine Änderung der Arzneimittel-Richtlinie (AM-RL): Anlage XII - Beschlüsse über die Nutzenbewertung von Arzneimitteln mit neuen Wirkstoffen nach § 35a SGB V – Fingolimod (neues Anwendungsgebiet) vom 18. Dezember 2014. Berlin: Gemeinsamer Bundesausschuss.

Gemeinsamer Bundesausschuss (2015a) Die Nutzenbewertung von Arzneimitteln gemäß § 35a SGB V. https://www.g-ba.de/institution/themenschwerpunkte/arzneimittel/nutzenbewertung35a/[Abruf am: 11. Juni 2015].

Gemeinsamer Bundesausschuss (2015b) Beschluss des Gemeinsamen Bundesausschusses über eine Änderung der Arzneimittel-Richtlinie (AM-RL): Anlage XII – Beschlüsse über die Nutzenbewertung von Arzneimitteln mit neuen Wirkstoffen nach § 35a SGB V – Fingolimod (Ablauf der Befristung) vom 1. Oktober 2015. Berlin: Gemeinsamer Bundesausschuss.

Gemeinsamer Bundesausschuss (2014b) Tragende Gründe zum Beschluss des Gemeinsamen Bundesausschusses über eine Änderung der Arzneimittel-Richtlinie (AM-RL): Anlage XII – Beschlüsse über die Nutzenbewertung von Arzneimitteln mit neuen Wirkstoffen nach § 35a SGB V – Teriflunomid vom 20. März 2014. Berlin: Gemeinsamer Bundesausschuss.

Gemeinsamer Bundesausschuss (2014c) Beschluss des Gemeinsamen Bundesausschusses über eine Änderung der Arzneimittel-Richtlinie (AM-RL): Anlage XII – Beschlüsse über die Nutzenbewertung von Arzneimitteln mit neuen Wirkstoffen nach § 35a SGB V – Dimethylfumarat vom 16. Oktober 2014. Berlin: Gemeinsamer Bundesausschuss.

Gesundheitsberichterstattung des Bundes (2015a) Intangible Kosten. Bonn: Statistisches Bundesamt. www.gbe-bund.de/gbe10/abrechnung.prc_abr_test_logon?p_uid=gast&p_aid=0&p_knoten=FID&p_sprache=D&p_suchstring=9102 [Abruf am: 28. Mai 2015].

Gesundheitsberichterstattung des Bundes (2015b) Vorzeitige Sterblichkeit (Anzahl, je 100.000 Einwohner, verlorene Lebensjahre – mit/ohne Altersstandardisierung, Tod unter 65/70 Jahren – ab 1998). Gliederungsmerkmale: Jahre, Region, Geschlecht, ICD-10, Art der Standardisierung. Bonn: Statistisches Bundesamt. https://www.gbe-bund.de/oowa921-install/servlet/oowa/aw92/dboowasys921.xwdevkit/xwd_init?gbe.isgbetol/xs_start_neu/&p_aid=3&p_aid=32960037&nummer=562&p_sprache=D&p_indsp=11220874&p_aid=32440284 [Abruf am: 11. Juni 2015].

GKV-Spitzenverband, Berlin, Verband der privaten Krankenversicherung e.V., Köln, Deutsche Krankenhausgesellschaft, Berlin (2012) Vereinbarung gemäß § 10 Abs. 9 KHEntgG für den Vereinbarungszeitraum 2013 vom 17.12.2012.

Graf von der Schulenburg JM, Greiner W (2007) Gesundheitsökonomik. 2. Auflage. Tübingen: Mohr Siebeck. ISBN: 978-3-16-149060-6.

Hapfelmeier A, Dippel FW, Schinzel S, Holz B, Seiffert A, Mäurer M (2013) Aktuelle Aspekte zur Versorgungssituation und zu den Behandlungskosten bei Patienten mit Multipler Sklerose in Deutschland. Gesundheitsökonomie & Qualitätsmanagement 18, 210-216. DOI: 10.1055/s-0033-1335883.

Hermann BP, Vickrey B, Hays RD, Cramer J, Devinsky O, Meador K, Perrine K, Myers LW, Ellison GW (1996) A comparison of health-related quality of life in patients with epilepsy, diabetes and multiple sclerosis. Epilepsy Research 25(2), 113-118. ISSN: 0920-1211.

IGES Institut (2014) Neurologische und psychiatrische Versorgung aus sektorenübergreifender Perspektive. Studie im Auftrag von Berufsverband Deutscher Nervenärzte e.V. (BVDN), Berufsverband Deutscher Neurologen e.V. (BDN), Berufsverband Deutscher Psychiater e.V (BVDP), Kassenärztliche Bundesvereinigung (KBV) / Zentralinstitut für die kassenärztliche Versorgung in Deutschland (ZI), Deutsche Gesellschaft für Neurologie e.V (DGN). Ergebnisbericht. Berlin: IGES Institut.

InEK (2013) Fallpauschalen-Katalog. G-DRG-Version 2013. Institut für das Entgeldsystem im Krankenhaus. http://www.g-drg.de/cms/content/download/3876/31661/version/4/file/Anlagen_DRG-Entgeltkatalog_2013_20121019_20121023.xls [Abruf am: 11. Juni 2015].

IQWiG (2009) Arbeitspapier Kostenbestimmung. Version 1.0 vom 12.10.2009. Köln: Institut für Qualität und Wirtschaftlichkeit im Gesundheitswesen (IQWiG).

Karampampa K, Gustavsson A, Miltenburger C, Eckert B (2012a) Treatment experience, burden and unmet needs (TRIBUNE) in MS study: results from five European countries. Multiple Sclerosis 18(2 Suppl), 7-15. DOI: 10.1177/1352458512441566.

Karampampa K, Gustavsson A, Miltenburger C, Neidhardt K, Lang M (2012b) Treatment experience, burden and unmet needs (TRIBUNE) in MS study: results from Germany. Multiple Sclerosis 18(2 Suppl), 23-27. DOI: 10.1177/1352458512441566b.

Kern S, Kühn M, Ziemssen T (2013) Chronisch krank und ohne Arbeit? Eine aktuelle Analyse zur Erwerbstätigkeit bei Multipler Sklerose. Fortschritte der Neurologie und Psychiatrie 81, 95-103. DOI: 10.1055/s-0032-1330286.

Kobelt G, Berg J, Lindgren P, Elias WG, Flachenecker P, Freidel M, Konig N, Limmroth V, Straube E (2006) Costs and quality of life of multiple sclerosis in Germany. The European journal of health economics 7 Suppl 2, S34-44. DOI: 10.1007/s10198-006-0384-8.

Löwel H, Hörmann A, Döring A, Heier M, Meisinger C, Schneider A, Kaup U, Gösele U, Hymer H (2006) Koronare Herzkrankheit und akuter Myokardinfarkt. Heft 33. Gesundheitsberichterstattung des Bundes. Berlin: Robert Koch-Institut.

msfp (2014) Aktuelles aus dem MS-Register der DMSG, Bundesverband e.V. Hannover: MS Forschungs- und Projektentwicklungs-gGmbH.

Murray CJL, Salomon JA, Mathers CD, Lopez AD (2002) Summary Measures of Population Health. Concepts, Ethics, Measurement and Applications. Geneva: World Health Organization. ISBN: 92 4 154551 8.

Plass D, Vos T, Hornberg C, Scheidt-Nave C, Zeeb H, Krämer A (2014) Entwicklung der Krankheitslast in Deutschland. Ergebnisse, Potenziale und Grenzen der Global Burden of Disease-Studie. Deutsches Ärzteblatt 111(38), 629-638. DOI: 10.3238/arztebl.2014.0629.

Reese JP, John A, Wienemann G, Wellek A, Sommer N, Tackenberg B, Balzer-Geldsetzer M, Dodel R (2011) Economic burden in a German cohort of patients with multiple sclerosis. European Neurology 66(6), 311-321. DOI: 10.1159/000331043.

Rudick RA, Miller D, Clough JD, Gragg LA, Farmer RG (1992) Quality of life in multiple sclerosis. Comparison with inflammatory bowel disease and rheumatoid arthritis. Archives of Neurology and Psychiatry 49(12), 1237-1242. ISSN: 0003-9942.

Schipper S, Wiesmeth S, Wirtz M, Twork S, Kugler J (2011) Krankheitsverarbeitungsstile und gesundheitsbezogene Lebensqualität bei Multiple-Sklerose-Erkrankten. Psychotherapie, Psychosomatik, Medizinische Psychologie 61(8), 347-355. DOI: 10.1055/s-0031-1275744.

Schöffski O, Graf von der Schulenburg JM (2000) Gesundheitsökonomische Evaluationen. Heidelberg: Springer. ISBN: 9783642216992.

Statistisches Bundesamt (2013) Gesundheit. Fallpauschalenbezogene Krankenhausstatistik (DRG-Statistik) Diagnosen, Prozeduren, Fallpauschalen und Case Mix der vollstationären Patientinnen und Patienten in Krankenhäusern. Fachserie 12 Reihe 6.4. Wiesbaden: Statistisches Bundesamt.

Statistisches Bundesamt (2010) Gesundheit. Krankheitskosten 2002, 2004, 2006 und 2008. Wiesbaden: Statistisches Bundesamt.

Voigt K, Worm I, Klewer J, Twork S, Kugler J, German Society for Multiple S (2007) Lebens- und Versorgungsqualität von Mitgliedern des Sächsischen Landesverbandes der Deutschen Mutiple Sklerose Gesellschaft. Gesundheitswesen 69(8-9), 457-463. DOI: 10.1055/s-2007-985866.

WHO Department of Health Statistics and Information Systems (2013) WHO methods and data sources for global burden of disease estimates 2000-2011. Global Health Estimates Technical Paper WHO/HIS/HSI/GHE/2013.4. Genf: World Health Organization.

Akteure und Strukturen in der Versorgung der Multiplen Sklerose

Susann Behrendt, Tonio Schönfelder, Simon Krupka, Christoph Rupprecht

M. Kip et al. (Hrsg.), *Weißbuch Multiple Sklerose*,
DOI 10.1007/978-3-662-49204-8_6, © Der/die Autor(en) 2016

Zusammenfassung

Eine Vielzahl von Akteuren auf unterschiedlichen Ebenen des Gesundheitssystems gestaltet die Versorgung von Patienten mit Multipler Sklerose. Das Bundesministerium für Gesundheit ist als staatlicher Akteur an der politischen und gesetzlichen Rahmensetzung beteiligt und nimmt regulatorischen Einfluss auf die Gesundheitsversorgung. Der Gemeinsame Bundesausschuss konkretisiert Leistungen für die medizinische Versorgung für die gesetzlich Versicherten. Die Leistungserbringer sowie die Ausgabenträger sind für die Implementierung und Versorgungsgestaltung verantwortlich. Aufgrund des breiten Spektrums an individuell unterschiedlichen Symptomen, Begleit- und Folgeerkrankungen sowie Behinderungen sind bereichsübergreifende Versorgungskonzepte und die Patientenorientierung bei der Versorgung von besonderer Bedeutsamkeit.

An der Therapie der Multiplen Sklerose sind Mediziner und Therapeuten unterschiedlicher Fachrichtungen und Heilberufe beteiligt. Dazu zählen neben Neurologen als Primärversorgern unter anderem Neuropsychologen, Radiologen oder Physiotherapeuten. Die Versorgungskette umfasst die ambulante und stationäre Behandlung, Rehabilitations- und Pflegeleistungen bis hin zur Palliativversorgung. Mehr als ein Drittel der Patienten mit Multipler Sklerose nimmt Leistungen aus mindestens vier Leistungsbereichen (u. a. Fachärzte, stationärer Bereich, Pflege und Arzneimittel) gleichzeitig in Anspruch. Etwa jeder fünfte Patient wird mindestens einmal pro Jahr wegen seiner Erkrankung im Krankenhaus behandelt. Regionale Untersuchungen zeigen, dass in Gegenden mit hoher Facharztdichte die Anzahl an Krankenhausaufenthalten sinkt. Modelle der integrierten Versorgung tragen dazu bei, die intersektorale Versorgung zu verbessern und die stationäre Behandlungsrate zu senken.

Die Deutsche Multiple Sklerose Gesellschaft vertritt bundesweit Patienten mit Multipler Sklerose. Mit rund 45.000 Mitgliedern zählt sie zu den wichtigsten Patientenvertretungen. Neben der Etablierung von Multiple-Sklerose-Zentren zur spezialisierten Behandlung ist die Forschungsförderung eine ihrer zentralen Aufgaben. Im Zentrum der Forschungsbemühungen stehen u. a. die Grundlagenforschung einschließlich Krankheitsentstehung und Pathogenese der Multiplen Sklerose, neue Therapien sowie die Verbesserung der Adhärenz.

An der Versorgung von Patienten mit Multipler Sklerose (MS) ist eine Vielzahl von Akteuren beteiligt. Je nach Krankheitsstadium und -verlauf wird von der neurologischen Behandlung und hausärztlichen Versorgung über die Ergo- und Physiotherapie bis hin zur Pflege und palliativmedizinischen Begleitung ein breites Spektrum an Leistungen in Anspruch genommen. Das vorliegende Kapitel konzentriert sich angesichts dieses vielschichtigen Versorgungsgeschehens auf zentrale bundesgesundheitspolitische Akteure, Fachgesellschaften und Patientenorganisationen sowie auf jene Beteiligte, die direkt im Patientenkontakt stehen und in der MS-Forschung eine tragende Rolle spielen. Die Darstellung der Akteure und Versorgungsstrukturen orientiert sich an den verschiedenen Ebenen des deutschen Gesundheitswesens, sodass zuerst staatliche Akteure gefolgt von Institutionen der Selbstverwaltung und abschließend Individualakteure vorgestellt werden.

6.1 Bundesministerium für Gesundheit

Die Versorgung von Patienten mit MS in Deutschland wird in mehrerer Hinsicht auf staatlicher Ebene reguliert und beeinflusst. Das Bundesministerium für Gesundheit (BMG) ist hierbei neben den parlamentarischen Beschlussgremien Bundestag und Bundesrat der zentrale staatliche Akteur in der bundespolitischen Gestaltung des deutschen Gesundheitssystems (Busse et al. 2013). Durch Gesetzesentwürfe, Verordnungen und andere verwaltungsmäßige Vorschriften nimmt das BMG Einfluss auf gesundheitspolitische Strukturen, Prozesse und Akteure (Bundeszentrale für politische Bildung 2012). Hierbei beschlossene Regulierungen verfolgen das Ziel der Sicherstellung einer qualitativ hochwertigen, nachhaltigen, patientenorientierten und gleichzeitig wirtschaftlichen Gesundheitsversorgung. Für spezifische Indikationen, darunter schwere und seltene Erkrankungen, existieren zudem gesonderte Maßnahmen bzw. Regulierungen. Zu diesen spezifischen Erkrankungen gehört auch die MS. Das BMG als Fachministerium für die Kranken- und Pflegeversicherung möchte damit dem besonderen Bedarf und der Zielgenauigkeit des Ressourceneinsatzes in der Versorgung Rechnung tragen.

Zur Darstellung des regulatorischen Einflusses des BMG werden nachfolgend wichtige Gesetze aufgeführt, die sich auf die Gesundheitsversorgung von Patienten mit MS auswirken. So ist das BMG maßgeblich an den Rahmenvorschriften für die Herstellung und Zulassung von Arzneimitteln und Medizinprodukten beteiligt. Mit dem Ziel einer adäquaten Arzneimittelpreisgestaltung in der gesetzlichen Krankenversicherung (GKV) erarbeitete das BMG den Entwurf zum Gesetz zur Neuordnung des Arzneimittelmarktes (AMNOG), welches 2011 in Kraft trat.[1] Mit dem AMNOG wird das Ziel verfolgt, wirklichen Arzneimittelinnovationen mehr Geltung zu verschaffen. Mit Hilfe der frühen Nutzenbewertung gilt es zu bewerten, ob ein behaupteter Zusatznutzen gegenüber einer zweckmäßigen Vergleichstherapie besteht. Seither sind die pharmazeutischen Unternehmen verpflichtet, den Zusatznutzen bei Markteinführung neuer Wirkstoffe gegenüber einer festgelegten Vergleichstherapie nachzuweisen. Für vier Wirkstoffe zur MS-Therapie wurden seit 2011 Nutzenbewertungsverfahren durchgeführt (▶ Kap. 5).

Im GKV-Versorgungsstrukturgesetz (GKV-VStG 2012) beschloss der Gesetzgeber die Neuregelung des Paragraphen §116b SGB V zur ambulanten spezialfachärztlichen Versorgung (ASV). Mit dieser Gesetzesänderung können fortan nicht nur Krankenhäuser, sondern auch Vertragsärzte zur ASV von »Seltenen Erkrankungen und Erkrankungszuständen mit entsprechend geringen Fallzahlen« sowie von »schweren Verlaufsformen von Erkrankungen mit besonderen Krankheitsverläufen« sowie »hochspezialisierte Leistungen« (Gemeinsamer Bundesausschuss 2014b) zugelassen werden. Zu diesen Indikationen gehörte bis zur Neuregulierung 2012 auch die MS. Die Liste der Zielindikationen befindet sich gegenwärtig in Überarbeitung.

Durch das Mitte 2015 in Kraft getretene GKV-Versorgungsstärkungsgesetz (GKV-VSG) soll u. a. der Zugang zu ärztlichen Leistungen gesichert werden. Die Einführung von »Terminservicestellen« durch die Kassenärztlichen Vereinigungen hat das Ziel, eine zeitnahe Vermittlung von Facharztterminen zu ermöglichen. Bei einer Überschreitung der Wartezeit auf einen Termin von mehr als vier Wochen kann eine Vermittlung in eine Krankenhausambulanz erfolgen. Mit dem GKV-VSG wurde darüber hinaus das Entlassungsmanagement nach einem stationären Aufenthalt neu geregelt, um einen lückenlosen Übergang in die ambulante Versorgung zu gewährleisten. Mit Entlassung aus dem Krankenhaus ist es nun möglich, dass Patienten bis zu sieben Tage Arzneimittel, Heil- und Hilfsmittel sowie Arbeitsunfähigkeitsbescheinigungen erhalten[2] (DMSG 2016a).

Mit den beiden Pflegestärkungsgesetzen (PSG), die 2015 bzw. 2016 in Kraft getreten sind, wurden die Leistungen der Pflegeversicherung wesentlich erhöht. Insbesondere Unterstützungsangebote für die Pflege zu Hause wurden ausgeweitet und pflegende Angehörige werden entlastet. So können Unterstützungsleistungen wie die Verhinderungs- und Kurzzeitpflege nun besser miteinander kombiniert werden, sodass bis zu acht Wochen Kurzzeitpflege und bis zu sechs Wochen Verhinderungspflege pro Jahr möglich sind. Zudem wurden die Zuschüsse für wohnumfeldverbessernde Maßnahmen wie Rollstuhlrampen oder die Verbreiterung von Türen deutlich erhöht. Ab 2017 wird ein neuer Pflegebedürftigkeitsbegriff die bisherige Unterscheidung von Pflegebedürftigen mit körperlichen Einschränkungen und solchen mit geistigen bzw. seelischen aufheben. Ziel ist es auch, eine aktivierende Pflege mehr in den Fokus zu rücken. Die Pflegebedürftigkeit wird nun in fünf Pflegegrade eingeteilt, um Einschränkungen im Alltag differenzierter abbilden zu können. Der Grad der Selbstständigkeit einer Person wird anhand sechs pflegerelevanter Bereiche erfasst: körperliche Beweglichkeit, kognitive und kommunikative Fähigkeiten (z. B. Orientierung über Ort und Zeit), psychische Problemlagen (z. B. Ängste und Aggressionen), Möglichkeiten der Selbstversorgung (z. B. sich selbstständig ankleiden können), selbstständiger Umgang mit krankheits- und therapiebedingten Belastungen (z. B. Medika-

1 Gesetz zur Neuordnung des Arzneimittelmarktes in der gesetzlichen Krankenversicherung (Arzneimittelmarktneuordnungsgesetz – AMNOG) vom 22. Dezember 2010

2 Gesetz zur Stärkung der Versorgung in der gesetzlichen Krankenversicherung (GKV-Versorgungsstärkungsgesetz – GKV-VSG) vom 16. Juli 2015

mente selbst einnehmen können) und Möglichkeiten der Gestaltung des Alltagslebens und sozialer Kontakte. Durch den neuen Pflegebedürftigkeitsbegriff wird ein erweiterter Personenkreis von rund 500.000 Menschen Zugang zu Leistungen aus der Pflegeversicherung erhalten[3,4] (DMSG 2016a).

Mit dem Gesetz zur Verbesserung der Hospiz- und Palliativversorgung (HPG) wird die finanzielle Situation stationärer Hospize und ambulanter Hospizdienste verbessert. Krankenhäuser haben zudem die Möglichkeit, externe Palliativdienste mit der Versorgung zu beauftragen, wenn keine eigene palliativmedizinische Versorgung gewährleistet werden kann. Versicherte erhalten zudem einen Anspruch auf Beratung und Hilfestellung durch die GKV bei der Auswahl von Leistungen zur Palliativ- und Hospizversorgung[5] (DMSG 2016a).

Patienten mit MS nehmen im Rahmen der Stufen- und symptomatischen Therapie (▶ Kap. 4.1 und ▶ Kap. 4.2) häufig mehrere Arzneimittel zur gleichen Zeit ein. Im Gesetz für sichere digitale Kommunikation und Anwendungen im Gesundheitswesen (E-Health-Gesetz) wurde geregelt, dass für Menschen, die drei oder mehr Arzneimittel anwenden, ab Oktober 2016 ein Anspruch auf einen Medikationsplan besteht. Ab 2018 soll dieser Medikationsplan auch elektronisch über die Gesundheitskarte des Patienten abgerufen werden können[6] (DMSG 2016a). Somit können potenzielle Arzneimittelwechselwirkungen überprüft werden.

Wichtige, das BMG beratende Gremien sind themenbezogene Komitees sowie der Sachverständigenrat zur Begutachtung der Entwicklung im Gesundheitswesen (SVR), der alle zwei Jahre ein Gutachten zu Status, Defiziten und Potenzialen im Gesundheitssystem veröffentlicht. Im aktuellen Gutachten »Bedarfsgerechte Versorgung – Perspektiven für ländliche Regionen und ausgewählte Leistungsbereiche« (2014) verweist der SVR auf Mängel der Bedarfsplanung im Sinne einer Fehlverteilung von Fachärzten für die MS-Versorgung. Damit verbunden seien teilweise lange Wegezeiten für Patienten mit MS. Erwähnt wird zudem die wachsende Bedeutung von innovativen, spezifischen Versorgungsformen und -angeboten für pflegebedürftige Patienten mit MS (Sachverständigenrat zur Begutachtung der Entwicklung im Gesundheitswesen 2014).

Die Drogenbeauftragte des Bundes ist direkt im Geschäftsbereich des BMG angesiedelt. Eines ihrer zentralen Aufgabenfelder betrifft die medizinische Verwendung von Cannabinoiden. Während das Betäubungsmittelgesetz (BtMG) das Besitzen und Erwerben von Teilen inklusive Saatgut der Hanfpflanze untersagt, können seit 2009 Sondergenehmigungen für den medizinischen Einsatz von der Bundesopiumstelle gemäß BtMG erteilt werden. Die Bundesopiumstelle ist am Bundesinstitut für Arzneimittel und Medizinprodukte, einer dem BMG nachgeordneten Bundesoberbehörde, angesiedelt. Dessen primärer Auftrag besteht in der Zulassung und Erfassung von Fertigarzneimitteln, der Gewährleistung der Arzneimittelsicherheit und der Kontrolle von Risiken bei Medizinprodukten (Bundeszentrale für politische Bildung). Das erste cannabishaltige Arzneimittel auf dem deutschen Markt zielte auf die Symptomverbesserung bei MS mit mittelschwerer bis schwerer Spastik, insofern alternative antispastische Therapien nicht (ausreichend) anschlugen (Add-on). Hierfür wurde das BtMG geändert, sodass Cannabis seit 2011 prinzipiell verschreibungsfähig ist[7].

6.2 Gemeinsamer Bundesausschuss

Etwa 85 % der deutschen Bevölkerung sind gegenwärtig gesetzlich krankenversichert. Demzufolge findet die gesundheitliche Versorgung überwiegend im GKV-System statt. Der Gemeinsame Bundesausschuss (G-BA) bestimmt dabei die Leistungen der medizinischen Versorgung, die im Einzelnen durch die GKV erstattet werden (Gemeinsamer Bundesausschuss 2015c).

3 Erstes Gesetz zur Stärkung der pflegerischen Versorgung und zur Änderung weiterer Vorschriften (Erstes Pflegestärkungsgesetz – PSG I) vom 17. Dezember 2014

4 Zweites Gesetz zur Stärkung der pflegerischen Versorgung und zur Änderung weiterer Vorschriften (Zweites Pflegestärkungsgesetz – PSG II) vom 21. Dezember 2015

5 Gesetz zur Verbesserung der Hospiz- und Palliativversorgung in Deutschland (Hospiz- und Palliativgesetz – HPG) vom 1. Dezember 2015

6 Gesetz für sichere digitale Kommunikation und Anwendungen im Gesundheitswesen sowie zur Änderung weiterer Gesetz vom 21. Dezember 2015

7 25. Verordnung zur Änderung betäubungsmittelrechtlicher Vorschriften (BGBl. 2011 I S. 821)

Der G-BA ist das höchste Beschlussgremium der gemeinsamen Selbstverwaltung, bestehend aus Krankenkassen, Ärzten und Zahnärzten, Psychotherapeuten sowie Krankenhäusern (Gemeinsamer Bundesausschuss 2015a). Die gemeinsame Selbstverwaltung ist eine Besonderheit des deutschen Gesundheitssystems. Innerhalb eines gesetzlich vorgegebenen Rahmens und unter Aufsicht von staatlichen Behörden besitzen die Selbstverwaltungspartner die Kompetenz zur konkreten Regulierung und Planung der gesundheitlichen Versorgung innerhalb des Systems der GKV (Busse et al. 2013).

Der G-BA setzt sich zusammen aus drei unparteiischen Mitgliedern und den Spitzenorganisationen der Selbstverwaltungspartner. Die Ausgabenträger werden repräsentiert durch fünf Vertreter des GKV-Spitzenverbands und die Leistungserbringer durch insgesamt fünf Vertreter der Deutschen Krankenhausgesellschaft, der Kassenärztlichen Bundesvereinigung und der Kassenzahnärztlichen Bundesvereinigung. Damit hat der G-BA insgesamt 13 stimmberechtigte Mitglieder (Gemeinsamer Bundesausschuss 2015d). An öffentlichen Sitzungen können zusätzlich fünf Vertreter von Patientenorganisationen teilnehmen. Zu ihnen gehört seit 2004 die Deutsche Multiple Sklerose Gesellschaft Bundesverband e.V. (DMSG) (▶ Abschn. 6.4.1) (DMSG 2012). Patientenvertreter können beratend eingreifen und Anträge stellen, besitzen jedoch kein Stimmrecht (Gemeinsamer Bundesausschuss 2015d). Insgesamt über 100 Patientenvertreter sind Teilnehmer in den G-BA-Unterausschüssen und Arbeitsgruppen.

Über das AMNOG (§35a SGB V) erhielt der G-BA den Auftrag zur Durchführung einer Nutzenbewertung für alle neu zugelassenen Arzneimittel. Hierzu legen die pharmazeutischen Unternehmen dem G-BA ein Dossier vor, in dem sie den Zusatznutzen des Arzneimittels zu einer vorher festgelegten zweckmäßigen Vergleichstherapie nachweisen müssen (Gemeinsamer Bundesausschuss 2015f) (▶ Abschn. 5.6.4). Der G-BA kann zur Nutzenbewertung das Institut für Qualität und Wirtschaftlichkeit im Gesundheitswesen (IQWiG) oder Dritte beauftragen. Das IQWiG wurde 2004 vom G-BA gegründet und soll als unabhängige Einrichtung klinische Effektivität sowie Qualität und Wirtschaftlichkeit indikationsspezifischer medizinischer Behandlungsverfahren evidenzbasiert evaluieren (Gemeinsamer Bundesausschuss 2010). Die Nutzenbewertung des G-BA ist eine wesentliche Grundlage der Preisbildung für das neue Arzneimittel.

Grundlage für Verhandlungen zu Erstattungsbeiträgen im Rahmen des AMNOG ist zunächst der Beschluss des G-BA über den Zusatznutzen eines neuen Arzneimittels gegenüber einer Vergleichstherapie. Patient-reported outcomes (PRO) wie Patientenpräferenzen, Patientenzufriedenheit oder wahrgenommene Krankheitssymptome finden in dem Bewertungsverfahren nur wenig oder keine Berücksichtigung. Das AMNOG kann aber eine Grundlage für eine umfassende, gesellschaftliche Diskussion über den angemessenen Preis neuer Arzneimittel schaffen. Des Weiteren ist die Datenlage insbesondere zur Arzneimittelsicherheit und Nebenwirkungen zum Zeitpunkt der frühen Nutzenbewertung nicht langfristig untersucht, sodass sich die Frage nach der Erfordernis einer längerfristigen Beobachtung stellt.

6.3 Fachgesellschaften und Berufsverbände

6.3.1 Medizinische und psychologische Fachgesellschaften

MS ist eine nicht heilbare Erkrankung mit einer vielschichtigen Symptomatik und zahlreichen Begleiterkrankungen. Patienten mit dieser Krankheit bedürfen einer interdisziplinären medizinischen Versorgung. Diagnostische und therapeutische Leistungen der Neurologie, Psychologie und Psychiatrie, Neuropsychologie sowie Neuroradiologie sind hierbei primär von Bedeutung.

In Deutschland existieren für diese und andere Fachrichtungen medizinische Fachgesellschaften, die als Interessenvertretung der jeweiligen Fachärzte fungieren. Die gemeinsamen Schwerpunkte ihrer Arbeit – aus Perspektive der jeweiligen Disziplin – liegen dabei auf folgenden Bereichen:

- Erstellung und Herausgabe medizinischer Leitlinien zur evidenzbasierten Diagnostik und Therapie von Krankheitsbildern,
- Initiierung, Förderung und Vernetzung der Forschung im jeweiligen Fachgebiet,

- Aus- und Weiterbildung,
- Veranstaltung von nationalen und internationalen Kongressen als Plattform des wissenschaftlichen Austauschs sowie
- Aufklärungs- und Präventionsarbeit für Politik und interessierte Öffentlichkeit.

Die Deutsche Gesellschaft für Neurologie (DGN) ist die Interessenvertretung von 7.800 neurologisch tätigen Ärzten in Deutschland (Stand: 31.12.2014). Als Dachgesellschaft subsummiert die DGN verschiedene Schwerpunktgesellschaften (DGN 2015). Mit der Erkrankung MS befasst sich die Schwerpunktgesellschaft DMSG (▶ Abschn. 6.4.1). Die DGN ist federführender Herausgeber der aktuellen Leitlinie S2e-Leitlinie »Diagnose und Therapie der Multiplen Sklerose«. Die DMSG sowie die Bundesverbände Deutscher Nervenärzte (BVDN) und deutscher Neurologen (BDN) waren an der Erstellung als fachspezifische Institutionen beteiligt (DGN 2014).

Eine Vielzahl von psychischen Symptomen wie das Fatigue-Syndrom und die Depression können Wohlbefinden und Lebensqualität der an MS erkrankten Menschen beeinträchtigen. Diese und andere psychische Störungen stehen im Zentrum der Deutschen Gesellschaft für Psychiatrie, Psychotherapie und Nervenheilkunde (DGPPN). Sie ist die mit über 7.900 Mitgliedern größte Vereinigung für diese Fachgebiete in Deutschland (DGPPN 2015). Die DGPPN ist Herausgeber evidenzbasierter Leitlinien zur Diagnostik und Therapie unter anderen von affektiven Störungen. MS ist in den Leitlinien zur unipolaren Depression sowie zu bipolaren Störungen im neuropsychiatrischen Sinne als neurologische Grunderkrankung, primär im Bereich der differenzialdiagnostischen Abklärung, als organische Ursache von Bedeutung (DGBS e.V. u. DGPPN e.V. 2012; DGPPN et al. 2015).

Die Gesellschaft für Neuropsychologie (GNP) e.V. wurde im Jahr 1986 als gemeinnützige wissenschaftliche Fachgesellschaft von Diplom-Psychologen gegründet. Sie ist Interessenvertretung von etwa 1.500 Mitgliedern in Deutschland (Stand: 27.10.2015). Die GNP e.V. vertritt dabei die fachlichen und berufspolitischen Interessen von (Diplom-)Psychologen, die in der Forschung, in klinischen Arbeitsfeldern und im forensischen Bereich als Neuropsychologen tätig sind. Als relativ junge Spezialisierung innerhalb der Psychologie befasst sich die klinische Neuropsychologie u. a. mit Behandlungsmethoden in der Rehabilitation von Patienten mit neurologischen Erkrankungen. Seit dem Jahr 1993 besteht für Psychologen durch die GNP die Möglichkeit zur Weiterbildung zum zertifizierten Klinischen Neuropsychologen (GNP 2015b). Jedoch haben erst seit Februar 2012 durch eine gesetzliche Änderung des G-BA gesetzlich versicherte Patienten mit erworbenen neurologischen Schäden bei entsprechender Indikation einen rechtlichen Anspruch auf ambulante neuropsychologische Therapien. Die Indikation für eine neuropsychologische Therapie verlangt ein zweistufiges diagnostisches Vorgehen. Zunächst erfolgt eine somatische Abklärung durch einen Arzt, der feststellt, ob der Patient an einer erworbenen Hirnerkrankung leidet. Im zweiten Schritt erfolgen eine neuropsychologische Diagnostik, die Indikationsstellung und die Erstellung eines Behandlungsplans. Ausschließlich Psychotherapeuten oder Ärzte mit neuropsychologischer Zusatzqualifikation sind zur Durchführung von ambulanten neuropsychologischen Therapien innerhalb der vertragsärztlichen Versorgung berechtigt. Gegenwärtig ist eine flächendeckende Versorgung aus Sicht der GNP nicht gewährleistet (GNP 2015a).

Bildgebende Verfahren wie die Magnetresonanztomografie (MRT) spielen im Rahmen der frühzeitigen MS-Diagnostik eine wichtige Rolle (▶ Kap. 3) und werden von Neuroradiologen durchgeführt. Die Neuroradiologie gilt gemäß Weiterbildungsordnung als eine sogenannte Schwerpunktkompetenz, für die sich Ärzte mit Fachrichtung Radiologie mit mehrjähriger Weiterbildung qualifizieren können (Bundesärztekammer 2013). Die Deutsche Gesellschaft für Neuroradiologie (DGNR) repräsentiert die Interessen der neuroradiologisch tätigen Ärzte in Deutschland. Sie zählt derzeit 900 Mitglieder (DGNR 2015).

Als Dachverband aller Akteure der neurologischen Rehabilitation wurde 2005 der Bundesverband NeuroRehabilitation e.V. (BNR) gegründet. Zu den Mitgliedern zählen neben medizinischen Fachgesellschaften und fachbezogenen Berufsverbänden Patientenorganisationen und Selbsthilfegruppen sowie Träger entsprechender Einrichtungen. Der BNR sieht sich als Interessenvertretung der an der Neurorehabilitation Beteiligten und als Ansprechpartner politischer Akteure in fachspezifischen Fragestellungen der Neurorehabilitation (BNR 2015).

Die genannten und weitere 165 medizinische Fachgesellschaften sind in der Arbeitsgemeinschaft der Wissenschaftlichen Medizinischen Fachgesellschaften (AWMF) e.V. organisiert. Aufgrund des breiten Spektrums der (Ko-) Morbidität bei an MS Erkrankten sind viele dieser Fachgesellschaften an der Versorgung, Erforschung und Weiterbildung im Bereich der MS beteiligt. Der Überblick über MS-relevante Fachgesellschaften verzichtet an dieser Stelle auf eine vollständige und damit sehr komplexe Abbildung der beteiligten Fachdisziplinen.

6.3.2 Berufsverbände mit neurologischem Schwerpunkt

In Deutschland existieren zwei Berufsverbände mit Fokus auf die neurologische Versorgung und ein weiterer mit Fokus auf die neuroradiologische Behandlung. Es handelt sich dabei um den Berufsverband Deutscher Nervenärzte e.V. (BVDN), den Berufsverband Deutscher Neurologen e.V. (BDN) sowie um den Berufsverband Deutscher Neuroradiologen (BDNR). Satzungsgemäß handelt es sich bei ihnen um freiwillige Zusammenschlüsse mit gemeinnützigen Aufgaben. Des Weiteren ist an dieser Stelle der Deutsche Verband für Physiotherapie (ZVK) e.V. zu nennen.

Mitglied des BVDN sind Neurologen und Nervenärzte sowie Psychiater und Psychotherapeuten mit Wohnsitz in der Bundesrepublik. Der BVDN versteht sich als Repräsentanz der ambulant tätigen Ärzte mit den genannten Fachrichtungen (BVDN 2015a). Demgegenüber ist der BDN die berufspolitische Interessenvertretung der neurologisch tätigen niedergelassenen und stationär arbeitenden Ärzte (BDN 2015a). Er wurde auf Initiative der DGN sowie des BVDN, Sektion Neurologie, gegründet und ist ausschließlich auf die Fachrichtung Neurologie ausgerichtet. Das berufspolitische Organ der neuroradiologischen Ärzte in Deutschland ist der BDNR und wurde 1982 als gemeinnütziger Verein eingetragen. Satzungsgemäß sind hier nur Ärzte Mitglied, die mindestens drei Jahre hauptberuflich neuroradiologisch tätig waren. Zudem weisen Mitglieder eine fachspezifische Ausbildung an einer neuroradiologischen Einrichtung vor, die von einem hauptamtlich tätigen Neuroradiologen geleitet wird (BDNR 2015).

BDN, BVDN und BDNR streben an, die Versorgung in den jeweiligen Versorgungssettings sicherzustellen, ihre Mitglieder bei fachlichen, rechtlichen oder ökonomischen Fragen zu beraten sowie die Entwicklung von sektorenübergreifenden Behandlungsoptionen voranzutreiben. Sie repräsentieren zudem ihre Mitglieder gegenüber relevanten Institutionen wie der Bundesärztekammer oder der Kassenärztlichen Bundesvereinigung. Seit 2001 existiert eine Fortbildungsakademie, die vom BDN, BVDN sowie vom Berufsverband Deutscher Psychiater e.V. (BVDP) gegründet wurde. Zielgruppe der Veranstaltungen sind niedergelassene Nervenärzte, Neurologen und Psychiater bzw. Psychotherapeuten (BDN 2015b).

Im Jahr 2002 gründeten der BVDN und der BDN den Bundesverband ambulante/teilstationäre Neurorehabilitation (BV ANR e.V.). Dessen ausgewiesenes Ziel ist es, Versorgungspfade von neurologischen Patienten von der akuten Behandlung über die Rehabilitation bis hin zur Nachsorge beim niedergelassenen Arzt zu optimieren (BDN 2015c). So unterstreicht der BDN öffentlich den Bedarf an integrierten Modellen der MS-Behandlung innerhalb der GKV und fordert mehr Anreize zur sektorenübergreifenden flächendeckenden Versorgung.

Der Dachverband des BDN, des BVDN, des BVDP sowie des Berufsverbands für Kinder- und Jugendlichen-Psychiatrie und -Psychotherapie (BKJPP) ist seit 2013 der Spitzenverband ZNS (SPiZ). Er befasst sich insbesondere mit den bestehenden und zukünftigen Herausforderungen der Versorgung von Menschen mit Erkrankungen des Zentralnervensystems (ZNS), artikuliert Defizite und Verbesserungspotenzial und kommentiert gesundheitspolitische Entwicklungen in Deutschland (BVDN 2015b).

Der Deutsche Verband für Physiotherapie (ZVK) e.V. ist der führende Interessenverbund der Physiotherapeuten. Seine Aufgabe besteht in der Positionierung und Entwicklung des Berufsstandes im Rahmen der gesellschaftlich und gesundheitsökonomischen Entwicklung (Deutscher Verband für Physiotherapie (ZVK) e.V. 2015b). Er besteht aus einem Bundesverband sowie 13 Landesverbänden. Mitglieder können sowohl angestellte als auch freiberuflich tätige Physiotherapeuten werden. Der Verband unterhält verschiedene Arbeitsgruppen, beispielsweise in den Bereichen Bobath-, PNF- und Vojta-Therapie. Die Arbeitsgruppen sind zuständig für Beratungen, Zertifizierungsfragen, Fortbildungen sowie aktuell auch für die Entwicklung von Assessmentverfahren in den entsprechenden Bereichen (Deutscher Verband für Physiotherapie (ZVK) e.V. 2015a).

6.4 Patientenvertretung und Selbsthilfe

6.4.1 Deutsche Multiple Sklerose Gesellschaft

Im Gegensatz zu anderen Schwerpunktgesellschaften der DGN handelt es sich bei der DMSG um eine Patientenorganisation. Sie existiert seit mehr als 60 Jahren. Im Jahr 2015 waren unter ihrem Dach in 16 Landesverbänden mit rund 900 Kontaktgruppen 4.200 Mitarbeiter ehrenamtlich aktiv. Mit ca. 250 hauptamtlichen Sozialarbeitern, Psychologen und Mitarbeitern aus anderen therapeutischen Feldern bietet die DMSG Unterstützung für die Selbsthilfe, aber auch individuelle Einzelberatung an. Insgesamt zählte die DMSG 2014 knapp 45.000 Mitglieder bundesweit (DMSG 2015c), die fast ausschließlich an MS Erkrankte und Angehörige sind. Sie finanziert ihre Arbeit primär aus Spenden, Erbschaften, Mitgliedsbeiträgen, Zuschüssen von Stiftungen und zu einem geringen Teil durch finanzielle Unterstützung der Deutschen Rentenversicherung, von Krankenkassen sowie wenigen zweckgebundenen Zuwendungen pharmazeutischer Unternehmen.

Zielgruppen ihres Wirkens sind zum einen an MS Erkrankte selbst und deren Angehörige, zum anderen die Leistungserbringer des Versorgungsgeschehens und die interessierte Öffentlichkeit. Sowohl auf Bundes- als auch auf Landesebene der DMSG wird die fachliche Arbeit durch den Ärztlichen Beirat mit Experten aus der MS-Forschung und MS-Versorgung sowie den Bundesbeirat MS Erkrankter unterstützt, der sich aus an MS erkrankten Personen zusammensetzt.

Das Aufgabenspektrum der DMSG teilt sich in folgende zentrale Bereiche (DMSG 2015a):

- Forschungsförderung
- Aufklärung, Information, Fortbildung und Beratung
- versorgungskonzeptionelle Tätigkeiten mit dem Schwerpunkt »sozialmedizinische Nachsorge«
- Interessenvertretung der ca. 200.000 an MS Erkrankten in Deutschland

Seit 2001 erfasst die MS Forschungs- und Projektentwicklungs-gGmbH, eine Tochtergesellschaft der vom DMSG Bundesverband gegründeten Deutschen MS Stiftung, bundesweit epidemiologische und behandlungsrelevante Daten von an MS Erkrankten und führt diese in einem Datensatz zusammen (▶ Kap. 4.1.3). Der Bundesverband der DMSG engagiert sich zudem im Bereich der Aus- und Weiterbildung von medizinischen Fachkräften in der MS-Therapie und -Pflege. Beispiele sind berufsbegleitende Fortbildungen zur »MS-Schwester« und in der ambulanten und stationären Pflege.

Die Etablierung von MS-Kompetenzzentren, d.h. die Entwicklung der DMSG-Zertifikate »MS-Zentren«, »MS-Schwerpunktzentren« und »MS-Rehabilitationszentren« für auf MS-spezialisierte Einrichtungen dient maßgeblich der Orientierung von an MS Erkrankten durch entsprechende Qualitätskriterien und soll den Patienten Anhaltspunkte geben, wo ihre Erkrankung spezialisiert behandelt werden kann. Die Website des Bundesverbandes der DMSG (www.dmsg.de) enthält neben vielen relevanten Informationen auch die Adressen dieser ausgezeichneten Zentren. Hierzu zählen Akutkliniken mit Zulassung gemäß §108 SGB V, Rehabilitationskliniken mit Zulassung gemäß §111 SGB V, Universitätskliniken sowie niedergelassene Schwerpunkt- bzw. neurologische Praxen (DMSG 2015e). Die Anerkennungskriterien, vom Ärztlichen Beirat der DMSG definiert, sind insbesondere:

- Mindestanzahl betreuter MS-Patienten,
- DMSG-standardisierte Diagnostik und Dokumentation der Befunde,

- Therapie gemäß Leitlinien (Multiple Sklerose Therapie Konsensus Gruppe (MSTKG) (DMSG 2016b).

Da die Teilnahme am oben beschriebenen DMSG-Datensatz für das Zertifikat als MS-Zentrum verpflichtend ist, geben die gesammelten Informationen der Teilnehmer Auskunft über diese MS-Versorgungslandschaft. Aktuell (Stand: 22.01.2016) handelt es sich um 164 Einrichtungen. Davon sind 47 % (n=77) MS-Schwerpunktzentren, 42 % (n=69) MS-Zentren und 11 % (n=18) MS-Rehabilitationszentren (DMSG 2016b).

Seit 1997 bietet der DMSG Bundesverband neben Fortbildungen für Physiotherapeuten und MS Schwestern auch Angebote zur »Pflege bei MS« an. Zielgruppe sind Mitarbeiter ambulanter Pflegedienste bzw. stationärer Pflegeeinrichtungen. Pflegeeinrichtungen mit mindestens zwei fortgebildeten Mitarbeitern können ein DMSG-Zertifikat mit dreijähriger Laufzeit erhalten (DMSG-geprüfter Pflegedienst bzw. Pflegestation) (DMSG 2015b).

Die Landesverbände der DMSG sind für die Beratung von Erkrankten und Angehörigen, für die Bereitstellung und Organisation alltagsrelevanter Unterstützungsleistungen (wie z.B. Fahrdienste, Selbsthilfe und Rollstuhl-Mobilitätstrainings) sowie für Fortbildungsveranstaltungen (wie Patientenschulungen und Tagungen) zuständig. Zudem übernehmen Landesverbände auch Trägerschaften, beispielsweise für betreute Wohngruppen, und sind an Kliniken mit MS-Schwerpunkt beteiligt. Solche Gesellschaftsanteile an Spezialkliniken werden von den Landesverbänden der DMSG in Bayern und Baden-Württemberg (AMSEL) gehalten. Die Landesverbände der DMSG sind wichtige Plattformen bei der Organisation und Vernetzung des sogenannten Peer Counseling. An MS Erkrankte, als Peer Counselor geschulte Menschen, beraten dabei andere MS-Betroffene als eine Form der Selbsthilfe, die der internationalen Independent Life-Bewegung entlehnt ist und einen Beitrag zum selbstbestimmten, eigenverantwortlichen Leben für Menschen mit Behinderung leisten soll. Im Zentrum der Unterstützung stehen dabei psychosoziale Hilfestellungen (DMSG 2015d)

6.4.2 Multiple Sklerose Selbsthilfe e.V.

Die Multiple Sklerose Selbsthilfe e.V. widmet ihre Arbeit als gemeinnützige und unabhängige Institution seit ihrer Gründung 1981 den Erfahrungen und Perspektiven von MS-Betroffenen und bietet Unterstützung bei der persönlichen Krankheitsbewältigung, Informationen zu Therapien und Einrichtungen, aber ebenso praktische Hilfen im Umgang mit Versicherungen und Antragstellungen. Vierteljährlich publiziert die Multiple Sklerose Selbsthilfe e.V. die Zeitschrift »Blickpunkt«, welche sich primär an Betroffene richtet und über MS-relevante medizinische Erkenntnisse, aber ebenso über aktuelle Rechtsprechungen mit Bezug zu MS, informiert (MSK 2015).

6.5 Individualakteure und Versorgungsmodelle

6.5.1 Gesetzliche Krankenkassen

Die komplexe Versorgung von Patienten mit MS unter Einbezug einer Vielzahl von Leistungserbringern und des Einsatzes verschiedener therapeutischer Strategien in unterschiedlichen Settings stellt für die gesetzlichen Krankenkassen mehr eine versorgungsstrukturelle als eine finanzielle Herausforderung dar. Patienten mit MS benötigen intensive ärztliche ambulante und stationäre Behandlungen, Krankengeld, Arzneimittel sowie Heil- und Hilfsmittelverordnungen. Hinzu kommen die Inanspruchnahme von Rehabilitations- und Pflegeleistungen und der Bedarf nach sozialen Hilfestrukturen. Hierdurch ergibt sich u.a. der Bedarf an innovativen Behandlungsprogrammen (Schlenker 2014).

Integrierte Versorgung

Nach § 140a SGB V sind Krankenkassen berechtigt, Verträge zur sektorenübergreifenden bzw. interdisziplinären Versorgung, d.h. zur integrierten Versorgung (IV) ihrer Versicherten abzuschließen. Vertragspartner sind primär vertragsärztliche Leistungserbringer sowie Krankenhäuser mit Versorgungsauftrag, aber auch pharmazeutische Unternehmen[8].

8 § 104b Abs. 1 SGB V

Für die Versicherten handelt es sich um ein Angebot, an dem sie freiwillig teilnehmen können[9].

Integrierte Versorgungsmodelle sind Suchprozesse oder »Testfelder« für eine bessere Gesundheitsversorgung, mit dem Zweck fragmentierte Behandlungsverläufe durch ein stimmiges und qualitätsgesichertes Gesamtkonzept zu ersetzen. Solche Konzepte umfassen eine schnelle und präzise Indikationsstellung, eine adäquate Therapie genauso wie entsprechende Hilfestellungen im psychosozialen Bereich (Amelung 2010).

Für Patienten mit MS existiert bisher bundesweit ein IV-Modell in Deutschland. Als Kooperation mit dem BDN und der DMSG initiierte die AOK Rheinland/Hamburg 2006 ein Modell zur MS-Integrationsversorgung. Ziele des IGV-MS Rheinland sind die Optimierung der Zusammenarbeit von ambulanten und stationären Leistungserbringern, die Reduktion der stationären Aufenthalte von Patienten mit MS sowie die Verbesserung des Erkrankungsverlaufs (Schlingensiepen 2010). Mittlerweile haben weitere gesetzliche Krankenkassen diesen IV-Vertrag unterzeichnet (Schlingensiepen 2014). Mehr als 120 niedergelassene Neurologen und Nervenärzte sowie 14 Kliniken sind involviert und erhalten je nach erbrachter Leistung von den Krankenkassen eine zusätzliche Vergütung. Knapp 2.000 Patienten mit MS nehmen an der Versorgung teil (Landeszentrum Gesundheit Nordrhein-Westfalen 2015) (► Abschn. 6.6).

Zwischen 2005 und 2009 kooperierte zudem die BARMER GEK mit der Universität Gießen im Rahmen eines Selektivvertrags zur MS-Versorgung. Die Programmevaluation ergab eine gesteigerte Zufriedenheit der Patienten, jedoch keine wirtschaftlichere Versorgung und bisher keinen Nachweis der Steigerung der Lebensqualität (Schlenker 2014). Um Ausbildung und Einsatz von ambulant tätigen Versorgungsassistenten mit Schwerpunkt Neurologie und Psychiatrie (Neuro-EVA bzw. EVA-NP) zu fördern, schlossen die BARMER GEK Nordrhein-Westfalen und die DAK-Gesundheit 2014 einen Versorgungsvertrag mit der KV Westfalen-Lippe. Zielindikationen sind neben anderen Erkrankungen die MS (Anders u. Oschmann 2006; Schlenker 2014). Diese neue Maßnahme zur Verbesserung der neurologischen Versorgung soll insbesondere Neurologen bei ihrer Arbeit entlasten (BARMER GEK NRW et al. 2014).

6.5.2 Ärztliche und neuropsychologische Regelversorgung

Das Ziel der medizinischen Leistungserbringung bei Patienten mit MS besteht darin, den Betroffenen eine möglichst hohe Lebensqualität, Mobilität und Selbstbestimmung zu ermöglichen und zu erhalten. Aufgrund der Symptomvielfalt der Erkrankung stehen viele unterschiedliche medizinische Akteure im direkten Patientenkontakt. Sie nehmen zusammen mit dem Patienten unmittelbar Einfluss auf Versorgungsprozesse, -qualität und -outcome. Je nach Erkrankungsverlauf können eine Akutbehandlung im Krankenhaus, stationäre bzw. rehabilitative Maßnahmen oder/und eine ambulante Therapie und langfristige Nachsorge indiziert sein (Deutsche Gesellschaft für Neurologie und Kompetenznetz Multiple Sklerose 2014). Die Versorgung von Patienten mit MS bedarf demzufolge einer effektiven Schnittstellenkommunikation innerhalb und zwischen den einzelnen Sektoren (Weegen et al. 2013; Windt 2014).

Viele Ärzte unterschiedlicher Fachrichtungen sind versorgungsrelevante Akteure der ambulanten ärztlichen Versorgung von Menschen mit MS. Die Primärversorgung erfolgt durch Neurologen. Rund 83 % der Patienten werden ambulant aufgrund ihrer MS-Erkrankung ausschließlich von Ärzten der Fachgruppen Neurologie, Nervenheilkunde und Psychiatrie behandelt (Stand: 2010) (IGES Institut 2014). Weitere relevante Akteure der ambulanten ärztlichen Versorgung sind zudem Neuroradiologen und Hausärzte. Potenzielle MS-Begleit- und Folgeerkrankungen erfordern überdies den Einbezug von weiteren Facharztgruppen, u. a. von Urologen und Augenärzten. Die Herausforderung in der Therapieentscheidung besteht für die Ärzte u. a. darin, Qualität der Versorgung (Bundesärztekammer 2015) und Wirtschaftlichkeit[10] miteinander in Einklang zu bringen.

Die klinische Neuropsychologie versucht Art und Schweregrad von Beeinträchtigungen kogniti-

9 § 104s SGB V

10 § 12 SGB V

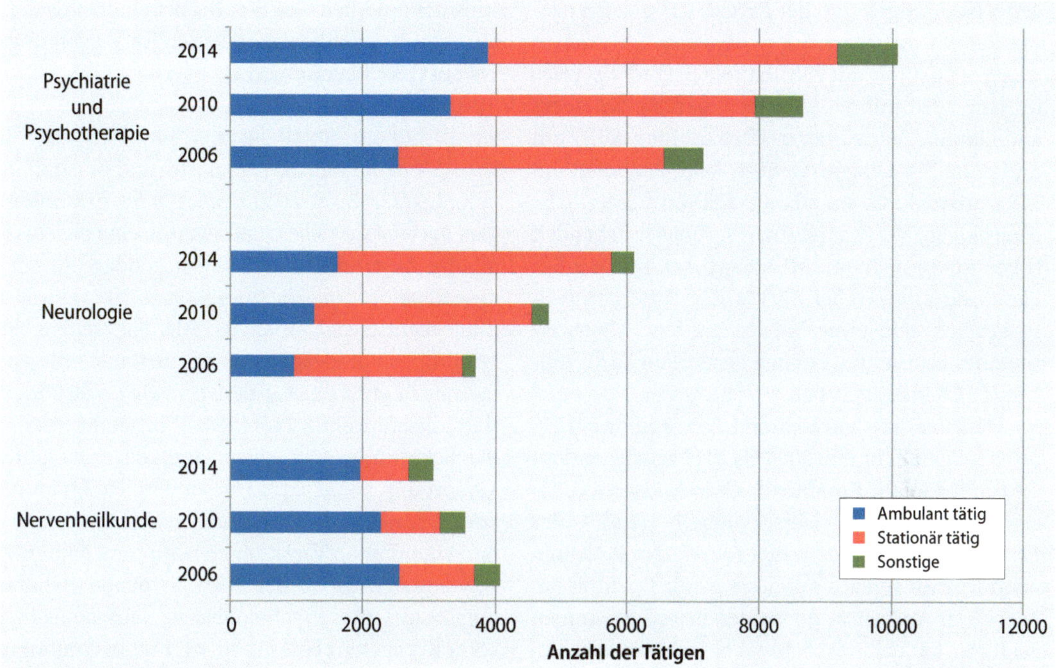

Abb. 6.1 Fachärzte der Nervenheilkunde, Neurologie sowie der Psychiatrie und Psychotherapie in Deutschland: Anzahl der Ärzte 2006, 2010 und 2014
Quelle: IGES – Bundesärztekammer (2007, 2011, 2014)
Anmerkung: inklusive Ärzte, die in Körperschaften, Behörden und sonstigen Einrichtungen tätig waren

ver Funktionen festzustellen und durch neuropsychologische Verfahren zu behandeln. Seit dem Jahr 2012 gehört die neuropsychologische Therapie zur vertragsärztlichen Versorgung. Die Therapie ist inzwischen nicht mehr antragspflichtig. Lediglich der Beginn der Behandlung ist der Krankenkasse anzuzeigen (KBV 2012). Seit dem Jahr 2013 sind diese Leistungen Bestandteil des Einheitlichen Bewertungsmaßstabs (EBM) und müssen daher nicht mehr zur Kostenerstattung vom Patienten bei der gesetzlichen Krankenkasse eingereicht werden.

Die Zahl der Neurologen in Deutschland ist in den letzten Jahren stark gestiegen (Abb. 6.1). Wie Daten der Bundesärztekammer veranschaulichen, gibt es zunehmend mehr Fachärzte der Neurologie (+64,4 %) sowie Psychiatrie und Psychotherapie (+41,13 %). Die Zahl berufstätiger Neurologen stieg seit 2006 von rund 3.700 bis 2014 auf rund 6.100 Ärzte an. Die Zahl der berufstätigen Fachärzte für Psychiatrie und Psychotherapie erhöhte sich in diesem Zeitraum von rund 7.000 auf rund 10.000. Gleichzeitig ist die Zahl der Nervenärzte (Fachärzte der Nervenheilkunde) rückläufig (-24,8 %) (Bundesärztekammer 2007, 2011, 2015). Dieser Trend zeigt sich einheitlich für den ambulanten und stationären Bereich der Versorgung. Die Abnahme der Anzahl von Nervenärzten ist primär strukturell bedingt, weil seit Inkrafttreten der (Muster-) Weiterbildungsordnung im Jahr 2003 diese Facharztanerkennung nicht mehr erlangt werden kann (Bundesärztekammer 2013). Die neu eingeführte Bezeichnung Facharzt für Psychiatrie und Psychotherapie ersetzte den Facharzt für Psychiatrie und Nervenarzt.

Die Verteilung von MS-relevanten Facharztpraxen in der Bundesrepublik variiert regional. Dass sich ein Zusammenhang zwischen der diesbezüglichen Praxisdichte und der Behandlungsqualität bzw. -kontinuität beobachten lässt, zeigte eine erst kürzlich publizierte Studie auf Basis von Daten der BARMER GEK. Auftraggeber der Studie waren die KBV, die DGN sowie Berufsverbände der Nervenärzte, Neurologen und der Psychiater[11]. Nahezu jeder Patient mit MS (98,8 % der eingeschlossenen 19.496 Patienten mit MS) hatte der Studie zufolge im Jahr 2010 mindestens einen Kontakt zu einem ambulanten Vertragsarzt (Behandlungsfälle mit und ohne MS-Diagnose). 88,4 % der Patienten mit MS wurden durch ambulant tätige vertragsärztliche Neurologen, Nervenärzte bzw. Psychiater behandelt (Behandlungsfälle mit MS-Diagnose). Die MS-Behandlung erfolgte bei 83,3 % der Patienten ausschließlich, d.h. ohne Beteiligung bzw. Überweisung des Hausarztes, bei den genannten Fachgruppen (IGES Institut 2014).

Die inter- bzw. intrasektorale Versorgung bei MS belief sich im Zeitraum 2008 bis 2010 gemäß der Studie primär auf die Kombination von Hausarzt, Facharzt und Arzneimittelversorgung (bei 40,2 % der Patienten). Rund ein Drittel (36 %) der Patienten nahm Leistungen aus mindestens vier Leistungsbereichen in Anspruch; neben den bereits genannten Sektoren handelte es sich dabei insbesondere um den stationären Bereich und Pflege. Aufgrund der Inanspruchnahme von Leistungen aus vielen verschiedenen Sektoren durch Patienten mit MS bieten sich Integrierte Versorgungsmodelle an, um Verbesserungen in der Versorgungserbringung für diese Patientengruppen zu erzielen (► Abschn. 6.6).

Die Facharztdichte ist in Ballungsgebieten im Vergleich zu ländlichen Gegenden höher. Allerdings ist diese Konzentration von Fachärzten kein alleiniges Qualitätsmerkmal der Versorgung. So ist zu beachten, dass entsprechend den Bedarfsplänen der Kassenärztlichen Vereinigungen und Landesverbände der Krankenkassen Fachärzte in großflächige Planungsbereiche eingeteilt werden und damit auch für die Versorgung größerer Räume zuständig sind (IGES Institut 2014).

Zwischen regionaler ambulanter Facharztdichte und der Anzahl stationärer Aufenthalte ließ sich ein inverser Zusammenhang feststellen (◘ Abb. 6.2). Diese Ergebnisse implizieren, dass Versorgungskapazitäten die Qualität der MS-Versorgung mitbestimmen und betonen den Bedarf einer verbesserten Schnittstellenkommunikation im Versorgungssystem (IGES Institut 2014).

▪ Ambulante spezialfachärztliche Versorgung

Die ASV beinhaltet die Diagnostik und Behandlung komplexer, schwer zu therapierender Erkrankungen, die eine spezielle Qualifikation, eine interdisziplinäre Zusammenarbeit und besondere Ausstattungen erfordern. Hierzu gehören Erkrankungen mit besonderen Krankheitsverläufen, seltene Erkrankungen und Erkrankungszustände mit entsprechend geringen Fallzahlen sowie hochspezialisierte Leistungen (§ 116b SGB V). Ziel der ASV ist die Schaffung eines eigenständigen ambulanten Versorgungsbereiches. Insbesondere Patienten mit komplexen oder ungewöhnlichen Verläufen der MS und einer hohen Variation an Symptomen könnten von einem Ausbau der ASV, in denen Behandlungsteams mit psychologischer und neurologischer Kompetenz eine interdisziplinäre, symptomatische Behandlung durchführen, profitieren. Gegenwärtig wird die Liste der Zielindikationen vom G-BA schrittweise überarbeitet. In der ASV liegen zurzeit erst für zwei Indikationen abschließende Regelungen durch den G-BA vor. Insgesamt gibt es nur wenige zugelassene interdisziplinäre ASV-Teams, was u. a. auf den bürokratischen Aufwand zur Implementierung eines solchen Teams zurückzuführen ist. So ist z. B. noch umstritten, auf welche Weise Krankenhäuser Fachkundenachweise für ihre Ärzte vorlegen müssen (Gerst 2015).

Im Rahmen der ASV nach §116b SGB V können sowohl niedergelassene Vertragsärzte als auch Krankenhäuser seit der Gesetzesänderung im Jahr 2012 unter bestimmten Voraussetzungen eine Zulassung für die ASV erhalten (► Abschn. 6.1). Für Krankenhäuser bestand die Möglichkeit zur ASV bereits seit 2004 und bezog sich unter anderem auf die MS (§116b Abs. 3 (alt) SGB V). Informationen zum aktuellen bundesweiten Stand der bisher erteilten ASV-Zulassungen sind bisher nicht verfügbar. Wenige Bundesländer veröffentlichen Informationen zur Anzahl von für die ASV registrierten Einrichtungen. Die Angaben beziehen sich jedoch auf den Zeitraum vor Novellierung des §116b SGB V. So waren beispielsweise in Sachsen und ebenso in Schleswig-Holstein im Jahr 2011 jeweils neun Kran-

11 Die Auswahl der betrachteten Facharztgruppen erklärt sich über die untersuchten Indikationen: MS, Demenz und Schizophrenie. http://www.aerzteblatt.de/nachrichten/60690/Je-hoeher-die-Facharztdichte-desto-besser-die-Versorgung

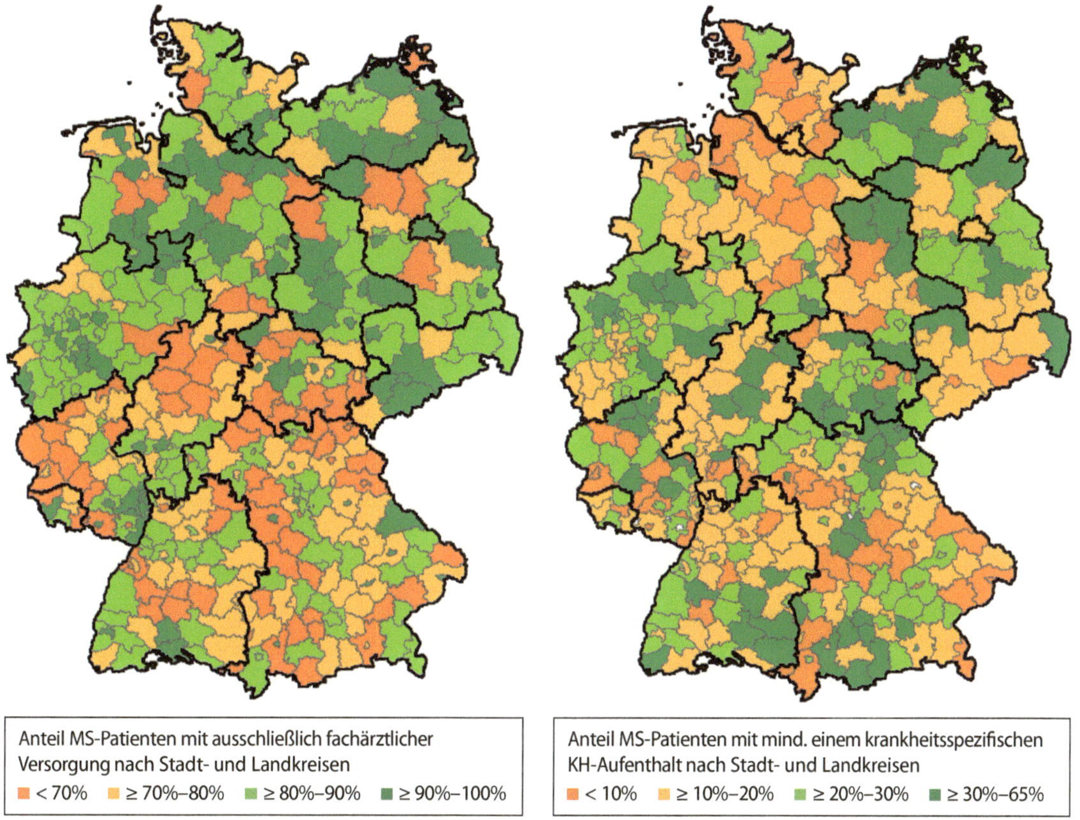

Abb. 6.2 Regionale Unterschiede in der MS-Versorgung: ambulante Facharztdichte und stationäre Inanspruchnahme Quelle: IGES – Routinedaten BARMER GEK (IGES Institut 2014)

kenhäuser für die ASV der MS zugelassen (Landesportal Schleswig-Holstein 2015; Staatsministerium für Soziales und Verbraucherschutz Freistaat Sachsen 2011). In Berlin nahmen bis April 2013 drei Krankenhäuser an dieser MS-Versorgungsform teil (Senatsverwaltung für Gesundheit und Soziales Berlin 2013).

6.5.3 Rehabilitation und Pflege

Die medizinische Rehabilitation kann u. a. ärztliche, psychologische sowie andere heilberufliche Therapien, Arzneimittel, Heil- und Hilfsmittel und die Ergotherapie umfassen. Neben der medizinischen Rehabilitation gibt es noch weitere Formen der Rehabilitation: die Leistungen zur Teilhabe am Arbeitsleben (LTA) und die soziale Rehabilitation (Augurzky et al. 2011).

Im Rahmen der (multimodalen) Rehabilitation unterstützen die jeweiligen Akteure den Patienten mit MS bei dem Erhalt seiner Mobilität, der Teilhabe am sozialen Leben und Berufsleben und insbesondere bei der Erleichterung des beruflichen Wiedereinstiegs (► Kap. 4). Das mittlere Alter bei Krankheitsbeginn beträgt rund 31 Jahre (Flachenecker et al. 2008). Ein großer Anteil der volkswirtschaftlichen Kosten durch MS entfällt auf indirekte Kosten durch Produktivitätsausfälle aufgrund von Arbeits- und Erwerbsunfähigkeit (► Abschn. 5.3). So beziehen rund 40 % der Patienten mit MS eine Erwerbsminderungsrente, nur circa 28 % sind voll berufsfähig und 9 % teilzeitbeschäftigt (Flachenecker et al. 2008).

Die medizinische Rehabilitation ist nach SGB IX §19 geregelt und wird stationär, ambulant oder mobil durchgeführt. Die stationäre Rehabilitation erfolgt überwiegend bei Patienten mit höheren motorischen

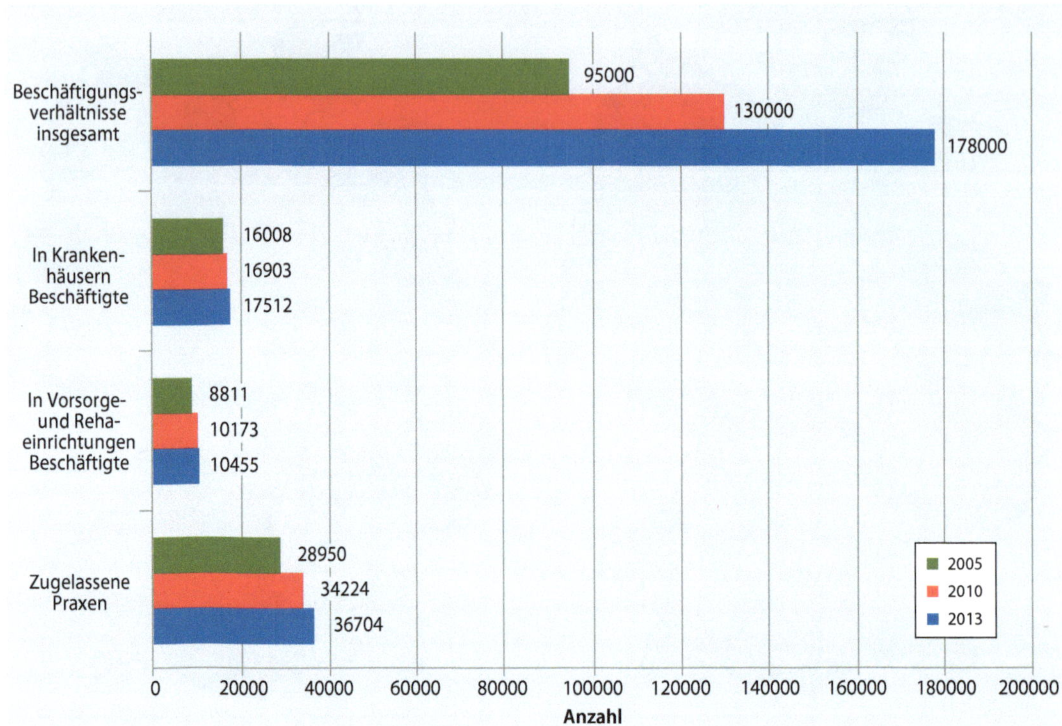

Abb. 6.3 Physiotherapie in Deutschland: Anzahl der beschäftigten Physiotherapeuten und zugelassenen Physiotherapiepraxen
Quelle: IGES – Deutscher Verband für Physiotherapie (ZVK) e.V. (2015c)

Funktionseinschränkungen. Die ambulante Rehabilitation wird möglichst wohnortnah durchgeführt. Sie ist für Patienten ohne schwerere gesundheitliche Einschränkungen geeignet oder für Patienten, die aus familiären oder anderen Gründen, ihr häusliches Umfeld nicht länger verlassen möchten oder können. Die mobile Rehabilitation richtet sich an Patienten mit einem sehr komplexen Versorgungsbedarf und an die Patienten, die in der rehabilitativen Routineversorgung nicht ausreichend versorgt werden können. Sie ist als zusätzliche Versorgung in Einzelfällen im häuslichen Umfeld gedacht (Augurzky et al. 2011).

Je nach Stadium der Erkrankung benötigen Menschen mit MS vorübergehend oder dauerhaft pflegerische Unterstützung. Diese kann von Beratungen und Aufklärungsgesprächen zur Erkrankung über die Betreuung durch ambulante Pflegedienste bis hin zur Versorgung in teilstationären und stationären Pflegeeinrichtungen reichen (Bundesministerium für Gesundheit 2015).

6.5.4 Physiotherapie

Die Physiotherapie wird dem Versorgungssektor der Heilmittel zugeordnet. Ihr kommt eine erhebliche Rolle bei der Therapie von motorischen Defiziten wie z.B. Gangstörungen oder Problemen beim Greifen zu (Ziegler 2007). Sie unterstützt den Organismus bei der Neuorganisation nach Schädigung im Zentralen Nervensystem (DMSG Berlin e.V. 2015). Zu berücksichtigen gilt, dass die Therapie jeweils an die Alltagsverfassung des Patienten angepasst werden muss, um so seinen individuellen Bedürfnissen gerecht zu werden (DMSG Berlin e.V. 2015). Die Physiotherapie bei Patienten mit MS gilt insgesamt als komplex und lässt sich schwer vereinheitlichen (DMSG 2009). Sie kann sowohl ambulant als auch z.B. im Rahmen einer stationären Rehabilitation erfolgen (DMSG Berlin e.V. 2015), (► Abschn. 6.5.3).

Gemäß der Vereinbarung zwischen dem Spitzenverband Bund der Krankenkassen und der Kassenärztlichen Bundesvereinigung gilt die MS als Praxisbesonderheit (KVB 2013). Dies bedeutet, dass Heilmittelverordnungen, wozu die Physiotherapie zählt, den verschreibenden Arzt im Rahmen der Wirtschaftlichkeitsprüfung nicht belasten. Dies soll bewirken, dass Ärzte nicht aus monetären Aspekten, sondern patientenorientiert über die Behandlung entscheiden (KVB 2013). Die Anzahl an Physiotherapeuten in Deutschland ist in den vergangenen Jahren gestiegen (◘ Abb. 6.3). Im Jahr 2005 waren rund 95.000 Beschäftigungsverhältnisse verzeichnet, 2013 waren es bereits 178.000. Von diesen arbeitet knapp ein Zehntel in Krankenhäusern. Lediglich gut 5 % sind in Vorsorge- oder Rehabilitationseinrichtungen beschäftigt. Die Anzahl an zugelassenen Physiotherapiepraxen stieg ebenfalls von 28.950 (2005) auf 36.704 (2013) (Deutscher Verband für Physiotherapie (ZVK) e.V. 2015c).

Speziell für MS bzw. Neurorehabilitation existieren verschiedene, uneinheitlich organisierte Fortbildungsmöglichkeiten für Physiotherapeuten in Deutschland. Beispielsweise bietet die DMSG seit 2009 eine berufsbegleitende Fortbildung »Physiotherapie bei MS« an. Die Dauer der Fortbildung beträgt rund zwölf Monate. Zugelassen werden Physiotherapeuten, welche eine zweijährige Berufserfahrung mit neurologischen Patienten, darunter mindestens zehn Patienten mit MS, nachweisen können. Jeder Kurs besteht aus maximal zwanzig Teilnehmern (DMSG 2009). Andere Fortbildungsprogramme umfassen beispielsweise nur ein Wochenende (heimerer akademie 2015) oder richten sich neben Physiotherapeuten auch an Mediziner, Ergotherapeuten und Sporttherapeuten (FobiZe 2015).

6.5.5 Palliativversorgung

Die Palliativversorgung ist ein elementarer und unverzichtbarer Bestandteil der Behandlung schwer betroffener Patienten mit MS. Palliativversorgung beinhaltet die interdisziplinäre Betreuung im Hinblick auf lebenserleichternde und damit die Lebensqualität erhaltende Maßnahmen wie Schmerzbehandlung, Pflege und psychotherapeutische bzw. psychologische Unterstützung.

Seit 2009 ist dieses Fachgebiet obligatorisches Lehr- und Prüfungsfach im Medizinstudium in Deutschland und im Bereich der Ausbildung von Pflegekräften bereits seit 2003 (Busse et al. 2013). Diese Veränderung im jeweiligen Curriculum spiegelt den Bedeutungszuwachs der Palliativmedizin wider. Die Zahl der Ärzte mit Zusatzbezeichnung Palliativmedizin gemäß Weiterbildungsverordnung der Landesärztekammern stieg kontinuierlich von 2.356 Ärzten im Jahr 2009 auf 8.218 Ärzten im Jahr 2013 an. Rund die Hälfte von ihnen ist stationär tätig (Gemeinsamer Bundesausschuss 2014b).

Zentrale Akteure der Palliativversorgung sind Hospize und stationäre Palliativstationen. Während im Jahr 1996 insgesamt 28 Palliativstationen in der deutschen Krankenhauslandschaft und 30 stationäre Hospize existierten, stieg diese Zahl bis 2014 kontinuierlich auf 306 Stationen und 200 Hospizeinrichtungen an (Deutsche Gesellschaft für Palliativmedizin 2014a). Im Jahr 2008 gab es bundesweit rund 1.500 ambulante palliativmedizinische Anbieter (Deutscher Hospiz- und PalliativVerband e.V. 2015). Im Zentrum der Spezialisierten Ambulanten Palliativversorgung stehen die sogenannten Palliativ Care Teams. Die Leistungen dieser interdisziplinären Teams, bestehend aus Ärzten und Pflegekräften mit Aus- und Fortbildung im Bereich Palliativmedizin, reichen von palliativärztlicher und -pflegerischer Beratung über die Schmerz- und Symptombehandlung bis hin zur diesbezüglichen Koordination der Versorgung in Zusammenarbeit mit u. a. Hausärzten und Pflegediensten (Deutsche Gesellschaft für Palliativmedizin 2014b).

Mit dem Ziel der Aufklärung und Beratung von Patienten mit MS und deren Angehörigen zum Thema Palliativmedizin bei MS bietet das Zentrum für Palliativmedizin der Universitätsklinik Köln seit Herbst 2014 in Kooperation mit der DMSG eine kostenlose bundesweite Beratungshotline an (DMSG 2014).

6.5.6 Pharmazeutische Unternehmen

Als Hauptakteur in der Wirkstoffentwicklung und Arzneimittelherstellung und ebenso als forschende Einrichtungen spielen die pharmazeutischen Unternehmen in der MS-Versorgung eine wichtige Rolle. Die Arzneimitteltherapie beinhaltet die Stufentherapie (▶ Kap. 4.1), und auch in der symptomatischen Therapie gibt es neben nicht-medikamentösen Verfahren vielfältige Indikationen für eine Arzneimitteltherapie (▶ Kap. 4.2).

Sechs Pharmakonzerne bezeichnen MS als einen ihrer Forschungsschwerpunkte (Verband Forschender Arzneimittelhersteller e.V. 2015). Zur etablierten medikamentösen Therapie wurden in den vergangenen Jahren folgende neue Wirkstoffe zugelassen: Fampridin, Fingolimod, Dimethylfumerat, Alemtuzumab, Teriflunomid sowie Peg-Interferon beta-1a (▶ Kap. 4.1).

Neben der Erforschung neuer Wirkstoffe konzentrieren sich die pharmazeutischen Unternehmen auf die Entwicklung von tablettenbasierten Darreichungsformen als Alternative zur Injektion. Studien haben gezeigt, dass Faktoren im Zusammenhang mit Injektionstherapien bei MS, wie Hautreaktionen und Schmerzen, die Therapietreue maßgeblich beeinflussen können (Patti 2010; Remington et al. 2013). Von den in den letzten Jahren entwickelten Wirkstoffen wurden Fingolimod, Dimethylfumarat und Teriflunomid als Tabletten bzw. Kapseln zur Behandlung der MS in der EU zugelassen. Ergänzend zur Arzneimittelentwicklung und -herstellung unterstützen pharmazeutische Unternehmen finanziell die Arbeit von Patientenorganisationen und finanzieren ebenso Forschungsprojekte weiterer externer Einrichtungen. So nimmt die DMSG von pharmazeutischen Unternehmen finanzielle Unterstützung unter der Voraussetzung entgegen, dass eine finanzielle und inhaltliche Unabhängigkeit der Arbeit der DMSG gewährleistet ist (DMSG 2000).

6.5.7 Patientinnen und Patienten

Die Patientenorientierung ist ein zentrales Grundelement bei der Untersuchung der medizinischen Versorgungssituation (Pfaff et al. 2011). Trotz der therapeutischen Fortschritte bleibt MS eine bisher nicht heilbare Erkrankung, die zu Beeinträchtigungen und zum Verlust von körperlichen und kognitiven Funktionen führt. Individuelle Krankheitsverläufe sowie verschiedene Ressourcen und Bedürfnisse zur Teilhabe gestalten die patientenorientierte Behandlung komplex. Zur Versorgungsoptimierung ist eine Berücksichtigung individueller Bedürfnisse wichtig. Aus Perspektive Betroffener wird ein Großteil der »unmet needs« im Bereich der gesundheitlichen Versorgung verortet. Potenziale sahen die Patientinnen und Patienten vor allem bezüglich des Zugangs zu gesundheitlichen Diensten (z. B. eine geringere Distanz zu Fachärzten), der Arzt-Patienten-Interaktion (mehr Partizipation bei Behandlungsentscheidungen) sowie in einer gesteigerten Kontinuität beim Wechsel zwischen verschiedenen Versorgungssektoren, wie eine Befragung von Patientinnen und Patienten mit MS ergab (Galushko et al. 2014). So wurden u. a. »Brüche« zwischen der ambulanten und stationären Versorgung bemängelt. Hinzu kamen Informationsbedarfe der Patientinnen und Patienten im Hinblick auf Behandlungsoptionen und dem Verlauf der Erkrankung. Weiterhin wurde der Wunsch nach Aufrechterhaltung der biografischen Kontinuität im Berufs- und Privatleben und damit auch der Aufrechterhaltung der eigenen Identität geäußert (Galushko et al. 2014).

Das Leit- und Idealbild für die Berücksichtigung der Patientenbedarfe im Rahmen der medizinischen Versorgung ist das partnerschaftlichen Modells der Arzt-Patienten-Kommunikation, welches durch einen reziproken Austausch über Werte und Ziele gekennzeichnet ist. Wesentliche Konzepte dieser Arzt-Patienten-Beziehung sind die partizipative Entscheidungsfindung (»shared-decision-making«) und Empowerment. Die partizipative Entscheidungsfindung zielt durch einen aktiven Informationsaustausch sowie Aushandlungsprozesse auf eine gemeinsame Entscheidungsfindung ab, für die sowohl der Arzt als auch die Patientin und der Patient die Verantwortung übernehmen, und soll die Betroffenen in die Lage versetzen, informiert an medizinischen Entscheidungen teilzunehmen (Empowerment). Wenn die Patientin und der Patient Entscheidungsträger ihrer eigenen Behandlung sind, kann von einer deutlich höheren Adhärenz ausgegangen werden (Faller 2012).

Versorgungsnetzwerke wie »AmbulanzPartner« unterstützen Patientinnen und Patienten in der Organisation ihrer Behandlung. Sie erleichtern beispielsweise die Suche nach geeigneten Therapeuten, Hilfsmittelexperten oder Apotheken sowie deren Abstimmung aufeinander. Weiterhin können sie bei der Rezeptabwicklung helfen und durch Bewertungsportale Transparenz bezüglich der Qualität von Therapien oder Anbietern gesundheitsbezogener Leistungen schaffen (AmbulanzPartner 2015). Kooperationen wie das Portal der »weißen Liste« und der Krankenkassen sowie weitere Portale unterstützen Patientinnen und Patienten sowie Angehörige beispielsweise bei der Auswahl von Krankenhäusern, Ärzten oder Pflegeeinrichtungen durch ein umfassendes Bewertungssystem (Rupprecht und Schulte 2013).

6.6 Modellprojekt: Integrierte Versorgung Multiple Sklerose am Beispiel der Region Nordrhein

Seit 2003 können gemäß § 140 SGB V Modelle der IV umgesetzt werden. Dies ermöglicht Krankenkassen, Verträge über eine verschiedene Leistungssektoren übergreifende Versorgung oder eine multidisziplinär-fachübergreifende Versorgung mit definierten Vertragspartnern abzuschließen[12]. Diese Vertragspartner sind in § 140b Abs. 1 definiert und umfassen u. a. einzelne niedergelassene Ärzte, Träger zugelassener Krankenhäuser, Träger von stationären Vorsorge- und Rehabilitationseinrichtungen, Träger von ambulanten Rehabilitationseinrichtungen, Pflegekassen und Pflegeeinrichtungen, Praxiskliniken, pharmazeutische Unternehmen und Hersteller von Medizinprodukten. Die Teilnahme der Versicherten an IV-Modellen ist freiwillig. Zudem haben die Versicherten das Recht, umfassend über die Verträge der IV, die teilnehmenden Leistungserbringer, die Leistungen und über die vereinbarten Qualitätsstandards informiert zu werden[13].

Zu den Zielen der IV gehören (Nelles et al. 2010; Wirtz 2010):

- die Optimierung der qualitätsgesicherten Versorgung der Patienten,
- die schnelle und präzise Feststellung der Indikation,
- die Verbesserung der Schnittstellen für eine sektorenübergreifende Versorgung (ambulanter und stationärer Sektor),
- eine leitliniengerechte und systematische Koordination der Behandlung,
- die Verbesserung des Krankheitsverlaufs und der Lebensqualität der Patienten,
- die Reduktion von stationären Aufenthalten,
- ein zielgenauer Einsatz von Mitteln und Ressourcen sowie
- eine bevölkerungsbezogene, flächendeckende Versorgung.

Im Rahmen von IV-Modellen sind umfassende, standardisierte Datenerhebungen, anhand derer differenzierte Patientenverläufe analysiert und verglichen werden können, möglich. Der potenzielle Nutzen des IV-Modells für Patienten kann sich u. a. aus dem dichten Netz ausgewiesener Experten, einer schnelleren Diagnosesicherung sowie dem Schutz vor nicht wirksamen Behandlungen und deren möglichen Nebenwirkungen ergeben. Eine individuelle Fallbetreuung durch sogenannte »Case-Manager« bietet einen direkten Ansprechpartner, der als Lotse für den Patienten durch das komplexe Behandlungsgeschehen fungieren kann.

Im IV-Modell der Region Nordrhein werden modulare Patientenschulungsprogramme, die patientenindividuell modifizierbar sind und u. a. die Module Krankheitsbewältigung, Fatigue-Management und Stressbewältigung umfassen, angeboten. Diese Problembereiche werden im Rahmen des GKV-Leistungskataloges nur unzureichend berücksichtigt (Landeszentrum Gesundheit Nordrhein-Westfalen 2015).

Als Vorteile auf Seiten der beteiligten Krankenkassen ist die qualitätsgesicherte Behandlung, die die Krankheitsentwicklung und Begleiterkrankungen günstig beeinflussen kann, zu sehen. Dies kann auch zu einer höheren Lebensqualität und einer längeren Aufrechterhaltung der Berufsfähigkeit führen. Der zielgenauere Mitteleinsatz kann sich auch an anderen Stellen kostenreduzierend auswirken, zum Beispiel durch Vermeidung unnötiger Arztbesuche und Doppeluntersuchungen sowie Verringerung stationärer Aufenthalte durch die Ausweitung ambulanter Maßnahmen. Im Vordergrund der IV-Modelle steht die Bündelung der Versorgungskompetenzen (Limmroth et al. 2006). Innerhalb der Versorgung sind dabei auch die besonderen Anforderungen und Bedarfe an die geschlechtsspezifische Versorgung zu berücksichtigen, denn Frauen sind deutlich häufiger betroffen als Männer (► Kap. 2).

12 § 140 SGB V
13 § 140 SGB V

Voraussetzungen für eine Teilnahme an IV-Modellen zur MS auf Patientenseite sind eine gesicherte Diagnose, eine Einverständniserklärung sowie die Zugehörigkeit zu einer der teilnehmenden Krankenkassen. Niedergelassene Neurologen müssen für eine Teilnahme folgende Qualifikationen erfüllen: mindestens fünf Jahre Erfahrung in der Behandlung von Patienten mit MS, mindestens 25 Patienten mit MS pro Jahr, Bereitschaft zur standardisierten Dokumentation, Möglichkeit der Liquordiagnostik, Zusammenarbeit mit Neuroradiologen und Urologen, Bereitschaft zur ambulanten Schubtherapie und Durchführung von Schulungsmaßnahmen. Für teilnehmende Kliniken ergeben sich zusätzlich folgende Voraussetzungen: Behandlung von mindestens 100 Patienten mit MS pro Jahr, Möglichkeit einer an der Krankheitsaktivität orientierten Arzneimitteltherapie sowie die Gewährleistung und Sicherstellung der ambulanten Weiterversorgung der Patienten innerhalb des IV-Modellrahmens mit Weitergabe der relevanten Behandlungsinformationen. Des Weiteren müssen definierte Ansprechpartner und Modalitäten für eine stationäre Aufnahme gegeben sein (Limmroth et al. 2006; Wirtz 2010).

Im Jahr 2003 wurde von der DGN in Kooperation mit dem BDN ein erstes Rahmenkonzept für die IV von Patienten mit MS entwickelt. In Anlehnung an dieses Konzept wurde im Jahr 2006 in Zusammenarbeit mit der AOK Rheinland/Hamburg und dem Landesverband der DMSG ein IV-Vertrag für die Region Rheinland (Versorgungsbereich der Ärztekammer Nordrhein, NRW) geschlossen (Limmroth et al. 2006). Das Leistungsspektrum sowie die Vergütung des IVMS-Versorgungsvertrages Rheinland wurden zwischen den Kostenträgern, den beteiligten Neurologen, dem BDN und der DMSG ausgehandelt. Zentrale Steuerungsinstanz des IV-Netzwerkes ist der Netz-Beirat, der u. a. Vertragsfragen und Meinungsverschiedenheiten klärt. Er setzt sich aus drei Vertretern der Leistungserbringer und drei Vertretern der Kostenträger zusammen. Die spezifischen Vertragsleistungen des IV-Angebots sind in Tabelle 6.2 dargestellt. Alle Leistungen können mit Ausnahme der Behandlungspauschale im stationären oder ambulanten Bereich erbracht werden. In den Kliniken erfolgt die Vergütung der Behandlungspauschalen über DRG (Diagnosis Related Groups). Gesetzliche Regelleistungen werden entsprechend den üblichen Regelungen (Einheitlicher Bewertungsmaßstab, DRG) vergütet (Limmroth et al. 2006; Nelles et al. 2010). Im Vergleich zu IV-Verträgen anderer Regionen (z. B. Hessen) wurde im hier beschriebenen IVMS-Versorgungsvertrag Rheinland kein Medikamentenbudget vordefiniert (Limmroth et al. 2006). Für die Leistungserbringung wurden spezifische Behandlungspfade entsprechend den Leitlinien der DGN definiert, die für alle Teilnehmer des IV-Projektes bindend sind. Hierbei wurde u. a. zwischen planbaren und unvorhersehbaren Leistungen differenziert. Planbare Leistungen sind u. a. die in ◘ Tab. 6.1 dargestellten Jahres- und Quartalskonsultationen. Da bei Patienten mit MS typischerweise Komplikationen auftreten, die Behandlungen außerhalb planbarer Konsultationen bedürfen, wurden in einem IV-Behandlungspfad zusätzlich vier Gruppen von unvorhersehbaren Krankheitskomplikationen aufgenommen, deren Berücksichtigung in der Regelversorgung nur begrenzt möglich ist. Hierzu gehören Therapiekomplikationen, neuropsychologische Störungen, psychosoziale Probleme und Funktionsverschlechterungen (Nelles et al. 2010).

Gegenwärtig sind mehr als 120 niedergelassene Neurologen, 14 Kliniken und Rehabilitationseinrichtungen an dem IVMS-Versorgungsvertrag Rheinland beteiligt; etwa 2.000 Patienten mit MS sind eingeschrieben. Zu den teilnehmenden Krankenkassen gehörten im Jahr 2015 die AOK Rheinland/Hamburg, die IKK Nordrhein, Knappschaft, die KKH-Allianz, sowie die Landwirtschaftliche und Gärtner-Krankenkasse (Kliniken der Stadt Köln gGmbH 2015).

Empirische Evaluationen zur Qualität der IV liegen zurzeit nur in begrenztem Umfang vor, sind allerdings für die Beurteilung von Versorgungsstrukturen von großer Bedeutung (Nelles et al. 2010). Nelles et al. (2010) haben daher eine zweijährige, prospektive Verlaufsbeobachtungsstudie durchgeführt, um das Ausmaß der Zielerreichung des vorgestellten IV-Modellprojektes zu überprüfen.

In der Beobachtungsstudie konnten die Basisdatensätze von 1.582 Patienten ausgewertet werden. Für die Verlaufskontrolle nach zwei Jahren standen Daten von 319 Patienten zur Verfügung. Zur Baseline betrug der Altersdurchschnitt 49 Jahre (SD = 14 Jahre). Frauen machten den überwiegenden Anteil

Tab. 6.1 Leistungen der Integrierten Versorgung MS – Modellregion Nordrhein

Leistung	Beschreibung	Frequenz (pro Jahr)
Eingangsuntersuchung; Jahreskonsultation	Anamnese der klinischen Gesamtsituation bei Aufnahme, Erhebung mittels der Expanded Disability Status Scale, defizitorientierte Therapieplanung	1
Quartalskonsultation	Verlaufskontrolle, Reha-Assessment, defizitorientierte Therapieplanung, Koordination der Heilmittelerbringung, ggf. Stabilisierung des stationären Behandlungserfolgs	3
Dokumentation	SF-54; Minimal Basis Dataset	1-mal: SF 54 1-mal: Minimal Basis Dataset
Überleitungspauschale	Aufnahme und Entlassungskoordination mit Kopie aller Befunde zur Absicherung der Kontinuität	2
Behandlungspauschale	Ambulante Schub- und Eskalationsbehandlung, therapiebegleitendes Monitoring, Abklärung von Komplikationen	4
Patientenschulung	Konzipiert durch die DMSG	1
Fallkonferenzen	Abstimmung mit stationären Behandlern und Heilmittelerbringern	2

Quelle: IGES – Nelles *et al.* (2010)

der Teilnehmenden aus (72,5 %). Im Durchschnitt lag die Erkrankungsdauer bei 13,1 Jahren (SD = 9,1 Jahre). Die meisten Patienten (80,1 %) wiesen einen primär schubförmigen Verlauf auf, während bei 15,8 % ein primär progredienter Verlauf mit und ohne Schübe vorlag. Hinsichtlich der eher qualitativen Indikatoren des IV-Modells zeigte sich, dass in der Population der IV-Patienten nach zwei Jahren die Zahl der stationären Akutbehandlungen von 25,7 % auf 9,1 % im Vergleich zur Baseline signifikant abnahm. Bei Patienten, die eine Erkrankungsdauer von weniger als fünf Jahren aufwiesen, zeigte sich in dem gleichen Studienzeitraum ebenfalls eine signifikante Reduktion akutstationärer Behandlungen von 58,3 % auf 13,2 %. In Hinblick auf den Behinderungsgrad zeigte sich keine signifikante Veränderung nach zwei Jahren im Vergleich zur Basisdokumentation. Zur Baseline lag der durchschnittliche Wert auf der Expanded Disability Status Scale (EDSS) bei 3,9 (SD = 3,3), nach zwei Jahren bei 4,0 (SD = 4,1). In Bezug auf die gesundheitliche Lebensqualität, operationalisiert mit dem MSQoL-54 (Multiple Sclerosis Quality of Life-Erhebungsbogen), zeigten sich keine statistisch signifikanten Veränderungen zwei Jahre nach Beginn des IV-Modellprojektes (Nelles et al. 2010).

Insgesamt lässt sich festhalten, dass in Korrespondenz mit den inhaltlichen Zielen des IVMS-Projektes Rheinland eine Reduktion der akutstationären Behandlungsaufenthalte beobachtet werden konnte. Als Grund für die Abnahme der akutstationären Behandlungen wird von den Autoren v. a. die im IV-Vertrag festgelegte ambulante Behandlung von MS-Schüben genannt, da Krankheitsschübe bei Patienten mit MS eine wesentliche Ursache für stationäre Aufnahmen darstellen. Ob und wann eine ambulante oder stationäre Schubbehandlung indiziert ist, wird in den Behandlungspfaden des IV-Vertrages beschrieben. Als weitere Ursache für die beobachtete Abnahme stationärer Behandlungen werden die von der DMSG entwickelten Patientenschulungsprogramme genannt, deren Ziel die Befähigung der Patienten zu kompetenten und aktiven Behandlungsentscheidungen ist. Der durch MS-bedingte Behinderungsgrad hat sich nicht signifikant verändert, was angesichts des Studienzeitraums von zwei Jahren einem Verlauf unter krankheitsmodifizierenden Medikamenten nahe kommt (Nelles et al. 2010). Die gesundheitsbezogene Lebensqualität (bestehend aus psychischen und körperlichen Komponenten) zeigte im Allgemeinen ebenfalls keine signifikante Veränderung in der Verlaufsbeobachtung. Allerdings hatten Patienten mit eingeschränkter Gehfähigkeit eine insgesamt niedrigere Lebensqualität im Vergleich zu Patienten mit höherer Mobilität (Nelles et al. 2010).

Bei Betrachtung der Studienergebnisse sollte berücksichtigt werden, dass aufgrund des Studiendesigns keine kausalen Schlussfolgerungen zulässig sind; die beobachtete Verringerung der stationären Behandlungsaufenthalte kann auch auf andere als von den Autoren genannte Ursachen zurückzuführen sein. Ein späterer Kontrollgruppenvergleich von Nelles et al. zeigte einen ähnlichen Effekt bezüglich der Abnahme von akutstationären Behandlungen. Demnach haben Patienten, die an dem IVMS-Projekt Rheinland teilnahmen, etwa 50 % weniger akutstationäre Behandlungen in Anspruch genommen und eine geringere Komplikationsrate im Vergleich zu Patienten mit MS, die ausschließlich Regelleistungen erhielten. Da für die Kontrollgruppe keine Daten zum MS-spezifischen Behinderungsgrad und zur gesundheitsbezogenen Lebensqualität vorlagen, war diesbezüglich ein Vergleich zwischen den Teilnehmern des IV-Modells und Patienten aus der Regelversorgung nicht möglich. Um vergleichbare Gruppen zwischen IV und Regelversorgung zu bilden wurde für das Matching das Propensity-Score Verfahren angewendet. Dabei wurden u. a. Merkmale wie Alter und Geschlecht, Diagnosen sowie Anzahl der stationären Aufenthalten, psychoorganische Störungen, Inanspruchnahme spezifischer Hilfsmittel, Schubtherapie, Eskalationstherapie, behandelte Spastik und Therapie mit Antidepressiva jeweils im Vorjahr herangezogen. In der Verlaufsbeobachtung über vier Jahre ist sowohl der Schweregrad der Behinderung (EDSS) als auch die Lebensqualität weitgehend gleich geblieben. Eine Konstanz in der Lebensqualität und der Gehfähigkeit bei Patienten mit MS ist im Verlauf tendenziell positiv zu bewerten (Nelles et al. 2013).

Betrachtet man die vorangegangene Studie aus dem Jahr 2010, lässt sich anhand der Untersuchungsergebnisse der Kontrollvergleichsstudie aus dem Jahr 2013 eine empirisch stärker fundierte Aussage bezüglich der Qualität des IV-Modells ableiten. Wie von den Autoren (Nelles et al. 2013, 2010) diskutiert, sollten in Zukunft auch differenzierte Kostenanalysen sowie prospektive Verlaufsuntersuchungen bezüglich der Lebensqualität folgen. Des Weiteren ist anzumerken, dass in beiden von Nelles et al. durchgeführten Untersuchungen (Nelles et al. 2013, 2010) im Wesentlichen zwei Messzeitpunkte (Baseline und zwei Jahre später) miteinander verglichen wurden, die die Abbildung eines Verlaufs folglich nicht zulassen. So können z. B. mögliche Fluktuationen in der Lebensqualität, die sich innerhalb dieses Zeitraums ergeben haben, nicht nachvollzogen werden. Für die weitere Qualitätssicherung wäre daher eine höhere Dichte von Untersuchungszeitpunkten durchaus wünschenswert.

Zukünftige Ziele des IV-Modells in der Region Nordrhein bestehen in der Aufnahme neuer Immuntherapien und in der Implementierung von Algorithmen zur Patientensicherheit, um unerwünschte Ereignisse frühzeitig erkennen zu können.

6.7 Forschung

Um die Versorgung eines Patienten optimal gestalten zu können, ist Versorgungsforschung nötig, da sie es ermöglicht, Mängel aufzudecken und diese entsprechend zu beseitigen. Versorgungsforschung ist definiert als »fachübergreifendes Forschungsgebiet, das die Kranken- und Gesundheitsversorgung und ihre Rahmenbedingungen beschreibt und kausal erklärt, zur Entwicklung wissenschaftlicher fundierter Versorgungskonzepte beiträgt, die Umsetzung neuer Versorgungskonzepte begleitend erforscht und die Wirksamkeit von Versorgungsstrukturen und -prozessen unter Alltagsbedingungen evaluiert« (Pfaff 2003). Sie fußt dabei auf den Grundkonzepten der Ergebnisorientierung, der Multidisziplinarität bzw. Multiprofessionalität und der Patientenorientierung (Pfaff et al. 2011).

Bereits aus der Definition geht hervor, dass der Versorgungsforschung zahlreiche Forschungsbereiche vorangestellt sind, wie beispielsweise die medizinische Grundlagenforschung oder Forschung im Bereich der Arzneimitteltherapie. In Deutschland erforschen zahlreiche wissenschaftliche Institutionen die Erkrankung MS aus unterschiedlichen Blickwinkeln und befassen sich mit etablierten und potenziellen medikamentösen und nicht-medikamentösen Therapiewegen. Zentrale Akteure in Deutschland sind hierbei universitäre und private Forschungsinstitute, die medizinischen Fachgesellschaften und die forschende Pharmaindustrie (▶ Abschn. 6.5.6).

Das vom Bundesministerium für Bildung und Forschung seit 2009 geförderte Kompetenznetzwerk MS (KKNMS) zielt auf die Förderung und Vernetzung der MS-bezogenen nationalen und auch internationalen Forschungsaktivitäten. Es ist zusammen mit der DGN Herausgeber der Leitlinie zur Diagnostik und Therapie der MS (DGN 2014). Ein aktuelles Forschungsprojekt des KKNMS befasst sich mit der Gewinnung von Erkenntnissen zu Biomarkern, um diagnostische und therapeutische Ansätze zu optimieren. Diese MS-Kohortenstudie mit einer geplanten Laufzeit von zehn Jahren setzt sich aus 1.000 Patienten mit klinisch-isoliertem Syndrom (KIS) bzw. einem Frühstadium der MS zusammen. Am Projekt beteiligt sind klinische Zentren und weitere medizinische Einrichtungen. Die Projektleitung obliegt der Neurologischen Klinik der Universität Bochum (Kompetenznetz Multiple Sklerose 2015d). Bei dem seit 2013 bestehenden REGIMS-Register handelt es sich um ein Immuntherapieregister zur Erfassung, Systematisierung und Untersuchung von mit MS-Medikamenten assoziierten Nebenwirkungen. Das Projekt wird vom Institut für Epidemiologie und Sozialmedizin der Universität Münster geleitet. Die Zusammenarbeit erfolgt unter anderen mit dem BfArM sowie mit dem Paul-Ehrlich-Institut (Kompetenznetz Multiple Sklerose 2015c). Die KKNMS führt zudem eine Biobank mit Gewebe des Zentralnervensystems sowie nicht-zellulären und zellulären Proben. Zukünftig geplant ist die projektgebundene Bereitstellung der Bioproben für Mitglieder des KKNMS sowie externe Wissenschaftler mittels Antragstellung. Hierfür hat das KKNMS einen eigenen Fachausschuss eingerichtet (Kompetenznetz Multiple Sklerose 2015b). Im Bereich Versorgungsforschung untersucht das KKNMS mit Leitung der Universität Hamburg, wie Patientenwissen zur Immuntherapie bei MS die Wahl der Behandlungsart und die Compliance des Patienten prägt. Diese sogenannte DECIMS (Decision Coaching in Multiple Sclerosis) erfolgt unter Mitwirkung von mehreren MS-Zentren und beinhaltet unter anderen die Entwicklung von Patienteninformationssystemen (Kompetenznetz Multiple Sklerose 2015a). Unter Leitung der Georg-August-Universität Göttingen baut das KKNMS ein ausschließlich auf Kinder bezogenes Patientenregister namens CHILDREN MS auf, welches Erkenntnisse zur Epidemiologie der MS bei jüngeren Altersgruppen liefern soll.

Das Institut für MS-Forschung (IMSF) der Universität Göttingen beschäftigt sich seit Institutsgründung im Jahr 2004 primär aus neuroimmunologischer Perspektive mit der Erkrankung MS, um neue Therapieoptionen zu generieren und Wirkprozesse bestehender Behandlungen besser nachvollziehen zu können. Die Gründung des IMSF erfolgte mit Unterstützung der Gemeinnützigen Hertie Stiftung (Universitätsmedizin Göttingen).

Anhand der Vielzahl der Projekte lässt sich erkennen, dass in Bezug auf das Krankheitsbild, die Diagnose und Therapieverfahren der MS weiterhin Forschungsbedarf besteht. Gemäß der Definition von Versorgungsforschung sind jedoch auch die Kenntnisse anderer Faktoren von entscheidender Bedeutung. So müssen Informationen über den Patienten gesammelt und seine Bedarfe und Nachfrage sowie dessen Präferenzen ermittelt werden, um eine patientenorientierte Versorgung zu ermöglichen. Aus volkswirtschaftlicher Perspektive sind zudem Kenntnisse über die sozioökonomischen Auswirkungen einer Krankheit und deren Therapieformen relevant (Pfaff et al. 2011).

Erkenntnisse, die im Rahmen kontrollierter klinischer Studien erzielt werden, können nur mit gewissen Einschränkungen auf die alltägliche Routinebehandlung übertragen werden, da sich die Patienten mit MS, die innerhalb der Routineversorgung einen Arzt aufsuchen, von denen unterscheiden, die an einer klinischen Studie teilnehmen. Beispielhaft sei hier »PANGEA« als eine unter Alltagsbedingungen durchgeführte Studie genannt. Aus den Daten von 4.000 Patienten mit RRMS sollen Rückschlüsse über die Sicherheit und die Effektivität des Arzneistoffs Fingolimod gezogen werden. Zudem wird eine Subpopulation von 800 Patienten hinsichtlich Parametern wie gesundheitsbezogene Lebensqualität, Therapiezufriedenheit und Compliance untersucht (Ziemssen et al. 2015). Die »Prospective pharmacoeconomic cohort evaluation (PEARL) Study« gibt beispielsweise Hinweise auf die Versorgungsituation unter Alltagsbedingungen von Patienten mit RRMS (n = 1705). Untersucht werden unter anderem sowohl aus Patientenperspektive als auch aus medizinischer Sicht der Gesundheitsstatus und Krankheitsverlauf sowie die Therapiezufriedenheit bzw. -wirksamkeit. Weiterhin wird die (Arbeits-) Produktivität betrachtet. Erste Ergebnisse liegen als Kongressbeiträge vor (Vormfelde u. Ziemssen 2015a,b,c).

Das Multiple Sklerose und Kinderwunsch-Register (DMSKW) erfasst prospektiv Schwangerschaften oder Kinderwunschbehandlungen von Patientinnen mit MS. Projektziel ist die Erhebung von Daten hinsichtlich des Verlaufs der MS, des Einflusses immunmodulatorischer Therapien auf die Schwangerschaft sowie Risiko- und Resilienzfaktoren für Schübe nach der Geburt. Bisher wurden knapp 400 Schwangerschaften in der Datenbank dokumentiert (Stand 22.01.2016). Teilnahmevoraussetzung ist eine bereits bestehende Schwangerschaft, ein aktueller Kinderwunsch oder ein unerfüllter Kinderwunsch von Frauen mit MS, die eine reproduktionsmedizinische Behandlung planen. Das DMSKW wird von forschenden Pharmaunternehmen unterstützt (DMSKW 2015).

Literatur

Amelung VE, Bergmann F, Hauth I, Jaleel E, Meier U, Reichmann H, Roth-Sackenheim C, (Hrsg,), (2010) Innovative Konzepte im Versorgungsmanagement von ZNS-Patienten. Berlin: MWV Medizinisch Wissenschaftliche Verlagsgesellschaft. ISBN: 978-3-941468-18-4.

Anders D, Oschmann P (2006) Von der Versorgungsforschung zur Integrierten Versorgung - Am Beispiel der Multiplen Sklerose. Spiegel der Forschung 23(1/2), 68-75.

Augurzky B, Reichert A, Scheuer M (2011) Faktenbuch Medizinische Rehabilitation 2011. RWI Materialien. Essen: Rheinisch-Westfälisches Institut für Wirtschaftsforschung. ISBN: 978-3-86788-285-9.

BARMER GEK NRW, DAK-Gesundheit, Berufsverband Deutscher Nervenärzte (Landesverband Westfalen) u. Kassenärztliche Vereinigung Westfalen-Lippe (2014) Gemeinsame Presseinformation vom 24.07.2014. Neuer Vertrag in Westfalen-Lippe seit 1. Juli 2014: Versorgungs-Assistentinnen entlasten Nervenärzte. Düsseldorf, Dortmund, Frankfurt. https://www.kvwl.de/presse/pm/2014/pdf/2014_07_24_1.pdf [Abruf am: 30. April 2015].

BDN (2015a) Berufsverband Deutscher Neurologen. http://www.bv-neurologe.de/themen-bdn/fortbildungsakademie-bdn.html [Abruf am: 28. April 2015].

BDN (2015b) Fortbildungsakademie. Berufsverband Deutscher Neurologen. http://www.bv-neurologe.de/themen-bdn/fortbildungsakademie-bdn.html [Abruf am: 11. Juni 2015].

BDN (2015c) Rehabilitation. Berufsverband Deutscher Neurologen. http://www.bv-neurologe.de/themen-bdn/rehabilitation-bdn.html [Abruf am: 11. Juni 2015].

BDNR (2015) Aufnahmeantrag für den Berufsverband Deutscher Neuroradiologen e.V. http://www.bdnr.de/bilder/Aufnahmeantrag.pdf [Abruf am: 11. Juni 2015].

BNR (2015) Bundesverband NeuroRehabilitation e.V. http://www.bv-neuroreha.de/ [Abruf am: 28. April 2015].

Bundesärztekammer (2007) Abbildungen und Tabellen zur Ärztestatistik 2006. http://www.bundesaerztekammer.de/fileadmin/user_upload/downloads/Aerztestatistik 2006.pdf [Abruf am: 15. Dezember 2015].

Bundesärztekammer (2011) Abbildungen und Tabellen zur Ärztestatistik 2010. http://www.bundesaerztekammer.

de/fileadmin/user_upload/specialdownloads/Stat10 Tab03.pdf [Abruf am: 15. Dezember 2015].

Bundesärztekammer (2013) (Muster-)Weiterbildungsordnung 2003 in der Fassung vom 28.06.2013. http://www.bundesaerztekammer.de/downloads/20130628-MWBO_V6.pdf [Abruf am: 18. Dezember 2014].

Bundesärztekammer (2014) Abbildungen und Tabellen zur Ärztestatistik 2013. http://www.bundesaerztekammer.de/fileadmin/user_upload/downloads/Stat13AbbTab.pdf [Abruf am: 23. April 2015].

Bundesärztekammer (2015) Abbildungen und Tabellen zur Ärztestatistik 2014. http://www.bundesaerztekammer.de/fileadmin/user_upload/downloads/pdf-Ordner/Statistik2014/Stat14Tab03.pdf [Abruf am: 15. Dezember 2015].

Bundesärztekammer (2015) (Muster-)Berufsordnung für die in Deutschland tätigen Ärztinnen und Ärzte– MBO-Ä 1997 – in der Fassung des Beschlusses des 118. Deutschen Ärztetages 2015. Frankfurt am Main: Deutsches Ärzteblatt. DOI: 10.3238/arztebl.2015.mbo_daet2015.

Bundesministerium für Gesundheit (2015) Zahlen und Fakten zur Pflegeversicherung. Stand: 13.03.2015. http://www.bmg.bund.de/fileadmin/dateien/Downloads/Statistiken/Pflegeversicherung/Zahlen_und_Fakten/150420_Zahlen_und_Fakten_Pflegeversicherung_03-2015.pdf [Abruf am: 23. April 2015].

Bundespsychotherapeutenkammer (2013) EBM Ziffern für neuropsychologische Therapie beschlossen. http://www.bptk.de/aktuell/einzelseite/artikel/ebm-ziffern.html [Abruf am: 20. Oktober 2015].

Bundeszentrale für politische Bildung (2012) Staatliche Akteure. http://www.bpb.de/politik/innenpolitik/gesundheitspolitik/72726/staatliche-akteure [Abruf am: 28. April 2015].

Busse R, Blümel M, Ognyanova D (2013) Das deutsche Gesundheitssystem. Akteure, Daten, Analysen. Berlin: MWV Medizinisch Wissenschaftliche Verlagsgesellschaft.

Busse R, Panteli D, Henschke C (2015) Arzneimittelversorgung in der GKV und 15 anderen europäischen Gesundheitssystemen: Ein systematischer Vergleich. Working papers in health policy and management, Band 11. Berlin: Universitätsverlag der TU Berlin. [Abruf am: 19.10.2015].

BVDN (2015a) Berufsverband Deutscher Nervenärzte. http://www.bvdn.de/ [Abruf am: 11. Juni 2015].

BVDN (2015b) Spitzenverband ZNS. Berufsverband Deutscher Nervenärzte. http://www.bvdn.de/bvdn-themen/spitzenverband-bvdn.html [Abruf am: 11. Juni 2015].

Deutsche Gesellschaft für Palliativmedizin (2014a) Entwicklung der stationären Hospize und Palliativstationen einschl. der Einrichtungen für Kinder. Stand 10/2014. https://www.dgpalliativmedizin.de/images/stories/Entwicklung_Palliativ_und_Hospiz_station%C3%A4r_1996-2014.JPG [Abruf am: 27. April 2015].

Deutsche Gesellschaft für Palliativmedizin (2014b) Spezialisierte ambulante Palliativversorgung (SAPV). http://www.dgpalliativmedizin.de/allgemein/sapv.html [Abruf am: 11. Juni 2015].

Deutscher Hospiz- und PalliativVerband e.V. (2015) Statistiken. http://www.dhpv.de/service_zahlen-fakten.html [Abruf am: 11. Juni 2015].

Deutscher Verband für Physiotherapie (ZVK) e.V. (2015a) Die Arbeitsgemeinschaften des Deutschen Verbandes für Physiotherapie (ZVK). Köln. https://www.physio-deutschland.de/fachkreise/verbandsstruktur/arbeitsgemeinschaften.html [Abruf am: 14. Dezember 2015].

Deutscher Verband für Physiotherapie (ZVK) e.V. (2015b) Unser Leitbild. Köln. https://www.physio-deutschland.de/der-bundesverband/philosophie.html [Abruf am: 14. Dezember 2015].

Deutscher Verband für Physiotherapie (ZVK) e.V. (2015c) Zahlen, Daten, Fakten aus berufsrelevanten Statistiken. Köln. https://www.physio-deutschland.de/fileadmin/data/bund/Dateien_oeffentlich/Beruf_und_Bildung/Zahlen__Daten__Falten/Zahlen_Daten_Fakten.pdf [Abruf am: 14. Dezember 2015].

DGBS e.V., DGPPN e.V. (2012) S3-Leitlinie zur Diagnostik und Therapie Bipolarer Störungen. Langversion 1.0. Deutsche Gesellschaft für Bipolare Störungen.

DGN (Hrsg.) (2014) Leitlinien für Diagnostik und Therapie in der Neurologie. Diagnose und Therapie der Multiplen Sklerose. Entwicklungsstufe: S2e. Stand: Januar 2012, Ergänzung August 2014. Gültig bis 2017. (AWMF-Registernummer: 030/050). Deutsche Gesellschaft für Neurologie. http://www.awmf.org/uploads/tx_szleitlinien/030-050l_S2e_Multiple_Sklerose_Diagnostik_Therapie_2014-08_verlaengert.pdf [Abruf am: 04. November 2015].

DGN – Deutsche Gesellschaft für Neurologie (2015) http://www.dgn.org/ [Abruf am: 11. Juni 2015].

DGN, KKNMS (2014). Leitlinie zur Diagnose und Therapie der MS. Online-Version, Stand: 23.04.2014. Deutsche Gesellschaft für Neurologie, Kompetenznetz Multiple Sklerose. http://www.kompetenznetz-multiplesklerose.de/images/stories/PDF_Dateien/Leitlinie/dgn-kknms_ms-ll_20140423.pdf [Abruf am: 11. Juni 2015].

DGNR (2015) Geschäftsordnung für den Vorstand der Deutschen Gesellschaft für Neuroradiologie (DGNR). www.dgnr.org/media/document/173/Geschaeftsordnung-DGNR.pdf [Abruf am: 27. April 2015].

DGPPN (2015) Deutsche Gesellschaft für Psychiatrie und Psychotherapie, Psychosomatik und Nervenheilkunde. http://www.dgppn.de/dgppn.html [Abruf am: 28. April 2015].

DGPPN, BÄK, KBV, AWMF, AkdÄ, BPtK, BApK, DAGSHG, DEGAM, DGPM, DGPs, DGRW (2015) S3-Leitlinie/Nationale VersorgungsLeitlinie Unipolare Depression. Langfassung, 2. Auflage 2015. AWMF-Register-Nr. nvl-005. Deutsche Gesellschaft für Psychiatrie und Psychotherapie, Psychosomatik und Nervenheilkunde. http://www.awmf.org/uploads/tx_szleitlinien/nvl-005l_Unipolare_Depression_2015-12.pdf [Abruf am: 09. Februar 2016].

DMSG (2009) Unser neuer Weg: DMSG-geprüfte Fortbildung für Physiotherapeutinnen und -therapeuten. Deutsche Multiple Sklerose Gesellschaft Bundesverband e.V. http://www.dmsg.de/dokumentearchiv/physiotherapie.pdf [Abruf am: 14. Dezember 2015].

DMSG (2012) Stichwort Patientenbeteiligung: DMSG-Bundesverband vertritt die Interessen von Multiple Sklerose Erkrankten im G-BA. Deutsche Multiple Sklerose Gesellschaft Bundesverband e.V. http://www.dmsg.de/multiple-sklerose-news/index.php?w3pid=news&kategorie=rechtsfragen&anr=4548&suchbegriffe=Zusatznutzen%20G-BA [Abruf am: 11. Juni 2015].

DMSG (2014) DMSG startet Beratungs-Hotline für schwer an Multipler Sklerose erkrankte Menschen. Deutsche Multiple Sklerose Gesellschaft Bundesverband e.V. http://www.dmsg.de/multiple-sklerose-news/index.php?w3pid=news&kategorie=aktuellesms&anr=5110 [Abruf am: 11. Juni 2015].

DMSG (2015a) Aufgaben und Zielsetzung. Deutsche Multiple Sklerose Gesellschaft Bundesverband e.V. https://www.dmsg.de/dmsg-bundesverband/index.php?w3pid=dmsg [Abruf am: 11. Juni 2015].

DMSG (2015b) Bundesmodell »Pflege bei Multipler Sklerose« (MS). Deutsche Multiple Sklerose Gesellschaft Bundesverband e.V. http://www.dmsg.de/multiple-sklerose-news/index.php?w3pid=news&kategorie=aktuelles&kategorie2=uebersicht [Abruf am: 11. Juni 2015].

DMSG (2015c) Daten und Fakten. Deutsche Multiple Sklerose Gesellschaft Bundesverband e.V. https://www.dmsg.de/dmsg-bundesverband/index.php?w3pid=dmsg&kategorie=wirueberuns&kategorie2=datenundfakten [Abruf am: 11. Juni 2015].

DMSG (2015d) Lebensbegleitende Beratung von MS-Betroffenen. Deutsche Multiple Sklerose Gesellschaft Bundesverband e.V. http://www.dmsg-berlin.de/beratung/peer-counseling.html [Abruf am: 11. Juni 2015].

DMSG (2015e) Verzeichnis der Kliniken/Praxen. Deutsche Multiple Sklerose Gesellschaft Bundesverband e.V. http://www.dmsg.de/service/index.php?w3pid=service&kategorie=mskliniken&kategorie2=klinikenverzeichnis [Abruf am: 22. Januar 2016].

DMSG (2016a) Neues im Gesundheitswesen 2016 – auch für MS-Erkrankte. Deutsche Multiple Sklerose Gesellschaft Bundesverband e.V. http://www.dmsg.de/multiple-sklerose-news/index.php?w3pid=news&kategorie=rechtsfragen&anr=5819 [Abruf am: 19. Januar 2016].

DMSG (2016b) Zentren. Deutsche Multiple Sklerose Gesellschaft Bundesverband e.V. http://www.dmsg.de/msregister/index.php?nav=zentren [Abruf am: 22. Januar 2016].

DMSG Berlin e.V. (2015) Rehabilitation. Berlin. http://www.dmsg-berlin.de/multiple-sklerose/rehabilitation.html [Abruf am: 14. Dezember 2015].

DMSKW (2015) Deutschsprachiges Multiple Sklerose und Kinderwunsch Register. http://www.ms-und-kinderwunsch.de/ (Abruf am 06. August 2015).

Europäische Arzneimittel-Agentur (2015) European public assessment reports. http://www.ema.europa.eu/ema/ (Abruf am 06. August 2015).

Faller H (2012) Patientenorientierte Kommunikation in der Arzt-Patient-Beziehung. Bundesgesundheitsblatt Gesundheitsforschung Gesundheitsschutz 55(9), 1106-1112. DOI: 10.1007/s00103-012-1528-x.

Flachenecker P, Stuke K, Elias W, Freidel M, Haas J, Pitschnau-Michel D, Schimrigk S, Zettl UK, Rieckmann P (2008) Multiple sclerosis registry in Germany: results of the extension phase 2005/2006. Deutsches Ärzteblatt 105(7), 113-119. DOI: 10.3238/arztebl.2008.0113.

FobiZe (2015) Multiple Sklerose. Köln. http://www.fobize.de/kurs_detail.php5?kennung=10610030 [Abruf am: 14. Dezember 2015].

Galushko M, Golla H, Strupp J, Karbach U, Kaiser C, Ernstmann N, Pfaff H, Ostgathe C, Voltz R (2014) Unmet needs of patients feeling severely affected by multiple sclerosis in Germany: a qualitative study. J Palliat Med 17(3), 274-281. DOI: 10.1089/jpm.2013.0497.

Gemeinsamer Bundesausschuss (2010) Der Gemeinsame Bundesausschuss stellt sich vor. https://www.g-ba.de/downloads/17-98-2803/2010-01-01-Faltblatt-GBA.pdf [Abruf am: 27. April 2015].

Gemeinsamer Bundesausschuss (2014a) Nutzenbewertungsverfahren zum Wirkstoff Dimethylfumarat. https://www.g-ba.de/informationen/nutzenbewertung/111/ [Abruf am: 11. Juni 2015].

Gemeinsamer Bundesausschuss (2014b) Richtlinie des Gemeinsamen Bundesausschuss über die ambulante spezialfachärztliche Versorgung nach § 116b SGB V (Richtlinie ambulante spezialfachärztliche Versorgung § 116b SGB V - ASV-RL). Stand: 20. Februar 2014. https://www.g-ba.de/downloads/62-492-907/ASV-RL_2014-02-20.pdf [Abruf am: 27. April 2015].

Gemeinsamer Bundesausschuss (2015a). https://www.g-ba.de/ [Abruf am: 11. Juni 2015].

Gemeinsamer Bundesausschuss (2015b) Ambulante spezialfachärztliche Versorgung nach § 116b SGB V. https://www.gba.de/institution/themenschwerpunkte/116b/ (Abruf am 04. August 2015).

Gemeinsamer Bundesausschuss (2015c) Aufgabe. https://www.g-ba.de/institution/aufgabe/aufgabe/ [Abruf am: 11. Juni 2015].

Gemeinsamer Bundesausschuss (2015d) Der Gemeinsame Bundesausschuss stellt sich vor. https://www.g-ba.de/institution/struktur/ [Abruf am: 11. Juni 2015].

Gemeinsamer Bundesausschuss (2015e) Tragende Gründe zum Beschluss des Gemeinsamen Bundesausschusses über eine Änderung der Arzneimittel-Richtlinie (AM-RL) Anlage XII - Beschlüsse über die Nutzenbewertung von Arzneimitteln mit neuen Wirkstoffen nach § 35a GB V – Fingolimod. https://www.g-ba.de/downloads/40-268-3380/2015-10-01_AM-RL-XII_2015-04-01-D-157_Fingolimod-Abl-Befr_TrG.pdf [Abruf am: 19. Oktober 2015].

Gemeinsamer Bundesausschuss (2015f) Übersicht der Wirkstoffe. https://www.g-ba.de/informationen/nutzenbewertung/ [Abruf am: 11. Juni 2015].

Gerst T (2015) Ambulante spezialfachärztliche Versorgung: Wenig Euphorie bei den Beteiligten. Deutsches Ärzteblatt 112(6), 255. http://www.aerzteblatt.de/archiv/170899/Ambulante-spezialfachaerztliche-Versorgung-

Wenig-Euphorie-bei-den-Beteiligten [Abruf am: 20. Oktober 2015].

Gesellschaft für Neuropsychologie (GNP) e.V. (2015a) Fachinformationen. 22.09.2015. 36001 Fulda: Gesellschaft für Neuropsychologie (GNP) e.V. http://www.gnp.de/_de/fs-Info-fuer-Patienten.php [Abruf am: 27. Oktober 2015].

Gesellschaft für Neuropsychologie (GNP) e.V. (2015b) Postgraduale Weiterbildung Klinischer Neuropsychologe. 22.09.2015. 36001 Fulda: Gesellschaft für Neuropsychologie (GNP) e.V. http://www.gnp.de/_de/aw-Weiterbildung-KNP.php [Abruf am: 27. Oktober 2015].

GKV Spitzenverband (Hrsg.) (2015) Faktenblatt: Thema: Ambulante Versorgung - Systematik Ärztehonorare. https://www.gkv-spitzenverband.de/media/dokumente/presse/presse_themen/aerzteverguetung/Faktenblatt_Systematik_Aerztehonorare_2015-04-28.pdf [Abruf am: 20. Oktober 2015].

heimerer akademie (2015) MS – Neurorehabilitation bei Multipler Sklerose. Landsberg am Lech. https://www.heimerer-akademie.de/nc/physiotherapieosteopathie/kursbe schreibung/?tid=13438&sid=3&kbid=1091&nid=6&cdfd=1453503600 [Abruf am: 14. Dezember 2015].

IGES Institut (2014) Neurologische und psychiatrische Versorgung aus sektorenübergreifender Perspektive. Studie im Auftrag von Berufsverband Deutscher Nervenärzte e.V. (BVDN), Berufsverband Deutscher Neurologen e.V. (BDN), Berufsverband Deutscher Psychiater e.V (BVDP), Kassenärztliche Bundesvereinigung (KBV) / Zentralinstitut für die kassenärztliche Versorgung in Deutschland (ZI), Deutsche Gesellschaft für Neurologie e.V. (DGN). Ergebnisbericht. Berlin: IGES Institut.

KBV (2012) Thema: Neuropsychologische Therapie: Information der KBV 39/2012. Kassenärztliche Bundesvereinigung. https://www.kvno.de/downloads/quali/praxisinfo_neuropsychologische_therapie.pdf [Abruf am: 20. Oktober 2015].

KVB (2013) Praxisbesonderheiten und langfristiger Heilmittelbedarf: Hinweise und Erläuterungen zu der neuen Vereinbarung in der Heilmittelversorgung. München. https://www.kvb.de/fileadmin/kvb/dokumente/Praxis/Infomaterial/Verordnung/KVB-Broschuere-Praxisbesonderheiten-langfristiger-Heilmittelbedarf.pdf [Abruf am: 14. Dezember 2015].

Kienle G (2008) Evidenzbasierte Medizin und ärztliche Therapiefreiheit: Vom Durchschnitt zum Individuum. Deutsches Ärzteblatt 25(105). http://www.aerzteblatt.de/archiv/60581/Evidenzbasierte%ADMedizin%ADund%ADaerztliche%ADTherapiefreiheit%ADVom%ADDurchschnitt%ADzum%ADIndividuum4/4 [Abruf am: 19. Oktober 2015].

Kliniken der Stadt Köln gGmbH (2015) Klinik für Neurologie Köln-Merheim engagiert sich im Projekt »Integrierte Versorgung Multiple Sklerose (IGV-MS Rheinland)«. http://www.kliniken-koeln.de/Merheim_Neurologie___Schwerpunkt_MS__Integrierte_Versorgung.htm [Abruf am: 11. Juni 2015].

Kompetenznetz Multiple Sklerose (2015a) Besser informieren – Zielsicher entscheiden – Erfolgreich behandeln. http://www.kompetenznetz-multiplesklerose.de/de/kohorte- studien-infrastruktur/decims [Abruf am: 11. Juni 2015].

Kompetenznetz Multiple Sklerose (2015b) Gemeinsame Richtlinien für den Umgang mit Biomaterial. http://www.kompetenznetz-multiplesklerose.de/de/kohorte-studien-infrastruktur/biobanking [Abruf am: 11. Juni 2015].

Kompetenznetz Multiple Sklerose (2015c) Immuntherapieregister für mehr Arzneimittelsicherheit in der MS-Therapie. http://www.kompetenznetz-multiplesklerose.de/de/kohorte-studien-infrastruktur/regims [Abruf am: 11. Juni 2015].

Kompetenznetz Multiple Sklerose (2015d) Patientenstudie soll neue Krankheitsmerkmale identifizieren. http://www.kompetenznetz-multiplesklerose.de/de/kohorte-studien-infrastruktur/kohortenstudie [Abruf am: 11. Juni 2015].

Kompetenznetz Multiple Sklerose (2015e) Ursache und Entstehung ergründen – Neue Therapien entwickeln. http://www.kompetenznetz-multiplesklerose.de/forschung [Abruf am: 11. Juni 2015].

Landesportal Schleswig-Holstein (2015) Krankenhäuser – Liste der Zulassungen. http://www.schleswig-holstein.de/DE/Fachinhalte/K/krankenhaeuser/Downloads/krankenhaeuser_listeZulassungen.pdf?__blob=publicationFile&v=1 [Abruf am: 11. Juni 2015].

Landeszentrum Gesundheit Nordrhein-Westfalen (2015) Integrierte Versorgung von Patienten mit MS im Rheinland Deutsche Multiple Sklerose Gesellschaft, Landesverband NRW e.V. http://www.kliniken-koeln.de/upload/infoportal_241256_Landeszentrum_Gesundheit_NRW_Multiple_Sklerose_8792.pdf [Abruf am: 30. April 2015].

Limmroth V, Meier U, Nelles G (2006) Integrierte Versorgung Multiple Sklerose. Ein »lernendes« und »plastisches« System. Info Neurologie und Psychiatrie 8 (Sonderheft Nr. 1).

MSK (2015) Initiative Selbsthilfe Multiple Sklerose Kranker e.V. http://www.multiple-sklerose-e-v.de/ueberuns/mskev.html [Abruf am: 11. Juni 2015].

Nelles G, Limmroth V, Faber B, May M, Schipper S, Meier U, Pöhlau D (2013) Multple Sklerose. Was bringt die integrierte Versorgung wirklich? NeuroTransmitter 24(5), 34-43.

Nelles G, Meier U, Limmroth V, Pöhlau D, Wirtz M, Münscher C, Faber B (2010) Integrierte Versorgung Multiple Sklerose – Modellregion Nordrhein. 2-Jahres-Verlaufsbeobachtung. Aktuelle Neurologie 37, 1-8. DOI: 10.1055/s-0030-1248480.

Patti F (2010) Optimizing the benefit of multiple sclerosis therapy: the importance of treatment adherence. Patient preference and adherence 4, 1-9. ISSN: 1177-889X.

Pfaff H (2003) Versorgungsforschung – Begriffsbestimmung, Gegenstand und Aufgaben. In: Pfaff H, Schrappe M, Lauterbach KW, Engelmann U, Halber M: Gesundheitsversorgung und Disease Management. Grundlagen und Anwendungen der Versorgungsforschung. Bern: Verlag Hans Huber, 13-23. ISBN: 978-3456840260.

Pfaff H, Neugebauer EAM, Glaeske G, Schrappe M (2011) Lehrbuch Versorgungsforschung: Systematik – Methodik – Anwendung. Stuttgart: Schattauer GmbH. ISBN: 978-3-7945-2797-7.

Remington G, Rodriguez Y, Logan D, Williamson C, Treadaway K (2013) Facilitating medication adherence in patients with multiple sclerosis. International journal of MS care 15(1), 36-45. DOI: 10.7224/1537-2073.2011-038.

Rupprecht C, Schulte C (2013) Patienten und Versicherten eine Stimme geben. Forschungsjournal Soziale Bewegungen 26(2), 149-151. http://forschungsjournal.de/jahrgaenge/2013heft2 [Abruf am: 1. Februar 2016].

Sachverständigenrat zur Begutachtung der Entwicklung im Gesundheitswesen (2014) Bedarfsgerechte Versorgung – Perspektiven für ländliche Regionen und ausgewählte Leistungsbereiche. http://www.svr-gesundheit.de/fileadmin/user_upload/Gutachten/2014/SVR-Gutachten_2014_Langfassung.pdf [Abruf am: 30. April 2015].

Schlenker R-U (2014) Defizite in der MS-Versorgung? Was können die Kassen tun? [Vortrag] 9. Medizinkongress der BARMER GEK und der Universität Bremen 24. Juni 2014. Berlin. http://www.zes.uni-bremen.de/uploads/Veranstaltungen/2014/140624_Medizinkongress_Vortrag_Schlenker.pdf [Abruf am: 30. April 2015].

Schlingensiepen I (2010) Integrierte Versorgung hilft MS-Patienten. Ärzte Zeitung 04.11.2010. http://www.aerztezeitung.de/politik_gesellschaft/krankenkassen/article/626891/integrierte-versorgung-hilft-ms-patienten.html [Abruf am: 11. Juni 2015].

Schlingensiepen I (2014) MS-Patienten in Kompetenzzentren behandeln. Ärzte Zeitung 15.01.2014. http://www.aerztezeitung.de/politik_gesellschaft/versorgungsforschung/?sid=852847 [Abruf am: 11. Juni 2015].

Senatsverwaltung für Gesundheit und Soziales Berlin (2013) Ambulanten Behandlung im Krankenhaus nach § 116 b Abs. 2 SGB V – Zugelassene Krankenhäuser in Berlin (mit bestandskräftigen Bescheiden). Stand: 24.04.2013. http://www.berlin.de/sen/gesundheit/_assets/themen/stationaere-versorgung/zugelassene_kh_nach____116b.pdf. [Abruf am: 30. April 2015].

Staatsministerium für Soziales und Verbraucherschutz Freistaat Sachsen (2011) Zugelassene Krankenhäuser nach § 116b SGB V, Stand: November 2011. http://www.gesunde.sachsen.de/download/Download_Gesundheit/Tabelle_Zugelassene_Krankenhaeuser_in_Sachsen.pdf [Abruf am: 30. April 2015].

Universitätsmedizin Göttingen, Institut für Multiple-Sklerose-Forschung, Geschichte des Instituts für Multiple-Sklerose-Forschung (IMSF). http://www.neuroimmunologie.uni-goettingen.de/?id=8 [Abruf am: 11. Juni 2015].

Verband Forschender Arzneimittelhersteller e.V. (2015) Forschungsschwerpunkte der vfa-Mitgliedsunternehmen. http://www.vfa.de/de/arzneimittel-forschung/forschungsschwerpunkte?c=Multiple+Sklerose [Abruf am: 11. Juni 2015].

Weegen L, Korff L, Mostardt S, Ivancevic S, Wasem J, Walendzik A (2013) Bestandsaufnahme zu Versorgungsdefiziten und Versorgungsmanagementprogrammen bei Multiple Sklerose in Deutschland. Das Gesundheitswesen 75 – A193. DOI: 10.1055/s-0033-1354151.

Windt R (2014) Multiple Sklerose – Neue Therapieoptionen. In: Glaeske G, Schicktanz C: BARMER GEK Arzneimittelreport 2014. Auswertungsergebnisse der BARMER GEK Arzneimitteldaten aus den Jahren 2012 bis 2013. BARMER GEK.

Wirtz M (2010) Integrierte Versorgung (IV) der Multiplen Sklerose in Nordrhein-Westfalen. In: Amelung V, Bergmann F, Falkei P, Hauth I, Jaleel E, Meier U, Reichmann H, Roth-Sackenheim C: Innovative Konzepte im Versorgungsmanagement von ZNS-Patienten. Berlin: MWV Medizinisch Wissenschaftliche Verlagsgesellschaft, 155. ISBN: 9783941468184.

Ziegler K (2007) Evidenzbasierte Physiotherapie bei Multipler Sklerose. Nervenheilkunde 26(12), 1088-1094. ISSN: 07221541.

Ziemssen T, Kern R, Cornelissen C (2015) The PANGAEA study design – a prospective, multicenter, non-interventional, long-term study on fingolimod for the treatment of multiple sclerosis in daily practice. BMC Neurology 15:39. DOI: 10.1186/s12883-015-0342-0. http://www.biomedcentral.com/1471-2377/15/93 [Abruf am: 15. Dezember 2015].

Serviceteil

M. Kip et al. (Hrsg.), *Weißbuch Multiple Sklerose*,
DOI 10.1007/978-3-662-49204-8, © Der/die Autor(en) 2016

Stichwortverzeichnis

Q

R

S

T

Z